5G 丛书

5G 之道：4G、LTE-A Pro 到 5G 技术全面详解

（原书第 3 版）

［瑞典］ 埃里克·达尔曼（Erik Dahlman）
斯蒂芬·帕克威尔（Stefan Parkvall） 著
约翰·斯科德（Johan Sköld）
缪庆育 范 斌 堵久辉 译

机 械 工 业 出 版 社

本书由与3GPP工作最为紧密的爱立信资深工程师所著，内容实用并且得到全球通信从业者选择。本书将目光投向5G最新技术以及3GPP所采纳的最新标准，详细解释了被选择的特定解决方案以及LTE、LTE-Advanced和LTE-Advanced Pro的实现技术与过程，并对通往实现5G之路以及相关可行技术提供了详细描述。

帮助读者搭建移动通信知识架构，全面提高对无线通信技术的理解，从而加深对现有商用技术的学习、工作实践的指导，同时又帮助读者理解掌握5G最新发展脚步，拥抱新的未来。

译者序

即将启程前往上海，去参加一年一度业界著名的 MWCS 展会，相信今年一定到处都是 5G 已来的热闹景象。全球的 LTE 投资顶峰已过，行业需要下一个热点来保持热度。然而，我们真的准备好了吗？

目前在中国 5G 峰会上应邀与通信专家和行业代表一起探讨通信产业与垂直行业的融合，会上来自传统制造业和知名无人机厂商的同仁对 5G 的能力与时间表非常了解，而包括我在内的通信从业者对于传统制造业以及新兴产业的行业特征及需求知之甚少。我们都在说 5G 与 4G 最大的区别在于能够满足多样化的需求并拥抱垂直行业。然而，从娱乐互联网到产业互联网似乎并非在行业终端上简单集成一个物联网模组或者 LTE 芯片就大功告成，就可安心收取行业用户的月租费和流量费了。产业的融合需要更多的相互了解、渗透、协作，甚至博弈。

前不久，有幸听取了北京大学国家发展研究院周其仁教授的“创新上下行”讲座，感觉受益匪浅。其中提到创新大多发源于大学园区的周边，例如美国的硅谷和以色列的特拉维夫，这是因为大学园区天然地将多个学科全球最顶级的教授、学生和初创公司聚集在一起，自然更容易在多学科边界的交集发生碰撞，并产生人类新知的火花。瑞典 Kista 科技园和北京中关村的发展历史亦印证了这个道理。因此，通信行业需要更多来自其他行业、了解垂直行业知识的人才来共同构建 5G 的多彩世界。

本书原作者均为通信业的知名专家，在 3GPP 标准组织里深耕多年。几个译者也已和他们合作已久，从 3G 到 4G 再到即将到来的 5G。本书是原书第 3 版，据原书上一版本的发行已有两年多的时间，3GPP 版本 15 之前的知识更新均已体现在本书中。通信领域的技术替代非常快，3GPP 里基本上一年到一年半的时间发布一个新标准版本，我们致力于将最新最权威的通信知识传播到中国，希望对通信界同仁以及其他行业的通信爱好者带来些许帮助。由于译者知识水平有限，翻译内容难免存在纰漏，希望广大读者批评指正。

感谢缪庆育博士和范斌博士在百忙之中依然按时完成了繁重的翻译工作！他们既是我在北京邮电大学王文博老师实验室时的师兄弟，也是我工作和生活中的良师益友。感谢机械工业出版社的林桢编辑对本书出版工作的大力推动和支持！最后感谢我们的家人对本书翻译过程中给予的支持和理解！

堵久辉
北京大学朗润园

原书前言

LTE已成为最成功的移动宽带通信技术，2016年初为超过十亿的用户提供服务并管理着广泛的应用。与25年前只提供语音业务的模拟系统相比，改变可谓翻天覆地。尽管LTE还只是处于发展的相对早期阶段，但业界已经开始准备通往下一代移动通信（通常被称为第五代或5G）的历程。移动宽带现在是，并将继续成为未来蜂窝移动通信的重要组成部分，但未来无线网络很大程度上将考虑明显更为广泛的应用案例以及相对应的更大范围的需求。

本书讲述LTE技术，由3GPP（第三代合作伙伴计划）开发并提供真实的第四代（4G）移动宽带接入，以及3GPP当前正在研究的新型无线接入技术。结合在一起，这两项技术将提供5G无线接入。

第1章提供了一个简介，之后在第2章中描述标准化过程及相关组织，例如之前提到的3GPP和ITU。可用于移动通信的频谱也被涵盖其中，并且讨论了如何发现新频谱的过程。

LTE及其演进可在第3章中找到。该章可独立阅读，提供了LTE的高度概括以及LTE规范如何随时间演进。为强调LTE演进所带来的能力显著增强，3GPP为一些版本用了LTE-Advanced和LTE-Advanced Pro的名字。

第4~11章涵盖了LTE基本架构，第4章首先介绍总体协议结构，之后第5~7章为物理层的详细描述。其余第8~11章包括了连接建立和不同的传输过程，包括对多天线技术的支持。

第12~21章涵盖了随时间推移而针对LTE引入的一些主要增强功能，包括载波聚合、非授权频谱、机器类型通信，以及设备到设备通信。中继、异构部署、广播/多播业务和双连接多站协调为这些章节所涵盖的其他案例。

射频（RF）需求，作为第22章的主题，考虑频率灵活性和多制式无线设备方面的问题。

第23章和第24章包括了即将被标准化为5G一部分的新型无线接入技术。第23章主要讨论相关需求以及这些需求如何被定义，而第24章深挖技术实现。

最后，第25章对本书内容以及5G接入技术的讨论进行了总结。

目　录

第1章 介 绍

移动通信已经成为日常商品。在过去几十年中，它已经从对一部分人来说昂贵的技术演变为当今世界上大多数人使用的、普遍存在的系统。

世界已经目睹了四代移动通信系统的演进，每个系统都与一组特定的技术和一组特定的用例相关联，如图1.1所示。本章以各代通信系统和它们之间的演进作为本书内容的背景。本书的其余部分聚焦于已经部署和正在考虑的最新一代，即第四代（4G）和第五代（5G）。

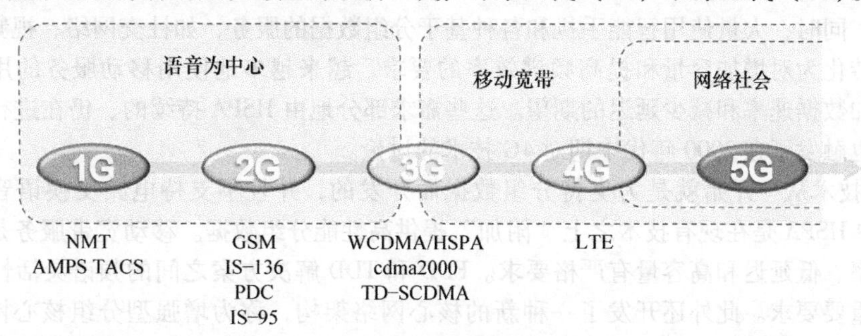

图1.1 各代蜂窝通信

1.1 1G和2G：语音为中心的技术

第一代（1G）系统是20世纪80年代的模拟语音专用移动电话系统，通常在国家范围内提供，只有有限的或没有国际漫游功能。1G系统包括NMT、AMPS和TACS。移动通信在1G系统之前可用，但通常只是小规模的并且只针对特定的人群。

第二代（2G）系统出现在20世纪90年代初。2G技术的例子包括欧洲发起的GSM技术，美国IS-95/CDMA和IS-136/TDMA技术以及日本PDC技术。2G系统仍然是以语音为中心，但由于全数字化提供了比以前的1G系统显著更高的容量。多年来，这些早期技术中的一些已经被扩展到也支持（原始）分组数据服务。这些扩展有时被称为2.5G，以指示它们在2G技术中的根源，但具有比原始技术显著的更宽的能力范围。EDGE是一个众所周知的2.5G技术的例子。GSM/EDGE仍然在智能手机中广泛使用，但也经常用于某些类型的机器类型通信，例如报警、支付系统和房地产监控。

1.2 3G和4G：移动宽带

在20世纪90年代，不仅支持语音而且支持数据服务的需求开始出现，推动了对新一代蜂窝技术的发展。在20世纪90年代后期，2G GSM虽然在欧洲开发，但已经成为事实上的全球标准。为了确保3G技术的全球覆盖，人们意识到3G的发展必须在全球范围内进行。为了促成这一点，形成了第三代合作伙伴计划（3GPP）以开发3G WCDMA和TD-SCDMA技术，更多细节参见第2章。不久之后，并行组织3GPP2形成了，并开发竞争的3G cdma2000技术，这是由2G IS-95技术演变来的。

WCDMA的第一个版本（99版⊖）于1999年完成。它包括电路交换语音和视频服务，以及通过分组交换和电路交换承载的数据服务。

WCDMA的第一个主要改进是在版本5（R5）中引入了高速下行链路分组接入（HSDPA），随后在版本6（R6）中引入了增强上行链路，统称为高速分组接入（HSPA）。HSPA有时被称为3.5G，开始了一个“真正的”移动宽带体验，数据速率为几Mbit/s，同时保持与原来的3G规范的兼容性。随着移动宽带的支持，智能手机（如iPhone）和各种Android设备迅速被采用。如果没有针对大量市场的移动宽带的广泛可用性，智能手机使用得将显著减慢，并且其可用性将受到严重限制。同时，大量使用智能手机和各种基于分组数据的服务，如社交网络、视频、游戏和在线购物，转化为对增加容量和提高频谱效率的要求。越来越多地使用移动服务的用户也提高了他们对增加数据速率和减少延迟的期望。这些需求部分地由HSPA持续的、仍在进行的演进所解决，但它也触发了在2000年代中期对4G技术的讨论。

4G LTE技术从一开始就是为支持分组数据而开发的，并且不支持电路交换语音，而不像3G，在3G中HSPA是在现有技术之上“附加”提供高性能分组数据。移动宽带服务是焦点，其对高数据速率、低延迟和高容量有严格要求。FDD和TDD解决方案之间的频谱灵活性和最大通用性是其他重要要求。此外还开发了一种新的核心网络架构，称为增强型分组核心网（EPC），以取代由GSM和WCDMA/HSPA使用的架构。LTE的第一个版本是3GPP规范版本8（R8）的一部分，第一个商业部署发生在2009年年底，随后成为快速全球部署的LTE网络。

LTE的一个重要方面是全球认可的单一技术，不同于前几代，有几种竞争技术，如图1.2所示。拥有单一的、普遍认可的技术加速了新服务的开发，并降低了用户和网络运营商的成本。

自2009年的商业部署以来，LTE在数据速率、容量、频谱和部署灵活性以及应用范围方面有了显著的发展。从20MHz的连续的、许可频谱的峰值数据速率为300Mbit/s的宏基站部署，LTE在版本13（R13）的演进可以支持多Gbit/s峰值数据速率，演进包括改进的天线技术、多站点协调、利用碎片以及未经许可的频谱和密集部署等几个方面。LTE的演进还支持了大规模机器类型通信和引入了直接的设备到设备通信，相当大地拓宽了超出移动宽带的使用情况。

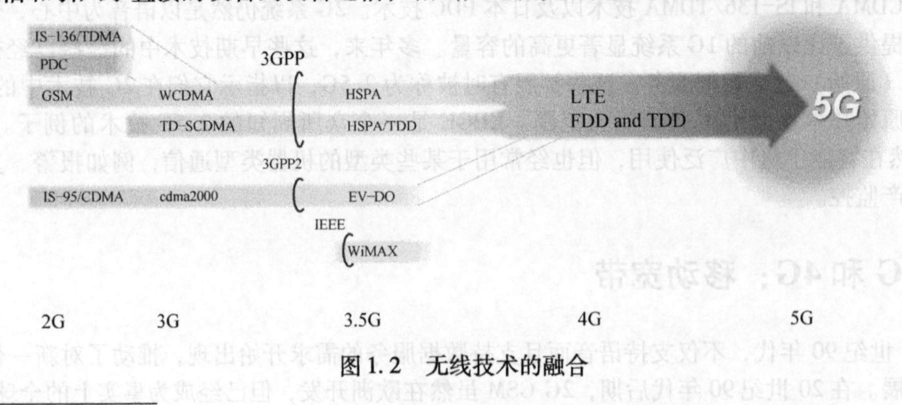

图1.2　无线技术的融合

⊖ 由于历史的原因，第一个3GPP的版本以它冻结时的年份来命名，而后续的版本为4、5、6等。

1.3 5G，移动宽带，网络社会

虽然LTE仍处于部署阶段，但该行业已经在迈向下一代移动通信的道路上，这通常被称为第五代或5G。

移动宽带是并将继续成为未来蜂窝通信的重要部分，但是未来的无线网络在很大程度上也涉及更为广泛的应用案例。实质上，5G应被视为一个平台，实现与各种服务的无线连接，包括现有的以及未来未知的服务，从而使无线网络超越移动宽带。连接将基本上在任何地方，随时提供给任何人和任何物体。网络社会这个术语有时用于指连接超出移动智能手机的情况，这对社会产生深远影响。

大规模机器类型通信，例如农业中的传感器网络、交通监控和建筑物中的公用设施的远程控制是一种类型的非移动宽带应用。这些应用要求非常低的设备功耗，而每个设备的数据速率和数据量是适度的。这些应用中的许多已经可以由LTE的演进来支持。

非移动宽带应用的另一个示例是超可靠和低延迟通信（URLLC），也称为关键机器类型通信。其示例是工业自动化，其对延迟和可靠性的要求非常严格。用于交通安全的车辆间通信是另一个例子。

然而，移动宽带将仍然是重要的用例，并且无线网络中的业务量正在快速增加，用户对数据速率、可用性和等待时间的要求也在增强。这些增强的要求也需要由5G无线网络来解决。

增加容量可以以三种方式完成：提高频谱效率、密集部署和增加频谱量。LTE的频谱效率已经很高，虽然可以进行改进，但是不足以满足增加的业务量。不仅从容量角度，而且从高数据速率可用性角度来看，网络密集化也必将发生。尽管以寻找额外的天线站点为代价，但可以提供相当大的容量增加。增加频谱的数量将有所帮助，但不幸的是，典型的蜂窝频带（高达约3GHz）中尚未被利用的频谱的量是有限的并且相当小。因此，注意力已经转移到将更高频率作为接入附加频谱的一种方式，包括3~6GHz、6~30GHz或更高，目前的LTE不是为这些很高的频率范围设计的。然而，由于较高频带中的传播条件对于广域覆盖不太有利，并且需要诸如波束成形的更先进的天线技术，所以这些频带可以主要用作对现有的较低频带的补充。

从前面的讨论可以看出，5G无线网络的要求范围非常广泛，需要高度的网络灵活性。此外，由于目前无法预见许多未来的应用，而保证未来可用是一个关键要求。这些要求中的一些可以由LTE演进来处理，但不是全部，同时要求新的无线接入技术来补充LTE演进，如图1.3所示。

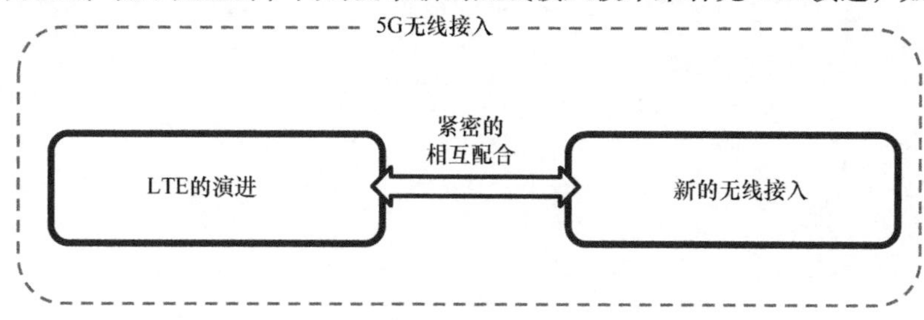

图1.3 5G包括LTE的演进和新的无线接入技术

1.4　每章要点

本书的其余部分描述了4G和5G无线网络的技术。

第2章描述了标准化过程和相关组织，如上面描述的3GPP和ITU，还覆盖了可用于移动通信的频带，以及关于发现新频带的过程的讨论。

LTE的概述及其演进见第3章。阅读本章可以获得对LTE的高度概述，以及LTE规范如何随着时间演进。为了强调LTE演进带来的能力显著增加，3GPP为某些版本引入了名为LTE-Advanced和LTE-Advanced Pro的名称。

第4~11章涵盖了基本的LTE结构，从第4章中的总体协议结构开始，然后是第5~7章中物理层的详细描述。第8~11章，涵盖了连接配置和各种传输流程，包括对多天线的支持。

第12~21章涵盖了一些长期引入的主要增强功能，包括载波聚合、非授权频谱、机器类型通信和设备到设备通信。中继、异构部署、广播/多播服务、双连接多站点协调是这些章节中涉及的增强的其他示例。

对于射频的要求，考虑到频谱灵活性和多标准无线接入设备，是第22章的主题。

第23和24章讲述了将要作为5G一部分进行标准化的新无线接入。第23章对需求及其定义进行了仔细研究，而第24章深入探讨了技术实现。

最后，第25章对这本书和关于5G无线接入的讨论进行了总结。

第2章 从3G到5G的频谱监管和标准化

移动通信系统的研究、开发、实施和部署由电信产业界在全球共同协调的努力中进行，通过该协定，定义了整个移动通信系统的通用工业规范。这项工作还在很大程度上取决于全球和区域监管，特别是对于无线技术的重要组成部分——频谱的使用。本章将介绍移动通信系统制定中必不可少的监管和标准化环境。

2.1 标准化和监管概述

有许多组织参与创建技术规范和标准以及移动通信领域中的规则。这些可以大致可以分为三类：标准制定组织、监管机构和主管部门，以及行业论坛。

标准制定组织（SDO）制定和商定移动通信系统的技术标准，以便使行业能够生产和部署标准化的产品，并提供这些产品之间的互操作性。移动通信系统的大多数组件，包括基站和移动设备，在一定程度上被标准化。在产品实现方面也会提供一定专有解决方案的自由度，但是由于显而易见的原因，通信协议依赖于详细的标准。SDO通常是非营利性行业组织，而不是政府控制的。他们经常在政府的授权下在一定范围内编写标准，但是标准具有更高的地位。

有国家级别的SDO，但由于通信产品的全球传播，大多数SDO是区域性的，并在全球范围内合作。作为示例，GSM、WCDMA/HSPA和LTE的技术规范全部由3GPP（第三代合作伙伴计划）建立，3GPP由来自欧洲（ETSI）、日本（ARIB和TTC）、美国（ATIS）、中国（CCSA）、韩国（TTA）和印度（TSDSI）等七个区域和国家SDO的全球组织。SDO往往有不同程度的透明度，但是3GPP是完全透明的，所有技术规范、会议文件、报告和电子邮件列表公开可用，而且对非成员也是免费的。

监管机构和主管部门是政府主导的组织，为销售、部署和运营移动系统和其他电信产品制定了监管和法律要求。它们最重要的任务之一是控制频谱使用，并为移动运营商设置许可条件，这些运营商被授予许可证可以使用射频（RF）频谱的一部分来运营移动系统。另一个任务是通过监管认证来监管产品的“投放市场”，确保设备，基站和其他设备获得批准并符合相关规定。

频谱监管在国家一级由国家主管部门负责，但也通过欧洲（CEPT/ECC）、美洲（CITEL）和亚洲（APT）的区域机构协调。在全球层面，频谱监管由国际电信联盟（ITU）协调。监管机构规定在某个频谱使用什么服务，并设置更详细的要求，如限制发射机的无用杂散。他们还通过规章间接参与制定产品标准的要求。国际电信联盟参与制订移动通信技术的要求，这将在第2.2节中进一步说明。

行业论坛是行业领导的组织，其目的主要是促进和游说特定技术或其他利益。在移动行业，这些通常由运营商领导，但也有供应商创建的行业论坛。这样的组织的示例是GSMA（GSM协会），其促进基于GSM、WCDMA和LTE的移动通信技术。行业论坛的其他例子是下一代移动网络（NGMN），它是定义移动系统演进要求的运营商组织；还有5G美洲，这是一个从其前身的4G美洲演进而来的区域性行业论坛。

图2.1说明了涉及移动系统中设置监管和技术条件的不同组织之间的关系。该图还显示了移动行业视图，其中供应商开发产品，将其放置在市场上，并与采购和部署移动系统的运营商进行协商。这一过程主要依赖于SDO发布的技术标准，而将产品投放市场也依赖于区域或国家层面的产品认证。请注意，在欧洲，区域SDO（ETSI）正在根据监管机构的授权生产用于产品认证的所谓协调标准（通过“CE”标志）。这些标准也用于在欧洲以外的许多国家的认证。

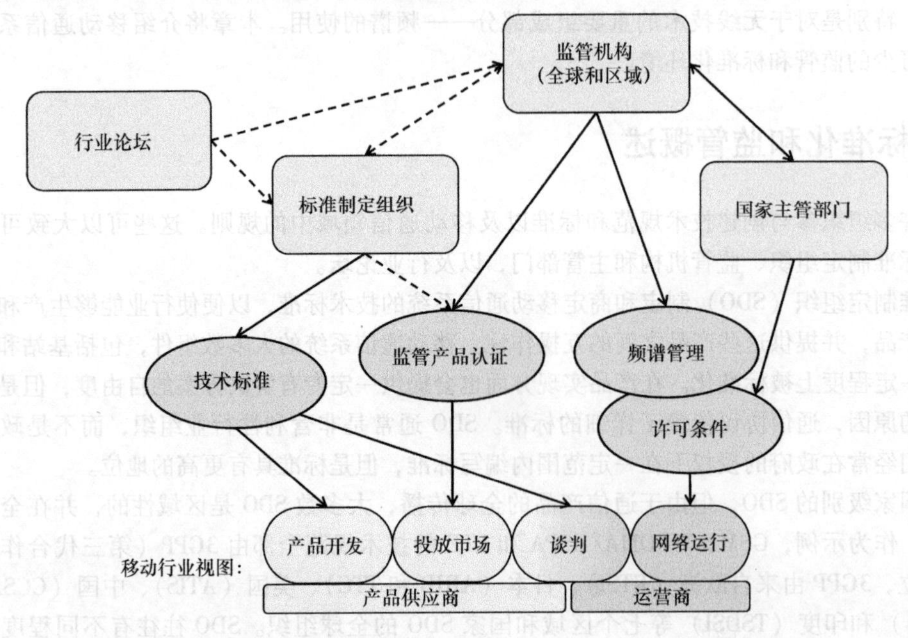

图2.1　监管机构、标准制定组织、行业论坛和移动行业之间的简化视图

2.2　ITU-R从3G到5G的活动

2.2.1　ITU-R的角色

ITU-R是国际电信联盟的无线通信部门。ITU-R负责确保所有无线通信业务高效和经济地使用射频（RF）频谱。不同的小组和工作组负责提供报告和建议，分析和定义使用RF频谱的条件。ITU-R的目标是通过实施无线规则和区域协议确保无线通信系统的无干扰操作。无线规则是关于如何使用RF频谱的国际约束性条约。世界无线通信大会（WRC）每3~4年举行一次。在WRC上，“无线规则”会得到修订和更新，并以此方式在全世界提供对RF频谱使用的修订和更新。

尽管移动通信技术（如LTE和WCDMA/HSPA）的技术规范是在3GPP内完成的，但ITU-R有责任将这些技术转化为全球标准，特别是对那些未被3GPP中的合作伙伴SDO覆盖的国家。

ITU-R 定义了 RF 频谱中不同业务的频谱，包括移动业务，其中一些频谱专门指定用于所谓的国际移动电信（IMT）系统。在 ITU-R 内，5D 工作组（WP5D）负责 IMT 系统的整个无线系统方面，实际上，它对应于从 3G 及以后的不同代移动通信系统。在 ITU-R 内，WP5D 对与 IMT 地面部分相关的问题，包括技术、操作和频谱相关问题负有主要责任。

WP5D 不为 IMT 创建实际技术规范，但是有着与区域标准化机构合作定义 IMT 的作用，并为 IMT 保留一套建议和报告，包括一套无线接口规范（RSPC）。这些建议包含无线接口技术（RIT）的"家庭"，所有这些都在平等的基础上包含在其中。对于每个无线接口，RSPC 包含该无线接口的概述，随后是对详细规范的引用的列表。实际规范由单个 SDO 维护，RSPC 提供由每个 SDO 维护的规范的引用。以下 RSPC 建议已经存在或已经计划：

1）对于 IMT-2000：包含 6 种不同 RIT（包括 3G 技术）的 ITU-R 建议 M. 1457。

2）对于 IMT-Advanced：ITU-R 建议 M. 2012 包含两个不同的 RIT，其中最重要的是 4G/LTE。

3）对于 IMT-2020（5G）：计划于 2019~2020 年开发的一项新的 ITU-R 建议书。

每个 RSPC 将连续更新以反映参考的详细规范中的新发展，诸如 3GPP 规范中的 WCDMA 和 LTE。更新的输入由 SDO 和合作伙伴项目（现在主要是 3GPP）提供。

2.2.2 IMT-2000 和 IMT-Advanced

在 20 世纪 80 年代已经在 ITU-R 开始第三代移动通信对应的工作。首先被称为未来公共陆地移动电信系统（FPLMTS），后来改名为 IMT-2000。在 20 世纪 90 年代后期，ITU-R 的工作与世界各地不同 SDO 在开发新一代移动系统方面的工作重合。IMT-2000 的 RSPC 在 2000 年首次出版，来自 3GPP 的 WCDMA 是其中的 RIT 之一。

ITU-R 的下一步是启动 IMT-Advanced 的工作。IMT-Advanced 是新无线接口的系统的术语，这个新无线接口的系统包括支持 IMT-2000 之外的新功能。新功能在 ITU-R 发布的框架建议中定义，如图 2.2 中所示的"厢式货车图"。ITU-R 进入 IMT-Advanced 能力的步骤恰巧与 3G 进入下一代移动技术 4G 的步骤重合。

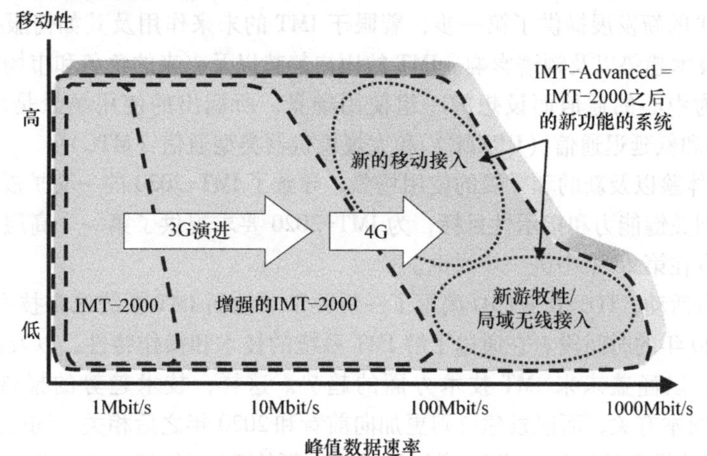

图 2.2 基于 ITU-R 建议 M. 1645 描述的框架，IMT-2000 和 IMT-Advanced 能力的示意图

由3GPP开发的LTE的演进作为IMT-Advanced的一种候选技术提交。实际上这是LTE规范的新版本（版本10），并且是LTE的连续演进的组成部分，该候选者被命名为LTE-Advanced以用于ITU-R提交的目的。3GPP还为LTE-Advanced建立了自己的一套技术要求，其中是以ITU-R要求为基础的。

ITU-R进程的目标总是通过建立共识来协调候选技术。ITU-R确定两种技术将包括在IMT-Advanced的第一版中，这两种技术是LTE和基于IEEE 802.16m规范的WirelessMAN-Advanced。这两个可以被看作是IMT-Advanced技术的“家族”，如图2.3所示。注意，在这两种技术中，LTE已经成为主要的4G技术。

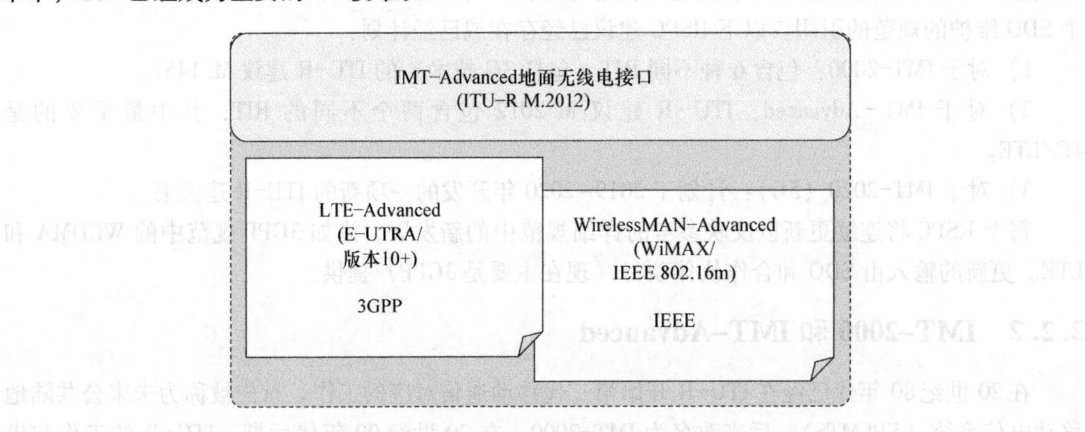

图2.3　IMT-Advanced中的无线空口技术

2.2.3　IMT-2020

在2012~2015年期间，ITU-R WP5D决议为下一代IMT系统命名为IMT-2020。这将是到2020年之前IMT的地面部分的进一步发展，并且实际上对应于更通常被称为“5G”的第五代移动系统。ITU-R M.2083建议书概述了IMT-2020的框架和目标，这通常被称为“愿景”建议。该建议为定义IMT的新发展提供了第一步，着眼于IMT的未来作用及其如何服务社会、展望市场、分析用户和技术趋势以及频谱影响。IMT的用户趋势以及未来的角色和市场导致了针对以人为中心和以机器为中心的通信而设想的一组使用场景。所标出的使用场景是增强型移动宽带（eMBB），超可靠和低延迟通信（URLLC）和大规模机器类型通信（MTC）。

增强型MBB体验以及新的和扩展的使用场景，导致了IMT-2020的一套扩展能力。该愿景建议通过引入一系列关键能力和指示性目标，为IMT-2020要求提供了第一个高层次指导。关键功能和相关使用场景在第23章中进一步讨论。

作为一项并行活动，ITU-R WP5D编写了一份关于“地面IMT系统未来技术趋势”的报告，重点是2015~2020年的时间段。它通过了解IMT系统的技术和操作特性，以及如何随着IMT技术的发展而改进，以涵盖未来IMT技术方面的趋势。这样，技术趋势的报告与LTE版本13（R13）及其以后版本有关，而愿景建议则更加向前看和2020年之后相关。同时还制作了一份研究6GHz以上频率的操作的报告。第24章讨论了用于新的5G无线接入的一些技术组件。

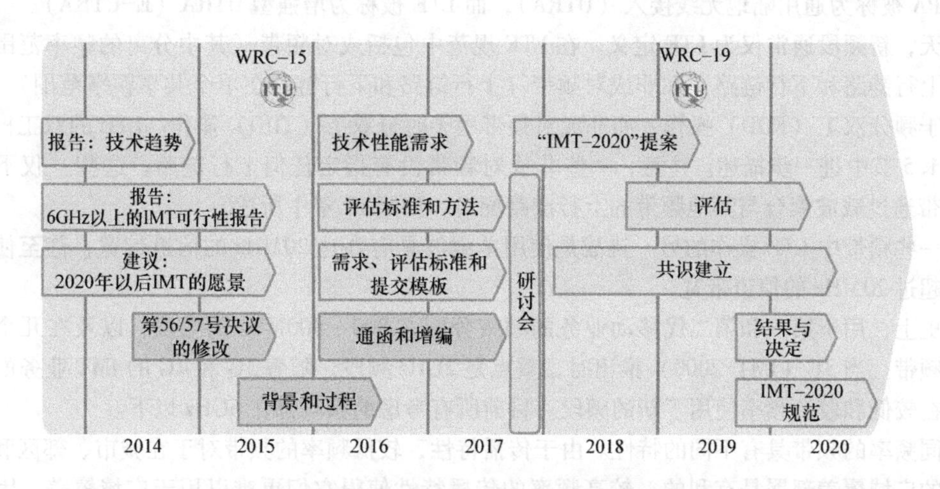

图 2.4　ITU-R WP5D 中 IMT-2020 的工作计划[4]

在 WRC-15 之后，ITU-R WP5D 于 2016 年启动了确定 IMT-2020 系统需求和定义评估方法的过程。该过程将持续到 2017 年中期，如图 2.4 所示。在并行工作中，将创建用于提交候选 RIT 的评估模板。通过联络函向外部组织通报这一进程。在 2017 年举行了关于 IMT-2020 的研讨会之后，该计划将开始评估各项提案，旨在 2020 年初出版 IMT-2020 的 RSPC（无线接口规范）。

预期 ITU-R 中 IMT-2020 候选 RIT 的评估将以类似于 IMT-Advanced 评估的方式进行，其中要求在 ITU-R M.2134 建议书描述，详细的评估方法会在 ITU-R M.2135 建议书中讲述。评估将集中在愿景建议中确定的关键能力，但也将包括其他技术性能要求。对候选技术评估需求有三种基本方法：

- 仿真：这是评估需求的最精细的方法，它涉及 RIT 的系统级或链路级仿真或两者兼有。对于系统级仿真，定义了与一组测试环境（例如 Indoor 和 Dense Urban）相对应的部署场景。作为通过仿真进行候选方案评估的可以包括频谱效率和用户体验的数据速率（关于主要功能的详细信息，请参见第 23 章）。
- 分析：可以通过基于无线接口参数的计算来评估一些需求。这例如适用于峰值数据速率和延迟的要求。
- 检查：可以通过审查和评估 RIT 的功能来评估一些要求。可以进行检查的参数例如带宽、切换功能和对服务的支持。

一旦建立了技术性能需求和评估方法，评估阶段就开始了。评估可由提议者（“自我评估”）或外部评估组，对一个或多个候选提案进行部分或完全评估。

2.3　移动系统的频谱

目前有许多频带被确定用于移动通信使用，尤其用于 IMT。这些频段中的许多频段首先被定义为用于 WCDMA/HSPA 的操作，但是现在也与 LTE 部署共享。注意，在 3GPP 规范中，WCD-

MA/HSPA被称为通用陆地无线接入（UTRA），而LTE被称为增强型UTRA（E-UTRA）。

今天，新频段通常仅为LTE定义。在LTE规范中包括成对频带（其中分离的频率范围被分配用于上行链路和下行链路）和非成对频带（上行链路和下行链路在单个共享频率范围）。成对频带用于频分双工（FDD）操作，而非成对频带用于时分双工（TDD）操作。LTE的双工模式将在第3.1.5节中进一步描述。注意，一些非成对频带没有指定任何上行链路。这些“仅下行链路”频带通过载波聚合与其他频带的上行链路配对，如第12章中所述。

在一些频带中LTE操作的另一挑战是使用单载波具有高达20MHz的信道带宽，甚至使用聚合载波超过20MHz的信道带宽。

历史上，用于第一和第二代移动业务的频带分配在800～900MHz的频段，以及在几个较低和较高频带。当3G（IMT-2000）推出时，重点是2GHz频段，随着3G和4G的IMT业务的不断扩大，在较低和较高频率使用了新的频段。目前所有考虑的频段都在6GHz以下。

不同频率的频带具有不同的特性。由于传播特性，较低频率的频带对于在城市、郊区和农村环境中的广域覆盖部署是有利的。较高频率的传播特性使得它们更难以用于广域覆盖，因此较高频带在更大程度上用于在密集部署中增强容量。

由于新服务在密集部署中需要更高的数据速率和容量，因此正在研究6GHz以上的频带作为低于6GHz频带的补充。由于5G的极端数据速率的需要和局部区域具有非常高的区域业务容量的需求，可考虑使用更高频率（甚至高于60GHz的）的部署。关于波长，这些频带通常被称为毫米波频带。

2.3.1 ITU-R为IMT系统定义的频谱

不同业务和应用的频谱全球指定是在ITU-R内完成，并记录在国际电信联盟“无线规则”中。世界管理无线大会WARC-92将1885～2025MHz和2110～2200MHz频段确定为IMT-2000的频谱。在这些230MHz 3G频谱中，2×30MHz用于IMT-2000的卫星部分，其余部分用于地面部分。部分频段在20世纪90年代用于部署2G蜂窝系统，特别是在美洲。日本和欧洲2001年到2002年第一次部署3G是在这个频段分配中完成的，因此通常被称为IMT2000“核心频段”。

在WRC-2000世界无线通信大会上确定了额外的IMT-2000的频谱[⊖]，ITU-R预计IMT-2000将需要160MHz的频谱。该指定包括用于806~960MHz和1710~1885MHz的2G移动系统的频带，以及2500~2690MHz频带的“新”3G频谱。先前分配给2G的频带的指定也是对现有2G移动系统向3G的演进的认可。在WRC'07为IMT确定了额外的频谱，包括IMT-2000和IMT-Advanced。这些额外的频带为450~470MHz、690~806MHz、2300~2400MHz和3400~3600MHz，但是频带的适用性在区域和国家的基础上有所不同。在WRC'12中，没有为IMT确定额外的频谱划分，但该问题已列入WRC'15的议程。此外，还决心研究694~790MHz频段用于1区（欧洲、中东和非洲）的移动业务。

在分配给IMT的频带在区域之间有些发散，这意味着没有一个单个频带可以用于全世界的3G和4G漫游。然而，已经进行了大量的努力来定义可用于提供真正全球漫游的最小频带集。以

⊖ 世界管理无线电大会（WARC）在1992年重组成了世界无线电大会（WRC）。

这种方式，多频带设备可以为3G和4G设备提供有效的全球漫游。

2.3.2　LTE频带

LTE可以部署在现有IMT频带和可能被指定的未来频带中。在不同频带中运行无线接入技术并不是新事物。例如，2G和3G设备是多频带的，使用在世界的不同区域中的频带以提供全球漫游。从无线接入功能的角度来看，这没有或仅有有限的影响，并且LTE的物理层规范[24e27]不局限于任何特定频带。在规范方面，不同频带之间可能有所不同，这主要是在更具体的RF要求，诸如允许的最大发射功率，对于带外杂散（OOB）的要求/限制等。其中一个原因是监管机构施加的外部约束在不同频带之间可能不同。

LTE将运行在成对和不成对的频谱中，需要双工的灵活性。为此，LTE支持FDD和TDD操作，这将在后面讨论。

LTE的3GPP规范的版本13（R13）包括用于FDD的32个频带和用于TDD的12个频带。频带的数量比较大，基于这个原因，编号的方案必须被修改以便未来可用并且容纳更多的频带。用于FDD操作的成对频带编号从1~32和65、66，见表2.1；而用于TDD操作的非成对频带从33~46编号，见表2.2。注意，为UTRA FDD定义的频带与LTE的成对频带使用相同的数字，但是用罗马数字标记。频带15和频带16保留用于在欧洲的定义，但目前未使用。LTE的所有频带总结在图2.5和图2.6中，它们也显示出了ITU-R定义的相应频率分配。

表2.1　3GPP中为LTE定义的配对频带

频带	上行范围/MHz	下行范围/MHz	主要地区
1	1920~1980	2110~2170	欧洲、亚洲
2	1850~1910	1930~1990	美洲、亚洲
3	1710~1785	1805~1880	欧洲、亚洲、美洲
4	1710~1755	2110~2155	美洲
5	824~849	869~894	美洲、亚洲
6	830~840	875~885	日本（仅UTRA）
7	2500~2570	2620~2690	欧洲、亚洲
8	880~915	925~960	欧洲、亚洲
9	1749.9~1784.9	1844.9~1879.9	日本
10	1710~1770	2110~2170	美洲
11	1427.9~1447.9	1475.9~1495.9	日本
12	698~716	728~746	美国
13	777~787	746~756	美国
14	788~798	758~768	美国

（续）

频带	上行范围/MHz	下行范围/MHz	主要地区
17	704 ~ 716	734 ~ 746	美国
18	815 ~ 830	860 ~ 875	日本
19	830 ~ 845	875 ~ 890	日本
20	832 ~ 862	791 ~ 821	欧洲
21	1447. 9 ~ 1462. 9	1495. 9 ~ 1510. 9	日本
22	3410 ~ 3490	3510 ~ 3590	欧洲
23	2000 ~ 2020	2180 ~ 2200	美洲
24	1626. 5 ~ 1660. 5	1525 ~ 1559	美洲
25	1850 ~ 1915	1930 ~ 1995	美洲
26	814 ~ 849	859 ~ 894	美洲
27	807 ~ 824	852 ~ 869	美洲
28	703 ~ 748	758 ~ 803	亚太
29	N/A	717 ~ 728	美洲
30	2305 ~ 2315	2350 ~ 2360	美洲
31	452. 5 ~ 457. 5	462. 5 ~ 467. 5	美洲
32	N/A	1452 ~ 1496	欧洲
65	1920 ~ 2010	2110 ~ 2200	欧洲
66	1710 ~ 1780	2110 ~ 2200	美洲
67	N/A	738 ~ 758	欧洲

表 2.2　3GPP 中为 LTE 定义的非配对频带

频带	频段/MHz	主要地区
33	1900 ~ 1920	欧洲、亚洲（不包括日本）
34	2010 ~ 2025	欧洲、亚洲
35	1850 ~ 1910	美洲
36	1930 ~ 1990	美洲
37	1910 ~ 1930	—
38	2570 ~ 2620	欧洲
39	1880 ~ 1920	中国
40	2300 ~ 2400	欧洲、亚洲
41	2496 ~ 2690	美国
42	3400 ~ 3600	欧洲

（续）

频带	频段/MHz	主要地区
43	3600～3800	欧洲
44	703～803	亚太
45	1447～1467	亚洲（中国）
46	5150～5925	全球

一些频带之间存在部分或完全重叠。在大多数情况下，这是由于区域差异引起的，不同的区域通过如何实现ITU-R定义的频带可能是不同的。同时，期望频带之间的高度共性以实现全球漫游。一组频带首先被指定为UTRA频带，每个频带起源于全球、区域和地方的频谱发展。然后将UTRA频带的完整集合转移到版本8（R8）的LTE规范中，并且从那以后在更新的版本中增加了额外的一组频带。

频带1、33和34是在3GPP规范（也称为2GHz“核心频带”）的版本99（R99）中首先为UTRA定义的配对和非成对频带。频带2稍后被添加用于在美国PCS1900频带中的操作，而频带3是用于3G操作的GSM1800频带。非成对频带35、36和37的定义也是为了PCS1900频率范围，但没有部署在今天任何地方。频带39是从非成对频带33的20MHz扩展到用于中国的40MHz。频带45是中国LTE使用的另一个非成对频带。

频带65是频带1在欧洲扩展到2×90MHz的频带。这意味着在欧洲以前协调为移动卫星服务（MSS）的频段的上半部分中，卫星运营商将部署互补地面组件（CGC），这个互补地面组件是与卫星网络集成的地面LTE系统。

在WRC-2000增加3G频带之后，频带4作为美洲的新频带引入。其下行链路与频带1的下行链路完全重叠，这有助于漫游并且简化了双频带1+4设备的设计。频带10是频带4从2×45MHz扩展到2×60MHz。频带66是成对频带进一步扩展到2×70MHz的，在下行链路频带（2180～2200MHz）的顶部具有额外的20MHz，旨在作为与另一频带的下行链路的LTE载波聚合的补充下行链路。

频带9与频带3重叠，但仅供日本使用。规范是以这样的方式起草的，即可以实现频带3+9漫游的频带设备。1500MHz频带在3GPP中也被标识为用于日本的频带11和21。其在全球被分配给移动业务作为共同的主要应用，并且在先前被用于日本的2G。

在WRC-2000中，2500～2690MHz频带被指定为IMT-2000频段，在3GPP被定义为FDD的频带7和TDD的频带38，TDD的这个频带是在FDD分配的“中心间隙”中。该频带在北美具有略微不同的排列，被定义为美国特定频带41。频带40是为针对IMT识别的新频率范围2300～2400MHz定义的非成对频带，并且在全球范围内具有广泛的分配。

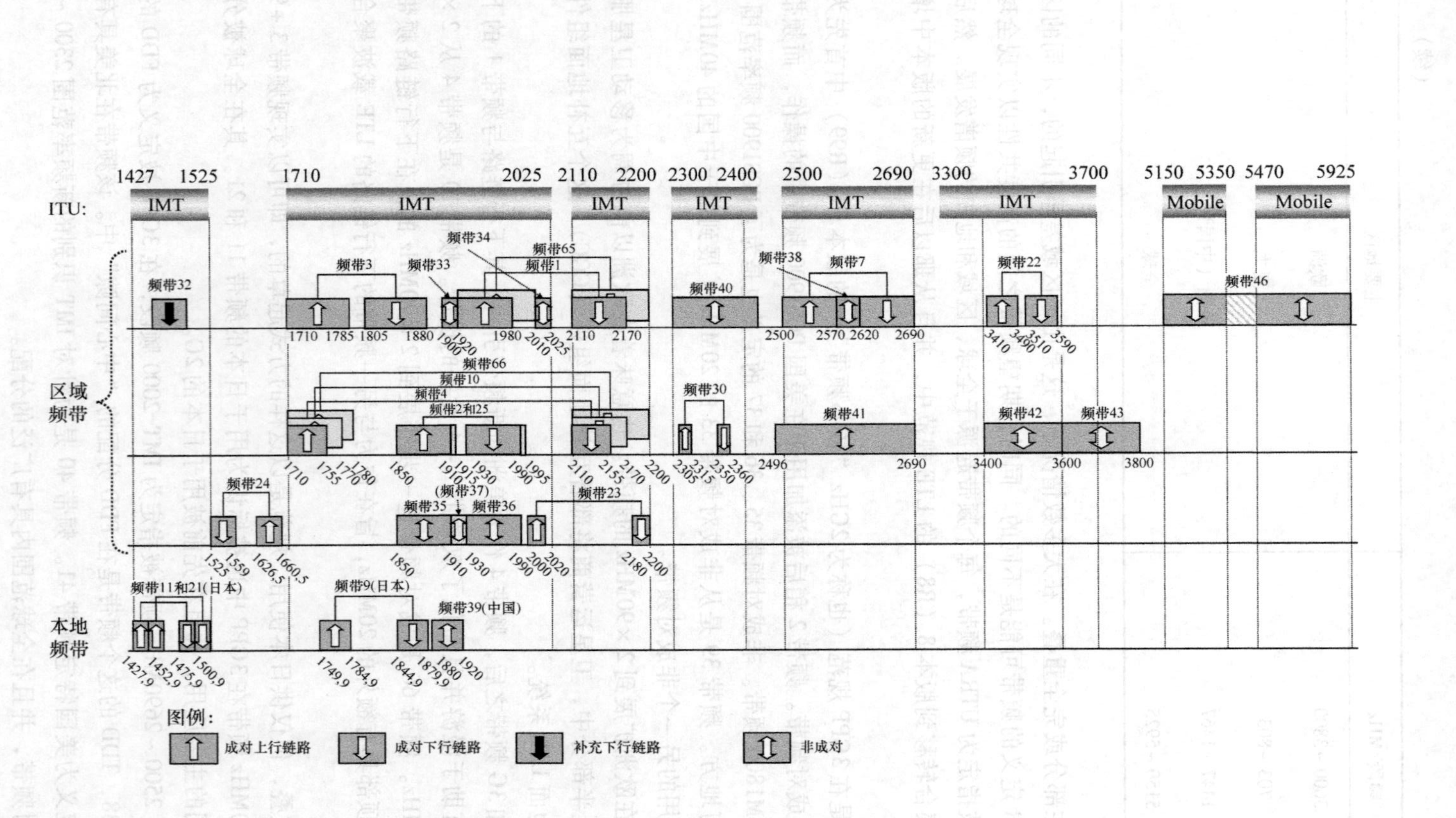

图2.5　3GPP中为LTE规定的1GHz以上的工作频带和相应的ITU-R分配（区域或全球）

WRC-2000还为IMT-2000确定了806~960MHz频率范围，补充了WRC 07中的698~806MHz频率范围。如图2.6所示，在该范围内为FDD定义了几个频带。频带8使用与GSM900相同的频带规划。频带5、18、19、26和27重叠，但是旨在用于不同的区域。频带5是基于美国的蜂窝频带，而规范中的频带18和19限于日本。日本的2G系统具有非常具体的频带规划，频带18和19是将810~960MHz范围内的日本频谱规划与世界其他地区相协调的一种方式。注意，频带6最初为日本在该频率范围中的定义，但是不用于LTE。

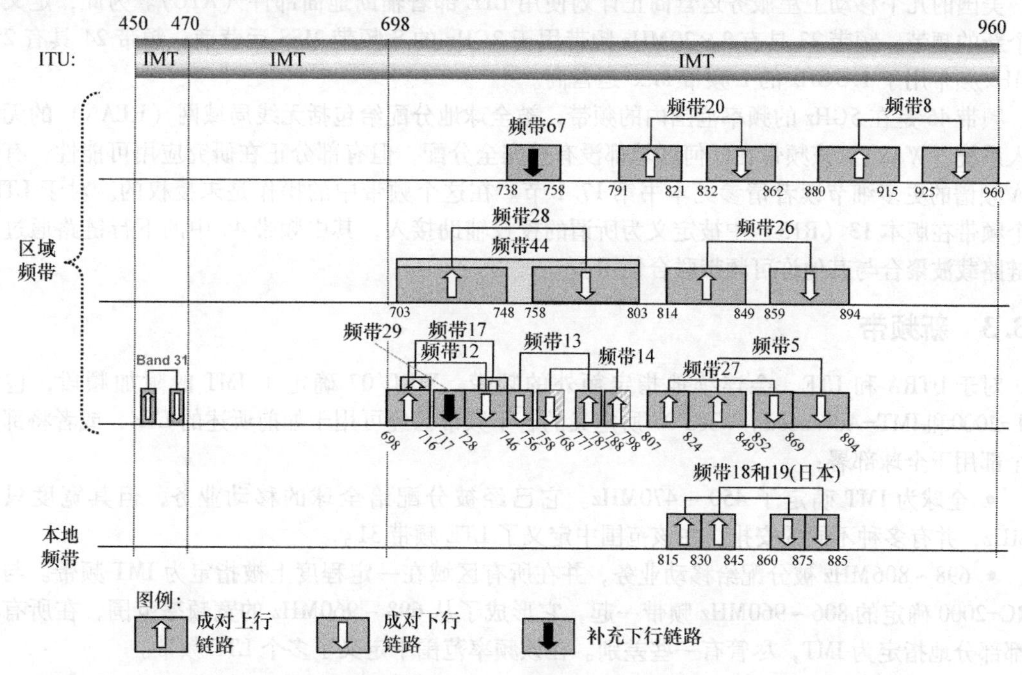

图2.6 3GPP中为LTE规定的1GHz以下的工作频带和相应的ITU-R分配（区域或全球）

在3GPP中进行了广泛的研究以创建频带5（850MHz）的扩展，其是全球部署最广泛的频带之一。该扩展增加了低于当前频带5的附加频率范围，并且定义了两个新的操作频带。频带26是“上延伸850MHz”频带，其包含频带5范围，加上2×10MHz以产生扩展的2×35MHz频带。频带27是“下延伸850MHz”频带，其由正好在频带5下方并与频带5相邻的2×17MHz频率范围组成。

频带12、13、14和17组成为所谓的数字红利的第一组频带，这些频谱是先前用于广播的频谱。由于电视广播正在从模拟技术转移到更高频谱效率的数字技术，因此该频谱被部分地转移以被其他无线技术使用。数字红利的其他区域频带是在欧洲的频带20和在亚太地区的频带28。亚太地区的另一种不成对的安排是不成对频带44。

频带29、32和67是由没有指定上行链路的下行链路组成的“成对”频带。这些频带旨在用于在其他频带中的下行链路载波的载波聚合。频带29可以与美洲的频带2、4和5配对，频带32和67可以与欧洲的频带20配对。

频率范围3.4~3.8GHz被规范为成对频带22和非成对频带42和43。在欧洲，大多数国家已经把3.4~3.6GHz的频率指定为固定无线接入和移动使用的授权频段，而欧洲决定给3.4~3.8GHz的频率采用“灵活使用模式”用于部署固定、游牧和移动网络。在日本，将来地面移动业务不仅可以使用3.4~3.6GHz，还可以使用3.6~4.2GHz。3.4~3.6GHz频段也已在拉丁美洲获得无线接入许可。

成对频带31是在450MHz范围内定义的第一个3GPP频带。频带31是在巴西指定给LTE使用的。频带32是用于美国的LTE频带，也称为无线通信服务（WCS）频带。

美国的几个移动卫星服务运营商正计划使用LTE部署辅助地面部件（ATC）。为此，定义了两个新的频带，频带23具有2×20MHz频带用于2GHz的S频带MSS运营商，频带24具有2×34MHz频带用于1.5GHz的L频带MSS运营商。

频带46是在5GHz的频率范围内的频带，被全球地分配给包括无线局域网（RLAN）的无线接入系统（WAS）。该频带在任何区域都没有被完全分配，但有部分正在研究应用可能性，有关LAA频谱的更多细节读者请参见本书第17.1节。在这个频带中的操作是未授权的。对于LTE，这个频带在版本13（R13）中被定义为所谓的授权辅助接入，其中频带46中的下行链路通过下行链路载波聚合与其他许可频带联合使用。

2.3.3　新频带

对于UTRA和LTE，会连续地指定额外的频带。WRC′07确定了IMT的附加频段，包括IMT-2000和IMT-Advanced。WRC′07所定义的若干频带已经可用于如前所述的LTE，或者将部分或全部用于全球部署：

• 全球为IMT确定了450~470MHz。它已经被分配给全球的移动业务，但其宽度只有20MHz，并有多种不同的安排。在该范围中定义了LTE频带31。

• 698~806MHz被分配给移动业务，并在所有区域在一定程度上被指定为IMT频带。与在WRC-2000确定的806~960MHz频带一起，它形成了从698~960MHz的宽频率范围，在所有地区都部分地指定为IMT，尽管有一些差别。在该频率范围中定义了多个LTE频带。

• 在全球三个地区2300~2400MHz被指定为IMT。它被定义为LTE频带30和40。

• 3400~3600MHz作为主要业务划分给欧洲和亚洲的移动业务，部分用于美洲的一些国家。今天还有卫星使用的这些频段。它被定义为LTE频带22、42和43。

对于WRC-07指定的低于1GHz的频率范围，3GPP已经规定了几个工作频带，如图2.6所示。具有最广泛使用的频带是频带5和8，而大多数其他频带具有区域性或更有限的使用。鉴于IMT使用的低至698MHz的频带以及从模拟到数字电视广播的切换，在美国定义了频带12、13、14和17，在欧洲定义了频带20，在亚洲/太平洋地区定义了频带28和44。

在WRC′15确定了IMT的附加频带，其中一些已经是为LTE定义的频带：

• 在美洲的一些国家，包括美国和加拿大，确定了470~698MHz的IMT。亚太地区的一些国家也完全或部分地确定了IMT的频带。在欧洲和非洲，在WRC′23之前将继续审查这一频率范围的使用。

• 1427~1518MHz，也称为L波段，被指定为全球IMT频带。但该频带在日本已经使用了很长时间，并且3GPP内已经在该频率范围内定义了LTE频带11、21和32。

• 现在至少在一些地区或国家为IMT确定了3300~3700MHz。已经在WRC′07上确定的3400~3600MHz频率范围现在已在全球范围内确定为IMT。LTE频带22、42和43在该范围内。

• 在美洲和亚太地区，少数几个国家确定了 4800~4990MHz 的 IMT。

2.4 5G 频谱

2.4.1 WRC 将要研究的新频段

国际电信联盟“无线规则”中的频率表不直接列出 IMT 频带，而是为移动业务分配一个带有脚注的频带，说明该频带被确定为希望实施 IMT 的主管部门使用。指定主要是按地区，但在某些情况下也在每个国家这一级别指定。所有脚注仅提及“IMT”，因此没有具体提到 IMT 是第几代。一旦指定了频带，将由区域和地方主管部门来定义一般或特定代的 IMT 使用的频带。在许多情况下，区域和地方指配是“技术中立”，允许任何种类的 IMT 技术。

这意味着所有现有的 IMT 频段都是 IMT-2020（5G）部署可以使用的频段，因为它们已用于以前的 IMT 各代。此外，还预计高于 6GHz 的频带将用于 IMT-2020。WRC'19 设立了一个议程项目，将考虑更多的频谱，WRC'19 之前并将进行研究，确定地面 IMT 的频谱需求。IMT 的共享和兼容性研究也将针对 24.25~86GHz 范围内的一组特定频带进行，如图 2.7 所示。大多数要研究的频带已经在主要分配给移动业务，在大多数频带中，与固定和卫星业务共同使用，具体如下：

1）24.25~27.5GHz。

2）37~40.5GHz。

3）42.5~43.5GHz。

4）45.5~47GHz。

5）47.2~50.2GHz。

6）50.4~52.6GHz。

7）66~76GHz。

8）81~86GHz。

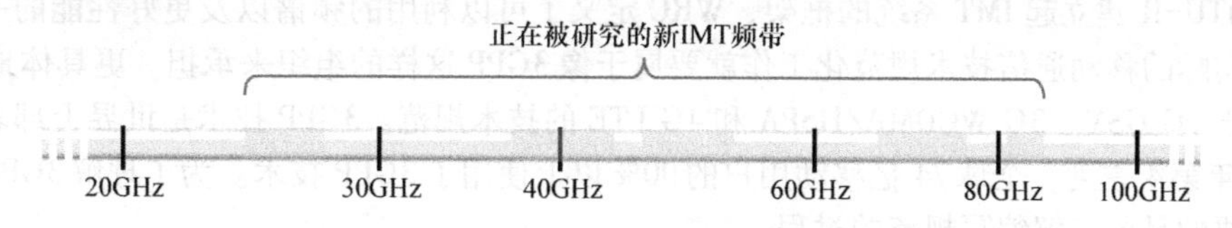

图 2.7　在 ITU-R 中正在被研究的新 IMT 频带

此外，还有为 IMT 研究的频带，其目前未分配给移动业务作为主要业务。在这些研究中，将调查是否可以将分配改变为包括移动业务。这些频带有

• 31.8~33.4GHz。

• 40.5~42.5GHz。

• 47~47.2GHz。

作为移动业务的 IMT 和这些频带中的其他主要业务之间的共用研究将是区域和国家主管部门与业界一起为 WRC'19 准备的任务。在某些情况下，也可以进行相邻的服务的研究。作为研究的输入，需要 IMT 的技术和操作特性，在这种情况下也就是 IMT-2020 的特性。

2.4.2　高于6GHz的RF辐射

随着5G移动通信的频率范围扩展到6GHz以上的频带，现有的对人体暴露于RF电磁场（EMF）的规定可能将用户设备的最大输出功率限制为一个较低的水平，这个水平显著低于较低频率允许的水平。

国际射频电磁场暴露限值，例如，国际非电离辐射防护委员会（ICNIRP）建议的和美国联邦通信委员会（FCC）规定的暴露限值，已经设定了广泛的安全裕度，以防止由于能量吸收而导致的组织过度升温。在6~10GHz的频率范围内，基本极限从规定为特定吸收率（W/kg）到入射功率密度（W/m）的变化。这主要是因为组织中的能量吸收随着频率的增加而变得越来越浅，因此更难以测量。

已经表明，对于拟在身体附近使用的产品，当从特定吸收速率转换到基于功率密度的限制时，最大允许输出功率将不连续。为了符合更高频率的ICNIRP暴露限制，发射功率可能必须比当前蜂窝技术所使用的功率电平低10dB。没有任何明显的科学依据，似乎6GHz以上的暴露限值设置的安全裕度大于低频使用的安全裕量。

对于低频带，多年来花费了大量的努力来表征辐射和设置相关的限制。随着对利用6GHz以上的频带用于移动通信的日益增长的兴趣，目前有更多的研究，最终可能导致修订的辐射限制。在由IEEE（C95.1-2005，C95.1-2010a）公布的最近的RF辐射标准中，过渡频率处的不一致性不太明显。然而，这些限制尚未在任何国家法规中得到采纳，重要的是其他标准化组织和监管机构也应努力解决这一问题。如果不这样，可能对较高频率的覆盖具有大的负面影响，特别是对于打算在身体附近使用的用户设备、诸如可穿戴设备、平板电脑和移动电话，其最大发射功率可能严重地受限于当前射频辐射规定。

2.5　3GPP标准化

随着ITU-R建立起IMT系统的框架，WRC定义了可以利用的频谱以及更好性能的一直增长的需求，实际的移动通信技术规范化工作就要属于像3GPP这样的组织来承担。更具体地，3GPP编写了用于2G GSM、3G WCDMA/HSPA和4G LTE的技术规范。3GPP技术是世界上部署最广泛的，2015年第4季度，全球74亿移动用户的90%以上使用了3GPP技术。为了理解3GPP的工作原理，重要的是要了解编写规范的过程。

2.5.1　3GPP过程

开发移动通信的技术规范不是一次性的工作；这是一个持续的过程。规范不断发展，试图满足对服务和功能的新需求。该过程在不同的论坛中是不同的，但通常包括图2.8所示的四个阶段：

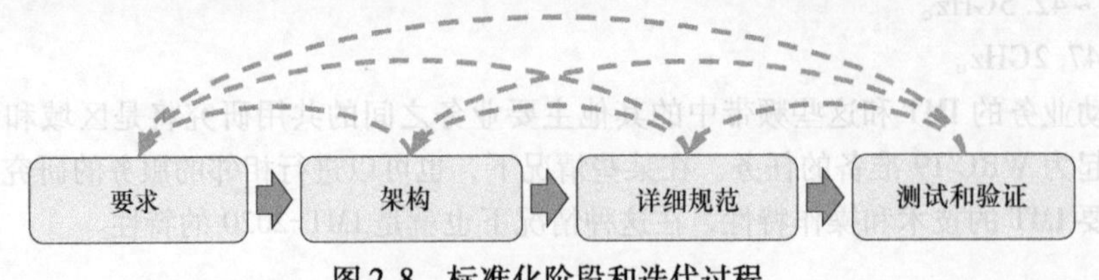

图2.8　标准化阶段和迭代过程

1）要求，决定了规范要实现什么。

2）架构，决定其中主要的构建模块和接口。

3）详细规范，详细规定了每个接口。

4）测试和验证，其中接口规范经验证与现实的设备配合使用。

有些阶段是重叠和迭代的。例如，如果技术解决方案需要，可以在后续阶段添加、更改或删除需求。同样，详细规范中的技术方案可能由于在测试和验证阶段中发现的问题而改变。

规范从要求阶段开始，决定了规范应该实现什么。这个阶段通常相对较短。

在架构阶段，决定了架构，也就是如何满足要求的原则。架构阶段包括关于要标准化的参考点和接口的决定。这个阶段通常相当长，并且可能改变要求。

在架构阶段之后，详细规范阶段开始。在该阶段中，规范每个所识别的接口的细节。在接口的详细规范期间，标准组织可能会发现以前的架构阶段或甚至要求阶段中的决定都要重新审视。

最后，测试和验证阶段开始。它通常不是实际规范的一部分，但通过供应商的测试和供应商之间的互操作性测试应并行进行。这个阶段是规范的最终证明。在测试和验证阶段期间，仍可能发现规范中的错误，并且这些错误可能改变详细规范中的决定。虽然不常见，但是也可能需要对架构或要求进行更改。为了验证规范，需要通过产品进行验证。因此，产品的实现在详细规范阶段之后（或期间）开始。当有稳定的测试规范可用于验证设备是否满足技术规范时，测试和验证阶段结束。

通常，从规范完成直到商业产品投放市场约需要一年时间。

3GPP由三个技术规范组（TSG）组成，如图2.9所示。其中TSG RAN（无线接入网）负责无线接入的功能、要求和接口的定义。它由6个工作组（WG）组成，即

1）RAN WG1，处理物理层规范。

2）RAN WG2，处理层2和层3无线接口规范。

3）RAN WG3，处理固定RAN接口，例如，RAN中的节点之间的接口，以及RAN和核心网络之间的接口。

4）RAN WG4，处理RF和无线资源管理（RRM）性能要求。

5）RAN WG5，处理器件一致性测试。

6）RAN WG6，处理GSM/EDGE的标准化（以前在称为GERAN的单独TSG中）。

3GPP中的工作在考虑相关ITU-R建议的情况下进行，工作结果也作为IMT-2000和IMT-Advanced的一部分提交给ITU-R。组织伙伴有义务确定可能导致标准中选项的区域要求。例如，区域性的区域频带和特殊保护要求。制定规范时要考虑到全球漫游和设备的流通。这意味着许多区域需求本质上将是所有设备的全球需求，因为漫游设备必须满足所有区域需求。在规范中对基站的区域选项比对终端设备的区域选项更常见。

所有版本的规范可以在每次TSG会议之后更新，每年4次。3GPP文档会针对每个版本，其中每个版本与上一版本相比都有一组添加的功能。这些特征在由TSG同意和承担的工作项目中定义。版本8（R8）及以后的版本，即针对LTE列出的一些主要功能，如图2.10所示。每个版本显示的日期是版本内容冻结的日期。LTE的版本10（R10）是ITU-R批准为IMT-Advanced技术的第一个版本，因此也是第一个名为LTE-Advanced的版本。从版本13（R13），LTE的市场名

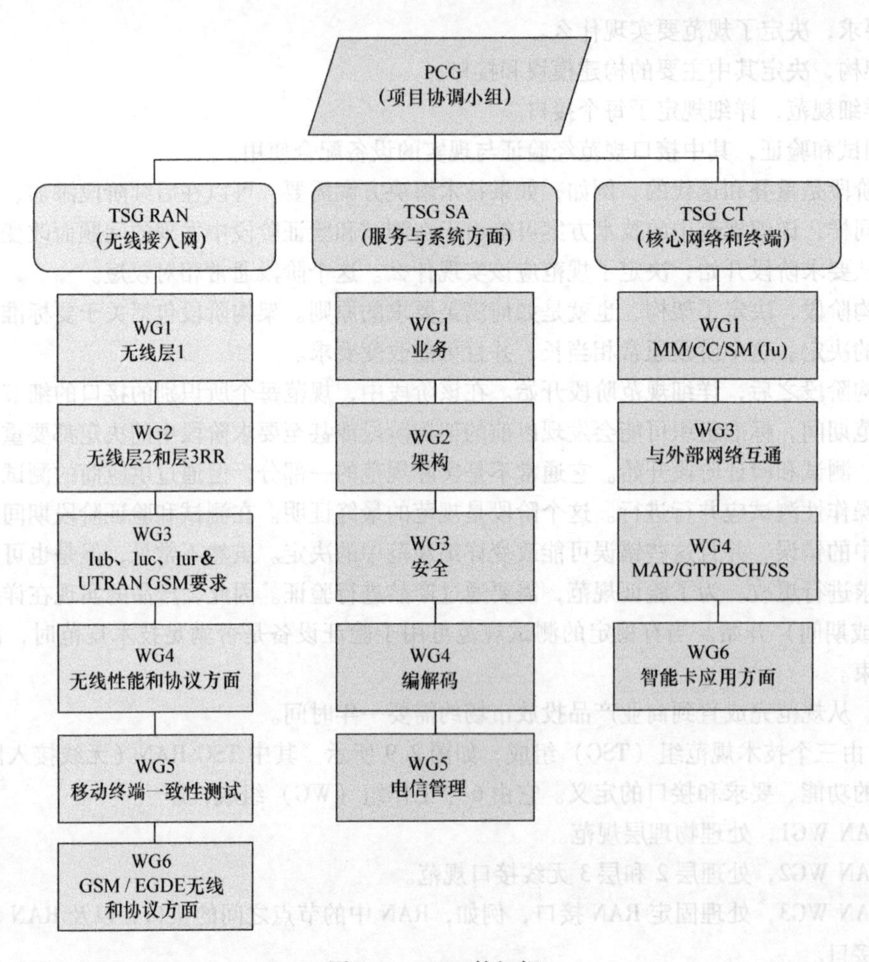

图 2.9　3GPP 的组织

称更改为 LTE-Advanced Pro。LTE 的 3GPP 版本的内容在第 3 章中进一步详细描述。

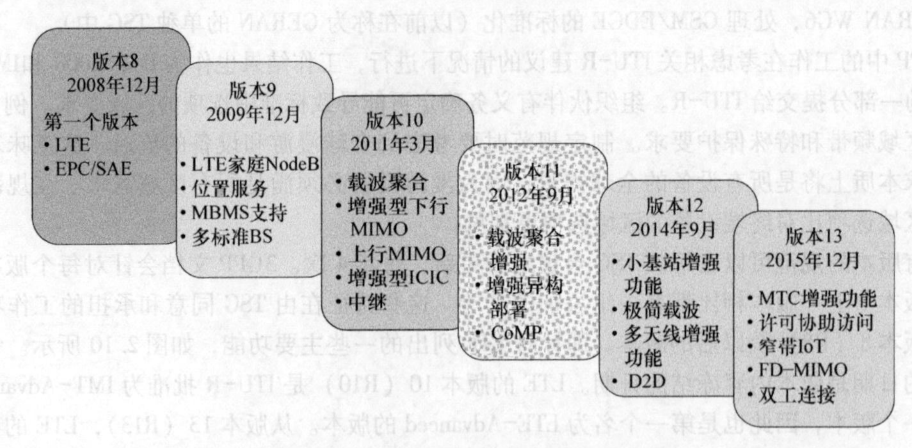

图 2.10　LTE 的 3GPP 规范的各个版本

3GPP技术规范（TS）组织为多个系列，编号为TS XX. YYY，其中XX表示规范系列的编号，YYY是系列中的规范编号。以下系列规范定义了3GPP中的无线接入技术：

- 25系列：UTRA（WCDMA）的无线接入技术方面。
- 45系列：GSM/EDGE的无线接入技术方面。
- 36系列：LTE、LTE-Advanced和LTE-Advanced Pro的无线接入技术方面。
- 37系列：与多种无线接入技术有关的方面。
- 38系列：下一代（5G）的无线接入技术方面。

2.5.2　3GPP中5G的制定

在ITU-R中发起的下一代接入的定义和评估的同时，3GPP已经开始定义下一代3GPP无线接入。2014年举办了一个关于5G无线接入的研讨会，并在2015年年初启动了一个确定5G评估标准的过程，评估计划按照与LTE-Advanced评估和提交给ITU-R的过程相同。当时LTE-Advanced作为IMT-Advanced的一部分被批准为4G技术。评估和提交将遵循第2.2.3节中描述的ITU-R时间线。参考图2.8中描述的4个阶段，3GPP中的5G工作目前处于定义需求的第一阶段。3GPP过程在第23章中进一步描述。

3GPP TSC RAN在新的报告TR 38.913中记录了针对新的5G无线接入的场景、要求和评估标准，其大体上对应于为定义LTE-Advanced的要求而开发的报告TR 36.913。至于IMT-Advanced评估的情况，下一代无线接入的相应3GPP评估可以具有更大的范围，并且可能比ITU-R对候选IMT-2020 RIT的评估具有更严格的要求，ITU-R评估由ITU-R WP5D定义。至关重要的是，ITU-R评估工作应保持合理的复杂性，以便按时完成工作，并且外部评估小组也能够参与评估工作。

有关5G无线接入及其可能组件的更多详细信息，请参见本书第23和24章。

第3章　LTE无线接入：概述

LTE 的工作始于 2004 年年底，其总体目标是提供一种专注于分组交换数据的新型无线接入技术。3GPP LTE 工作的第一阶段是为 LTE 定义一套性能和功能目标。这包括峰值数据速率、用户/系统吞吐量、频谱效率和控制/用户平面延迟的目标。此外，还对频谱灵活性以及与其他 3GPP 无线接入技术（GSM、WCDMA/HSPA 和 TD-SCDMA）的交互/兼容性设定了要求。

一旦设定了目标，3GPP 研究了针对 LTE 的不同技术方案的可行性，随后制定了详细的规范。LTE 规范第 1 版，即版本 8（R8）在 2008 年完成，商业网络于 2009 年年底开始运营。版本 8 之后还有其他的 LTE 版本，在不同领域引入了额外的功能和能力，如图 3.1 所示。特别有意义的是版本 10（R10），这 LTE-Advanced 的第 1 个版本，以及版本 13（R13）、LTE-Advanced Pro 的第 1 版，在 2015 年底完成。

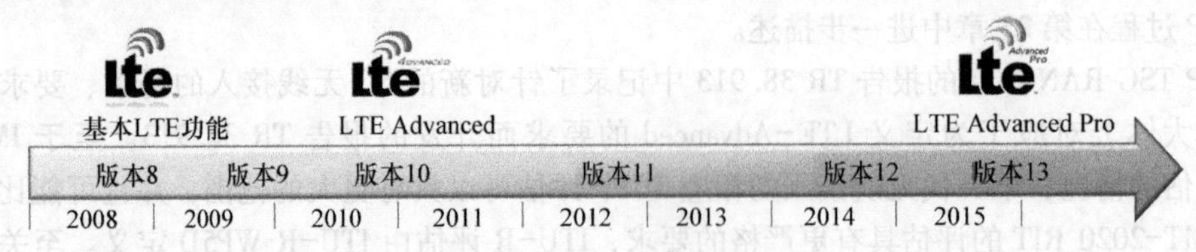

图 3.1　LTE 及其演进

在 LTE 发展的同时，3GPP 系统架构演进也在不断发展，称为系统架构演进（SAE），包括无线接入网和核心网。架构演进的需求，导致采用单一节点（eNodeB[⊖]）的新的扁平的无线接入网架构，以及新的核心网架构。LTE 相关核心网架构的一个很好描述，演进分组核心（EPC）可以在其中找到。

本章的其余部分提供了 LTE 的概述。介绍了 LTE 版本 8 最重要的技术部分，包括传输方案、调度、多天线支持和频谱灵活性，以及后续版本（包括版本 13）中引入的附加功能和增强功能。本章可以单独阅读来获得 LTE 的总体概述，或作为后续章节的引言。

第 4 ~ 22 章提供了 LTE 无线接入技术的详细描述。第 4 章概述了 LTE 协议结构，包括 RLC、MAC 和物理层，解释了逻辑和物理信道以及相关数据流。第 5 章介绍了 LTE 所基于的时间频率结构，以及 LTE 天线端口概念的简要概述。接下来第 6 章和第 7 章对下行链路和上行链路传输的 LTE 物理层功能进行了详细描述。第 8 章包含了 LTE 重传机制的描述，其次是关于 LTE 中各种传输机制的讨论，以支持第 9 章中的高级调度和链路自适应。第 10 章中介绍了支持调度（包括处理大型天线阵列）的信道状态报告。第 11 章的主题是接入到网络的设备（或终端，在 3GPP 中称为用户设备——UE）所必需的接入过程。

以下章节将重点介绍从版本 10 开始纳入 LTE 的一些增强功能，这将从第 12 章中的载波聚合（CA）开始。第 13 章讨论了多点协调/传输，然后在第 14 章讨论了基于 LTE 的异构部署。第 15 章介绍了小基站增强功能和动态 TDD，第 16 章是双连接的描述，第 17 章是关于在非许可频谱下

⊖　eNodeB 是一个大概可以被视为等同于基站的 3GPP 术语，请参见第 4 章。

的操作。中继和广播/多播分别是第 18 章和第 19 章的主题。第 20 章描述了改进的机器类型通信支持的增强功能，而第 21 章则侧重于直接的设备到设备通信。考虑到频谱灵活性，本书的 LTE 最后部分讨论了射频（RF）需求的定义。

最后，第 23 章和第 24 章介绍了 3GPP 目前正在讨论的新的 5G 无线接入技术，第 25 章总结了有关 5G 无线接入的讨论。

3.1 LTE 基础技术

版本 8（R8）是第一个 LTE 版本，是后续版本的基础。由于版本 8 的工作时间的限制，原本计划在版本 8 的一些较小的功能推迟到了版本 9（R9），这些功能也是 LTE 基本框架的一部分。在本节后续内容中，将介绍版本 8、9 的基本 LTE 技术。

3.1.1 传输方案

LTE 下行链路传输方案基于传统的正交频分复用（OFDM），由于多种原因，这是个有吸引力的传输方案。由于相对长的 OFDM 符号时间与循环前缀相结合，OFDM 对信道频率选择性提供了高度的鲁棒性。虽然由于频率选择性信道的信号损坏原则上可以通过接收机侧的均衡来处理，但是在较大带宽的设备中特别是结合先进的多路复用技术的天线传输方案，这种均衡的复杂度将变得非常高。由于 LTE 要支持高级多天线传输和大带宽，因此 OFDM 是 LTE 的很有吸引力的选择。

OFDM 还提供了与 LTE 相关的以下一些额外好处：

• 与主要 3G 系统中使用的仅针对时域的调度相比，OFDM 还可以在频域调度，从而使与信道相关的调度器具有额外的自由度。

• 通过改变用于传输的 OFDM 子载波的数量，至少从基带角度来看，可以很直接地通过灵活的传输带宽来支持不同大小的频谱分配。然而，请注意，灵活的传输带宽的支持也需要灵活的 RF 滤波等，具体的传输方案在很大程度上与之无关。然而，不管带宽如何，保持相同的基带处理结构，会使设备的开发和实现变得简单。

• 广播/多播传输，从多个基站发送相同的信息对 OFDM 来说很容易实现的，具体见第 19 章描述。

同样，LTE 上行链路也是基于 OFDM 传输。然而，为了在器件方面实现高功率的放大器效率，采取不同的手段来减少上行链路传输的立方度量。相对于某些参考波形所需的回退，立方度量是对某一信号波形所需的附加回退量的度量。它捕获与更常见的峰值与平均比值相似的属性，但更好地表示实现中所需的实际回退。通过 DFT 预编码器在 OFDM 调制器之前实现低立方度量，这样就出现了 DFT 扩展 OFDM（DFTS-OFDM），参见第 7 章。通常术语 DFTS-OFDM 用于描述 LTE 上行链路传输方案。然而，应当理解，DFTS-OFDM 仅用于上行链路数据传输。如后面章节中更详细地描述的，其他手段用于实现其他类型的上行链路传输的低立方度量。因此，LTE 上行链路传输方案应该被描述为具有不同技术的 OFDM，包括用来减少发射信号的立方度量的在数据传输上使用的 DFT 预编码。

在LTE上行链路使用基于OFDM的传输可以使上行链路传输在频域中正交分离。在许多情况下，正交分离在许多情况下是有益的，因为它避免了来自小区内的不同设备的上行链路传输之间的干扰（小区内干扰）。在数据速率主要受设备可用传输功率而不是带宽限制的情况下，从单个设备分配非常大的瞬时带宽用于传输不是有效的方案。这种情况下，设备可以仅分配总的可用带宽的一部分，同时在频谱的剩余部分可以调度小区内的其他设备并行发送。换句话说，LTE上行链路传输方案允许时分多址（TDMA）和频分多址（FDMA）来区分用户。

3.1.2 信道相关的调度和速率适应

移动无线通信的一个关键特征是大而典型的快速变化的瞬时信道条件，这些信道条件包括频率选择性衰落，距离相关路径损耗以及由于其他小区和其他终端中传输而引起的随机干扰的变化。在WCDMA版本99（R99）中试图通过功率控制来对抗这些变化，与之相反，LTE尝试通过频道相关调度来利用这些变化，其中时间频率资源在用户之间动态共享。跨用户的资源动态共享与分组数据通信的快速变化的资源需求可以很好地匹配，并且还支持LTE的其他关键技术。

调度器可以为每个时刻决定给哪些用户分配共享资源的哪些部分以及每个传输使用的数据速率。因此，速率适配（即试图动态地调整数据速率以匹配瞬时信道条件）可被视为调度功能的一部分。

然而，即使速率适配成功地选择了适当的数据速率，也可能存在一定的传输错误。为了处理传输错误，在LTE中使用具有软合并的快速混合ARQ以允许设备快速地请求错误接收的数据块的重传，这也是一种隐式速率适配的工具。在每个分组传输之后，可以快速地请求重传，从而最小化从错误接收的分组对终端用户性能的影响。使用增量冗余作为软合并策略，这样接收器缓冲软比特能够在传输尝试之间执行软合并。

调度是关键元素，在很大程度上决定了整个系统的性能，特别是在高负载网络中。在LTE中下行链路和上行链路传输都取决于严格的调度。如果在调度决策中考虑信道条件，即所谓的信道相关调度，其中传输针对信道条件瞬时有利的用户，则可以实现系统容量的实质增益。由于在下行链路和上行链路传输方向上都使用OFDM，调度器可以访问时域和频域。换句话说，调度器可以为每个时间和频率区域选择具有最佳信道条件的用户，如图3.2所示。

频域上的调度对于移动速度低的设备特别有用，在这种情况下信道在时间上缓慢变化。频域上的调度依赖于用户之间的信道质量变化，以获得系统容量的增益。对于时延敏感的业务，尽管信道质量未达到最佳值，但是由于延迟约束，只有时域调度的调度器可能被迫调度特定用户。在这种情况下，在频域中利用频道质量变化将有助于提高系统的整体性能。对于LTE，调度决定可以每1ms进行一次，并且频域中的粒度为180kHz。这允许由调度器跟踪和利用时域和频域中的相对快速的信道变化。

为了支持下行链路调度，设备可以向网络提供指示时域和频域上的瞬时下行链路信道质量的信道状态报告。信道状态通常通过对在下行链路中发送的参考信号进行测量来获得。基于信道状态报告，也称为信道状态信息（CSI），下行链路调度器可以在调度决策中考虑信道质量，把下行链路传输资源分配给不同的设备。原则上，可以在每1ms调度间隔中把180kHz宽的资源块的任意组合分配给任何一个被调度的设备。

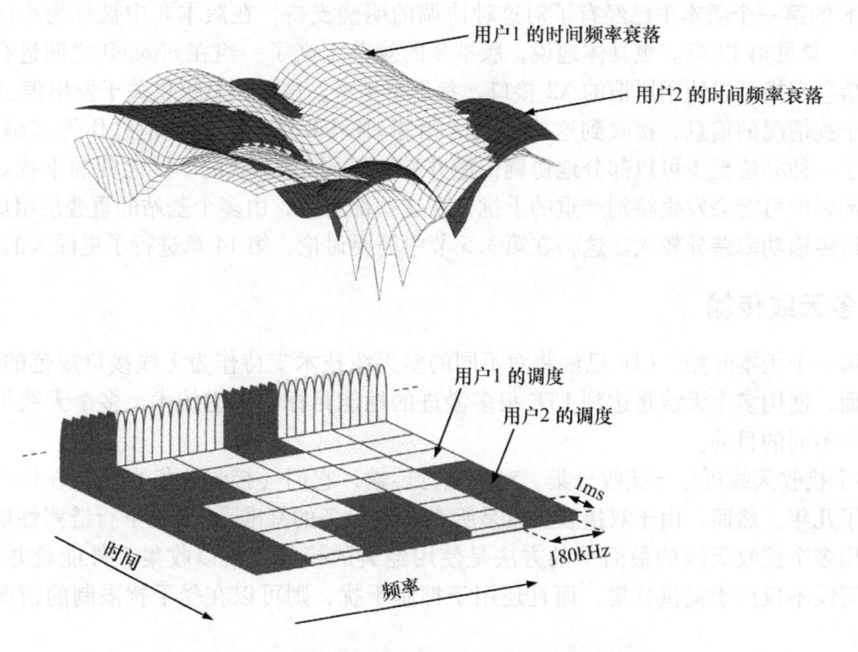

图 3.2　时域和频域中的下行信道相关的调度

如本章前面所述，在 LTE 上行信道中，不同的上行传输是正交的，上行调度程序的任务是将时域和频域的资源分配给不同的设备。每 1ms 进行一次调度，决定在给定的时间间隔内控制允许哪些设备在小区内传输，并且针对每个设备，在何种频率资源上进行传输，以及使用什么传输参数（包括数据率）。可以使用与下行类似的调度策略，尽管两者之间存在一些差异。基本上，上行功率资源分布在用户之间，而在下行链路中，功率资源则集中在基站内。此外，单个终端的最大上行传输功率通常显著低于基站的输出功率。这对调度策略有重大影响。与通常可以使用单纯在时域划分的下行链路不同，除了时域之外，上行调度通常必须依赖于在频域中的共享，因为单个终端可能没有足够的功率来有效地利用链路容量。

类似于下行调度，在上行调度中也可以考虑信道状况。获取上行链路 CSI 的一种可能是通过探测，其中终端发送已知的参考信号，基站可以从该参考信号评估不同频率部分中的信道质量。然而，在所有情况下获得关于上行链路信道条件的信息可能是不可行或不可取的，这在后续章节中有更详细的讨论。因此，在信道相关调度不合适的情况下，用获得上行分集的不同手段作为补充是重要的。

3.1.3　小区间干扰协调

LTE 被设计为可以以频率复用因子为 1 来运行，这意味着可以在相邻传输点上使用相同的载波频率。特别地，LTE 的基本控制信道被设计为在相对较低的信号干扰比下正常地工作，因为在复用因子为 1 的部署中可能经历相对较低的信号干扰比。

本质上，每个传输点可以使用所有可用频率资源总是有益的。然而，如果可以协调来自相邻传输点的传输来避免最严重的干扰情况，则系统效率和最终用户的业务质量会得到进一步改善。

在LTE的第一个版本中已经有了对这种协调的明确支持，在版本8中被称为小区间干扰协调（ICIC），参见第13章。更具体地说，版本8的规范定义了一组在eNodeB之间进行交换的信息。这些信息交换可以使用所谓的X2接口，参见第4章。这些消息提供关于发出消息的eNodeB所经历的干扰情况的信息，接收到这些消息的相邻eNodeB可以把这些消息作为其调度的输入，从而提供了一种办法至少可以部分地协调传输并控制不同eNodeB的小区之间的干扰。在所谓的异构网络部署中可能会发生特别严重的干扰，在这些部署下，由多个基站的重叠层组成，这些层之间的下行传输功率差异较大。这将在第3.5节中简要讨论，第14章进行了更深入的讨论。

3.1.4　多天线传输

从其第一个版本开始，LTE已经将对不同的多天线技术支持作为无线接口规范的组成部分。在许多方面，使用多个天线是达到LTE很多激进的性能目标的关键技术。多个天线可以以不同的方式用于不同的目的。

- 多个接收天线可用于接收分集。对于上行传输，它们（接收分集）已经在许多蜂窝系统中被使用了几年。然而，由于双接收天线是所有LTE设备的基准[⊖]，所以下行链路性能也得到了改善。使用多个接收天线的最简单的方法是使用经典的接收分集以收集额外能量并抑制衰落，但是如果天线不仅用于提供分集，而且还用于抑制干扰，则可以在受干扰限制的情况下实现额外的增益。
- 基站上的多个发射天线可用于发射分集和不同类型的波束成形。波束成形的主要目标是提高接收到的信干噪比（SINR），最终提高系统容量和覆盖范围。
- LTE支持空间复用，有时称为多输入多输出（MIMO），更具体地说就是发射机和接收机都使用多天线的单用户MIMO（SU-MIMO）。通过创建多个并行“通道”，空间复用导致在带宽有限的场景中增加数据速率。或者，通过将空间属性与适当的干扰抑制接收器处理组合，多个设备可以在相同的时间频率资源下同时传输，以提高整体小区容量。在3GPP中，这被称为多用户MIMO。

一般来说，不同的天线技术应用于不同情况是有益的。作为示例，在相对较低的SINR下，例如在高负载或小区边缘处，空间复用只能提供相对有限的益处。相反，在这种情况之下，应使用发射机侧的多个天线通过波束成形来提高SINR。另一方面，在已经存在相对较高的SINR的情况下，例如，在小基站中，进一步提高信号质量只会提供相对较小的增益，因为可实现的数据速率主要是带宽限制而不是SINR限制。在这种情况之下，应该使用空间复用来充分利用良好的信道条件。所使用的多天线方案会在基站的控制下，因此可以为每个传输选择合适的方案。

版本9（R9）增强了空间复用与波束成形相结合的支持。虽然在版本8中可以有波束成形和空间复用的组合，但是它被限制在所谓的基于码本的预编码（见第6章）。在版本9中，引入了与所谓的基于非码本的预编码相结合的空间复用的支持，从而在部署各种多天线传输方案方面提高了灵活性。

LTE从第一个版本就已经支持多达四层下行链路空间的复用。随后的LTE版本进一步扩展了多天线功能，如第3.4节所述。

⊖　低端的MTC设备的基准是单天线的操作。

3.1.5　频谱灵活性

高度的频谱灵活性是 LTE 无线接入技术的主要特征之一。这种频谱灵活性的目的是允许在具有各种特性的不同频带中部署 LTE 无线接入，包括不同的双工制式和不同大小的可用频谱。本书第 22 章概述了如何在 LTE 中实现频谱灵活性的细节。

3.1.5.1　双工的灵活性

在频谱灵活性方面 LTE 需求的一个重要部分是可以在成对和非成对频谱中部署基于 LTE 的无线接入。因此，LTE 支持基于频分和时分的双工方案。频分双工（FDD），如图 3.3 左侧所示，意味着下行链路和上行链路传输发生在不同的、充分分离的频带中。如图 3.3 右侧所示，时分双工（TDD）意味着下行链路和上行链路传输发生在不同的、非重叠时隙中。因此，TDD 可以在非成对频谱中运行，而 FDD 需要成对频谱。在本书第 22 章中进一步讨论了在不同的成对和非成对频率安排中支持 LTE 操作所需的灵活性和导致的需求。

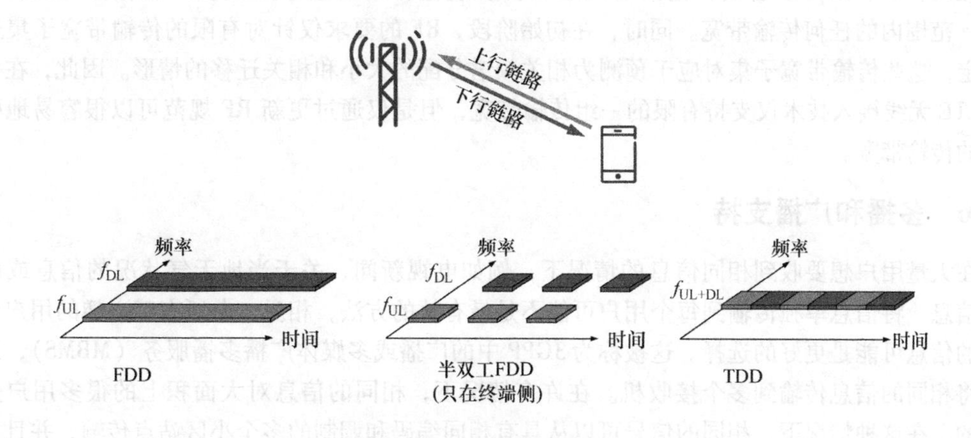

图 3.3　频分和时分双工

在引入 LTE 之前，3GPP 无线接入技术已经支持成对和非成对频谱的操作，即基于 FDD 的 WCDMA/HSPA 与基于 TDD 的 TD-SCDMA 的组合无线技术。然而，这是通过至少在细节上相对不同的多个无线接入技术来实现的，从而在开发和实现能够兼容 FDD 和 TDD 操作的双模设备时会导致额外的努力和复杂性。另一方面，LTE 在单个无线接入技术中支持 FDD 和 TDD，从而使基于 LTE 的无线接入的 FDD 和 TDD 之间只有很小偏差。因此，以下章节提供的 LTE 无线接入的概述在很大程度上对 FDD 和 TDD 均有效。在 FDD 和 TDD 之间存在差异时，会明确指出这些差异。此外，TDD 模式（也称为 TD-LTE）在被设计时保证了 LTE（TDD）和 TD-SCDMA 之间的共存，简化了从 TD-SCDMA 到 LTE 的逐渐迁移。

LTE 还支持设备上的半双工 FDD（如图 3.3 中间所示）。在半双工 FDD 中，特定设备的发送和接收在频率和时间上分离。基站仍然使用全双工 FDD，因为它可以在上行链路和下行链路中同时调度不同的设备，这类似于 GSM 操作。半双工 FDD 的主要优点是降低了器件复杂度，因为器件中不需要双工滤波器。这在多频带设备的情况下是特别有帮助的，否则需要多组双工滤波器。

3.1.5.2 带宽灵活性

LTE的一个重要特征是在下行链路和上行链路上支持一系列不同的传输带宽。其主要原因是可用于LTE部署的频谱量可能在不同频带之间显著变化，并且还取决于各运营商的具体情况。此外，由于LTE可以在不同的频谱分配中运行，这样可以很容易地将频谱从其他无线接入技术逐渐迁移到LTE。

通过LTE规范中灵活的传输带宽，LTE可以支持在很宽范围的频谱分配中运行。为了在频谱可用时有效地支持非常高的数据速率，需要较宽的传输带宽。然而，由于运行频带或由于来自另一无线接入技术的逐渐迁移，可能不存在足够大量的频谱，在这种情况下，LTE可以用较窄的传输带宽运行。在这种情况下，可实现的最大数据速率将相应减少。如下所述，在LTE的后期版本中，频谱灵活性会进一步提高。

LTE物理层规范是对带宽不可知的，并且在支持的传输带宽只要大于最小值之外没有任何特定的假设。从下面可以看出，包括物理层和协议规范在内的基本无线接入规范可以允许1～20MHz范围内的任何传输带宽。同时，在初始阶段，RF的要求仅针对有限的传输带宽子集进行了规定，这些传输带宽子集对应于预测为相关频谱分配的大小和相关迁移的情形。因此，在实践中，LTE无线接入技术仅支持有限的一组传输带宽，但是仅通过更新RF规范可以很容易地引入额外的传输带宽。

3.1.6 多播和广播支持

在大量用户想要收到相同信息的情况下，例如电视新闻、关于当地天气状况的信息或股票市场信息，将信息单独传输到每个用户可能不是最有效的方法，相反，向所有感兴趣的用户传送相同的信息可能是更好的选择。这被称为3GPP中的广播或多媒体广播多播服务（MBMS），这意味着将相同的信息传输到多个接收机。在许多情况下，相同的信息对大面积上的很多用户是感兴趣的，在这种情况下，相同的信号可以从具有相同编码和调制的多个小区站点传输，并且在多个站点上同步时间和频率。从设备的角度来看，信号将完全像从单个小区站点发送的一样，只是受到多径传播，如图3.4所示。由于OFDM对多径传播的鲁棒性，这种多小区传输在3GPP中也称为多播/广播单频网（MBSFN）传输，这样不仅可以提高接收信号强度，而且可以消除小区间干扰。因此，对于OFDM来说，多小区广播/多播吞吐量最终可能仅受噪声限制，因此在小基站的情况下可以达到非常高的数值。

应当注意，对于多小区广播/多播，MBSFN传输假定从不同小区站点发送的信号会紧密同步和时间对准。

MBSFN从一开始就是LTE的一部分，但是由于时间限制，直到第二个版本的LTE（即版本9）才支持。在版本13中也支持单个小区的多播/广播服务的增强，称为单点对多点（SC-PTM）。

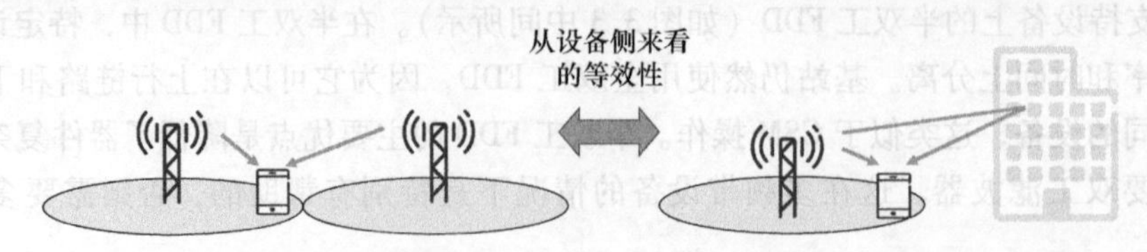

图3.4 从设备的角度来看广播和多径传播之间的等效性

3.1.7　定位

顾名思义，定位是指利用无线接入网络功能来确定各个设备的位置。确定设备的位置原则上可以通过在设备中加入 GPS 接收器来实现。虽然这是一个很常见的功能，但并不是所有的设备都包含必要的 GPS 接收器，并且还可能存在 GPS 服务不可用的情况。因此，LTE 版本 9 引入了无线接入网络中本身的定位支持。通过设备测量并向网络报告，可从不同小区站点定期发送的特殊参考信号的相对到达时间，设备的位置可以由网络确定。

3.2　LTE 演进

版本 8 和 9 构成了 LTE 的基础，提供了高水平的移动宽带标准。然而，为了满足新的要求和期望，基本功能之后的版本在不同的领域提供了额外的增强和功能。图 3.5 说明了 LTE 的一些主要领域。表 3.1 显示了每个版本的主要增强功能。

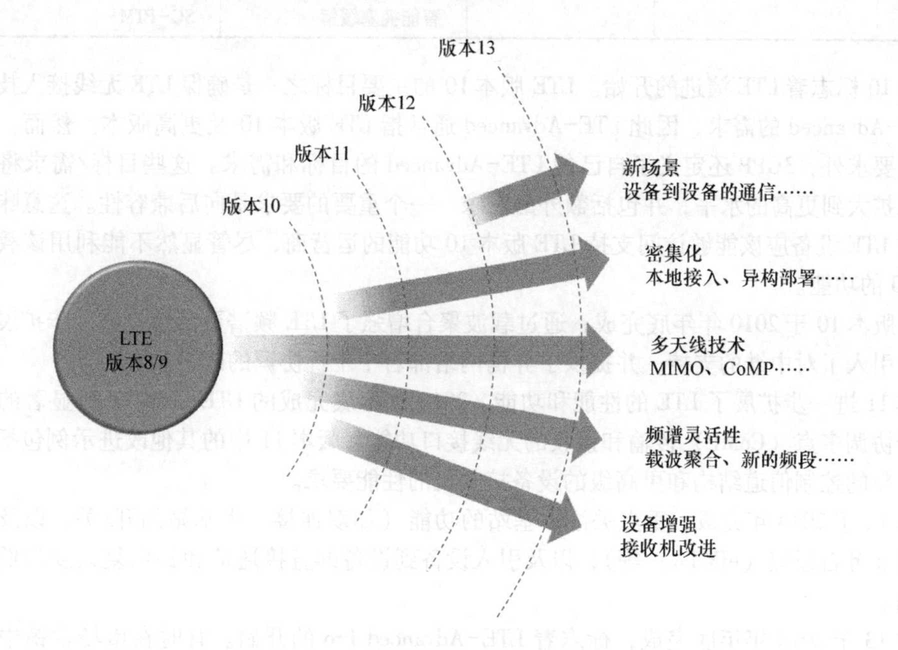

图 3.5　LTE 演进

表 3.1　每个 LTE 版本的主要功能

	版本 10	版本 11	版本 12	版本 13
新场景			设备到设备通信 机器类型通信	设备到设备通信的增强 机器类型通信的增强
设备增强		干扰消除接收机的性能需求	网络辅助的干扰消除 SU-MIMO 的 SIC、IRC	

（续）

	版本10	版本11	版本12	版本13
密集化	异构部署 中继	异构部署	双连接 小基站开关 动态TDD 异构部署中的移动性增强	双连接 授权辅助接入
多天线技术	下行链路8×8MIMO 上行链路4×4MIMO	具有低延迟回程的CoMP 增强的控制通道结构	具有非理想回程的CoMP	FD-MIMO
频谱灵活性	载波聚合	在不同TDD配置上的载波聚合	载波聚合，FDD+TDD	最多有32个载波的载波聚合 许可协助的接入
其他			智能拥塞缓解	SC-PTM

版本10标志着LTE演进的开始。LTE版本10的主要目标之一是确保LTE无线接入技术完全符合IMT-Advanced的需求，因此LTE-Advanced通常指LTE版本10及更高版本。然而，除了国际电联的要求外，3GPP还定义了自己的LTE-Advanced的目标和需求。这些目标/需求将国际电联的需求扩大到更高的水平，并包括额外的需求。一个重要的要求是向后兼容性。这意味着，早期发布的LTE设备应该能够访问支持LTE版本10功能的运营商，尽管显然不能利用该载波上所有版本10的功能。

LTE版本10于2010年年底完成，通过载波聚合增强了LTE频谱灵活性，进一步扩展了多天线传输，引入了对中继的支持，并提供了异构网络部署中干扰协调的改进。

版本11进一步扩展了LTE的性能和功能。2012年年底完成的LTE版本11最显著的功能之一是用于协调多点（CoMP）传输和接收的无线接口功能。版本11中的其他改进示例包括载波聚合增强，新的控制信道结构和更高级的设备接收机的性能要求。

版本12于2014年完成，重点关注小基站的功能（如双连接、小基站的开/关，以及增强干扰抑制和业务自适应（eIMTA）等），以及引入设备到设备的直接通信和提供复杂度降低的机器类型通信。

版本13于2015年年底完成，标志着LTE-Advanced Pro的开始。有时在市场营销中被称为4.5G，被视为LTE第一版4G和即将推出的5G空中接口之间的中间技术（见本书第23和24章）。授权辅助接入（LAA）支持无许可频谱可以作为许可频谱的补充，改进了对机器类型通信的支持，以及CA、多天线传输和设备到设备通信的各种增强功能是版本13的一些亮点。

3.3　频谱灵活性

LTE的第一个版本已经在多带宽支持和联合FDD/TDD设计方面提供了一定程度的频谱灵活性。在以后的版本中，这种灵活性被大大增强，可以支持使用CA的更高带宽和分段频谱，并且可使用许可辅助接入（LAA）来访问未许可频谱作为补充。

3.3.1　载波聚合

如前所述，LTE 的第一个版本已经为各种特性的频谱分配部署提供了广泛的支持，在成对和非成对频段中，带宽范围为 1~20MHz。对于 LTE 版本 10，可以通过所谓的载波聚合进一步扩展传输带宽，其中多个组分载波被聚合并联合用于单个设备传输。在版本 10 中聚合多达 5 个组分载波，每个载波可以有不同的带宽，允许高达 100MHz 的传输带宽。所有组分载波需要具有相同的双工方案，并且在 TDD 的情况下，需要相同的上下行链路配置。在以后的版本中，这个要求被放宽了，可以聚合的组分载波数量增加到 32 个，总带宽为 640MHz。每个组分载波使用版本 8 结构，确保了向后兼容性。因此，对于版本 8/9 的设备，每个组分载波将显示为 LTE 版本 8 载波，而具有载波聚合能力的设备可以利用总的聚合带宽，实现更高的数据速率。在一般情况下，可以针对下行链路和上行链路聚合不同数量的组分载波。从设备复杂性角度来看，这是一个重要属性，这样可以在需要非常高的数据速率的下行链路中支持聚合，而不增加上行链路的复杂度。

组分载波不必是连续的频率，这样可以利用分段频谱；即使有些运营商不具有单个的宽带频谱分配，只要具有分段频谱，就可以基于可用的整体带宽来提供高数据速率业务。

从基带的角度来看，图 3.6 中所示的情况并没有区别，而且 LTE 版本 10 都支持这些。然而，RF 实现复杂度的差别是非常大的，第一种情况是最不复杂的情况。因此，虽然基本规范支持载波聚合，但并不是所有的设备都支持。此外，与物理层和信令的规定相比，版本 10 在 RF 规范中对载波聚合有一些限制，在后续版本中，会支持更大数量的频带之内和之间的 CA。

版本 11 为 TDD 载波的聚合提供了额外的灵活性。在版本 11 之前，所有聚合载波都需要相同的上下行链路配置。在不同频带的聚合的情况下，这个限制可能是不必要的，因为每个频带中的配置可以通过与该特定频带中的其他无线接入技术的共存给出。聚合不同上下行链路配置的一个有趣的方面是设备可能需要同时接收和传输，以便充分利用两个载波。因此，与以前的版本不同，与支持 FDD 的设备类似，具有 TDD 能力的设备可能需要双工过滤器。版本 11 还引入了对带间和非连续带内聚合的 RF 要求，以及对更大数量带间聚合场景的支持。

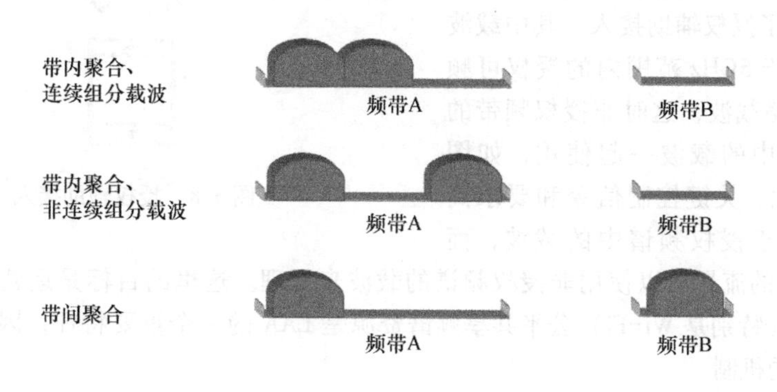

图 3.6　载波聚合

版本12定义了FDD和TDD载波之间的聚合，与早期版本不同，那里仅支持一种双工类型中的聚合。FDD-TDD聚合允许有效利用运营商的频谱资产。此外，还可以通过FDD载波上的连续上行链路传输的可能性来改善TDD的上行链路覆盖。

版本13将可能的载波数量从5个增加到32个，导致最大带宽为640MHz，理论峰值数据速率在下行链路中约为25Gbit/s。增加子载波数量的主要动机是允许非授权频谱中非常大的带宽，如同LAA中进一步讨论的那样。

载波聚合的演进总结在图3.7中，并将在本书第12章进一步描述。

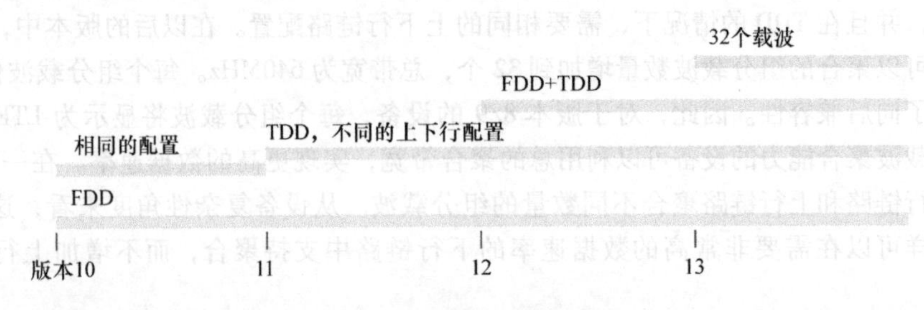

图3.7　载波聚合的演进

3.3.2　授权辅助接入

最初，LTE被设计用于许可频谱，其中运营商在某一频率范围内具有专用许可证。授权频谱具有许多优点，因为运营商可以规划网络并控制干扰情况，但是通常需要与获得频谱许可证相关的成本，并且授权频谱的数量有限。因此，在局部区域使用非授权频谱作为补充来提供更高的数据速率和更高的容量是令人感兴趣的。一种可能性是用Wi-Fi来补充LTE网络，但是通过授权和非授权频谱之间更紧密的耦合可以实现更高的性能。因此，LTE版本13引入了授权辅助接入，其中载波聚合框架主要用于5GHz范围内的授权可频带中聚合下行链路载波，这时非授权频带的载波和许可频带中的载波一起使用，如图3.8所示。移动性、关键控制信令和要求高质量的服务依赖于授权频谱中的载波，而（部分）较低要求的流量可以使用非授权频谱的载波来处理。这里的目标是运营商控制小区部署。与其他系统（特别是Wi-Fi）公平共享频谱资源是LAA的一个重要特征，因此引入了一个在会话之前监听的机制。

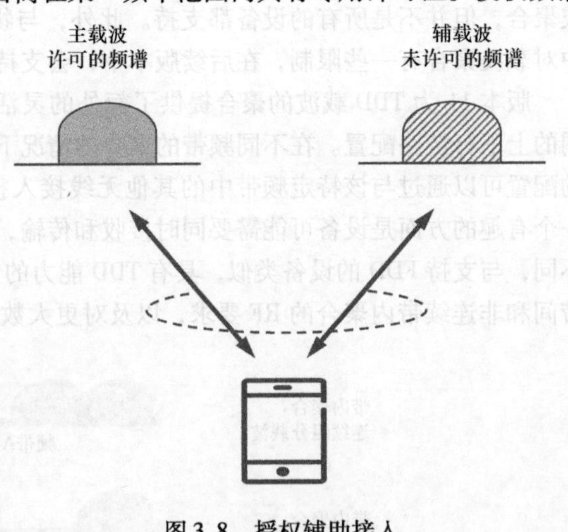

图3.8　授权辅助接入

本书第17章对授权辅助接入进行了深入的讨论。

3.4 多天线增强

多天线支持已经在不同版本上得到增强，下行链路传输层的数量已经增加到 8 个，并引入了上行链路空间复用。全维度 MIMO（FD-MIMO）和二维波束成形是其他增强，CoMP 传输的引入也是如此。

3.4.1 扩展的多天线传输

在版本 10 中，扩展了下行链路空间复用以支持多达 8 个传输层。这可以看作是版本 9 双层波束成形的扩展，以支持多达 8 个天线端口和 8 个相应的层。与载波聚合的支持一起，使得版本 10 中 100MHz 频谱中的下行链路数据速率高达 3Gbit/s，使用 32 个载波，8 层空间复用和 256QAM，在版本 13 中增加到 25Gbit/s。

作为 LTE 版本 10 的一部分，还引入了多达四层的上行链路空间复用。与上行链路载波聚合一起，允许 100MHz 频谱中的上行链路数据速率高达 1.5Gbit/s。上行空间复用由基站控制的基于码本的方案组成，这意味着该结构也可以用于上行发射机侧波束成形。

LTE 版本 10 中的多天线扩展的一个重要影响是引入了增强型下行链路参考信号结构，这种结构能更广泛地分离信道估计功能和获取 CSI 的功能。其目的是更好地实现新颖的天线布置和功能，如灵活的、精细的多点协调/传输。

在版本 13 中，引入了改进的对大规模天线的支持，特别是在 CSI 更广泛的反馈方面。较大的自由度可以用于垂直和水平的波束成形和大规模多用户 MIMO，这样可以使用相同的时间频率资源同时服务几个空间分离的装置。这些增强有时被称为全维 MIMO，向大规模 MIMO 中的迈出一步，来支持大量的可引导的天线元件。

多天线支持的描述会包括在第 6 章中的一般下行链路处理，第 7 章中的上行链路处理和第 10 章中的 CSI 报告机制。

3.4.2 多点协调和传输

如前所述，LTE 的第一版本包括对多个传输点之间协调的特定支持，称为 ICIC，这个可以至少部分地控制小区之间的干扰。然而，这种协调的支持在 LTE 版本 11 中被大幅扩展，包括在传输点之间进行更多的动态协调。

版本 8 的 ICIC 限于定义某些 X2 消息，以协助小区之间的协调，而版本 11 的活动集中在无线接口功能和设备功能上，以协助不同的协调手段，包括支持多个传输点的信道状态反馈。这些功能联合起来，名称为 CoMP 发送/接收。在版本 11 引入的增强型控制通道结构，以及参考信号结构的细化也是 CoMP 的重要组成部分。

对 CoMP 的支持包括多点协调和多点传输。多点协调是从一个特定传输点把数据传输到设备，但是在多个传输点之间协调调度和链路自适应。多点传输是从多个传输点把数据传输到设备，该传输可以是在不同传输点（动态点选择）之间动态切换，或者从多个传输点同时发送（联合传输），如图 3.9 所示。

对于上行链路可以进行类似的区分，即可以区分为（上行链路）多点协调和多点接收。一般来说，上行链路CoMP主要是一个网络实现问题，对设备的影响很小，在无线接口规范的可见性也很小。

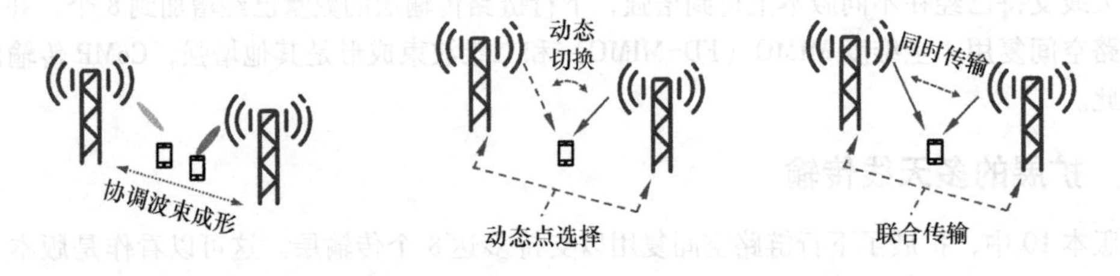

图3.9　不同类型的CoMP

版本11中的CoMP假定了“理想的”回程，实际上意味着使用低延迟光纤连接把集中式基带处理连接到天线站点。版本12中进行了扩展并引入了具有非集中式基带处理的放松回程场景。这些增强主要包括定义新的X2消息，用于交换关于所谓的CoMP假设的信息，本质上是潜在的资源分配以及相关的增益/成本。

CoMP在第13章中有更详细的描述。

3.4.3　增强的控制信道结构

在版本11中，引入了一种新的补充控制信道结构，以支持ICIC，并且利用新的参考信号结构的额外灵活性。在版本10中数据传输已经使用了这样参考信号结构，在版本11中，不仅数据传输而且控制信令都使用了这样参考信号结构。因此，这种新的控制信道结构可以被看作是许多CoMP方案的先决条件，尽管它也有利于波束成形和频域干扰协调。它还用于支持版本12和13中MTC增强的窄带操作。增强的控制信道结构的描述见第6章。

3.5　密集化、小基站和异构部署

作为提供非常高的容量和数据速率的手段，小基站和密集部署一直是多个版本的重点。中继、小基站开/关、动态TDD和异构部署是这些版本中的增强示例。在频谱灵活性领域中讨论的LAA也可以被视为主要是针对小基站的增强。

3.5.1　中继

在LTE中，中继意味着设备通过中继节点与网络进行通信，中继节点使用LTE无线接口技术连接到施主小区（见图3.10）。从设备的角度来看，中继节点将表现为普通小区。这样简化了设备的实现并使中继节点具有向后兼容的重要优点，即LTE版本8/9的设备也可以由中继节点访问网络。实质上，中继是与网络的其余部分无线连接的低功率基站，相关详细信息请参见本书第18章。

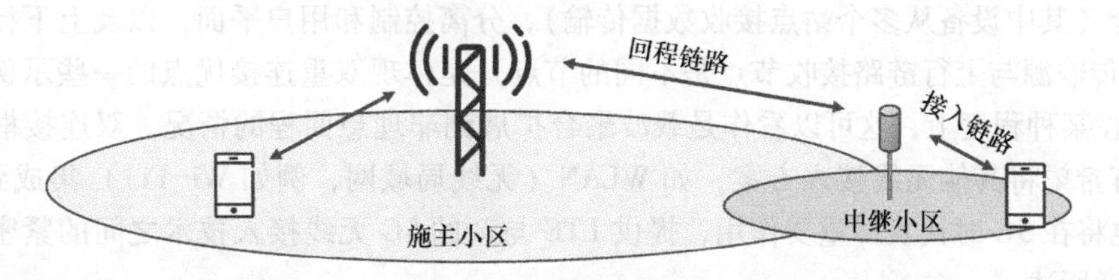

图 3.10　中继的例子

3.5.2　异构部署

异构部署是指不同网络节点的混合部署，这些网络节点具有不同发射功率和重叠的地理覆盖（见图 3.11）。一个典型的例子是一个微微节点放置在宏小区的覆盖区域内。尽管在版本 8 中已经支持这样的部署，但是在版本 10 中引入了新的方法来处理微微层与重叠的宏层之间可能发生的层间干扰，更多描述见第 14 章。版本 11 中引入的多点协调技术进一步扩展了一组工具，这些工具可以用于支持异构部署。版本 12 引入了改善微微层和宏层之间移动性的增强功能。

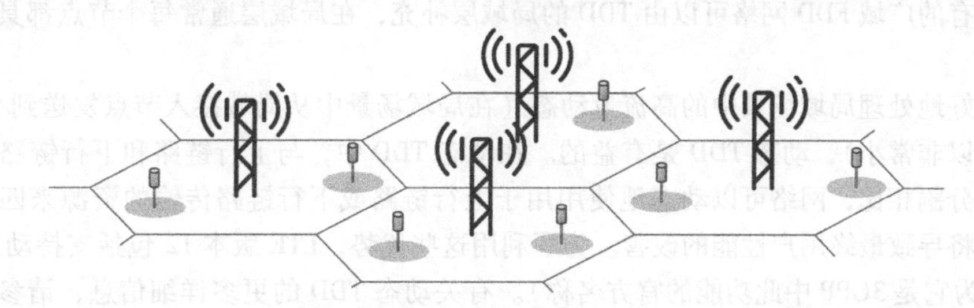

图 3.11　在宏小区中使用低功率节点的异构部署的示例

3.5.3　小基站开/关

在 LTE 中，无论小区中的业务活动如何，小区都在连续发送特有的参考信号和广播系统信息。其原因之一是为了使空闲模式的设备能够检测到小区的存在；如果没有来自小区的传输，则设备无法测量，也将不会检测到小区。此外，在大的宏小区部署中，有很大的可能至少有一个设备处于激活状态，从而需要参考信号的连续发送。

然而，在具有大量相对小的小区的密集部署中，并非所有小区在同一时间都有激活的设备需要服务，在某些情况下，这种可能性还相对较高。由于来自相邻的、潜在的空小区的干扰，特别是如果存在大量的视距传播，则设备经历的下行链路干扰场景也可能更严重，从而有非常低的信号与干扰比。为了解决这个问题，版本 12 中引入了根据业务情况打开/关闭单个小区的机制，以减少平均小区间干扰并降低功耗。第 15 章会更详细地描述了这些机制。

3.5.4　双连接

双连接意味着设备同时连接到两个 eNodeB，与单个 eNodeB 连接到设备的基准情况不同。用户平面聚合（其中设备从多个站点接收数据传输），分离控制和用户平面，以及上下行链路隔离（下行链路传输源与上行链路接收节点是不同的节点）是体现双重连接优点的一些示例，见本书第16章。在某种程度上，这可以看作是载波聚合扩展到非理想回程的情况。双连接框架也被证明是非常有希望将其他无线接入方案，如WLAN（无线局域网，例如Wi-Fi））集成到3GPP网络中。这也将在5G时代发挥重要作用，提供LTE与新的5G无线接入技术之间的紧密互通，如本书第23章所述。

3.5.5　动态TDD

在TDD中，相同的载波频率在上行链路和下行链路之间在时域上共享。LTE中的基本方法（以及许多其他TDD系统中的基本方法）是将资源静态地分为上行链路和下行链路。静态分割是较大宏小区中的合理假设，因为存在多个用户，并且每个小区中的上行链路和下行链路的聚合负载相对稳定。然而，随着对局部部署兴趣的增加，与迄今为止广泛部署的情况相比，预计TDD将变得更加重要。一个原因是非配对频谱分配在不适合广域覆盖的较高频带中更常见。

另一个原因是，广域TDD网络中的许多有问题的干扰场景在屋顶之下小节点部署的场景中不存在。现有的广域FDD网络可以由TDD的局域层补充，在局域层通常每个节点都具有较低的输出功率。

为了更好地处理局域场景中的高流量动态（在局域场景中从局域接入节点发送到/接收的设备的数量可以非常小），动态TDD是有益的。在动态TDD中，与上行链路和下行链路之间资源的传统静态分割相比，网络可以动态地使用用于上行链路或下行链路传输的资源来匹配瞬时业务情况，这将导致最终用户性能的改善。为了利用这些优势，LTE版本12包括支持动态TDD或eIMTA（因为它是3GPP中此功能的官方名称）。有关动态TDD的更多详细信息，请参见本书第15章。

3.5.6　WLAN互通

3GPP架构允许将非3GPP接入，例如WLAN和cdma2000集成到3GPP网络中。本质上，这些解决方案将非3GPP接入连接到EPC，因此在LTE无线接入网络中不可见。这种WLAN互通方式的一个缺点是缺乏网络控制，即使保持在LTE将有更好的用户体验，该设备还可以选择Wi-Fi。这种情况的一个例子是当Wi-Fi网络负载较重时，而LTE网络具有轻负载。因此，版本12引入了一些方法这样在选择过程中网络可以辅助设备。基本上，网络配置信号强度阈值，以便在设备选择LTE或Wi-Fi时进行控制。

版本13进一步增强了WLAN互通领域，当LTE设备应该何时使用Wi-Fi以及何时使用LTE时，有来自LTE RAN的更为明确的控制。此外，版本13还包括使用非常类似于双连接性框架的LTE-WLAN聚合，这样可以在PDCP级别聚合LTE和WLAN。目前仅支持下行链路的聚合。

3.6　设备增强

从根本上讲，只要它满足规范中定义的最低要求，设备供应商可以以任何方式自由设计设备的接收器。应该鼓励供应商提供更好的接收器，因为这可以直接转化为改进的最终用户数据速率。然而，网络可能无法充分利用这样的接收机改进，因为它可能不知道哪些设备具有显著更好性能。因此，网络的部署需要基于最低要求。对于更高级的接收机类型定义了性能要求在一定程度上可以缓解这一点，因为配备先进接收机的设备的最低性能是已知的。版本 11 和 12 都重点关注接收机改进，在版本 11 中取消了一些开销信号，在版本 12 中则采用了更多通用方案，包括基于网络辅助的干扰消除和抑制（NAICS），在这里网络可以为设备提供相关信息来消除小区间干扰。

3.7 新场景

LTE 最初为移动宽带系统设计，旨在为广大区域提供高数据速率和高容量。LTE 的发展增加了功能，提高了容量和数据速率，而且还进行了增强从而可以适用于新用例，例如大规模机器类型通信。在灾区，没有网络覆盖的区域中的操作是另一个例子，从而在版本 12 中的 LTE 规范包含了对设备到设备通信的支持。

3.7.1 设备到设备通信

对于 LTE 这样的蜂窝系统通常假设设备连接到基站再进行通信。在大多数情况下，这是一种有效的方法，因为需要的内容服务器通常不在设备附近。然而，如果设备有兴趣与相邻设备进行通信，或者只是检测是否存在感兴趣的相邻设备，那么以网络为中心的通信可能不是最好的方法。同样，为了公共安全，例如在灾难情况下现场应急人员在寻求有需求的人时，通常还要求在没有网络覆盖的情况下进行通信。

为了解决这些情况，版本 12 引入了使用部分上行链路频谱的网络辅助的设备到设备通信。在开发设备到设备增强功能时，考虑了两种场景，即覆盖范围和覆盖范围外的公共安全通信，以及在有覆盖时用于商业用途的相邻设备的发现。有关 LTE 中设备到设备通信的更多详细信息，请参见本书第 21 章。

在版本 13 中，对于扩展覆盖，通过中继解决方案进一步增强了设备到设备的通信。

3.7.2 机器类型通信

机器类型通信是一个非常广泛的术语，基本涵盖机器之间的所有类型的通信。尽管跨越广泛的不同应用，其中许多尚未知晓，但 MTC 应用可分为两大类，即大规模 MTC 和关键 MTC。

大规模 MTC 场景的示例是不同类型的传感器、执行器和类似设备。这些设备通常必须具有非常低的成本和非常低的能量消耗，从而具有非常长的电池寿命。同时，每个设备生成的数据量通常都非常小，并且不要求非常低的延迟。另一方面，关键 MTC 对应于诸如交通安全/控制或工业过程的无线连接的应用，并且通常在这些情况下需要非常高的可靠性和可用性。

为了更好地支持大规模 MTC，从版本 12 开始引入了几项增强功能，并引入了一种新的低端设备类别 0，支持高达 1Mbit/s 的数据速率，并且还定义了减少设备功耗的省电模式。版本 13 通过定义类别 M1 进一步改进了 MTC 支持。对于这个类别 M1，进一步扩展了覆盖范围，并且不管系统带宽是多少都可以支持1.4MHz的设备带宽，从而进一步降低设备成本。从网络的角度来看，尽管功能有限，但这些普通的LTE设备，可以与载波上更强大的LTE设备自由地混合。

窄带物联网、NB-IoT与LTE并行，将在版本13中完成。它的目标是比M1类别更低的成本和数据速率，带宽为180kHz，数据速率低至250kbit/s或更少，甚至进一步提高了覆盖范围。由于使用15kHz子载波间隔的OFDM，可以在LTE载波上进行带内部署，在单独的频谱中进行带外部署，或在LTE的保护频段内部署，为运营商提供了高度的灵活性。在上行链路中，支持单个音调的传输，对最低数据速率，可以获得非常大的覆盖。NB-IoT使用与LTE相同的较高层协议（MAC、RLC、PDCP）系列，具有适用于NB-IoT和类别M1的更快的建立连接的扩展，因此可以轻松地集成到现有部署中。

本书第20章包含在LTE中对大量MTC支持的深入描述。

3.8 设备能力

为了支持不同的场景，可能需要在数据速率方面具有不同的设备能力，并且允许在低端和高端设备方面有相应的价格差异从而进行市场差异化，并非所有设备都支持所有功能。此外，来自较早版本标准的设备将不支持在更高版本的LTE中引入的功能。例如，版本8的设备将不会支持载波聚合，因为此功能在版本10中引入。因此，作为连接设置的一部分，设备不仅指示其支持的LTE版本，还指示其在发行版内的能力级别。

原则上，可以分别指定不同的参数，但为了限制组合数量，避免了无意义的参数组合，将一组物理层功能集中在一起形成UE类别（UE即用户设备，是3GPP中用来表示设备的术语）。已经为LTE版本8/9指定了总共五种不同的UE类别，从不支持空间复用的低端类别1到支持版本8/9物理层规范中的全部特征的高端类别5。类别总结在表3.2中（上行链路和下行链路类别以简化形式合并在一个表中；完整的细节见参考文献[30]）。请注意，无论类别如何，设备总是能够从多达4个天线端口接收单流传输。这是必要的，因为系统信息可以在多达4个天线端口上传输。

在之后的版本中，已经添加了诸如载波聚合之类的特征。与版本8/9相比，新版本需要额外的能力信令，可以是额外的UE类别或单独的能力类别。为了能够在早期版本之后的网络中运行，设备必须能够声明版本8/9类别或以后的版本类别。

尽管类别数量可能变得非常大，而且设备支持的类别可能是频带依赖的，但是原则上可以对最大组分载波数量和最大空间复用度的每个预期组合定义新的类别。因此，在上行链路和下行链路中支持的组分载波的最大数量和空间复用度与类别号分开发送。对与好多种功能也使用与类别号分开的信令，特别是在版本8/9之后添加到LTE的功能。对双工方案的支持是一个这样的例子，在版本8中的FDD对UE特定参考信号的支持是另一个例子。设备是否支持其他无线接入技术，例如GSM和WCDMA，也是单独声明的。

表 3.2　UE 的类型（简单的描述）

类型	版本	下行			上行	
		峰速率 /(Mbit/s)	MIMO 层的最大数量	最大调制	峰速率 /(Mbit/s)	最大调制
M1	13	0.2	1		0.14	
0	12	1	1	64QAM	1	16QAM
1	8	10	1	64QAM	5	16QAM
2	8	50	2	64QAM	25	16QAM
3	8	100	2	64QAM	50	16QAM
4	8	150	2	64QAM	50	16QAM
5	8	300	4	64QAM	75	64QAM
6	10	300	2 或 4	64QAM	50	16QAM
7	10	300	2 或 4	64QAM	100	16QAM
8	10	3000	8	64QAM	1500	64QAM
9	11	450	2 或 4	64QAM	50	16QAM
10	11	450	2 或 4	64QAM	100	16QAM
11	12	600	2 或 4	256QAM 可选的	50	16QAM
12	12	600	2 或 4	256QAM 可选的	100	16QAM
13	12	400	2 或 4	256QAM	150	64QAM
14	12	400	2 或 4	256QAM	100	16QAM
15	12	4000	8	256QAM		

第4章　无线接口架构

本章将简要概述LTE无线接入网（RAN）和相关核心网（CN）的总体架构，并且对RAN用户平面和控制平面协议进行描述。

4.1　总体系统架构

在3GPP中LTE无线接入技术的规范工作开展的同时，无线接入网络和核心网络的总体系统架构已被重新修订，包括两个网络部分之间的功能分割。这项工作被称为系统架构演进（SAE），结果是形成了一个扁平的RAN架构，以及一个被称为演进的分组核心网（EPC）的全新核心网络架构。LTE RAN和EPC一起被称为演进的分组系统[⊖]（EPS）。

RAN负责整体网络中所有无线相关功能，包括如调度、无线资源管理、重传协议、编码和各种多天线方案等。这些功能将在随后的章节中详细讨论。

EPC负责与无线接口无关但为提供完整的移动宽带网络所需要的功能。这包括如认证、计费功能、端到端连接的建立等。应当分开处理这些功能，而不是将这些功能集中在RAN中，因为这允许同一核心网络支持多种无线接入技术。

尽管这本书重点关注的是LTE RAN，但简要介绍EPC以及它与RAN相连的方式同样有用，有关EPC的深入讨论可参见参考文献[5]。

4.1.1　核心网络

EPC是从GSM和WCDMA/HSPA技术所使用的GSM/GPRS核心网络逐步演进而来的。EPC只支持接入到分组交换域，不能接入电路交换域。它包含了几种不同类型的节点，其中一些将在下文中进行简要介绍，如图4.1所示。

移动性管理实体（MME）是EPC的控制平面的节点。它的职责包括针对终端的承载连接/释放、空闲到激活状态的转移，以及安全密钥的管理。EPC和终端之间的功能操作有时被称为非接入层（NAS），以独立于处理终端和无线接入网络之间功能操作的接入层（AS）。

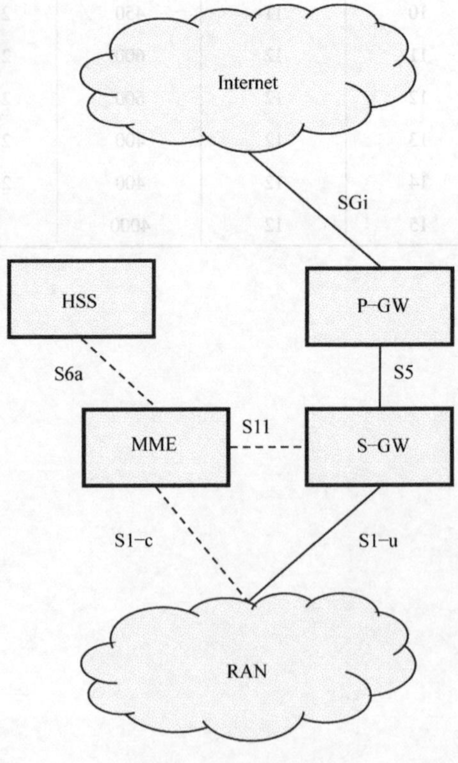

图4.1　核心网架构

⊖　UTRAN，WCDMA/HSPA的无线接入网络，也是EPS的一部分。

服务网关（S-GW）是EPC连接LTE RAN的用户平面的节点。S-GW是作为终端在eNodeB之间移动时的移动性锚点（参见下一节），以及针对其他3GPP技术（GSM/GPRS和HSPA）的移动性锚点。针对计费所需要的信息收集和统计，也是由S-GW处理的。

分组数据网关（PDN网关，P-GW）将EPC连接到互联网。对于特定终端的IP地址分配，以及根据PCRF（参见下文）所控制的政策来进行业务质量的改善，均由P-GW进行管理。P-GW还可以作为EPC连接到非3GPP无线接入技术，例如CDMA2000的移动性锚点。

此外，EPC还包含了其他类型的节点，如负责业务质量（QoS）管理和计费的策略与计费规则功能（PCRF）节点，以及归属用户服务器（HSS）节点，一个包含用户信息的数据库。此外，还有一些附加的节点用来实现网络对于多媒体广播/多播服务（MBMS）的支持（MBMS的详细描述参见第15章，其中包括相关的架构方面）。

应该指出的是，以上讨论的节点均为逻辑节点。在实际的物理实现中，其中有些节点很可能被合并。例如，MME、P-GW和S-GW很可能被合并成一个单一的物理节点。

4.1.2 无线接入网络

LTE无线接入网络采用只有单一节点的类型[⊖]，即eNodeB的扁平化架构。eNodeB负责一个或多个小区中所有无线相关的功能。需要注意的是，eNodeB是一个逻辑节点而非一个物理实现。eNodeB的通常实现是一个三扇区站，其中一个基站处理三个小区的传输，虽然还可以发现其他的实现，例如一个基带处理单元连接到远程的许多射频头。后者的一个例子是隶属于同一eNodeB的大量室内小区或者高速公路沿线的几个小区。因此，基站是eNodeB的一种可能物理实现，但不等同于是eNodeB。

正如图4.2中可以看到的，eNodeB通过S1接口连接到EPC，更规范的说法是通过S1接口用户平面的一部分（S1-u），连接到S-GW；并通过S1控制平面的一部分（S1-c），连接到MME。为了负载分担和冗余备份的目的，一个eNodeB可以连接到多个MME/S-GW。

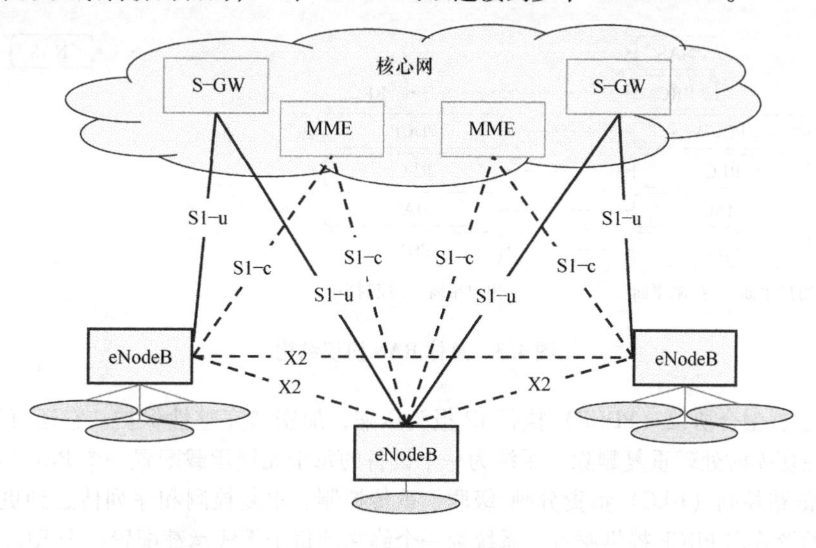

图4.2 无线接入网络接口

⊖ 版本9中引入的MBMS（参见第19章）和在版本10中引入的中继（参见第18章）将在RAN中带来额外类型的节点。

将eNodeB相互连接在一起的X2接口，主要用于支持激活模式的移动性。该接口也可用于多小区无线资源管理（RRM）功能，如第13章中将要讨论的小区间干扰协调（ICIC）。X2接口还可用于相邻小区之间通过数据包转发方式来支持无损的移动性。

eNodeB与设备之间的接口称为Uu接口。除非使用双连接（请参见第16章），否则设备一次连接到单个eNodeB。此外，还有一个定义用于设备到设备通信的PC5接口，请参见第21章。

4.2 无线协议架构

了解了总体网络架构，接下来就可以讨论无线接入网的用户平面以及控制平面的协议架构了。图4.3给出了RAN架构协议（如上一节所述，MME并非RAN的组成部分，但仍包括在图中，这是出于完整性的考虑）。从图中可以看出，许多协议实体对于用户平面和控制平面都是通用的。因此，虽然本节主要从用户平面的角度来介绍协议的体系结构，但这些描述在许多方面也同样适用于控制平面。控制平面所专有的一些方面将在4.3节中进行论述。

LTE无线接入网络针对根据其业务质量要求所映射的IP数据包提供了一个或多个无线承载，针对下行链路的LTE（用户平面）协议架构的概述如图4.4所示。接下来的讨论中我们将会提到，并非图4.4中所示的实体适用于所有的情况。例如，对于基本系统信息广播，MAC调度和带有软合并的混合ARQ都不会使用。上行链路传输相关的LTE协议结构与图4.4中的下行链路结构类似，尽管在诸如传输格式的选择等方面存在一些差异。

无线接入网络的不同协议实体归纳如下，更多细节将在接下来的章节中叙述。

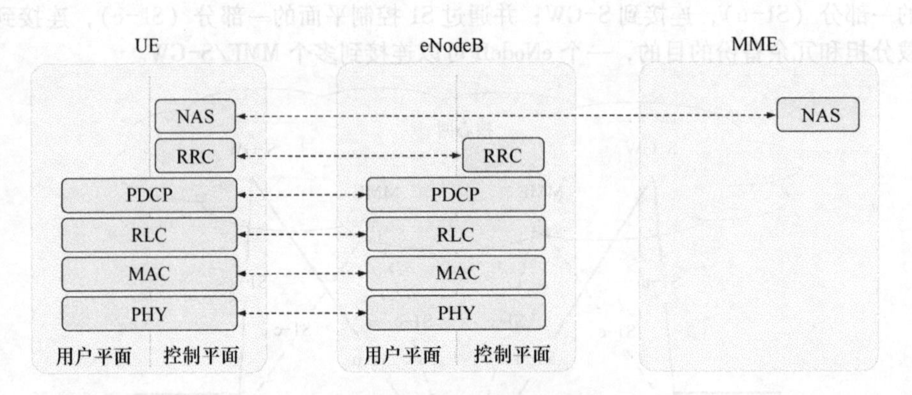

图4.3　总体RAN协议结构

• 分组数据融合协议（PDCP）执行IP报头压缩，加密和完整性保护。它还可以处理按顺序传送，并在切换时处理重复删除。系统为一个设备的每个无线承载配置一个PDCP实体。

• 无线链路控制（RLC）负责分割/级联、重传控制、重复检测和序列传送到更上层。RLC以无线承载的形式向PDCP提供服务。系统为一个终端的每个无线承载配置一个RLC实体。

• 媒体接入控制（MAC）控制逻辑信道的复用、混合ARQ重传、上行链路和下行链路的调度。对于上行链路和下行链路，调度功能位于基站。混合ARQ协议部分出现在MAC协议的发射

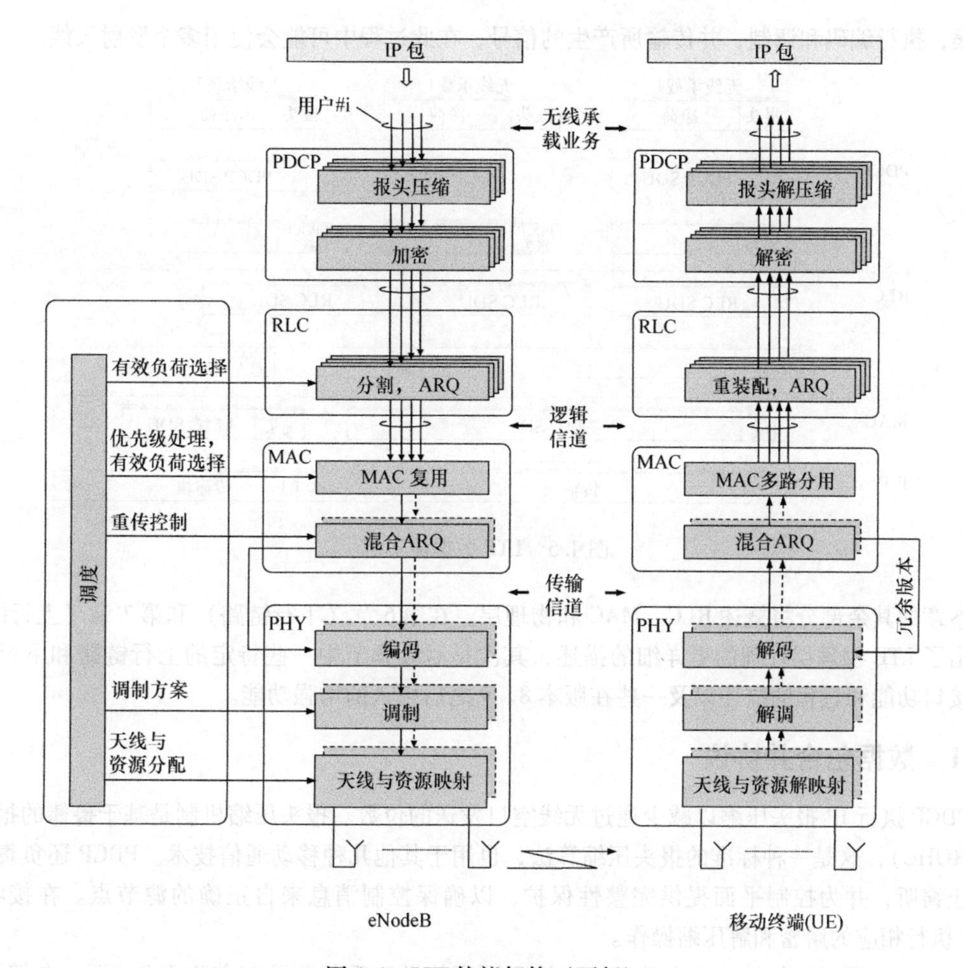

图4.4 LTE协议架构（下行）

和接收结束。MAC以控制信道的形式为RLC提供服务。

• 物理层（PHY）管理编码/解码、调制/解调、多天线的映射以及其他典型的物理层功能。物理层以传输信道形式为MAC层提供服务。

为了总结通过所有协议层的下行数据流，图4.5给出了一个带有3个IP数据包的实例，即一个无线承载有两个数据包，另一个无线承载有一个数据包。上行链路传输的数据流是相似的。PDCP执行（可选的）IP包头压缩，然后进行加密。增加了一个PDCP头，用来携带终端解密所需的信息。PDCP的输出将被转发到RLC。通常，来自/到达较高协议层的数据实体被称为服务数据单元（SDU），并且去向/来自较低协议层实体的对应实体被称为协议数据单元（PDU）。

RLC协议执行PDCP SDU的级联和/或分割，并添加一个RLC头。该头用于终端（每个逻辑信道）的按序发送以及重传情况下的RLC PDU鉴定。RLC PDU被转发到MAC层，复用大量的RLC PDU并添加一个MAC头以形成传输块。传输块的大小取决于链路自适应机制选择的瞬时数据速率。因此，链路自适应机制影响MAC和RLC处理。最后，物理层会为传输块添加CRC以检测错误，执行编码和调制，并传输所产生的信号，在此过程中可能会使用多个发射天线。

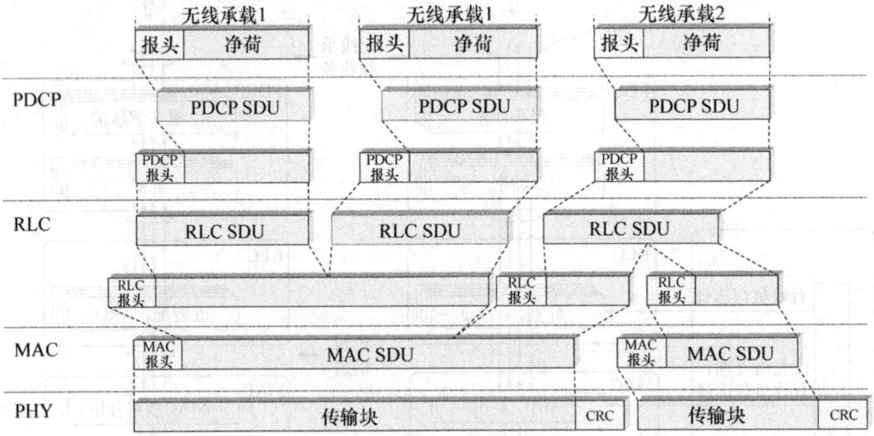

图4.5　LTE数据流实例

本章的其余部分将概述RLC、MAC和物理层。在第6章（下行链路）和第7章（上行链路）中给出了LTE物理层处理的更详细的描述，其次是后续章节中一些特定的上行链路和下行链路无线接口功能和过程的描述以及一些在版本8、9之后引入的增强功能。

4.2.1　数据包合并协议

PDCP执行IP报头压缩以减少通过无线空口发送的位数。报头压缩机制是基于鲁棒的报头压缩（ROHC），这是一种标准的报头压缩算法，也用于其他几种移动通信技术。PDCP还负责加密以防止窃听，并为控制平面提供完整性保护，以确保控制消息来自正确的源节点。在接收端，PDCP执行相应的解密和解压缩操作。

此外，PDCP还对eNodeB内的切换，处理顺序传送和重复删除起着重要作用[⊖]。在切换时，未递送的下行链路数据分组将由PDCP从旧eNodeB转发到新的eNodeB。当切换时混合ARQ缓冲区被刷新时，设备中的PDCP实体还将处理尚未传送到eNodeB的所有上行链路包的重传。

4.2.2　无线链路控制

RLC协议负责将来自PDCP的（头压缩）IP数据包（也称为RLC SDU）进行分段/级联，以形成适当大小的RLC PDU。它还控制错误接收的PDU的重传，以及重复PDU的去除。最后，RLC确保SDU到更高层的按序发送。根据不同业务类型，RLC可以被配置为不同模式执行这些功能的部分或全部。

分割与级联是RLC的主要职能之一，如图4.6所示。根据调度决策，从RLC SDU的缓冲区中选择一定量的数据用于传输，并且对SDU进行分割与级联以创建RLC PDU。因此，对于LTE来说，RLC PDU的大小是动态变化的。对于高数据速率，大的PDU导致相对较小的开销；对于

⊖　与RLC重新排序的方式类似，这里得排序会处理从混合ARQ实体中出来的乱序的PDU，参见第8章。

低数据速率，则需要小的PDU，否则无效载荷将过大。因此，由于LTE数据传输速率的范围可以从几kbit/s到几Gbit/s，与早期通常使用固定PDU大小的移动通信技术相比，LTE需要PDU的大小是动态变化的。由于RLC、调度和速率自适应机制均位于基站，动态的PDU大小很容易为LTE所支持。每个RLC PDU中都会包括一个头，其中除其他元素外还会含有一个序列号，用于按序发送和重传机制。

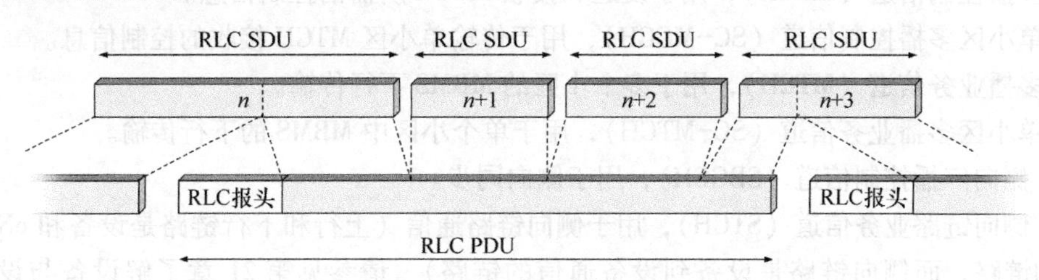

图4.6　RLC的分割和重装配

RLC重传机制还负责为更高层提供无差错的数据传输。为了做到这一点，重传协议在接收端和发射端中的RLC实体之间运作。通过对到达PDU的序列号进行监测，接收RLC可以识别出丢失的PDU。然后状态报告被反馈给发送RLC实体，请求重传丢失的PDU。根据收到的状态报告，发射端的RLC实体可采取适当的行动，如有需要则重传丢失的PDU。

尽管RLC能够控制由噪声、不可预知的信道变化等因素引起的传输错误，但在大多数情况下无错传输是由基于MAC的混合ARQ协议来管理的。因此RLC中重传机制的使用起初看起来是多余的。然而，正如第4.2.3.3节中所讨论的，事实并非如此。基于RLC和MAC的重传机制的使用事实上是由反馈信号的差异所驱动的。

RLC的细节将在第8章中进一步说明。

4.2.3　媒体接入控制

MAC层处理逻辑信道复用、混合ARQ重传、上行和下行调度。当使用载波聚合时，它还负责跨多个组分载波的多路复用/解复用（参见第12章），授权辅助访问时的清晰信道评估（参见第17章）。

4.2.3.1　逻辑信道和传输信道

MAC层为RLC层以逻辑信道的形式提供服务。逻辑信道是由它所承载的信息类型进行定义的，通常被分为两类：一类是控制信道，用于传输运行LTE系统所必需的控制信息及配置信息；另一类是业务信道，用于用户数据的传输。为LTE指定的逻辑信道类型的集合包括以下方面：

1）广播控制信道（BCCH），用于从网络到小区内所有终端的系统信息的传输。访问系统之前，终端需要获得系统信息，以找出系统是如何配置的，以及通常情况下如何在小区内正常操作。

2）寻呼控制信道（PCCH），用于寻呼那些网络不知其位于哪个小区的终端。因此，寻呼消息需要在多个小区内传输。

3）公共控制信道（CCCH），用于传输与随机接入相关的控制信息。

4）专用控制信道（DCCH），用于传输去往/来自终端的控制信息。该信道用于终端的单独配置，例如不同的切换消息。

5）专用业务信道（DTCH），用于去往/来自终端的用户数据的传输。这是用于传输所有上行链路和非MBSFN下行链路用户数据的逻辑信道类型。

6）多播控制信道（MCCH），用于发送和接收MTCH所需的控制信息。

7）单小区多播控制信道（SC-MCCH），用于传输单小区MTCH接收的控制信息。

8）多播业务信道（MTCH），用于多个小区的MBMS下行传输。

9）单小区多播业务信道（SC-MTCH），用于单个小区中MBMS的下行传输。

10）侧向广播控制信道（SBCCH），用于侧向同步。

11）侧向链路业务信道（STCH），用于侧向链路通信（上行和下行链路是设备和eNodeB之间通信的链路，而侧向链路是设备到设备通信的链路），请参见第21章了解设备与设备间的通信。

MAC层使用来自物理层的以传输信道形式出现的服务。传输信道的定于基于信息如何以及以什么样的特点在无线接口进行传输。传输信道上的数据被组织成传输块。在每个传输时间间隔（TTI）内，在不采用空分复用的情况下，通过空中接口最多传输一个带有动态大小的、去往/来自一个终端的传输块。在空分复用（MIMO技术）的情况下，每个TTI最多可以有两个传输块。

与每个传输块关联的是传输格式（TF），用来指定运输块是如何通过无线接口进行传输的。传输格式包括传输块大小、调制和编码方案以及天线映射方面的信息。通过改变传输格式，MAC层可以实现不同的数据速率。因此，速率控制也被称为传输格式选择。

LTE定义的传输信道类型如下：

1）广播信道（BCH）带有固定的传输格式，这些格式由规范提供。广播信道用于BCCH系统部分信息的传输，更具体地说就是所谓的主信息块（MIB）的传输，如第11章所述。

2）寻呼信道（PCH），用于传送来自PCCH逻辑信道的寻呼信息。PCH支持非连续接收（DRX），允许终端只在预定时刻唤醒来接收PCH，从而节省电池能量。LTE的寻呼机制还会在第11章中描述。

3）下行共享信道（DL-SCH）是用于LTE下行链路数据传输的主要传输信道。它支持LTE的关键功能，如动态速率自适应、时频域信道相关调度、带有软合并的混合ARQ以及空分复用。它还支持DRX，用来降低始终保持在线体验的终端的功耗。DL-SCH还可以用于传输部分没有被映射到BCH的BCCH系统信息。一个小区中可以存在多个DL-SCH，该TTI被调度的每个终端使用一个[⊖]，并且在某些子帧内存在一个携带系统信息的DL-SCH。

4）多播信道（MCH）用于支持MBMS业务。它的特点是有半静态传输格式和半静态调度。在使用MBSFN的多小区传输情况下，调度和传输格式的配置是在参与MBSFN传输的传输点之间协调得到的。MBSFN传输将在第19章描述。

5）上行共享信道（UL-SCH）是与DL-SCH所对应的上行链路信道——也就是说，该上行

⊖ 对于载波聚合，设备可以接收多个DL-SCH，每个组分载波一个。

传输信道用于上行链路数据的传输。

6）侧路共享信道（SL-SCH）是用于侧向链路通信的传输信道，请参见第21章。

7）侧向链路广播信道（SL-BCH）用于侧向链路同步，请参见第21章。

8）侧向链路发现通道（SL-DCH）用于第21章所述的侧向链路发现过程。

此外，随机接入信道（RACH）也被定义为传输信道，尽管它不携带传输块。此外，由于在版本13中引入了NB-IoT（参见第20章），这也引入了一组针对窄带操作优化的信道。

MAC功能的一部分是不同逻辑信道的复用和逻辑信道映射到适当的传输信道。逻辑信道类型和传输信道类型之间的映射如图4.7（下行链路）和图4.8（上行链路）中给出。图中清楚地表明DL-SCH和UL-SCH分别是主要的下行链路和上行传输信道。在图中，还包括稍后描述的相应的物理信道，并且示出了传输信道和物理信道之间的映射。有关侧向链路的信道映射的详细信息，请参见第21章。

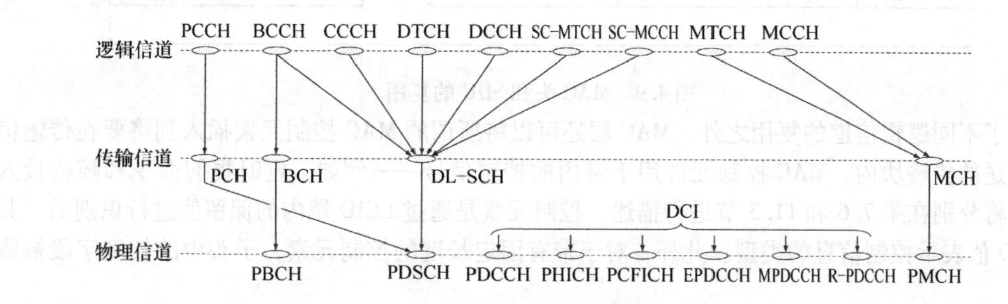

图4.7　下行信道映射

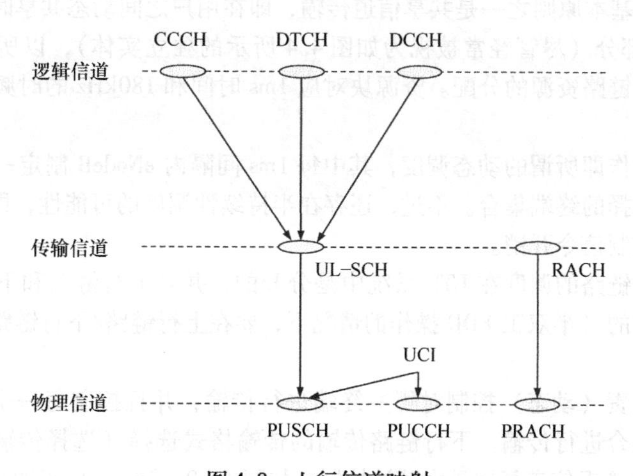

图4.8　上行信道映射

为了支持优先级管理，多个逻辑信道（其中每个逻辑信道都有自己的RLC实体）可以被MAC层复用到一个传输信道。在接收端，MAC层处理相应的解复用，并转发RLC PDU到其各自的RLC实体，以支持由RLC控制的按序发送和其他功能。为了支持在接收端的解复用，采用了MAC头，如图4.9所示。对于每个RLC PDU，在MAC头中存在一个关联的子头。子头包含该

RLC PDU起源于哪个逻辑信道标识符（LCID）以及以字节为单位的PDU长度。此外，还存在一个标志，以表明这是否为最后一个子头。一个或几个RLC PDU，与MAC头一起（如果需要还需要进行填充，以满足预定的传输块大小）形成一个转发到物理层的传输块。

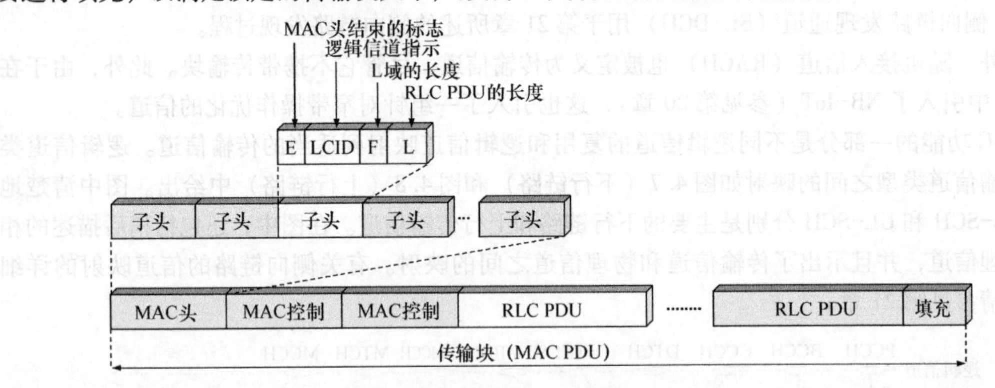

图4.9　MAC头和SDU的复用

除了不同逻辑信道的复用之外，MAC层还可以将所谓的MAC控制元素插入到将要在传输信道上发送的传输块内。MAC控制元件用于带内的控制信号——例如，定时提前命令和随机接入响应，将分别在第7.6和11.3节进行描述。控制元素是通过LCID域内的保留值进行识别的，其中LCID值表示控制信息的类型。此外，对于带有固定长度的控制元素，子头中的长度字段被删除了。

4.2.3.2　调度

LTE无线接入的基本原则之一是共享信道传输，即在用户之间动态共享时域和频域资源。调度器是MAC层的一部分（尽管经常被视为如图4.4所示的独立实体），以所谓资源块对的形式控制上行链路和下行链路资源的分配。资源块对应1ms时间和180kHz的时频单位，第9章将进行更详细的描述。

调度器的基本操作即所谓的动态调度，其中每1ms间隔内eNodeB制定一次调度决策，并将调度信息发送给所选择的终端集合。不过，还存在半持续性调度的可能性，即提前发送一个半持续调度模式以减少控制信令开销。

上行链路和下行链路的调度在LTE系统中是分开的，并且上行链路和下行链路的调度决策是可以相互独立制定的（半双工FDD操作的情况下，要在上行链路/下行链路分别设定的范围之内）。

下行链路调度负责（动态）控制对哪些终端进行传输，并且控制每一个终端中的DL-SCH应基于哪些资源块集合进行传输。下行链路传输的传输格式选择（选择传输块大小、调制方式以及天线的映射）和逻辑信道复用是由基站控制，如图4.10a所示。由于调度器控制数据传输速率的结果，RLC层分割和MAC层复用也将受到调度决策的影响。下行链路调度器的输出可从图4.4中看出。

上行链路调度器服务于类似的目的，即（动态）控制哪些终端将在其各自的UL-SCH上传输以及使用上行链路的哪些时域和频域资源（包括组分载波）。尽管事实上是eNodeB调度器为终端决定传输格式，但需要指出的是，上行链路调度决策是以每个终端而非每个无线承载为基

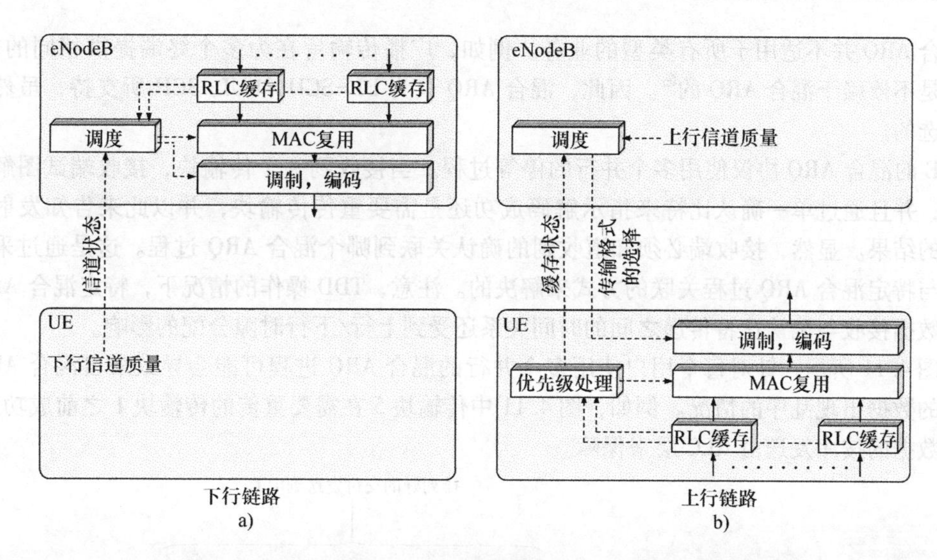

图4.10 在下行链路（a）和上行链路（b）中传输格式的选择

准。因此，尽管基站调度器控制被调度终端的有效载荷，但终端仍然负责选择数据采用哪些无线承载进行传输。根据规则，终端自主地控制逻辑信道的复用，其中的参数可以由eNodeB来配置。这一点从图4.10b可以看出，其中基站调度器控制传输格式，而终端控制逻辑信道的复用。

虽然调度策略的制定与实现相关且不由3GPP指定，但大多数调度器的整体目标是利用终端之间的信道变化，并倾向于将资源调度给具有最好信道条件的终端进行传输。LTE使用OFDM的一个好处在于，可以通过信道相关的调度来利用在时域和频域上的信道波动。这从图3.2中可以看出，也可参见第9章。对于LTE支持的较大带宽，其中往往会经历显著数量的频率选择性衰落，因此也为调度器提供了利用频域信道变化的可能性。与只能利用时域变化相比，这一点变得越来越重要。这种还可以利用频域变化的可能性是非常有益的，特别是在终端低速运动时，与许多业务所设定的延迟要求相比，时域的信道变化相对缓慢。

下行链路的信道相关调度是通过信道状态报告来支持的，它由UE传送，来反映在时域和频域的瞬时信道质量，以及空分复用情况下确定适当的天线处理所必要的信息。在上行链路，上行链路信道相关的调度所必要的信道状态信息可以基于每个终端发送的探寻参考信号，eNodeB需要借此信号估计上行信道质量。为了帮助上行链路调度制定调度决策，终端可以通过MAC消息给eNodeB传输缓冲区状态信息。显然，这类信息只有在终端已经得到了有效调度授权的情况下才会传输。其他情况下，需要提供一个用于指示终端是否需要上行链路资源的指标，作为上行链路L1/L2控制信令结构的一部分（参见第7章）。

4.2.3.3 带有软合并的混合ARQ

带有软合并的混合ARQ提供了抵抗传输错误的鲁棒性。由于混合ARQ重传速度快，许多业务允许一次或者多次重传，从而形成一种间接的（闭环）速率控制机制。混合ARQ协议是MAC层的一部分，而软合并的实际处理则由物理层控制[㊀]。

㊀ 软合并在信道解码之前或作为信道解码的一部分，这显然是物理层的功能。

混合ARQ并不适用于所有类型的业务。例如，广播传输旨在为多个终端提供相同的信息，它通常是不依赖于混合ARQ的[⊖]。因此，混合ARQ只为DL-SCH和UL-SCH所支持，虽然其使用是可选的。

LTE的混合ARQ协议使用多个并行的停等过程。当接收到一个传输块，接收端试图解码该传输块，并且通过单一确认比特来指示解码成功还是需要重传传输块，并以此来告知发射端解码操作的结果。显然，接收端必须知道收到的确认关联到哪个混合ARQ过程。这是通过采用确认定时与特定混合ARQ过程关联的方式来解决的。注意，TDD操作的情况下，特定混合ARQ过程中的数据接收与确认比特传递之间的时间关系还受到上行/下行时隙分配的影响。

如图4.11所示，针对每个用户使用多个并行的混合ARQ进程可能会导致来自混合ARQ机制发送的数据出现乱序的情况。例如，图4.11中传输块5在需要重传的传输块1之前成功解码。因此，数据的按序发送由RLC层来保障。

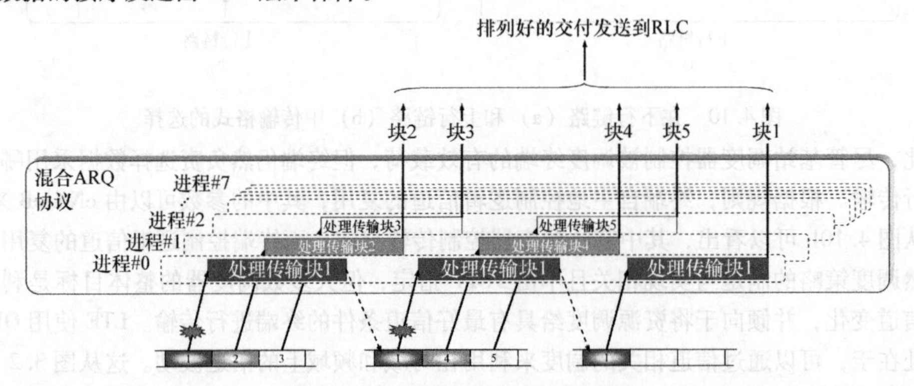

图4.11　多个并行的混合ARQ进程

下行链路的重传可能发生在初次传输之后的任何时间（即该协议是异步的），并有一个明确的混合ARQ进程数被用来指示正在处理的是哪个进程。在异步的混合ARQ协议中，原则上重传的调度与初始传输类似。另一方面，上行链路重传基于一种同步协议，重传发生在初始传输之后的预定时间，并可以间接推导出进程号。在一个同步协议中，一旦调度了初始传输则重传的时刻是固定的，这一点必须在调度操作中予以考虑，但是请注意，调度器从基站中的混合ARQ实体了解到终端是否将要进行重传。

混合ARQ机制将迅速纠正由于噪声或不可预知的信道波动所产生的传输错误。如上所述，RLC也能够请求重传，这乍一看似乎是不必要的。然而，存在两个相互关联的重传机制的原因是反馈信令——混合ARQ提供快速重传，但由于反馈错误，残留误差率通常非常高。例如，对于良好的TCP性能，RLC层可确保（几乎）无差错的数据传输，但相比混合ARQ协议其重传较慢。因此，混合ARQ和RLC的结合既能保证巡回时间短，又能提供可靠的数据传输，这样的结果颇具吸引力。此外，RLC和混合ARQ位于同一节点，两者之间能够紧密互动，这一点在第8章中还会提到。

⊖　自动重传，其中发射机多次重复相同的信息，而接收者不发送确认，这是可以用于获得软合并增益。

4.2.4 物理层

物理层负责编码、物理层的混合ARQ处理、调制、多天线处理，以及将信号映射到适当的物理时域和频域资源。它还可以处理传输信道到物理信道的映射，如图4.7和图4.8所示。

正如在引言中所提到的，物理层以传输信道的形式为MAC层提供服务。在下行链路和上行链路的数据传输分别使用DL-SCH和UL-SCH的传输信道类型。每TTI内DL-SCH和UL-SCH最多承载一个，或者在空分复用情况下最多承载两个传输块[⊖]。载波聚合的情况下，对于每个设备每个组分载波存在一个DL-SCH（或UL-SCH）。

一个物理信道对应用于传输特定传输信道的时频资源集合，并且每个传输信道映射到相应的物理信道，如图4.7（下行信道）和图4.8（上行信道）所示（在第21章中包含了侧向信道）。除了具有相关传输信道的物理信道之外，还存在一些没有对应传输信道的物理信道。这些信道被称为L1/L2控制信道，它们用于下行控制信息（DCI）的传输，为终端提供正确接收及解码下行链路数据传输所需要的信息；上行控制信息（UCI）则用来为调度器和混合ARQ协议提供有关终端状态的信息；侧向控制信道（SCI）用来处理侧向链路的传输。

LTE中定义的物理信道类型如下：

1）物理下行共享信道（PDSCH）是用于单播数据传输的主要物理信道，而且还用于寻呼信息的传输。

2）物理广播信道（PBCH）承载终端接入网络所要求的一部分系统信息。

3）物理多播信道（PMCH）用于支持MBSFN操作。

4）物理下行控制信道（PDCCH）用于下行控制信息的传输，主要包括PDSCH接收所需的调度决策，以及触发PUSCH传输的调度许可。

5）作为对大规模机器通信的改进支持的一部分，在版本13中引入了MTC物理下行链路控制信道（MPDCCH），参见第20章。实质上，它是EPDCCH的变体。

6）在版本10中引入了中继物理下行链路控制信道（R-PDCCH），用于在施主eNodeB到中继链路上承载L1/L2控制信令。

7）物理混合式ARQ指示信道（PHICH）承载用于为终端指示运输块是否重传的混合ARQ确认。

8）物理控制格式指示信道（PCFICH）是一个为终端提供解码PDCCH所必需信息的信道。每个组分载波只有一个PCFICH。

9）物理上行共享信道（PUSCH）是与PDSCH相对应的上行信道。对于每个终端，每个上行链路组分载波最多有一个PUSCH。

10）物理上行控制信道（PUCCH）被终端用来发送混合ARQ确认，为eNodeB指示下行传输块是否接收成功，或发送信道状态报告以协助下行链路的信道相关调度，以及申请上行链路数据传输所需要的资源。每个终端最多有一个PUCCH。

11）物理随机接入信道（PRACH）用于随机接入的目的，详见第11章。

⊖ 没有为侧向链路通信定义空间复用。

12）物理侧向共享通道（PSSCH）用于侧向链路数据传输，详见第21章。

13）物理侧向控制信道（PSCCH），用于与侧向链路相关的控制信息。

14）物理侧向链路发现通道（PSDCH），用于侧向链路的发现过程。

15）物理侧向广播信道（PSBCH），用于在设备之间传递基本的侧向链路相关信息。

请注意，一些物理信道，更具体地说是用于下行链路控制信息（PCFICH、PDCCH、PHICH、EPDCCH和R-PDCCH）、上行链路控制信息（PUCCH）和侧向链路控制信息（PSCCH）传输的信道没有相应的传输信道。

其他的下行传输信道基于与DL-SCH相同的通用物理层处理流程，虽然在所使用的功能集合上存在一些限制。这一点对于PCH和MCH传输信道来说更为明显。对于BCH上的系统信息广播，终端必须能够接收这个信息信道，以作为接入系统之前的一个最初步骤。因此，其传输格式必须作为先验信息为终端已知，并且在这种情况下不存在任何MAC层传输参数的动态控制。BCH也可以采用不同方式映射到物理资源（OFDM的时频网格），这一点将在第11章中详细描述。

对于PCH上寻呼消息的传输，传输参数可以在一定程度上进行动态适应。一般来说，在这种情况下的处理与DL-SCH的通用处理是类似的。MAC可以控制调制、资源分配的数量以及天线映射。然而，由于终端被寻呼时尚未建立上行链路，因此不能使用混合ARQ，因为不存在终端发送混合ARQ确认的可能性。

MCH用于MBMS传输，通常采用单频网络操作，如第3章所述，通过在同一时间的相同资源上采用相同的格式从多个小区发送。因此，MCH传输的调度必须在多个参与其中的小区之间进行协调，而MAC不能动态地选择传输参数。

4.3　控制平面协议

除其他功能外，控制平面协议负责连接建立、移动性管理和安全性管理。从网络传输到终端的控制消息既可以源于位于核心网络中的MME，也可源于位于eNodeB的无线资源控制（RRC）节点。

由MME管理的NAS控制平面功能，包括EPS承载管理、认证、安全性以及不同的空闲模式处理如寻呼。它也负责为终端分配IP地址。关于NAS的控制平面功能的详细讨论可参见参考文献[5]。

RRC位于eNodeB，负责处理RAN相关的流程，具体如下：

1）系统信息广播是终端能够与小区进行通信所必需的。系统信息的采集将在第11章中描述。

2）来自MME的寻呼消息的传送是用来告知终端有关连接建立请求的信息。寻呼（将在第11章进一步讨论）用于RRC_ IDLE状态（下文将详细说明），此时终端还没有连接到一个特定的小区。系统信息更新的指示是寻呼机制的另一个应用，公共预警系统亦然。

3）连接管理，包括建立承载和LTE内部移动性。这包括建立RRC上下文，即配置终端和无线接入网络之间通信所需要的参数。

4）移动性功能，如小区（重新）选择。

5）测量配置和报告。

6）UE 能力级别的处理。当连接建立时终端将公布其能力，这是因为并非所有终端都能支持 LTE 规范中描述的所有功能，这一点我们已在第 3 章简要讨论过。

RRC 消息是通过信令无线承载（SRB）传送给终端，使用与第 4.2 节所述相同的协议层（PDCP、RLC、MAC 和 PHY）。连接建立期间 SRB 被映射到共同控制信道（CCCH），一旦连接建立完成则被映射到专用控制信道（DCCH）。控制平面和用户平面的数据可以在 MAC 层进行复用，并在同一 TTI 内传输给终端。上述 MAC 控制元素也可以在某些特定情况下用于无线资源的控制，此时低延迟比加密、完整性保护和可靠传输更为重要。

4.3.1　状态机

LTE 中终端可以存在两种不同的状态，即如图 4.12 所示的 RRC_CONNECTED 和 RRC_IDLE 状态。

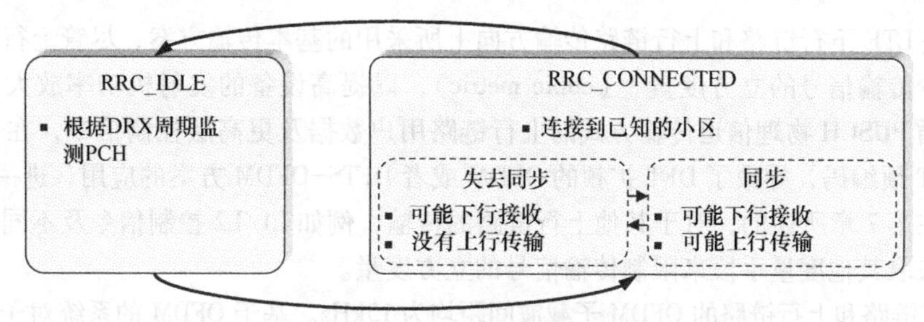

图 4.12　LTE 的状态

在 RRC_CONNECTED 状态下，建立了 RRC 环境，即终端和无线接入网络之间通信所必要的参数对于两个实体是已知的。一个终端属于哪个小区是已知的，并且已经配置了一个终端标识，小区无线网络临时标识（C-RNTI）用于终端和接入网络之间的信令交互。RRC_CONNECTED 状态是针对去往/来自终端的数据传输，但可以配置非连续接收（DRX）以降低终端功耗（DRX 在第 9 章中会进一步描述）。由于 RRC_CONNECTED 状态下在基站内建立了 RRC 环境，离开 DRX 状态并开始接收/发送数据是比较快的，因为不需要相关的信令交互。

尽管在规范中存在不同的表述方式，RRC_CONNECTED 仍然可以被看作带有两个子状态：IN_SYNC 和 OUT_OF_SYNC，具体取决于上行链路是否与网络同步。由于 LTE 采用正交的基于 FDMA/TDMA 的上行链路，来自不同终端的上行链路传输必须实现同步，以便使它们能（大约）在同一时间到达接收端。获得和维持上行同步的过程将在第 7 章中描述，简单来说就是，接收端测量来自各个实际传输终端的传输到达时间，并且在下行链路上发送时间校正命令。只要上行链路同步，用户数据和 L1/L2 控制信号的上行传输就能成为可能。如果在一个可配置时间窗口内没有进行上行传输，时序对齐和上行链路被声明为非同步显然是不可能的。在这种情况下，终端需要执行随机接入过程，以便在上行数据或控制信息的传输之前恢复上行链路的同步。

在 RRC_IDLE 的状态下，无线接入网络中不存在 RRC 环境，同时终端不属于一个特定的小区。由于终端大部分时间处于休眠状态以降低电池消耗，可能会出现无数据传输，不能维持上行同步，因此唯一可能发生的上行传输活动是为转移到 RRC_CONNECTED 状态而进行的随机接入过程，这将在第 11 章中讨论。在向 RRC_CONNECTED 状态转移的过程中需要无线接入网络和终端两侧都建立 RRC 环境。与离开 DRX 相比，这需要更长的时间。下行链路上处于 RRC_IDLE 状态的终端定期唤醒以接收来自网络的可能的寻呼消息，这些在第 11 章中将会提到。

第 5 章　物理传输资源

在第 4 章中我们讨论了 LTE 的整体架构，包括对不同协议层的概述。在讨论 LTE 下行链路和上行链路的传输机制细节之前，本章将对 LTE 时域和频域基本传输资源进行介绍，还将对天线端口概念进行综述。

5.1　总体时频结构

OFDM 是 LTE 下行链路和上行链路传输方向上所采用的基本传输方案，尽管上行链路采用特定手段来减少传输信号的立方度量⊖（cubic metric），以提高设备的发射机功率放大器效率。因此，对于遵循 PUSCH 物理信道传输方式的上行链路用户数据及更高层控制信令，在 OFDM 调制之前进行 DFT 预编码，导致了 DFT 扩频的 OFDM 或者 DFTS-OFDM 方案的应用，进一步参见第 7 章。正如将在第 7 章所述的，对于其他上行链路的传输，例如 L1/L2 控制信令及不同类型参考信号的传输，采取其他度量手段来限制传输信号的立方度量。

LTE 下行链路和上行链路的 OFDM 子载波间距均为 15kHz。基于 OFDM 的系统对于子载波间距的选择，需要仔细权衡用于抵抗多普勒扩展/移位以及其他类型频率误差和不准确的敏感度而采用的循环前缀开销。可以发现，LTE 子载波间距选择为 15kHz，是在这些不同约束之间提供了很好的均衡。

假定采用基于 FFT 的发射机/接收机实现，15kHz 子载波间距所对应的采样频率为 $f_s = 15000N_{FFT}$，其中 N_{FFT} 是 FFT 大小。重要的是需要理解，尽管 LTE 规范没有以任何方式强制要求使用基于 FFT 的发射机/接收机实现，更没规定具体的 FFT 大小或采样频率。然而，基于 FFT 的 OFDM 实现是常见做法，FFT 大小为 2048，对应 30.72MHz 的采样频率，适用于更宽的 LTE 载波带宽，如 15MHz 和更高的带宽。然而，对于更小的载波带宽，可以很好地应用更小的 FFT 大小以及所对应较低的采样率。

除 15kHz 的子载波间距之外，LTE 还定义了一个 7.5kHz 的子载波间距，其相应的 OFDM 符号时间长了一倍。引入缩短子载波间距专门针对基于 MBSFN 的多播/广播传输（参见第 19 章）。然而，当前 7.5kHz 子载波技术只在 LTE 部分规范中予以应用。本章及后续章节的讨论中除额外明确说明之外均假定采用 15kHz 的子载波间距。

在时域内，LTE 的传输信息被组织在长度为 10ms 的（无线）帧内，每个无线帧被分为 10 个同样大小且长度为 1ms 的子帧，如图 5.1 所示。

每个子帧由两个同样大小的时隙构成，长度为 $T_{slot} = 0.5\text{ms}$，每个时隙由一些包括循环前缀的 OFDM 符号构成⊜。为了提供一致且精确的时序定义，LTE 规范内不同的时间间隔被定义为一

⊖ 立方度量是相对于某些参考波形所需回退量来说，比特定信号波形所需的额外回退量的峰均比更好的度量指标。

⊜ 这对于“常规”下行链路子帧是有效的。如第 5.4 节所述，TDD 操作情况下的特殊子帧没有被分为两个时隙而是分为三个字段。

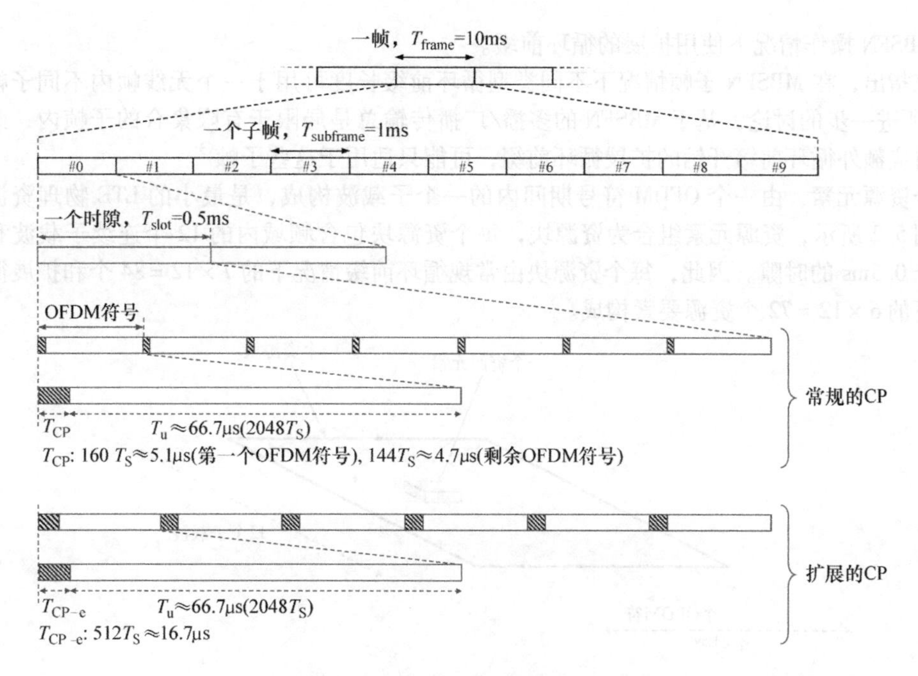

图5.1 LTE时域结构

个基本时间单位 $T_S = 1/(15000 \times 2048)$ 的倍数。因此，基本时间单位 T_S 可以被视为采用FFT大小等于2048的基于FFT的发射器/接收器实现的采样时间。因此图5.1所示时间间隔也可以分别将帧、子帧和时隙的时长表示为 $T_{frame} = 307200T_S$，$T_{subframe} = 30720T_S$，$T_{slot} = 15360T_S$。

在更高层面上，每个帧通过一个系统帧号（SFN）进行标识。SFN用于定义长度大于一个无线帧的不同传输周期，如寻呼周期，参见第11章。SFN周期为1024，因此，SFN在1024个帧或10.24s之后自行重复。

15kHz的LTE子载波间距对应有用符号时长为 $T_u = 2048T_S$ 或约为66.7ms。从而，OFDM总符号时间为有用符号时间与循环前缀长度 T_{CP} 之和。如图5.1所示，LTE定义了两种循环前缀长度：常规的循环前缀和扩展的循环前缀，分别相应每时隙内7个和6个OFDM符号。图5.1给出了确切的循环前缀长度，以基本单位时间 T_S 表示。需要注意的是，常规循环前缀情况下时隙中第一个OFDM符号的循环前缀长度比其余OFDM符号稍微大一点。这是仅仅是为了填满整个0.5ms时隙，因为每个时隙的基本时间单位 T_S 数量（15360）不能被7整除。为LTE定义两类循环前缀长度的原因有：

1）尽管从循环前缀开销角度来看是低效的，但较长的循环前缀可能有利于带有大量时延扩展的特定环境，例如非常大的小区。尽管如此，大小区情况下采用较长循环前缀也并不一定有益，即使此情况下的时延扩展非常广泛。如果大小区中链路性能受限于噪声而非循环前缀不能覆盖残余时间色散所引起的信号失真时，使用较长循环前缀所带来的无线信道时间色散的额外稳健性，不能弥补较长循环前缀所对应的额外能源开销。

2）正如本书第19章所讨论的，基于MBSFN的多播/广播传输情况下的循环前缀不仅覆盖实际信道时间色散的主要部分，还可以覆盖参与MBSFN传输的小区间所接收传输之间的时间差。

因此，MBSFN操作情况下使用扩展的循环前缀。

应该指出，在MBSFN子帧情况下不同类型循环前缀长度可用于一个无线帧内不同子帧。如第19章所进一步的讨论，基于MBSFN的多播/广播传输总是局限于有限集合的子帧内，此时使用带有对应额外循环前缀开销的扩展循环前缀，可能只适用于这些子帧㊀。

一个资源元素，由一个OFDM符号期间内的一个子载波构成，是最小的LTE物理资源。此外，如图5.2所示，资源元素组合为资源块，每个资源块包含频域内的12个连续子载波和时域内的一个0.5ms的时隙。因此，每个资源块由常规循环前缀情况下的7×12=84个和扩展循环前缀情况下的6×12=72个资源要素构成。

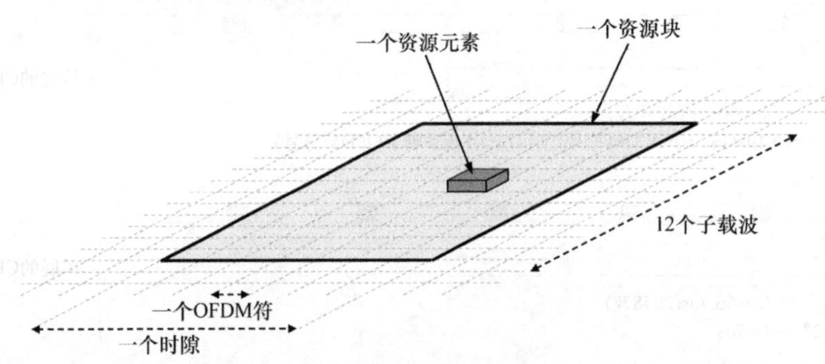

图5.2　LTE物理时频资源

尽管资源块在一个时隙上进行定义，LTE动态调度在时域上的基本单位是一个子帧，由两个连续时隙组成。在时隙上定义资源块是因为分布式下行链路传输（参见本书第10章的描述）和上行链路跳频（参见本书第11章的介绍）均以时隙为基础进行定义。该最小调度单位，由一个子帧内两个时间连续的资源块构成（每时隙一个资源块），被称为一个资源块对。

LTE物理层规范允许一个载波在频域内包括任何数量的资源块，从最少6个资源块到最多110个资源块不等。从物理层规范角度来讲这相当于总传输带宽范围为1~20MHz，并带有非常精细的粒度，从而赋予LTE非常高的带宽灵活性。然而，如第3章中提到的，至少在初期LTE射频要求只规定有限的传输带宽集合，对应一个载波内资源块数量的有限集合。还要注意的是，LTE第10版及之后版本中，传输信号的总带宽通过聚合多个载波显著高于20MHz，第10版可高达100MHz，并且第13版可达到640MHz，参见5.5节。

上述资源块定义既适用于下行链路也适用于上行链路的传输方向。然而，在上行链路和下行链路之间存在一个微小差别，即载波中心频率所处子载波的位置。

下行链路上（见图5.3的上部）存在一个与载波中心频率重合的无用直流子载波。直流子载波不用于下行链路传输的原因是，它可能会经历不成比例的高干扰，例如由本振泄漏引起的。

另一方面，在上行链路上（图5.3的下部）没有定义无用直流子载波，并且上行链路的载波中心频率位于两个上行子载波之间。频谱中心出现无用的直流子载波会阻碍整个小区带宽分配给单用户并同时仍然可映射为OFDM调制器连续输入的假设成立，这就需要一些东西来保留上行链路数据传输所用DFTS-OFDM调制器的低立方度量特性。

㊀ 扩展的循环前缀实际上只应用于所谓的MBSFN子帧的MBSFN部分（参见5.2节）。

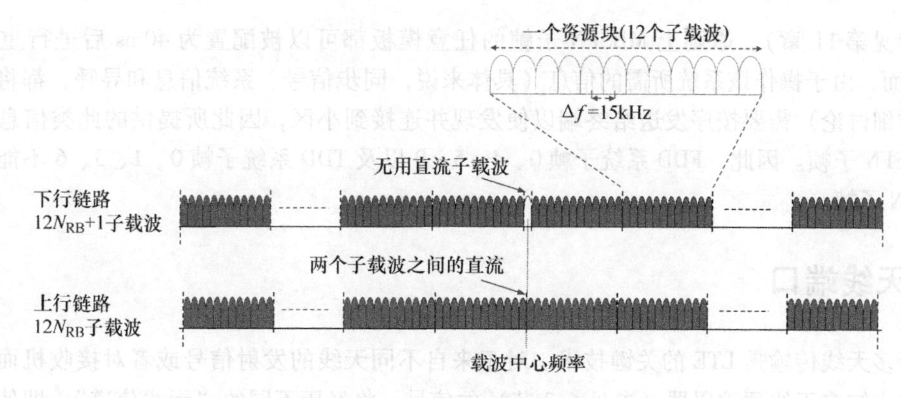

图 5.3　LTE 的频域结构

5.2　常规子帧和 MBSFN 子帧

LTE 系统中每个下行链路子帧（以及 TDD 情况下的 DwPTS；请见 5.4.2 节有关 TDD 帧结构的讨论）通常被分为由最初几个 OFDM 符号构成的控制区以及由该子帧其余部分构成的数据区。这两个区域中资源元素的使用将在第 6 章详细讨论，此阶段我们需要知道的是控制区承载控制上行链路和下行链路数据传输所需的 L1/L2 信号。

此外，自 LTE 的第一个版本起就定义了所谓的 MBSFN 子帧。采用 MBSFN 子帧的初衷是，用来支持如第 19 章所述的 MBSFN 传输。然而，还发现 MBSFN 子帧对于其他情况也非常有用，例如第 16 章所讨论的作为中继功能的一部分。因此，MBSFN 子帧最好被视为一种通用工具而非仅用于 MBSFN 传输。

如图 5.4 所示，一个 MBSFN 子帧包括一个长度为一或两个 OFDM 符号的控制区，其本质上等同于常规子帧的对应部分，之后为其内容取决于 MBSFN 子帧用途的 MBSFN 区。MBSFN 子帧中也保留控制区的原因是，例如能够发送上行链路传输所需的控制信号。LTE 第 8 版及之后的所有终端都能接收 MBSFN 子帧的控制区。这就是为什么 MBSFN 子帧已被发现作为一个通用工具是非常有用的原因，以向后兼容的方式，引入与 LTE 无线接入规范早期版本不同的新型信令和传输。此类传输可以在该子帧的 MBSFN 区中进行承载，不能识别这些传输的早期设备将简单地忽略这些传输。

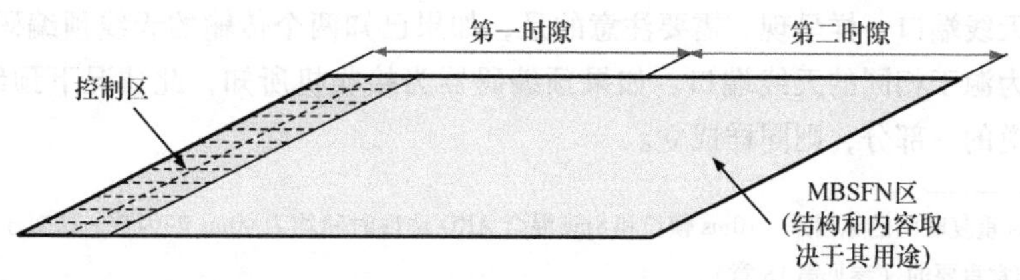

图 5.4　MBSFN 子帧的资源块结构，假定控制区采用常规循环前缀而 MBSFN 区采用扩展的循环前缀

一个小区中哪些子帧集合被配置为 MBSFN 子帧的相关信息，将作为系统信息的一部分进行

提供（参见第11章）。原则上MBSFN子帧的任意模板都可以被配置为40ms后进行重复的模板[㊀]。然而，由于操作该系统所需的信息（具体来说，同步信号、系统信息和寻呼，都将在后面章节中详细讨论）需要按序发送给终端以便发现并连接到小区，因此所提供的此类信息不能配置为MBSFN子帧。因此，FDD系统子帧0、4、5、9以及TDD系统子帧0、1、5、6不能被配置为MBSFN子帧。

5.3　天线端口

下行多天线传输是LTE的关键技术。对于来自不同天线的发射信号或者对接收机而言，待通过不同未知多天线预编码器（参见6.3节）的信号，将经历不同的“无线信道”，即使天线组被置于相同地点[㊁]。

通常，一个设备了解其可以假定的不同下行链路传输所经历的无线信道之间的关系至关重要。例如，对于设备而言能够了解其应该对某些下行链路传输采用什么参考信号用于信道估计是非常重要的。对于设备同样重要的是，能够确定相关信道状态信息，例如用于调度和链路自适应。

为此，在LTE规范中引入了天线端口的概念，定义为：天线端口上一个符号传送的信道可由相同天线端口上另一符号的传输信道推导出来。换一种表达为：每个单独的下行链路传输来自一个特定的天线端口，其身份对终端设备是已知的。此外，终端设备可以假设，当且仅当两个传输信号从相同的天线端口发送时，它们经历相同的无线信道[㊂]。

实际上，每个天线端口，至少对于下行链路，可以被视为特定的参考信号。由此终端接收机可以假定，该参考信号可以被用来评估特定天线端口所对应的信道。参考信号也可以被终端用来推算与天线端口相关的信道状态信息。

应该理解为：天线端口是一个抽象的概念，它不需要与特定物理天线相对应。

- 两个不同信号可以从多个物理天线以相同方式进行发送。由此，终端接收机将把两个信号视为在不同天线的信道“加总”所对应的单一信道上进行传输，总体传输将被视为两个信号的传输来自相同的单一天线端口。
- 两个信号可以通过相同天线组（具有不同的且对接收机未知的天线发射机端预编码器）进行传输。接收机必须将未知的天线预编码器视为总体信道的一部分，这意味着两个信号将像来自两个不同天线端口一样呈现。需要注意的是，如果已知两个传输的天线预编码器是相同的，该传输将被视为源于相同的天线端口。如果预编码器为接收机所知，此情况下预编码器不需要被视为无线信道的一部分，则同样成立。

㊀ 采用40ms重复时间的原因是，10ms帧长和8ms混合ARQ巡回时间均为40ms的因数，这对于许多应用（如中继）是非常重要的（参见第18章）。

㊁ 一个未知的发射极端预编码器需要被视为整个无线信道的一部分。

㊂ 对于特定天线端口，更准确地说是哪些对应所谓解调参考信号的天线端口，相同无线信道假设只在给定子帧内有效。

5.3.1 准共址天线端口

即使两个信号发送自两个不同的天线，两信号所经历的信道仍然有许多共性的大尺度特性。举个例子，两个发送自同一站址不同物理天线所对应的两个不同天线端口的信号，即使细节上存在差异，通常将具有相同或至少类似的大尺度特性，例如多普勒扩散/频移、平均时延扩展以及平均增益。此外还可以预期信道将引入类似的平均延迟。了解两个不同天线端口所对应的无线信道带有相似的大尺度特性，可为终端接收机所用，例如，用于信道估计的参数设置。

然而，随着 LTE 第 11 版本中不同类型多点传输的引入，服务于同一终端的不同下行链路发射天线可能在地理上被分开得更多。在这种情况下，对于同一终端所相关的不同天线端口的信道可能会有所不同，甚至在大尺度特性上。

因此，相对于天线端口准共址的概念被引入作为 LTE 第 11 版本的一部分。终端接收器可以假设两个不同天线端口所对应的无线信道在特定参数上带有的相同大尺度特性，如平均时延扩展、多普勒扩散/频移、平均延迟和平均增益，当且仅当天线端口被指定为准共址情况下。某些情况下，LTE 技术规范会给出两个天线端口是否可以被认为相对一些特定信道属性的准共址情况。在其他情况下，该设备可由网络通过信令直接告知两个特定天线端口是否可以被假定为准共址。

实际上，顾名思义，如果两天线端口对应相同位置的物理天线则它们通常将被“准共址”，而对应不同位置的两天线端口一般不会被“准共址”。但是，在规范中没有对此进行明确规定，准共址简单地定义为不同天线端口的长期信道属性之间的关系是如何假定的。

5.4 双工机制

频谱灵活性是 LTE 的关键特征之一。除传输带宽的灵活性之外，LTE 还通过基于 FDD 和基于 TDD 的双工方式采用如图 5.5 所示的时频结构来支持在成对和非成对的频谱上进行操作。这是通过两个稍有不同的帧结构来实现的：类型 1 用于 FDD；类型 2 用于 TDD。在第 13 版中增加了非授权频谱操作，称为授权辅助接入，并为此引入了帧结构类型 3。尽管，在很多方面，三种帧结构类型

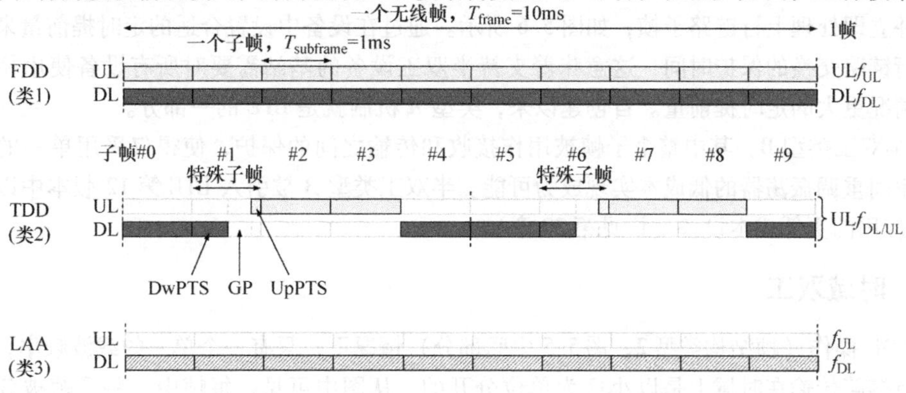

图 5.5 FDD 和 TDD 的上行链路/下行链路时频结构

的时域结构相同，但还是存在一些差异的，最明显的是帧结构类型2情况下存在一个特殊子帧。该特殊子帧用于为下行链路和上行链路切换提供必要的保护时间，将在后续内容中讨论。

5.4.1　频域双工

FDD操作（帧结构类型1）情况下，上行链路和下行链路承载在不同载波频率，表示为图5.5上面部分的f_{UL}和f_{DL}。每帧中由此存在10个上行链路子帧和10个下行链路子帧，上行链路和下行链路传输可以同时出现在同一小区内。下行链路和上行链路传输之间的隔离通过传输/接收滤波器，称为双工滤波器，以及频域中一个足够大的双工分离来实现。

即使上行链路和下行链路传输可同时出现在FDD操作下的一个小区内，对于特定频带终端可以全双工或者半双工操作，这取决于它是否能够同时发送/接收。在具备全双工能力情况下，也可以在终端同时进行传输和接收，然而对于只有半双工操作能力的终端则无法同时发送和接收。如第3章所述，由于放松或没有对双工滤波器的要求，半双工操作可简化设备实现。简化的设备实现可能与几个应用案例有关，例如大量的机器类型通信设备（见第20章），其中低设备成本是最重要的。另一个例子是操作在特定频带，采用非常窄的双工间隙以及所对应的具有挑战性的双工滤波器设计。此情况下，全双工支持可以是频带依赖性的，从而终端可以只在某些频段支持半双工操作，而在所支持频带的其余频段支持全双工操作。应当指出的是，全/半双工能力是终端的一个属性；基站操作在全双工模式，与终端能力无关。

从网络角度来看，半双工操作不能在所有上行链路子帧传输，因此对于单一移动设备可提供的持续数据速率存在影响。小区容量几乎没有影响，因为通常可以在给定子帧的上行链路和下行链路调度不同的设备。由于网络始终处于全双工状态，可以同时传输和接收，因此不需要提供保护间隔。全双工和半双工FDD的相关传输结构和时序关系是相同的，因此单小区可同时支持全双工和半双工FDD设备的混合。由于半双工设备不能同时发送和接收，调度决策必须考虑到这一点，半双工操作可以被视为一种调度限制，将在第9章详细讨论。

从终端角度来看，半双工操作需要提供保护间隔，其间设备可在传输和接收之间切换，其长度取决于具体实现。因此，LTE支持两种所需保护间隔的提供方式：

- 半双工类型A，其中创建一个保护时间使得设备跳过下行链路子帧中的最后OFDM符号的接收并立即处理上行链路子帧，如图5.6所示。通过在设备中设置合适的定时提前量来控制用于上下行链路交换的保护时间，这意味着支持半双工设备的基站需要对所有设备使用相比仅用全双工情况更大的定时提前量。自创建以来，类型A机制就是LTE的一部分。
- 半双工类型B，其中整个子帧被用作接收和传输之间的保护，使得仅采用单一的上下行链路频率间重调振荡器的低成本实现成为可能。半双工类型B被引入LTE第12版本中以实现用于MTC应用的更低成本设备（详见第20章）。

5.4.2　时域双工

在TDD操作（帧结构类型2，图5.5中间部分）情况下，只有一个单一的载波频率，上行链路和下行链路传输在时域上是以小区为单位分开的。从图中可见，每帧中一些子帧被分配用于上行链路传输，一些子帧被分配给下行链路传输，带有一个特殊子帧中出现的上下行链路间切换

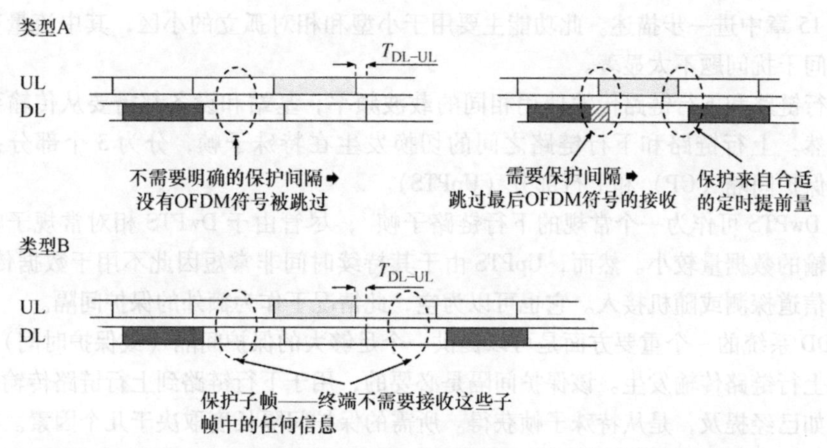

图5.6 半双工FDD类型A（上部）和类型B（底部）的终端保护时间

点（子帧1，对于一些上下行链路配置也在子帧6）。不同的非对称性以分别分配给上行链路和下行链路传输的资源即子帧的数量来表征，通过图5.7所示的7种不同上下行链路配置来设定。从图中看出，子帧0和5总是分配给下行链路传输而子帧2总是分配给上行链路传输。由此，余下的子帧（除特殊子帧）可以灵活地分配给下行链路或上行链路传输，取决于上下行链路配置。

作为基准，每帧中使用相同的上下行链路配置，作为系统信息的一部分予以提供因此很少改变。此外，为了避免不同小区下行链路和上行链路传输之间的严重干扰，通常相邻小区采用相同的上下行链路配置。然而，第12版本引入了每帧内动态改变上下行链路配置的可能性，这一

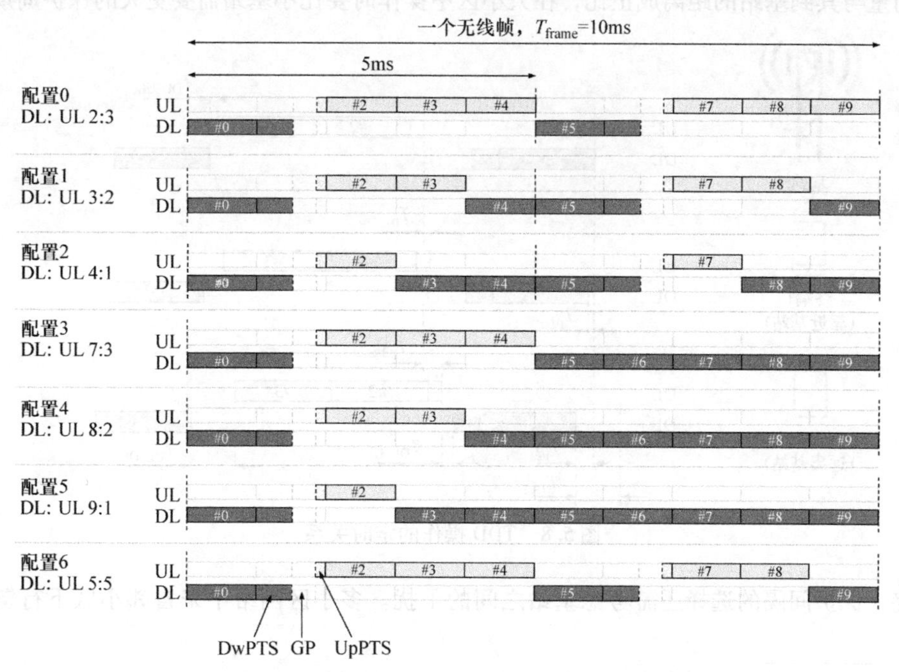

图5.7 TDD情况下的不同下行链路/上行链路配置

功能将在第15章中进一步描述。此功能主要用于小型和相对孤立的小区，其中流量变化可能很大并且小区间干扰问题不太显著。

由于上行链路和下行链路传输使用相同的载波频率，基站和设备都需要从传输到接收的切换，反之亦然。上行链路和下行链路之间的切换发生在特殊子帧，分为3个部分：下行部分（DwPTS）、保护间隔（GP）和上行部分（UpPTS）。

本质上DwPTS可作为一个常规的下行链路子帧[1]，尽管由于DwPTS相对常规子帧的长度缩短导致可传输的数据量较小。然而，UpPTS由于其持续时间非常短因此不用于数据传输。相反，它可以用于信道探测或随机接入。它也可以为空，此情况下作为额外的保护间隔。

任何TDD系统的一个重要方面是可以提供一个足够大的保护间隔（或保护时间），其间没有下行链路和上行链路传输发生。该保护间隔是必要的，用于下行链路到上行链路传输的切换，反之亦然。正如已经提及，是从特殊子帧获得。所需的保护间隔长度取决于几个因素。首先，它应该足够大以便提供基站和设备的电路从下行链路切换到上行链路的所需时间。切换通常是比较快的，20ms的量级，并且在大多数部署情况下对所需保护时间的贡献并不显著。

其次，保护时间也应确保上行链路和下行链路传输不会在基站处产生干扰。这是通过在设备处提前上行链路定时来控制的，使得在基站处上下行链路切换之前的最后一个上行链路子帧在第一个下行链路子帧开始之前结束。每个设备的上行链路定时可由基站通过使用如第7章所述的定时提前机制来控制。显然，保护间隔必须足够大以便设备接收下行链路的传输并在其启动（定时提前的）上行链路传输之前进行从接收到发送的切换。本质上，一些特殊子帧的保护间隔通过定时提前机制从下到上行链路切换"被搬移"为上到下行链路切换，如图5.8所示。由于时间提前量与其到基站的距离成正比，在大小区中操作时要比小基站需要更大的保护周期。

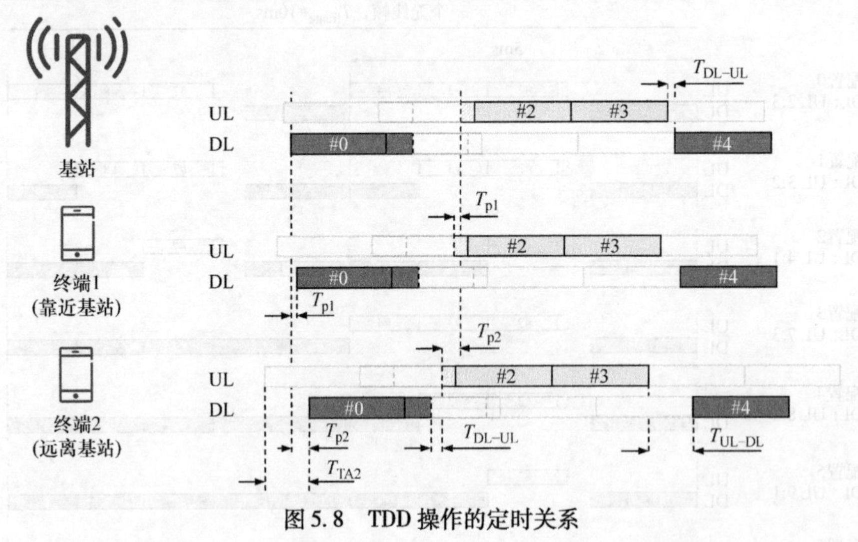

图5.8　TDD操作的定时关系

最终，保护间隔的选择还需考虑基站之间的干扰。多小区网络中来自邻小区下行链路传输

[1] 对于3个OFDM符号长的最短DwPTS持续时间的情况，DwPTS不能用于PDSCH的传输。

的小区间干扰必须在基站开始接收上行链路传输之前衰减到足够低的水平。因此，可能需要一个比小区半径本身所需保护间隔更大的值，否则来自遥远基站下行链路传输的最后部分可能会干扰上行链路的接收。保护间隔的数值取决于传播环境，但某些情况下在决定保护时间时，基站间干扰也是一个不可忽略的因素。

从前文论述来看可以明确的是，保护间隔需要具备足够数量的配置能力来满足不同的部署方案。因此，所支持的一系列 DwPTS/GP/UpPTS 配置见表 5.1，其中每个配置对应特殊子帧中三个字段的一个给定长度。小区中所使用的 DwPTS/GP/UpPTS 配置是作为系统信息的一部分进行信令传输的。

表 5.1 不同 DwPTS 和 UpPTS 长度所对应保护间隔的 OFDM 符号数（常规循环前缀）

DwPTS	12	11		10		9		6①	3	
GP	1	1	2	2	3	3	4	6	9	10
UpPTS	1	2	1	2	1	2	1	2	2	1

① 第 11 版本中增加 6:6:2 配置以提升与一些常用的 TD-SCDMA 配置共存时的频谱效率（设备在第 11 版本之前采用 3:9:2 配置）。

5.4.3 LTE 和 TD-SCDMA 共存

除了支持范围广泛的不同保护间隔，LTE TDD 设计的一个重要方面是简化与基于 3GPP TD-SCDMA标准的系统共存及其演进[⊖]。基本上，就是控制来自两个共址且在临近频率上操作的不同 TDD 系统之间的系统间干扰，有必要对齐两系统间的切换点。由于 LTE 支持 DwPTS 字段的可配置长度，可以对齐 LTE 和 TD-SCDMA（或任何其他 TDD 系统）的切换点，尽管两系统采用不同的子帧长度。对齐 TD-SCDMA 和 LTE 间切换点是将特殊子帧分割为三个 DwPTS/GP/UpPTS 字段，而非将切换点置于子帧边界的技术原因所在。图 5.9 中给出了一个 LTE/TD-SCDMA 共存的示例。

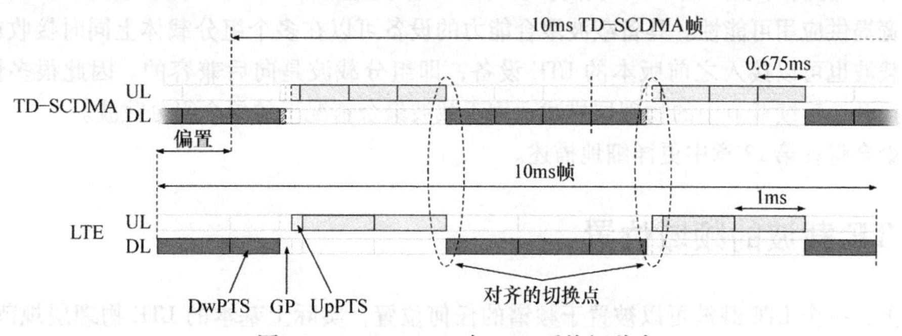

图 5.9 TD-SCDMA 与 LTE 系统间共存

选择 DwPTS/GP/UpPTS 可行长度集合以支持常见的共存场景，并为了本章前面所讨论的原因提供保护间隔的高度灵活性。UpPTS 长度为一或两个 OFDM 符号和 DwPTS 的长度可以从 3[⊜] ~

⊖ TD-SCDMA 是 3GPP 为 UTRA TDD 定义的三种 TDD 模式之一，也是唯一被大规模部署的系统。

⊜ 最小 DwPTS 长度的主要动机是 DwPTS 中主同步信号的位置（参见第 11 章）。

12的OFDM符号变化，导致保护间隔的长度范围为1～10个OFDM符号。针对不同DwPTS和UpPTS配置所支持的对应保护间隔（常规循环前缀的情况）汇总在表5.1中。正如本章前面讨论的，DwPTS时隙可用于下行数据传输而由于UpPTS持续时间短从而只可用于信道探测或随机接入。

5.4.4 授权辅助接入

授权辅助接入是利用非授权频谱作为授权频谱的补充，并有授权频谱协助实现，在第13版本中引入，针对5GHz频段。该频段为非成对频带，因此对应TDD双工方案。然而，由于某些地区需要讲前先听，即传输前先检查频谱资源是否可用，并且从Wi-Fi共存角度来看是非常有益的，因此不能使用固定分割开上行链路和下行链路的帧结构类型2。此外，由于在第13版中非授权频谱只可用于下行链路而非上行链路，因此需要更适合在任何子帧启动服从讲前先听下行链路传输的第3种帧结构类型。从大多数角度来看，帧结构类型3具有和帧结构类型1相同的信号和信道的映射。

授权辅助接入将在第17章中详述。

5.5 载波聚合

LTE第10版本引入了载波聚合的可能性并在后续版本进行改进。载波聚合情况下，多个LTE载波，每个带宽为20MHz，可以并行发送到/来自同一设备，从而获得整体更宽的带宽以及相对更高的单链路数据速率。在载波聚合场景中，每个载波被称为组分载波⊖；从射频角度来看，被聚合载波的整体集合可以被视为一个单一射频载波。

多达5个组分载波，可以是最高20MHz的不同带宽，可以被汇总在一起使总传输带宽高达100MHz。第13版本中扩展到32个载波，使得总传输带宽为640MHz，主要动机是为非授权频谱中的大带宽提供应用可能性。具备载波聚合能力的设备可以在多个组分载体上同时接收或发送。每个组分载波也可以接入之前版本的LTE设备，即组分载波是向后兼容的。因此很多情况下，除非另有提及，后续章节中的物理层描述适用于载波聚合情况下的单个组分载波。

载波聚合将在第12章中更详细地描述。

5.6 LTE载波的频域位置

原则上，一个LTE载波可以被置于频谱的任何位置，实际上基本的LTE物理层规范没有提及关于LTE载波的精确频域位置，包括频带。然而，实践中需要一些有关LTE载波可以被置于频域位置的约束，具体如下：

1）最终，LTE设备在射频方面的实现上，该设备只能支持特定频带。LTE所指定操作的那

⊖ 规范中，使用“小区”这个词而非“组分载波”，但由于“小区”这个词在上行链路上有些用词不当，因此此处使用“组分载波”。

些频段在第2章介绍。

2）被激活后，LTE终端必须在终端所支持的频段内搜索网络传播的载波。为使该载波搜索在合理的时间长度内完成，有必要限制要搜索的频率集合。

为此，假定每个支持频段内LTE载波可能存在于100kHz的载波栅格或者载波网格之上——即载波中心频率可表示为$m \times 100\text{kHz}$，其中m是一个整数（见图5.10）。

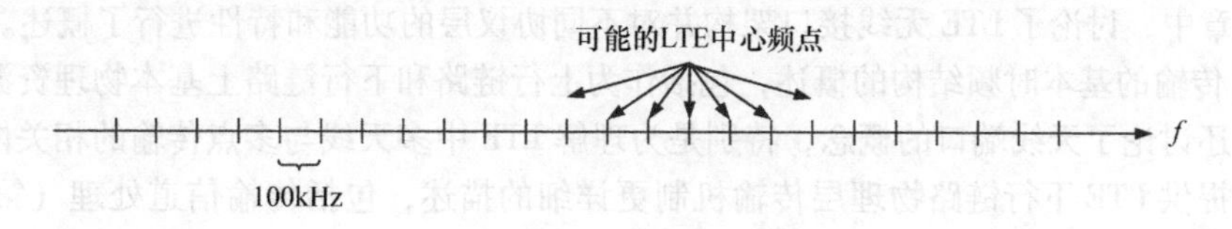

图5.10　LTE载波栅格

在载波聚合情况下，多个载波可以被发送到/自同一设备。为使不同组分载波可接入早期版本的设备，每个组分载波应落在100kHz载波网格上。然而，在载波聚合情况下，有额外约束，即相邻组分载波间的载波间隔应该是15kHz载波间隔的倍数，从而使发送/接收可以在单一FFT实现[⊖]。因此，在载波聚合情况下，不同组分载波之间的载波间隔应为300kHz的倍数：最小载波间隔为100kHz（光栅网格）和15kHz（子载波间隔）的倍数。结果是，两个组分载波之间总会存在一个小的间隔，甚至在它们尽可能彼此靠近放置时依然存在，如图5.11所示。

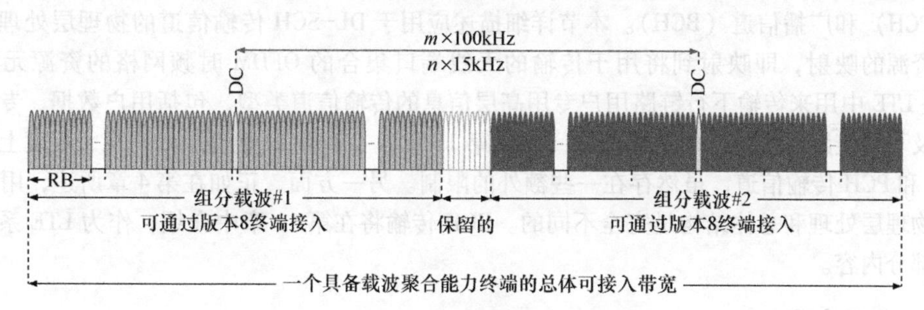

图5.11　LTE载波栅格和载波聚合

⊖　这显然只与在频域上连续的组分载波相关。此外，在组分载波之间存在独立频率误差的情况下，接收机端可能需要单独的FFT。

第6章　下行链路物理层处理

在第4章中，讨论了LTE无线接口架构并对不同协议层的功能和特性进行了概述。第5章则给出了LTE传输的基本时频结构的概述，包括作为上行链路和下行链路上基本物理资源的OFDM时频网格，还讨论了天线端口的概念，特别是为理解LTE中多天线与多点传输的相关内容。

本章将提供LTE下行链路物理层传输机制更详细的描述，包括传输信道处理（第6.1节）、参考信号（第6.2节）、多天线传输（第6.3节）以及L1/L2控制信令（第6.4节）。第7章将提供LTE物理层上行链路传输方向所对应的概述。更后的章节将进一步研究上行链路和下行链路的一些特定功能和过程的细节。

6.1　传输信道处理

正如第8章中所述，物理层以传输信道的形式提供到MAC层的服务。如前面介绍，LTE下行链路定义了4种不同类型的传输通道，即下行共享信道（DL-SCH）、多播信道（MCH）、寻呼信道（PCH）和广播信道（BCH）。本节详细描述应用于DL-SCH传输信道的物理层处理，包括到物理资源的映射，即映射到将用于传输的天线端口集合的OFDM时频网格的资源元素。DL-SCH是LTE中用来传输下行链路用户专用高层信息的传输信道类型，包括用户数据、专用控制信息以及下行链路系统信息的主要部分（参见第11章）。DL-SCH物理层处理很大程度上也适用于MCH和PCH传输信道，虽然存在一些额外的限制。另一方面，正如在第4章所述，用于BCH传输的物理层处理和总体结构是完全不同的。BCH传输将在第11章中介绍，作为LTE系统信息讨论的部分内容。

6.1.1　处理步骤

图6.1展示了DL-SCH物理层处理的不同步骤。在载波聚合情况下，给同一终端并行传输多个组分载波，不同载波的传输对应不同的传输信道，采用独立和基本独立的物理层处理。因此，图6.1展示的传输信道处理和后续讨论对载波聚合的情况也有效。

每个传输时间间隔（TTI）内，对应长度为1ms的一个子帧，最多发送两个可变大小的传输块到物理层，在每个组分载波的无线接口上传输。每TTI内发送的传输块数取决于配置的多天线传输方案（参见第6.3节）。

- 不用空间复用的情况下，每个TTI内只有一个单一传输块。
- 空间复用的情况下，通过给同一终端并行发送多个层，每个TTI内有两个传输块[㊀]。

6.1.1.1　每个传输块的CRC插入

传输块处理的第一步中，为每个传输块计算一个24bit长的CRC并附着在其后面。CRC可以

㊀ 这对初始传输成立。混合ARQ重传下，也可能是多个传输层上发送单一传输块的情况，如第6.3节中的讨论。

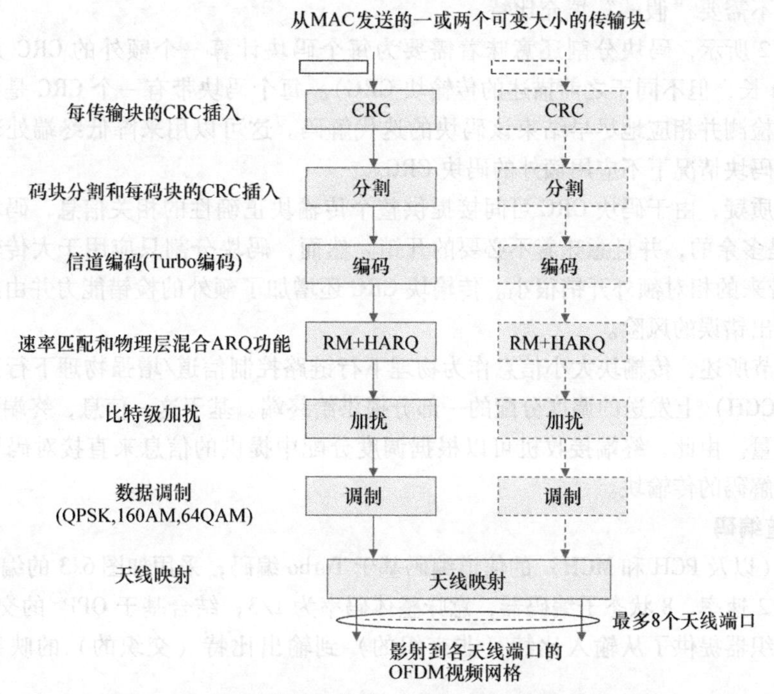

图6.1　下行链路共享信道（DL-SCH）的物理层处理

在接收机侧检测解码传输块中的错误。例如，相应错误指示可用于下行混合ARQ协议中请求重传的触发条件。

6.1.1.2　码块分割和单码块CRC插入

LTE Turbo编码器的内部交织器只定义有限的编码块大小，最大块为6144bit。一旦包括传输块CRC的编码块超过这一最大编码块大小，则Turbo编码之前应进行码块分割，如图6.2所示。码块分割意味着传输块被分割为更小码块，其大小将匹配Turbo编码器所定义的码块大小集合。

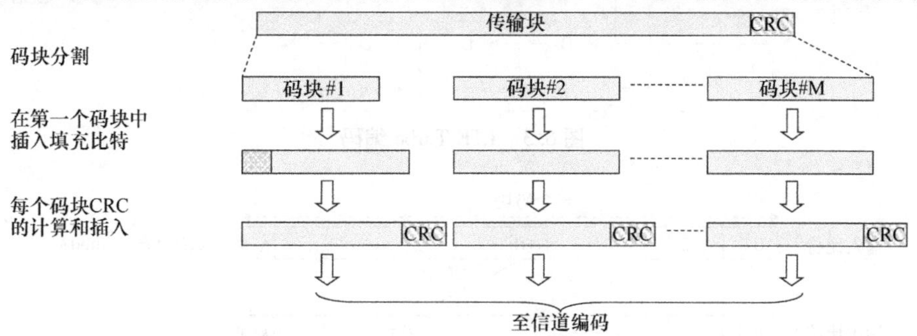

图6.2　码块分割和每个码块CRC的插入

为了保证任意大小的传输块都能被分割为匹配可用码块大小集合的码块，LTE规范包含了第一个码块头部插入“假的”填充比特的可能性。然而，已经选择了当前为LTE定义的传输块大小集合，因此不需要“假的”填充比特。

正如图6.2所示，码块分割还意味着需要为每个码块计算一个额外的CRC并附着在其后（同样是24 bit长，但不同于之前描述的传输块CRC）。每个码块带有一个CRC是为了对正确解码的码块尽早检测并相应地尽早结束该码块的迭代解码。这可以用来降低终端处理工作及相应功率消耗。单码块情况下不应用额外的码块CRC。

有人可能质疑，由于码块CRC可间接提供整个传输块正确性的相关信息，码块分割情况下传输块CRC是多余的，并且意味着不必要的开销。然而，码块分割只应用于大传输块，由额外传输块CRC带来的相对额外开销很小。传输块CRC还增加了额外的检错能力并由此降低了解码传输块中未检出错误的风险。

如第6.4节所述，传输块大小信息作为物理下行链路控制信道/增强物理下行链路控制信道（PDCCH/EPDCCH）上发送的调度分配的一部分提供给终端。基于这一信息，终端可以判定码块大小和码块数量。由此，终端接收机可以根据调度分配中提供的信息来直接对码块分割进行逆操作并恢复被解码的传输块。

6.1.1.3　信道编码

DL-SCH（以及PCH和MCH）的信道编码基于Turbo编码，采用如图6.3的编码方式。该编码包含两个1/2速率、8状态子编码器，意味整体码率为1/3，结合基于QPP[㊀]的交织。如图6.4所示，QPP交织器提供了从输入比特（非交织的）到输出比特（交织的）的映射，基于下面公式：

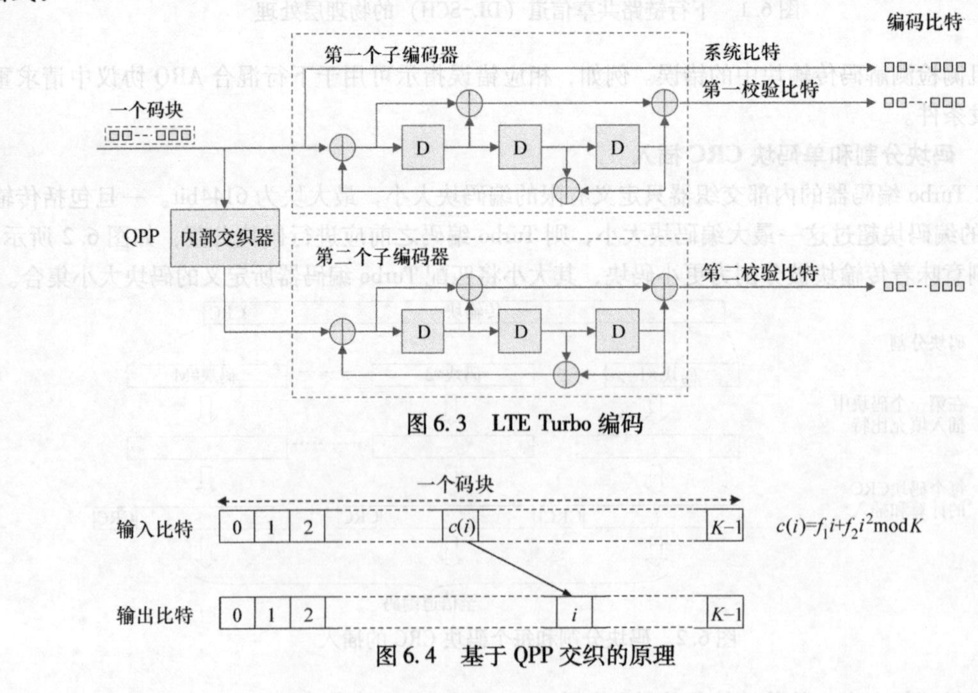

图6.3　LTE Turbo编码

图6.4　基于QPP交织的原理

㊀ QPP表示积分排序多项式。

$$c(i) = f_1 \cdot i + f_2 \cdot i^2 \bmod K$$

式中，i 为交织器输出比特的指示；$c(i)$ 为交织器输入相同比特的指示；K 为码块/交织器大小。参数 f_1 和 f_2 的值取决于码块大小 K。LTE 规范列出了所有支持的码块大小，范围从最小 40bit 到最大 6144bit，以及参数 f_1 和 f_2 的对应值。因此，一旦知道码块大小，便可以直接执行 Turbo 编码器内部交织及接收机侧相关解交织。

QPP 交织器具有最大争用自由度，意味着当不同并行处理同时访问交织器内存时可以无争用风险地直接并行解码。为了 LTE 支持非常高数据速率，QPP 交织器提供的并行处理改进可显著简化 Turbo 编/解码的实现。

6.1.1.4　速率匹配和物理层混合 ARQ 功能

速率匹配和物理层混合 ARQ 功能的任务是从信道编码器发送的编码比特块中提取将在给定 TTI/子帧中用于传输的确切编码比特集合。

如图 6.5 所示，Turbo 编码器输出（系统比特、第一校验比特和第二校验比特）将首先分别交织。之后插入交织比特到描述为带有最先插入系统比特的圆形缓冲器，之后交替插入第一和第二校验比特。

之后，比特选择从圆形缓冲器中提取连续的比特，直到其数量匹配为传输分配的资源块中可用资源元素的数量。提取确切的比特集合依赖于冗余版本（RV），对应从不同起始点对来自圆形缓冲器的编码比特进行提取。如图 6.5 所示，共存在 4 种冗余版本的可选项。发射器/调度器选择冗余版本并提供选择的相关信息，作为调度分配的一部分（参见第 6.4.4 节）。

注意，速率匹配和混合 ARQ 功能针对对应一个传输块的完整编码比特进行操作，而非针对分别对应单一码块的编码比特。

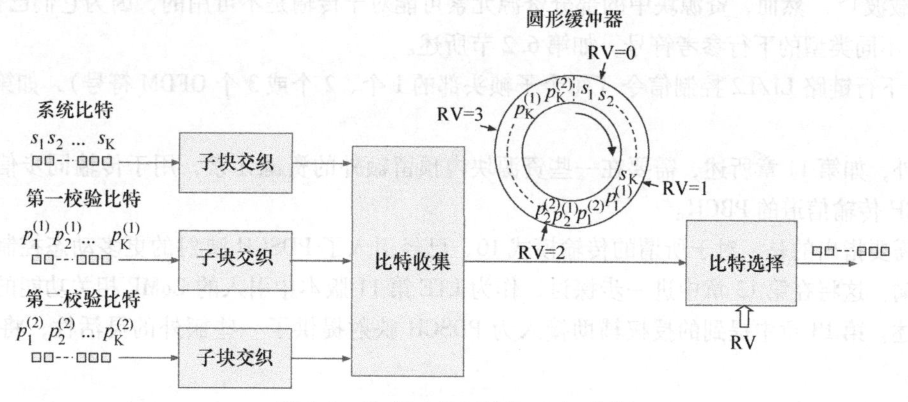

图 6.5　速率匹配和混合 ARQ 功能

6.1.1.5　比特级加扰

LTE 下行链路加扰意味着混合 ARQ 功能发送的编码比特块与一个比特级扰码序列相乘（异或操作）。没有下行链路加扰，终端信道解码器至少原理上对干扰信号与期望信号一样匹配，由此不能有效抑制干扰。通过对相邻小区应用不同扰码序列，解扰后的干扰信号就被随机化，确保信道编码所提供的处理增益能够得到完全利用。因此比特级加扰基本上与如 WCDMA/HSPA 的基于 DS-CDMA 系统中直接序列扩频后再在码片级应用的加扰实现相同的目的。根本上，信道编码可以被视为“先进的”扩频，不但提供了类似直接序列扩频的处理增益还提供额外的编码增益。

在LTE系统中，下行链路加扰应用于所有传输信道以及下行链路L1/L2控制信令。除MCH外的所有下行链路传输信道，其加扰序列与相邻小区不同（小区专用加扰）。加扰还依赖于传输目标设备的识别号，假定数据服务于特定设备。相反，采用MCH的基于MBSFN的传输情况下，应该对所有参与MBSFN传输的小区，即所谓MBSFN区域内的所有小区（参见第19章），应使用相同的扰码。因此，MCH传输情况下，加扰依赖于MBSFN区域标识。

6.1.1.6　数据调制

下行链路数据调制将加扰比特的数据块变换为相应的复数调制符号块。LTE下行链路所支持的调制方案集合包括QPSK、16QAM和64QAM。每个调制符号分别对应2bit、4bit和6bit。第12版本中增加的256QAM是可选的，每个符号对应8bit，主要用于小基站环境，那里可获得相对高的信噪比㊀。

6.1.1.7　天线映射

天线映射联合处理对应一或两个传输块的调制符号，并将结果映射到用于传输的天线端口集合。天线映射可通过多种方式配置，对应不同多天线传输机制，包括发射分集、波束成形和空分复用。如图6.1所示，LTE支持最多8个发射天线端口的同时传输，依赖于确切的多天线传输机制。更多有关LTE下行链路多天线传输方面的细节将在第6.3节中提供。

6.1.1.8　资源块映射

资源块映射获取各天线端口上待发送的符号并将其映射到MAC调度器为传输分配的资源块集合上的资源元素集合。如第5章所述，每个资源块包含了84个资源单元（7个OFDM符号及12个子载波）㊁。然而，资源块中的部分资源元素可能对于传输是不可用的，因为它们已被用作

1）不同类型的下行参考符号，如第6.2节所述。

2）下行链路L1/L2控制信令（每个子帧头部的1个、2个或3个OFDM符号），如第6.4节所述㊂。

此外，如第11章所述，需要在一些资源块内预留额外的资源元素，用于传输同步信号以及承载BCH传输信道的PBCH。

还需要指出的是，对于所谓的传输模式10，已经引入了PDSCH映射的更多动态控制以支持多点传输。这将在第13章中进一步探讨，作为LTE第11版本中引入的CoMP相关功能的一部分进行描述。第13章中提到的授权辅助接入为PDSCH映射提供了一些额外的灵活性，将在第17章描述。

6.1.2　集中式和分布式资源映射

如第3章所讨论的，当决定哪些资源用于特定终端的传输时，网络同时考虑时域和频域的下行链路信道状态。这种时频域信道相关调度考虑了信道波动并且可显著改善数据速率和整体小

㊀ 为后向兼容，承载MCCH时PMCH不支持256QAM（参见第19章MBMS信道的描述）。

㊁ 扩展循环前缀情况下为72个资源元素。

㊂ MBSFN子帧中，控制区被限制为最大两个OFDM符号。

区吞吐量等系统性能。

然而，一些情况下下行链路信道相关调度不适用或者实际不可行：

1）对如语音的低速率业务，信道相关调度有关的反馈信令可能导致相对大量的开销；

2）高速移动（终端高移动速度）时，跟踪实时信道状况以获得信道相关调度所需的足够准确性可能很难甚至是不可行的。

在这种情况下，一种方案是控制无线信道频率选择性，通过在频域内分散下行链路传输以实现频域分集。

一种在频域中分配下行链路传输并由此实现频域分集的方法，是为发往一个终端的传输分配多个频率非连续的资源块。LTE 通过资源分配类型 0 和类型 1 的方式来实现这种分布式资源块分配（参见第 6.4.6.1 节）。然而，尽管在多数情况下是有效的，但这些资源分配类型所实现的分布式资源块分配仍带有某些缺陷。具体如下：

1）对于这两种资源分配方式，可以分配资源的最小尺度为 4 个资源块对，因此不适合需要更小资源分配的情况。

2）总体上，这两种资源分配类型都与用于调度分配的相对较大的控制信令开销相关，参见第 6.4.6 节。

与之对应，资源分配类型 2（参见第 6.4.6.1 节）总是允许分配单一资源块对，并且还与相对较小的控制信令相关联。然而，资源分配类型 2 只允许资源块在频域内的连续分配。此外，无论采用何种资源分配方式，分布式资源块分布获得的频率分集只能在分配资源大于单一资源块对时才可实现。

为使资源分配类型 2 可提供分布式资源块分配，并且可在频域内分布单一资源块的传输，LTE 引入了虚拟资源块（VRB）的概念。

资源分配中所提供的是以 VRB 对形式存在的资源分配。那么，分布式传输的关键就在于 VRB 对到物理资源块（PRB）对，即传输所用的实际物理资源的映射。

LTE 规范定义了两类 VRB，即集中式 VRB 和分布式 VRB。在集中式 VRB 情况下，存在如图 6.6 所示的从 VRB 对到 PRB 对的直接映射。

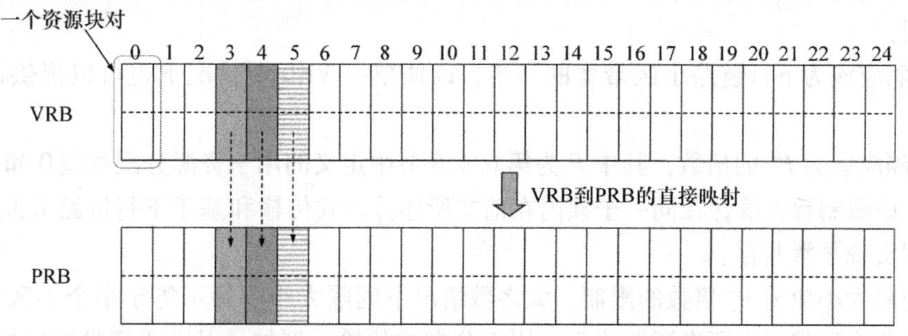

图 6.6　集中式 VRB 情况下的 VRB 到 PRB 映射（图中假设小区带宽为 25 个资源块）

然而，在分布式 VRB 情况下，VRB 对到 PRB 对的映射更为复杂，如下

1）连续的 VRB 是不能被映射到频域内连续的 PRB。

2）甚至单一 VRB 对在频域内也是分散的。

分布式传输的基本原理如图6.7所示，包含以下两个步骤：

1）从VRB对到PRB对的映射，使得连续的VRB对没有被映射为频率连续的PRB对（见图6.7的第一步）。这在连续VRB对之间提供了频率分集。频域内的扩展是通过对资源块进行基于块的“交织”操作来实现的。

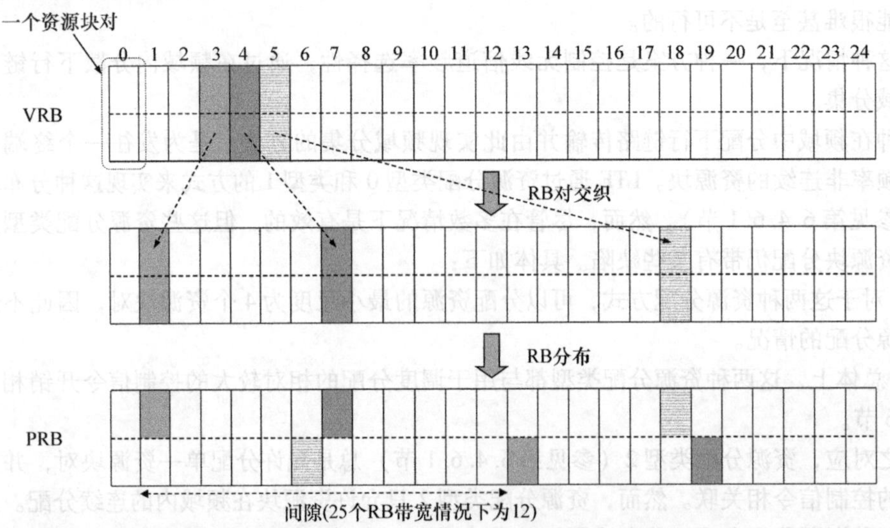

图6.7　分布式VRB情况下的VRB到PRB映射，图中假设小区带宽为25个资源块

2）每个资源块对要分开，使得资源块对的两个资源块被传输时之间有一定频率间隔（见图6.7的第二步）。这也为单一VRB对提供了频率分集。这一步可被视为以时隙为单位引入了跳频。

在资源分配类型2情况下，VRB是集中的（依据图6.6所示映射）还是分散的（依据图6.7所示映射）是作为调度分配的部分信息进行指示的。因此在分布式和集中式传输之间是可以动态切换的，并且还可以对同一子帧内不同终端的传输采用分布式与集中式混合的形式。

图6.7中频率间隔的确切值取决于基于表6.1的整体小区带宽。这些频率间隔的选择基于以下两个准则：

1）间隔应该为下行链路小区带宽的一半，以便单一VRB对情况下也可以提供很好的频率分集。

2）间隔应该为P^2的倍数，其中P为第6.4.6节中定义的用于资源分配类型0和1的资源块群的大小。该限制旨在确保在同一子帧内在前文所述分布式传输和基于下行链路分配类型0和1的传输之间实现平滑共存。

由于间隔大小应为P^2倍数的限制，大多数情况下间隔大小刚好不等于半个小区带宽。这些情况下，并非小区带宽中所有资源块都可用于分布式传输。例如，对于小区带宽对应为25个资源块（见图6.7中实例），并且根据表6.1所对应间隔大小等于12的情况，第25个资源块对不能用于分布式传输。另一个例子是，对于小区带宽为50个资源块（根据表6.1所对应间隔大小为27）的情况，只有46个资源块可用于分布式传输。

除表6.1给出的间隔大小之外，对于更宽的小区带宽（50RB及以上）的情况，还可采用第二种更小的频率间隔，小区带宽的$\frac{1}{4}$（见表6.2）。更小频率间隔的应用使得分布式传输限制只对整个小区带宽的一部分适用。选择基于表6.1的较大间隔还是基于表6.2的较小间隔，是通过资源分配中一个附加比特来指示的。

表6.1 对于不同小区带宽（资源块数）情况下的间隔大小

带宽	6	7~8	9~10	11	12~19	20~26	27~44	45~63	64~79	80~110
间隔大小	1	1	1	2	2	2	3	3	4	4
	3	4	5	4	8	12	18	27	32	48

表6.2 第二种对于不同小区带宽（仅应用于带宽大于50个RB）情况下的间隔大小

带宽	50~63	64~110
间隔大小	9	16

6.2 下行链路参考信号

下行链路参考信号是在下行链路时频网格内占有特定资源元素的预定义的信号。LTE规范中包括不同方法传输的多种下行链路参考信号，接收终端用作以下不同用途：

1）小区专用参考信号（CRS）在每个下行链路子帧和频域的每个资源块内传输。CRS被终端用于除传输模式7-10情况下的PMCH和PDSCH以及LTE第11版本中引入的EPDCCH控制信道（参见6.4节）之外的所有下行链路物理信道的相干解调进行信道估计㊀。CRS也被配置为传输模式1~8的终端用来获取信道状态信息（CSI）。最后，对CRS的终端测量可以被设定作为小区选择和切换决策的基础。

2）解调参考信号（DM-RS）有时也被称作UE专用参考信号，被终端用于传输模式7~10情况下PDSCH相干解调的信道估计㊁。DM-RS还可用于EPDCCH物理信道解调。选用标签“UE专用参考信号”与一个事实有关：专用解调参考信号通常被特定的终端用于信道估计。由此参考信号只存在于为该终端PDSCH/EPDCCH传输专用分配的资源块之内。

3）CSI参考信号（CSI-RS）旨在被终端用于获取CSI。更准确地说，CSI-RS旨在被配置为传输模式9和10的终端用于获取CSI。CSI-RS带有明显更低的时/频密度，由此意味着更少的开销以及与CRS相比更高的灵活度。

4）MBSFN参考信号是专门被终端用于MBSFN方式的MCH传输情况下相关解调的信道估计（参见第19章有关MCH传输的更多细节）。

5）定位参考信号在LTE第9版本引入，为了加强LTE的定位功能，更具体地说是用来支持针对多个LTE小区的终端测量来估计该终端的地理位置。特定小区的定位参考符号可以被配置

㊀ 参见第6.3.1节有关LTE传输模式的更多细节。

㊁ LTE规范中，这些参考信号实际上被称为UE专用参考信号，尽管它们依旧“缩写为”DM-RS。

为对应邻近小区资源元素为空的地方，由此在接收邻小区定位参考信号时可获得很高的信干比(SIR)。

6.2.1　小区专用参考信号

LTE第一个版本（第8版）中已包含的小区专用参考信号，也是LTE最基本的下行链路参考信号。一个小区可有1、2或4个小区专用参考信号，对应1、2或4个天线端口，参考LTE规范中天线端口0到天线端口3。

6.2.1.1　单一参考信号的结构

图6.8给出了单一CRS的结构示意图。如图中所示，它包含插入位于每时隙第一个和倒数第三个OFDM符号㊀。内预定义值的参考符号，带有6个子载波的频域间隔。此外，倒数第三个OFDM符号内的参考信号与第一个OFDM符号内的参考信号之间存在3个子载波的隔离。每个资源块内1ms子帧包含12个子载波，因此共有8个参考符号。

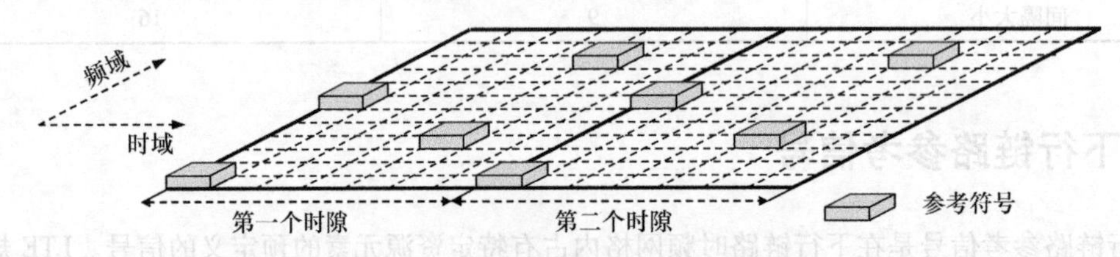

图6.8　一个资源块对内CRS的结构

总体上讲，参考符号的值在不同参考符号位置之间以及不同小区之间是不同的。因此，一个CRS可以被视为一个二维的小区专用序列。该序列周期为一个10ms无线帧。此外，无论小区带宽大小，参考信号序列的定义假定为最大可能的LTE小区带宽，对应频域内110个资源块。由此，基本参考信号序列长度为8800个符号㊁。小区带宽小于最大可能带宽时，只传输实际带宽内的参考符号。因此，无论实际的小区带宽多大，在频带中心部分的参考符号将相同。这使得终端可以依据频带中心部分的参考符号进行信道估计，例如小区的基本系统信息在BCH传输信道上传输，无须知道小区带宽。实际小区带宽的信关信息是在BCH上提供的。

LTE定义了504个不同的参考信号序列，其中每个序列对应于504个不同物理层小区标识之一。如第11章所详述，在所谓的小区搜索过程中终端检测小区的物理层标识以及小区帧定时。因此，从小区搜索过程，终端获知小区的参考信号序列（由物理层小区标识给出）以及参考信号序列的起始位置（由帧同步给出）。

图6.8所示参考符号位置的集合只是CRS参考符号的9种可能的频率偏移之一。如图6.9所示，一个小区中采用哪个频率偏移取决于小区的物理层标识，从而6个不同的频率偏移联合涵盖总共504个不同的小区标识。通过为不同小区正确地分配物理层小区标识，可以在相邻小区应用不同的参考信号频率偏移。这可能是有帮助的，例如如果参考符号采用比其他资源元素更高的能量传输，也被称为参考信号功率提升，来提升参考信号的SIR。如果相邻小区的参考信号采用

㊀　常规和扩展循环前缀情况下分别对应该时隙的第5和第4个OFDM符号。

㊁　每资源块有4个参考符号，每时隙有110个资源块，每帧有20个时隙。

相同的时频资源进行传输，一个小区提升的参考符号将被其相邻小区提升的参考符号所干扰[㊀]，意味着不会为参考信号 SIR 带来增益。然而，如果相邻小区的参考信号传输采用不同的频率偏移，一个小区的参考符号将至少部分被相邻小区的非参考符号所干扰，这意味着参考信号提升可以改善参考信号 SIR。

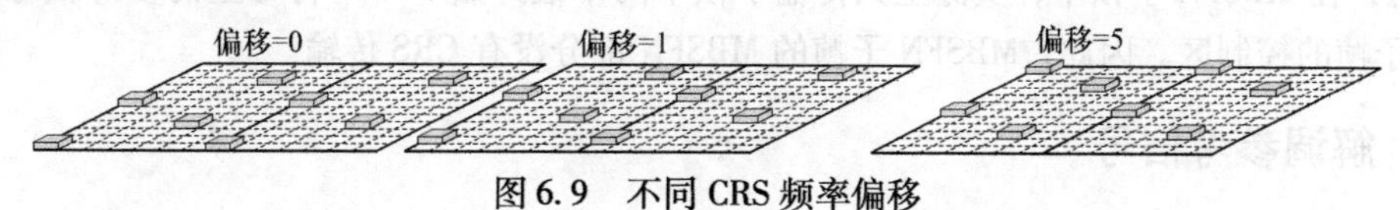

图6.9 不同 CRS 频率偏移

6.2.1.2 多个参考信号

图6.10 给出了一个小区内多个，更准确地讲是对应多个天线端口的 2 个和 4 个 CRS 的结构示意图[㊁]。

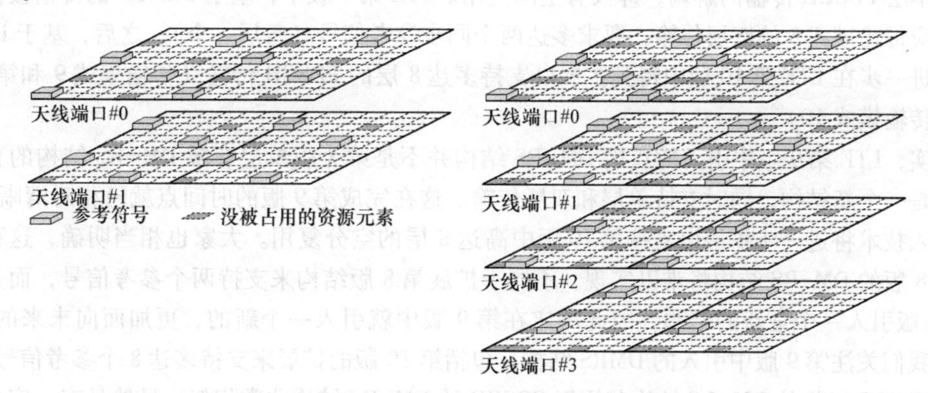

图6.10 多个参考信号辖的 CRS 结构：对应 2 天线端口的 2 个参考信道（左）和对应 4 天线端口的 4 个参考信道（右）

- 一个小区内有 2 个参考信号时（见图 6.10 左侧），第二个参考符号与第一个参考符号频率复用，带有 3 个子载波的频域偏置。
- 4 个参考信号时（见图 6.10 右侧），第三和第四个参考符号在每个时隙的第二个 OFDM 符号内频率复用传输，从而与第一和第二个参考信号时间复用。

显然，第三和第四个参考符号相比第一和第二个参考符号的参考符号密度更低。这是由于 4 个参考信号情况下降低了参考信号开销的原因。更准确地讲，第一和第二个参考信号对应的开销大约是 5%（一个资源块里的 4 个参考信号包含总共 84 个资源元素），而第三和第四个参考信号的开销只为 5% 一半或大约 2.5%。对于跟踪非常快速信道波动的设备这明显会带来影响。然而，在特定期望情况下这也是合理的，例如高阶空间复用将主要应用于低移动性场景。

还需要注意的是，携带特定天线端口的参考符号的资源元素内，不会在对应其他参考符号的天线端口上传输任何信息。因此，CRS 不会被其他天线端口上的传输所干扰。多天线传输机制

㊀ 这里假设在小区传输之间是帧定时对齐的。

㊁ 不可能给一个小区配置 3 个 CRS。

（如空间复用）很大程度上依赖于良好的信道估计来抑制接收机侧不同层之间的干扰。然而，信道估计自身显然不具备这种抑制作用。因此，为了获得良好信道估计及接收机侧所对应的良好干扰抑制效果，降低对天线端口参考信号的干扰是非常重要的。

注意，在MBSFN子帧中，实际上只传输子帧中两个最开始OFDM符号上的参考信号，对应MBSFN子帧的控制区。因此，MBSFN子帧的MBSFN部分没有CRS传输。

6.2.2　解调参考信号

与CRS相比，解调参考信号（DM-RS）旨在用于特定终端的信道估计，并只在为该终端传输分配的资源块内进行传输。

LTE的第一个版本（第8版）就已经支持DM-RS。然而，DM-RS的应用只限于对应传输模式7的单层PDSCH传输的解调，即没有空间复用。LTE第9版中，基于DM-RS的传输被扩展以支持对应传输模式8的双层传输，要求多达两个同步参考信号（每层一个）。之后，基于DM-RS的传输进一步在LTE第10版中得到扩展以支持多达8层的PDSCH传输（传输模式9和第11版引入的传输模式10）[⊖]。

其实，LTE第9版中引入的双层DM-RS结构并不是第8版单层有限DM-RS结构的直接扩展，而是一个新结构，同时支持单层和双层传输。这在完成第9版的时间点就已相对清晰，LTE无线接入技术将进一步扩展以支持第10版中高达8层的空分复用。大家也相当明确，这种扩展基于第8版的DM-RS结构将难以实现。不同于扩展第8版结构来支持两个参考信号，而是需要在第10版引入一个全新的结构，因此决定在第9版中就引入一个新的、更加面向未来的结构。这里，我们关注第9版中引入的DMRS结构，包括第10版的扩展来支持多达8个参考信号。

用于EPDCCH的DM-RS结构与用于PDSCH的DM-RS结构非常相似，虽然具有一定的局限性，如支持最多4个参考信号。

6.2.2.1　用于PDSCH的DM-RS

图6.11展示了在一或两个参考信号情况下的DM-RS时频结构[⊖]。可以看出，一个资源块对里有12个参考符号。与CRS相比，其中每个参考符号对应其他参考信号未使用的资源元素（见图6.10），两个DM-RS情况下图6.11中所有12个参考符号都用来传输参考信号。不同的是，参考信号之间的干扰是通过对连续的参考符号应用相互正交模版，也称为正交掩码（OCC），如图6.11右下角所示。

图6.12展示了LTE第10版中引入的扩展DM-RS结构，以支持多达8个参考信号的情况。此时，一个资源块对里有24个参考符号位置。这些参考信号以多达4个参考信号成组进行频率复用，每个组内这些多达4个参考信号被通过OCC的方式分离，时域上跨越4个参考符号（两对连续的参考符号）。应当指出，8个参考信号的全集之间的正交性要求，信道在掩码所跨越的4个参考符号之上是不变的。由于掩码所跨越的4个参考符号在时间上是不连续的，这意味着对信道波动的程度进行略微更严的限制是可以容忍的，不会严重影响参考信号的正交性。然而，超过

⊖　传输模式10是传输模式9在第11版的扩展，引入了多点协同传输（CoMP）的增强支持，参见第6.3.1节。

⊖　TDD情况下，在DwPTS中的DM-RS结构被做了一点修改，因为DwPTS的时间比正常的下行链路子帧更短。

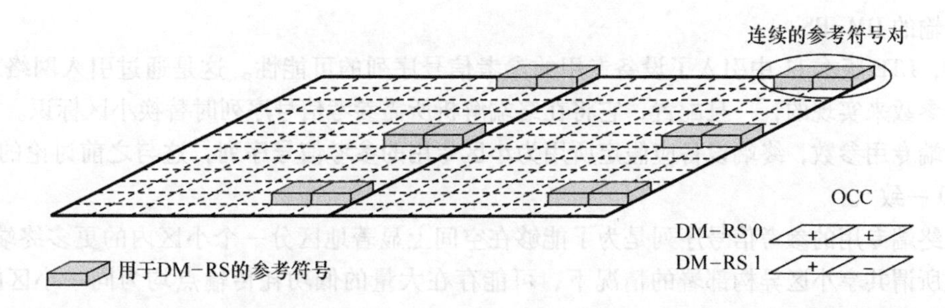

图 6.11　一或两个参考信号时的 DM-RS 结构，包括大小为 2 的 OCC 以分开两个参考信号

4 层的空间复用情况下只能传输多于 4 个 DM-RS，这通常只适用于低移动性场景。还需注意，对于 4 个或更少参考信号，掩码的定义使得在参考符号对上已获得正交性。因此，对于 3 个和 4 个参考信号，信道变化的约束与两个参考信号的情况一样（见图 6.11）。

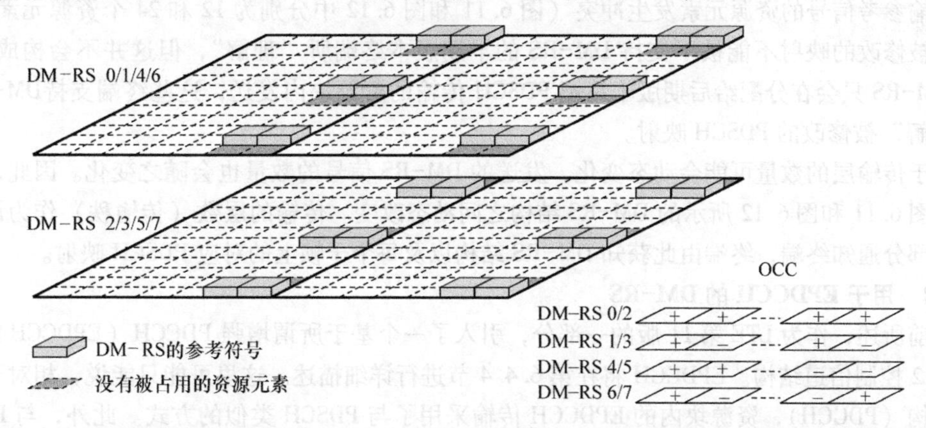

图 6.12　多于两个参考信号时的 DM-RS 结构，包括大小为 4 的 OCC 以区分多达 4 个参考信号

可为一个终端配置多达 8 个不同的 PDSCH DM-RS，对应 LTE 规范中的天线端口 7～14，天线端口 7 和天线端口 8 对应可支持高达两层空分复用的第 9 版 DM-RS[⊖]。

DM-RS 参考信号序列即是被 DM-RS 参考符号选取并每帧自行重复的那些值。截至并包括 LTE 第 10 版，参考信号序列与 DM-RS 传输所指向的那些设备无关但由物理层小区标识所决定。因此，小区之间的参考信号序列不同。此外，可以以子帧为单位在两个不同参考信号序列之间进行动态选择。然后，被选择的序列相关信息以调度分配中单比特指示的信令方式传递给该终端（还可参见第 6.4.6 节）。两个参考信号序列之间可以动态地选择，是因为可以针对两个不同设备的 PDSCH 传输使用相同的资源块，例如通过波束成形的方法来区分两个传输。这种空分操作在 3GPP 里也被称为多用户多输入多输出（MU-MIMO），通常传输之间会残留一些干扰，从这层意义上讲是不完美的。通过对两个分离的传输应用不同的参考信号序列，可以实现干扰的随机化用于信道估计。下行链路 MU-MIMO 将在第 6.3 节进行更为详细的描述，采用不同的手段来区

⊖　已经在第 8 版中支持的单一 DM-RS 对应天线端口 5。

分不同传输的DM-RS。

然而，LTE版本11中引入了设备专用的参考信号序列的可能性。这是通过引入网络对终端配置一个参数来实现的，一旦配置，它将在终端解析所需参考信号序列时替换小区标识。如果没有配置终端专用参数，终端设备应假定所用为小区专用的参考信号序列，这与之前讨论的版本9和版本10一致[⊖]。

引入终端专用的参考信号序列是为了能够在空间上显著地区分一个小区内的更多终端设备。特别是在所谓共享小区异构部署的情况下，可能存在大量的低功耗传输点均为同一小区的一部分。在这种情况下，通常希望来自几个传输点为不同终端提供的PDSCH同时传输能够重用相同的物理资源，即相同的资源块。为了获得稳健的信道估计，这些传输中每一个所用参考信号最好是基于唯一的参考信号序列，从而使终端专用参考信号获得期望性能。LTE异构部署将在第14章进行讨论。

当DM-RS在一个资源块内传输时，PDSCH到资源块时间频率网格的映射将被修改，以避免与被传输参考信号的资源元素发生冲突（图6.11和图6.12中分别为12和24个资源元素）。尽管这种被修改的映射不能被不支持DM-RS的早期版本终端所“理解”，但这并不会构成问题。因为DM-RS只会在分配给后期版本终端PDSCH传输的资源块内发送，这些终端支持DM-RS从而“理解”被修改的PDSCH映射。

由于传输层的数量可能会动态变化，发送的DM-RS信号的数量也会随之变化。因此，传输可以在图6.11和图6.12所示的DM-RS结构之间动态改变。传输的层数（传输秩）作为调度分配的一部分通知终端，终端由此获知DM-RS结构以及每个子帧上的对应PDSCH映射。

6.2.2.2　用于EPDCCH的DM-RS

如前所述，作为LTE第11版的一部分，引入了一个基于所谓增强PDCCH（EPDCCH）的新型L1/L2控制信道结构。EPDCCH将在第6.4.4节进行详细描述。这里可能只能说，相对于传统控制结构（PDCCH），资源块内的EPDCCH传输采用了与PDSCH类似的方式。此外，与PDCCH对比，假定EPDCCH解调依赖于与EPDCCH一起传输的DM-RS，类似于PDSCH的DM-RS应用。

用于EPDCCH的DM-RS结构非常相似于前面描述的PDSCH的DM-RS结构。特别是，EPDCCH DM-RS的时频结构与PDSCH的完全相同。然而，相比PDSCH传输情况下高达8个DM-RS，EPDCCH只能有最多4个DM-RS。因此，对应于图6.11中DM-RS 4-7的4个正交项不支持EPDCCH传输。此外，EPDCCH参考信号序列总是终端专用的，即终端被直接配置一个用于获得参考信号序列的参数。应该指出，这种用于EPDCCH的DM-RS参考信号序列配置与PDSCH DM-RS的相关配置无关。

LTE规范中，EPDCCH对应最多4个DM-RS的天线端口，称为天线端口107到天线端口110。需要指出的是，虽然可以为EPDCCH定义最多4个不同的DM-RS及对应的天线端口，但在本地传输下单天线端口和分布式双天线端口传输情况下只传输一个专用EPDCCH（参见第6.4.4节）。因此，某种意义上针对规范谈论高达4个天线端口用于EPDCCH传输是有些误导的，因为一个终端只能看到一个或两个DM-RS相关的天线端口。

⊖ 用于DM-RS的小区专用参考信号序列不应与CRS混合应用。

6.2.3 CSI 参考信号

CSI-RS 在 LTE 第 10 版中引入。CSI-RS 专门用于终端获取 CSI，例如用于信道相关调度、链路自适应以及与多天线传输相关的传输设置。更准确地说，引入 CSI-RS 是为了给配置为传输模式 9 和传输模式 10 的终端获取 CSI[⊖]，但在后期版本还可以服务于其他目的。

如本节之前所述，自 LTE 第一个版本就可用的 CRS，也可以用来得到 CSI。引入 CSI-RS 的直接原因是在 LTE 第 10 版中引入了对高达 8 层空分复用的支持，对于终端所对应的需求是能够至少在多达 8 个天线端口获取 CSI。

然而，还有一个更基础的愿望是用来区分下行链路参考信号的两个不同功能，即

1）获取详细信道估计的功能，用于不同下行链路传输进行相干解调。

2）获取 CSI 的功能，用于例如下行链路自适应和调度。

对于 LTE 的早期版本，这些功能依赖于 CRS。因此，CRS 传输在时间和频率上都带有很高的密度，以便对于快速时变信道也可以获得准确的信道估计和相干解调。同时，为使终端在定期获得 CSI，不论是否有数据传输 CRS 都必须在每个子帧传输。出于相同原因，CRS 在整个小区区域上传播，不能在一个特定设备方向采用波束成形的方式传输。

通过为信道估计和 CSI 获取（分别为 DM-RS 和 CSI-RS）而引入参考信号的独立集合，可以实现更多优化的可能性以及更高灵活性。当存在待传数据并且可采用例如任意波束成形方式时，高密度 DM-RS 才会被发送。同时，CSI-RS 对于更多数量的网络节点和天线端口提供了非常有效的 CSI 推导工具。这对于支持多点协调/传输和异构部署是特别重要的，如在第 13 章和第 14 章中所分别详述的。

6.2.3.1 CSI-RS 结构

一个终端所用的 CSI-RS 结构是由 CSI-RS 配置所提供的。第 10 版中多达 8 个 CSI-RS 的可能性直接关系到需要支持多达 8 层的空间复用，并对应多达 8 个 DM-RS。第 13 版中 CSI-RS 的数量增长到 16，以便更好地支持二维波束成形，参见第 10 章。应当指出，尽管对应 CSI-RS 的天线端口与对应 DM-RS 的天线端口不同，对应 CSI-RS 的天线端口通常对应于实际的发射天线，而对应 DM-RS 的天线端口可以包括发射端侧应用的任何天线预编码（还可参见第 6.3.4 节）。LTE 规范中对应 CSI-RS 的天线端口被称为天线端口 15 到天线端口 22，第 13 版中该数字增长到 30。

在时域内，CSI-RS 可配置为不同的传输周期，周期范围为 5（每帧两次）~80ms（每第 8 帧）。此外，对于一个给定 CSI-RS 周期，CSI-RS 传输所在的精确子帧还可以通过子帧偏置的方式进行配置[⊜]。在 CSI-RS 传输所在子帧内，它在频域上的每一个资源块内传输。换句话说，CSI-RS 传输覆盖了整个小区带宽。

在一对资源块内，CSI-RS 传输可以使用不同的资源元素（图 6.13 通过灰色标示的 40 个不

⊖ CSI-RS 不用于传输模式 7 和 8 而这些传输模式假定 DM-RS 用于信道估计的原因非常简单，这些传输模式是在 LTE 第 8 和第 9 版分别引入的，而直到 LTE 第 10 版之前都还没引入 CSI-RS。

⊜ 一个 CSI-RS 配置的所有多达 16 个 CSI-RS 在相同的子帧集合内传输，即带有相同的周期和子帧偏置。

同资源元素，对于TDD系统甚至存在更多可能）。之后，确切的哪个资源元素集合被用于某一特定CSI-RS则依赖于具体的CSI-RS配置。更准确地说：

1）包含一或两个CSI-RS的配置情况下，一个CSI-RS包含两个连续的参考符号，如图6.13上部所示。两个CSI-RS的情况下，则通过应用大小为2的OCC将CSI-RS分割为两个参考符号，类似于DM-RS的情况。对于一个或两个CSI-RS的情况，一个资源块对内可能有20种不同的CSI-RS配置，其中两个如图6.13所示。

2）包含4个或8个CSI-RS的配置情况下，CSI-RS成对频率复用，如图6.13的中下部所示。因此，对于4个或8个CSI-RS可能存在10个或5个不同的CSI-RS配置。

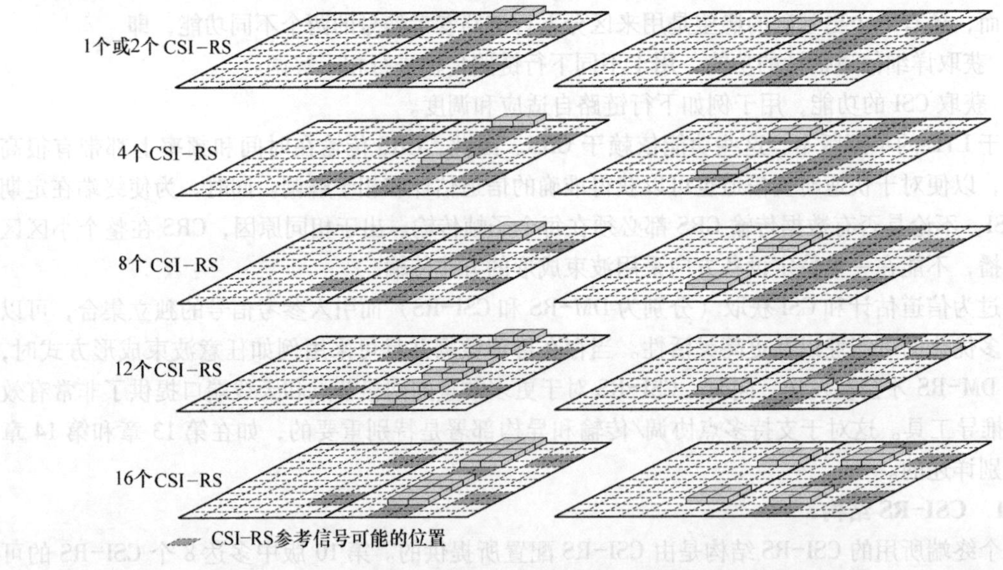

图6.13　一个小区内不同数目CSI-RS情况下参考信号位置的示例。单一CSI-RS情况下两个CSI-RS使用相同结构

3）包含12个或16个CSI-RS的配置情况下，第13版引入的一种可能性，采用大小为4或者大小为8的CSI-RS聚合。包含12个CSI-RS的配置是通过聚合3个大小为4的CSI-RS配置而创建的；包含16个CSI-RS的配置通过聚合2个大小为8的CSI-RS。换句话说，资源映射类似4个或8个天线端口的情况，但使用多于1个的这样配置。除了对8个或更少CSI-RS情况下采用大小为2的正交掩码外，还可以配置大小为4的OCC。使用更长掩码是为了提高“借用”CSI-RS之间功率的可能性，参见第10章。

总之，一个CSI-RS配置指定：

- CSI-RS数量（1、2、4、8、12或16）。
- CSI-RS周期（5ms、10ms、20ms、40ms或80ms）。
- CSI-RS周期内的CSI-RS子帧偏移。
- 一个资源块对内的确切CSI-RS配置，即40个可能的资源元素（图6.13中的灰色资源元素）中的哪个资源元素用于一个资源块对内的CSI-RS。

- 正交掩码的大小，2或4，多于8个CSI-RS的情况。

CSI-RS配置是终端专用的，意味着每个终端单独设置专用CSI-RS配置，其定义了终端所用CSI-RS数量并且它们的详细结构如前所述。注意，尽管如此这并不意味着某一被传输的CSI-RS仅由单独一个终端使用。即使每个设备单独设置其CSI-RS配置，实践中该配置将与一个小区内的一群或者甚至所有终端一致，这意味着实际上终端使用相同CSI-RS集合来获取CSI。然而，为不同设备单独配置可允许一个小区内的终端使用不同的CSI-RS。这是很重要的，例如在共享小区异构部署的情况下，参见第14章。

6.2.3.2 CSI-RS和PDSCH影射

如第6.2.2.1节所提到的，当DM-RS在一个资源块内传输时，参考信号传输所对应的资源元素应避免与PDSCH符号映射到的资源元素发生冲突。这种不能被早期版本终端所“理解”的“改良”PDSCH映射是可行的，因为可假定DM-RS只在支持此类参考信号的终端，即基于LTE第10版或更新版本的终端，所调度的资源块内传输[1]。换句话说，DM-RS传输并由此“改良”PDSCH映射的资源块内永远不会调度早期版本终端。

情况不同于CSI-RS。因为CSI-RS在频域上所有资源块内传输，这将意味着一个强大的调度约束，即假设版本8和版本9终端永远不会被调度到CSI-RS传输的资源元素内。如果修改PDSCH映射来直接避免CSI-RS传输所在资源元素，该映射将不能被版本8和版本9终端所识别。反之，资源块被调度给版本8和版本9终端的情况下，PDSCH完全依据第8版进行映射，即不修改映射来规避CSI-RS传输所在资源元素。那么，CSI-RS简单地在对应的PDSCH符号上传输[2]，这将影响PDSCH的解调性能。因为部分PDSCH符号将被高度污染。然而，剩余的PDSCH符号将不会被影响，PDSCH仍然会解码，虽然会带来一些性能下降。

另一方面，如果一个第10版终端被调度到CSI-RS传输所在资源块内，则修改PDSCH映射来直接避免CSI-RS传输所在资源元素，这与DM-RS情况类似。因此，如果CSI-RS在一个资源块内传输，则PDSCH到资源块的映射将依据该资源块内被调度的终端版本而略有不同。

应当注意的是，第8版的映射还是需要的，必须被用于如系统信息和寻呼消息的传输，因为此类传输也必须可以被版本8和版本9终端所接收。

6.2.3.3 静音CSI-RS

如前所述，第10版及之后的终端可以假定PDSCH映射避免该终端所配置CSI-RS集合所对应的资源要素。

除了常规的CSI-RS外，还可能为一个终端配置一系列静音CSI-RS资源，其中每个静音CSI-RS带有与“传统的”（非静音）CSI-RS相同的结构：

- 特定周期（5ms、10ms、20ms、40ms或80ms）。
- 周期内的特定子帧偏移。
- 一个资源块对内的特定配置。

采用静音CSI-RS的意图是为那些应该假定PDSCH不映射的终端简单地定义额外的CSI-RS

[1] 对于第9版的终端也部分适用，但只针对最多两个DM-RS的情况。

[2] 在实践中，基站可能完全不传输PDSCH，或等同地在这些资源元素上以零功率传输PDSCH，以避免对CSI-RS传输的干扰。关键的是，剩下的PDSCH符号映射要与第8版保持一致。

资源。这些资源可以对应于如本小区或者相邻小区内其他终端的CSI-RS。它们还可以对应于所谓的CSI-IM资源，这将在第10章详细讨论。

应该指出，尽管起这个名字，静音CSI-RS资源未必零功率，因为它们可能对应于如为本小区内其他终端配置的“正常的”（非静音）CSI-RS。关键是，一个已配置特定静音CSI-RS资源的终端，应该假设PDSCH映射避免相应的资源要素。

6.2.4 准共址关系

本书第4章简要论述了准共址天线端口的概念。如前所述，至少对于下行链路天线端口可以被视为对应于特定的参考信号。因此，理解对应于不同参考信号的下行链路天线端口间准共址关系需要制定哪些假设是非常重要的。

下行链路天线端口0~3，对应最多4个CRS，总是可以被认为是联合准共址的。同样，天线端口7~14，对应最多8个DM-RS，也总可以被认为是联合准定位的。应当指出，尽管如此，DM-RS的准共址假设只在一个子帧内有效。该限制是因为可以以子帧为单位在不同传输点之间依据DM-RS来切换PDSCH传输，意味着子帧之间不能假设是准共址的，甚至对于特定天线端口也不行。最后，天线端口15~30对应一个特定CSI-RS配置的最多16个CSI-RS，这也一直被认为是联合准共址的。

当考虑对应于不同类型参考信号的天线端口之间的准共址关系时，传输模式1~9总是可以假定：天线端口0~3和7~30即CRS、DM-RS和CSI-RS都是联合准共址的。因此，唯一可能不需要假定不同类型参考信号间准共址的情况是传输模式10。如第6.3节中所讨论，LTE第10版特意引入传输模式10，来支持多点协调/传输。也正是在这种情况下，如第4章中所指出，准共址的概念与之缺乏相关。为了这个特定的原因准共址的概念在LTE第11版中引入。在传输模式10情况下，准共址的特定方面，特别是为一个终端配置的CSI-RS与为该终端PDSCH传输相关的DM-RS集合之间的准共址关系，将在第13章作为多点协调和传输的一部分进行更详细的讨论。

6.3 多天线传输

如图6.14所示，LTE中的多天线传输大体上可描述为数据调制输出到不同天线端口的映射。天线映射的输入包含对应于一个TTI的一个或两个传输块的调制符号（QPSK、16QAM、64QAM和256QAM）。

天线映射的输出是针对每天线端口的一系列符号。这些符号随后被应用于OFDM调制器，即映射到对应于该天线端口的基本OFDM时间频率网格。

6.3.1 传输模式

不同的多天线传输方案对应不同的传输模式。目前为LTE定义了10种不同的传输模式。它们的区别在于图6.14的天线映射的特定结构，还在于解调时假定采用了什么参考信号（分别为CRS或DM-RS）以及终端如何获取CSI并反馈给网络。传输模式1对应于单天线传输，而其他

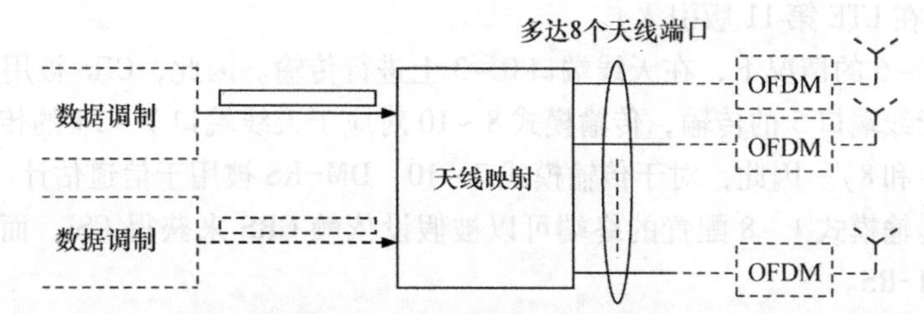

图6.14 LTE下行链路多天线传输的通用结构。对应于一个或两个传输块的调制符号映射到多达8个天线端口

传输模式对应不同的多天线传输机制，包括天线分集、波束成形和空间复用。实际上，LTE支持波束成形和空间复用作为更通用天线预编码的一部分。然而，存在两种下行链路天线预编码的方案，即基于码本的预编码和非码本的预编码。这些特定名称将在下面进一步阐述。

传输模式10是一个有点特殊的案例。如前所述，传输模式10在LTE第11版引入，以支持不同方式的动态多点协调和传输（参见第13章）。从终端角度来看，传输模式10情况下的下行链路传输与传输模式9相同，即该终端可以看到最多8层的PDSCH传输并依赖DM-RS进行信道估计。传输模式9和传输模式10之间的一个重要区别在于CSI的获取和反馈，其中传输模式10可实现更细节的多点测量和基于CSI过程的反馈，将在第13章中进一步讨论。另一个重要的区别在于终端可以假设不同类型的天线端口之间的准共址关系，如第6.2.4节所提及并将在第13章中进一步讨论。

应该指出，传输模式只与DL-SCH传输相关。因此，特定传输方式不应被视为等同于特定的多天线传输配置。相反，当一个终端被配置了特定的传输模式时，特定的多天线传输方案应用于DL-SCH传输。相同的多天线传输方案也可以应用于其他类型的传输，如BCH传输和L1/L2控制信号[⊖]。然而，这并不意味着相应的传输模式应用于此类传输。

下面的列表总结了当前定义的传输模式及其相关的多天线传输方案。在随后的章节中将详细描述不同的多天线传输方案。

1）传输模式1：单天线传输。

2）传输模式2：发送分集。

3）传输模式3：多于一层情况下使用开环基于码本的预编码，秩为1的传输情况下使用发送分集。

4）传输模式4：闭环基于码本的预编码。

5）传输模式5：传输模式4的多用户MIMO版本。

6）传输模式6：限制为单层传输的闭环基于码本预编码的特殊情况。

7）传输模式7：支持单层传输的非码本预编码。

8）传输模式8：支持最多2层的非码本预编码（LTE第9版引入）。

9）传输模式9：支持最多8层的非码本预编码（传输模式8的扩展，在LTE第10版引入）。

10）传输模式10：传输模式9的扩展，为了增强支持不同方式的下行链路多点协调和传输，

⊖ 其实，只有单天线传输和发射分集被指定用于BCH和L1/L2控制信号，尽管EPDCCH可以使用非码本预编码。

也被称为CoMP（在LTE第11版引入）。

在传输模式1～6的情况下，在天线端口0～3上进行传输。因此，CRS被用于信道估计。传输模式7对应于天线端口5的传输，传输模式8～10对应于天线端口7～14的传输（传输模式8受限于天线端口7和8）。因此，对于传输模式7～10，DM-RS被用于信道估计。

实际上，为传输模式1～8配置的终端可以被假设依赖CRS来获得CSI，而对于传输模式9和10，应使用CSI-RS。

此外还应该提到，虽然特定多天线传输方案可以视为与特定传输模式相关，传输模式3～10可以在不暗示传输模式改变的情况下动态回落到传输分集。原因之一是为了在与特定传输模式相关联的全套多天线功能不能用时可以应用更小的DCI格式。另一个原因是，在传输模式重配置期间对终端所用传输模式的模糊性进行控制，如第6.4.5节中的讨论。

6.3.2　发射分集

发射分集可以应用到任何下行物理信道。然而，它特别适用于不能通过链路自适应和/或信道相关调度的方式来适应时变信道条件的传输，由此分集更为重要。这包括BCH和PCH传输信道以及L1/L2控制信令的传输。其实，正如已经提到的，发射分集是适用于这些信道的唯一多天线传输方案。当配置传输模式2时，发射分集也用于DL-SCH传输。此外，同样也已经提到，当终端配置为传输模式3和更高模式时发射分集是一种用于DL-SCH传输的“回退模式”。更具体地说，使用DCI格式1A（参见第6.4.4节）的调度分配意味着不管配置什么传输模式都使用发射分集。

发射分集假定采用CRS来实现信道估计。因此，发射分集信号总在于CRS所用的同一天线端口传输（天线端口0～3）。事实上，如果一个小区配置了两个CRS，必须为BCH、PCH以及PDCCH之上的L1/L2控制信号应用两天线端口的发送分集[㊀]。同样，如果一个小区配置了4个CRS，这些信道的传输必须使用四天线端口的发送分集。此时，终端不必明确知道这些信道采用何种多天线传输方案。相反，这是由为小区配置的CRS数量间接得到的[㊁]。

6.3.2.1　两天线端口发射分集

两天线端口情况下，LTE发射分集基于空间频率块编码（SFBC）。如图6.15中所见，SFBC意味着两个连续的调制符号S_i和S_{i+1}被直接映射到第一个天线端口上频率相邻的资源元素。在第二个天线端口上，频率交换并变换的符号$-S_{i+1}^*$和S_i^*被映射到相应资源元素上，其中“*”代表复共轭。

图6.15还展示了发射分集信号如何对应于CRS，更准确地说是两天线端口情况下的CRS 0和CRS 1，在天线端口上进行传输。应注意的是，传输的小区专用的参考信号的关系。小区专用的参考信号在两个天线端口的情况下是CRS 0和CRS 1。请注意，不应该理解为CRS是专门为该发射分集信号而传送的。实际上，天线端口0和1之上的多个传输都依赖于相应的CRS来实现信道估计。

6.3.2.2　四天线端口发射分集

在四天线端口情况下，LTE发射分集是基于SFBC和频率切换发射分集（FSTD）的结合。如

㊀　注意，这不适用于EPDCCH控制信道。

㊁　其实，情况刚好相反，终端盲目地检测用于BCH传输的天线端口数，并由此决定小区内配置的CRS数。

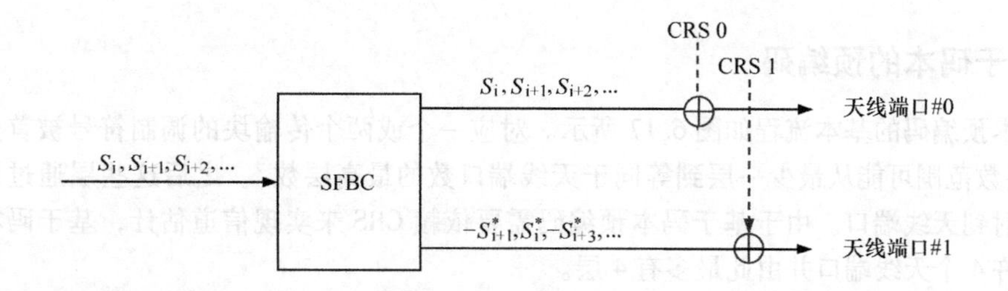

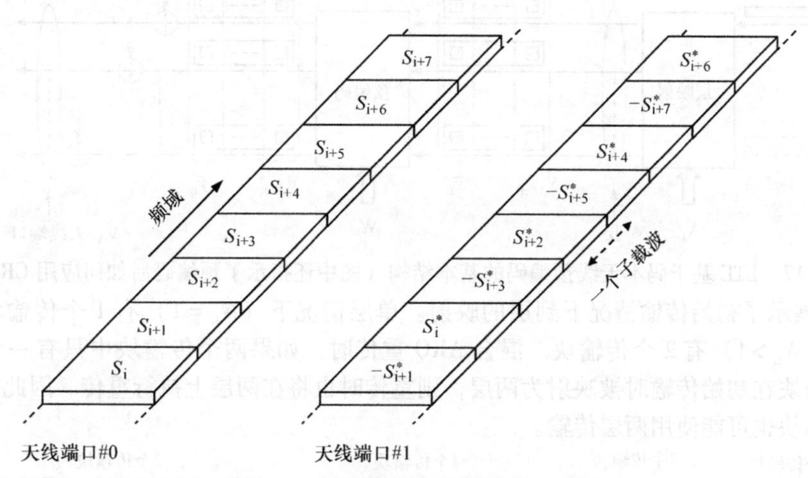

图6.15 两天线端口发射分集-SFBC

图6.16所示，合并的SFBC/FSTD意味着调制符号对以SFBC的形式传输并且传输在天线端口对之间交替（分别为天线端口0和2以及天线端口1和3）。对于一对天线端口上传输所用的资源元素，不会传输其他天线端口上的数据。因此，某种意义上合并的SFBC/FSTD在4个调制符号组上进行操作，并对应每天线端口上的4个频率连续资源元素组。

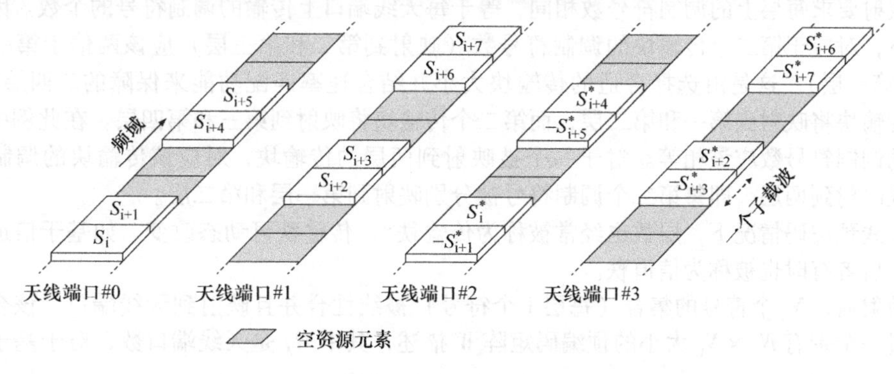

图6.16 四天线端口发射分集-合并的SFBC/FSTD

6.3.3　基于码本的预编码

基于码本预编码的基本流程如图6.17所示。对应一个或两个传输块的调制符号被首先映射到 N_L 层。层数范围可能从最少一层到等同于天线端口数的最高层数[1]。之后这些层通过预编码的方式被映射到天线端口。由于基于码本预编码需要依赖CRS来实现信道估计，基于码本的预编码最多允许4个天线端口并由此最多有4层。

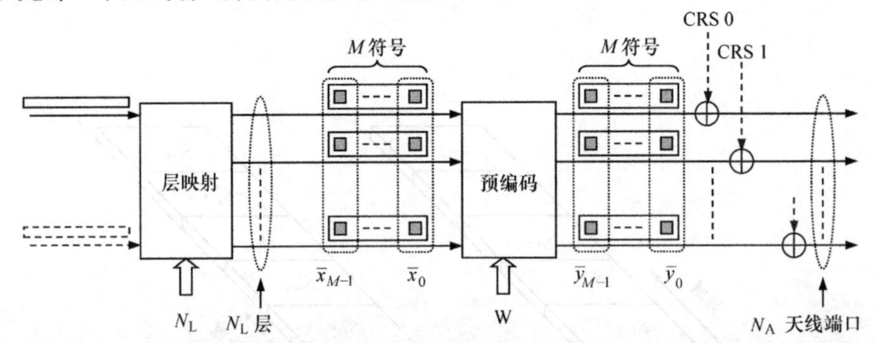

图6.17　LTE基于码本天线预编码的基本结构（图中还指示了预编码后如何应用CRS）

图6.18展示了初始传输情况下到层的映射。单层情况下（$N_L=1$）有1个传输块，两层或多层情况下（$N_L>1$）有2个传输块。混合ARQ重传时，如果两个传输块中只有一个需要被重传并且该传输块在初始传输时被映射为两层，则重传时也将在两层上执行重传。因此，重传情况下，一个传输块也可能使用两层传输。

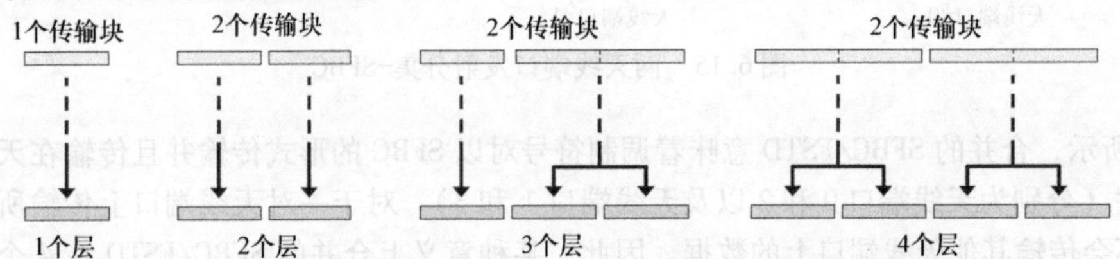

图6.18　用于基于码本天线预编码的传输块到层的映射（初始传输）

层映射要求每层上的调制符号数相同，等于每天线端口上传输的调制符号的个数。因此，三层情况下，对应于第二个传输块的调制符号数（映射到第二和第三层）应该两倍于第一个码本（映射到第一层）。这是由选择合适的传输块大小并结合速率匹配功能来保障的。四层情况下，第一个传输块将映射到第一和第二层，而第二个传输块将映射到第三和第四层。在此例中，两个传输块的调制符号数应该相等。对于一个被映射到两层的传输块，对应该传输块的调制符号以交替方式映射到两层，即每第二个调制符号被分别映射到第一层和第二层。

多天线预编码情况下，层数也经常被称为传输秩[2]。传输秩可动态改变，如基于信道所支持的层数。后者有时也被称为信道秩。

层映射后，N_L 个符号的集合（每层1个符号）被线性合并且映射到天线端口。该合并、映射可通过一个带有 $N_A \times N_L$ 大小的预编码矩阵 W 描述，其中 N_A 是天线端口数，对于基于码本的

[1] 实际上，层数还受限于（且不应超过）终端可用接收天线的数量。

[2] LTE规范中发射分集事实上也被描述为采用多层的传输。然而，发射分集仍然是一个单秩的传输方案。

预编码它等于2或4。更准确地说，大小为N_A的矢量$\bar{y}_i$包含来自每个天线端口的一个符号，由$\bar{y}_i = W \cdot \bar{x}_i$得到，其中矢量$\bar{x}_i$的大小$N_L$包含来自每层的一个符号。由于层数可以动态变化，预编码矩阵的列数也将动态改变。特别是在单流情况下，预编码矩阵W是一个大小为$N_A \times 1$的矢量，它为单个调制符号提供波束成形。

图6.17还指出天线预编码后如何使用CRS。因此，基于CRS的信道估计将反映不包括预编码的各天线端口的信道。因此，终端接收机必须明确知道发送端使用何种预编码方式，以便正确地处理接收信号并恢复不同的层。再次强调，这个图并不是说CRS是专门为给定PDSCH传输而插入的。

存在两种基于码本的预编码操作模式，即闭环操作和开环操作。这两种模式区别在于预编码矩阵的确切结构以及网络怎么选择矩阵并如何让终端知道。

6.3.3.1 闭环预编码

在闭环预编码情况下，假定网络基于终端反馈来选择预编码矩阵。如之前所提到，闭环预编码与传输模式4有关。

基于CRS测量，终端选择一个合适的传输秩以及所对应的预编码矩阵。之后，被选择秩和预编码矩阵的相关信息以秩指示RI和预编码指示PMI的形式汇报给网络，如第10章所描述。重要的是要理解，尽管如此RI和PMI只是个建议，当网络为终端的传输选择真正所用的传输秩和预编码矩阵时，网络无须听从终端建议的RI/PMI。当不听从终端推荐时，网络必须明确地告知终端下行链路传输采用哪个预编码矩阵。相反，如果网络使用终端建议的预编码矩阵，只需信令确认网络使用了建议的矩阵。

为了限制上下行链路上的信令，对于给定数量天线端口的每个传输秩定义了一组有限的预编码矩阵集合，也被称为码本。终端（汇报PMI时）和网络（为后续到终端的下行链路传输选择真实使用的预编码矩阵时）应从相关码本中选择预编码矩阵。因此，终端汇报PMI以及网络告知终端下行链路传输真实使用的预编码矩阵时，只需要信令通知被选择矩阵的指示。

由于LTE支持两天线端口和四天线端口的多天线传输，码本被定义为

1）两天线端口（$N_A = 2$）以及1个和2个层，分别对应大小为2×1和2×2的预编码矩阵。

2）四天线端口（$N_A = 4$）以及1、2、3和4层，分别对应大小为4×1、4×2、4×3和4×4的预编码矩阵。

举例来讲，表6.3给出了两天线端口情况下规范所定义的预编码矩阵。从中可见，有4个2×1维预编码矩阵用于单层传输，有3个2×2维预编码矩阵用于双层传输。同样，为四天线端口和1、2、3、4层的情况分别定义了4×1、4×2、4×3以及4×4的预编码矩阵集合。应该指出的是，表6.3中第一个秩为2的（2×2）矩阵不用于闭环操作而只用于开环预编码，将在下节讨论。

即使网络遵从终端建议的预编码矩阵，网络可以出于不同原因决定使用更低的秩传输，这叫秩重置。在这种情况下，网络将使用所建议的预编码矩阵的列的子集。那么网络预编码确认将包含使用的列集合或者等同的传输层集合的明确信息。

还可以把闭环预编码严格限制在单流（秩为1）传输。这类多天线传输对应传输模式6。定义额外传输模式限制单流传输而非依赖普通的对应传输模式4的闭环传输模式，是为了通过严格

限制单层传输来减少上下行链路的信令开销。例如，传输模式6可用于带有低SINR的终端，它们不会应用多流传输而是利用波束成形增益。

6.3.3.2　开环预编码

开环预编码不依赖任何来自终端上报的详细的预编码推荐，也无须用于传送下行链路实际预编码的显式网络信令。相反，预编码矩阵以预先并且确定的方式提前告知终端。开环预编码的应用之一是高速移动场景，此时由于PMI上报延迟的存在很难得到准确的反馈信息。如之前所述，开环预编码对应传输模式3。

表6.3　两天线端口及一层和两层的预编码矩阵（第一个2×2矩阵只用于开环预编码）

一层	$\frac{1}{\sqrt{2}}\begin{bmatrix}+1\\+1\end{bmatrix}$	$\frac{1}{\sqrt{2}}\begin{bmatrix}+1\\-1\end{bmatrix}$	$\frac{1}{\sqrt{2}}\begin{bmatrix}+1\\+j\end{bmatrix}$	$\frac{1}{\sqrt{2}}\begin{bmatrix}+1\\-j\end{bmatrix}$
二层	$\frac{1}{\sqrt{2}}\begin{bmatrix}+1 & 0\\0 & +1\end{bmatrix}$	$\frac{1}{2}\begin{bmatrix}+1 & +1\\+1 & -1\end{bmatrix}$	$\frac{1}{2}\begin{bmatrix}+1 & +1\\+j & -j\end{bmatrix}$	

开环预编码的基本传输结构与图6.17所描述的通用基于码本的预编码结构一致，并且与闭环预编码的区别只在于预编码矩阵W。

开环预编码情况下，预编码矩阵可以被描述为两个矩阵W'和P的乘积，其中W'和P矩阵的维度分别为$N_A \times N_L$和$N_L \times N_L$：

$$W = W' \cdot P \tag{6.1}$$

在两天线端口情况下，矩阵W'是归一化的2×2单位阵[⊖]：

$$W' = \frac{1}{\sqrt{2}}\begin{bmatrix}+1 & 0\\0 & +1\end{bmatrix} \tag{6.2}$$

在四天线端口情况下，W'由预定义$4 \times N_L$预编码矩阵的其中4个通过循环得到，连续的资源元素的情况将有所不同。

矩阵P可以被表示为$P = D_i \cdot U$，其中U是一个$N_L \times N_L$维的常量矩阵，D_i是一个在子载波（通过i来标识）之间变化的$N_L \times N_L$维矩阵。例如，两层（$N_L = 2$）情况下U和D_i矩阵为

$$U = \frac{1}{\sqrt{2}}\begin{bmatrix}1 & 1\\1 & e^{-j2\pi/2}\end{bmatrix} \qquad D_i = \begin{bmatrix}1 & 0\\0 & e^{-j2\pi i/2}\end{bmatrix} \tag{6.3}$$

采用矩阵P的初衷是为了平均化不同层所见信道状态的任何差异。

与闭环预编码类似，用于开环预编码的传输秩也可以动态变化，最少两层。对应开环预编码的传输模式3也允许秩为1的传输。在这种情况下，将采用如第6.3.1节描述的发送分集，即两天线端口采用SFBC，四天线端口采用合并的SFBC/FSTD。

6.3.4　非码本的预编码

与基于码本的预编码类似，非码本预编码只适用于DL-SCH传输。LTE第9版中引入了非码本预编码，但当时仅限于最多两层的传输。之后引入了最多8层的扩展作为第10版的一部分。对应

⊖ 由于非码本预编码不用于秩为1的传输（参见后文），因此不需要任何大小为2×1的W'矩阵。

传输模式 8 的第 9 版机制是扩展的第 10 版方案的子集（传输模式 9 后来被扩展为传输模式 10）。

第 8 版中也有一个非码本预编码，对应传输模式 7。传输模式 7 依赖于第 6.2.2 节中提及但没有详细描述的第 8 版 DM-RS，并且只支持单层传输。在此，我们将重点放在对应传输模式 8-10的非码本预编码。

非码本预编码的基本原则可依据图 6.19 进行解释（其中预编码部分特意进行阴影处理，参见下文）。可以看出，这个图与描述基于码本预编码的图（见图 6.17）非常相似，带有对应一或两个传输块的调制符号的层映射且预编码跟随其后。层映射还遵从基于码本预编码相同的原则（见图 6.18），但被扩展到可支持最多 8 层。特别是，至少对于初始传输，除每 TTI 内只有一个传输块的单层情况之外，每个 TTI 存在两个传输块。与基于码本预编码类似，混合 ARQ 重传时某些情况下单一传输块也有可能进行多层传输。

图 6.19 与图 6.17（基于码本预编码）的主要区别在于 DM-RS 出现在预编码之前。预编码参考信号的传输使得接收机在无须明确知道发射端采用何种预编码的情况下即可解调和恢复被传输的层。简单地说，根据预编码 DM-RS 的信道估计将反映传输的层所经历的信道状况，包括预编码，并由此可以直接用于不同层的相干解调。无须告知终端任何预编码矩阵信息，只需知道层数即传输的秩。因此，网络可以选择任意预编码，不需要从任何显式码本中进行选择。这是称为非码本预编码的原因。应该指出，尽管如此，非码本预编码仍然依赖于码本实现终端反馈，如下所述。

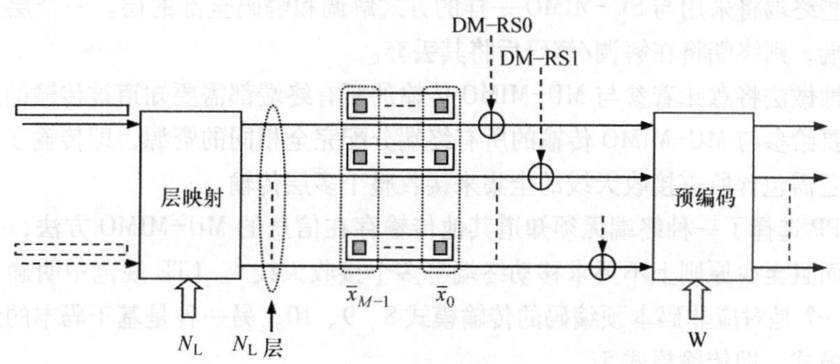

图 6.19　非码本天线预编码的基本原则

可以选择任意预编码矩阵用于传输也是因为图 6.19 中预编码以阴影显示的原因。图 6.19 中的预编码部分在 LTE 规范中是不可见的，严格来说，非码本预编码情况下依据图 6.14 所定义的天线影射只包含层影射。这也意味着，图 6.14 中定义的天线端口对应于图 6.19 中不同的层，换句话说预编码发生在天线端口之后。

不过，网络必须有一种方法来选择合适的预编码矩阵用于传输。非码本预编码的情况下基本上有两种方法实现。

网络可以估计上行链路信道状态，例如采用基于下一章中描述的上行链路传输的探测参考信号的方法，选择用于下行链路传输所用预编码矩阵时依赖于上/下行链路信道的互异性。这对 TDD 操作特别有益，其中上行链路和下行链路传输使用相同频率通常会导致更高的上/下行链路信道互异性。应该指出，如果终端使用多个接收天线，为了获得上行链路测量它也需要在多个天线上顺序传输，以充分反映下行链路的信道状态。

另外，网络可以依靠终端反馈来实现预编码矩阵的选择。对于传输模式8～10，这种反馈其实与闭环基于码本预编码的相应反馈是非常相似的，参见第10章。此外，对于传输模式9，终端测量应根据CSI-RS而非CRS，如第6.2.3节所描述。

因此，尽管如此命名，非码本预编码也可以使用定义好的码本。然而，与基于码本的预编码相比，这些码本只用于终端CSI报告而不用于实际的下行链路传输。

6.3.5　下行链路多用户MIMO

空间复用意味着多层传输，即在相同的时频资源上向同一终端进行多个并行传输。接收机和发射机侧都有多个天线并结合发射机和/或接收机的信号处理，可用于抑制不同层之间的干扰。

空间复用被称为MIMO传输，反映空间复用下信道可以被视为带有对应多个发射天线的多个输入信号，以及对应多个接收天线的多个输出信号的事实。由于下文中更为清晰描述的原因，也经常使用更具体的术语单用户MIMO（SU-MIMO）㊀。

3GPP中的术语多用户MIMO（MU-MIMO）用来表示使用相同时频资源针对不同终端的传输，实际上依赖于发射机（网络）侧的多个天线来区分两个传输。

原则上，人们可以认为MU-MIMO是空间复用的直接延展，简单地采用不同的传输层服务不同的终端。这些终端将采用与SU-MIMO一样的方式解调和解码全部的层。一个层上的数据如果不用于特定终端，则终端将在解调/解码后将其丢弃。

然而，这种做法将意味着参与MU-MIMO传输的所有终端都需要知道被传输的层的全集。这也意味着，需要给参与MU-MIMO传输的所有终端分配完全相同的资源，即传输在同一组资源块上。所有终端还需包含所需接收天线的全集来接收整个多层传输。

相反，3GPP选择了一种终端无须知道其他传输存在信息的MU-MIMO方法，只允许部分重叠资源分配，而且至少原则上不要求移动终端有多个接收天线㊁。LTE规范中明确支持两种MU-MIMO方法：一个是对应非码本预编码的传输模式8、9、10；另一种是基于码本的预编码，但对应特殊的传输模式，即传输模式5。

6.3.5.1　传输模式8/9的MU-MIMO

原则上基于传输模式8～10的MU-MIMO很简单。根据来自小区内终端的CSI反馈，基站选择两个或多个终端进行传输，使用同一组时频资源。之后，用于一层或有时候甚至多层传输的非码本预编码，被应用于每个传输，它们在接收机（终端）侧是空间分离的。

终端侧的空间分离通常是不完美的。因此，为了提高终端侧的信道估计，倾向于为不同传输使用不同的DM-RS，以改善信道估计㊂。

如第6.2.2.1节所述，存在两种可以给下行链路DM-RS分配参考信号序列的方法，即

㊀ 术语MIMO不是用来指采用多个发射天线和多个接收天线的任何传输，即不仅仅限于空分复用，也包含例如可获得波束成形增益的单层预编码。

㊁ 注意，尽管如此，LTE性能需求一般需要终端至少带两个接收天线。

㊂ 如第6.3.1节所讨论，假定传输模式8和9依赖DM-RS实现信道估计。

1）自 LTE 第9版起支持的小区专用分配，即在版本中引入传输模式8和 DM-RS。

2）自 LTE 第11版起支持的完全设备专用分配。

也如第6.2.2.1节所述，小区专用分配情况下可以在两个不同小区专用参考信号序列间进行动态选择。

采用第11版预版本（小区专用）DM-RS 序列，可支持最多4个不同的 DM-RS，支持最多4个终端间的 MU-MIMO：

- 单层传输情况下，网络可以明确通知终端传输发生在所对应的两个 OCC 天线端口7和8中的哪个之上。结合两个参考信号序列之间动态地选择，就可以支持最多4个不同 DM-RS，并对应单层 MU-MIMO 传输最多支持4个终端并行传输。
- 双层传输情况下（天线端口7和8上），可以在两个参考信号序列之间动态选择，允许最多两个终端的并行 MU-MIMO 传输。
- 两层以上情况下，没有信令支持参考信号序列的选择，因此没有用于 MU-MIMO 的第11版预版本支持。

注意，人们也可以执行单层和双层传输的并行 MU-MIMO。例如，它们可以是一个采用两个参考信号序列之一的双层传输以及最多两个采用其他参考信号序列的单层传输，通过两个不同 OCC 进行区分。

然而，采用如第6.2.2.1节所描述的在第11版引入的参考信号序列的终端专用分配，MU-MIMO 至少原则上可应用于任意数量的终端而与层数无关。例如，普通宏观部署中，可以共同进行 MU-MIMO 传输的终端数量受限于发射机端的天线数，实际上第11版之前可支持最多4个终端的并行 MU-MIMO 传输通常已足够。然而，能够支持明显更多的终端间 MU-MIMO 在特定场景下是很重要的，尤其是所谓共享小区异构部署的情况，将在第14章进一步讨论。

6.3.5.2　基于 CRS 的 MU-MIMO

前文所描述的 MU-MIMO 传输只是传输模式8、9和10的一部分，从而可在 LTE 第9版使用，并在后续版本中进一步扩展。然而，已经存在于 LTE 第8版的 MU-MIMO 可以通过对传输模式4，即闭环基于码本的波束成形，进行小的修改形成传输模式5。传输模式4和5之间的唯一区别是 PDSCH 和 CRS 之间的额外功率偏置的信令。

一般来说，对于依靠 CRS（以及依靠 DM-RS）实现信道估计的传输模式，终端将用参考信号作为相位参考，同时也作为采用高阶调制（16QAM 和 64QAM）的传输信号解调的功率/幅度参考。因此，为了高阶调制正常解调，终端需要知道 CRS 和 PDSCH 之间的功率偏置。

通过更高层信令方式，终端被告知该功率偏置。然而，当时所提供的是 CRS 功率与包含所有层的 PDSCH 总功率之间的偏差。在空间复用情况下，PDSCH 总功率必须在各个层之间分配，而 CRS 功率与单层 PDSCH 功率之间的关系才是与解调相关的。

纯空分复用（无 MU-MIMO）即传输模式3和4的情况下，终端知道层的数量，因此间接地知道了 CRS 功率与单层 PDSCH 功率之间的偏差。

在 MU-MIMO 情况下，总的可用功率通常也会去往不同终端的传输之间分配，可用于单层传输的 PDSCH 功率更少。然而，终端不知道去往其他终端的并行传输，从而也不知道任何单 PDSCH 功率下降。为此，除了更高层信令传送的 CRS/PDSCH 功率偏置外，传输模式5还包含了终端将要使用的3dB 额外功率偏置的信令传送。

传输模式5限于单秩传输，事实上限于并行调度两个用户，因为只定义了单一的3dB偏置。

注意，基于DM-RS的MU-MIMO不需要功率偏置信令，因为此时每个传输都拥有自己的参考信号集合。因此，每个参考信号的功率将随层和传输的数量成倍变化，类似于PDSCH功率，并且参考信号与单层PDSCH功率比将恒定。

6.4　下行链路L1/L2控制信令

为支持下行链路和上行链路传输信道的传输，需要特定关联的下行链路控制信令。该控制信令通常被称为下行链路L1/L2控制信令，表明相关信息部分源于物理层（层1）而部分来自MAC层（层2）。下行链路L1/L2控制信令包括下行链路调度分配，其中包含终端能在一个组分载波上正确接收、解调和解码DL-SCH所需的信息[⊖]，用于指示终端关于上行链路（UL-SCH）传输所用资源和传输格式的上行调度请求，以及为响应UL-SCH传输的混合ARQ确认。此外，下行链路控制信令还可以被用于上行链路物理信道功率控制所需的功率控制命令字的传送，以及某些特定目的（如MBSFN）通知。

下行链路L1/L2控制信令传输的基本结构如图6.20所示，控制信令位于每个子帧的开始并跨越整个下行链路载波带宽。因此，可以说每个子帧被分为了控制区域和紧随其后的数据区域，其中控制区域对应子帧中下行链路L1/L2控制信令传输的部分。自第11版开始，部分L1/L2控制信令还可位于数据区域，这将在后文中介绍。然而，一个子帧被分割为控制区域和数据区域依然成立。

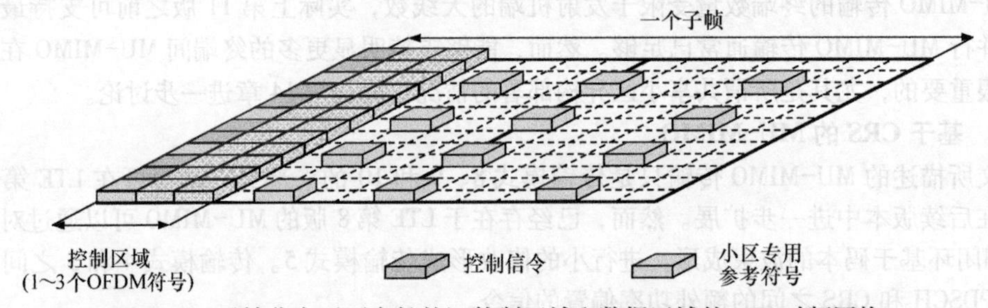

图6.20　子帧分为（可变长的）控制区域和数据区域的LTE时频网格

为简化总体设计，控制区域总是占用整数个OFDM符号，更准确地说是1个、2个或者3个OFDM符号（更窄小区带宽，10个或更少资源块，情况下控制区域包括2个、3个或者4个OFDM符号，以允许足够数量的控制信令）。

控制区域大小以OFDM符号数表示，或者等同地数据区域的起点，可以子帧为单位动态改变。因此，用于控制信令的无线资源数可动态调整以匹配瞬时的业务量。一个子帧内只调度少数用户情况下，所需的控制信令数量很小，子帧的更大部分可用于数据传输（更大的数据区域）。

控制区的最大尺寸通常为3个OFDM符号（窄小区带宽情况下为4个），如前文中所提到。然而，这条规则也有一些例外。在TDD模式运行时，子帧一和六的控制区被限制最多2个OFDM符号，因为对于TDD系统主同步信号（参见本书第11章）占据了那些子帧的第3个OFDM符

⊖　L1/L2控制信令还须被用于PCH传输信道的接收、解调和解码。

号。同样，对于MBSFN子帧（参见第5章），控制区域被限制最多2个OFDM符号。

子帧开始位置传输控制信令是为了使终端能够尽早对下行链路调度分配信息进行解码。那么数据区域的处理，即DL-SCH传输的解调和解码，可始于子帧结束之前。这降低了DL-SCH解码时延并由此降低了总体下行链路传输时延。此外，通过在子帧开始部分传输L1/L2控制信令，即允许较早解码L1/L2控制信令，该子帧内没被调度的终端可在该子帧的部分时间内关闭接收电路，从而减少终端功率消耗。

下行链路L1/L2控制信令包含6种不同的物理信道类型，所有均位于一个子帧的控制区域，其中两个例外位于数据区域：

- 物理控制格式指示信道（PCFICH），告知终端控制区域的大小（1个、2个或者3个OFDM符号）。每个组分载波或者等同地每个小区内有且只有1个PCFICH。
- 物理混合ARQ指示信道（PHICH），用于传送响应UL-SCH传输的混合ARQ确认。每个小区内可以存在多个PHICH。
- 物理下行链路控制信道（PDCCH），用于传送下行链路调度分配、上行链路的调度请求或者功率控制命令字。每个PDCCH通常承载发给一个终端的信令，但也可用于接入一群终端。每个小区内可以存在多个PDCCH。
- 增强物理下行链路控制信道（EPDCCH），在第11版引入以支持基于DM-RS的控制信令接收并承载与PDCCH相似类型的信息。然而，与PDCCH相比，EPDCCH位于数据区域。同时，EPDCCH可使用非码本预编码。
- MTC物理下行链路控制信道（MPDCCH），作为增强MTC支持的一部分引入第13版，参见本书第20章。本质上，它是EPDCCH的变种。
- 中继物理下行链路控制信道（R-PDCCH），于第10版引入以支持中继功能。可以在第18章中找到具体的描述，结合中继的总体描述；在此阶段，只需要注意，R-PDCCH在数据区域传输。

在本章的后续小节中，将详细介绍PCFICH、PHICH、PDCCH和EPDCCH，而MPDCCH和R-PDCCH将分别在本书第20和第18章中介绍。

6.4.1 物理控制格式指示信道

PCFICH以OFDM符号数指示控制区域的大小，即间接地指出数据区域从子帧的哪里开始，因此正确解码PCFICH非常重要。如果PCFICH解码不正确，终端不知道从哪里获取控制信道，也不知道数据区域从相关子帧的哪里开始㊀。PCFICH由两位信息构成，对应三种控制区域大小㊁：1个、2个或者3个OFDM符号（窄带带宽情况下为2、3或者4），编码为32bit码本。编码比特与一个小区专用且子帧专用扰码进行加扰以随机化小区间干扰，之后采用QPSK调制并映射到16个资源元素。由于控制区域的大小在PCFICH解码前是未知的，因此PCFICH总是映射到每个子帧的第一个OFDM符号。

PCFICH到子帧第一个OFDM符号中资源元素的映射以4个资源元素为一组，并且4组在频

㊀ 理论上，终端可以盲目尝试解码所有可能的控制信道格式，从哪种格式可以正确解码来推导数据区域的起点，但这是一个复杂的过程。

㊁ 第四个组合为未来使用而预留。

域隔离以获得良好的分集效果。此外，为避免相邻小区PCFICH传输之间发生碰撞，4组在频域上的位置基于物理层小区标识。

PCFICH发射功率受基站控制。如果特定小区有覆盖需求，PCFICH功率可以通过“借用”功率，例如从同时传输的PDCCH，的方式配置比其他信道更高的功率。显然，增加PCFICH功率来改善干扰受限系统性能，取决于相邻小区没有增加其干扰资源元素上的发射功率。否则，干扰会和信号功率一同升高，这意味着接收信噪比没有增益。然而，由于PCFICH到资源元素的映射基于小区标识，因此降低了同步网络相邻小区内PCFICH发生（局部）碰撞的概率。由此改善PCFICH功率提升性能可作为控制传输出错率的工具。

PCFICH的总体处理流程如图6.21所示。

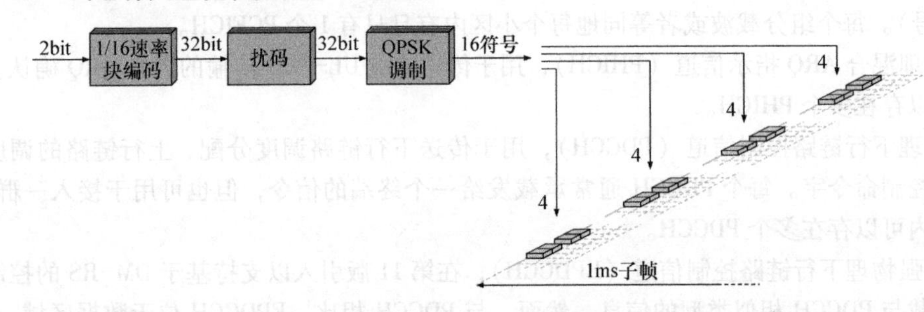

图6.21　PCFICH流程概述

为综述PCFICH和L1/L2控制信令到资源元素的映射，需要引入一些术语。如前所述，映射被定义为4个资源元素组的方式，也就是所谓的资源元素群。每个资源元素群被映射到一个包含4个（QPSK）符号的符号四重组。背后动机是为了支持发射分集而非简单地一个一个地映射符号。如第6.3节所讨论，L1/L2控制信令的发射分集被规范为最多四个天线端口。四天线端口的发射分集被定义为4个符号（资源元素）为一组，从而L1/L2控制信道处理也被定义为符号四重组的形式。

资源元素组的定义假设：不管小区实际配置了几个天线端口，对应两天线端口的参考符号会出现在第一个OFDM符号中。这简化了定义并减少了需要处理不同结构的数量。因此，如图6.22所示，由于每第三个资源元素需要预留给参考符号（或对应其他天线端口参考符号的未使用资源元素），第一个OFDM符号中每资源块有两个资源元素组。图6.22还显示，第二个OFDM

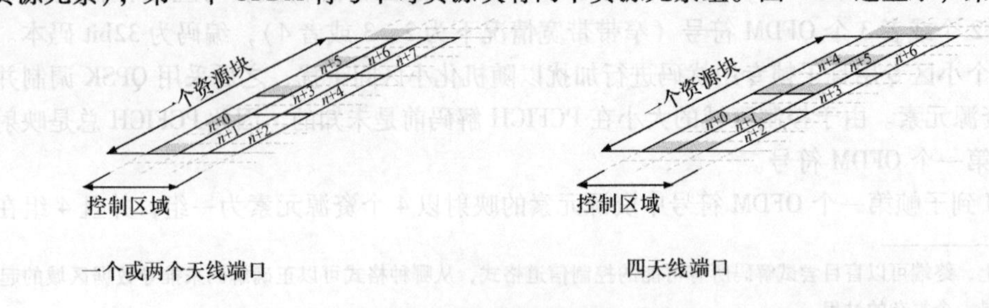

图6.22　控制区域内的资源元素组排序（假设3个OFDM符号）

符号中（如果为控制区域的一部分）存在两个或三个资源元素组，取决于配置的天线端口数。最后，在第三个 OFDM 符号中（如果为控制区域的一部分）每资源块总是包含三个资源元素组。图 6.22 还展示了资源元素组如何在控制区域内以时间优先的方式进行排序。

回到 PCFICH，16 个 QPSK 符号的传输采用 4 个资源元素组的形式。为获得良好的频率分集，资源元素组应该在频域内很好地扩展并覆盖整个下行链路小区带宽。因此，4 个资源元素组在频域内被分离为下行链路小区带宽的$\frac{1}{4}$，其起点由小区标识给出。如图 6.23 所示，展示了下行链路小区带宽为 8 个资源块情况下对于 3 个不同物理层小区标识的 PCFICH 到子帧第一个 OFDM 符号的映射。由图中可见，PCFICH 映射基于物理层小区标识，可降低小区间 PCFICH 碰撞的风险。从图中还可看出，如第 6.2.1 节所述，参考符号的小区专用偏移。

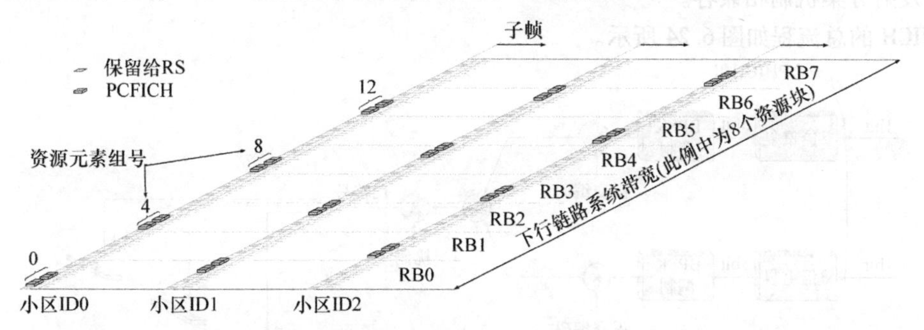

图 6.23　三个不同物理层小区标识情况下第一个 OFDM 符号内 PCFICH 映射的示例

6.4.2　物理混合 ARQ 指示信道

PHICH 用于传送响应 UL-SCH 传输的混合 ARQ 确认。本质上，PHICH 是单比特调度许可来指示 UL-SCH 上的重传。每个接收的传输块及 TTI 只发送一个 PHICH，即组分载波上使用上行链路空间复用时采用两个 PHICH 确认传输，每个传输块一个。

为了混合 ARQ 协议的正确运行并避免上行链路的传输色散，PHICH 出错率应该足够低。没有规定 PHICH 的操作点，可由运营商自行决定，但通常 ACK 到 NCK 和 NCK 到 ACK 的出错率分别期望在 10^{-2}和 $10^{-3}\sim10^{-4}$的量级上。采用非对称出错率是因为 NCK 到 ACK 出错意味 MAC 层的一个传输块丢失，这种丢失必须通过 RLC 重传予以修复，并带有相应的时延；而 ACK 到 NCK 出错则意味无须重传已正确解码的传输块。为满足不带过多功率情况下的这些出错率目标，控制 PHICH 发射功率作为 PHICH 对应终端无线信号质量的一个函数是有帮助的。这会影响 PHICH 的设计。

原则上，PHICH 可映射到该 PHICH 专用的资源元素集合。然而，考虑动态 PHICH 功率设定，这可能会导致资源元素间发射功率的显著波动，从射频实现来看这可能是非常有挑战的。因此，倾向于扩展每个 PHICH 到多个资源元素以降低功率差，并同时提供正确接收所需能量。为此，LTE 采用了一种几个 PHICH 在同一资源元素集合上编码复用的结构。混合 ARQ 确认（每个传输块单一信息比特）重复 3 次，之后对 I 或 Q 通路进行 BPSK 调制，并通过长为 4 的正交序列进行扩频。相同资源元素上传输的PHICH集合被称为PHICH组，普通循环前缀情况下一个PHICH组包含8个PHICH。因此单个PHICH可以通过单一数字来唯一表示，从中可推导出PHICH组号、该组中正交序列号以及I或Q通道。

对于扩展的循环前缀，通常用于高时间色散信道，无线信道在长为4序列扩展的频带内可能是不平坦的。一个非平坦信道将会对序列间的正交性产生负面影响。因此，对于扩展的循环前缀，扩频采用长为2的正交序列，意味着每个PHICH组只包含4个PHICH。然而，整体结构与普通循环前缀保持一致。

形成代表一个组中PHICH的合成信号之后，应用小区专用的加扰并且这12个加扰符号被映射到3个资源元素组。与其他L1/L2控制信道类似，该映射通过资源元素组的形式进行描述，以与LTE发射分集机制相兼容。

PHICH的总流程如图6.24所示。

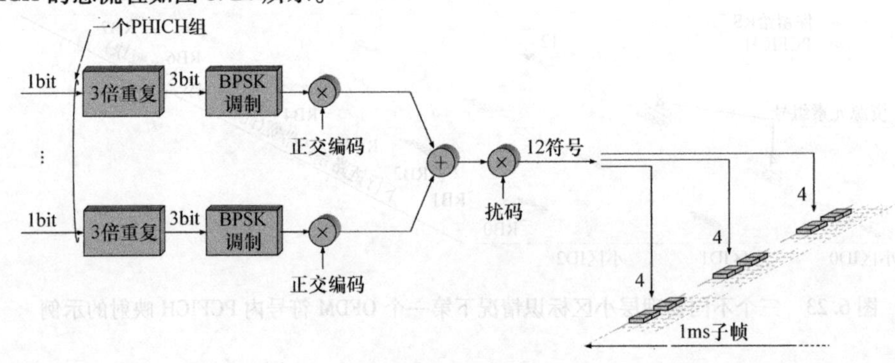

图6.24　PHICH结构总流程

PHICH组到资源元素的映射需求与PCFICH类似，即获得良好的频率分集并且避免同步网络相邻小区间碰撞。因此，每个PHICH组被映射到3个资源元素组，相互间隔大约下行链路小区带宽的$\frac{1}{3}$。在控制区域的第一个OFDM符号中，首先分配资源给PCFICH，PHICH将被映射到没有被PCFICH占用的资源元素，最后，PDCCH被映射到剩余资源元素将在下文讨论。

通常，PHICH只在第一个OFDM符号传输，即使PCFICH解码失败也允许终端尝试解码PHICH。这是有好处的，因为PHICH出错率要求通常比PCFICH更严格。然而，在一些传播场景下采用1个OFDM符号PHICH时长则无须限制其覆盖。为了缓解该问题，可以半静态配置3个OFDM符号的PHICH时长。此时，所有子帧的控制区域均为3个OFDM符号长，只为满足时域内控制区域和数据区域隔离的通用原则。此时PCFICH上传输的值将固定（并可被忽略）。对于窄带宽，控制区域可以最多4个OFDM符号长，仍然需要通过PCFICH来区分长为3和长为4的控制区域。

PHICH配置在PBCH上作为系统信息的一部分进行发送；一位指示时长为1个或3个OFDM符号，两位指示控制区域内为PHICH保留的资源量，以资源块的形式表示为下行链路小区带宽的一部分。可以配置PHICH资源量是有用的，因为PHICH容量取决于网络是否使用MU-MIMO。

PHICH配置必须驻留在PBCH上，因为需要知道它才能正确处理PDCCH以接收DL-SCH上的部分系统信息。对于TDD系统，PBCH上提供的PHICH信息对于终端而言不足以获知PHICH所使用资源的确切集合，因为还取决于PDSCH上传输的作为系统信息一部分所提供的上下行链路配置。为接收DL-SCH上的系统信息，其中包含上下行链路配置，终端就必须盲处理不同PHICH假设下的PDCCH。

为了最小化开销并且在上行链路许可中不引入任何额外信令，终端预计混合ARQ确认所在的PHICH是从对应的上行链路PUSCH传输发生的第一资源块的数量推导出的。该原则还兼容半持续调度传输（参见第9章）以及重传。此外，用于特定PHICH的资源还依赖于参考信号的相位旋转，作为上行链路许可的一部分发送（参见第6.4.7节）。采用这种方式，通过应用MU-MIMO被调度在相同资源集合上的多个终端将使用不同的PHICH资源，因为它们的参考信号通过上行链路中对应字段被分配了不同的相位旋转。对于空间复用，需要两个PHICH资源，第二个PHICH使用与第一个相同的原则，但是为了确保两个传输块使用不同的PHICH，用于第二个PHICH的资源不是从PUSCH传输所在的第一个而是从第二个资源块中推导出的[㊀]。

6.4.3 物理下行链路控制信道

PDCCH被用于携带下行链路控制信息（DCI），如调度决策和功率控制命令字。更准确地说，DCI可以包含

1）下行链路调度分配，包含PDSCH资源指示、传输格式、混合ARQ信息及空分复用相关的控制信息（如果适用）。下行链路调度分配还包含响应下行链路调度分配的混合ARQ确认传输所在PUCCH的功率控制命令字。

2）上行调度请求，包含PUSCH资源分配、传输格式及混合ARQ相关信息。上行链路调度请求还包含PUSCH的功率控制命令字。

3）用于一组终端的功率控制命令字，作为包含在调度分配/请求中的功率控制命令字的补充。

4）侧链操作相关的控制信息，将在第21章描述。

5）为支持eMTC终端的控制信息，将在第20章描述。

不同类型控制信息，组间和组内，对应不同的DCI信息大小。例如，支持频域内非连续分配资源块的空分复用，相比只允许频率连续分配的上行链路许可，需要更多的调度信息。因此，DCI被分类为几种不同DCI格式，其中每种格式对应一种特定的消息大小和用法。表6.4汇总了DCI格式，包含对应一个20MHz、FDD系统、基站侧带有两根发射天线且没有载波聚合的例子的消息体大小。实际的消息大小取决于多个因素，特别是小区带宽。因为对于更大带宽的情况，需要大量比特来指示资源块分配。小区中CRS数以及是否配置了载波间调度将也会影响大多数DCI格式的绝对大小。因此，一个给定的DCI格式可能带有不同消息体大小，取决于小区的总体配置。这将在后文中讨论，在这个阶段只需要知道格式0、1A、3和3A带有相同的消息大小[㊁]。

㊀ 本质上，这意味着上行链路空分复用必须使用频域中的至少两个资源块。

㊁ DCI格式0和1A中的更小的那个会被填充以保证相同的负荷大小。格式0和1A哪个需要填充取决于上下行链路的小区带宽；小区带有相同的上下行链路带宽时，格式0中需要填充1bit。

表6.4　DCI格式

	DCI格式	实例大小（位）	用途
上行链路	0	45	上行链路调度许可
	4	53	采用空分复用的上行链路调度许可
	6-0A，6-0B	46，36	用于eMTC终端的上行链路调度许可（参见第20章）
下行链路	1C	31	特定目的的压缩分配
	1A	45	只连续分配
	1B	46	采用CRS的基于码本波束成形
	1D	46	采用CRS的MU-MIMO
	1	55	灵活分配
	2A	64	采用CRS的开环空间复用
	2B	64	采用DM-RS的双层传输（TM8）
	2C	66	采用DM-RS的多层传输（TM9）
	2D	68	采用DM-RS的多层传输（TM10）
	2	67	采用CRS的闭环空间复用
	6-1A，6-1B	46，36	用于eMTC终端的下行链路调度许可（参见第20章）
特殊的	3，3A	45	功率控制命令字
	5		侧链操作（参见第21章）
	6-2		用于eMTC终端的寻呼/直接指示（参见第20章）

一个PDCCH通过上述格式之一携带一条DCI消息。为支持不同的无线信道条件，采用了链路自适应，其中选择PDCCH的编码速率（和发射功率）来匹配无线信道条件。由于多个终端可以被同时调度在下行链路和上行链路上，因此必须可以在一个子帧内发送多个调度消息。每个调度消息在独立的PDCCH上传输，并由此通常可以在每小区内同时传输多个PDCCH。一个终端还可以在同一子帧内接收多个DCI消息（在不同的PDCCH上），例如同时调度在上行链路和下行链路时。

对于载波聚合，调度分配/许可独立传输在每个组分载波上，将在第12章详细描述。

通过引入DCI格式的概念，可以描述PDCCH上的DCI消息传输。下行链路控制信令的处理如图6.25所示。一个CRC附着到每个DCI消息有效载荷之后。之前讨论的该终端（或多个终端）标识，即无线网络临时标识（RNTI），包含在CRC计算过程中，并没有显式传送。根据DCI消息的目的（单播数据传输、功率控制命令字、随机接入响应等），采用不同的RNTI。对于普通的单播数据传输，使用设备专用C-RNTI。

基于接收的DCI，终端将检查使用其分配RNTI集合的CRC。如果CRC校验成功，则声明该消息已正确接收并用于该终端。因此，应接收该DCI消息终端标识的隐含编码在CRC中并没有直接传送，这就减少了PDCCH上需要传输的比特量。从终端角度来看，CRC校验失败的坏消息和发给其他终端的消息之间没有区别。

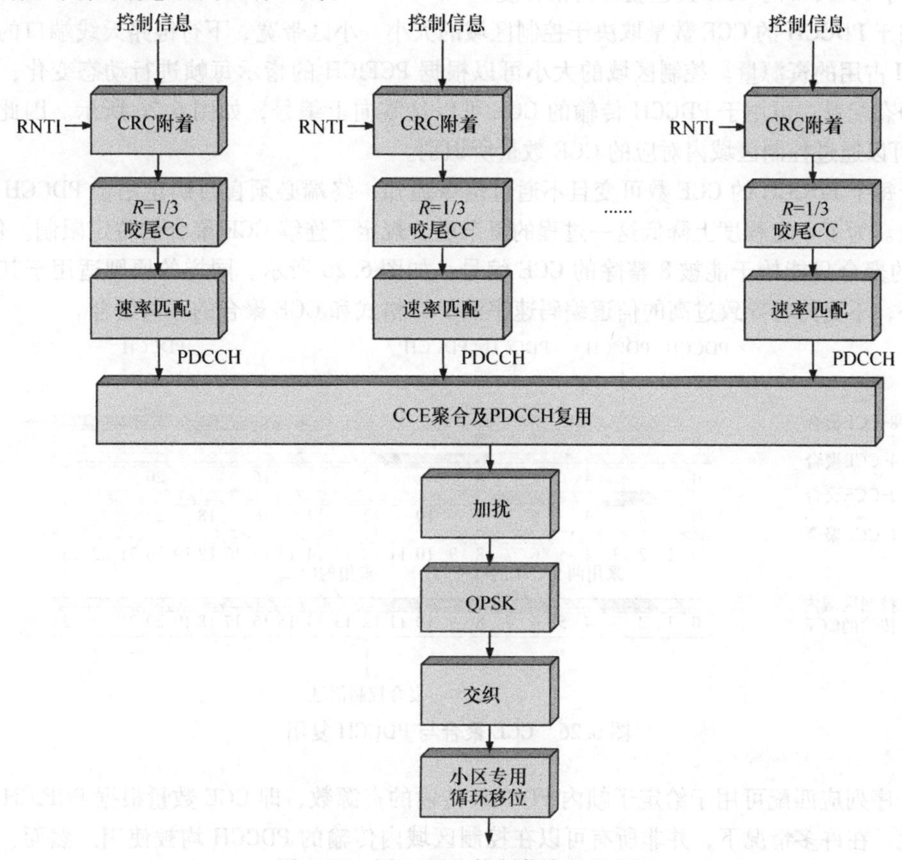

图6.25 层1/层2控制信令的处理

CRC附着之后，信息比特通过速率为1/3的咬尾卷积码进行编码，并且速率匹配以适应用于PDCCH传输的资源量。咬尾卷积编码类似于传统的卷积编码，其不同是不使用尾比特。相反，编码过程之前通过消息的最后几位对卷积编码器进行初始化。因此，MLSE（维特比）解码器中网格的开始和结束是相同的。

将在给定子帧内传输的PDCCH分配所需资源要素后（详细内容在后文中给出），应对所有将在该子帧中传输的PDCCH资源要素（包括未用资源要素）的比特序列，通过小区专用的且子帧专用的扰码序列进行加扰，以使小区间干扰随机化。之后进行QPSK调制以及到资源要素的映射。

为获得终端内控制信道简单而有效的处理，PDCCH到资源要素的映射要服从一定的结构。这种结构基于所谓的控制信道单元（CCE），本质上是用于36个有用的资源要素（9个第6.4.1节中定义的资源要素组）中的一个便捷名称。特定PDCCH所需要的CCE数量：1、2、4或8，这取决于控制信息的有效载荷大小（DCI有效载荷）以及信道编码率。这用于实现PDCCH的链路自适应；如果PDCCH目标终端的信道条件不利，则与较好信道条件的情况相比需要更多的CCE。用于PDCCH的CCE数也被称为聚合度。

可用于PDCCH的CCE数量取决于控制区域的大小、小区带宽、下行链路天线端口的数量以及PHICH占用的资源量。控制区域的大小可以根据PCFICH的指示每帧进行动态变化，而其他量为半静态配置。可用于PDCCH传输的CCE可以从零向上编号，如图6.26所示。因此，特定PDCCH可以通过控制区域内对应的CCE数量所识别。

由于每个PDCCH的CCE数可变且不通过信令通知，终端必须盲目确定用于PDCCH传输的CCE数量。为了一定程度上降低这一过程的复杂度，规定了连续CCE聚合的特定限制。例如，8个CCE的聚合只能始于能被8整除的CCE编号，如图6.26所示。同样的原则适用于其他聚合度。此外，不支持将导致过高的信道编码速率的DCI格式和CCE聚合的一些组合。

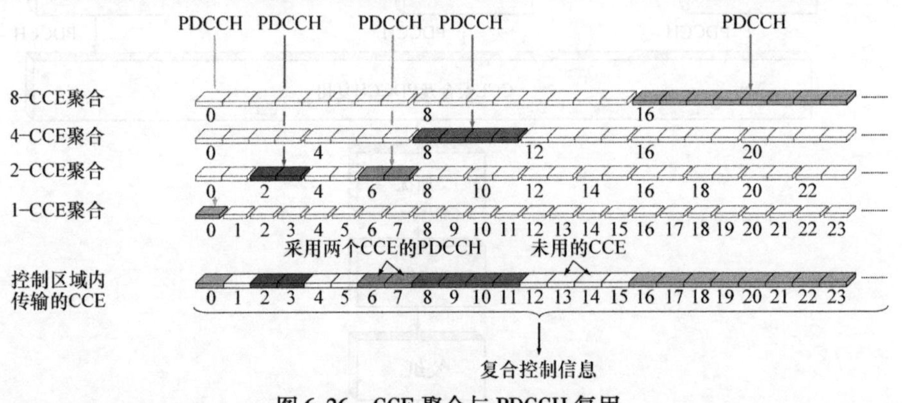

图6.26　CCE聚合与PDCCH复用

CCE序列应匹配可用于给定子帧内PDCCH传输的资源数，即CCE数量根据PCFICH上传输的值变化。在许多情况下，并非所有可以在控制区域内传输的PDCCH均被使用。然而，未使用的PDCCH采用与任何其他PDCCH一样的方式参与交织和映射过程。终端侧，CRC将不校验那些“虚拟的”PDCCH。更倾向的方式为，设置那些未使用PDCCH的传输功率为零，功率可用于其他控制信道。

出于与PCFICH和PHICH相同的原因，调制的复合控制信息的映射采用映射到资源元素组的符号四重组形式进行描述。因此，映射阶段的第一步是将QPSK符号分组为符号四重组，每组由4个连续的QPSK符号构成。原则上，四重组的序列可以直接顺序地映射到资源要素。然而，这将不能利用信道中所有可用的频率分集，分集对好的性能非常重要。此外，如果所有邻近小区均采用相同的CCE到资源元素的映射，那么在假定采用固定的PDCCH格式且小区间同步的情况下，一个给定的PDCCH将与相邻小区中一个且同一个PDCCH持续发生碰撞。实际应用中，小区中每个PDCCH的CCE数量作为调度决策的函数发生变化，这给干扰带来一定的随机化特征，但还是希望获得进一步随机化以获得稳健的控制信道设计。因此，四重组的序列首先采用一个块交织器进行交织以利用频率分集，之后通过一个小区专用循环移位来随机化相邻小区之间的干扰。小区专用移位的输出以时间优先的方式被映射到资源元素组，如图6.22所示，跳过那些用于 PCFICH 和 PHICH 的资源元素组。时间优先映射保留了交织特性；采用多个 OFDM 符号的频率优先原则，交织过程后扩散很远的资源要素组在频率上很接近，虽然处于不同 OFDM 符号上。

上文所述的交织操作，除了使能频率分集的利用并随机化小区间干扰之外，还可用于确保每个 CCE 几乎遍布在控制区域内的所有 OFDM 符号。这有利于提升覆盖，因为它可实现 PDCCH 间的灵活功率平衡以确保每个终端期望的良好性能。原则上，控制区域内 OFDM 符号的可用功率可以在 PDCCH 之间任意地均衡。限制每个 PDCCH 到单一 OFDM 符号的方案将意味着功率不能在不同 OFDM 符号的 PDCCH 之间进行共享。

与 PCFICH 类似，每个 PDCCH 的传输功率都受基站控制。因此，可以采用功率调整作为调整编码速率之外的一种补充的链路自适应机制。仅仅依靠功率调整似乎是一个诱人的解决方案，虽然原则上可行，但是它可能会导致资源元素间的相对较大功率差。这可能会影响射频实现，并可能违反带外发射模板的规定。因此，为了保持资源要素之间合理的功率差，需要通过调整信道编码速率，或等价地调整为一个 PDCCH 聚集的 CCE 数，来实现链路自适应。此外，降低编码速率通常比提高传输功率更有效。这两种链路自适应机制（功率调整和不同码率）相得益彰。

为了汇总和展现 PDCCH 到控制区域资源要素的映射，可以考虑如图 6.27 所示的例子。在这个例子中，子帧中控制区域的大小采用 3 个 OFDM 符号，配置了两个下行链路天线端口（但如前所述，该映射与单天线端口的情况相同），一个 PHICH 组，因此 PHICH 使用 3 个资源元素组。此例中，假设小区标识为零。

然后该映射可以被理解如下：首先，PCFICH 被映射到四个资源元素组，其次为该 PHICH 分配所需的资源元素组。PCFICH 和 PHICH 使用之后剩下的资源元素组会用于系统中不同的 PDCCH。在此特例中，一个 PDCCH 使用 CCE 编号 0 和 1，而另一个 PDCCH 使用编号 4。因此，此例存在相当多的未用的资源元素组；它们可用于额外的 PDCCH 或者用于未使用的 CCE 的功率可以被分配给当前正在使用的 PDCCH（只要资源元素间的功率差保持在射频规范的限制之内）。此外，根据小区间的干扰情况，可能希望控制区域的部分负载，这意味着闲置一些 CCE 可以降低平均的小区间干扰。

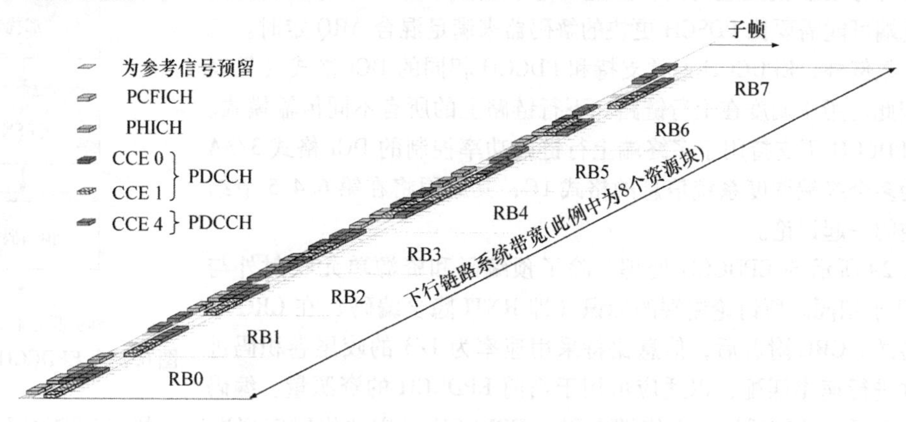

图 6.27　PCFICH、PHICH 和 PDCCH 的映射实例

6.4.4　增强物理下行链路控制信道

在LTE第11版中引入了一个补充的控制信道，即增强物理下行链路控制信道（EPDCCH）。它与PDCCH的主要差别在于预编码和到物理资源的映射。引入EPDCCH的原因有

1）为实现也可用于控制信令的频域调度和干扰协调。

2）为实现用于控制信号的基于DM-RS的接收。

与控制区域内传输并跨越全系统带宽的PDCCH不同，EPDCCH传输在数据区域并且通常只跨越总带宽的一小部分，如图6.28所示。因此，由于可以控制EPDCCH在总频谱的一部分上进行传输，因此不仅可以受益于控制信道的频率选择性调度还可以实现频域内各种形式的小区间干扰协调方案。这可能是非常有用的，例如用于异构部署（参见第14章）。此外，由于EPDCCH采用DM-RS解调而非PDCCH所用基于CRS的接收，因此任何预编码操作对终端都是透明的。因此，EPDCCH可以被视为CoMP（参见第13章）及更先进天线解决方案的先决条件，它有利于网络在无须明确告知终端的情况下改变预编码的自由度。巨大的机器类通信终端也用EPDCCH传输控制信令，但带有一些如第20章所述的小的改进。本节的其余部分将关注EPDCCH的通用处理而非机器类通信的增强。

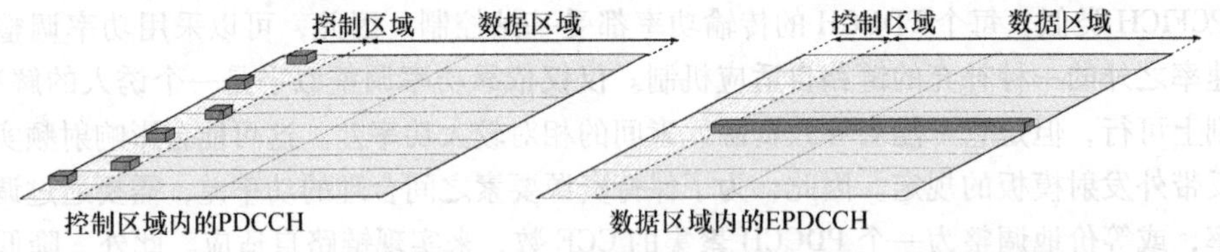

图6.28　PDCCH映射（左）及EPDCCH映射（右）原理示意图

与PDCCH相比，EPDCCH解码结果在子帧结束之前不可用，这为PDSCH留下了更少的处理时间。因此，对于最大DL-SCH有效载荷的情况，终端可能需要比PDSCH更快的解码器来满足混合ARQ定时。

除少数例外，EPDCCH通常支持和PDCCH相同的DCI格式（见表6.4），因此可用于调度在上行链路和下行链路上的所有不同传输模式。然而，EPDCCH不支持用于多终端上行链路功率控制的DCI格式3/3A和用于为多个终端调度系统信息的格式1C，其原因将在第6.4.5节结合搜索空间一起讨论。

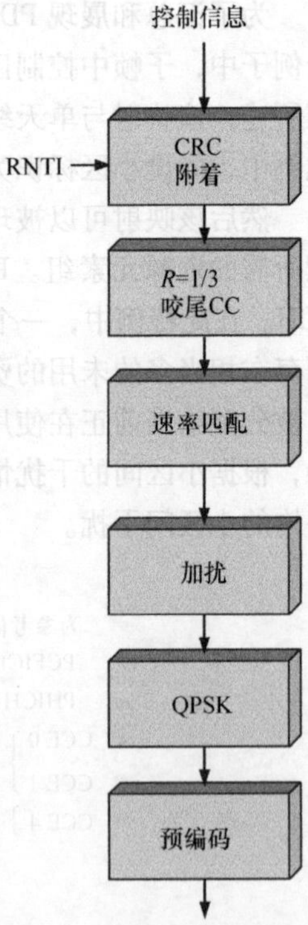

控制信息
RNTI
CRC附着
R=1/3咬尾CC
速率匹配
加扰
QPSK
预编码
到资源元素的映射

图6.29　EPDCCH编码

图6.29所示的EPDCCH处理，除了预编码和资源单元映射外与PDCCH几乎相同。所讨论终端的标识（即RNTI隐含编码）在CRC中非直接传送。CRC附着后，信息比特采用速率为1/3的咬尾卷积码进行编码并进行速率匹配，以适应可用于当前EPDCCH的资源量。编码和速率匹配后的比特采用一个终端专用且EPDCCH设定的扰码序列进行加扰（EPDCCH集描述如下）并在被映射到物理资源之前进行QPSK调制。通过调节编码EPDCCH消息所用控制信道资

源的数量来支持链路自适应，类似于PDCCH。

为了描述EPDCCH到物理资源的映射，可从终端角度来看。使用EPDCCH的每个终端配置一组或两组PRB，通往该终端的EPDCCH可能在这里出现。每个组由2、4或8个PRB对构成，两个组可以为不同的大小。资源块对的位置在整个下行链路系统带宽中具有完全的灵活性（该位置由更高层通过使用一个组合索引来配置），资源块对在频率上不是必须连续的。重要的是要明白，这些集合是从终端角度定义的并且只用来指示哪些终端可以接收EPDCCH传输。一个不用于特定子帧内通往特定终端的EPDCCH传输的资源块对仍可用于同一终端或另一终端的数据传输，尽管它只是两个EPDCCH集合之一的一部分。

一个EPDCCH集合被配置为集中式或分布式的。对于集中式集合，单EPDCCH映射到一个PRB对（或者最高聚合等级情况下的几个），以利用频域调度增益。另一方面，对于分布式的集合，单EPDCCH映射被分散到多个PRB对，旨在提供发射机有限的或者没有CSI信息情况下的鲁棒性。

提供两个而非一个EPDCCH集合对几点有益。例如，可配置一个集合用于集中式传输以获得频域调度增益，同时配置另一个集合用于分布式传输并作为终端快速移动使信道状态反馈不可靠时的回落。这对于支持CoMP功能也是有用的，将在后文讨论。

受到PDCCH的灵感启发，EPDCCH到物理资源的映射服从一种基于增强控制信道单元（ECCE）和增强资源组（EREG）的结构。一个EPDCCH映射到一些ECCE，其中用于EPDCCH的ECCE数被称为聚合度，以实现链路自适应。如果无线条件较差或者如果EPDCCH有效载荷很大，所用ECCE数量要大于小型有效载荷和/或良好无线条件的情况。EPDCCH使用一组连续的ECCE，其中用于EPDCCH的ECCE数可以是1、2、4、8、16或32，虽然并非所有这些值对于所有配置均可用。注意，尽管如此ECCE在逻辑域编号，但连续ECCE并不一定意味着连续的PRB对。

每个ECCE依次包含4个EREG[㊀]，其中本质上一个EREG对应一个PRB对中的9个资源元素[㊁]。为了定义EREG，一个PRB对内除了用于DM-RS的所有资源元素以频率优先的方式循环排序，从0~15。EREG编号i包含了该PRB对内编号i的所有资源元素，由此一个PRB对内有16个EREG。需要注意的是，由于一些资源元素已经被占用，例如被PDCCH控制区域、CRS或CSI-RS占用，因此一个EREG内的并非所有9个资源元素均可用于EPDCCH。图6.30展示了一个采用PRB对内EREG0的实例。

ECCE到EREG的映射对于集中式和分布式传输是不同的，如图6.31所示。

集中式传输旨在提供基于瞬时信道条件选择物理资源和天线预编码的可能性。这在利用信道相关调度或结合如CoMP的多天线方案时是有用的（参见第13章）。因此，一个ECCE映射到同一PRB对的EREG，允许基站选择适合EPDCCH传输的频率区域。只有当一个PRB对不足以承载一个EPDCCH，即最高聚合度时，才会使用第二个PRB对。EPDCCH传输只用一个天线端

㊀ 普通循环前缀下为四个；对于扩展的循环前缀和普通循环前缀的特定子帧配置情况，每个ECCE包含八个EREG。

㊁ 在扩展的循环前缀情况下为八个。

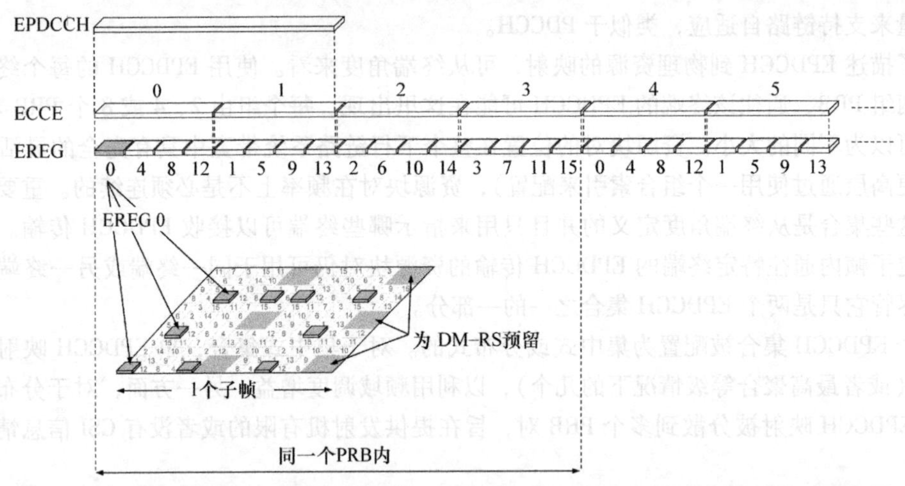

图 6.30 对于聚合度为 2 的集中式映射，EPDCCH、ECCE 和 EREG 之间的关系示意图

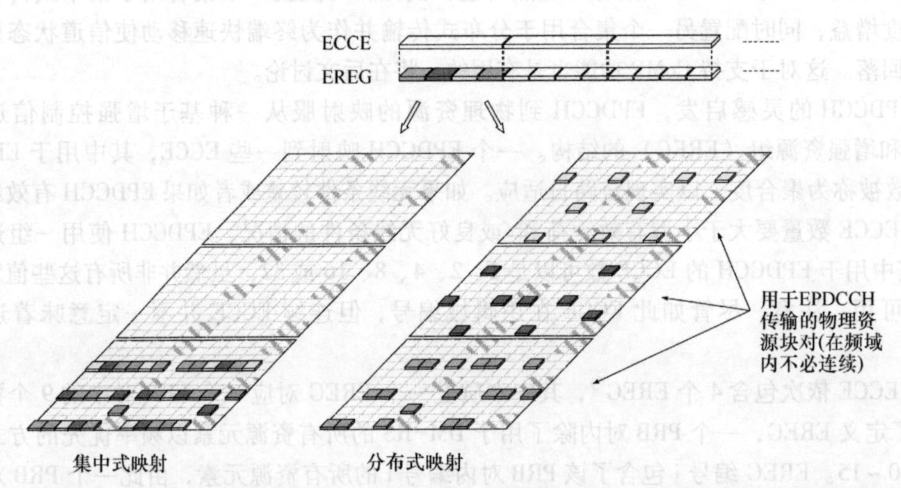

图 6.31 ECCE 的集中式和分布式映射实例（此例中假定三个 PRB 对用于 EPDCCH）

口。对应 EPDCCH 传输的 DM-RS⊖是 ECCE 指示和 C-RNTI 的函数。这对于支持 MU-MIMO 功能是有用的（参见第 6.3.5.1 节），其中用于不同空间分离的终端的多个 EPDCCH 传输采用相同的时频资源但采用不同的 DM-RS 序列。最多 4 个不同的正交 DM-RS 序列可用，这意味着以这种方式最多可以复用 4 个不同的终端。

分布式传输旨在最大化分集，在不能或不想利用瞬时信道条件的情况下提供分集增益。因此，一个 ECCE 映射到不同 PRB 对内的 EREG，其中倾向于配置这些 PRB 对在频域相距较远。为进一步提高分集阶数和利用多个发射天线，每个 EREG 的资源元素在两天线端口之间交替，以提供空间分集。

EPDCCH 支持准共址配置。在传输模式 10 中，每个 EPDCCH 集合对应 4 个 PDSCH 到 RE 的

⊖ 规范中，这被描述为选择 EPDCCH 传输所用 4 个天线端口之一，每个天线端口带有一个对应的正交参考信号。

映射之一，并且处于准共址状态（参见第 5.3.1 节）。这可以被用于使能 CoMP 和动态点选择（参见第 13 章）。通过选择哪个集合来传输 DCI 消息，每个 EPDCCH 集合对应一个特定的传输点和动态点选择。由于这些信息是 4 个状态的一部分，可以控制不同大小的 PDCCH 控制区域以及来自不同传输点的 CRS 位置。

触发重传采用与 PDCCH 相同的方式，即通过采用 PHICH 的方式，本质上是一个非常紧凑的用于重传的上行链路授权。原则上，可以考虑 EPHICH，但由于每个 EPHICH 需要自己的 DM-RS 集合，由此产生的结构不会像 PHICH 一样紧凑，其中多个终端共享同一个 CRS 集合。因此，使用 PHICH 或者如果 CRS 不可用时可使用 EPHICH 来调度重传。

6.4.5 PDCCH 和 EPDCCH 的盲解码

如前所述，每个 PDCCH 和 EPDCCH 支持多个 DCI 格式并且所用格式对终端来讲是预先不可知的。因此，终端需要盲检测（e）PDCCH。前文中描述的 CCE 和 ECCE 结构有助于降低盲解码尝试的次数，但并不足够。因此，需要某种机制来限制终端假设监听的 CCE/ECCE 聚合数量。显然，从调度的角度来看，不希望对许可的集合进行限制，因为它们可能影响调度灵活性并且还需发射端的额外处理。同时，从终端复杂性角度而言，对于较大的小区带宽和 EPDCCH 集合也要求终端监听所有可能的 CCE/ECCE 集合是不具有吸引力的。为了对调度器提出尽可能少的限制并且同时限制终端盲解码尝试的最大次数，LTE 定义了所谓的搜索空间。搜索空间是在给定聚合度的情况下，由 CCE（或 ECCE）构成的一组候选控制信道，终端尝试对其进行解码。由于存在多个聚合度，一个终端拥有多个搜索空间。搜索空间的概念用于 PDCCH 和 EPDCCH 解码，虽然两者之间存在一些差异。下文将对搜索空间进行了描述，始于单一组分载波上的 PDCCH，之后扩展到 EPDCCH 及多个组分载波。

PDCCH 支持四种不同聚合度，对应 1、2、4 和 8 个 CCE。每个子帧中，终端将尝试解码其每个搜索空间的 CCE 可能形成的所有 PDCCH。如果 CRC 校验成功，则该控制信道的内容被声明为对于该终端有效，并且该终端处理信息（调度分配、调度许可等）。网络可以只有当控制信息传输在其搜索空间之一的 CCE 所形成的 PDCCH 之上时才接入终端。例如，图 6.32 中的终端 A 不能在始于 CCE 编号 20 的 PDCCH 上找到，但终端 B 可以。此外，如果终端 A 使用 CCE 16 - 23，终端 B 不能在聚合度为 4 的 PDCCH 上找到，这是因为聚合度为 4 的所有 CCE 由于其他终端的使用而阻塞。从这里可以直观地了解到，为了系统中 CCE 的有效使用，不同终端之间的搜索空间

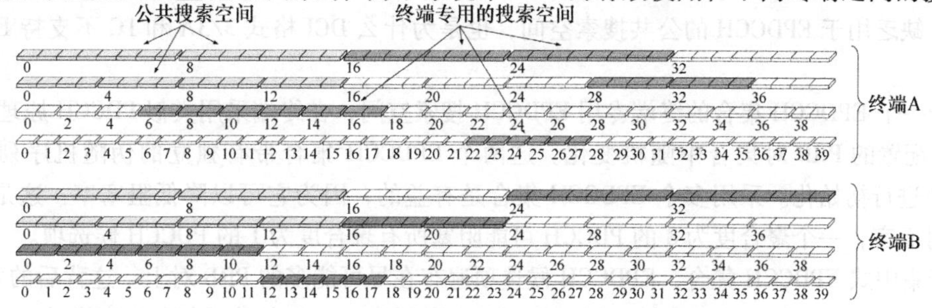

图 6.32　两个终端 PDCCH 搜索空间的原理示意图

也不同。因此，系统中的每个终端在各个聚合度上拥有终端专用的搜索空间。

由于终端专用搜索空间通常比网络可以在对应聚集度传输的PDCCH数量要小，那么必须有一种机制为每个聚集度确定终端专用搜索空间的CCE集合。可以允许网络在每个终端中配置终端专用搜索空间。然而，这将需要为每个终端直接发送信令并可以在切换时重新配置。相反，用于PDCCH的终端专用搜索空间通过一个终端标识和隐式子帧号的函数进行定义，而不需要直接的信令。依赖于子帧号造成终端专用搜索空间随时间变化，有助于解决终端之间的阻塞。如果给定终端在一个子帧中由于其监控的所有CCE均已用于调度同一子帧内其他终端，而没有被网络所调度，则该终端专用搜索空间时变特性的定义或许可以解决在下一帧中的阻塞问题。

在一些情况下，需要访问系统中的一组或所有终端。其中一个例子是系统信息的动态调度；另一个是寻呼消息的传输，这些均会在本书第11章中描述。向一组终端直接发送功率控制命令是第三个例子。为了允许同时访问多台终端，除终端专用搜索空间之外，LTE还定义了用于PDCCH的公共搜索空间。公共搜索空间，顾名思义，公共、小区内所有终端监控用于PDCCH控制信息的公共搜索空间内的CCE。虽然公共搜索空间的动机主要是为了传输各种系统消息，但它也可以被用来调度个别终端。因此，它可以用来解决一个设备的调度由于缺乏终端专用搜索空间中的可用资源而被阻塞的问题。与单播传输不同，可以调节控制信号的传输参数以匹配特定终端的信道条件，系统消息通常需要到达小区边界。因此，公共搜索空间只用于聚集度为4个和8个CCE、最小DCI格式、0/1A/3/3A和1C。不支持公共搜索空间中带有空间复用的DCI格式。这有助于终端用于监视公共搜索空间的盲解码尝试次数。

图6.32说明了特定子帧中用于两个终端PDCCH的终端专用和公共搜索空间。两个终端的终端专用搜索空间不同，如前所述，每帧变化。此外，该子帧中两个终端的终端专用搜索空间之间存在部分重叠（CCE 24-31，聚合度为8），但是由于终端专用搜索空间每帧发生变化在下一帧的重叠极有可能是不同的。终端专用搜索空间中存在16个PDCCH候选项，主要分为更小的聚集度。公共搜索空间有6个PDCCH候选项。

EPDCCH盲解码一般遵循与PDCCH相同的原则，即终端将会尝试解码所有可能从其每个搜索空间的ECCE形成的EPDCCH。然而，EPDCCH只支持终端专用搜索空间。因此，如果一种终端被配置为使用EPDCCH，它将监控EPDCCH终端专用搜索空间而非PDCCH终端专用搜索空间。无论是否配置了EPDCCH，都会监控用于PDCCH的公共搜索空间。没有为EPDCCH定义公共搜索空间是因为需要为所有终端提供系统信息，包括那些不支持EPDCCH的终端。因此需要使用PDCCH。缺乏用于EPDCCH的公共搜索空间，也是为什么DCI格式3/3A和1C不支持EPDCCH的原因。

用于一个EPDCCH集合的终端专用EPDCCH搜索空间，在终端采用类似PDCCH原理监控的EPDCCH配置的PRB对集合中随机变化。这两个EPDCCH集合带有独立的伪随机序列，通过RRC信令进行初始化。采用多个EPDCCH集合是有益的，因为它可以降低阻塞率：这是与PDCCH相对而言，一个聚合度为8的PDCCH可能阻塞所有聚合度为1的PDCCH候选项。

对于集中式EPDCCH集合，EPDCCH候选项遍布在尽可能多的PRB对上。这背后的意图是，使终端可以在很宽的频率范围内被访问，从而不会限制EPDCCH的信道相关调度增益。

盲解码尝试的次数与终端是否监控PDCCH或EPDCCH搜索空间无关。因此，存在16个被尝试解码的候选项[⊖]，对于每个候选项需要考虑两个不同的 DCI 格式。这 16 个 EPDCCH 候选项被分布在两个 EPDCCH 集合上，大致遵从原则为：候选项的数量与 PRB 对的数量成正比。此外，对于集中式集合，分配更多候选项到适合良好信道状况的更低聚合度，由集中式传输采用信道相关调度的假设所决定。对于分布式传输，情况刚好相反，即分配更多候选项到更高聚合度以提供鲁棒性，因为分布式传输通常不使用信道相关调度。

如前所述，终端既监控终端专用的 PDCCH 搜索空间又监控终端专用 EPDCCH 搜索空间。基本原理是，每当支持 EPDCCH 时该终端在所有子帧内监控 EPDCCH，除了不支持 DM-RS 配置因而不可能收到 EPDCCH 的特殊子帧。然而，为了在监控 EPDCCH 时提供额外的控制，可以为终端提供一个位图，以指示应该在哪些子帧监控 EPDCCH 以及应该在哪些子帧监控 PDCCH。这方面一个可能的用例是，MBSFN 子帧中的 PDSCH 传输。当 PMCH 在 MBSFN 子帧中传输时，不可以传输 EPDCCH，则需要采用 PDCCH 来访问终端，而在不传输 PMCH 的 MBSFN 子帧中，可以使用 EPDCCH。

在前面的段落中，PDCCH 和 EPDCCH 的搜索空间以控制信道候选项的方式进行描述。但是，为了确定控制信道候选项是否包含相关的下行链路控制信息，必须对内容进行解码。如果包括终端标识的 CRC 校验成功，则声明该控制信道的内容对该终端有效，之后终端处理信息（调度分配，调度许可等）。因此，对于每个控制通道候选项，该终端需要对每种支持的 DCI 格式尝试解码内容一次。终端专用搜索空间中待解码的下行链路 DCI 格式取决于为该终端配置的传输模式。传输模式在第 6.3 节中描述，原则上对应不同的多天线配置。例如，没有配置空间复用的终端不需要尝试解码 DCI 格式 2，这有助于减少盲解码尝试次数。使用 C-RNTI 访问的终端应该监控 DCI 格式为一个表 6.5 所列传输模式的函数。注意，虽然没有使用 C-RNTI 标识，也会在公共搜索空间中监控 DCI 格式 1C。从表中看出，终端专用搜索空间中将要监控两个 DCI 格式，在公共搜索空间只有一个。此外，公共搜索空间中终端还需要监控 DCI 格式 1C。因此，采用终端专用搜索空间中 16 个以及公共搜索空间中的 6 个 PDCCH/EPDCCH，一个终端需要在每个子帧执行 $2\times16+2\times6=44$ 次盲解码尝试。采用在第 10 版引入的上行链路空间复用，需要在终端专用搜索空间监控一个额外的上行链路 DCI 格式，盲解码尝试次数提高为 $3\times16+2\times6=60$。这些数字针对单独一个组分载波；载波聚合情况下盲解码次数将进一步增加，如在第 12 章所讨论。最后，请注意，某些情况下某些设备可能采用不同的 RNTI 进行访问。例如，公共搜索空间中的 DCI 格式 1A 可以既用正常调度的 C-RNTI 也采用 SI-RNTI 来调度系统信息。这并不影响盲解码尝试的次数，因为它们与 DCI 格式相关；检验两个不同 RNTI 即解码之后检验两个不同的 CRC 是一个非常简单的操作。

表 6.5 对于 RNTI 不同搜索空间所监控的下行链路 DCI 格式。注意，虽然没有使用 C-RNTI 标识，也会在公共搜索空间中监控 DCI 格式 1C。

传输模式的配置通过 RRC 信令实现。由于该配置在终端中生效时并没有指定精确的帧号并且可能基于例如 RLC 重传而变化，存在一个（很短的）时间段，此时网络和终端可能对配置哪种传输模式存在不同的理解。因此，为了不失去与该终端通信的可能性，需要一个解码与传输模

⊖ 对于为 PEDCCH 配置的小量 PRB 对，可能存在少于 16 个 EPDCCH 候选项。

式无关的DCI格式。对于下行链路传输，DCI格式1A服务于此目的，由此网络总是可以采用此DCI格式给终端传输数据。格式1A的另一功能是在不需要充分的资源块分配灵活性时降低传输的开销。

表6.5　对于RNTI不同搜索空间所监控的下行链路DCI格式

模式	搜索空间			描述	版本
	公共（PDCCH）	终端专用的（PDCCH或EPDCCH）			
1	1A	1A	1	单天线传输	8
2			1	发射分集	
3			2A	开环空分复用	
4			2	闭环空分复用	
5			1D	多用户MIMO	
6			1B	单层基于码本的预编码	
7			1	采用DM-RS的单层传输	
8			2B	采用DM-RS的双层传输	9
9			2C	采用DM-RS的多层传输	10
10			2D	采用DM-RS的多层传输	11

6.4.6　下行链路调度分配

已经描述了PDCCH和EPDCCH上的下行链路控制信息的传输，下面将讨论控制信息的详细内容，从下行链路调度分配开始。下行链路调度分配在其传输的相同子帧内有效。调度分配使用DCI格式1、1A、1B、1C、1D、2、2A、2B、2C或2D之一，DCI格式取决于被配置的传输模式（参见表6.5，DCI格式和传输方式的关系）。为同一目的支持带有不同消息大小的多个格式是为了能在控制信令开销和调度灵活性之间进行权衡。不同DCI格式的部分内容是相同的，见表6.6，但由于不同能力而存在差异。

DCI格式1是空间复用情况下（传输模式1、2、7）的基本下行链路分配格式。它支持资源块的非连续分配以及全部调制和编码方案。

DCI格式1A，也被称为“紧凑型”的下行链路分配，只支持频率连续的资源块的分配，可用于所有传输模式。连续分配减少控制信息的有效载荷大小，带有一定程度的资源分配灵活性下降。支持全范围的调制和编码方案。格式1A还可用来触发无争用的随机接入（参见11章），这种情况下采用一些位字段传达所需的随机接入前导码信息并将剩余的位字段设置为特定的组合。

DCI格式1B用于支持基于码本的波束成形，如第6.3.3节所描述，带有较低控制信令开销（传输模式6）。其内容与DCI格式1A类似，带有额外的比特用于预编码矩阵的信令。由于基于码本的波束成形可用于改善小区边缘终端的数据传输率，因此保持相关DCI消息的大小为较小以免限制覆盖范围是非常重要的。

表6.6 用于下行链路调度的DCI格式

字段		DCI格式									
		1	1A	1B	1C	1D	2	2A	2B	2C	2D
资源信息	载波指示	•	•	•		•	•	•	•	•	•
	资源块分配类型	0/1	2	2	2’	2	0/1	0/1	0/1	0/1	0/1
HARQ进程号		•	•	•		•	•	•	•	•	•
1传输块	MCS	•	•	•	•	•	•	•	•	•	•
	RV	•	•	•		•	•	•	•	•	•
	NDI	•	•	•		•	•	•	•	•	•
2传输块	MCS						•	•	•	•	•
	RV						•	•	•	•	•
	NDI						•	•	•	•	•
多天线信息	PMI确认			•							
	预编码信息			•		•	•	•			
	传输块替换标记						•	•			
	功率偏置					•					
	DM-RS加扰								•		
	层号/DM-RS加扰/天线端口									•	•
PDSCH映射及准共址指示											•
下行链路分配指示		•	•	•		•	•	•	•	•	•
PUCCH功率控制		•	•	•		•	•	•	•	•	•
SRS申请①			F						T	T	T
ACK/NAK偏置（仅限EPDCCH）			•	•		•	•	•	•	•	•
用于0/1A区分的标记			•								
填充（仅限需要时）		(•)	(•)	(•)		(•)	(•)	(•)	(•)	(•)	(•)
标识		•	•	•	•	•	•	•	•	•	

① 格式1A用于FDD，格式2B、2C、2D用于TDD

DCI格式1C用于各种特殊用途，如随机接入响应、寻呼、系统信息传输、MBMS相关信令（参见第19章）以及eIMTA支持（参见第15章）。这些应用的共同点是通常由多个用户同时接收相对少量的信息。因此，DCI格式1C只支持QPSK，不支持混合ARQ重传，并且不支持闭环空间复用。因此，DCI格式1C消息大小是非常小的，这有利于期望系统信息类型的覆盖和高效传输。此外，由于只可以指示少量的资源块，DCI格式1C中相应指示字段的大小与小区带宽无关。

DCI格式1D用于支持带有预编码信息的单码本MU-MIMO调度（传输模式5）。为了支持共享MU-MIMO中相同资源块的终端之间传输功率的动态共享，DCI格式1D中包含一个比特的功率偏置信息，如第6.3.5.2节所描述。

DCI格式2是DCI格式1的扩展，以支持闭环空间复用（传输模式4）。因此，有关传输层数和所用预编码矩阵指示的信息被联合编码在预编码信息字段。DCI格式1中一些字段出现重复，用来处理空间复用情况下并行传输的两个传输块。

DCI格式2A与DCI格式2类似，除了其支持开环空间复用（传输模式3）而非支持闭环空间复用。预编码器信息字段只用于传送传输层数的信息，因此该字段比DCI格式2的消息体更小。此外，由于DCI格式2A只用于多层传输的调度，只有在四发射天线端口情况下才需要预编码器信息字段；对于两发射天线的情况，层数是由传输块的数量间接给出的。

DCI格式2B在第9版中引入，以支持结合使用DM-RS波束成形的双层空间复用（传输模式8）。由于采用DCI格式2B的调度依赖于DM-RS，预编码/波束成形对于终端是透明的并且不需要传送预编码器指示。层数可以通过禁用一个传输块来控制。可以使用DM-RS的两种不同加扰序列，如第6.2.2节描述。

第10版引入DCI格式2C，用于支持使用DM-RS的空间复用（传输模式9）。某种程度上它可以被视为格式2B的概括，以支持最多8层的空间复用。DM-RS加扰和层数通过一个三位字段联合发送。

DCI格式2D在第11版引入，被用于支持使用DM-RS的空间复用（传输模式10）。本质上它是格式2C的扩展，以支持天线端口准共址的信令。

如前所述，不同DCI格式中的许多信息字段在几个格式中是相同的，而部分信息类型只存在于特定格式之中。此外，后期版本中一些DCI格式扩展带有一些额外的比特。举个例子，第10版中多个DCI格式的额外载波指示，以及第10版中DCI格式0和1A中的SRS申请的内容。相同DCI格式在不同版本带有不同有效载荷大小的这些扩展是可行的，只要这些扩展只用在单一终端只由目标DCI格式寻址所用终端专用搜索空间之中。对于同一时间访问多个终端的DCI格式如广播系统信息，显然其有效负荷不可扩展，这是因为之前版本终端不能解码这些扩展格式。因此，该扩展只适用于终端专用的搜索空间。

用于下行链路调度的DCI格式中的信息可以被组织到不同群组，如图6.6所示，字段在DCI格式之间变化。不同DCI格式内容的更详细解释如下：

1）资源信息，包括：

① 载波指示器（0或3bit）。仅当通过RRC信令使能跨层调度时该字段才出现在第10版及之后版本中，用于指示控制信息所关联的下行链路组分载波（参见本书第12章）。由于这将会影响不支持载波聚合终端的兼容性并且需要额外的盲解码尝试，因此载波指示器不会出现在公共搜索空间之中。

② 资源块分配。此字段指示终端应在其之上接收PDSCH的一个组分载波上的资源块。该字段的大小取决于小区带宽和DCI格式，更准确地说是，资源指示类型，如第6.4.6.1节所讨论。资源分配类型0和1具有相同大小，支持不连续资源块分配，而资源分配类型2带有更小尺寸但只支持连续分配。DCI格式1C使用类型2的受限版本以进一步减少控制信令开销。

2）混合ARQ进程号（对于FDD为3位，对于TDD为4位），告知终端有关用于软合并的混合ARQ进程。由于该DCI格式旨在调度不使用混合ARQ重传的系统信息，因此不会出现在DCI格式1C中。

3）对于第一个（或唯一的）传输块[⊖]：

① 调制编码方案（5位），用于提供终端有关调制方案、编码速率和传输块大小等信息，如后文所述。由于只支持QPSK，DCI格式1C带有该字段大小的限制。

② 新数据指示（1位），用于为初始传输清空软缓存。该格式不支持混合ARQ，从而不会出现在DCI格式1C中。

③ 冗余版本（2位）。

4）对于第二个传输块（只出现在支持空分复用的DCI格式中）有：

① 调制编码方案（5位）。

② 新数据指示（1位）。

③ 冗余版本（2位）。

5）多天线信息，不同DCI格式旨在不同多天线方案，包含下列哪个字段取决于表6.5中DCI的格式。

① PMI确认（1位），只出现在格式1B中。指示eNodeB是否采用来自终端的（频率选择性）预编码矩阵推荐或是否该推荐被PMI字段信息覆盖。

② 预编码信息，提供有关下行链路传输所用预编码矩阵索引的信息，并间接提供传输层数量的信息。此信息只出现在基于CRS传输所用DCI格式中；对于基于DM-RS的传输，所用的预编码器对于终端是透明的，此时不需要传输此类信息。

③ 传输块交换标志（1位），指示是否两个码字应该在送入混合ARQ进程前进行交换。用于平均化码字间的信道质量。

④ PDSCH和CRS之间的功率偏置，用来支持用于MU-MIMO的多个终端之间的动态功率共享。

⑤ 参考信号扰码序列，用于控制准正交DM-RS序列的生成，如第6.2.2节所述。

⑥ 用于传输的层数、参考信号加扰序列和天线端口集合（在第10版及之后版本中联合编码的信息为3位，在第13版中可以扩展到4位）。

6）PDSCH资源元素映射和准共址指示（2位），在解调PDSCH时通知终端假设了哪个参数集合。可通过RRC配置最多4组不同参数集合以支持如第13章所描述的不同CoMP方案。

7）下行链路分配指示（2位），通知终端下行链路传输的数量，单一混合ARQ确认应根据第8.1.3节生成。只用于TDD系统，或者对于超过5个载波的聚合情况使用4位。

8）用于PUCCH的发射功率控制系统（2位）。对于载波聚合情况下次要组分载波调度，这些位复用为确认资源指标（ARI），参见第12章。

9）SRS请求（1位）。该字段用于触发上行链路中探询参考信号的一次传输，这是第10版引入的一个功能并且在之后版本中通过携带额外的信息字段来扩展终端专用搜索空间中现有DCI

⊖ 一个传输块可以通过设置DCI中的调制编码方案为0且RV为1来禁用。

格式的一个实例。对于FDD它只出现在格式1A中，而对于TDD它只出现在2B、2C、2D中。对于TDD，可以使用短期信道互易性，它的动机是将该字段包含在用于支持基于DM-RS多层传输的DCI格式中，以便基于上行链路信道探询来评估下行链路信道条件。另一方面，这对于FDD是没用的，由此也不会包含SRS请求字段。然而，对于DCI格式1A，包括一个“免费”得来的SRS请求位，否则的话必须使用填充来确保与DCI格式0具有相同的有效载荷大小。

10）ACK/NAK偏置（2位）。该字段只出现在EPDCCH上，由此支持第11版及之后版本。它用来动态控制用于混合ARQ确认的PUCCH资源，如第7.4.2.1节所讨论的。

11）DCI格式0/1A指示（1位），用来区分DCI格式1A和0，因为这两种格式有相同的消息体大小。该字段只出现在DCI格式0和1A中。带有相同大小的DCI格式3和3A，可通过使用不同的RNTI来区分DCI格式0和1A。

12）填充。填充更小的DCI格式0和1A以确保相同的有效载荷大小而与上行链路和下行链路的小区带宽无关。填充也可用于确保同时出现在相同搜索空间的不同DCI格式其DCI大小不同（实践中这很少需要，由于信息量不同因此有效载荷的大小也不同）。最后，对于PDCCH，采用填充来避免一些可能引起歧义解码的特定DCI大小㊀。

13）PDSCH传输的目标终端的标识（RNTI）（16位）。如在第6.4.3节和第6.4.4节所描述，该标识不明确传送而是隐含在CRC计算之中。存在不同的RNTI定义，根据传输类型（单播数据传输、寻呼、功率控制命令等）。

6.4.6.1　下行链路资源块分配的信令

关注资源块分配的信令，存在三种可能性：类型0、1和2，见表6.6。资源块分配类型0和1都支持资源块在频域的非连续分配，而类型2仅支持连续分配。一个很自然的问题是，为什么要支持多种资源块分配方式，这个问题的答案在于信令所需的比特数。指示终端应该在其上接收下行链路传输的资源块集合的最灵活方式是，包括一个带有大小等于小区带宽内资源块数量的位图。这将允许将被调度用于该终端传输的任意资源块的组合，但不幸的是，对于较大小区带宽情况也会导致非常大的位图。例如，在下行链路小区带宽对应100个资源块的情况下，下行链路PDCCH将需要100bit只用于位图，其中还需要添加其他信息。这不仅会导致大的控制信令开销，还可能会导致在一个OFDM符号超过100bit对应数据速率超过1.4 Mbit/s的情况下出现下行链路覆盖问题。因此，需要一个资源分配方案来要求更小的比特数并同时保持足够的灵活性。

资源分配类型0中位图的大小减少，通过不指向频域中单个资源块而是指向连续的资源块组来实现，如图6.33所示。该群组的大小由下行链路小区带宽决定；对于最小带宽，组中只有一个资源块，这意味着可以调度资源块的任意集合；而对于最大小区带宽，使用4个资源块的群组（在图6.33的例子中，小区带宽为25个资源块，这意味着一个组的大小为两个资源块）。因此，用于100个资源块下行链路小区带宽系统的位图从100bit降低到25bit。一个缺点是降低了调度的颗粒度，且对于使用分配类型0的最大小区带宽，不能调度单个资源块。然而，大小区带宽情

㊀ 对于较小的特定有效荷载大小集合，PDCCH上的控制信令可以在和发射机所使用不同的聚合度上被正确解码。因为PHICH资源是从用于PDCCH的第一个CCE中推导出的，这可能会导致终端监控不正确的PHICH。为了解决这个问题，需要时可使用填充来避免会出问题的有效荷载大小。注意，该填充只适用于PDCCH。

况下一个资源块的频率分辨率有时也是有用的，例如为了支持小的有效载荷。资源分配类型 1 通过将频域中资源块的总数划分成分散的子集来解决这个问题，如图 6.33 中部所示。子集的数目是由小区带宽给出，类型 1 中子集等于类型 0 中组大小的数量。因此，图 6.33 中有两个子集，而对于 100 个资源块小区带宽则存在 4 个不同的子集。在一个子集内，一个位图指示下行链路传输所在的频域内资源块。

为了通知终端使用的是资源分配类型 0 或 1，资源分配字段包含一个用于此目的的标志，表示为图 6.33 左边部分的"类型"。对于类型 0，之前只讨论了附加信息位图。另一方面，对于类型 1，除了位图本身，还需要位图相关子集的信息。作为资源分配设计中的需求之一，类型 1 要求在不增加不必要开销的情况下保持其分配中的比特数量与类型 0 相同[⊖]，资源分配类型 1 中的位图小于类型 0，以传输子集号。然而，更小位图的后果是，并非子集中的所有的资源块都可以同时访问。为了能够访问带有位图的所有资源，需要一个标志来指示位图与资源块的"左边"还是"右边"部分有关，如图 6.33 的中间部分所示。

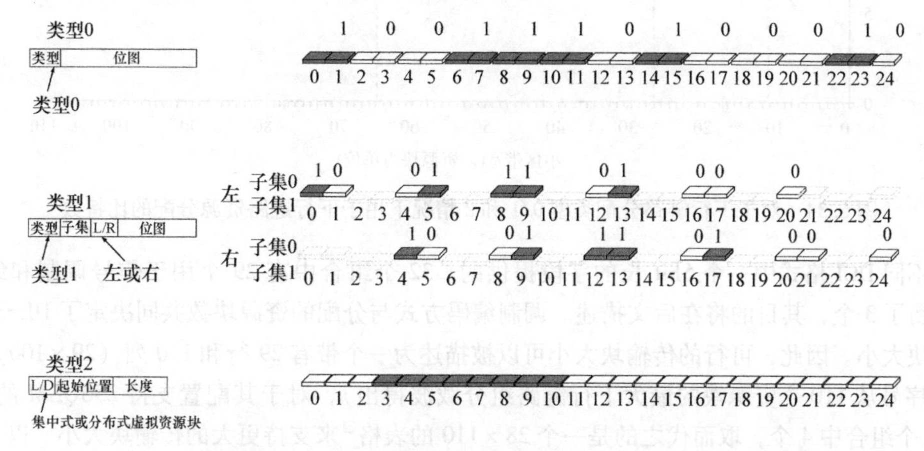

图 6.33　资源块分配类型的示意图（该例中所用小区带宽对应 25 个资源块）

与其他两类资源块分配信令传输不同，类型 2 不依赖位图。取而代之的是，它将资源分配编码为资源块分配的起始位置和长度。因此，它不支持资源块的任意分配，而只支持频率连续的分配，从而减少了资源块分配信令传输所需的比特数。资源分配信令类型 2 所需比特数与类型 0 或类型 1 的对比如图 6.34 所示。从图中可见，对于较大小区带宽的情况，差异是相当大的。

所有三种资源配置类型均指 VRB（参见第 6.1.1.8 节中有关资源块类型的讨论）。资源分配类型 0 和 1 的 VRB 是集中式的，并且 VRB 直接映射到 PRB。另一方面，资源分配类型 2 支持集中式和分布式 VRB。资源分配字段中的一位用来指示该分配信令是集中式的还是分布式的资源块。

6.4.6.2　传输块大小的信令

除了资源块集合之外，下行链路传输的正确接收还需要知道调制方式和传输块大小，信息

⊖　允许使用不同大小将会到导致终端中所需盲解码尝试次数的增加。

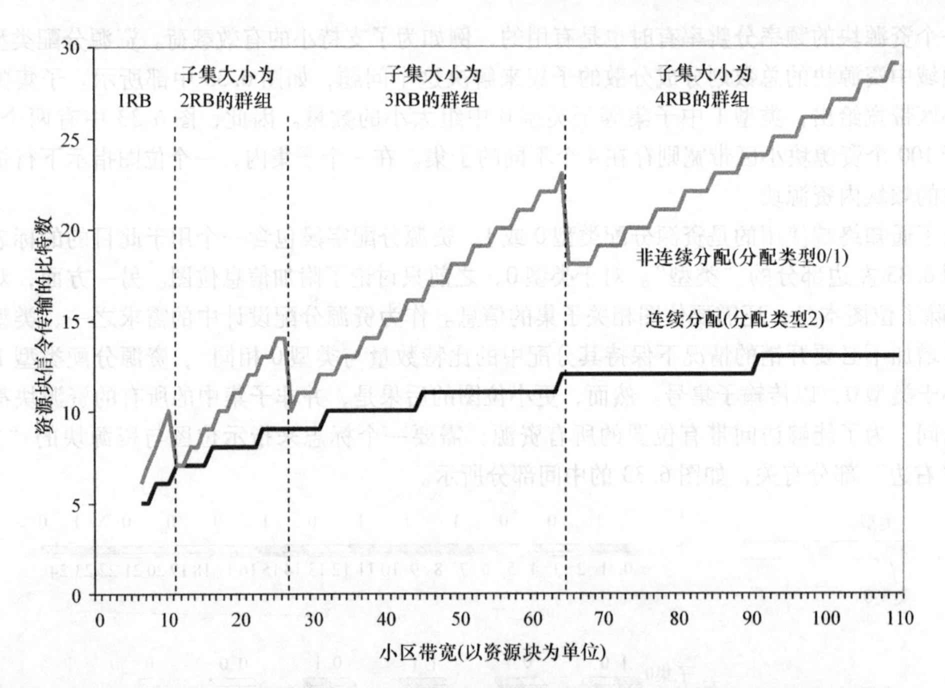

图 6.34　对于下行链路分配类型 0/1 和 2 情况下用于下行链路资源分配的比特数

是通过不同 DCI 格式中一个 5bit 长的字段提供的。32 个组合中有 29 个用于信号调制和编码方案，预留了 3 个，其目的将在后文描述。调制编码方式与分配的资源块数共同决定了 DL-SCH 上的传输块大小。因此，可行的传输块大小可以被描述为一个带有 29 行和 110 列（29×100）的表格（列序号从 110 个资源块的最大下行链路组分载波得出），对于其配置支持 256QAM 的终端，保留 32 个组合中 4 个，取而代之的是一个 28×110 的表格⊖来支持更大的传输块大小。以下原则适用于这两种情况，虽然下面的描述假定不支持 256QAM。

每个编码调制方案是调制方式和信道编码率的一个特定组合，或等价为以每个调制符号所携带信息比特数来衡量的频谱效率。尽管原则上传输块大小的 29×110 表可以直接由调制编码方案和资源块数量所填满，但这样会导致任意大小的传输块，这是不可取的。首先，由于所有高层协议层都是字节对齐的，因此传输块大小应该是字节的整数倍。其次，常见的有效负荷（例如，RRC 信令消息和 VoIP）应可以无填充传输。与 QPP 交织器大小对齐也是有益的，因为这会避免使用填充比特（参见第 6.1.1.3 节）。最后，理想的同一传输块大小应该以几种不同资源块分配形式出现，因为这样可以使资源块的数量在每次重传尝试之间发生变化，以提供更高的调度灵活性。因此，首先定义传输块大小的“母表”来满足上述要求。29×110 表中的每个条目都从母表中提取，这样频谱效率尽量靠近所传递的调制编码方案的频谱效率。母表跨越了可行的传输块大小的全部范围，最坏情况的填充近似恒定。

从简化的角度来看，如果传输块大小不随系统配置变化是可取的。因此，传输块大小的集合

⊖ 可选项表仅用于采用 C-RNTI 调度的传输。出于后向兼容的原因，随机接入响应和系统信息不能采用 256QAM。

与实际的天线端口数目和控制区域大小无关[1]。该表的设计假定3个OFDM符号的控制区大小和两个天线端口为“参考配置”。如果实际配置不同，对应用于DL-SCH的码速率将略有不同，作为速率匹配进程的结果。然而，其间的差异不大，实践中不予考虑。另外，如果控制区的实际尺寸小于参考配置的3个符号假设，则频谱效率将会比作为DCI一部分传输的调制和编码方案所指示范围略小。因此，所使用调制方案的信息是直接从调制编码方案获得的，而精确的编码速率和速率匹配则是从隐式传送的传输块大小以及用于DL-SCH传输的资源元素数一起得到的。

对于带宽小于110个资源块最大值的情况，使用该表的一个子集。更具体地说，在小区带宽为N个资源块的情况下使用该表的前N列。此外，空间复用的情况下单一传输块可以映射到4层。这有利于支持更高的数据速率，需要扩展所支持的传输块大小集合以超越空间复用缺席情况下的可行值。原则上，可以通过传输块大小乘以传输块被映射的层数并调整结果以匹配QPP交织器大小来获得额外的条目。

这29个调制和编码方案组合的每一个是近似范围为0.1~5.9bit/s/符号的一个参考频谱效率（采用256QAM调制时上限为7.4bit/s/符号）[2]。组合中有一些重叠，某种意义上说，29个组合中的一些具有相同的频谱效率。其原因是，为实现特定频谱效率的最佳组合取决于信道属性；有时带有低码率的高阶调制比带有高码率的低阶调制更合适，有时正好相反。采用这种重叠，在给定传播环境时eNodeB可以选择最佳的组合。作为重叠的一个后果，29×110表的两行是重复的从而导致相同的频谱效率但采用不同的调制方案，表中只有27行独特的传输块大小。

回到本节开头提到的调制和编码字段的3个保留组合，这些条目只可用于重传。重传时，根据定义，传输块的大小不变，并且根本上不需要发出这条信息。取而代之的是，三的保留值表示了调制方案，QPSK或16QAM或64QAM[3]，允许调度器使用任意的资源块组合进行重传。显然，使用3个保留组合中的任何一个都假定终端正确接收了初始传输的控制信令；否则，重传应该明确指示传输块大小。

从调制编码方案和被调度资源块数来推导传输块大小如图6.35所示。

6.4.7 上行链路调度许可

上行链路调度许可使用DCI格式0或4；DCI格式4在LTE版本10引入用来支持上行链路的空间复用。用于上行链路的基本资源分配方案是单簇分配，其中资源块在频域中是连续的，虽然版本10增加了对多簇传输的支持，单一组分载波上支持最多两个簇。

DCI格式0用于调度在组分载波上不使用空间复用的上行链路传输。它和“紧凑”的下行链路分配（DCI格式1A）具有相同大小的控制信令消息。消息中的一个标志是用来通知终端该消息是一个上行链路调度许可（DCI格式0）还是下行链路调度分配（DCI格式1A）。

DCI格式4用于组分载波上使用空间复用的上行链路传输。因此，DCI格式4的大小要大于DCI格式0，因为需要额外的信息字段。

许多信息领域对于两种DCI格式都是通用的，但也存在一些差异，见表6.7。与下行链路调

[1] 对于DwPTS，传输块大小对于该表中的值采用0.75因子收缩，主要因为DwPTS比常规子帧带有更短的时长。
[2] 由于舍入操作，确切值与被分配的资源块数量略有不同。
[3] 对于可选项表，四个保留值代表QPSK、16QAM、64QAM、256QAM。

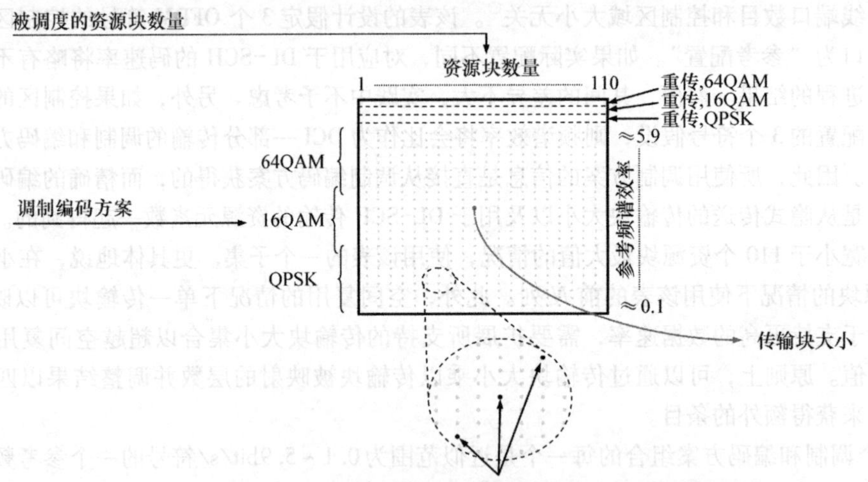

图 6.35　传输块大小的计算（没有256QAM配置）

度分配类似，一些DCI格式在之后版本中扩展带有额外的比特。不同DCI格式内容更详细地解释如下：

表 6.7　用于上行链路调度许可的DCI格式

字段		DCI格式 0	DCI格式 4
资源信息	载波指示	•	•
	资源分配类型	•	•
	资源块分配	0/(1)	0/(1)
第一个传输块	MCS/RV	•	•
	NDI	•	•
第二个传输块	MCS/RV		•
	NDI		•
DM-RS相位旋转及OCC索引		•	•
预编码信息			•
CSI请求		•	•
SRS请求		•	•
上行链路索引/DAI（仅适用TDD系统）		•	•
PUSCH功率控制		•	•
用于区分格式0/1A的标志		•	
填充（仅当需要时）		(•)	(•)
标识		•	•

1）资源信息，具体包括：

① 载波指示器（0或3bit）。仅当通过RRC信令实现跨层调度时该字段才出现，在版本10及之后版本中，用于指示调度许可所关联的上行链路组分载波（参见第12章）。由于这将会影响不支持载波聚合终端的兼容性并且需要额外的盲解码尝试，因此载波指示器不会出现在公共搜索空间之中。

② 资源分配类型或者多簇标志（1位），指示使用的是资源分配类型0（一簇资源块用于上行链路传输）还是类型1（两簇资源块用于上行链路传输）。该标志不会出现在版本10之前系统中。实际上，之前版本中的下行链路带宽总是至少和上行链路带宽一样，这意味着那些版本中的DCI格式0需要一个填充比特来与格式1A的大小对齐。因此，该填充比特可以被版本10的多簇标志所替换，不牺牲后向兼容性。在版本10及之后版本所支持的DCI格式4中，该多簇标志一直出现。

③ 资源块分配，包含跳频指示。此字段指示终端应在其上传输PUSCH的资源块，采用上行链路资源分配类型0（DCI格式0）或者类型1（DCI格式4），如第6.4.7.1节所讨论的。该字段大小取决于小区带宽。对于单簇传输，可以应用第7章所描述的上行链路跳频到PUSCH传输上。

2）对于第一个（或唯一的）传输块有

① 调制编码方案包含冗余版本（5位），用于提供终端有关调制方案、编码速率和传输块大小等信息。传输块大小的使用与下行链路的传输块表的方式相同，即调制编码方案和调度资源块数量一起提供传输块大小。然而，由于并不强制要求所有终端支持上行链路64QAM，不具备64QAM能力的终端在调制编码字段指示64QAM时采用16QAM。3个预留组合的使用也与下行链路略有不同；3个保留值用于间接传送RV，将在后文介绍。传输块可以通过发送特定的调制编码方案和资源块数来禁用。仅当重传单一的传输块时才会禁用一个传输块。

② 新数据指示（1位），用于指示终端许可的是一个新传输块的传输还是一个之前传输块的重传。

3）对于第二个传输块（仅限于DCI格式4）有

① 调制编码方案，包含冗余把本（5位）。

② 新数据指示（1位）。

4）上行链路解调参考信号的相位旋转（3位），用于支持MU-MIMO，如第7章所描述。通过给调度在同一时频资源上的终端分配不同的参考信号相位旋转，eNodeB可以估计来自每个终端的上行链路信道响应并通过相应处理来抑制终端之间的干扰。在版本10及之后版本中，这也被用于控制正交掩码序列，参见第7.2节。

5）预编码信息用于传送版本10及之后版本中上行链路传输所用预编码器的相关信息。

6）信道状态请求标志（1或2或3位）。网络可以通过设置上行链路许可中的这些比特明确请求一个UL-SCH上传输的非周期性信道状态报告。在最多5个载波的载波聚合情况下，2位用于指示CSI应报告的下行链路组分载波（参见第10章），如果终端配置超过5个载波时则数量增加到3位。

7）SRS的请求（2位），用于触发非周期性探测，使用最多3个预先设定之一，如第7章所讨论。SRS请求在第10版引入，由于之前所述原因只在终端专用搜索空间中支持。

8）上行链路索引/DAI（2位，超过5个载波的载波聚合情况下为4位）。该字段只在TDD系统或者超过5个载波的载波聚合时出现。对于上下行链路配置0（侧重上行链路的配置），它被用作一个上行链路索引来告知该许可对哪个上行链路子帧是有效的，如第9章所述。对于其他的上下行链路配置，它被用作下行链路分配索引来指示eNodeB期望混合ARQ确认所针对的下行链路传输的数量。

9）用于PUSCH的发射功率控制（2位）。

10）DCI格式0/1A指示（1位），用于区分DCI格式1A和0，这是因为两种格式带有相同的消息体大小。该字段只在DCI格式0和1A中出现。

11）填充。填充更小的DCI格式0和1A以确保相同的有效载荷大小而与上行链路和下行链路的小区带宽无关。填充也用于确保DCI格式0和4的DCI大小不同（实践中这很少需要，由于信息量不同因此有效荷载大小也不尽相同）。最后，对于PDCCH，采用填充来避免一些可能引起歧义解码的特定DCI大小。

12）许可的目标终端的标识（RNTI）（16位）。如在第6.4.3节和第6.4.4节所描述，该标识不直接发送而是隐含在CRC计算中。

在上行链路调度授权中，没有冗余版本的明确信令。这是因为在上行链路中使用了一种同步HARQ协议。重传通常是由PHICH上的负面确认所触发，并且没有被明确调度用于下行链路数据传输。然而，正如第8章所描述的，可以直接调度重传。这对于一种情况是非常有用的，此时网络将通过采用PDCCH而非PHICH来明确地在频域内移动重传。

保留了调制编码字段的三个值来指定冗余版本1、2和3。如果发送这些值其中之一，则该终端应该假定使用与原始传输相同的调制和编码。其余的条目用于传送所使用的调制编码方案，这也意味着应该使用冗余版本0。与下行链路调度分配相比，保留值的使用差异意味着，与下行链路情况不同，调制方案不能在上行链路的传输和重传尝试之间改变。

6.4.7.1　上行链路资源块分配的信令

基本的上行链路资源分配方案是单簇分配，即在频域内连续分配，但第10版及之后版本也提供了多簇上行链路传输的可能性。

单簇分配使用上行链路资源分配类型0，除了指示集中式/分布式传输的单比特标志被单比特跳频标志所取代，等同于第6.4.6.1节所描述的下行链路资源分配类型2。DCI中的资源分配字段提供了用于上行链路传输的VRB集合。一个子帧两个时隙内所使用的PRB集合由跳频标志控制，如第7章所述。

最多两簇的多簇分配在LTE第10版引入，使用上行链路资源分配类型1。在资源分配类型1中，两簇频率连续资源块的起始位置和结束位置被编码为索引。上行链路资源分配类型1不支持跳频（通过使用两个簇来实现分集）。与单簇情况相比，指示两簇资源自然需要额外的比特。同时，用于资源分配类型1的比特总数应与类型0相同。这与下行链路分配类型0和1的情况类似；没有对齐尺寸，需要一种新的DCI格式，对盲解码数量带有相应的负面影响。由于配置类型1不支持跳频，用于跳频标志的比特可以被重用于扩展资源分配字段。然而，尽管资源分配字段扩展了1bit，比特数不足以对于全部带宽提供两簇内的单资源块分辨率。相反，类似于下行链路资源分配类型0，使用资源块组并且两簇的开始和结束位置以组号形式给出。这样一组的大小取决于上行链路载波带宽，以类似下行链路的方式。对于最小的带宽，一个组内只有一个资源块，这意味着可以调度资源块的任意集合（只要观察到最多两簇的限制），而对于最大小区带宽的情况则采用4个资源块的组。在图6.36的示例中，小区带宽为25个资源块，意味着一个组为两个资源块。

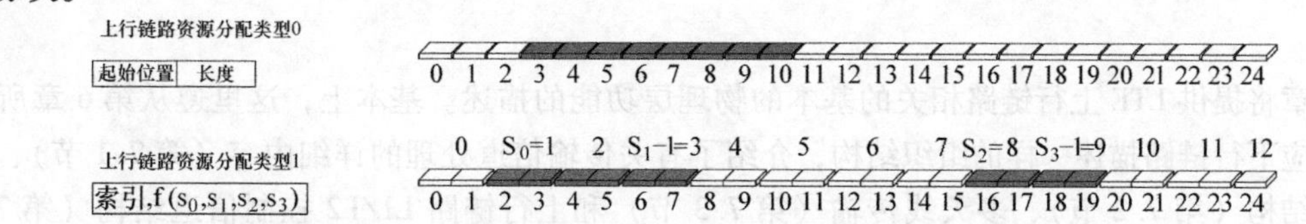

图6.36　上行链路资源块分配类型示意图（该例中所使用的上行链路带宽对应25个资源块）

6.4.8　功率控制命令字

可以采用DCI格式3（每终端2位命令字）或3A（每终端1位命令字）来传送功率控制命令字，作为下行链路调度分配和上行链路调度许可一部分所提供的功率控制命令字的补充。DCI格式3或3A的主要是支持半持续调度的功率控制。该功率控制消息指向采用该组特定的RNTI的一组终端。每个设备都被分配了两个功率控制RNTI：一个用于PUCCH功率控制；另一个用于PUSCH功率控制。尽管功率控制RNTI对于一组终端通用，但通过RRC信令每个设备均被通知它应该遵循DCI消息中的哪个比特。对于格式3或3A，不使用载波指示。

第7章 上行链路物理层处理

本章将提供 LTE 上行链路相关的基本的物理层功能的描述。基本上，这里遵从第6章所提供的相应下行链路描述一样的组织结构，介绍了有关传输信道处理的详细内容（第7.1节）、参考信号结构（第7.2节）、多天线传输（第7.3节）和上行链路 L1/L2 控制信道结构（第7.4节）。本章结尾的第7.5和7.6节将分别概述上行链路功率控制和上行链路的定时对齐过程。一些特定的上行链路功能和过程，如随机接入相关的物理层方面的内容，将在后续章节介绍。

7.1 传输信道处理

本节将介绍上行链路共享信道（UL-SCH）的物理层处理，以及随后以基本 OFDM 时频网格形式到上行链路物理资源的映射。如前所述，UL-SCH 是 LTE 中唯一的上行链路传输信道类型[⊖]，用于所有上行链路高层信息的传输，既用于用户数据，又用于更高层控制信令。

7.1.1 处理步骤

图7.1概括了单载波传输情况下 UL-SCH 物理层处理的不同步骤。与下行链路类似，上行链路载波聚合情况下，不同组分载波对应带有独立物理层处理的单独传输信道。

上行链路传输信道处理的不同步骤总结如下。这些步骤的大部分与第6.1节所描述的 DL-SCH 处理的对应步骤非常相似。对于不同步骤的更详细概述，读者可以参考相应的下行链路描述。

- 对每个传输块添加 CRC。计算一个24位 CRC 并添加到每个传输块的末尾。
- 编码块分割并对每个编码块添加 CRC。与下行链路相同，对于超过6144bit 的传输块进行编码块分割，包括对每个编码块添加 CRC。
- 信道编码。上行链路共享信道也采用 QPP 内交织的速率1/3 Turbo 编码。
- 速率匹配和物理层混合 ARQ 功能。上行链路速率匹配和混合 ARQ 功能的物理层部分与对应的下行链路功能基本相同，采用子块交织并插入一个循环缓冲之后进行4个冗余版本的比特选择。下行链路和上行链路的混合 ARQ 协议之间的一些重要差异，如异步或同步操作，见第8章。然而，这些差异对于物理层处理是不可见的。
- 比特级加扰。上行链路加扰的目标与下行链路一样，是为了使干扰随机化，从而确保信道编码提供的处理增益能完全发挥出来。
- 数据调制。与下行链路类似，上行共享信道传输可使用 QPSK、16QAM 和64QAM 调制，

⊖ 严格来讲，LTE 随机接入信道也定义为传输信道类型，见本书第4章。然而，RACH 只包含层1前导信号并且不承载传输块形式的数据。

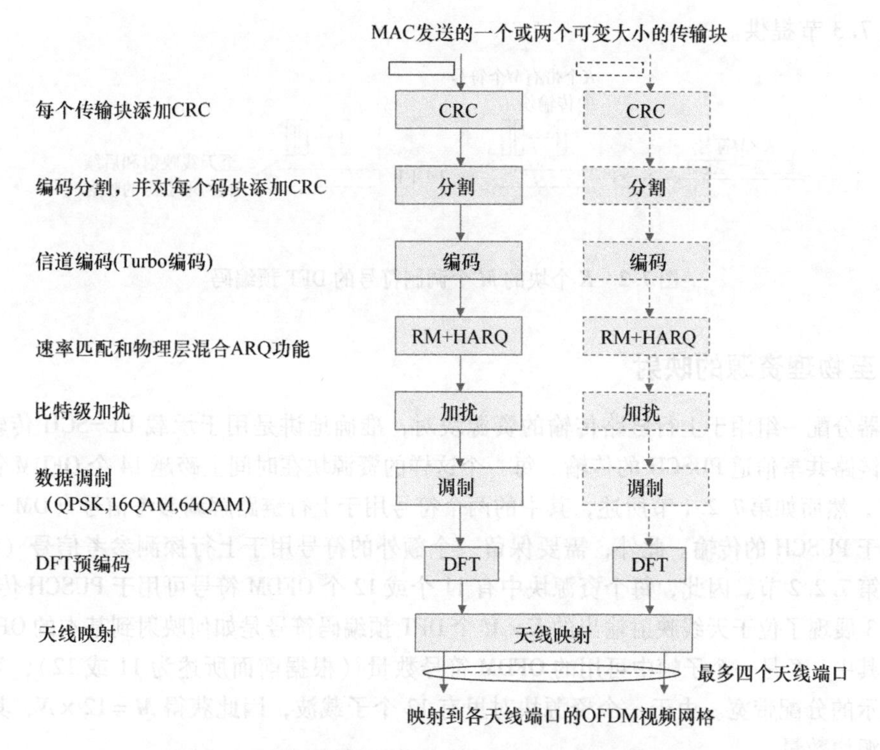

图7.1　上行链路共享信道（UL-SCH）的物理层处理

但不支持256QAM。

- DFT预编码。如图7.2所示，调制符号以M个符号组成一个块，被送到一个大小为M的DFT，其中M对应分配给传输的子载波数。采用预编码是为了减少传输信号的立方度量，因此可获得更高的功率放大效率。从实现复杂性的角度来看，最好把DFT大小限制为2的幂次方。然而，这样的约束将限制调度器可以分配给上行链路传输的资源数量的灵活性。相反，从灵活性的角度看来，最好允许调度所有可行的DFT大小。LTE在DFT大小方面采用了折中的方案，由此资源分配的大小也受限于整数2、3和5的乘积数。举例来说，DFT大小为60、72和96是可以的，但DFT大小为84是不允许的[㊀]。这样DFT可以由一个相对低复杂度的基-2、基-3和基-5的FFT处理组合来实现。

- 天线映射。天线映射将DFT预编码器的输出映射到一个或几个上行链路天线端口，之后再映射到物理资源（OFDM时频网格）。LTE的早期版本（第8版和第9版），对于上行链路只采用单天线的传输[㊁]。然而，作为第10版的部分内容，引入了通过最多四个天线端口天线预编码方式实现的上行链路多天线传输。LTE上行链路多天线传输方面的更多细

㊀　由于上行链路资源分配总是以大小为12个子载波的资源块表示，因此DFT大小总是12的倍数。

㊁　自第8版开始，以天线选择方式实现的上行链路多天线传输就已成为LTE规范的一部分。然而，这是商用可用传输中很少实现的可选功能。

节将在第7.3节提供。

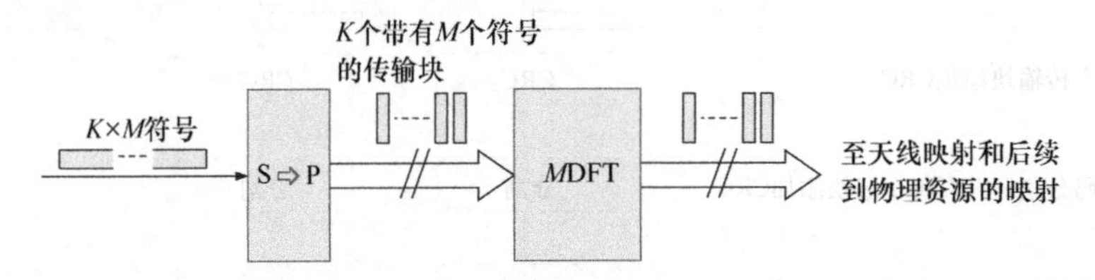

图7.2　K个块的M个调制符号的DFT预编码

7.1.2　至物理资源的映射

调度器分配一组用于上行链路传输的资源块对，准确地讲是用于承载UL-SCH传输信道的物理上行链路共享信道PUSCH的传输。每一个这样的资源块在时间上跨越14个OFDM符号（一个子帧）⊖，然而如第7.2.1节所述，其中的两个符号用于上行链路解调参考信号（DM-RS），因而不会用于PUSCH的传输。此外，需要保留一个额外的符号用于上行探测参考信号（SRS）的传输，见第7.2.2节。因此，每个资源块中有11个或12个OFDM符号可用于PUSCH传输。

图7.3展现了位于天线映射输出的$K \times M$个DFT预编码符号是如何映射到基本的OFDM时频网格的。其中，K是一个子帧中可用的OFDM符号数量（根据前面所述为11或12），M是以子载波数表示的分配带宽。由于一个资源块对里有12个子载波，因此获得$M = 12 \times N$，其中N是分配的资源块数量。

图7.3所示假定分配的资源块在频域上是连续的。这是DFTS-OFDM的典型假设，并且是LTE第8版和第9版的典型情况。倾向于把DFT预编码信号映射到频率连续的资源上，以保持上行链路传输良好的立方度量特性。同时，这种限制意味着对上行链路调度器提出额外的约束，有些可能并不总是可取的。因此，LTE第10版引入了给PUSCH传输部分分配独立频率资源的可能。更准确地说，第10版中被分配的上行链路资源可以包括最多两个独立的频率簇，如图7.4所示，其中每个簇包括一定数目的资源块对（分别为N_1和N_2个资源块对）。这类多簇传输情况下，单一DFT预编码在频域上横跨分配的全部资源，即两个簇。这意味着，所有被分配的带宽以子载波数表示（$M = M_1 + M_2$），应该同样受到前面所述的DFT大小的限制。

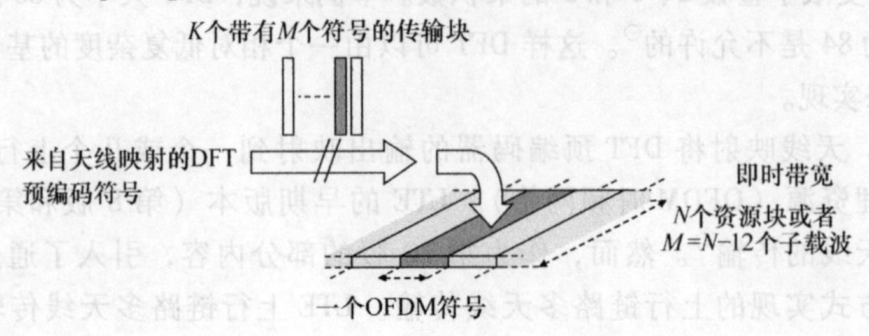

图7.3　至上行链路物理资源的映射

⊖　在扩展循环前缀情况下为12个符号。

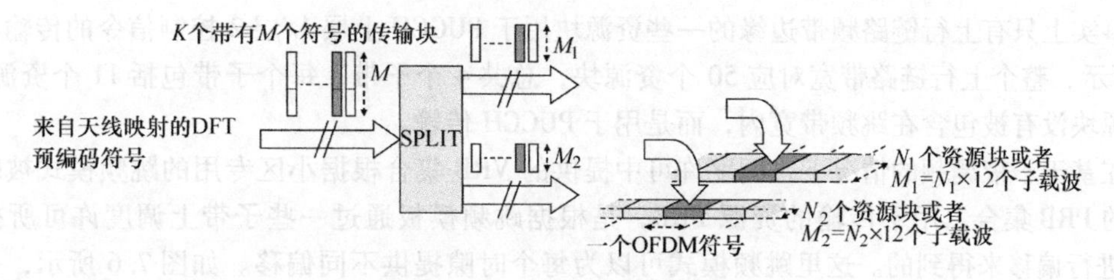

图7.4　上行链路多簇传输

7.1.3 PUSCH跳频

第6章介绍了虚拟资源块（VRB）的概念及如何将VRB映射到物理层资源块（PRB）上，使能下行链路的分布式传输，即将下行链路传输在频域上进行扩展。如前所述，下行链路分布式传输包括两个独立的步骤：

1）从VRB对到PRB对的映射，使得连续的VRB对不会被映射到频域连续的PRB对。

2）每资源块对的分裂，使得一个资源块对的两个资源块相隔一定的频域间隔进行传输。第二步可以被认为是以时隙为单位进行跳频。

为了获得上行链路的频域分布式传输，LTE上行链路也使用了VRB的概念。然而，在上行链路方向，没有多簇传输时来自一个终端的传输总是占据一组连续的子载波。下行链路分布式传输的第一步中，资源块对在频域分散的传输在上行链路是不可行的。相反，上行链路传输与下行链路分布式传输的第二步类似，即在一个子帧的第一个和第二个时隙的传输有频率间隔。因此，PUSCH的上行链路分布式传输可直接称为上行跳频。

为PUSCH定义了两种上行链路跳频方式：

- 基于子带的跳频，根据小区专用的跳频/镜像模板。
- 基于调度许可中直接的跳频信息进行跳频。

上行链路跳频不支持多簇传输的情况，此时，假定可以通过两个簇的合适位置来获得有效的分集。

7.1.3.1　基于小区专用跳频/镜像模板的跳频

为了支持基于小区专用跳频/镜像模板的跳频，在整个上行链路频带内定义了一组具有特定大小的连续子频段，如图7.5所示。需要注意，这些子带并没有覆盖整个上行链路频带，主要是

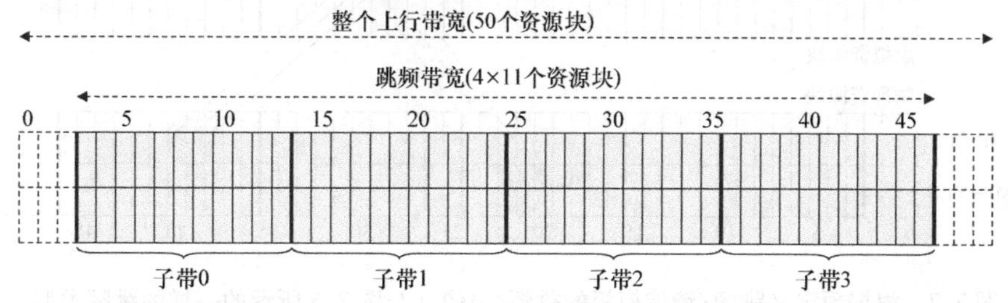

图7.5　PUSCH跳频的子带定义（假定总共有4个子带，每个包含11个资源块）

因为事实上只有上行链路频带边缘的一些资源块用于 PUCCH 上层 1/层 2 控制信令的传输。如图 7.5 所示，整个上行链路带宽对应 50 个资源块，总共 4 个子带，每个子带包括 11 个资源块。6 个资源块没有被包含在跳频带宽内，而是用于 PUCCH 传输。

在基于子带调频的情况下，调度许可中提供的 VRB 集合根据小区专用的跳频模式被映射到对应的 PRB 集合。用于传输的资源 PRB，是根据跳频模板通过一些子带上调度许可所提供的 VRB 进行偏移来得到的。这里跳频模式可以为每个时隙提供不同偏移。如图 7.6 所示，一个终端被授权使用 27、28 和 29 号 VRB。在第一个时隙内，预定义的跳频模式取值为 1，意味着传输采用右边一个 PRB 子带，即使用 38、39 和 40 号 PRB。在第二个时隙内，预定义的跳频模式取值为 3，意味着图中向右位移三个子带，由此使用 16、17、18 号 PRB 进行传输。注意，这里的移位是“环绕的”，即在 4 个子带情况下偏移 3 个频段相当于负偏移一个子带。由于跳频模式是小区专用的，即一个小区内所有终端一样，被分配了非重叠的虚拟资源的不同终端，将在非重叠的物理资源上进行传输。

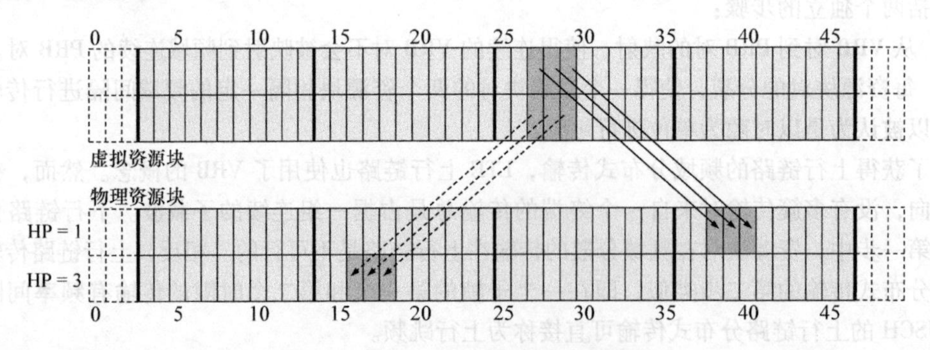

图 7.6　基于预定义跳频模板的跳频

除跳频模板之外，每个小区还定义了一个小区专用的镜像模板。镜像模板以时隙为基础控制是否将每个子带内的镜像应用于被分配的资源。基本上，镜像意味着每个子带内的资源块从右到左而非从左到右编号。镜像与跳频的结合如图 7.7 所示。这里，镜像模板不用于第一个时隙，而只用于第二个时隙。

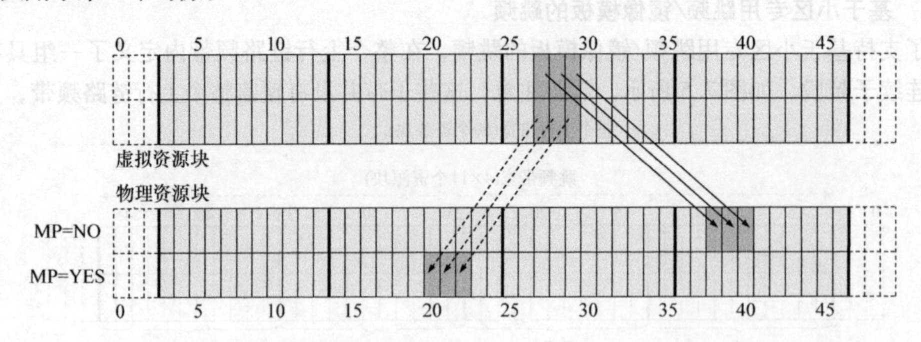

图 7.7　根据预定义跳频/镜像模板的跳频/镜像（与图 7.6 所示的一样的跳频类型）

跳频模板和镜像模板都依赖物理层小区标识，因此通常与邻小区不同。此外，跳频/镜像模板的周期对应为一帧。

7.1.3.2 基于直接调频信息的跳频

作为根据前面所述的小区专用跳频/镜像模板的另一种跳频/镜像方式，用于 PUSCH 的上行链路基于时隙的跳频也可以通过调度授权中的直接跳频信息来控制。在此情况下，调度许可包含如下两项：

- 指示第一个时隙内上行链路传输所用资源的信息，与非跳频情况完全相同。
- 用于第二个时隙内上行链路传输所用资源偏置的额外信息，相对于第一个时隙中的资源。

选择根据如前所述的小区专用的跳频/镜像模板跳频还是根据调度授权中明确信息进行跳频，可以动态改变。更确切地说，当小区带宽小于 50 个资源块时，调度授权中存在一个比特来指示根据小区专用的跳频/镜像模板还是根据调度授权中明确信息进行跳频。后者情况下，每跳总是跳频带宽的一半。在更大带宽情况下（50 个或者更多资源块），每个调度授权中有两个比特。两者组合中的一个用来指示跳频根据小区专用/镜像模板，而其他 3 种组合用于指示跳频带宽为 +1/2、+1/4 或者-1/4。图 7.8 给出了小区带宽对应为 50 个资源块情况下基于调度授权信息的跳频方案。在第一个子帧中，调度授权指示了一个 1/2 频带宽的跳频。在第二个子帧中，调度授权指示了一个 1/4 跳频带宽的跳频（等同于负向 3/4 个跳频带宽的跳频）。最后，在第三个子帧中，调度授权指示了一个-1/4 跳频带宽的跳频。

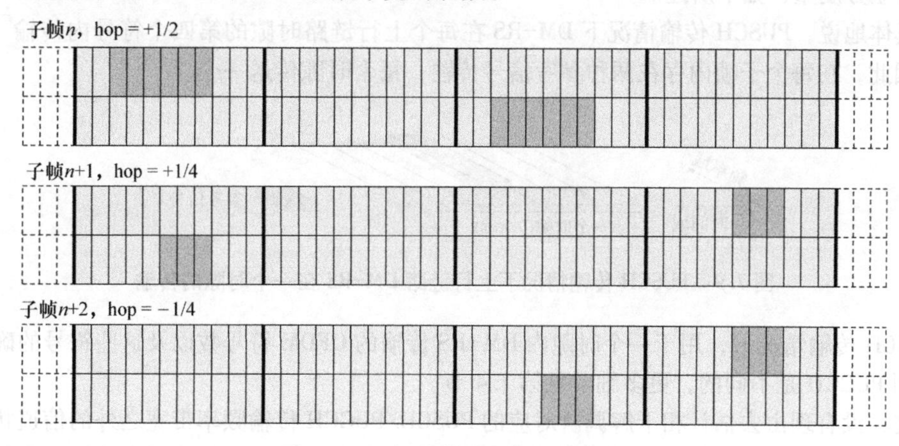

图 7.8 根据明确跳频信息的跳频

7.2 上行链路参考信号

与下行链路情况类似，LTE 上行链路也传输参考信号。为 LTE 上行链路定义了两种参考信号类型：

- 上行链路解调参考信号（DM-RS）是基站用来对上行链路物理信道（PUSCH 和 PUCCH）做信道估计和相干解调的。因此，DMRS 与 PUSCH 或 PUCCH 一起发送，并且使用与对应物理通道相同的频率范围。

• 上行链路探寻参考信号（SRS）是基站用于信道状态估计以支持上行链路信道相关调度和链路自适应。SRS也可用于虽然没有数据传输但仍需要上行链路传输的情况。例如，作为上行链路定时对齐过程的一部分，网络需要上行链路的传输来估计上行链路接收定时，见第7.6节。

7.2.1 解调参考信号

上行链路DM-RS，用于UL-SCH映射到的PUSCH以及承载不同类型上行链路L1/L2控制信令的PUCCH进行相干解调所需的信道估计。上行链路DM-RS基本原则与PUSCH及PUCCH一样，尽管还是存在一些区别，如传输的参考信号中的确切OFDM符号集合。下面讨论主要关注PUSCH DMRM。PUCCH DM-RS结构的一些额外细节将在第7.4节介绍，是关于上行链路L1/L2控制信令的一般性描述。

7.2.1.1 时频结构

由于低立方度量及其对应的高功率放大器效率对于上行链路传输的重要性，上行链路参考信号传输的原则与下行链路不同。本质上，与同一终端其他上行链路传输复用发送参考信号，对于上行链路是不适用的，因为增加的立方度量将对终端功率放大器的效率产生负面影响。相反，一个子帧中的特定OFDM符号可以排他性地用于DM-RS传输，即参考信号与来自同一终端的其他上行链路传输（PUSCH和PUCCH）时分复用。那么，参考信号本身的结构确保在这些符号内获得低的立方度量，如下所述。

更具体地说，PUSCH传输情况下DM-RS在每个上行链路时隙的第四个符号内传输㊀（见图7.9）。因此，在每个子帧内存在两种参考信号传输，每个时隙传送一个。

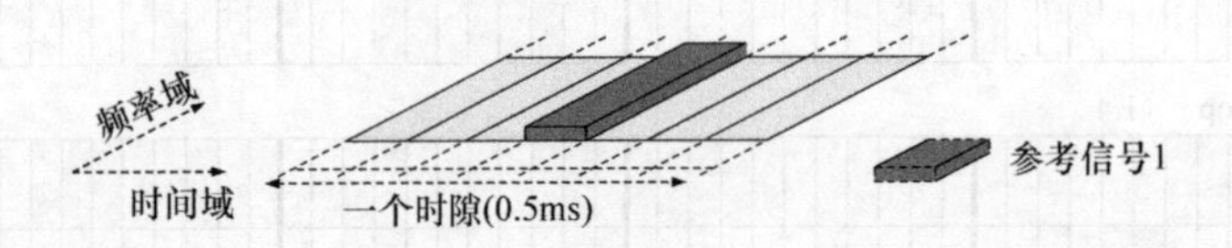

图7.9　PUSCH传输情况下上行链路DM-RS在一个时隙的传输

PUCCH传输情况下，用于一个时隙内DM-RS传输的OFDM符号数以及这些符号的确切位置对于不同PUCCH是不同的，更多细节见第7.4节。

总之，没有理由去估计相干解调所对应的PUSCH/PUCCH传输频率带宽之外的信道状况。因此，上行链路DM-RS所跨越的频率范围等于所对应PUSCH/PUCCH传输所跨越的频率范围。这意味着，对于PUSCH传输，应该能够对应PUSCH传输的可用带宽生成不同带宽的参考信号。更准确地说，可以生成$12 \times N$个子载波所对应带宽的参考信号，这里N对应以资源块数量表示的PUSCH传输的带宽㊁。

无论采用哪种上行链路传输（PUSCH或者PUCCH），每个参考信号传输的基本结构是相同的。如图7.10所示，一个上行链路DMRS可以被定义为，应用于一个OFDM调制器的连续输入（即连续子载波）的频域参考信号序列。这可参考之前的讨论，在PUSCH传输情况下，频域参

㊀ 扩展的循环前缀情况下为第三个符号。

㊁ 由于第7.1.1节所描述的可支持DFT大小的限制，将会存在对N的一些额外限制。

考信号序列将带有 $M=12\times N$ 的长度。这里，N 对应以资源块数量表示的 PUSCH 带宽。PUCCH 传输情况下，参考信号序列的长度将总是等于 12。

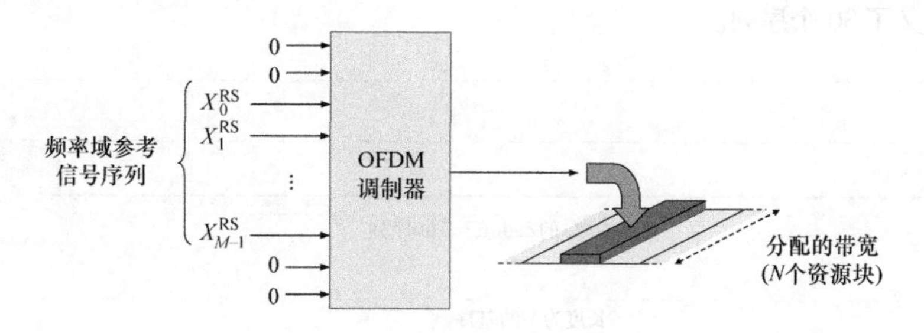

图 7.10　从频域参考信号序列的上行链路参考信号的生成

7.2.1.2　基本序列

上行链路参考信号将更可能具有下列特性：

- 频域内小范围的功率波动，从而在参考信号所跨越的所有频率可以获得类似的信道估计质量。注意，这等于传输的参考信号具有良好聚焦的时域自相关。
- 时域内的有限功率波动，导致传输信号具有低的立方度量。

进而，对应给定带宽的长度相同的参考信号序列数目应当足够多，以避免网络规划中对不同小区选择参考信号序列的不合理影响。

所谓的 Zadoff-Chu 序列[34] 在频域和时域上都有恒定的功率。（奇数）长度 M_{ZC} 的 Zadoff-Chu 序列集合中的第 q 个 Zadoff-Chu 序列的 M_{ZC} 个元素可以如下表示：

$$Z_k^q = e^{-j\pi q\frac{k(k+1)}{M_{ZC}}}\quad 0\leqslant k < M_{ZC} \tag{7.1}$$

从时频域功率波动小的角度来看，Zadoff-Chu 序列由此非常适合作为上行链路参考信号序列。然而，有两方面的原因使得不能直接使用 Zadoff-Chu 序列作为 LTE 的上行链路参考信号：

- 确定长度的可用 Zadoff-Chu 序列数，对应式（7.1）中参数 q 的可能值，等于与序列长度 M_{ZC} 互质的整数的个数。为了 Zadoff-Chu 序列数最大化，从而最终使得可用的上行链路参考信号数最大化，则由此倾向选择质数长度的 Zadoff-Chu 序列。同时，基于前面叙述的原因，上行链路参考信号序列长度应为 12 的倍数，这显然不是一个质数。
- 对于短序列长度的情况，对应窄的上行链路传输带宽，即使是基于质数长度 Zadoff-Chu 序列，这种可用的序列相对较少。

相反，对于序列长度大于等于 36 的情况，对应传输带宽大于或等于 3 个资源块。基本参考信号序列，LTE 规范中称为基本序列，定义为长度为 M_{ZC} 的 Zadoff-Chu 序列的循环扩展（见图 7.11）。这里，M_{ZC} 是小于或等于参考序列长度的最大质数。例如，小于或等于 36 的最大质数是 31，意味着长度为 36 的参考序列被定义为长度为 31 的 Zadoff-Chu 序列的循环扩展，则可选序列数为 30 个，即 Zadoff-Chu 序列长度减 1。对于更大的序列长度，有更多序列可用。例如，长度为 72 的参考信号序列有 70 个序列可用㊀。

㊀ 小于或者等于 72 的最大质数是 71，则序列数比 Zadoff-Chu 序列长度少 1，即 70。

对于序列长度为12和24的情况，传输带宽分别对应1或2个资源块，已经通过计算机搜索找到了特殊的基于QPSK的序列来替代Zadoff-Chu序列，直接在LTE相关标准中列出。对于这两种长度，已定义了30个序列。

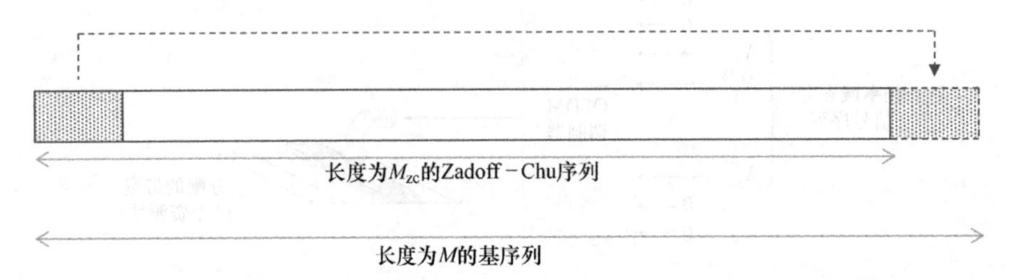

图7.11　从长度为M_{zc}的Zadoff-Chu序列循环扩展得到的长度为M的基本参考信号序列

因此，对于每个序列长度至少存在30个可用序列。然而，并非所有这些序列在实际中被用于基序列：

- 对于小于72的序列长度，对应参考信号带宽小于6个资源块，采用30个序列。
- 对于等于和大于72的序列长度，对应参考信号带宽为6个资源块或以上，则采用60个序列。

这些序列被分为30个序列组，其中每组由一个单序列长度小于72的基序列或者两个单序列长度等于和大于72的基序列组成。一个给定长度的基序列，从而完全由一个范围为0~29的组号，以及序列长度等于和大于72时一个取值为0和1的序列号，来共同指定。

7.2.1.3　相位旋转和正交覆盖编码

以前述的基序列为基础，可以通过在频域应用不同的线性相位旋转来产生额外的参考信号序列，如图7.12所示。

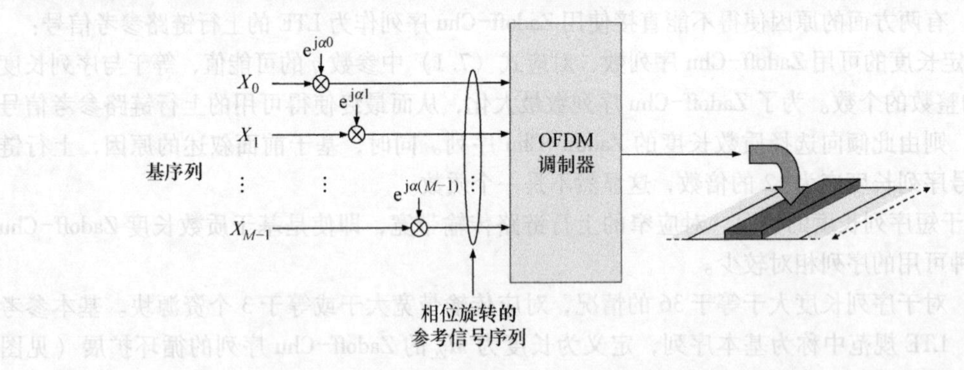

图7.12　从相位旋转基序列生成上行链路参考信号序列

在频域上进行线性相位旋转相当于在时域上进行了循环移位。因此，虽然定义了与图7.12所示的一致的不同频域相位旋转，但实际上LTE协议经常将其描述为应用不同的循环移位。本书将采用“相位旋转”的说法。然而，应当记住，这里所说的“相位旋转”指的是LTE规范中的“循环移位”。

由不同基序列推导出的 DM-RS，通常带有相对较低但非零的互相关性。相反，如果图 7.12 中的参数 α 取值为 m（$\pi/6$）。这里整数 m 取值范围为 0 ~ 11 时，由同一基序列做不同相位旋转后得到的参考信号，至少理论上，完全正交[⊖]。因此，通过采用不同的参数 m 取值，可以从每个基序列中获得最多 12 个正交的参考信号。

然而，为了这些参考信号之间在接收机侧的正交性，信道的频域响应在一个资源块（即 12 个子载波的跨度）上应保持基本恒定。换句话讲，信道时间色散的主要部分将不会扩展超过前面提到的循环偏移长度。如果不是这样，参数 α 可行值中只有一个子集可用，如只有 {0，2π/6，4π/6，…，10π/6} 或者可能更少的值可用。限制参数 α 可行值的集合意味着更少数量子载波上的正交性，并由此对于信道频率选择性的更不敏感。换句话说，在可以由不同相位旋转产生的正交参考信号数量和应该可以应对的信道频率选择性数量之间进行了折中。

获得同一基序列的不同相位旋转定义的不同参考信号之间的接收机侧正交性的另一个前提条件是，参考信号的传输在时间上可以很好地对齐。因此，相位旋转的主要用途包括以下两方面：

● 在上行链路多层传输时，提供来自同一终端的多个并行参考信号（上行链路空分复用，见第 6.3.1 节）。

● 可以提供用于多个终端 PUSCH 传输的正交参考信号被调度在相同资源块上，即一个小区内相同资源块集合（上行链路 MU-MIMO，见第 6.3.2 节）。

也可以采用相位旋转来提供相邻小区内终端之间的正交参考信号，本书假定小区之间是严格同步的。最终，相位旋转也被用于区分 PUCCH 传输情况下不同终端的参考信号（更多内容见第 7.4 节）。

除采用不同的相位旋转之外，正交的参考信号传输也可以通过正交掩码（OCC）的方式实现。如图 7.13 所示，可以采用两种不同的长度为 2 的 OCC（分别为 [+1 +1] 和 [+1 −1]）用于一个子帧内的两个 PUSCH 参考信号传输。这样可以在整个子帧内获得 DM-RS 正交性，此处假定两个条件：

● 在整个子帧内信道持续不变。

● 两个时隙的参考信号相同[⊜]。

与相位旋转类似，基于不同 OCC 的参考信号传输在接收机侧的正交性需要，传输在接收机侧实现很好的时间对齐。因此，OCC 的使用基本上与之前描述的用于相位旋转的方式相同：

● 上行链路空分复用时提供来自同一终端的多个参考信号。

● 可以提供一个小区内被调度在相同资源块上的多个终端之间的正交参考信号（上行链路 MU-MIMO）。

● 在小区间严格同步和时间对齐的情况下，可以实现相邻小区内上行链路传输之间参考信号的正交性。

⊖ 正交是由于事实上，对于 $\alpha = m$（$\pi/6$），将在 12 个子载波（即一个资源块）上存在整数个全周期旋转。

⊜ 严格来讲，唯一需要的是，DM-RS 0 和 DM-RS 1 的参考信号之间的相关性对于两个时隙是相同的。如果用于两个时隙的参考信号相同，这是显然成立的。

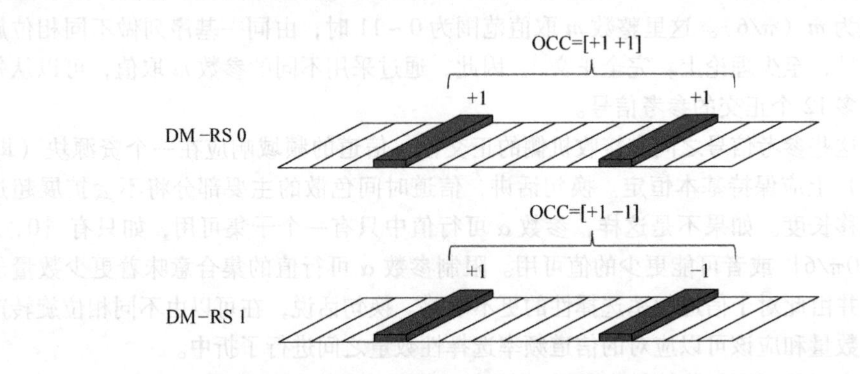

图7.13 来自不同正交掩码的多个DM-RS的概述

注意，与相位旋转相比，OCC所提供的正交性不需要对两个DM-RS（见图7.13中的DM-RS 0和DM-RS 1）应用相同的基序列。实际上，两个参考信号甚至不需要带有相同的带宽；用于两个时隙的参考信号DM-RS 0和DM-RS 1之间带有相同的互相关性就够了。因此，OCC也可用于实现不同带宽PUSCH传输的参考信号正交性。

与相位旋转类似，正交码还可用于PUCCH传输情况下的DM-RS，尽管由于PUCCH DM-RS的不同时域结构而一定程度上采用了与PUSCH不同的方式，更多内容见第7.4节。

7.2.1.4 基序列分配

基于之前的讨论，每个给定长度的基序列对应范围为0～29的群索引和取值范围为0或1的序列索引的唯一组合。基序列分配即决定特定终端将采用哪个基序列，因此等同于分配对应的群索引和序列索引[㊀]。

在第11版本之前，基序列分配是小区专用的，即对于给定时隙内所有带有相同服务小区的终端的群索引和序列索引是相同的。

在固定的（非跳频）群分配情况下，PUCCH传输所用的序列群在时隙之间不会发生变化，在第11版本之前直接由物理层小区的标识给出。更准确地说，群索引等于小区标识对30取模，其中小区标识可以取值为0～503，如第11章所述。因此，小区标识0、30、60、…、480对应序列群0，小区标识1、31、61、…、481对应序列群1，以此类推。

相反，采用哪个序列群用于PUSCH传输，可以直接以小区为单位进行配置，通过添加作为小区系统信息一部分来提供的应用于PUCCH群索引的一个偏置量来实现。可以直接指示哪个序列群用于一个小区的PUSCH传输。这是因为，在相邻小区内的PUSCH传输应该可以使用相同的序列群，即使事实上这类小区通常带有不同的小区标识。此时，用于两个小区内PUSCH传输的参考信号反而是通过第7.2.1.3节描述的不同相位旋转和/或OCC码来区分的，从而也可实现不同小区间参考信号的正交性[㊁]。

㊀ 对于基序列长度小于72的情况，序列索引总是等于0。

㊁ 这里假设小区间为严格同步和时间对齐。

群跳频情况下，在群索引上添加额外的小区专用群跳模板来实现一个小区的群索引以时隙为单位改变。在版本11之前，群跳模板也是通过小区标识推导出来的，在一个小区内PUSCH和PUCCH使用一样的群跳模板。

除了群索引之外，对于序列长度等于或者大于72的情况，参考信号序列也取决于序列索引。序列索引既可以是固定的（此时一直为0），也可以在时隙间根据序列跳频模板改变（跳频）。与群索引类似，版本11之前序列跳频模板也是小区专用的，由物理层小区标识给定。

LTE版本11引入了终端专用的基序列分配，即采用版本11 PUSCH和PUCCH所用的群索引和序列索引可以直接对特定终端进行配置，而与服务小区标识无关。终端专用基序列分配的引入与第6.2.2节描述的终端专用下行链路DM-RS的引入类似，即通过对一个终端直接配置可被视为“虚拟小区标识”的东西，如果被配置则在推导群索引和序列索引时替代实际的物理层小区标识。与下行链路DM-RS类似，如果没有配置虚拟小区标识，则终端将假定小区专用基序列分配依据之前的讨论。

需要指出的是，终端没有被配置用于推导PUSCH和PUCCH所用基序列的单一“虚拟小区标识”。相反，终端专用配置对PUSCH和PUCCH分别采用了两个不同的“虚拟小区标识”。

引入上行链路参考信号完全终端专用分配，主要是为了增强对上行链路多点接收（CoMP）的支持。上行链路多点接收情况下，上行链路传输可以在并非对应该终端服务小区而是对应另一小区的接收点进行接收。为了增强接收质量，对于该接收点接收不同终端的正交参考信号是有帮助的，尽管严格来说事实上它们服务于不同小区。为此，参考信号序列应该不是小区专用的，而是以一个终端为单位进行分配。多点接收的更多细节，作为多点协同和传输的一部分内容，将在第13章进行描述。

7.2.1.5　相位旋转和OCC的分配

如前所讨论，PUSCH DM-RS情况下相位旋转和OCC的主要用途是为了给空分复用情况下的多个层，以及一个小区内（MU-MIMO）或者相邻的严格同步小区间被调度在相同资源上的不同终端，提供正交参考信号的可能性。

为了不限制那些被联合调度在相同资源块上的终端的灵活性，可以动态地实现相位旋转和OCC分配。因此，图7.12中相位参数m给定的精确相位旋转和OCC，是由包含在网络提供的上行链路调度许可中一部分的单一参数联合提供的。这个参数的每个值对应将由终端传输各层的相位旋转和OCC的某种组合。在空间复用情况下，不同的层将天生被赋予不同的相移，并且可能包含不同的OCC。通过对不同终端提供不同的参数值，该终端将被分配不同的相移/OCC组合来实现正交参考信号，从而在一个小区内部或者不同小区之间提供增强的MU-MIMO性能。

7.2.2　探询参考信号

第7.2.1节讨论的DM-RS旨在被基站用于信道估计，以实现上行链路物理信道（PUSCH或者PUCCH）的相干解调。DM-RS永远与对应的物理信道一起传输，跨越相同的频率范围。

相反，上行链路传输的SRS使得基站可以在不同频率估计上行链路状况。那么，信道状态估计就可以被基站调度器用来分配具有瞬时良好信道质量的资源块给特定终端的PUSCH传输（上行链路信道相关调度）。它们也可被用于选择不同的传输参数，如瞬时数据速率及与上行链路多天线传输相关的不同参数。从SRS获得的信道信息也可以被用于下行链路传输以利用信道互异性，如TDD系统中下行链路信道相关调度。如前所述，SRS也用于即使无数据传输仍需要上行链路传输的其他情况，如用作上行链路定时对齐过程一部分的上行链路定时估计。因此，SRS无须与任何物理信道一起传输，如与PUSCH一起传输，则SRS可能跨越不同的（通常更大的）频率范围。

为LTE上行链路定义了两类SRS传输：自LTE第8版就已可用的周期性SRS传输；LTE第10版引入的非周期性SRS传输。

7.2.2.1　周期性SRS传输

来自一个终端的SRS传输以规则的时间间隔出现，从非常频繁的2ms一次（每第二个子帧）到不太频繁的160ms一次（每第16个帧）。当SRS在一个子帧中传输时，它会占用该子帧最后一个符号，如图7.14所示。此外，TDD操作情况下SRS也可以在UpPTS中传输。

在频域内，SRS传输应覆盖频域调度器关注的频率范围。这可由如下两种做法实现：

- 通过传输一个足够宽的SRS，可通过单一SRS传输就足以探测所关注的整个频率范围，如图7.15的上半部分所示。
- 通过传输多个窄带的跳频SRS，通过这种方式SRS传输序列联合起来覆盖了所关注的整个频率范围，如图7.15的下半部分所示。

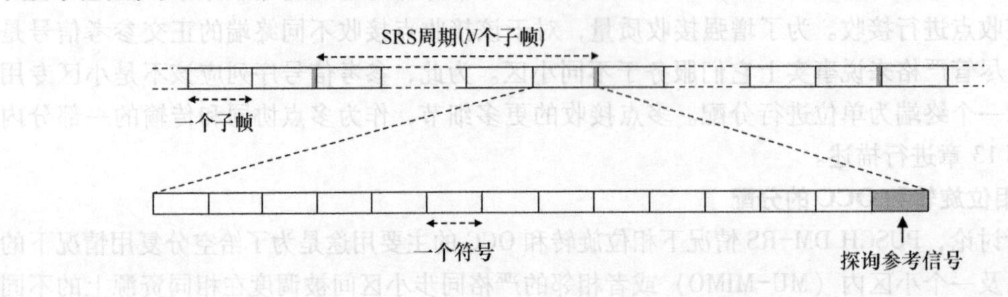

图7.14　SRS的传输

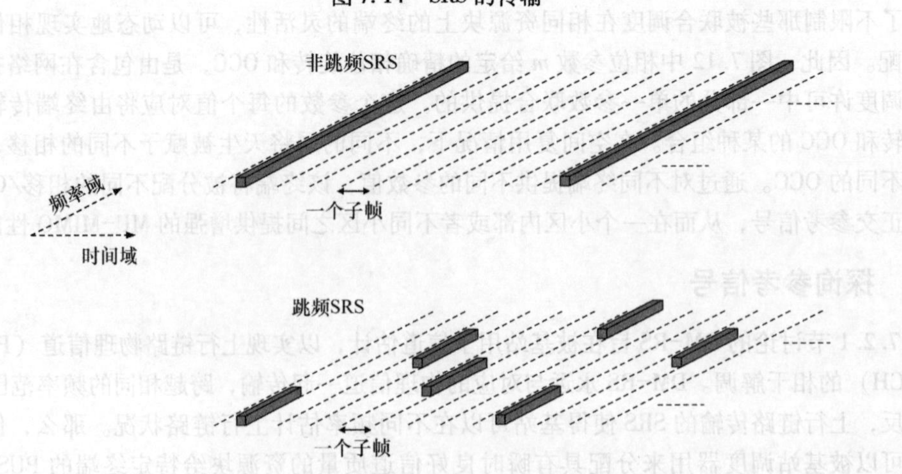

图7.15　非跳频的（宽带的）与跳频的SRS

瞬时 SRS 带宽总是 4 个资源块的倍数。在一个小区内同时可用该 SRS 传输的不同带宽。对应4个资源块的窄带 SRS，总是可用的，与上行链路的小区带宽无关。小区内还可以配置最多三个额外的更宽的 SRS。该小区内的特定终端会被明确配置来指定使用小区中可用的最多4个SRS带宽之一。

如果一个终端在特定子帧内传输 SRS，那么该 SRS 传输可以很好地在频率内与来自该小区内其他终端的 PUSCH 传输重叠。为了避免来自不同终端的 SRS 与 PUSCH 传输之间的冲突，通常终端应避免在 SRS 传输可能出现的 OFDM 符号内进行 PUSCH 传输。为了实现这些，一个小区中的所有终端都应知道该小区内任何终端发送的 SRS 可能出现的子帧集合。这样，所有终端都不会在那些子帧的最后一个 OFDM 符号内传输 PUSCH。一个小区内 SRS 传输可能出现的子帧集合的信息，将被作为小区系统信息的一部分来提供[㊀]。

更深层次上来说，SRS 的结构类似第7.2.1节描述的上行链路 DM-RS。更准确地说，SRS 也被定义为采用与 DM-RS 一样的方式来推导的频域参考信号序列。即，对于序列长度等于30或以上时，采用质数长度的 Zadoff-chu 序列循环扩展；对于序列长度小于30时，采用特殊序列。然而，SRS 情况下参考信号序列是每隔一个子载波映射的，创建了一个像梳子一样的频谱，如图7.16所示。考虑 SRS 传输带宽总是4个资源块的倍数，因此用于 SRS 的参考信号序列长度总是24的倍数[㊁]。用于小区内 SRS 传输的参考信号序列是通过与小区内 PUCCH DM-RS 一样的方式推导得出，假定采用了小区专用的参考信号序列分配。终端专用的参考信号序列不支持 SRS。

从第13版开始，最多可用4个而非之前版本的2个不同梳子，服从于更高层协议。4个不同梳子情况下，每第4个子载波而非每隔一个子载波将被使用。这样做的目的是为了提升 SRS 复用容量，来应对 FD-MIMO 引入后所支持的更多天线数量，具体内容见第10章。

与 DM-RS 类似，不同的相位旋转（在 LTE 规范中也被称为“循环移位”），可用于生成相互正交的不同 SRS。因此，通过为不同终端分配不同的相位旋转，可以在同一子帧内并行传送多个 SRS，如图7.17的上半部分所示的1号终端和2号终端。然而，这也就要求所有参考信号应涵盖相同的频带。

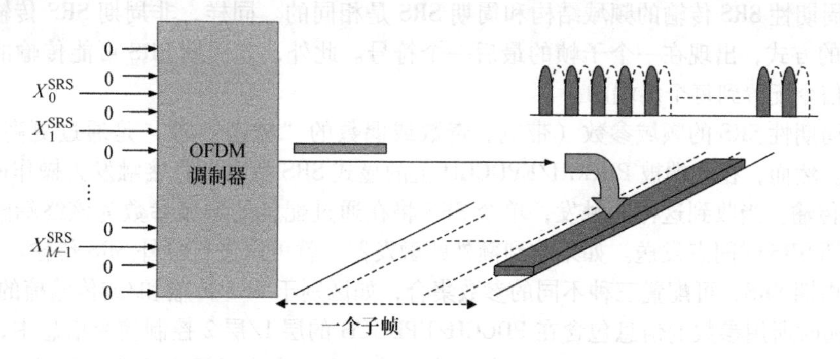

图7.16　来自频域参考信号序列的SRS生成

㊀ 作为系统信息一部分来提供的内容是周期（2～160ms）和一个子帧偏置，与下列着重符列表比较。

㊁ 4个资源块，每个涵盖12个子载波，但只有每隔一个子载波才会被用于特定 SRS 传输。

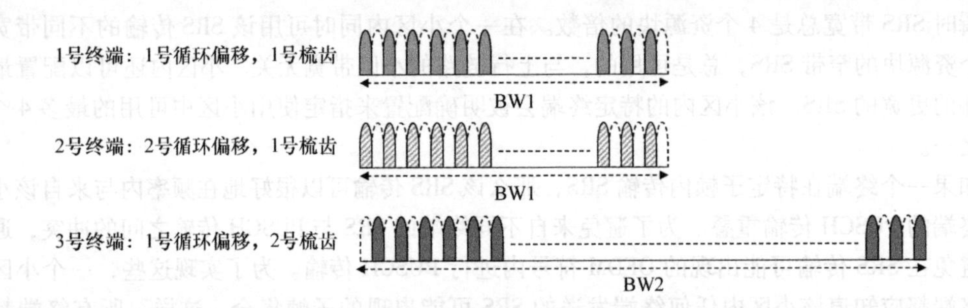

图7.17　来自不同终端的SRS传输的复用

另一种允许不同终端同时传输SRS的方法基于这样的事实：单SRS只占用每隔1个（或者每段第4个）子载波。因此，来自两个终端的SRS传输可以通过为它们分配不同频率移位或“梳齿”来进行频率复用，如图7.17下半部分所示的3号终端。与采用不同“循环移位”进行SRS传输复用不同的是，SRS传输的频率复用不要求传输覆盖相同的频率范围。

总之，下列参数定义了SRS传输的特性：

- SRS传输的时域周期（2~160ms）及子帧偏置。
- SRS传输带宽，单SRS传输覆盖的带宽。
- 跳频带宽，即SRS传输中跳频所占的带宽。
- 频域位置，即SRS传输在频域的起点。
- 传输梳，如图7.17所示。
- 参考信号序列的相位旋转（或等同于循环移位）。
- 梳齿的数量（在版本13引入）。

通过更高层（RRC）信令的方式对将要传输SRS的终端配置这些参数。

7.2.2.2　非周期性SRS传输

与周期SRS相比，非周期SRS是通过PDCCH传输的调度授权的部分内容来触发的一次性传输。一个非周期性SRS传输的频域结构和周期SRS是相同的。同样，非周期SRS传输采用与周期SRS一样的方式，出现在一个子帧的最后一个符号。此外，非周期SRS可能传输的时间点是通过更高层信令配置到每个终端的。

用于非周期性SRS的频域参数（带宽、奇数或偶数的“梳齿”等）是通过更高层（RRC）信令配置的。然而，在终端被PDCCH/EPDCCH上的显式SRS触发器直接触发去操作前，不会实际执行SRS传输。当收到这样的触发，单个SRS将在通过配置的频域参数为该终端配置的下一个可用非周期SRS时间点发送。如果收到额外的触发器，就可以进行额外SRS传输。

对于非周期SRS，可配置三种不同的参数集合，如区别于SRS传输和/或传输梳的频率位置。SRS实际传输时所用参数的信息包含在PDCCH/EPDCCH的层1/层2控制信令信息中，包括两个比特通过其中三种组合来指示特定SRS参数集合。第四个组合表示没有SRS应该传输。

7.3　上行链路多天线传输

LTE规范从版本8（R8）就已支持下行链路的多天线传输。LTE第10版也引入了对依赖终端侧多个发射天线的上行链路多天线传输的支持。上行链路多天线传输可通过以下不同的方式来改善上行链路性能：

- 为了改善用于上行链路数据传输的可实现数据速率和频谱效率，通过允许上行链路物理数据信道 PUSCH 采用支持上行链路波束成形的天线预编码，以及可支持最多4层的空分复用。
- 通过允许上行物理控制信道 PUCCH 采用发送分集，提高上行链路控制信道性能。

7.3.1　用于 PUSCH 的基于预编码器的多天线传输

如图7.18所示，上行链路的天线预编码结构与下行链路天线预编码（见第6.3节）非常相似，包含类似下行链路非码本预编码（见图6.18）的预编码 DM-RS（每层一个）。上行链路天线预编码支持采用最多4个天线端口，允许多达4层的空分复用。

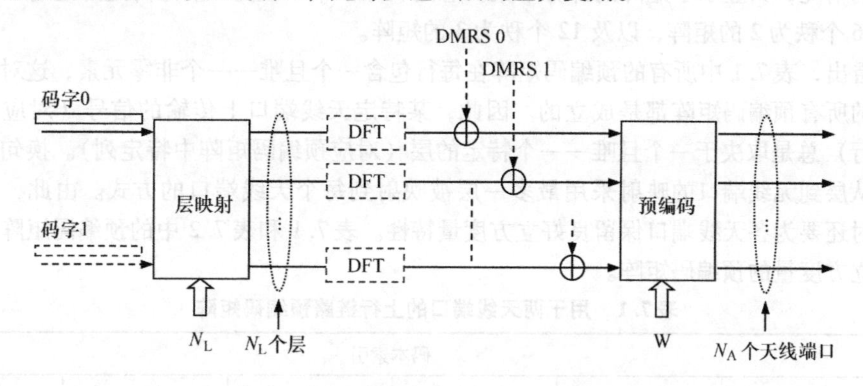

图7.18　LTE上行链路基于预编码的多天线传输

调制符号到层的映射原则也与下行链路相同。对于初始传输，如果是单层传输，就只有一个传输块；对多于一层的传输则有两个传输块，如图7.19所示。与下行链路类似，混合 ARQ 重传时的许多情况下，一个传输块也可以在多个层上传输。

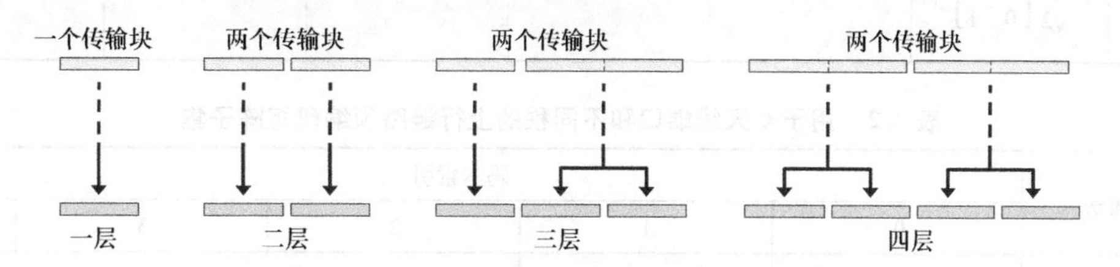

图7.19　上行链路传输信道到层的映射（初始传输）

如图7.18所示，DFT预编码实际上发生在层映射之后，也就是说每层独立地进行DFT预编码。为了简化说明，这在图7.1所示的物理层传输处理概述中是不可见的。

还可能需要注意的是，与图6.19不同，图7.18所示的预编码没有被遮住。如第6.3.3节的讨论，对于下行链路的非码本预编码，天线映射的预编码部分没有在规范中规定，可以对下行链路传输使用任意的预编码。由于采用了预编码的 DM-RS，终端可以在不需要明确知道发送端采用什么预编码的情况下恢复不同层的数据。

这对于上行链路也同样适用，即预编码DM-RS的存在允许基站在不需要知道发射端预编码信息情况下解调上行链路多天线传输并恢复不同层的数据。然而，LTE上行链路的预编码矩阵是由网络选择的，并作为调度授权的部分内容传给终端。那么终端应该遵循由网络选择的预编码矩阵。因此，上行链路的预编码是在规范中可见的，为了限制下行链路信令，对每个传输秩定义了有限的预编码矩阵集合。

更准确地说，对于每个传输秩N_L和天线端口N_A的组合，定义了一个大小为$N_A \times N_L$的预编码矩阵，表7.1和表7.2分别给出了2和4个天线端口的矩阵。对于全秩传输（传输秩或层数等于发射天线数）时只定义了一个预编码矩阵，即单位阵$N_A \times N_A$（未在表中显示）。注意，对于4个天线端口的情况，只显示了矩阵的部分子集。总之，除了单个秩为4的矩阵之外还有24个秩为1的矩阵，16个秩为2的矩阵，以及12个秩为3的矩阵。

可以看出，表7.1中所有的预编码矩阵在每行包含一个且唯一一个非零元素，这对于为上行链路定义的所有预编码矩阵都是成立的。因此，某特定天线端口上传输的信号（对应预编码矩阵中特定行）总是取决于一个且唯一一个特定的层（对应预编码矩阵中特定列）。换句话说，预编码矩阵从层到无线端口的映射采用最多一层被映射到每个天线端口的方式。由此，当使用天线预编码时还要为各天线端口保留良好立方度量特性。表7.1和表7.2中的预编码矩阵因此也被称为保持立方度量的预编码矩阵。

表7.1　用于两天线端口的上行链路预编码矩阵

传输秩	码本索引					
	0	1	2	3	4	5
1	$\frac{1}{\sqrt{2}}\begin{bmatrix}1\\1\end{bmatrix}$	$\frac{1}{\sqrt{2}}\begin{bmatrix}1\\-1\end{bmatrix}$	$\frac{1}{\sqrt{2}}\begin{bmatrix}1\\j\end{bmatrix}$	$\frac{1}{\sqrt{2}}\begin{bmatrix}1\\-j\end{bmatrix}$	$\frac{1}{\sqrt{2}}\begin{bmatrix}1\\0\end{bmatrix}$	$\frac{1}{\sqrt{2}}\begin{bmatrix}0\\1\end{bmatrix}$
2	$\frac{1}{\sqrt{2}}\begin{bmatrix}1&0\\0&1\end{bmatrix}$	—	—	—	—	—

表7.2　用于4天线端口和不同秩的上行链路预编码矩阵子集

传输秩	码本索引				
	0	1	2	3	…
1	$\frac{1}{2}\begin{bmatrix}1\\1\\1\\-1\end{bmatrix}$	$\frac{1}{2}\begin{bmatrix}1\\1\\j\\j\end{bmatrix}$	$\frac{1}{2}\begin{bmatrix}1\\1\\-1\\1\end{bmatrix}$	$\frac{1}{2}\begin{bmatrix}1\\1\\-j\\-j\end{bmatrix}$	…
2	$\frac{1}{2}\begin{bmatrix}1&0\\1&0\\0&1\\0&-j\end{bmatrix}$	$\frac{1}{2}\begin{bmatrix}1&0\\1&0\\0&1\\0&j\end{bmatrix}$	$\frac{1}{2}\begin{bmatrix}1&0\\-j&0\\0&1\\0&1\end{bmatrix}$	$\frac{1}{2}\begin{bmatrix}1&0\\-j&0\\0&1\\0&-1\end{bmatrix}$	…

（续）

传输秩	码本索引				
	0	1	2	3	…
3	$\frac{1}{2}\begin{bmatrix}1&0&0\\1&0&0\\0&1&0\\0&0&1\end{bmatrix}$	$\frac{1}{2}\begin{bmatrix}1&0&0\\-1&0&0\\0&1&0\\0&0&1\end{bmatrix}$	$\frac{1}{2}\begin{bmatrix}1&0&0\\0&1&0\\1&0&0\\0&0&1\end{bmatrix}$	$\frac{1}{2}\begin{bmatrix}1&0&0\\0&1&0\\-1&0&0\\0&0&1\end{bmatrix}$	…
4	$\frac{1}{2}\begin{bmatrix}1&0&0&0\\0&1&0&0\\0&0&1&0\\0&0&0&1\end{bmatrix}$	—	—	—	…

为了选择合适的预编码矩阵，网络需要了解上行链路信道的相关信息。此类信息可以通过如基于对上行链路 SRS 的测量得到（第 7.2.2 节）。如图 7.20 所示，SRS 没有使用预编码发送，即直接在不同天线端口上发送。从而接收的 SRS 反映了不包括任何预编码的各天线端口的信道。根据接收的 SRS，网络可以由此确定合适的上行链路传输秩及其对应的上行链路预编码矩阵，并作为调度授权的部分内容提供有关选择的秩和预编码矩阵的信息。

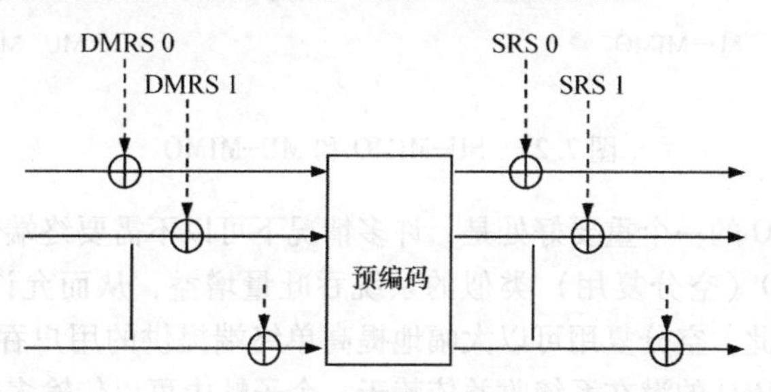

图 7.20　上行链路天线预编码后 SRS 传输的示意图

前面假定 SRS 和 PUSCH 使用相同的天线端口数。这是相互关联的，此时 SRS 用于辅助预编码矩阵的选择，如前几段所讨论的。然而，也存在 SRS 和 PUSCH 使用不同天线端口数的情况。一个例子是两层（两天线端口）上行链路传输，其中更倾向使用 SRS 来实现用于可能的 4 层传输的信道探测。此情况下 SRS 传输使用与 PUSCH 不同的天线端口集合，从而辅助 eNodeB 评估切换到 4 层传输的好处（如果存在的话）。

7.3.2　上行链路多用户 MIMO

如第 6.3.5 节所述，下行链路多用户 MIMO（MU-MIMO）意味着到不同终端的下行链路传输采用相同的时频资源并依赖至少在网络侧的多天线可用性，用来抑制传输之间的干扰。MU-MIMO 一词来源于对应的术语 SU-MIMO（单用户空分复用）。

上行链路 MU-MIMO 在本质上与下行链路相同，但用于上行链路传输方向。即，上行链路

MU-MIMO意味着来自多个终端的上行链路传输使用相同的上行链路时频资源，并依靠基站处多个接收天线来区分两个或多个传输。因此，MU-MIMO实际上只是上行链路空分多址（SDMA）的另一个名称而已。

其实，在上行链路上MU-MIMO和SU-MIMO（空分复用）之间的关系更密切。上行链路空间复用，如采用两个天线端口和两层，意味着终端采用每层并由此每个天线端口发送一个传输块的方式传送两个传输块[⊖]，如图7.21左边所示。如图7.21右边所示，MU-MIMO本质上等同于把两个发射天线分隔成两个不同的终端，并发送来自每个终端的一个传输块。分开两个传输的基站过程基本上可以等同于空间复用情况下分隔两个层传输的处理过程。应该注意，如果两个终端在空间分开，接收端侧两个传输的分离可以被简化或者至少扩展了实现这种分离的可行方法。对附着到同一终端两根天线的情况，这是不成立的。举例说明，对于充分隔离的终端，可利用相关接收机天线的经典波束成形来分离上行链路传输。另外，可使用不相关的接收机天线，则基本上和SU-MIMO的分离手段相同。

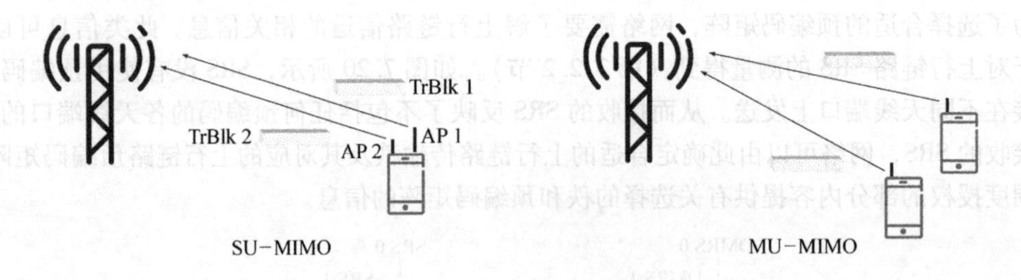

图7.21　SU-MIMO和MU-MIMO

上行链路MU-MIMO的一个重要好处是，许多情况下可以不需要终端侧带有多根发射天线的情况下得到和SU-MIMO（空分复用）类似的系统吞吐量增益，从而允许更低的终端实现复杂度。应该指出，尽管如此，空分复用可以大幅地提高单终端提供的用户吞吐量和峰值数据速率。此外，上行链路MU-MIMO的潜在系统收益依赖于一个子帧内可以传输多于一个终端的事实。共享时频资源的终端“配对”过程也并不简单，需要适当的无线信道条件。

本质上，对上行链路MU-MIMO的支持只需要能够为上行链路传输直接分配专门的正交参考信号，从而确保来自参与MU-MIMO传输的不同终端参考信号传输之间有正交性。如第7.2.1.5节所述，这是通过动态分配作为上行链路调度许可一部分的DM-RS相位旋转和OCC的方式来实现的。

7.3.3　PUCCH发射分集

基于预编码的多层传输，仅用于PUSCH上的上行链路数据传输。然而，一个终端带有多根发射天线情况下，人们显然希望将全部的终端天线和相应的终端功率放大器也用于PUCCH上的L1/L2控制信令，以便能够利用所有功率资源，实现最大化分集增益。为了获得额外的分集增益，

⊖　注意，2×2预编码矩阵为单位矩阵，参见表7.1。

LTE 第10版还用于 PUCCH 的双天线发射分集。具体而言，支持 PUCCH 的发射分集被称为空间正交资源发射分集（SORTD）。

SORTD 的基本原则是，简单地采用不同天线上的不同资源（时间、频率和/或码字）传输上行链路控制信令。本质上，来自两个天线的 PUCCH 传输将和使用不同资源的两个终端的 PUCCH 传输相同。因此，相对于非 SORTD 传输，SORTD 创造额外的分集效果，但需要两倍的 PUCCH 资源来实现。

对于终端侧的四根物理天线，可采用特定实现的天线虚拟化技术。本质上，通过一个透明的方案把两天线端口信号映射到四根物理天线。

7.4 上行链路层1/层2控制信令

与 LTE 下行链路相同，上行链路也需要支持上下行链路上的数据传输来传送上行链路的层1/层2（L1/L2）控制信令。上行链路 L1/L2 控制信令包括如下几项：

- 用于接收到 DL-SCH 传输块的混合 ARQ 确认。
- 下行链路信道条件相关的信道状态信息（CSI），用于辅助下行链路调度。
- 调度请求，指示终端用于 UL-SCH 传输的所需上行链路资源。

上行链路上没有任何信令指示 UL-SCH 传输格式。如第4章中所提到，基站完全控制上行链路 UL-SCH 传输，终端总是遵从来自网络包含 UL-SCH 传输格式的调度授权。因此，网络预先知道 UL-SCH 传输使用的传输格式，无须上行链路的直接信令指示。

上行链路需要传输 L1/L2 控制信令，无论是否终端有上行链路传输信道数据需要发送，由此也无论是否为 UL-SCH 传输分配了任何资源。因此，对于上行链路 L1/L2 控制信令传输支持两种不同方法，取决于终端是否被分配了用于 UL-SCH 传输的如下的上行链路资源：

- L1/L2 控制信令与 UL-SCH 不同时传输。如果终端没有有效的调度授权（即当前子帧内没有为 UL-SCH 分配资源），则使用一个独立的物理信道 PUCCH 来传输上行链路 L1/L2 控制信令。
- L1/L2 控制信令与 UL-SCH 同时传输。如果终端拥有有效的调度授权（即当前子帧为UL-SCH 分配了资源），则上行链路 L1/L2 控制信令与编码后的 UL-SCH 时分复用到 PUSCH 上，再进行 DFT 预编码和 OFDM 调制。由于给终端分配了 UL-SCH 资源，这时不需要发送调度请求。取而代之的是，调度信息可包括在 MAC 头之中，如第13章介绍。

之所以区分两种情况是为了使用于上行链路功率放大器的立方度量指标最小化，以使覆盖最大化。但是，在终端有足够的可用功率的情况下，可以同时传输 PUSCH 和 PUCCH 而不影响覆盖。因此，在第10版引入了可以同时传输 PUSCH 和 PUCCH 的可能性，作为以更高立方度量为代价来提升灵活性的几个功能之一[⊖]。不能容忍这种牺牲的情况下，要通过使用 LTE 第一个版本中的基本机制来避免同时传输 PUSCH 和 PUCCH。

下面将介绍 PUCCH 的基本结构和用于 PUCCH 控制信令的原理，之后介绍 PUSCH 的控制信令。

⊖ 此类特征的其他案例为多个上行链路组分载波同时传输和上行多簇传输。

7.4.1 基本PUCCH结构

当终端没有被分配用于上行链路UL-SCH传输的资源时，L1/L2控制信令（CSI报告、混合ARQ确认和调度请求）在给PUCCH的上行链路L1/L2控制信令分配的特定上行链路资源（资源块）上传输。PUCCH上的控制信令传输由所用的PUCCH格式决定。

LTE早期版本，即版本8和版本9，定义了两种主要的PUCCH格式[㊀]：

- PUCCH格式1，携带0、1、2个信息比特，用于混合ARQ确认和调度请求。
- PUCCH格式2，携带最多11个控制信息比特，用于CSI报告。

每个终端有一个PUCCH。假定PUCCH格式1和2带有相对较小的有效载荷大小，一个子帧内一个资源块的带宽对于单个终端的控制信号需求太大了。因此，为了有效地利用给控制信令预留的资源，多个设备可以共享相同的资源块对。

采用版本10引入的载波聚合，其中可以聚合最多五个组分载波，混合ARQ确认的数量增加了。针对这种情况，提出了一个额外的PUCCH格式：

- PUCCH格式3，搭载了最多22位的控制信息。

在第13版中，载波聚合被扩展到最多32个组分载波，要求进一步更高的系统容量。

- PUCCH格式4，可以通过使用多个资源块对来承载大量混合ARQ确认。
- PUCCH格式5，能够承载PUCCH格式3和格式4之间的有效荷载。

下面将对不同PUCCH格式中每一个的详细结构进行描述，之后的内容为如何应用这些格式的概述。

7.4.1.1 PUCCH格式1

PUCCH格式1[㊁]，用于混合ARQ确认和调度请求的传输，能承载最多两个信息比特。相同的结构被用于图7.22所示的子帧中的两个时隙。对于混合ARQ确认的传输，一个或两个混合ARQ确认比特被分别用于产生BPSK或QPSK符号。对于调度请求，采用与负面确认相同的星座点。那么调制符号用来产生两个PUCCH时隙的每个将被传输的信号之上。

共享一个子帧内相同资源块对的不同终端，采用长度为12的频域序列的不同正交相位旋转进行区别，这里序列与长度为12的参考信号序列相同。此外，如第7.2节中与参考信号有关的内容所述，频域内的线性相位旋转等同于在时域应用了循环移位。因此，尽管这里采用了“相位旋转”的术语，有时会使用具有隐含意味的时域参考的术语循环移位。与参考信号的情况类似，指定了多达12个不同的相位旋转，提供来自每个基序列的最多12个不同的正交序列[㊂]。然而，在频率选择性信道的情况下，如果保留正交性，则并非所有12个相位旋转均可用。通常情况下，从无线电传播角度来看认为最多6个旋转是可用的。尽管从整体系统的角度来看，小区间干扰可能会导致可用数量更少。高层信令用于配置小区中使用的旋转数量。

㊀ 实际上，格式1和格式2各存在三种子类型，参见更多详细描述。

㊁ 实际上，LTE协议中有三个变种——格式1、1a和1b，分别用于调度请求及一个或两个混合ARQ确认的传输。然而，为了简单起见，这里均称为格式1。

㊂ 在版本8到版本10中，基序列是小区特定的，而在版本11中增加了配置从基序列推导出的“虚拟小区标识”的可能性。更多细节见第7.2节中与上行链路参考信号的相关讨论。

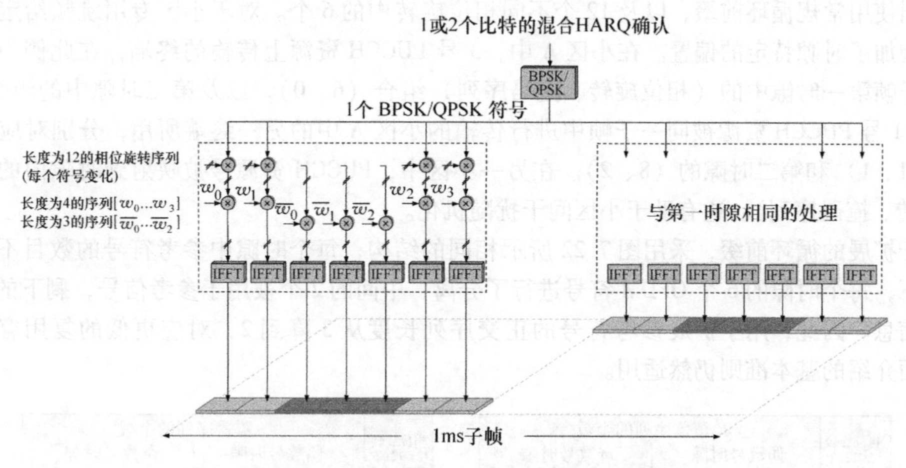

图 7.22 PUCCH 格式 1（普通循环前缀）

对于常规循环前缀，每个时隙有七个 OFDM 符号（扩展的循环前缀情况下每个时隙有 6 个）。这 7 个 OFDM 符号的每一个，都传送一个长度为 12 的序列，由之前所述基序列的相位旋转得到。符号中的 3 个被基站用作信道估计所需的参考信号，剩余的 4 个[㊀]经过之前所述的 BPSK/QPSK 符号调制。原则上，BPSK/QPSK 调制符号可以直接调节用于区分在相同时频资源上传输不同终端的旋转的长度为 12 的序列。然而，这可能会不必要地导致 PUCCH 的容量下降。因此，BPSK/QPSK 符号通过长度为 4 的正交掩码序列进行复用[㊁]。多个终端可以采用相同的相位旋转序列在同一时频资源上传输，并且通过不同的正交掩码来区分。为了能够估计各终端的信道，参考信号也采用正交掩码序列，唯一的区别是常规循环前缀情况下采用长度为 3 的序列。因此，由于每个基序列可用于多达 3×12 = 36 种不同终端（假设 12 个相位旋转均可使用；一般最多只用 6 个），PUCCH 的容量与不使用掩码序列相比提高了 3 倍。数据部分使用的掩码序列是 3 个长为 4 的 Walsh 序列，参考信号使用的是 3 个长为 3 的 DFT 序列。

用于传输一个 HARQ 确认或者一个调度请求所用 PUCCH 格式 1 的资源，可由一个标量索引表示。从这个索引中可以推断出相位旋转和正交掩码序列。

如前所述，采用基序列的相位旋转并结合正交序列，为同一小区不同终端在相同资源块上传输 PUCCH 提供了正交性。因此，理想情况下没有小区内干扰，这有助于提升性能。然而，由于相邻小区使用非正交的序列，因此通常 PUCCH 上会受到小区间干扰。为使相邻小区干扰随机化，小区中该序列的相位旋转会根据主载波物理层小区 ID 得到的调频模板在一个时隙中逐符号进行变化。版本 11 通过使用虚拟化小区标识而非物理表示来配置随机化。在此基础上，正交掩码和相位旋转也要在时隙间跳变，从而进一步随机化干扰。如图 7.23 所示，这里假定每个正交

㊀ 用于参考信号和确认的符号数，是在信道估计准确度和信息部分所用能量之间的折中。已经发现一种比较好的妥协方案是，参考信号采用 3 个符号，确认使用 4 个符号。

㊁ 在相同子帧内同时传输 SRS 和 PUCCH 的情况下使用长度为 3 的序列，因此导致子帧内的最后一个 OFDM 符号可用于 SRS。

掩码序列使用常规循环前缀，以及12个不同相位旋转中的6个。对于小区专用跳频给定的相位旋转，增加了时隙特定的偏置。在小区A中，3号PUCCH资源上传输的终端，在此例中对应采用了本子帧第一时隙中的（相位旋转、掩码序列）组合（6、0），以及第二时隙中的组合（11、1）。第11号PUCCH资源被同一子帧中进行传输的小区A中的另一终端所用，分别对应第一时隙的（11、1）和第二时隙的（8、2）。在另一小区中，PUCCH资源号被映射到时隙内的不同集合（旋转、掩码序列）。这有助于小区间干扰随机化。

对于扩展的循环前缀，采用图7.22所示相同的结构，每个时隙中参考符号的数目不同。这种情况下，每个时隙的6个OFDM符号进行了分离，中间的2个被用于参考信号，剩下的4个用于传输信息。因此，用于扩展参考符号的正交序列长度从3降到2，对应更低的复用容量。然而，上面介绍的基本准则仍然适用。

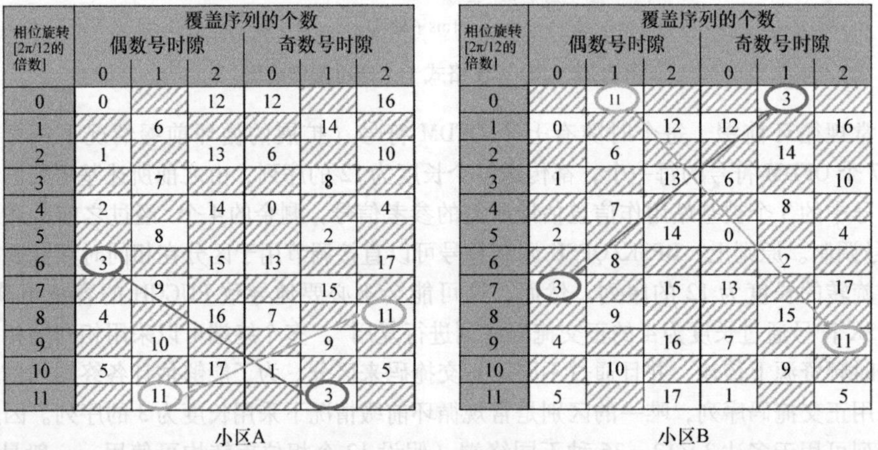

相位旋转[2π/12的倍数]	覆盖序列的个数 偶数号时隙			奇数号时隙		
	0	1	2	0	1	2
0	0		12	12		16
1		6			14	
2	1		13	6		10
3		7			8	
4	2		14	0		4
5		8			2	
6	3		15	13		17
7		9			15	
8	4		16	7		11
9		10			9	
10	5		17	1		5
11		11			3	

小区A

相位旋转[2π/12的倍数]	覆盖序列的个数 偶数号时隙			奇数号时隙		
	0	1	2	0	1	2
0		11			3	
1	0		12	12		16
2		6			14	
3	1		13	6		10
4		7			8	
5	2		14	0		4
6		8			2	
7	3		15	13		17
8		9			15	
9	4		16	7		11
10		10			9	
11	5		17	1		5

小区B

图7.23　两个不同小区中用于两个PUCCH资源指示的相位旋转和掩码跳频示例

7.4.1.2　PUCCH格式2

PUCCH格式2用于CSI报告，能够处理多达11个信息比特/帧[1]。与PUCCH格式1类似，使用一个子帧中相同资源块对的多个设备，通过一个长度为12的不同的正交相位旋转进行分离，图7.24所示为常规循环前缀的情况。使用屏蔽的Reed-Muller编码和QPSK调制的块编码之后，该子帧中有10个QPSK符号待传输：前5个符号在第一时隙发送，剩下的5个在最后一个时隙传输。

假定采用常规循环前缀，每个时隙有7个OFDM符号。在每个时隙的7个OFDM符号中，两个用于参考信号传输以实现eNodeB侧的相干解调[2]。剩下的5个将要被传输的各自的QPSK符号与一个相位旋转的长度为12的基序列相乘，其结果在相应的OFDM符号中发送。对于一个扩展

[1] 实际上，LTE协议中有3个变种——格式2、格式2a和格式2b，后两种用于CSI报告和HARQ的同时传输，本节稍后介绍。这里为了简单起见，统称为格式2。

[2] 与格式1相同，用于参考信号和编码的信道质量信息的符号数是在信道估计精确度和信息部分能量之间的一种权衡关系。每个时隙中2个符号用于参考信号，5个符号用于编码的信息部分，这被认为是一种比较好的折中。

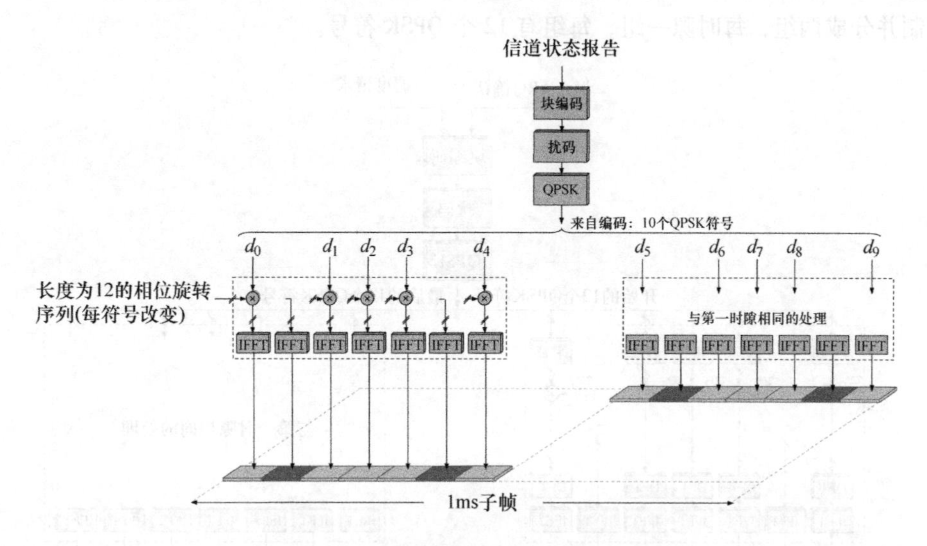

图 7.24 PUCCH 格式 2（常规循环前缀）

的循环前缀，其中每个时隙有 6 个 OFDM 符号，使用相同的结构但每个时隙内带有一个参考信号而非两个。

格式 2 结构基于与格式 1 相同的基序列相位旋转是有益的，因为这样可以实现两种格式在同一资源块中传输。由于相位旋转的序列是正交的，小区中的一个旋转序列既可用于使用格式 2 的 PUCCH 实例，也可用于使用格式 1 的 3 个 PUCCH 实例。因此，一个 CSI 报告的“资源消耗”相当于 3 个混合 ARQ 确认（假设为常规循环前缀）。注意，正交掩码序列不用于格式 2。

对于 PUCCH 格式 2 的不同符号中使用的相位旋转采用与格式 1 类似的跳频方式，目的在于干扰随机化。与 PUCCH 格式 1 类似，用于 PUCCH 格式 2 的资源也可以通过被视为“信道号”的标量索引来表示。

7.4.1.3 PUCCH 格式 3

对于下行链路载波聚合，见第 12 章，在多个组分载波同时传输的情况下需要反馈多个混合 ARQ 确认比特。尽管可使用具有资源选择功能的 PUCCH 格式 1 来控制两个组分载波的情况，但是当最多支持 5 个组分载波的载波聚合成为版本 10 的一部分时，这不是有效的统一解决方案。因此，在版本 10 中引入了 PUCCH 格式 3，以更有效的方式来实现在 PUCCH 上传输多达 22 个信息比特。能够支持两个以上的下行链路组分载波即能反馈 4 个以上混合 ARQ 确认比特的终端，必须能支持 PUCCH 格式 3。对于此类终端，如果采用高层信令配置不使用带有资源选择功能的 PUCCH 格式 1，也可用 PUCCH 格式 3 来传输少于 4 个与多个组分载波上同时传输相关的反馈比特。

如图 7.25 所示，PUCCH 格式 3 的基础是 DFT 预编码的 OFDM，即与 UL-SCH 使用相同的传输机制。每个下行链路组分载波对应的是一个还是两个确认比特，取决于为特定组分载波配置的传输模式，与为调度请求预留的一个比特串连成一个比特序列。这里对应非调度传输块的比特被设置为0。使用块编码[㊀]，之后进行加扰来随机化小区间干扰。所得到的48个比特应用QPSK调制并分成两组，每时隙一组，每组有12个QPSK符号。

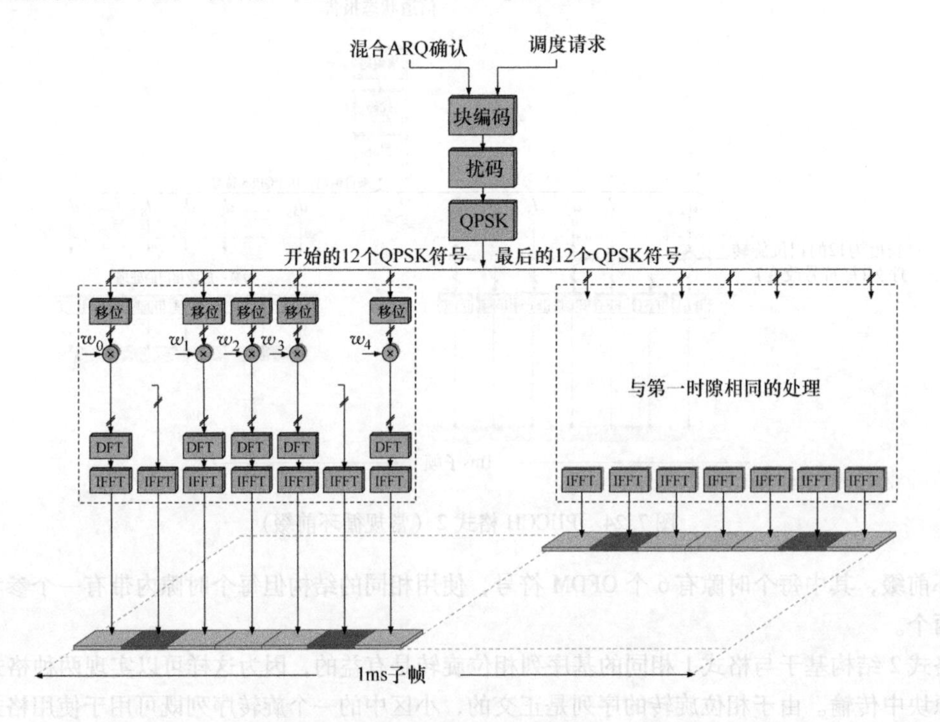

图7.25　PUCCH格式3（常规循环前缀）

假定采用常规循环前缀，每个时隙有7个OFDM符号。与PUCCH格式2类似，每时隙中2个OFDM符号用于参考信号传输（扩展的循环前缀情况下为一个OFDM符号）；剩下的5个用于数据传输。每个时隙中，12个DFT预编码QPSK符号构成的传输块在5个可用的DFTS-OFDM符号中发送。为了小区间干扰进一步随机化，12个DFT输入的循环移位在OFDM符号间以小区专用的方式变化，应用于DFT预编码之前的12个QPSK符号块（在第11版及之后版本中，循环移位可基于虚拟小区标识而非物理标识）。

为了提高复用容量，使用一个长度为5的正交序列，一个时隙内传输数据的5个OFDM符号中的每一个与该序列的元素相乘。因此，对于PUCCH格式3，最多5个终端可以共享相同的资源块对。在两个时隙里使用长度为5的不同序列来改善高多普勒场景下的性能。为了便于对共享同一资源的不同传输块进行信道估计，使用不同参考信号序列。

长度为5的正交掩码序列可作为5个DFT序列。也可以对第二时隙使用长度为4的Walsh序列，从而在该子帧中配置探测信号的情况下保留最后一个OFDM符号不被使用。

采用与其他两个PUCCH格式相同的方式，一个资源可以通过单一索引来表示，从中可以推导出正交序列和资源块的编号。

㊀ 使用（32、K）的Reed-Muller编码，但对于TDD系统中12个或更多比特的情况，联合使用两个RM码。

注意，由于PUCCH格式3基本结构与其他两种格式有差异，资源块不能在格式3及格式1/2之间共享。

7.4.1.4　PUCCH格式4

随着载波聚合扩展到控制最多32个组分载波，PUCCH格式3的有效载荷能力不足以处理产生的混合ARQ确认数量。在第13版中引入了PUCCH格式4和PUCCH格式5来解决这个问题。

PUCCH格式4，如图7.26所示，在很大程度上是建模带有一个覆盖多个资源块对的单一DFT预编码器的PUSCH处理之后的情况。添加一个8位CRC到有效荷载上，后跟着咬尾卷积编码和速率匹配来匹配编码比特数和可用资源元素的数量。加扰、QPSK调制、DFT预编码，以及到资源要素的映射遵循与PUSCH相同的结构，即每个DFT扩展OFDM符号承载分离的编码比特集合。频域中的多个资源块，1、2、3、4、5、6或8，可用于PUCCH格式4来传输非常大的有效载荷。使用时隙间跳频，类似其他PUCCH格式，支持常规和扩展循环前缀。还可能有一个缩短的格式，当子帧中配置了探寻信号时保留该子帧中最后一个OFDM符号不被使用。

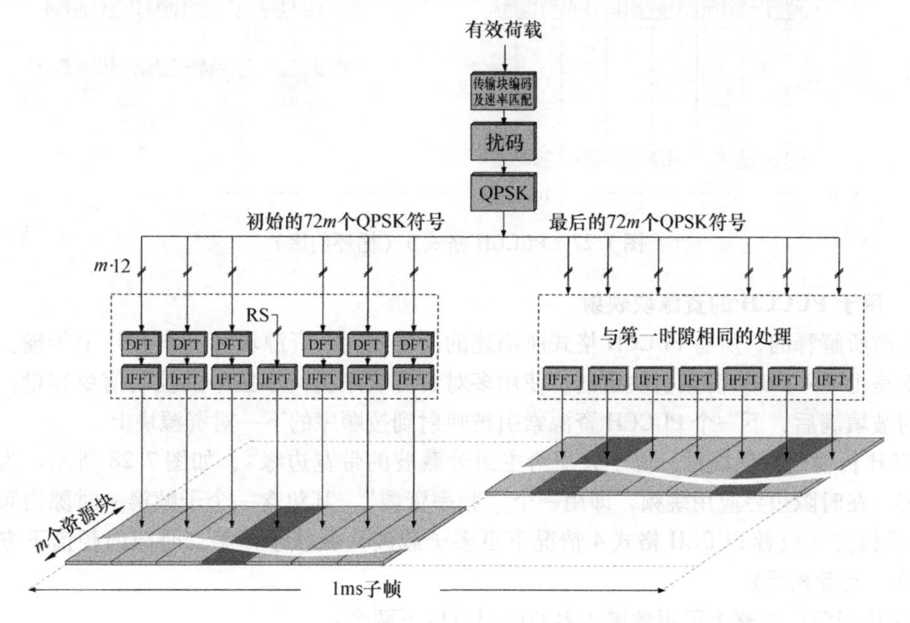

图7.26　PUCCH格式4（常规循环前缀）

7.4.1.5　PUCCH格式5

与格式4类似，PUCCH格式5用于控制大量的混合ARQ反馈比特。然而，由于它使用单一的资源块对，其负载容量小于PUCCH格式4。此外，格式5复用两用户到单一的资源块对，如图7.27所示，使它适合有效处理荷载大于格式3但小于格式4的情况。

包括CRC附着、速率匹配及QPSK调制的信道编码，与PUCCH格式4相同。然而，资源块映射和扩频的使用是不同的。每个DFT扩频OFDM符号携带6个QPSK符号。DFT预编码之前，这6个QPSK符号进行块重复，这里第二个块乘以+1或−1，取决于使用两个正交序列的哪个。因此，通过使用不同的正交序列，两个用户可以共享同一资源块对来每个传送144的编码比特[㊀]。

共享同一资源块对的两个用户使用相互正交的参考信号序列。

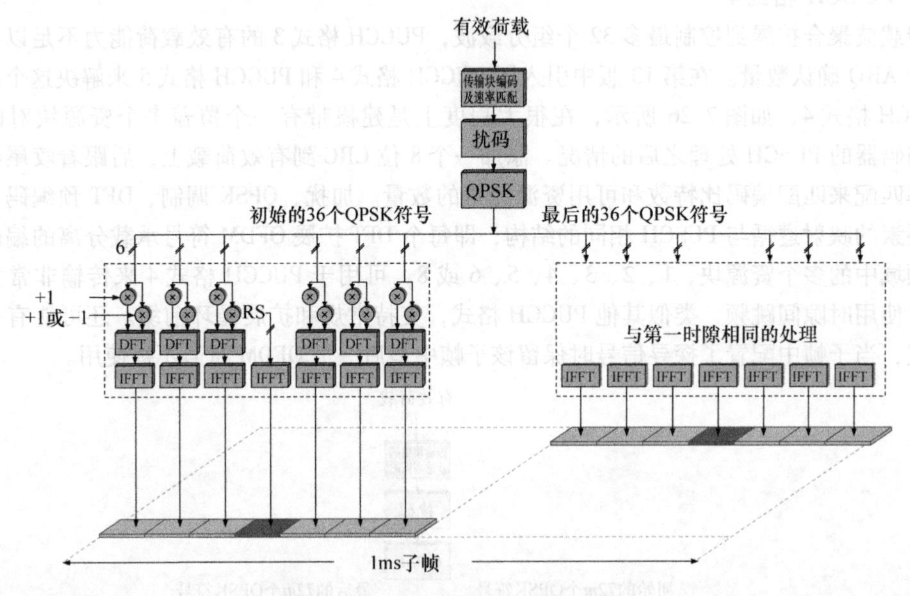

图7.27　PUCCH格式5（循环前缀）

7.4.1.6　用于PUCCH的资源块映射

如之前所解释的，所有PUCCH格式所描述的信号在同一资源块对（集合）上传输。用哪个资源块对是由PUCCH资源索引决定的。使用多对资源块来提高小区中的控制信令容量；当一个资源块对被填满后，下一个PUCCH资源索引被映射到按顺序的下一对资源块上。

PUCCH传输的资源块对，位于分配给主组分载波的带宽边缘[㊁]，如图7.28所示。为了提供频率分集，在时隙边界应用跳频，即用一个“频率资源”，其包含一个子帧第一时隙内频谱上方的12个子载波（或者PUCCH格式4情况下更多子载波）及该子帧第二时隙内频谱下方的同样大小资源（或者相反）。

PUCCH资源位于整个可用频谱边界的原因有以下两个：

- 连同以前描述的跳频，这样可以最大限度地提高控制信号所经历的频率分集。
- 分配用于PUCCH的上行链路资源到该频谱的其他位置（即不在边缘），会使上行链路的频谱碎片化，使其不能分配很宽的传输带宽给单一设备，并且仍然保持上行链路传输的低立方度量特性。

原则上，资源块是这样映射的：PUCCH格式2（CSI报告）传输最接近带有PUCCH格式1上行链路小区带宽的边缘（混合ARQ确认、调度请求），如图7.29所示。PUCCH格式3、4和5

㊀ 有12个OFDM符号，每个为一个用户携带6个QPSK符号，对于常规循环前缀会产生（12×6×2）bit=144bit。

㊁ 注意，上行链路中的主组分载波以每个设备为单位进行指定。因此，不同设备可以将不同载波作为他们的主组分载波。

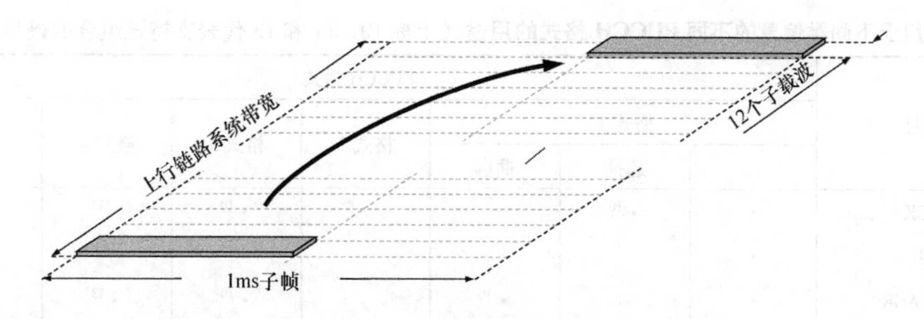

图7.28　PUCCH上的上行链路层1/层2控制信令传输

的位置是可配置的，并且可以位于如格式1和格式2之间。一个半静态参数是作为系统信息的一部分来提供的，用于控制PUCCH格式1的映射从哪个资源块对开始。此外，该半静态配置的调度请求位于格式1资源的最外侧部分，以动态确认最靠近的数据。由于混合ARQ确认所需的资源量动态变化，这将使得用于PUSCH的可用连续频谱数量最大化。

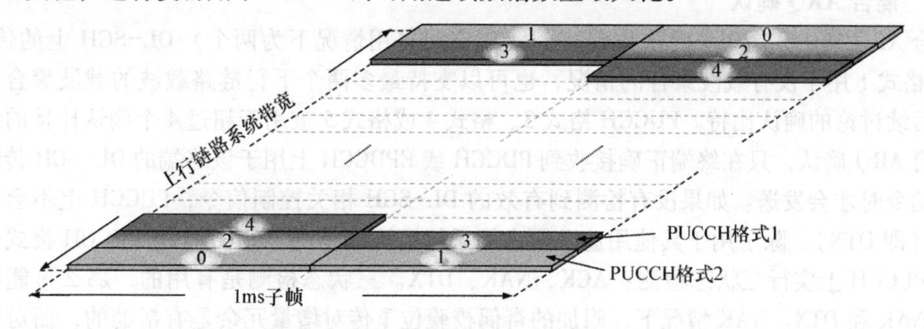

图7.29　用于PUCCH的资源块分配

许多情况下，PUCCH资源配置可使三个PUCCH格式在资源块对上独立进行传输。然而，对于最小的小区带宽，这将导致过高的开销。因此，可在资源块对之一之上混合PUCCH格式1和格式2，如这是图7.29所示资源块对表示“2”的情况。虽然这种混合是由较小的小区带宽所驱动的，但它同样也很好地适用于较大小区带宽的情况。混合PUCCH格式1和格式2的资源块对内，可能的相位旋转集合在两种格式之间是分离的。此外，一些相位旋转被保留为“保护带”；因此，此类混合资源块对的效率略低于携带头两个PUCCH格式之一的资源块对。

7.4.2　PUCCH上的上行链路控制信令

前面已经介绍了PUCCH的5种格式，本节将讨论这些不同格式如何传送上行链路控制信息的细节。如前所述，PUCCH上的上行链路控制信令原则上可以是混合ARQ确认（ACK）、CSI和调度请求（SR）的任意组合。根据这些信息是单独发送还是联合传输的，表7.3汇总了不同PUCCH格式和机制。原则上，来自单一设备的多个控制信令消息的同时传输可以使用多个PUCCH。然而，这将增加立方度量，因此采用支持多个反馈信号同时传输的单一PUCCH结构作为替代。

表7.3　用于不同类信息的不同PUCCH格式的用途（上标10、11和13代表支持该组合的最早版本号）

信息	PUCCH格式						
	格式1			格式2	格式3	格式4	格式5
		选择	捆绑				
ACK	·	·[10]			·[10]	·[13]	·[13]
SR	·						
SR + ACK	·		·[10]		·[10]	·[13]	·[13]
CSI				·		·[13]	·[13]
CSI + ACK				·	·[11]	·[13]	·[13]
CSI + SR						·[13]	·[13]
CSI + SR + ACK					·[11]	·[13]	·[13]

7.4.2.1　混合ARQ确认

混合ARQ确认，是用来确认收到一个（或空间复用情况下为两个）DL-SCH上的传输块。PUCCH格式1用于没有载波聚合的情况，也可以支持最多两个下行链路载波的载波聚合，即高达4个后续讨论的确认比特。PUCCH格式3、格式4或格式5被用于超过4个确认比特的情况。

混合ARQ确认，只在终端正确接收到PDCCH或EPDCCH上用于该终端的DL-SCH传输相关的控制信令时才会发送。如果没有检测到有效的DL-SCH相关控制信令，PUCCH上不会传输任何信息（即DTX）。除了用于其他用途必须占用系统资源的情况，eNodeB的PUCCH格式1在接收到的PUCCH上实行三状态检测：ACK、NAK、DTX。三状态检测是有用的，那么可能需要区别对待NAK和DTX。NAK情况下，附加的奇偶校验位重传对增量冗余是有帮助的，而对于DTX终端最有可能错过系统比特的初始传输，比传输附加的奇偶校验位更好的选择是重发系统比特。

一个或两个混合ARQ确认比特传输采用PUCCH格式1。如第7.4.1.1节所提到，一个PUCCH资源可由一个索引来表示。如何确定这个索引取决于信息类型，以及是否采用PDCCH或EPDCCH来调度下行链路数据传输。

对于PDCCH调度的下行链路传输，混合ARQ确认所用的资源索引是由一个用于为该终端调度下行链路传输的PDCCH上第一个CCE的函数给出的。这样，不需要在下行链路调度分配中直接包含PUCCH资源的相关信息，从而大大减少了开销。此外，如第8章所述，混合ARQ确认在收到DL-SCH传输块之后的固定时间进行传输，并且由此期望PUCCH上何时应用混合ARQ已为eNodeB所知。

对于EPDCCH调度的传输，EPDCCH中第一个ECCE索引不能单独使用。由于ECCE编号对每个终端进行配置，因此是终端专用的，采用不同资源块上控制信令的两个不同终端可能带有EPDCCH内第一个ECCE相同的数量。因此，ACK/NAK资源偏置（ARO）作为EPDCCH信息的一部分（参见第6.4.6节），用来确定PUCCH资源的第一个ECCE索引。这样，两个终端之间的PUCCH碰撞可以通过EPDCCH调度予以避免。

除了应用（E）PDCCH的动态调度之外，如第9章所述，还可能依据特定模板来半持续调度终端。此情况下，没有获得PUCCH资源索引所需的PDCCH或EPDCCH。相反，半持续调度模板的配置包括用于混合 ARQ 确认的 PUCCH 索引的相关信息。在此情况下，终端只在下行链路被调度的情况下，才会使用 PUCCH 资源。因此，混合 ARQ 确认所需的 PUCCH 资源量不需要随着小区内终端数量的增加而增加，但对于动态调度则与下行链路控制信令中的 CCE 数量有关。

前面讨论了下行链路没有应用载波聚合的情况。扩展到载波聚合的情况，将在第 12 章讨论。

7.4.2.2　调度请求

调度请求，用于请求上行链路数据传输的资源。显然，调度请求只在终端请求资源时发送，否则终端应保持静默，以节省电池资源并不产生不必要的干扰。

与从下行调度决策角度来看 eNodeB 知道如何出现混合 ARQ 确认不同，用于特定终端的上行链路资源原则上 eNodeB 是不可预知的。处理方法之一，是采用请求上行链路资源的竞争机制。第 9 章将讨论基于该原则的随机接入机制，并且在一定程度上也可用于调度请求。基于竞争的机制通常适用于低强度的情况。对于较高的调度请求强度同时请求资源的不同终端之间的冲突概率，将变得过大。因此，LTE 为 PUCCH 提供了一种调度请求无争用机制，为小区内的每个设备都预留资源以便在其上传输上行链路资源请求。与混合 ARQ 确认的情况不同，调度请求不传输明确的信息比特；相反，信息是通过在相应的 PUCCH 上存在（或不存在）能量来传递的。然而，虽然用于完全不同的目的，调度请求采用与混合 ARQ 确认相同的 PUCCH 格式，即 PUCCH 格式 1。

无争用调度请求的资源是由一个之前所述的 PUCCH 格式 1 资源索引来表示的，每 n 个子帧出现一次。这些时刻发生得越频繁，则调度请求的时延越低，其代价为更高的 PUCCH 资源消耗成本。由于 eNodeB 对小区中的所有终端进行配置，因此一个终端何时在哪个资源上请求资源均为 eNodeB 已知。单一的调度请求资源在载波聚合情况下也是足够的，因为它只表示上行链路资源的请求，与是否使用载波聚合无关。

7.4.2.3　混合 ARQ 确认和调度请求

前面两节的讨论关注的是混合 ARQ 确认或者调度请求的传输。然而，在某些情况下，终端需要同时传输它们。

如果 PUCCH 格式 1 用于确认，确认和调度请求的同时发送动作是由调度请求资源上传输的混合 ARQ 确认来控制的（见图 7.30）。这可能是因为两者采用了相同的 PUCCH 结构，并且调度请求不携带任何明确的信息。通过比较用于特定终端的确认资源和调度请求资源上检测到的能量的量级，eNodeB 可以确定该终端是否请求上行链路数据资源。一旦检测到用于确认传输的 PUCCH 资源，则可以对混合 ARQ 确认进行解码。另外，还可以设想更先进的方法对混合 ARQ 和调度请求进行联合解码。

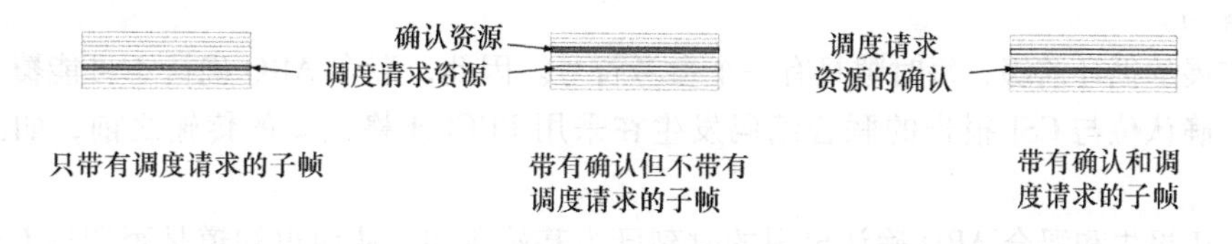

图 7.30　来自单一终端的调度请求和混合 ARQ 确认的复用

信道选择，是一种同步调度请求缺席情况下在PUCCH上传输高达4个确认的方式。它不能用于确认和调度请求的联合传输。相反，多达4个确认位被捆绑（合并）为两个比特，如前所述。捆绑意味着两个或两个以上的确认位合并成一个较小的比特数。本质上，一个确认位代表了多个传输块的解码结果，一旦它们中的一个被错误接收则需要重发所有这些传输块。

PUCCH格式3~格式5支持结合载波聚合的确认和调度请求的联合编码，第12章将介绍。

7.4.2.4 信道状态信息

CSI报告，为基站提供来自终端视角的下行链路无线信道特性的估计以辅助信道相关调度。其内容将在第10章详细介绍。一个CSI报告包括一个子帧内传输的多个比特。有两种类型的CSI报告：

- 周期性报告，在常规的时间点出现。
- 非周期性报告，由PDCCH（或EPDCCH）上的下行链路控制信令触发。

非周期性报告只在针对第7.4.3节将介绍的PUSCH上传输，而周期性报告可以使用PUCCH格式2在PUCCH上传输。

一个PUCCH格式2资源由一个索引表示，高层信令配置每个终端其CSI报告所用资源以及这些报告何时传递。因此，eNodeB具有每个终端将在PUCCH上何时并且在哪个资源上传输CSI的所有信息。

7.4.2.5 混合ARQ确认和CSI

下行链路的数据传输意味着在上行链路传输混合ARQ确认。同时，由于数据是在下行链路传输，最新的CSI有利于优化下行链路传输。因此，LTE支持混合ARQ确认和CSI的同时传输。

控制确认与CSI报告的同时传输，取决于确认位的数量和高层配置。还有可能配置终端丢弃CSI报告而只发送确认。

支持一个或两个确认与CSI同时传输的基本方法，作为版本8及之后版本的部分内容，是基于PUCCH格式2的。尽管，两者之间在详细解决方案上存在差异。

对于常规循环前缀，PUCCH格式2的每个时隙有两个用于参考信号的OFDM符号。当同时发送混合ARQ确认和CSI报告时，每个时隙中第二参考信号由确认进行调制，如图7.31a所示。是使用BPSK还是QPSK，取决于将要反馈一个或两个确认位。确认叠加在参考信号之上的事实需要在eNodeB侧予以考虑。一种可能性是，使用第一个参考符号进行信道估计，而将确认位调制到第二个参考符号上。一旦确认位被解码，则去除施加在第二个参考符号上的调制。在没有同时传输混合ARQ确认的情况下，CSI报告的信道估计和解码也可采用相同的处理方式。这种两步法适用于低到中度多普勒频率的场景；对于较高多普勒频率的情况，倾向于对确认和CSI报告进行联合解码。

对于扩展的循环前缀，每时隙只有一个参考符号。因此，混合ARQ确认不可能覆盖参考符号。相反，确认位与CSI报告的联合编码发生在采用PUCCH格式2的传输之前，如图7.31b所示。

期待CSI报告和混合ARQ确认出现的时刻已为基站所知，从而也知道是否期望CSI报告与混合ARQ确认同时传输。如果终端错过了（E）PDCCH分配，则只发送CSI报告，因为终端并没意识到它已经被调度。CSI报告不同时传输的情况下，eNodeB可采用DTX检测来区分错过分

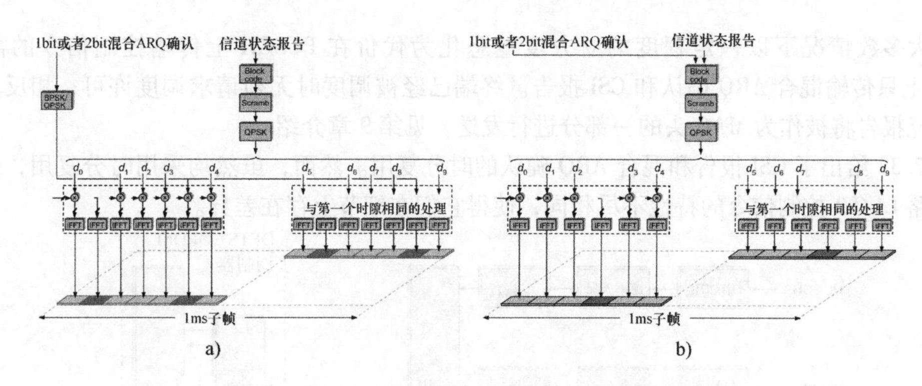

图7.31 CSI与混合ARQ确认的同时传输
a）常规循环前缀 b）扩展循环前缀

配还是下行链路数据解码失败。然而，这种结构会导致烦琐的DTX检测，如果可能的话。这意味着如果eNodeB调度数据使得确认与CSI报告同时出现，则需要仔细操作增量冗余。由于该终端可能已经错过下行链路的原始传输尝试，eNodeB更倾向选择重传的冗余版本，使得系统比特也包括在重传之中。

一种规避这问题的可行方法是，配置终端在同时传输混合ARQ确认的情况下丢弃CSI报告。在这种情况下，如前所述，由于确认使用PUCCH格式1传送，eNodeB可以检测DTX。这种情况下没有CSI报告传输，需要在调度过程中予以考虑。

PUCCH格式3~格式5支持确认和调度请求的联合编码，见第10章。这种情况下，也无须丢弃CSI报告（除非配置该终端这样操作）。

7.4.2.6 调度请求和CSI

基站会控制一个终端可以发送一个调度请求的时刻和它应当报告信道状况的时刻。因此，调度请求与信道状态报告同时传输的情况可以通过适当的配置予以避免，但是如果不这样做，那么终端将丢弃CSI报告而只发送调度请求。缺少CSI报告并不会有害且只会造成调度和速率适配精度的降低，而调度请求对上行链路传输则至关重要。

7.4.2.7 混合ARQ确认、CSI和调度请求

对于不支持或者被配置使用PUCCH格式3、格式4或格式5的终端，确认、CSI和调度请求的同时传输可采用类似前面描述的方法处理；CSI报告被丢弃，并且确认和调度请求按第7.4.2.3节所描述的方式复用。然而，为多个确认采用PUCCH格式3或更高格式的终端，支持同时传输所有三条信息。由于这种情况下保留了1bit用于调度请求，则传输结构与第7.4.2.5节所描述的确认和CSI报告同时传输的情况并无区别。

7.4.3 PUSCH上的上行链路层1/层2控制信令

如果终端在PUSCH上传输数据，即当前子帧具有一个有效的调度授权，那么控制信令与PUSCH上的数据而非PUCCH进行复用[㊀]（第10版及之后版本中可以同时使用PUSCH和PUCCH，

㊀ 空分复用情况下，CQI/PMI与码字之一进行时间复用，意味着与另一码字进行空间复用。

避免了大多数情况下以一定程度的立方度量恶化为代价在PUSCH上传输控制信令的需求）。PUSCH上只传输混合ARQ确认和CSI报告。终端已经被调度时无须请求调度许可；相反，带内缓存状况报告将被作为MAC头的一部分进行发送，见第9章介绍。

图7.32给出了CSI报告和混合ARQ确认的时分复用。然而，虽然均采用时分复用，但两种上行链路L1/L2控制信令的特性不尽相同，使得它们在细节上存在差异。

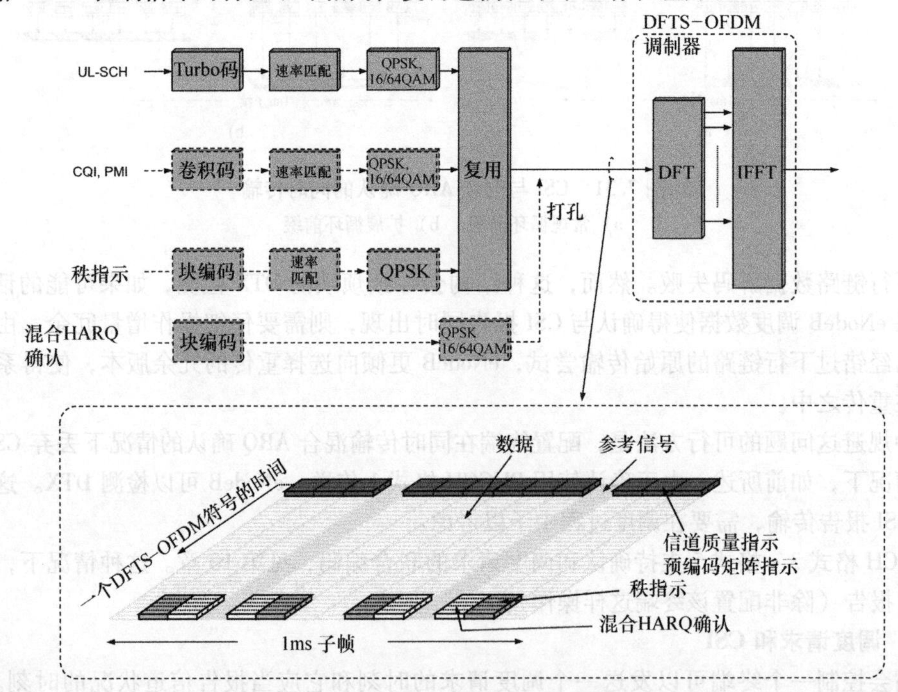

图7.32　PUSCH上控制和数据的复用

HARQ确认对于下行链路的正确操作十分重要。对于1bit和2bit确认的情况，采用稳健的QPSK调制，与用于数据传输的调制方式无关；而对于更多比特数的情况，则采用与数据部分相同的调制方式。如果比特数超过一个限制，即同一组分载波上的两个传输块共享单一比特而非带有独立比特，用于超过2bit的信道编码采用与PUCCH和捆绑所用相同的方式。此外，混合ARQ确认的传输靠近参考信号，这是因为离参考信号越近信道估计越准确。这在高多普勒频移情况下尤其重要。其中的信道可能在一个时隙内发生变化。与数据部分不同，混合ARQ确认不能依赖重传和有力的信道编码来处理此类波动。

原则上，eNodeB知道何时期望来自终端的混合ARQ确认，因此可以执行恰当的确认与数据部分的解复用。然而，存在一定的概率，该终端已经错过了下行链路控制信道（PDCCH或EPDCCH）上的调度分配。此时，eNodeB期望得到一个混合ARQ确认，但终端不会发送。如果速率匹配模式取决于确认发送了与否，数据部分传输的所有编码位可能受到错过分配的影响，很可能造成UL-SCH解码失败。因此，为避免此类错误，混合ARQ确认被打孔到编码的UL-SCH比特流之中。因此，没有被打孔的位不会受到确认出现与否的影响，从而避免终端和eNodeB的速率匹配之间出现不匹配的问题。

CSI 报告内容将在第9章介绍，当前只需知道 CSI 报告包括信道质量指示（CQI）、预编码矩阵指示（PMI）和秩指示（RI）。CQI 和 PMI 与来自 PUSCH 的编码数据比特进行时间复用并采用与数据部分相同的调制方式进行传输。CSI 报告主要适用于低到中度多普勒频移的情况，其无线信道相对稳定，由此特别映射的需要并不显著。然而，RI 映射与 CQI 和 PMI 不同。如图7.32所示，RI 采用类似 HARQ 确认的映射方式，是紧挨着参考符号的。RI 采用更为稳健的映射，是因为需要 RI 来正确解释 CQI/PMI。另一方面，CQI/PMI 只是被简单地分布到整个子帧区间。调制方式方面，RI 采用 QPSK。

对于上行链路空间复用而言，PUSCH 上同时传输两个传输块时，CQI 和 PMI 与使用最高调制编码方案（MCS）的传输块进行复用，之后对每层用之前所述的复用方案（见图7.33）。这样做是为了，在最好质量的（一个或两个）层上传输 CQI 和 PMI[⊖]。

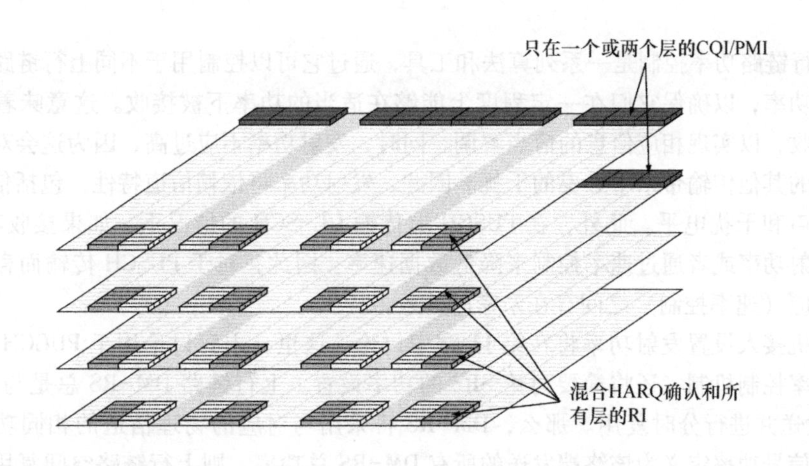

图7.33　上行链路空间复用情况下的 CQI/PMI、RI 和混合 ARQ 确认的复用

混合 ARQ 确认和秩指示器被复制在所有传输层，并且采用与前面描述的单层情况相同的方式与每一层中的编码数据进行复用。尽管，这些位可能在不同层采用不同的加扰方式。本质上，由于相同信息在多个层上采取了不同加扰方式传输，这提供了分集。

PUSCH 上 CSI 报告的基础是非周期性报告，其中基站通过在调度许可中设定 CSI 请求位来申请来自设备的报告，如第6章所提到的。UL-SCH 速率匹配，会考虑 CSI 报告的存在；通过使用更高的编码速率，适当数量的资源元素可供 CSI 报告的传输所用。因为报告是 eNodeB 的明确要求，它们的出现对于接收机是已知的，并可实现适当的解速率匹配。如果一个被配置为周期性报告的传输时刻恰逢调度在 PUSCH 上的终端，则周期性报告被“改线”并在 PUSCH 资源上传输。并且，此时速率匹配不会出现失配风险；周期性报告的传输时刻通过稳健的 RRC 信令进行配置，并且 eNodeB 知道此类报告将在哪个子帧进行传输。

⊖ 假定 MCS 随信道质量变化，这适用于一、二和四层，但不包括三层。

CSI报告的信道编码由报告的大小决定。对于较小的报告，如周期性报告（否则将在PUCCH上传输），将使用和PUCCH报告一样的编码。对于较大的报告，CQI/PMI使用咬尾卷积编码，而RI针对单一组分载波使用（3、2）的块编码。

与依赖速率匹配应对不同无线状况的数据部分不同，L1/L2控制信令不能应用相同的方法。原则上，可以采用功率控制作为一种可选方案，但这意味着在时域上会有快速的功率波动，会对射频特性造成不良影响。因此，子帧内传输功率会保持恒定，为L1/L2控制信令分配资源元素总量。即，控制信令的编码速率会根据对数据部分的数据调度决策而变化。一般在无线状况好时，使用高数据速率；因而相对无线状况较差时，L1/L2控制信令需要使用更少的资源。为了容纳不同混合ARQ操作点，控制信令的编码速率和数据部分的调制编码方案之间的偏置，可以通过高层信令进行配置。

7.5 上行链路功率控制

LTE的上行链路功率控制是一系列算法和工具，通过它可以控制用于不同上行链路物理信道和信号的发射功率，以确保它们在一定程度上能够在适当的功率下被接收。这意味着传输应在足够功率下接收，以实现相应信息的恰当解调。同时，发射功率不应过高，因为这会对同一小区或者其他小区的其他传输带来不必要的干扰。因此，发射功率将依赖信道特性，包括信道衰减及接收机侧的噪声和干扰电平。此外，在PUSCH上传输UL-SCH的情况下，如果接收功率太低，则可以增加发射功率或者通过速率控制来降低数据速率。因此，对于PUSCH传输而言在功率控制和链路自适应（速率控制）之间存在亲密的关系。

如何为随机接入设置发射功率将在第11章中讨论。这里，主要讨论用于PUCCH和PUSCH物理信道的功率控制机制，还将简要讨论SRS的功率设置。上行链路DM-RS总是与PUSCH或PUCCH一起发送并进行分时复用。那么，DM-RS将采用与对应的物理信道的相同功率进行传输。如果参考信号功率定义为该终端发送的所有DM-RS总功率，则上行链路空间复用的情况下依然适用。换句话说，单一DM-RS的功率等于对应每层的PUSCH功率。

本质上讲，LTE上行链路功率控制是开环机制（意味着终端发射功率取决于下行链路路径损耗估计）和闭环机制（意味着网络可以通过在下行链路上发送直接功率控制命令的方式调整终端的发射功率）结合的。实践中，这些功率控制命令由先前网络对接收到的上行链路功率的测量值来决定，因此采用了术语“闭环”。

7.5.1 上行链路功率控制：一些基本规则

在对PUSCH和PUCCH的功率控制算法详细讲解之前，先讨论一下为不同物理信道分配功率的一些基本规则。这些规则主要是应对不同的发射功率限制，以及这些限制如何影响不同物理信道的发射功率设置。这在来自同一终端同时传输的多个物理信道时特别有趣，对于LTE版本10及之后版本可能会出现：

- 版本10引入了载波聚合的可能性，意味着可以在不同组分载波上并行发送多个PUSCH。
- 版本10还引入了在同一或者不同组分载波上同时传输PUSCH/PUCCH的可能性。

原则上，每个物理信道分别独立控制功率。然而，来自同一设备并行传输的多个物理信道情况下，用于所有物理通道传输的总功率，在某些情况下可能超过对应该终端功率等级的终端最大发射功率 P_{TMAX}。如下所述，其基本策略是首先确保任何 L1/L2 控制信令传输被分配可靠传输所需的功率。之后，剩余的可用功率分配给其他物理信道。

对于为一个终端配置的每个上行链路组分载波，存在一个相关联的且明确配置的最大单载波发射功率 $P_{CMAC,c}$，对于不同组分载波其值可能不同。此外，尽管显然 $P_{CMAC,c}$ 超过终端最大输出功率 P_{TMAX} 很明显是没有意义的，但对于所有被配置的组分载波功率 $P_{CMAC,c}$ 的总和可能很大，并且通常会超过 P_{TMAX}。其原因是，许多情况下，该终端不会在所有被配置的组分载波上调度上行链路传输，并且即使如此它应该也可以以最大输出功率进行传输。

第 8 章将介绍相关内容，每个物理信道的功率控制明确保证，用于给定组分载波的总发射功率不会超过该载波的 $P_{CMAC,c}$。然而，独立的功率控制算法不保证该终端将要传输的所有组分载波总发射功率不超过设备最大输出功率 P_{TMAX}。相反，这是通过随后应用到将要传输物理信道的功率缩放来确保的。这种功率缩放采用的方式是：任何 L1/L2 控制信号都比数据（UL-SCH）传输具有更高优先级。

如果 PUCCH 将在子帧内传输，在给予 PUCCH 并行传输的任何 PUSCH 分配功率之前首先要为 PUCCH 分配由相应功率控制算法确定的功率量。这样就确保，在给数据传输分配任何功率之前先为 PUCCH 上的 L1/L2 控制信令分配假定可靠传输所需的功率量。

如果 PUCCH 不在子帧内传输但 L1/L2 控制信令复用在 PUSCH 之上，则在给其他并行传输的 PUSCH 分配任何功率之前，首先要为承载 L1/L2 控制信号的 PUSCH 分配由相应功率控制算法确定的功率量。再一次，这样就确保在给仅携带 UL-SCH 的其他 PUSCH 分配功率之前先为 L1/L2 控制信令分配所需的功率大小。需要注意的是，多个 PUSCH 并行传输（载波聚合）情况下，最多只有一个 PUSCH 可以包括 L1/L2 控制信令。此外，同一子帧中 PUCCH 传输和 L1/L2 控制信号不能在 PUSCH 上复用。因此，这些规则之间不会有任何冲突。

如果剩余的可用发射功率不足以满足将要传输的任何剩余 PUSCH 的功率要求，那么这些剩余的只携带 UL-SCH 的物理信道的功率被按比例减少，从而使得用于所有将要传输物理信道的总功率不超过设备最大输出功率。

总之，PUSCH 功率缩放包括带有 L1/L2 控制信令的 PUSCH 的优先级，因此可以表示为

$$\sum_{c} w_c \times P_{PUSCH,c} \leqslant P_{TMAX} - P_{PUCCH} \tag{7.2}$$

式中，$P_{PUSCH,c}$ 为载波 c 上用于 PUSCH 的发射功率，由功率控制算法确定（在功率缩放之前但包含单载波限制 $P_{CMAX,c}$）；P_{PUCCH} 为用于 PUCCH 的发射功率（如果该子帧内没有 PUCCH 传输则该值为0）；w_c 为用于载波 c 的功率缩放因子（$W_c \leqslant 1$）。对于任何携带 L1/L2 控制信令的 PUSCH，该缩放因子都应设置为 1。对于剩余的 PUSCH，一些缩放因子可由终端决定设置为零，实践中这意味着不会传输 PUSCH 及映射到 PUSCH 的相应 UL-SCH。对于剩余的 PUSCH，缩放因子 w_c 被设为小于或等于 1 的相同值，以确保上述不等式成立。因此，所有实际传输的 PUSCH 通过相同的因子进行缩放。

在概述不同终端功率设置的通用规则之后，将要详细描述每个物理信道单独实施的功率控制，特别是对于来自同一终端的多个并行物理信道传输的情况。

7.5.2　PUCCH功率控制

对于PUCCH，适当的接收功率只需达到期望所需的功率，即PUCCH上传输的L1/L2控制信令解码的足够低误码率。然而，重要的是要记住以下几点：

● 一般来说，解码性能不由接收到的信号强度，而是接收到的信号干扰加噪比（SINR）来决定。因此，适当的接收功率取决于接收机侧的干扰电平。可能会在不同部署中存在干扰电平的差异。它可能在时间上随着如网络负载等因素的变化而变化。

● 如前所述，存在多种PUCCH格式用来携带不同类型的上行链路L1/L2控制信令（混合ARQ确认、调度请求、CSI或者它们的组合）。因此，不同PUCCH格式携带的每帧信息位数量不同并且它们承载的信息也可能带有不同的误差率要求。因此，所需的接收信噪比可能在不同PUCCH格式之间不同，在为一个特定子帧设置功率时PUCCH发射功率时需要考虑一些因素。

总体来说，PUCCH功率控制可以通过以下公式进行描述：

$$P_{\mathrm{PUCCH}} = \min\{P_{\mathrm{CMAX},c}, P_{0,\mathrm{PUCCH}} + PL_{\mathrm{DL}} + \Delta_{\mathrm{Format}} + \delta\} \tag{7.3}$$

式中，P_{PUCCH}为特定子帧内所用的PUCCH发射功率；PL_{DL}为终端所估计的下行链路路径损耗。式子“min｛$P_{\mathrm{CMAX},c}$，…｝”确保由功率控制决定的PUCCH发射功率不会超过单载波最大功率$P_{\mathrm{CMAX},c}$。

式（7.3）中的参数$P_{0,\mathrm{PUCCH}}$是一个作为小区系统信息一部分被广播的小区专用参数。只考虑PUCCH功率控制公式中$P_{0,\mathrm{PUCCH}} + PL_{\mathrm{DL}}$的部分，并且假设（估计的）下行链路路径损耗准确地反映真实的上行链路路径损耗，那么显然$P_{0,\mathrm{PUCCH}}$可以被视为理想或目标接收功率。如前所述，所需的接收功率将取决于上行链路的噪声/干扰电平。从这一点来看，$P_{0,\mathrm{PUCCH}}$取值应考虑干扰水平，由此在时间上随着干扰水平的变化而改变。然而，实践中$P_{0,\mathrm{PUCCH}}$随瞬时干扰水平变化是不可行的。一个简单的原因是，该终端不连续地读取系统信息，因此无论如何都无法获取一个全新的$P_{0,\mathrm{PUCCH}}$值。另一原因是，由下行链路测量推导得出的上行链路路径损耗估计无论如何不会完全准确，如由于瞬时下行链路和上行链路路径损耗及测量不准确之间存在差异。

因此，实践中$P_{0,\mathrm{PUCCH}}$可以反映平均干扰水平或者可能只反映相对稳定的噪声水平。那么，更为快速的干扰波动只能通过闭环功率控制来解决，下面将介绍。

不同PUCCH格式通常反映不同SINR要求的发射功率。PUCCH功率控制公式包括项Δ_{Format}。它增加了一个针对发射功率的格式相关的功率偏移。定义功率偏置是为了获得一个偏置为0dB的基准PUCCH格式。更准确地说，它是对应单一的混合ARQ确认的传输格式（见第7.4.1.1节，为采用BPSK调制的格式1），而其余格式的偏置量可以通过网络直接配置。例如，采用QPSK调制并携带两个在下行链路空间复用情况下，使用的确认位的PUCCH格式1应带有大约3dB的功率偏置量，表明需要两倍的功率来传输两个而非一个确认位。

最后，网络可以通过为终端提供明确的功率控制命令，来调节功率控制公式（7.3）中的δ，以直接调整PUCCH发射功率。这些功率控制命令是累加的，即每个接收的功率控制命令增加或减少一定数量的δ。PUCCH功率控制命令可以通过下面两种不同方法提供给终端：

● 如第6.4节所述，功率控制命令字被包含在每个下行链路调度分配之中。即，终端每次接收一个直接调度在下行链路上的功率控制命令。上行链路PUCCH传输的一个原因，是为了发送下行链路 DL-SCH 传输的混合 ARQ 确认响应。此类下行链路传输通常与 PDCCH 上的下行链路调度分配有关，并由此可能采用相应的功率控制命令在混合 ARQ 确认传输之前调整 PUCCH 发射功率。

• 功率控制命令字，也可以在一个为多个终端同时提供功率控制命令的特殊 PDCCH 上发送（PDCCH 使用 DCI 格式 3/3A；见第 6.4.8 节）。实践中，此类功率控制命令通常会定期发送，可用来调整 PUCCH 发射功率，如在（周期性）上行链路 CSI 报告之前。它们还可以被用在半持续调度的情况（见第 9 章），此时可能会存在没有任何明确调度分配/许可的 PUSCH（UL-SCH）和 PUCCH（L1/L2 控制信令）的上行链路传输。

上行调度授权中携带的功率控制命令字包含 2bit，对应 4 个不同更新步长：-1、0、+1 或 +3dB。当配置为 DCI 格式 3A 时，这同样适用于承载在为功率控制分配的特殊 PDCCH 上的功率控制命令字。另一方面，当 PDCCH 配置为使用 DCI 格式 3，每个功率控制命令字由单一比特构成，对应更新步长：-1 和 +1dB。后一种情况下，可以通过单一 PDCCH 实现两倍多终端的功率控制。包括 0dB（不改变功率）作为一个功率控制步长可能性的原因之一是，功率控制命令字包含在每个下行链路调度分配中，并且最好不要针对每个分配都更新 PUCCH 发射功率。

7.5.3　PUSCH 功率控制

PUSCH 传输的功率控制可由下面的公式来表达：

$$P_{\text{PUSCH},c}=\min\{P_{\text{CMAX},c}-P_{\text{PUCCH}},P_{0,\text{PUSCH}}+\alpha \text{PL}_{\text{DL}}+10\lg(M)+\Delta_{\text{MCS}}+\delta\} \tag{7.4}$$

式中，M 为以资源块数量测量的瞬时信道带宽；Δ_{MCS}与 PUCCH 功率控制公式中的 Δ_{Format}类似，即反映了事实上用于 PUSCH 传输的不同的调制方式和编码速率要求不同的信噪比。

式（7.4）类似 PUCCH 传输的功率控制公式，具有如下一些关键差异：

• $P_{\text{CMAX},c}-P_{\text{PUCCH}}$反映了，事实上一个载波上可用于 PUSCH 的发射功率是为该载波上的任何 PUCCH 传输分配功率后允许的最大单载波发射功率。这保证了在 PUCCH 上的 L1/L2 控制信令，优先于 PUSCH 上的数据传输进行功率分配，见第 7.5.1 节。

• $10\lg M$ 反映了，事实上参数 $P_{0,\text{PUSCH}}$基本控制的是每个资源块的功率。对于较大的资源分配，需要相应更高的接收功率及由此导致的相应更高的发射功率㊀。

• 参数 α，取值小于或等于 1，以实现所谓的部分路径损耗补偿，如下所述。

一般情况下，参数 $P_{0,\text{PUSCH}}$、α 和 Δ_{MCS}对于为一个终端配置的不同组分载波可以设置不同的值。

PUSCH 传输情况下，明确的功率控制命令字，控制上行链路调度许可而非下行链路调度分配中包含的项 δ。这是有意义的。因为，除半持续调度情况之外，PUSCH 传输先于上行链路调度许可。类似下行链路调度分配中的 PUCCH 功率控制命令字，PUSCH 的功率控制命令字是多层次的。此外，也采用 PUCCH 功率控制同样的方式，可以在同步为多个终端提供功率控制命令字的特殊 PDCCH 之上，提供明确的 PUSCH 功率控制命令字。这些功率控制命令字可用于如采用半持续调度方式的 PUSCH 传输。

㊀　也可以在 PUCCH 功率控制公式中包括对应项。然而，由于 PUCCH 带宽总是对应一个资源块，该项将总是等于零。

假定$\alpha=1$，也称为全路径损耗补偿，PUSCH功率控制公式变得非常类似PUCCH的共识。因此，网络可以选择MCS和功率控制机制，包括项Δ_{MCS}，将确保接收信噪比会匹配那个MCS所要求的信噪比，此处假设终端发射功率未达到最大值。

PUSCH传输情况下，也可通过设置所有Δ_{MCS}值为零来“关闭”Δ_{MCS}功能。该情况下，PUSCH接收功率将匹配由$P_{0,PUSCH}$选定值给出的特定MCS。

采用小于1的参数α，PUSCH功率控制操作在所谓的局部路径损耗补偿，即增加的路径损耗不能完全通过相应地增加上行链路发射功率予以补偿。这种情况下，接收功率及由此导致的单个资源块接收SINR将随路径损耗变化，因此被调度的MCS也应相应变化。显然，部分路径损耗补偿情况下，Δ_{MCS}功能应禁用。否则，降低MCS匹配部分路径损耗补偿时，终端发射功率将进一步降低。

图7.34给出了全路径损耗补偿（$\alpha=1$）和部分路径损耗补偿（$\alpha<1$）之间的差异。可以看出，采用部分路径损耗补偿后，该终端发送功率的增加速率比路径损耗的增加速率（见图7.34左图）更慢，因此，接收功率及由此导致的接收SINR随着路径损耗的增加而减少（见图7.34右图）。为了对此进行弥补，MCS（即PUSCH数据速率）应随路径损耗增加而降低。

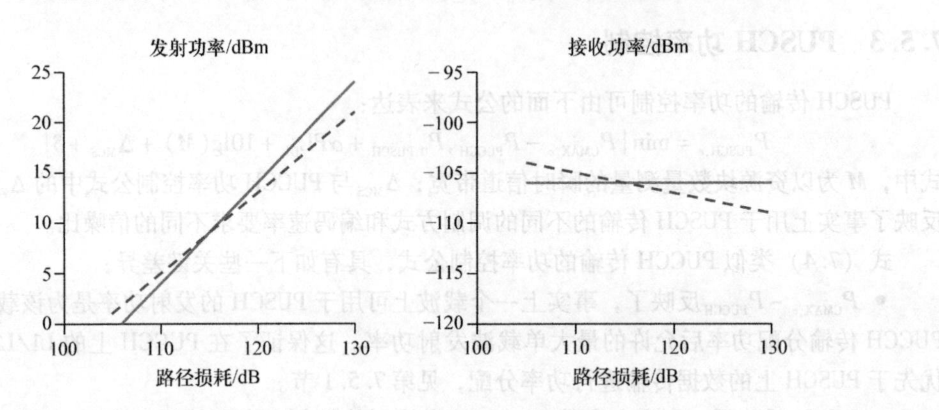

图7.34　全路径损耗补偿对部分路径损耗补偿

（实线为全补偿，$\alpha=1$；虚线为部分补偿，$\alpha<1$）

部分路径损耗补偿的潜在好处是，对于考虑小区边界的终端，可以获得相对较低的发射功率，这意味着对其他小区的干扰更小。同时，这也导致这些终端的数据速率下降。还应指出的是，通过基于从功率余量报告推导出的下行链路路径损耗估计，来调度MCS并且依赖Δ_{MCS}功能降低带有更高路径损耗终端的相关发射功率，可达到类似全路径损耗补偿的效果。然而，一种更好的方法是，MCS选择不仅基于针对当前小区的路径损耗来做，并且考虑对于相邻干扰小区的路径损耗。

7.5.4　SRS功率控制

SRS发射功率基本上追随PUSCH发射功率，对SRS传输的精确带宽予以弥补并带有额外的功率偏置。因此，SRS传输的功率控制可以根据如下公式表示：

$$P_{SRS}=\min\{P_{CMAX,c},P_{0,PUSCH}+\alpha PL_{DL}+10\lg(M_{SRS})+\delta+P_{SRS}\} \quad (7.5)$$

式中，$P_{0,PUSCH}$、α 和 δ 与 PUSCH 功率控制公式中的一样，见第 7.5.3 节；M_{SRS} 为带宽，表示 SRS 传输的资源块数量；P_{SRS} 为一个可配置的偏置量。

7.6 上行链路定时对齐

LTE 上行链路实现了上行链路的小区内正交性，意味着来自同一小区内不同设备所接收的上行链路传输不会引起彼此干扰。保持此种上行链路正交性就要求，来自同一子帧但不同频率资源（不同资源块）内不同设备的发射信号到达基站的时间大致对齐。更准确地说，任何接收信号之间的定时失调应该落入循环前缀。为了确保这样的接收器侧时间对齐，LTE 包含了一套发送定时提前机制。

本质上，时间提前是一种在终端侧接收的下行链路子帧起点与发送的上行链路子帧之间的负向偏置。通过为每个终端管理适当的偏置量，网络可以控制在基站侧接收到来自终端的信号定时。远离基站的终端遇到更大的传输延迟，因此与接近基站的终端相比，需要稍微提前启动它们的上行链路传输，如图 7.35 所示。在此特例中，第一个终端位于靠近基站的位置并经历小的传播延迟 $T_{P,1}$。因此，对于该设备，小的时间提前偏置 $T_{A,1}$ 就足以补偿传播延迟并确保在基站侧的正确定时。但是，位于与基站距离较远并由此经历较大传输延迟的第二个终端需要较大的定时提前值。

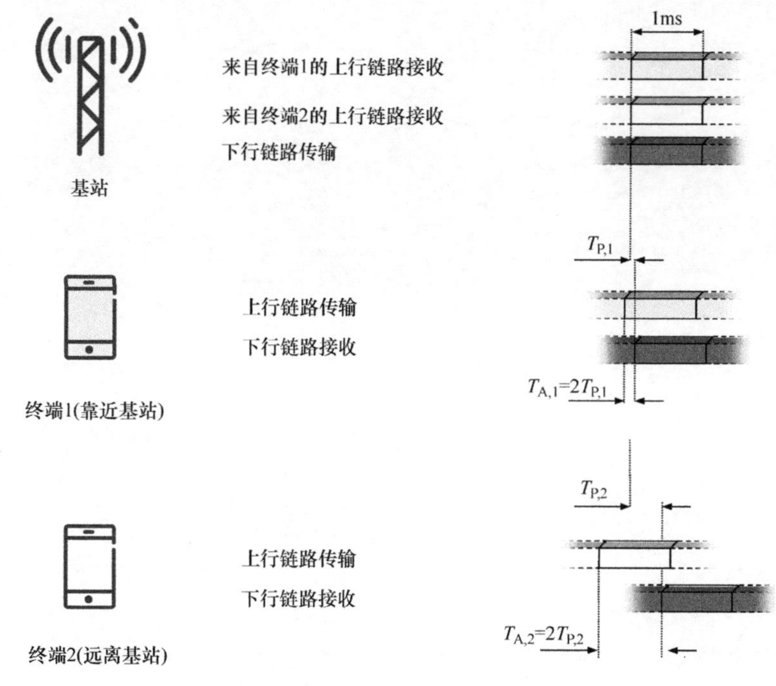

图 7.35　上行链路定时提前

每个设备的定时提前量由网络根据各自上行链路传输的测量来确定。因此，一旦终端进行上行链路数据传输，基站就可通过接收来估计上行链路接收时间，并由此作为定时提前命令的数据源。SRS可作为常规信号进行测量，但原则上基站可以使用任何来自终端的传输信号。

基于上行链路测量，网络为每个终端确定其所需的定时校正。如果某一特定终端需要校正定时，则网络为该特定终端发送定时提前指令，指示它相对当前上行链路定时延迟或提前其定时。用户专用的时间提前命令，被作为DL-SCH上MAC控制单元进行传输（见第4章有关MAC控制元素的介绍）。定时提前的最大可行值是0.67ms，对应为终端到基站略大于100km的距离。这也是在确定解码处理时间时所假定的值，见第8.1节的讨论。

通常情况下，一个设备的定时提前指令传输并不频繁，如每秒一次或几次。

如果终端在一个（可配置的）期间内未收到定时提前指令，则该设备假定它已失去上行链路同步。这种情况下，设备必须在PUSCH或PUCCH传输之前通过随机接入过程重新建立上行链路定时。

第8章 重传协议

无线信道上的传输要经受错误，如由于接收信号质量的变化所带来的影响。某种程度上，这种变化可以通过链路自适应来抵消，第9章将讨论。然而，接收机噪声和不可预知的干扰变化是不能抵消的。因此，几乎所有无线通信系统都采用某种形式的前向纠错（FEC），在发送信号中添加冗余从而让接收器可以纠正错误。根据概念，其根源可以追溯到克劳德·香农在1948的开拓工作。LTE系统采用已在第6章中讨论的Turbo编码。

尽管采用纠错码，但还会存在错误接收的数据单元。混合自动重复请求（ARQ）首次是在参考文献［18］中提出的。它依托纠错编码与错误数据单元重传的结合，因此常用在许多现代通信系统中。尽管错误的数据单元是由接收机通过纠错编码检测获得到的，但请求发射机对其进行重发。

LTE系统中存在两种负责重传处理的机制，即MAC和RLC子层。丢失或错误数据单元的重传，主要是通过MAC层中的混合ARQ机制处理，辅以RLC协议的重传功能。存在的两级重传结构是为了在快速和可靠的反馈状态报告之间进行权衡。混合ARQ重传机制旨在非常快速，因此每次接收传输块后会给发射机提供解码尝试成功或失败的反馈。尽管原则上混合ARQ反馈可以达到非常低的错误概率，但这是以传输功率为代价的。保持合理成本通常导致反馈误差率在1%左右，导致类似量级的混合ARQ残余错误率。许多情况下这样的错误率太高，采用TCP的高数据速率业务可能需要在TCP的协议层获得几乎无差错的数据包。例如，对于持续数据速率超过100Mbit/s的情况，需要小于10^{-5}的数据包丢失概率。这是因为TCP假定数据包错误是由于网络拥塞引起的。因此，任何数据包错误会触发TCP拥塞避免机制，数据速率会相应下降。

与混合ARQ确认相比，RLC状态报告的传输相对不是很频繁，因此为获得10^{-5}或者更好可靠性的成本将相对较小。因此，混合ARQ与RLC相结合，可以实现较小往返时间与适度反馈开销的很好结合，两者互为补充。混合ARQ机制可快速重传，RLC保证可靠的数据传输。由于MAC和RLC协议层位于同一网络节点，两个协议间可以紧密交互。因此，在某种程度上，两者的组合可以被视为一种采用两个反馈信道的重传机制。然而，需要注意的是，如第4章所讨论及图8.1所

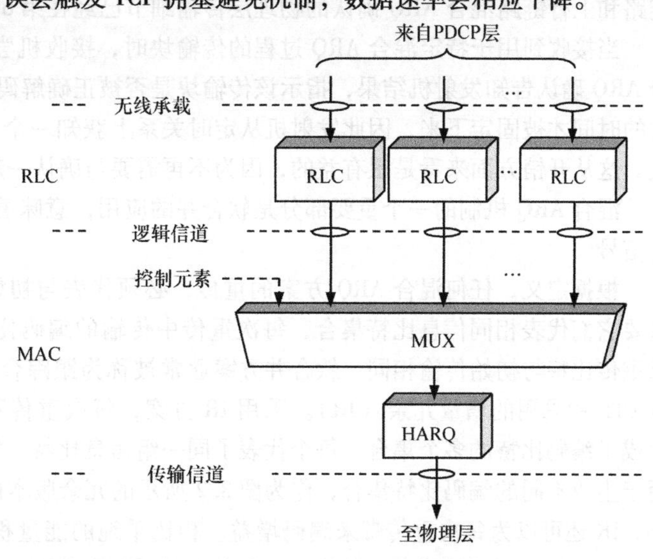

图8.1 LTE中的RLC和混合ARQ重传机制

示，RLC操作在每个逻辑信道上，而混合ARQ操作在每个传输信道上（即每个组分载波上）。因此，一个混合ARQ实体可以重传属于多个逻辑信道的数据。

下面将详细讨论混合ARQ与RLC协议背后的原理。

8.1　采用软合并的混合ARQ

前面描述的混合ARQ操作丢弃错误接收的数据包并请求重发。然而，尽管它不能解码数据包，所接收信号仍然包含信息，丢弃错误接收数据包将使这些信息丢失。这种缺点可以通过采用软合并的混合ARQ予以解决。在采用软合并的混合ARQ中，错误接收的数据包被存储在一个缓存里，随后与重传合并以获得单一的组合数据包，比其构成成分更可靠。纠错码的解码针对组合的信号进行操作。

混合ARQ功能跨越物理层和MAC层；发射机侧不同冗余版本的生成及接收机侧的软合并，都是通过物理层来控制的。而混合ARQ协议是MAC层功能的一部分。

LTE混合ARQ机制的基础是一个带有多个停等（停止等待）协议的结构，每个操作在单一传输块之上。这是个简单的方案。只需反馈一个比特来指示传输块的确认或否认。然而，由于发射机每次传输后停止，导致吞吐量很低。因此，LTE使用多个并行的停等操作。这样，在等待一个过程的确认时，发射机可以给另一个混合ARQ过程传输数据。如图8.3所示，在处理第一个混合ARQ过程的接收数据时，接收机可以利用第二个过程等进行连续接收。这种多个混合ARQ过程并行操作形成一个混合ARQ实体，结合了简单停等协议的简化性，并且允许数据的连续传输。

每个终端有一个混合ARQ实体。空分复用，如第6章所述，在同一传输信道上平行传输两个传输块，需要支持一个混合ARQ实体带有独立的混合ARQ确认的两套混合ARQ过程。下行链路和上行链路混合ARQ确认的物理层传输细节已经在第6、7章进行了介绍。

当接收到用于特定混合ARQ过程的传输块时，接收机尝试对该传输块进行解码，并通过混合ARQ确认告知发射机结果，指示该传输块是否被正确解码。直到传输混合ARQ确认，数据接收的时间才被固定下来，因此发射机从定时关系上获知一个接收的确认与哪个混合ARQ过程有关。这从开销方面来看是很有益的，因为不再需要与确认一起发送过程编号。

混合ARQ机制的一个重要部分是软合并的应用，意味着接收机从多个传输尝试合并接收到的信号。

根据定义，任何混合ARQ方案的重传，必须代表与初始传输相同的信息比特集合。然而，只要它们代表相同信息比特集合，每次重传中传输的编码比特集合可做不同选择。根据是否要求重传比特与初始传输相同，软合并方案通常被称为跟踪合并（参考文献［19］首次提出）或者LTE中采用的增量冗余（IR）。采用IR方案，每次重传不一定非要和初始传输相同。相反，生成了编码比特的多个集合，每个代表了同一组信息比特。第6章中描述的LTE速率匹配功能，用于生成不同的编码比特集合，作为图8.2所示的冗余版本的函数。除了提高累计接收E_b/N_0之外，IR还可以为每次重传带来编码增益。相比单纯的能量积累（跟踪合并），IR对于高初始码速率业务带来的增益更大。此外，如参考文献［23］所述，与跟踪合并相比，IR的增益还来自于传输尝试之间的相对功率差。

在此前的讨论中，假设接收机已经接收到了所有之前传输的冗余版本。如果所有冗余版本提供有关数据包相同的信息量，则冗余版本的顺序将不再重要。然而，对于一些编码结构，并非所有冗余版本都同等重要。这里的一个例子是Turbo码，其中系统比特比奇偶校验位更重要。因此，初始传输至少应包括系统比特和一部分奇偶校验位。重传过程中可以包含没在初始传输中的奇偶校验位。这就是为什么第6章讨论循环缓冲区中首先插入系统比特的原因。

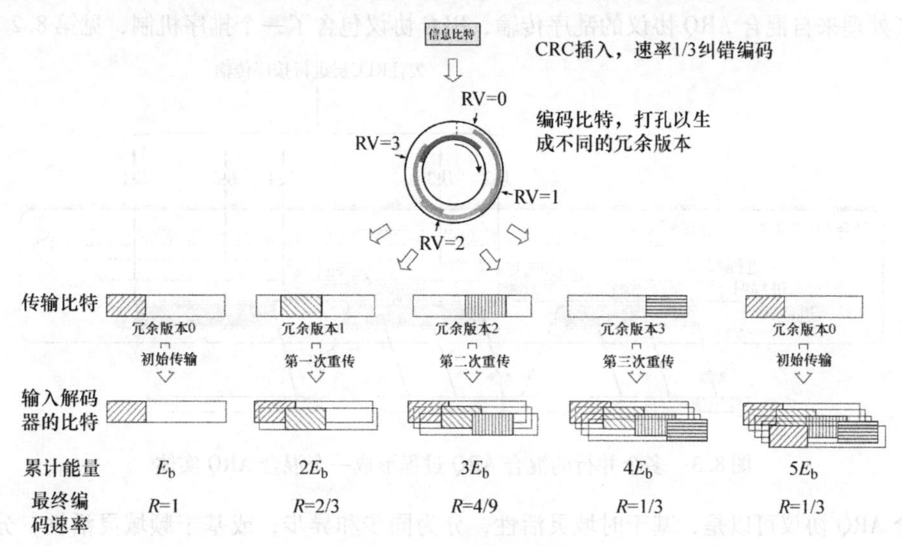

图8.2 冗余版本示例

无论使用跟踪合并还是冗余版本，带有软合并的混合ARQ通过重传的方式会导致数据速率的间接下降，由此可被视为一种间接的链路自适应技术。然而，相比基于瞬时信道状况明确估计的链路自适应，带有软合并的混合ARQ基于解码结果间接调节编码速率。在整体吞吐量方面，这种间接链路自适应可能优于直接的链路自适应。这是由于只有在需要时，才会添加额外的冗余，即之前更高速率的传输不能被正确解码时。此外，由于并没有去试图预测任何信道的变化，因此无论终端移动速度如何都可以工作得同样好。由于间接链路自适应可以提供系统吞吐量的增益，一个有效问题是为什么还需要直接链路自适应？一个主要原因是直接链路自适应可以降低时延。虽然从系统吞吐量的角度来看，单单依赖间接链路自适应就够了；但从时延的角度来看；其终端用户的服务质量可能是不可接受的。

为了软结合的正确操作，接收机需要知道解码之前何时执行软合并及何时清除软缓冲区，即接收机需要区分初始传输的接收（之前应清除软缓存）和重传接收。同样，发射机必须知道是重发错误接收的数据还是发送新数据。因此，一个或两个被调度传输块中每个都包含了一个新数据指示符，作为下行链路发送的调度信息的一部分。新数据指示符存在于下行链路分配和上行链路授权中，虽然两者的含义略有不同。

在下行链路传输情况下，新数据指示符用来指示一个新的传输块，即本质上为单一比特的序列号。基于下行调度分配的接收，终端检查新数据指示符，以决定当前传输是否需要与当前用于混合ARQ进程的软缓冲器中接收数据进行软合并，或者是否需要清空软缓冲器。

对于上行链路数据传输，PDCCH上也存在一个新数据指示符。此时，切换该新数据指示符来申请新传输块的发送。否则，用于该混合ARQ进程之前的传输块应该被重传（此时基站应执行软合并）。

多个并行操作的混合ARQ处理应用，可能导致从混合ARQ机制发送的数据产生顺序混乱。例如，图8.3所示的传输块5在需要两次重传的传输块1之前被成功解码。乱序的现象也可能出现在载波聚合的情况，其中一个组分载波上的传输块可能传输成功，而另一个组分载波需要重传。为了处理来自混合ARQ协议的乱序传输，RLC协议包含了一个排序机制，见第8.2节。

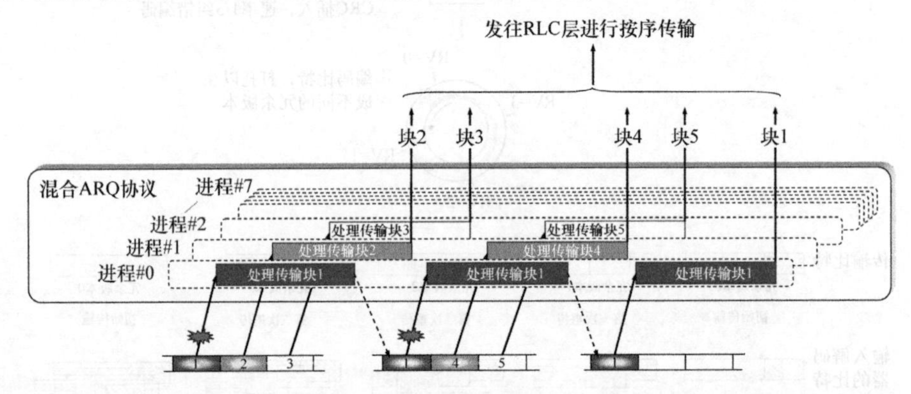

图8.3　多个并行的混合ARQ过程形成一个混合ARQ实体

混合ARQ协议可以是，基于时域灵活性，分为同步和异步；或基于频域灵活性，分为自适应和非自适应的。

- 异步混合ARQ协议，意味着重传可能在任意时刻出现；而同步混合ARQ协议，则意味着重传只在上次传输之后的固定时刻出现（见图8.4）。同步协议的好处在于，不需要直接信令传送混合ARQ的进程号，因为该信息可以从子帧号中得到。另一方面，异步协议允许更灵活的重传调度。

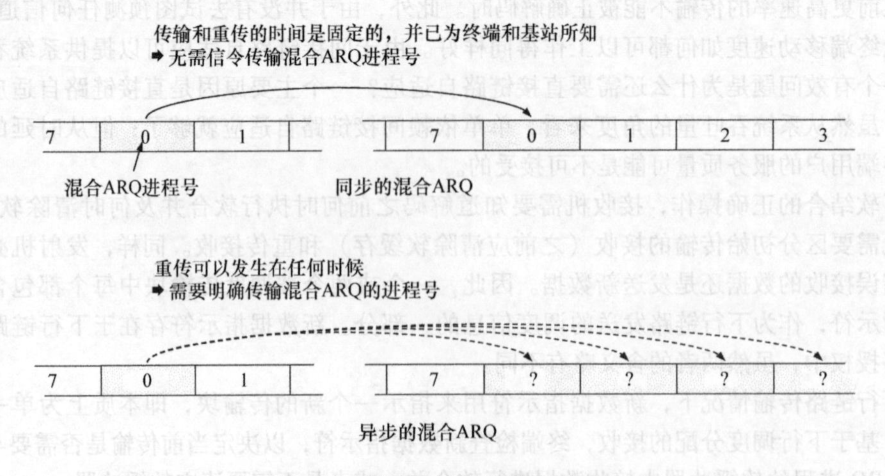

图8.4　同步和异步的混合ARQ

• 自适应混合 ARQ 协议，意味着重传间可改变频率位置，并且还可以改变更细节的传输格式。相反，非自适应协议意味着，重传只能出现在与初始传输相同的频率资源上，并且只能采用与初始传输相同的传输格式。

在 LTE 情况下，异步自适应混合 ARQ 用于下行链路。对于上行链路则采用同步混合 ARQ。通常，重传是非自适应的，但是也可采用自适应重传作为补充。

8.1.1 下行链路混合 ARQ

在下行链路上，重传的调度采用与新数据相同的方式，即它们可以出现在任何时刻和下行链路小区带宽的任何位置。因此，下行链路的混合 ARQ 协议，是异步和自适应的。支持 LTE 下行链路采用异步和自适应混合 ARQ 的传输方式，是为了避免与如系统信息和 MBSFN 子帧传输发生碰撞。基站不会丢弃将与 MBSFN 子帧或者系统信息传输发生碰撞的重传，而是在时域和/或频域移动该重传以避免资源上的交叠。

正如本章介绍部分所述，对软合并的支持，是通过为每个新数据块直接切换一个新数据指示符来提供的。除了新数据指示符之外，混合 ARQ 相关的下行链路控制信令包含混合 ARQ 进程号（FDD 为 3bit，TDD 是 4bit）及冗余版本（2bit），都直接在每个下行链路传输的调度分配中发送。

下行链路空分复用意味着，如前所述，在一个组分载波上并行传输的两个传输块。为了可以只针对其中之一进行重传，这对两个传输块完全独立的出错事件是有益的，每个传输块带有自己的新数据指示符和冗余版本指示。然而，它不需要独立发送进程号，这是因为空分复用情况下每个进程包含两个子进程。换句话说，一旦第一个传输块的进程号已知，就间接提供了第二个传输块的进程号。

下行链路组分载波上的传输是独立进行确认的。每个组分载波上的传输块，通过在上行链路上传输 1bit 或 2bit 进行确认，如第 7 章所述。在没有空间复用的情况下，每个 TTI 内只有单一传输块，因此只需要单一确认进行响应。然而，如果下行链路传输使用空间复用，则每 TTI 有两个传输块，每个都需要自己的混合 ARQ 确认。因此，混合 ARQ 确认所需的比特总数取决于应用在组分载波的载波数和传输模式。由于每个下行链路组分载波在自己的 PDCCH 独立调度，用于每个组分载波的混合 ARQ 进程数被独立发送。

终端不需要对系统信息、寻呼消息和其他广播业务的接收进行混合 ARQ 响应。因此，混合 ARQ 确认只在上行链路中发送，用于“正常”的单播传输。

8.1.2 上行链路混合 ARQ

焦点转移到上行链路，与下行链路情况的不同之处在于，采用同步和非自适应操作作为混合 ARQ 协议的基本原理，以获得比异步自适应结构更低的开销。因此，上行重传总发生在先验已知子帧上；在 FDD 操作情况下，上行链路重传出现在相同混合 ARQ 进程的上次传输尝试之后第八个子帧。一个组分载波上用于重传的资源块集合与初始传输是相同的。因此，下行链路上用于重传的唯一控制信令是 PHICH 上传输的重传命令，如第 6 章所介绍。PHICH 上出现否定确认时，数据需要进行重传。

空间复用的情况采用与下行链路一样处理的方式。上行链路并行的两个传输块，每个有自己的调制和编码方式及新数据指示符，但共享相同的混合 ARQ 进程号。这两个传输块单独确认，因此下行链路需要两个信息比特来确认带有空间复用的上行链路。TDD 是另一实例，将在下面讨论。不同子帧上的上行链路传输可能需要在同一个下行子帧进行确认[^1]。因为，每个 PHICH 只能传输单一比特，所以需要多个 PHICH。

尽管事实上，上行链路操作的基本模式是同步和非自适应的混合 ARQ，但也可以在上行链路采用同步且自适应的方式。其中，用于重传的资源块集合和调制编码方式是可以改变的。由于下行链路控制信令开销非常低，因此通常采用非自适应重传，但有时也需要采用自适应重传，来避免分割上行链路频率资源，或用来避免与随机接入资源发生碰撞，如图 8.5 中所示。一个终端被调度在子帧 n 内进行初始传输；传输没有被正确接收，因此需要在子帧 $n+8$ 内进行重传（假定为 FDD 系统，对于 TDD 则定时要取决于下行链路/上行链路配置，后面将讨论）。采用非自适应混合 ARQ，重传占用与初始传输相同部分的上行链路频谱。因此，此例中被分割的频谱限制了另一终端的可用带宽（除非其他终端能够采用多簇传输）。在子帧 $n+16$ 中，可以发现一个自适应重传的例子；为了给另一终端腾出空间以请求大部分上行链路频谱，重传在频域内进行了搬移。上行链路混合 ARQ 协议仍然需要是同步的，即重传应该总是出现在上次传输之后的第 8 个子帧。

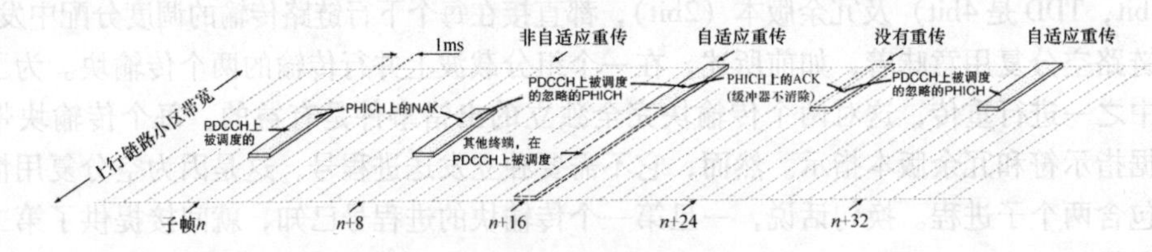

图 8.5　非自适应和自适应混合 ARQ

对自适应和非自适应混合 ARQ 的支持，是通过对于给定混合 ARQ 进程在 PHICH 上接收到混合 ARQ 肯定确认时不清除发送缓冲器来实现的。相反，对于是否重传数据的实际控制，是通过在 PDCCH 上发送的上行调度请求中包含新数据指示符实现的。新数据指示符为每个新传输块进行切换。如果新数据指示符被切换，终端清空发送缓冲器并发送新数据包。然而，如果新数据指示符没有申请新数据传输，则重传之前的传输块。因此，传输缓存的清空，不是由 PHICH 而由作为上行链路许可一部分的 PDCCH 进行控制的。PHICH 上的负面混合 ARQ 确认，应当更倾向被视为用于重传的单一比特调度许可。其中，待传输的比特集合及所有资源信息已从之前传输尝试中获知。图 8.5 还给出了在子帧 $n+24$ 推迟传输的例子。终端已经收到一个正向确认，因此没有重传这个数据。然而，传输缓冲器没有被清除，之后被通过一个请求在第 $n+32$ 子帧重传的上行链路调度许可所利用。

支持自适应和非自适应混合 ARQ 的上述方法会产生一个结果：与同一上行链路子帧相关的 PHICH 和 PDCCH 带有相同的定时。如果上述情况不成立，实现的复杂性将会增加，因为终端不知道应该听从 PHICH 还是等待 PDCCH 而不管 PHICH。

如前面的解释，新数据指示符在上行链路许可中直接传输。然而，与下行链路情况不同的是，

[^1]: 第三个例子是载波聚合，参见第 12 章。

冗余版本不会针对每个重传进行发送。采用 PHICH 上的单一比特确认，这是不可能做到的。相反，由于上行链路混合 ARQ 协议是同步的，冗余版本遵从一个预定义模板，当通过 PDCCH 调度初始传输时从零开始。无论何时通过 PHICH 上的否定确认信息请求重传时，采用序列中的下一个冗余版本。然而，如果重传由 PDCCH 而非 PHICH 进行直接调度，这可能会潜在地影响所用冗余版本。对重传的许可采用与（用于初始传输的）普通许可相同的格式。如第 6 章所述，上行链路许可的信息字段之一为调制编码方式。该 5bit 字段可关联 32 种不同组合，其中 3 个被预留。那 3 个组合代表不同冗余版本。因此，如果这 3 个组合之一被直接作为上行链路许可的一部分来发送以指示重传，则采用对应的冗余版本用于传输。传输块大小从初始传输中可知，因为根据定义它在重传尝试之间不会改变。图 8.5 中，子帧 n 中的初始传输采用序列中第一个冗余版本，这是由于传输块大小必须和初始传输一致。子帧 $n+8$ 中的重传采用序列中第二个冗余版本，而在子帧 $n+16$ 中被直接调度的重传可以采用 PDCCH 上指示的任何冗余方案。

是否可以通过 PDCCH 调度的重传来发送任意冗余版本，需要在增量冗余增益与稳定性之间进行折中。从增量冗余角度来看，改变重传之间的冗余值通常有益于充分利用来自增量冗余的增益。然而，调制编码方式通常并不指示上行链路重传，这是因为采用单一比特 PHICH 或者调制编码方式字段都可以直接指示新冗余版本。这里间接假设，终端不会丢失初始调度许可。如果情况如此，需要直接指示调制编码方式。这也意味着采用序列中的第一个冗余版本。

8.1.3 混合 ARQ 定时

接收机必须知道接收到的确认是与哪个混合 ARQ 进程相关联的。这是由用于把确认与特定混合 ARQ 进程相关联的混合 ARQ 确认的定时来管理的；下行链路中数据接收和上行链路的混合 ARQ 确认传输之间的定时关系，是固定的（反之亦然）。从传输时延角度来看，终端处下行链路数据接收和上行链路中混合 ARQ 确认传输之间的时间应越短越好。同时，不必要的短时延要求将会增加对终端处理能力的需求，从而需要在传输时延和实现复杂度之间进行折中。对于上行链路数据传输，情况类似。对于 LTE，这种折中导致 FDD 系统上行链路和下行链路中每个组分载波带有 8 个混合 ARQ 进程。对于 TDD 系统，进程数取决于下行链路/上行链路配置，后面将介绍。

8.1.3.1 用于 FDD 的混合 ARQ 定时

从 FDD 情况开始，对应下行链路数据传输的上行链路确认传输如图 8.6 所示。DL-SCH 上的下行链路数据，在子帧 n 发送给终端，并在第 n 帧的传输延迟 T_P后被终端接收。终端尝试对接收信号进行解码，可能是在于之前传输尝试的软合并之后，并在上行链路子帧 $n+4$ 中发送混合 ARQ 确认（注意，作为第 7.6 节所述事件提前过程的结果，终端处上行链路子帧的开始相对于终端处，对应下行链路子帧的开始设置了一个偏置 T_{TA}）。基于混合 ARQ 确认的接收，如果需要，eNodeB 可以在子帧 $n+8$ 内重传下行链路数据。因此，采用 8 个混合 ARQ 进程，即混合 ARQ 往返时间为 8ms。

前面的内容及图 8.6 所示，描述了下行链路数据传输，即 DL-SCH 上的数据和 PUCCH（或 PUSCH）上确认信息的定时。然而，上行链路数据传输（即 PUSCH 上的数据及 PHICH 上确认信息的定时）是相同的。也就是说，子帧 n 中上行链路数据传输导致子帧 $n+4$ 上的 PHICH 传输。

对于上行链路调度许可通常也采用相同的定时关系（见第9.3节），允许PDCCH上的调度许可覆盖PHICH，如图8.5所示。

如图8.6所示，终端可用的处理时间T_{UE}取决于定时提前量的值或者等效为终端到基站的距离。由于终端必须在规范所支持最大小区半径内的任何距离内操作，终端被设计为必须能够处理最恶劣场景。LTE被设计成，可以处理至少100km、对应0.67ms的最大定时提前量。因此，为终端处理留下了大约2.3ms的时间，这被考虑为是在终端处理需求与相关传输时延之间的一个合理折中。

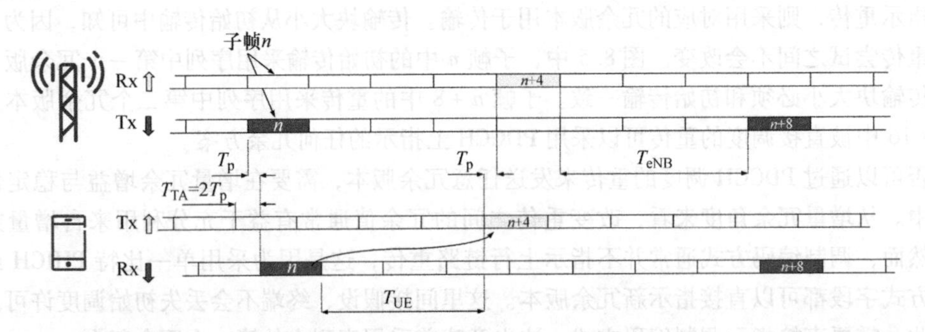

图8.6　FDD情况下子帧n中下行链路数据与子帧$n+4$中上行链路混合ARQ确认之间的定时关系

基站的可用处理时间可以表示为$T_{eNB}=3\text{ms}$，因此与终端处于相同量级上。在下行链路数据传输情况下，基站在这个时间内执行任何重传的调度；而对于上行链路数据传输，该时间用于解码接收到的信号。因此，终端和基站的定时预算是类似的，因为事实上尽管基站通常带有比终端更强的处理能力，但它还必须服务于多个终端并执行调度操作。

上行链路和下行链路带有相同的混合ARQ进程数，这对于半双工FDD操作是有益的，第9章将讨论。通过合适的调度，来自终端的上行链路混合ARQ传输将与上行链路的数据传输协调一致；并且，上行链路数据接收相关的确认，将在与下行链路数据相同的子帧内传输。因此，上行链路和下行链路采用相同的混合ARQ进程数，可使半双工终端在传输和发送之间达到一半对一半的时间分割。

8.1.3.2　用于TDD的混合ARQ定时

对于TDD操作，特定混合ARQ进程中数据接收与混合ARQ确认传输之间的定时关系，取决于下行链路/上行链路分配。一个上行链路混合ARQ确认可以只在一个上行链路子帧内传输，而下行链路确认只在下行链路子帧内。然而，从版本11（R11）开始，操作在不同频带内的组分载波可使用不同的下行链路/上行链路分配。因此，用于TDD系统的定时关系相比FDD系统更为复杂。

为了简化，这里只考虑在所有组分载波上采用相同下行链路/上行链路分配的情况（不同分配的情况将在之后介绍）。终端和基站所需的最小处理时间在FDD和TDD系统是相同的，这是因为采用了相同的Turbo解码器和类似的调度决策。这样TDD系统的确认不可能比FDD系统的更早发送。对于TDD，另外，子帧n内传输块确认是在子帧$n+k$上发送的。其中，$k\geqslant4$并且选择k要使得，当将要由终端（在PUCCH或PUSCH上）发送确认时子帧$n+k$为上行链路子帧，而当将要由基站（在 PHICH 上）发送确认时子帧 $n+k$ 为下行链路子帧。k 的值取决于下行链路/上行链路分配，表 8.1 就给出了对于下行链路和上行链路传输的情况。如表所示，作为下行链路/上行链路分配的结果，大多数情况下 k 值大于 FDD 系统所用值 $k=4$。例如，假定采用配置 2，子帧 2 内接收到的 PUSCH 上的上行链路传输应该会在子帧 $6+2=8$ 内的 PHICH 上确认。类似地，对于相同的配置，子帧 0 内 PDSCH 上的下行链路传输应该在子帧 $0+7=7$ 内的 PUCCH（或 PUSCH）上确认。

表 8.1　混合 ARQ 进程数和不同 TDD 配置下的上行链路确认定时 k

配置 (DL: UL)	下行链路											上行链路										
	进程	子帧 n 上 PDSCH 接收										进程	子帧 n 上 PUSCH 接收									
		0	1	2	3	4	5	6	7	8	9		0	1	2	3	4	5	6	7	8	9
0 (2:3)	4	4	6	–	–	–	4	6	–	–	–	6	–	–	4	7	6	–	–	4	7	6
1 (3:2)	7	7	6	–	–	4	7	6	–	–	4	4	–	–	4	6	–	–	–	4	6	–
2 (4:1)	10	7	6	–	4	8	7	6	–	4	8	2	–	–	6	–	–	–	–	6	–	–
3 (7:3)	9	4	11	–	–	–	7	6	6	5	5	3	–	–	6	6	6	–	–	–	–	–
4 (8:2)	12	12	11	–	–	8	7	7	6	5	4	2	–	–	6	6	–	–	–	–	–	–
5 (9:1)	15	12	11	–	9	8	7	6	5	4	13	1	–	–	6	–	–	–	–	–	–	–
6 (5:5)	6	7	7	–	–	–	7	7	–	–	5	6	–	–	4	6	6	–	–	4	7	–

如图 8.7 所示，用于 TDD 系统的混合 ARQ 进程数，取决于下行链路/上行链路的分配，这意味着混合 ARQ 往返时间是 TDD 配置相关的（事实上，它甚至可以在子帧间进行改变，见图 8.7）。对于侧重下行链路的配置 2、3、4 和 5 来说，下行链路混合 ARQ 进程数大于 FDD 的情况。其原因是，可用的上行链路子帧数有限，导致部分子帧的 k 值刚好超过 4（参见表 8.1）。

TDD 系统中的 PHICH 定时与接收上行链路许可时的定时一样，如图 9.3 所示。其原因与 FDD 系统一样，即为了允许 PDCCH 上行链路许可能够覆盖 PHICH 来实现自适应重传，如图 8.5 所示。

TDD 系统的下行链路/上行链路分配，暗示了一个子帧内可确认的传输块数。对于 FDD 系统，上行链路和下行链路子帧之间总是存在一一对应的关系。因此，在没有载波的聚合情况下，一个子帧只需承载其他方向上一个子帧的确认。相反，对于 TDD 系统，上行链路和下行链路子帧之间不需要存在一对一的关系。这可以参考第 5 章有关下行链路/上行链路分配的内容。

对于采用 UL-SCH 的上行链路传输，每个上行链路传输块都是通过 PHICH 进行单独确认的。因此，在偏重上行链路的非对称配置（下行链路/上行链路配置 0）下，如果没有空间复用，终端可能需要在下行链路子帧 0 和子帧 5 内接收两个混合 ARQ 确认；而对于空间复用，每个组分载波需要最多 4 个确认。另外，还会存在一些不传输 PHICH 的子帧，因此 PHICH 群的数量可以在 TDD 子帧之间进行改变。

对于下行链路传输，存在一些配置，其中多个下行链路子帧的 DL-SCH 接收需要在单一上行链路子帧中进行确认，如图 8.7 所示（对应表 8.1 所示黑体的条目）。TDD 系统中提供了两种机制来处理这种情况：复用和捆绑。

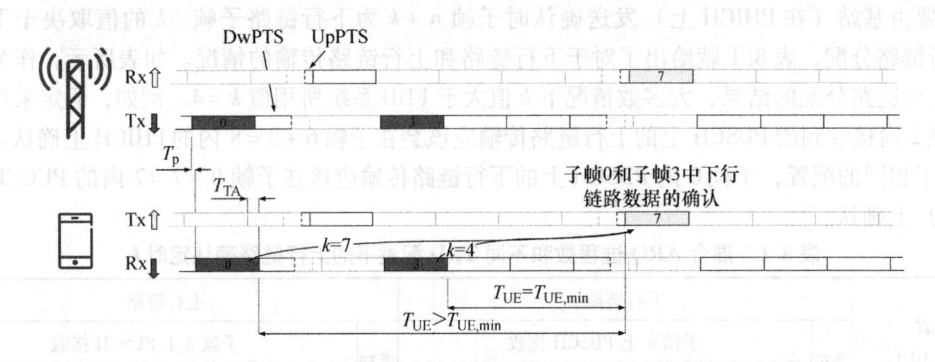

图8.7　TDD（配置2）下行链路数据和上行链路混合ARQ确认之间的定时关系实例

复用，意味着针对反馈给基站的每个接收的传输块进行独立确认。这允许错误传输块的独立重传。然而，其这也意味着需要从终端发送多个比特，这也许会限制上行链路覆盖。这是使用捆绑机制的动机。

确认的捆绑，意味着来自多个下行链路子帧的下行链路传输块解码输出，被合并为单一混合ARQ确认在上行链路进行传输。只有当图8.7所示案例中子帧0和子帧3上的下行链路传输都被正确解码时，才会在上行链路子帧7中传输一个肯定的确认。

将多个下行链路传输相关的确认合并到单一上行链路消息中，并且假定该终端没有丢失任何确认所依赖的调度分配。例如，假定基站调度两个连续子帧内的终端，但该终端丢失了两个子帧中第一个子帧的PDCCH传输，并成功解码第二个子帧内传输的数据。不采用任何额外的机制，该终端将发送一个基于以下假设的确认：它只在第二个子帧内被调度，而该eNodeB会将确认理解为终端成功接收了这两次传输。为避免这类错误，需要在调度分配中采用下行链路分配序号（见第6.4.6节）。事实上，下行链路分配序号告知终端该合并确认所基于的传输数量。如果在分配序号和终端接收的传输数量之间发生不匹配的情况，终端认为至少丢失一个分配并且不会发送混合ARQ确认，从而避免没有接收被确认的传输。

8.2　无线链路控制

无线链路控制（RLC）协议从PDCP中以RLC SDU的形式取出数据，并通过采用MAC和物理层功能将其发送到接收机侧的相关RLC实体。图8.8给出了RLC和MAC之间关系，包括将多个逻辑信道复用为单一传输信道。多个逻辑信道复用到单一传输信道主要用于优先级控制。这部分内容将在第9.2节与下行链路和上行链路调度的相关内容一起介绍。

为一个终端配置的每个控制信道都有一个RLC实体，其中每个RLC实体负责如下工作：

- 分割、级联及RLC SDU的重组。
- RLC重传。
- 相关逻辑信道的依序发送和复制检测。

RLC中其他重要特征如下：

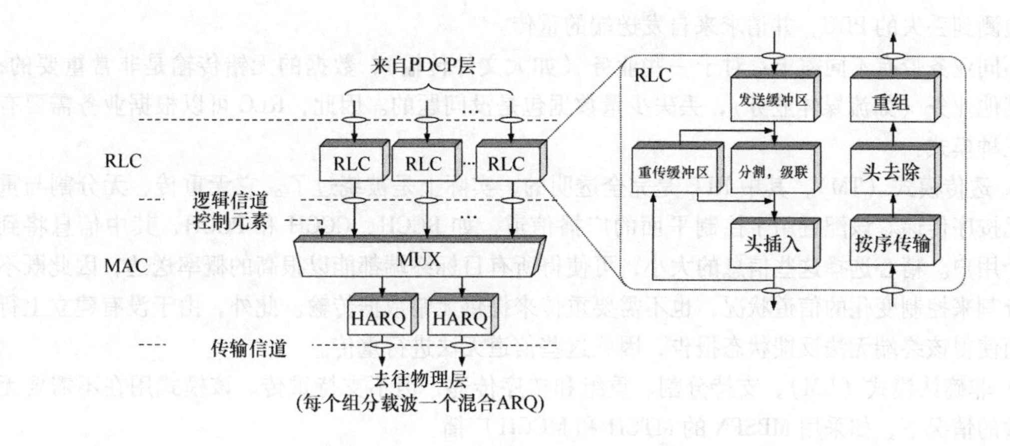

图 8.8　MAC 和 RLC 结构（单终端情况）

- 改变 PDU 大小的控制。
- 在混合 ARQ 和 RLC 协议之间密切交互的可能性。最后，每个逻辑信道有一个 RLC 实体，每个组分载波有一个混合 ARQ 实体。这意味着在载波聚合情况下一个 RLC 实体可与多个混合 ARQ 实体交互。

8.2.1　分割、级联及 RLC SDU 的重组

分割和级联机制的目的，是从输入的 RLC SDU 生成合适大小的 RLC PDU。其中一种方案是定义固定的 PDU 大小，而该大小将会导致一种妥协。如果其值过大，将不可能支持最低数据速率。同时，在一些场景下需要过多的填充比特。然而，其值过小将导致很高的开销，每个 PDU 都包含头字段。为了避免这些缺点，RLC PDU 大小可以动态变化是很重要的，因为 LTE 支持非常大动态范围的数据速率。

图 8.9 给出了 RLC SDU 的分割和级联成为 RLC PDU。除其他字段外，头字段还包含了一个用于重新排序和重传机制的序号。接收机侧的重组功能执行逆操作以便从接收到的 PDU 中重组出 SDU。

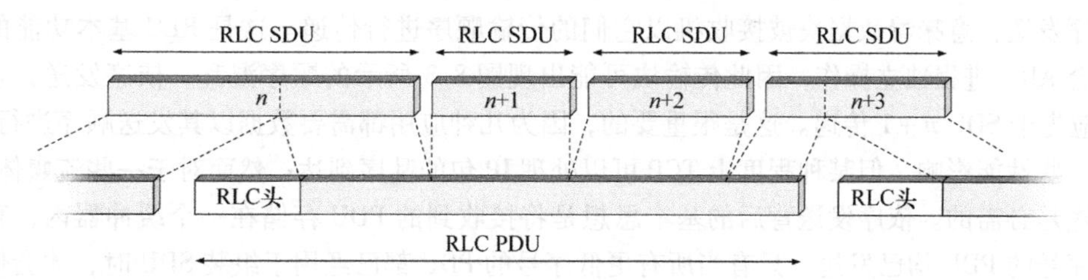

图 8.9　从 RLC SDU 生成 RLC PDU

8.2.2　RLC 重传

重传丢失的 PDU 是 RLC 的主要功能之一。尽管大多数错误都可以通过混合 ARQ 协议进行处理，但如本章开始所述，采用二级重传机制作为补充是有帮助的。通过检查接收 PDU 的序列号，

可以检测到丢失的PDU，并请求来自发送端的重传。

不同业务带有不同需求：对于一些业务（如大文件传输），数据的无错传输是非常重要的；对于其他业务（如流媒体业务），丢失少量数据包是没问题的。因此，RLC可以根据业务需要有以下三种模式：

- 透传模式（TM），其中RLC是完全透明的，实际上是被绕过了。它无重传、无分割与重组、无按序传递。该配置用于控制平面的广播信道，如BCCH、CCCH和PCCH，其中信息将到达多个用户。精心选择这些信息的大小，可使得所有目标终端都能以很高的概率送达，因此既不需要分割来控制变化的信道状况，也不需要重传来提供无错数据传输。此外，由于没有建立上行链路而使得该终端无法反馈状态报告，因此这些信道无法进行重传。
- 非确认模式（UM），支持分割、重组和按序传递，但不支持重传。该模式用在不需要无错传输的情况下，如采用MBSFN的MTCH和MCCH广播。
- 确认模式（AM），是DL-SCH上TCP/IP分组数据传输的主要操作模式，可支持无错数据的分割、重组、按序传递及重传。

后续内容描述的是确认模式。非确认模式与之类似，只是没有重传并且每个RLC实体是单向的。

确认模式下的RLC实体是双向的，即数据可以在两个对等实体之间双向流动。这是需要的，因为PDU的接收需要对发送这些PDU的实体进行确认回馈。丢失PDU的相关信息，是接收端对发送端以所谓状态报告的形式提供的。状态报告，既可以通过接收端自动发送，也可以通过发送端申请来实现。为了跟踪PDU发送轨迹，发射端对每个PDU附加了一个RLC头，包含了序号和其他字段。

RLC的两个实体都维护两个窗口，分别为发送窗口和接收窗口。只有发送窗口内的PDU才有资格进行传输；序列号小于窗口起始点的PDU已通过正在接收的RLC进行确认。类似地，接收机只接收序列号位于接收窗内的PDU。由于每个PDU只封装进SDU一次，因此接收机还会丢弃任何复制的PDU。

8.2.3　依序发送

依序发送，意味着数据块被接收机以它们的传输顺序进行传递。这是RLC基本功能的一部分：混合ARQ进程独立操作，因此传输块可能出现图8.3所示的顺序混乱。依序发送，意味着SDU n 应先于SDU $n+1$ 传递。这是很重要的，因为几种应用都需要数据以其发送顺序进行接收。尽管有一些性能影响，但某种程度上TCP可以处理IP包的乱序到达；然而对于一些流媒体应用，依序发送是必需的。依序发送背后的基本思想是将接收到的PDU存储在一个缓冲器内，直到所有更低序号的PDU均已发送。只有当所有更低序号的PDU都已经用于组装SDU时，才会使用下一个PDU。只有在确认模式操作时，才提供RLC重传，以及依序发送机制的相同缓冲器上操作。

8.2.4　RLC操作

有关重传和依序发送的RLC操作可以通过图8.10所示简单例子来很好地理解。图中给出了两个RLC实体：一个位于传输节点，另一个位于接收节点。当操作在确认模式时，如后面的假设，每个 RLC 实体都带有发射机和接收机功能，但此例只讨论一个方向，另一方向的情况相同。

此例中，编号为 $n \sim n+4$ 的 PDU 正在发射缓冲器中等待发射。在 t_0 时刻，带有最大为（包含）n 序号的 PDU 都已发送并且被成功接收，但只有最大为（包含）$n-1$ 序号的 PDU 都已被接收机确认。图中，发射窗口始于 n，第一个尚未确认的 PDU；而接收窗口始于 $n+1$，为下一个期望接收的 PDU。当接收到 PDU n 时，该 PDU 被转发给 SDU 重装功能进行下一步处理。

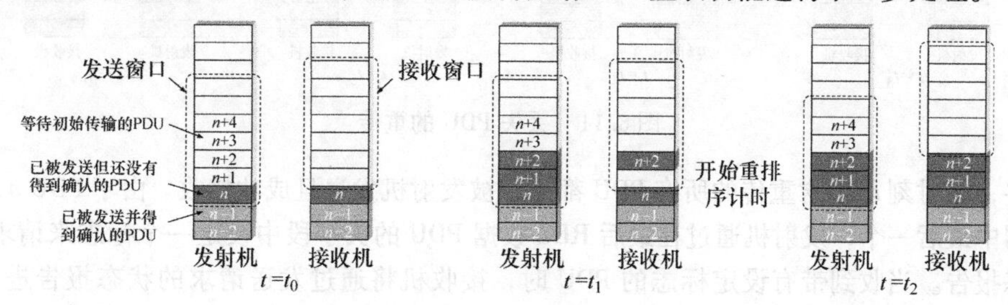

图 8.10 依序发送

PDU 传输是连续的，在时刻 t_1PDU $n+1$ 和 $n+2$ 已经被发送，但在接收端只有 PDU $n+2$ 到达。导致这种结果的一个原因可能是，丢失的 PDU $n+1$ 正通过混合 ARQ 协议重传，且由此导致尚未从混合 ARQ 传递到 RLC。与前面的相比较，发射窗口维持不变。这是由于 PDU n 及更高序号没有被接收机确认。因此，它们中的任何一个都有可能需要被重传，因为发射机不知道它们是否已经被正确接收。当 PDU $n+2$ 到达时，接收窗口尚未更新。这里因为 PDU $n+1$ 丢失导致 PDU $n+2$ 不能转发进行 SDU 组装。相反，接收机会等待 PDU $n+1$。显然，无限期地等待丢失的 PDU 将导致队列阻塞。因此接收机对丢失的 PDU 启动一个定时器——重排定时器。如果定时器到期前没有接收到该 PDU，则请求重传。幸运的是，在此案例中定时器到期前的时刻 t_2，来自混合 ARQ 协议的丢失 PDU 到达。由于丢失 PDU 的到达，推进接收窗口并终止重排定时器。之后，发送 PDU $n+1$ 和 $n+2$ 进入 SDU 重组。

对复制的检测也是 RLC 的职责，使用相同的序列号进行重新排序。如果 PDU $n+2$ 又到达一次（并且在该接收窗口中），尽管它已经被正确接收，仍然要丢弃。

该例解释了确认模式和非确认模式均支持的依序发送的背后基本原理。然而，确认操作模式还提供重传功能。为了解释其背后原理，可以参考图 8.11 所示，这是上例的一个延续。在时刻 t_3，截至为 $n+5$ 的 PDU 都已经被传送。只有 PDU $n+5$ 达到，而 PDU $n+3$ 和 $n+4$ 丢失。与前面案例类似，这将引起重排定时器的启动。然而，在此例中定时器到期前没有 PDU 到达。在定时器超时的时刻 t_4，将触发接收机发送一个包含了状态报告的控制 PDU，用来给其对等实体指示丢失的 PDU。控制 PDU 比数据 PDU 带有更高的优先级，以避免状态报告产生不必要的延迟，且不会给重传时延带来负面影响。当时刻 t_5 接收到状态报告，发射机知道截至 $n+2$ 的 PDU 均被正确接收，并且可以推进发射窗口。丢失的 PDU $n+3$ 和 $n+4$ 被重传，并且这次被正确接收。

此例中，重传是通过状态报告的接收来触发的。然而，由于混合 ARQ 和 RLC 协议位于相同节点，两者之间可以存在紧密的交互。因此，当包含 PDU $n+3$ 和 $n+4$ 的传输块传输失败时，发射端的混合 ARQ 协议可以告知发射端的 RLC。RLC 可以用此来触发丢失 PDU 的重传，而无须等待明确的状态报告，由此降低 RLC 重传的相关时延。

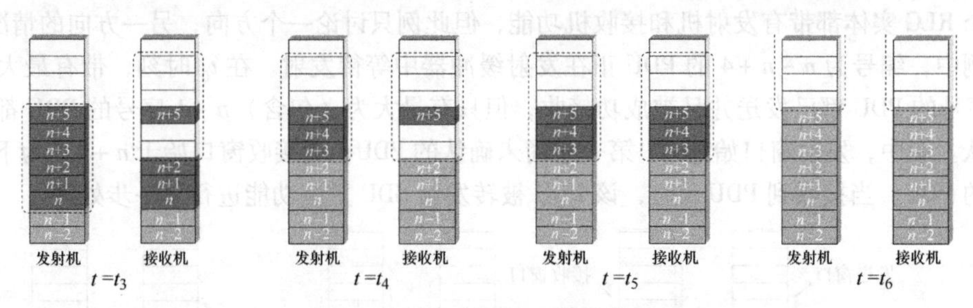

图8.11　丢失PDU的重传

最终，在时刻t_6包含重传的所有PDU都已经被发射机发送且成功接收。由于PDU $n+5$是发送缓冲器中最后一个，发射机通过在最后RLC数据PDU的头字段中设定一个标志来请求接收机发送状态报告。当收到带有设定标志的PDU时，接收机将通过发送请求的状态报告进行响应，确认截至且包含$n+5$的所有PDU。通过发射机接收状态报告，可以认为所有PDU都被确认为正确接收，并推进发射窗口。

如前所述，状态报告可以通过多种原因被触发。然而，为了控制状态报告的数量并避免大量状态报告塞满反馈链路，可以采用状态阻止定时器。通过这类定时器，状态报告就不会在定时器确定的各时间间隔内发送超过一次。

对于初始传输，会相对直接地依靠动态PDU大小的方法，来控制数据速率波动。然而，RLC重传之间的信道状况和资源数量是可能改变的。为了控制这些波动，已被发送的PDU重传时可以被（重新）分割。这样，前面所述的重排和重传机制依然适用；当所有分段都被接收时，才假设一个PDU被正确接收；各分段独立进行状态报告和重传操作；只需要重传一个PDU的丢失分段而非全部。

第9章　调度和速率自适应

调度是LTE系统的核心部分。对于每一时刻，调度器都要决定共享时频资源应该分配给哪个用户，并确定用于传输的数据速率。调度是一个关键因素并且很大程度上决定了系统的整体行为。上行链路和下行链路传输都需要被调度，因此eNodeB内有一个下行链路和一个上行链路调度器。

下行链路调度器负责动态地控制将要发送到的终端。为每个被调度的终端提供一个调度分配，其中包含该终端DL-SCH传输所在的资源块集合以及相应的传输格式[⊖]。基本的操作模式是所谓的动态调度，其中对于每1ms TTI eNodeB通过如第6章所述（E）PDCCH来为选定的终端进行调度分配，但是也可用半持续调度来降低控制信令开销。下行链路调度分配与逻辑信道复用由eNodeB控制，如图9.1左边部分所示。

上行链路调度器服务于类似的目的，即动态控制哪个终端要在它们的UL-SCH上传输。与下行链路的情况类似，为每个被调度的终端提供一个调度许可，其中包含了该终端UL-SCH传输所在的资源块集合以及相应的传输格式。这种情况下同样可以使用动态或半持续调度。上行链路调度器完全控制该终端将要使用的传输格式，但与下行链路情况不同，不包含逻辑信道的复用。相反，逻辑信道复用是由终端根据一系列规则来控制的。因此，上行链路调度是针对每个设备而非针对每个无线承载。这如图9.1右边部分所示，其中调度器控制传输格式而终端控制逻辑信道复用。

以下几节将在简要回顾基本调度原理之后详细介绍LTE调度框架。

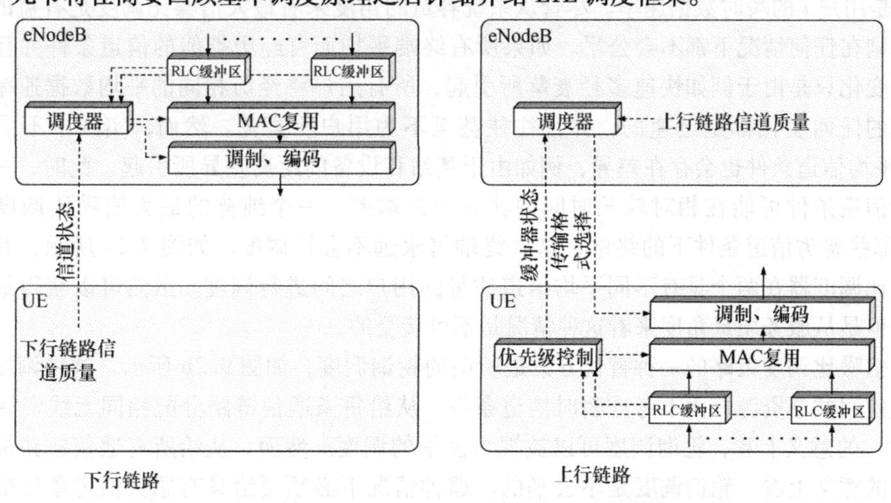

图9.1　下行链路（左）和上行链路（右）中传输格式选择

⊖　载波聚合情况下，每个组分载波只有一个DL-SCH（或UL-SCH）。

9.1　调度策略

LTE调度策略没有被标准化而是通过基站的具体实现来解决的，同时它也是非常重要的，因为调度是LTE的关键要素，并且很大程度上决定其总体行为。不同设备商可能在不同情况下选择不同策略来匹配用户需求。被标准化的部分是调度所需支持的功能，如调度许可的传输、服务质量机制以及如信道状态报告和缓冲状态报告的各种反馈信息。然而，文献中也有一些基本的调度策略，有助于说明其原理。

为了阐述调度原理，考虑同一时间的单用户只在时域进行调度并且所有用户都有无限数据可传。此时，如果在每个时刻所有资源都分配给具有最佳瞬时信道条件的用户就可达到无线资源利用的最大化。结合速率控制，这意味着对于给定发射功率可以获得最高数据速率，或者换句话说，对于给定对其他小区干扰情况下可达到最高的链路利用率。速率控制比功率控制更有效，调整发射功率跟踪信道变化的同时保持数据速率恒定。这种调度策略是信道相关调度的一个实例，也被称为最大信噪比（或最大速率）调度。由于小区内不同无线链路的无线条件通常独立变化，每个时刻几乎总有一个接近其信道质量峰值且支持对应高数据速率的无线链路，这将转化为高系统容量。这种增益是通过向具有最好无线链路条件的用户发送来获得的，通常被称为多用户分集；信道变化越大，小区中用户数越大，多用户分集增益较大。因此，相对于无线链路质量快速变化是一个必须克服的不良影响的传统观点，信道相关调度意味着实际上这些快速变化是潜在有益的并且应该被利用的。

数学上，最大信噪比调度器可以被表示为通过下列公式调度用户k：

$$k=\arg\max_i R_i$$

式中，R_i是用户i的瞬时数据速率。尽管从系统容量的角度来看最大信噪比调度是有益的，但这种调度原则在任何情况下都不会公平。如果所有终端平均而言经历类似的信道条件并且瞬时信道条件的变化只是由于例如快速多径衰落所引起，所有用户将经历相同的平均数据速率。瞬时数据速率的任何变化都是迅速的，并且往往甚至不为用户所察觉。然而，实践中不同终端在（短期）平均信道条件也会存在差异，例如由于基站和设备的距离差异所引起。此时，一个终端所经历的信道条件可能在相对较长时间内比其他终端差。一个纯粹的最大信噪比调度策略会“饿死”那些恶劣信道条件下的终端，这些终端将永远不会被调度。如图9.2a所示，其中采用最大信噪比调度器在两个具有不同平均信道质量的用户之间进行调度。虽然可以获得最高的系统容量，但是从服务质量角度来看这种情况是不可接受的。

最大信噪比调度策略的一种替代方案是所谓的轮询调度，如图9.2b所示。这种调度策略让用户轮流使用共享资源，而不考虑瞬时信道条件。从给每条通信链路分配相同无线资源量（相同时间量）的意义上看，轮询调度可以被视为公平的调度。然而，从给所有通信链路提供相同服务质量的意义上看，轮询调度是不公平的。那种情况下必须要给具有恶劣信道条件的通信链路更多无线资源（更多时间）。此外，由于轮询调度在调度过程中没有考虑瞬时信道条件，这将导致更低的总体系统性能，但可在不同通信链路间获得相比最大信噪比调度更平等的服务质量。

第三种可能性是所谓的比例公平调度，如图9.2c所示。它试图利用快速信道变化并且同时

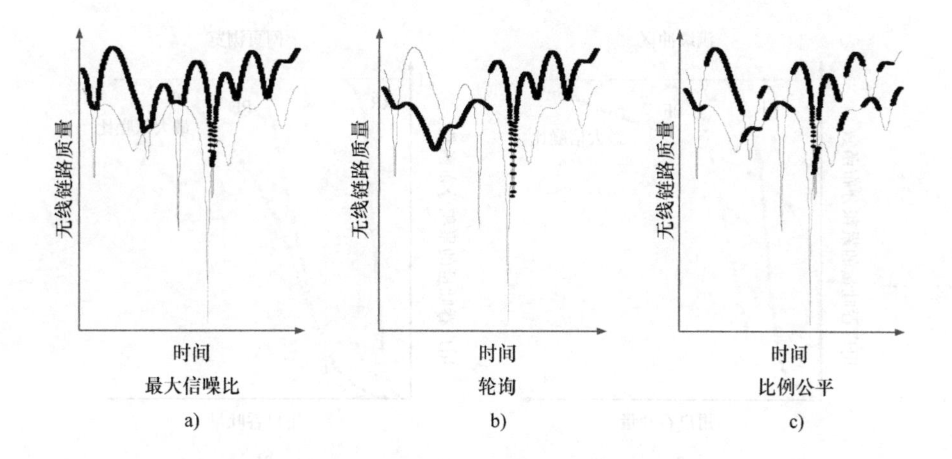

图9.2 对于两个不同平均信道质量用户的三种不同调度行为示例（选定的用户用粗体显示）
a）最大信噪比 b）轮询 c）比例公平

抑制平均信道增益差异所带来的影响。在该策略中，共享资源分配给具有相对最佳无线链路条件的用户，即在每个时刻，基于下列公式调度用户 k：

$$k = \arg\max_i \frac{R_i}{\overline{R_i}}$$

式中，R_i是用户 i 的瞬时数据速率；$\overline{R_i}$是用户 i 的平均数据速率。平均计算是在足够长的特定平均周期上均化掉快速信道质量波动的差异，同时也要求时间足够短使得该间隔内的信道质量波动不为用户所强烈注意。

从上面的讨论可以看出，公平和系统容量之间存在一个基本的折中。调度器越不公平，每用户有无限数据可传假设下的系统吞吐量越高。然而，真实情况不存在无限数据而更多的是（突发）业务量。系统负荷低即各调度时刻只有一个或有时几个用户有数据等待基站传输时上述不同调度策略间的差异相当小，而在更高负荷情况下差异更为明显，并且与上述全缓冲场景相比是完全不同的。对于网页浏览场景，如图9.3所示。每个网页都有特定大小，并且发送一个页面后直到用户通过单击一个链接来请求一个新网页之前没有更多数据发送给当前终端。这种情况下，最大信噪比调度器依然可以提供一定程度的公平性。一旦具有最高信噪比的用户缓冲区已清空，另一具有非空缓冲区的用户将具有最高信噪比并被调度，以此类推。在这两种情况下比例公平调度有类似的性能。

显然，由于业务属性所引入的公平程度在很大程度上取决于真实业务；具有特定假设的设计可能在业务模型与设计假设不同的实际网络中不太理想。因此，仅依赖业务属性来达到公平不是一个好策略，但上面的讨论还强调调度器设计需求并非仅针对满缓冲区业务。业务属性（例如尽管后者信道质量优越，依然考虑时延敏感业务优先于时延容忍业务）是另一实例，其中上面讨论的满缓冲区是为了说明基本原理而进行的简化。调度输入的其他例子是DRX周期、重传、终端能力以及终端功耗，所有这些都将影响总体调度行为。

上面的一般性讨论适用于下行链路和上行链路传输。然而，两者之间存在一些差异。从本质

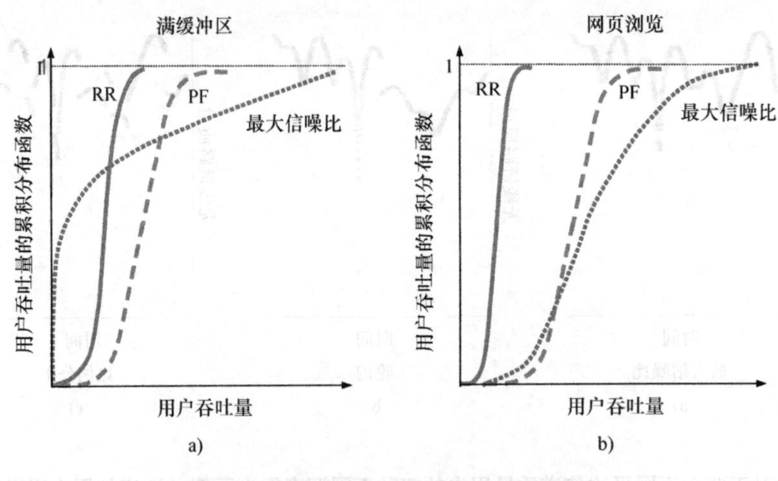

图9.3　不同调度策略主要行为的示意图

a）对于满缓冲区　b）对于网页浏览业务模型

上说，上行链路的功率资源分布在用户之间，而在下行链路中功率资源集中在基站内。此外，单终端最大上行链路发射功率通常显著低于基站的输出功率。这对调度策略存在显著影响。与下行链路不同的是，纯时域调度通常可以被使用，并且从理论角度来看可以被证明是更可取的，上行链路调度通常必须依靠另外的频域共享，这是因为单一终端可能不具有高效利用链路容量的足够功率。还存在一些其他原因在上行链路和下行链路上通过频域对时域进行补充，例如下面原因：

- 有效负荷不够的情况，即对一个用户传输的数据量没有足够大到可以利用全部的信道带宽。
- 不仅需要利用时域波动而且需要利用频域波动的情况。

这些案例中的调度策略可以被视为前面段落所讨论的仅时域调度案例的方案概述。例如可使用贪婪填充的方法来处理小负荷，这里根据最大信噪比（或者任何其他调度方法）来选择被调度用户。一旦该用户被分配了与其等待传输数据量相匹配的资源，可根据调度策略选择第二个最佳用户并分配（一部分）剩余资源，以此类推。

在下面章节中，将介绍动态下行链路和上行链路调度以及相关功能，如上行链路优先级处理、调度请求、缓冲区状态和功率余量报告、半持续调度、半双工操作以及DRX功能。信道状态报告——对于任何依赖信道的调度来说都非常重要的输入，将会在第10章中讨论。请记住，LTE的标准化中只定义一般框架，而不会涉及调度策略。

9.2　下行链路调度

下行链路调度的任务在于动态地决定将要发送到哪些终端，以及该终端DL-SCH将要在哪些资源块集合上进行传输。如之前章节所述，传输缓冲器中数据量以及利用频域波动的预期意味着需要在频谱的不同部分对多个终端进行传输。因此，一个子帧中可以并行调度多个终端，此时每个被调度的终端（和组分载波）具有一个 DL-SCH，动态地映射到独一无二的频率资源集合。

调度器受控于所用的瞬时数据速率，因此 RLC 分割和 MAC 复用会受到调度决策的影响。尽管形式上调度器属于 MAC 层的一部分，但某种程度上可以将其视为一个独立实体，因此调度器控制基站中的大部分与下行数据传输相关的功能：

• RLC：RLC SDU 的分割、级联与瞬时数据速率直接相关。对于低数据速率，在一个 TTI 内只能发送 RLC SDU 的一部分，此时需要分割。类似地，对于高数据速率，可能需要将多个 RLC SDU 级联成一个大的传输块。

• MAC：逻辑信道复用取决于不同流之间的优先级。例如切换命令的无线资源控制信令通常比流媒体业务具有更高的优先级，而流媒体业务比背景类文件传输具有更高的优先级。因此，取决于数据速率和具有不同优先级的业务量，不同逻辑信道的复用会受到影响。还需要被考虑混合 ARQ 重传。

• L1：编码、调制以及如果适用情况下传输层数和相关预编码矩阵都会受到调度决策的影响。这些参数的选择主要决定于无线条件、所选择的数据速率即传输块大小。

调度策略是与具体实施相关的，而非 3GPP 规范的一部分；原则上可以应用于第 9.1 节中讨论的任何策略。然而，大多数调度器的总体目标是利用终端之间信道变化的好处，并且倾向于在信道条件好的时候调度传输给终端。因此，大多数调度策略至少需要下列有关信息：

• 终端处的信道条件。

• 缓冲器状态和不同数据流的特征。

• 相邻小区中的干扰情况（如果实现了某种形式的干扰协调）。

有关终端处信道状况的信息可以通过多种方式获得。原则上，基站可以使用任何可用信息，但通常使用来自终端的 CSI 报告，有关传输模式相关 CSI 报告的更多细节将在第 10 章中进一步介绍。还可通过特殊调度器的实现来利用其他信道知识，例如在 TDD 情况下可以利用信道互易性从上行链路信道估计来预测下行链路质量。这些信息可单独使用也可与 CSI 报告结合使用。

除信道状态信息之外，调度器还应考虑缓冲器状态和优先级。例如，调度一个带有空传输缓冲器的终端是没有意义的。不同类型业务的优先级也可能千差万别；RRC 信令可能优先于用户数据。此外，从调度器角度来看，RLC 和混合 ARQ 重传与其他类型数据没什么不同，通常也给予其高于初始传输的优先级。

下行链路小区间干扰协调也是与实现相关调度器策略的一部分。一个小区可以向其相邻小区发送信令，旨在一组资源块的下行链路上以较低发射功率进行发射。之后，该信息可为相邻小区用作低干扰区域，宜于调度这里的小区边界终端；否则终端由于干扰而不能获得高数据速率。小区间干扰处理在第 13 章进一步讨论。

9.3 上行链路调度

上行链路调度器的基本功能与下行链路的对应部分类似，即对每个 1ms 时间间隔动态地决定哪些终端将要发送数据以及采用哪些上行链路资源进行传输。如前文所讨论，LTE 上行链路主要基于维护不同上行链路传输之间的正交性，并且基站调度器控制的共享资源是时频资源单元。除了为终端分配时频资源之外，基站调度器还需要负责控制终端在每个上行链路组分载波上将要使用的传输格式。这就允许调度器可以紧密控制上行链路活动从而最大化资源的使用，这要优于终端自主选择数据速率的方法，这是因为自主方案通常需要在调度策略中留有一定余量。调度器负责传输格式选择所带来的结果是，相对于终端自动控制传输参数的系统，LTE系统中eNodeB所具有的与终端状态相关的准确而详细的信息变得更为重要，这些信息包括缓冲器状态和可用功率。

上行链路调度的基础是调度许可，包含了调度决策并给终端提供一个组分载波上UL-SCH传输所用资源及对应传输格式的相关信息。只有当终端获得有效许可时，才被允许在对应UL-SCH上传输；不支持自主传输。动态许可只对一个子帧有效，即对于终端将要在其内传输UL-SCH的每一个子帧，调度器均需要发送一个新调度许可。

与下行链路的情况类似，上行链路调度器可以利用信道条件的有关信息，并且如果采用了某种形式的干扰协调还可利用相邻小区干扰情况的信息。终端中有关缓冲器状态及其可用发射功率的信息也对调度器有益。这就需要下文描述的汇报机制，与下行链路调度器、功率放大器、传输缓冲器等所有都在同一节点的情况不同。如之前所谈及，上行链路优先级控制是上行链路与下行链路调度的另一区别所在。

通常用在下行链路的信道相关调度也可以用于上行链路。在上行链路中，信道质量的估计可以使用上行链路的信道探询来获得，如第7章所述。对于信道探测开销过大的情况，或者信道变化太快而无法跟踪时（例如高速移动终端），可以使用上行链路分集作为替代。在第7章中讨论的跳频的使用是获得上行链路分集的一个例子。

最后，出于与下行链路类似的原因，小区间干扰协调可通过相邻小区之间的信息交换用于上行链路，这将在第13章中讨论。

9.3.1　上行链路优先级控制

多个具有不同优先级的逻辑信道可以通过与下行链路类似的MAC复用功能（如第4章所描述）复用到同一传输块。然而，与优先级受控于调度器并取决于具体实现的下行链路情况不同，上行链路复用是基于终端中一系列定义良好的规则来执行的，并且使用网络设定的参数。调度许可应用于终端的一个特定上行链路载波而非终端的一个特定无线承载。采用无线承载特定的调度许可会增加下行链路的控制信令开销，因此在LTE中使用单终端调度。

最简单的复用规则将是严格按照优先顺序对逻辑信道提供服务。然而，这可能导致低优先级信道的“饥饿”，因为所有资源都将分配给高优先级信道直到其缓冲器为空。通常，运营商更倾向于至少为低优先级业务也提供一些吞吐量。因此，对于LTE终端内的每个逻辑信道，除了优先级的值之外还要配置一个优选的数据速率。逻辑信道以优先级下降的顺序服务，最高可为其优选的数据速率，只要调度数据速率不比优选数据速率之和小即可避免“饥饿”。除了优选数据速率外，信道严格按照优先顺序提供服务，直到调度许可被完全利用或者缓冲器为空，如图9.4所示。

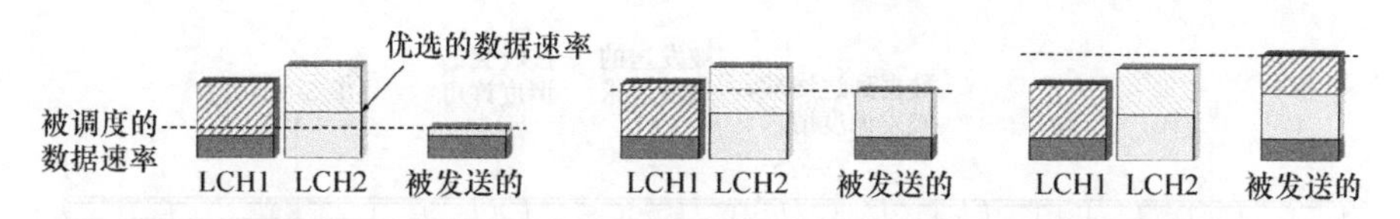

图9.4　针对三个不同上行链路调度许可的两个逻辑信道优先级处理

9.3.2　调度请求

调度器需要知道哪些终端带有待发数据从而需要被调度上行链路资源的相关信息。无须给没有待传数据的终端提供上行链路资源，因为这只能导致终端通过填充来充满被许可的资源。因此，调度器至少需要知道哪些终端有待传数据而应给予其调度许可。这就是所谓的调度请求。调度请求用于没有有效调度许可的终端；具有有效许可并且正在上行链路传输的终端为 eNodeB 提供更详细的信息，这将在下节介绍。

调度请求是一个简单标识，由终端发起从上行链路调度器申请上行链路资源。基于定义，由于申请资源的终端不带有 PUSCH 资源，因此调度请求是在 PUCCH 上传输。为每个终端分配专属 PUCCH 调度请求资源，每第 n 个子帧出现一次，如第 7 章所述。通过专属调度请求机制，就无须提供请求调度的终端标识，因为终端标识已从请求被传输的资源中间接知道。当具有比发送缓冲器中现有数据更高优先级的数据到达终端时，终端当前还没有调度许可因此不能发送数据，终端将在如图 9.5 所示的下一个可行时刻发送请求。收到调度请求后，调度器可以为终端分配调度许可。如果终端截至下一个可行调度请求时还没收到调度许可，将重发调度请求直到一个可配置门限。在这之后，终端将采取随机接入过程从 eNodeB 申请资源。

调度请求采用单一比特是由于期望保持上行链路的开销尽可能小，因为采用多个比特的调度请求将会付出更高的代价。采用单一比特调度请求的结果是，接收到此类请求时在 eNodeB 处只能获得终端缓冲器状态的有限信息。不同的调度器实现对此有不同的控制方式。一种方案是分配少量资源以保障终端可以在功率不受限时对它们进行有效利用。一旦终端已经开始在 UL-SCH 上传输，可以通过下文所讨论的带内 MAC 控制消息来提供缓冲器状态和功率余量相关的更详细信息。还可以应用业务类型的知识，例如话音业务情况下将被许可的上行链路资源更倾向于普通 VoIP 包的大小。调度器还可以利用例如用于移动性和切换决策的路径损耗测量来估计终端可以有效利用的资源量。

一种专属调度请求机制的可选方案是基于竞争的设计。在此类设计下，多个终端共享同一通用资源，并提供它们的标识作为调度请求的一部分。这与随机接入的设计非常相似。此时，作为调度请求一部分从终端发送的比特数将更大，对应的资源需求也更大。相比之下，资源在多个用户之间共享。基本上，基于竞争的设计适合小区中存在大量终端、业务强度及由此产生的调度强度较低的情况。更高调度强度情况下，同时请求资源的不同终端之间的碰撞概率将会非常高，并由此会造成一个低效的设计。

由于 LTE 调度请求设计依赖于专属资源，显然没有被分配此类资源的终端是无法发送调度请求的。相比之下，没有配置调度请求资源的终端要依赖随机接入机制，如第 11 章所述。原则上，如果在特定配置下这是有帮助的，那么一个配置的 LTE 终端也可以依赖基于竞争的机制。

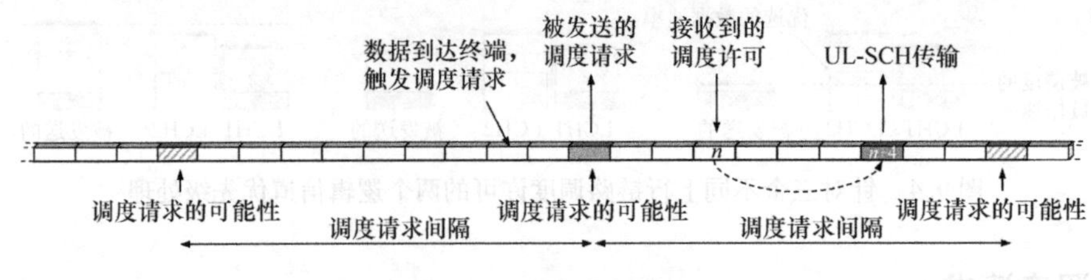

图9.5 调度请求传输

9.3.3 缓冲器状态报告

显然，已经拥有有效调度许可的终端不需要请求上行资源。然而，为了让调度器能够决定在未来子帧内给每个终端许可的资源量，如前所述的缓冲器状态以及之后将要讨论的可用功率的相关信息是非常有用的。这些信息通过MAC控制元素作为上行链路传输的一部分提供给调度器（参见第4章中MAC控制元素和MAC头总体结构的讨论）。MAC子头之一的LCID字段被设定为预留值，来指示缓冲器状态报告的出现，如图9.6所示。

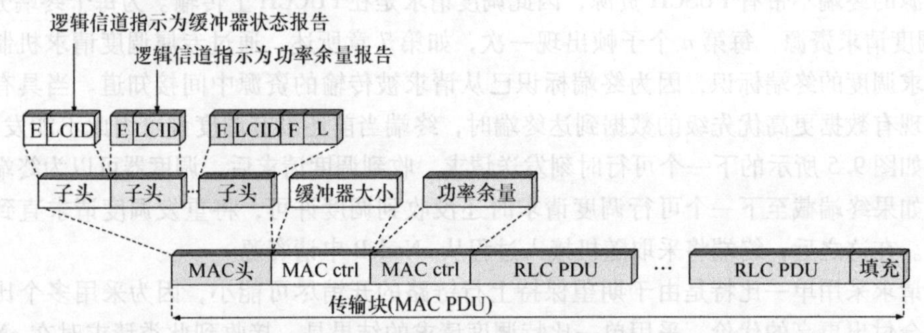

图9.6 缓冲器状态和功率余量报告

从调度的角度来看，提供每个逻辑信道的缓冲器信息是有帮助的，尽管这可能会造成显著的开销。因此，逻辑信道被分为逻辑信道群并且每个群独立进行报告。一个缓冲器状态报告中的缓冲器大小的字段指示一个逻辑信道群中所有逻辑信道的总体待传输的数据量。一个缓冲器状态报告可以由下列原因来触发：

- 具有比发送缓冲器中当前数据更高优先级的数据到达，即逻辑信道群中的数据比当前正在传输的数据的优先级高，这可能会影响调度决策。
- 服务小区的变更，此时缓冲器状态报告对于为新服务小区提供终端状况相关信息是有帮助的。
- 由定时器控制的周期性报告。
- 减少填充，如果匹配调度传输块大小所需的填充量大于缓冲器状态报告大小，就需要插入缓冲器状态报告。如果可能，最好应利用用于调度信息的有效载荷而非填充。

9.3.4 功率余量报告

除缓冲器状态之外，每个终端的可用发射功率量也和上行链路调度器相关。显然，很少会有理由会调度比可用发射功率所能支持能力更高的数据速率。下行链路的可用发射功率为调度器所知，因为功率放大器与调度器位于同一节点。对于上行链路，需要为eNodeB提供功率可用性或者功率余量的相关信息。因此，功率余量报告由终端通过类似缓冲器状态报告的方式反馈给基站，即只发生在终端被调度在UL-SCH传输的时候。功率余量报告可以通过以下原因触发：

- 由定时器控制的周期性报告。
- 路径损耗的变更（当前功率余量与最后一次报告之间差异大于一个可配置门限）。
- 减少填充（出于与缓冲器状态报告相同的原因）。

也可以配置一个禁止定时器来控制两个功率余量报告之间的最小时间间隔，并由此控制上行链路信令负载。

LTE中定义了两种不同类型的功率余量报告：类型1和类型2。类型1报告反映了假定载波上只有PUSCH时的功率余量，而版本10中引入的类型2报告假定PUSCH和PUCCH联合传输。

类型1功率余量，对于特定子帧有效（在特定组分载波上），假设该设备被调度用于该子帧的PUSCH传输，通过式（9.1）表达（DB为单位）：

$$\text{Power Headroom} = P_{\text{CMAX},c} - (P_{0,\text{PUSCH}} + \alpha PL_{\text{DL}} + 10\lg(M) + \Delta_{\text{MCS}} + \delta) \qquad (9.1)$$

式中，M和Δ_{MCS}的值对应于功率余量报告子帧所用的资源分配和调制编码方案[⊖]。δ表示第7章中所述闭环功率控制所引起的传输功率变化。组分载波c的直接配置最大载波发射功率表示为$P_{\text{CMAX},c}$。注意，功率余量不是最大单载波功率与实际载波功率之间差异的测量。相反，可以看出，功率余量是$P_{\text{CMAX},c}$与假定发射功率无上限时已使用的发射功率之间差异的测量。因此，功率余量很可能是负值，表明单载波在功率余量报告时受限于$P_{\text{CMAX},c}$，即给定可用传输功率情况下网络调度一个比终端可支持能力更高的数据速率。由于网络知道对于功率余量报告所对应子帧中的传输终端采用什么调制编码方案和资源大小，因此在下行链路路径损耗PL_{DL}和δ恒定不变情况下网络可以确定调制编码方案和资源大小M的有效组合。

类型1功率余量报告也可用于那些没有实际PUSCH传输的子帧。这种情况下上式中的$10\lg M$和Δ_{MCS}被设为零。这可以被视为假定最小可能资源分配（$M=1$）和调制编码方案对应$\Delta_{\text{MCS}}=0\text{dB}$情况下所对应的默认功率余量。

同样，类型2功率余量报告被定义为最大单载波发射功率与PUSCH及PUCCH发射功率之和[分别对应式（7.4）和式（7.5）]的差异，计算PUSCH和PUCCH传输功率时再次不考虑任何最大的单载波功率[⊖]。

与类型1功率余量报告的情况类似，类型2功率余量报告也可以用于没有PUSCH或PUCCH传输的子帧。这种情况下，计算一个虚拟的PUSCH和PUCCH传输功率，假设对于PUSCH的最小可能资源分配（$M=1$）和$\Delta_{\text{MCS}}=0\text{dB}$，并且对于PUCCH的$\Delta_{\text{Format}}=0$。

9.4 调度分配与调度许可的定时

调度决策、下行链路调度分配和上行链路调度授权，通过如第6章所述的下行链路L1/L2

⊖ 载波聚合的情况下，对于每个组分载波都支持类型1报告。

⊖ 载波聚合的情况下，类型2报告只支持主组分载波，因为PUCCH不能在辅组分载波上传输（第13版之前）。

控制信令传达给每个被调度终端，一个下行链路分配使用一个（E）PDCCH。每个终端监听一组（E）PDCCH，用于有效的调度分配或许可。基于每个有效分配或许可的监测，分别接收PDSCH或者发送PUSCH。终端需要知道调度命令与哪些子帧相关。

9.4.1　下行链路调度定时

对于下行链路数据传输，调度分配与数据在同一子帧中发送。具有与对应数据在同一子帧中的调度分配可以最小化调度过程的时延。另外，值得注意，不可能动态调度未来子帧的数据与调度分配总是处于同一子帧。这对于FDD以及TDD均适用。

9.4.2　上行链路调度定时

上行链路调度许可的定时比相应的下行链路调度分配更为复杂，特别是对于TDD系统。许可不能关联到其接收的同一子帧，因为当终端解码调度许可时已经启动了上行链路子帧。该终端还需要一些时间来准备数据传输。因此，子帧 n 中接收到的许可影响的是之后子帧的上行链路传输。

对于FDD系统，许可定时是直接的。子帧 n 中收到的一个上行链路许可触发子帧 $n+4$ 中的上行链路传输，如图9.7所示。这与PHICH触发上行链路重传所使用的时序关系相同，旨在可以通过动态调度许可来覆盖PHICH，如第8章所述。

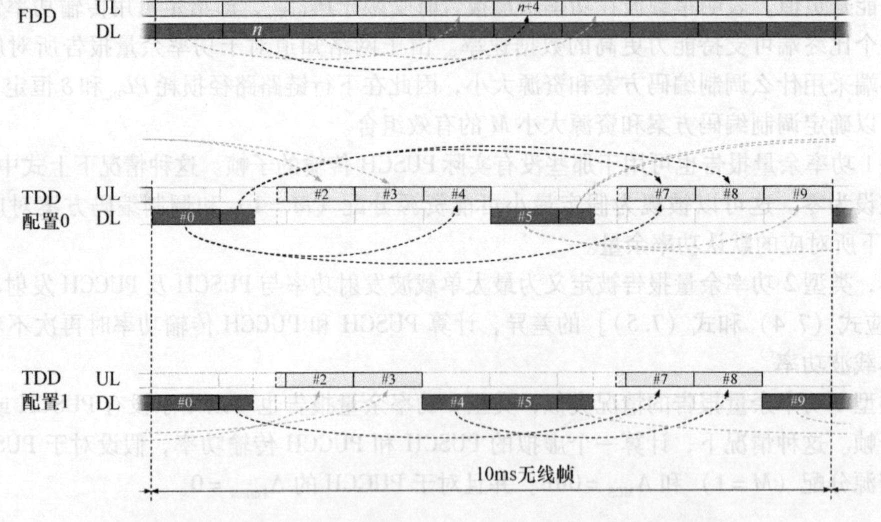

图9.7　FDD和TDD配置0与1的上行链路许可时序关系

对于TDD系统来说，情况更复杂。TDD系统在子帧 n 接收到的一个许可可能并非必须触发子帧 $n+4$ 的上行链路传输——FDD系统中所用的时序关系——因为子帧 $n+4$ 可能不是一个上行链路子帧。因此，对于TDD配置1～6，需要修改时序关系从而使得上行链路传输出现在子帧 $n+k$，其中 k 为大于或等于4的最小值，并且子帧 $n+k$ 为一个上行链路子帧。

这提供了至少与FDD情况相同的终端处理时间，同时最大限度地减少了从上行链路接收到实际传输的延迟。注意，这意味着许可接收与上行链路传输之间的时长可能在不同子帧之间不同。此外，对于侧重下行链路的配置1~5，另一个特性是，上行调度许可只能在一部分下行链路子帧进行接收。

对于TDD配置0，上行链路子帧多于下行链路子帧，其中要求可以从单一下行链路子帧调度多个上行链路子帧中的传输。对于其他的TDD配置采用相同的时序关系，但要稍加修改。回顾6.4.7节内容，下行链路传输的许可中包含了一个两比特的上行链路索引。对于上行-下行链路配置0，索引字段指定下行链路子帧接收到的许可应用于哪个（些）上行链路子帧。例如，如图9.7所示，下行链路子帧0收到的上行链路调度许可应用到上行链路子帧4和7的之一或全部，取决于上行链路索引的设置。

9.5　半持续调度

上行链路和下行链路调度的基础是9.2节和9.3节所描述的动态调度。每子帧内都可进行新调度决策的动态调度，可以实现所用资源的完全灵活性，并且可以以在每子帧（E）PDCCH上发送调度决策为代价来控制待发数据量的巨大波动。大多数情况下，期望（E）PDCCH上的控制信令开销比DL-SCH、UL-SCH的负荷相对要小。然而，对于一些业务，VoIP最为显著，其特点是经常出现相对较小负荷的传输。为了减小这些业务的控制信令开销，除了动态调度之外LTE还提供了半持续调度。

采用半持续调度，为终端提供（E）PDCCH上调度决策和一个指示，该指示除额外说明之外每n个子帧使用一次。因此，如图9.8所示，控制信令只使用一次由此降低开销。半静态调度传输的周期即n的值，是通过RRC信令提前配置的，而激活（和去激活）采用具有半持续C-RNTI的（E）PDCCH[⊖]。例如，对于VoIP调度器可为半持续调度配置20ms的周期，一旦出现会话高峰，则通过（E）PDCCH触发半持续模板。

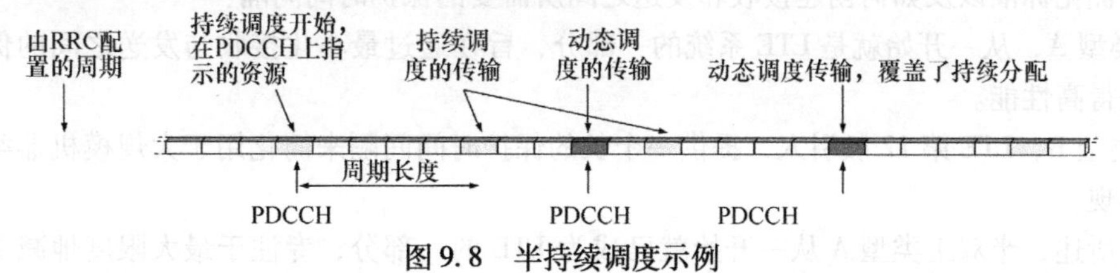

图9.8　半持续调度示例

使能半持续调度后，终端继续监听（E）PDCCH上用于调度命令的上行链路和下行链路。一旦检测到动态调度命令，将在特定子帧内优先接替半持续调度，这在半持续分配的资源偶尔需要增加时非常有用。例如，对于与网页浏览并发的VoIP业务，下载网页时使用较大传输块覆盖半持续的资源分配是有帮助的。

对于下行链路，只有初次传输采用半持续调度。重传采用PDCCH分配直接调度。这直接遵从下行链路中异步混合ARQ协议的应用。相比而言，上行链路的重传既可以遵从半持续分配的子帧，也可以遵从动态调度的。

⊖ 每个终端有两个识别，“普通”C-RNTI用于动态调度而半持续C-RNTI用于半持续调度。

9.6 半双工FDD的调度

半双工FDD意味着终端不能同时接收和发送，而基站还可以工作在全双工方式。LTE系统中的半双工FDD实现作为一个调度器限制，意味着取决于调度器来保障终端不会在上行链路和下行链路上同时调度。因此，从终端角度来看，子帧动态地用于上行链路或下行链路。简单来说，半双工FDD的基本原理是，终端接收下行链路传输，除非直接通知它在上行链路发射(UL-SCH传输或者下行链路传输触发的混合ARQ确认)。用于控制信令的定时和结构对于半双工和全双工FDD终端是相同的。注意，由于eNodeB以全双工方式工作，与终端的双工能力无关，半双工终端的出现会对小区容量产生巨大影响，这是因为在假定带有待传/待发数据终端的数量足够多情况下，在给定子帧内调度器很可能会在上行链路调度一组终端，而在下行链路调度另外一组。

动态半双工FDD的一种可选方案是基于半双工FDD以TDD控制信令结构和定时为基础的调度限制，上行链路或者下行链路采用子帧的半静态配置。然而，这将很难在同一小区内支持半双工和全双工终端的混合，这是由于控制信令定时存在差异。它还意味着上行链路频谱资源的浪费。一些情况下所有FDD终端均需要能够接收子帧0和子帧5，因为这些子帧用于系统信息和同步信号的传递。因此，如果采用固定的上行链路/下行链路配置，在那两个子帧内不会发生上行链路传输，从而导致上行链路频谱效率20%的损耗。显然这并不吸引人，并且导致半双工FDD的实现方案选择城为一种调度策略。

对半双工FDD的支持从一开始就已成为LTE规范的一部分，但至今在实践中只得到有限应用。然而，随着LTE第12版及之后版本对大规模机器类通信的兴趣提升，作为降低此类终端成本一部分的半双工FDD得到了新的关注。因此，LTE系统中存在两种控制半双工FDD的方法，区别在于优化标准以及如何创建接收和发送之间所需要的保护时间间隔：

- 类型A，从一开始就是LTE系统的一部分，旨在通过最小化接收与发送之间的保护时间间隔来获得高性能。
- 类型B，LTE第12版引入，提供一个长的保护时间间隔来简化用于大规模机器类终端的低成本实现。

如前所述，半双工类型A从一开始就已成为LTE的一部分，专注于最大限度地减少接收和传输之间的保护时间。在这种操作模式下，用于下行链路与上行链路切换的保护时间是通过允许终端跳过下行链路子帧中的最后几个OFDM符号而直接处理上行链路子帧来实现的，如第5章所描述。注意，跳过下行链路中最后符号的接收只在上行链路传输紧接着下行链路子帧的情况下需要，否则要接收完整的下行链路子帧。用于上行链路到下行链路开关的保护时间是通过在终端中设置合适的时间提前量来控制。与类型B相比，该保护时间较短，从而获得高性能。

图9.9所示的是从终端角度来看的一个半双工类型A实例。在图中最左边的部分，该终端在上行链路直接被调度并且由此不能在同一子帧中的下行链路接收数据。上行链路传输意味着四个子帧之后在PHICH上接收确认信息，如第8章所述，因此该终端不能在该子帧的上行链路被调度。同样，当终端被调度在子帧 n 中的下行链路接收数据时，需要在子帧 $n+4$ 中的上行链路

发送相应的混合 ARQ 确认信息，禁止在子帧 $n+4$ 上接收下行链路。当终端无论如何都要在上行链路发送混合 ARQ 确认信息时，调度器可以利用此机会在四个连续子帧内调度下行链路数据并在紧接着的四个子帧内调度上行链路传输。因此，最多一半的时间可用于下行链路，另一半时间用于上行链路；或者换句话说，半双工 FDD 类型 A 的非对称性为 4∶4。为了有效支持半双工 FDD 模式是上行链路和下行链路选择相同的混合 ARQ 进程数的原因之一。

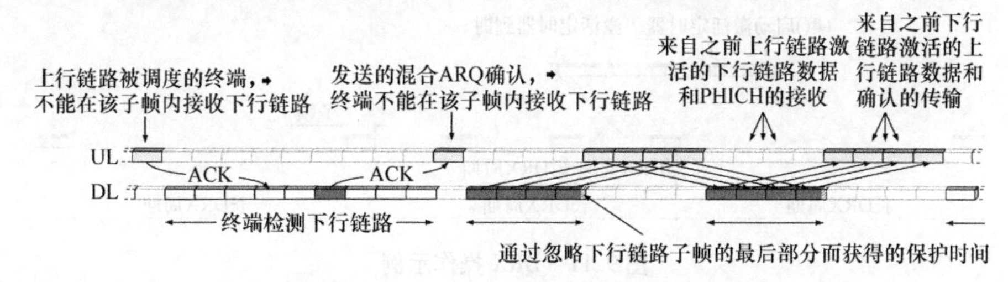

图 9.9 半双工 FDD 类型 A 终端操作实例

半双工 FDD 类型 B 在 LTE 第 12 版引入，作为大规模机器类通信增强整体工作的一部分。在类型 B 中，一个完整的子帧被用于接收和传输之间的保护时间，如图 9.10 所示。半双工类型 B 的驱动力以及大规模机器类型通信增强的深入描述可以在第 20 章中找到。

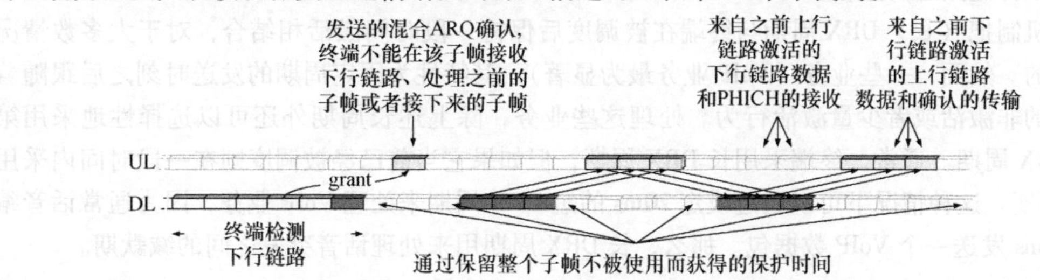

图 9.10 半双工 FDD 类型 B 终端操作实例

9.7 非连续接收

分组数据业务经常具有高度突发特性，偶尔的传输激活期跟着一个更长的缄默期。显然，从传输时延角度来看，监测每个子帧的控制信令以便接收上行链路调度请求或者下行链路数据传输并对业务行为改变进行及时响应是很有益的。同时，这是以终端功率消耗为代价的；通常终端中接收机电路的功率消耗量不可忽略。为降低终端功率损耗，LTE 包含了非连续接收（DRX）机制。

DRX 的基本机制是终端中可配置的 DRX 周期。有了一个配置的 DRX 周期，终端只在每个 DRX 周期的一个子帧内监测下行链路控制信令，在其他子帧内关闭接收机电路进入睡眠状态。这可以显著降低功率消耗；周期越长，功率消耗越低。自然地，这意味着对调度器进行限制，因为系统只有在激活子帧中才能访问该终端。

多数情况下，如果终端已经被调度并且在一个子帧内处于激活状态来进行数据传输或接收时，它很可能近期被再次调度。原因之一可能是，它不可能将传输缓冲器中所有数据在一个子帧内传输完毕，需要更多子帧。尽管可以根据DRX周期等到下一个激活子帧到来，但这会产生额外的时延。因此，为降低时延，终端在被调度后的一段可配置时间内保持处于激活状态。这是通过终端被调度时每次启动/重启一个非激活定时器并在定时器到时之前保持激活状态来实现的，如图9.11的顶部所示。

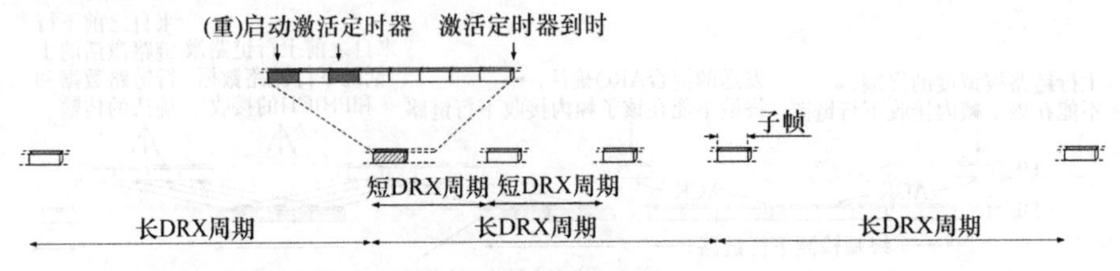

图9.11 DRX操作示例

重传操作不考虑DRX。因此，终端照常接收和发送混合ARQ确认信息以响应数据传输。上行链路上，这也包含了由同步混合ARQ定时关系给定子帧内的重传。下行链路上采用异步混合ARQ，协议中没有规定重传时刻。为了对此进行控制，上次传输之后终端会在一个可配置的时间窗内监视下行链路上的重传。

上述机制把（长）DRX周期与终端在被调度后保持一段时间激活相结合，对于大多数情况都是适用的。然而，一些业务（VoIP业务最为显著），其特性为固定周期的发送时刻之后跟随着一段时间的非激活或者少量激活行为。处理这些业务，除上述长周期外还可以选择性地采用第二种短DRX周期。通常，终端采用长DRX周期，但如果它当前已经被调度则在一段时间内采用短DRX周期。这种情况下可以通过设定20ms的短DRX周期来处理VoIP业务，因为通常话音编码器每20ms发送一个VoIP数据包。那么，长DRX周期用来处理话音突发之间的缄默期。

第 10 章　信道状态信息与全维度 MIMO

下行链路信道相关调度的可能性，即选择下行链路的传输配置和相关参数取决于瞬时下行链路信道条件（包括干扰状况），是 LTE 的一个重要特征。如前所述，支持下行链路信道相关调度的一个重要部分是由终端向网络提供的信道状态信息（Channec State Information，CSI），后者的调度决策根据这些信息。自第一个版本开始，CSI 报告就已成为 LTE 的一部分，但它又在后续版本中进行增强以支持更先进的天线配置，在第 13 版中对全维度 MIMO（FD-MIMO）的增强是最新的例子。本章将介绍 CSI 报告的基础知识以及这些增强的部分内容，包括对 FD-MIMO 的支持。

10.1　CSI 报告

CSI 报告为网络提供当前信道状况的相关信息。CSI 包括一条或几条信息：

• 秩指示（RI），提供将要使用的传输阶数的建议，或者换句话说发给终端的 DL-SCH 传输更倾向使用的层数。将在 10.5 节对 RI 进一步讨论。

• 预编码器矩阵指示（PMI），指示 DL-SCH 传输更倾向使用的预编码器，基于 RI 指示的传输层数为条件。由终端推荐的预编码器建议并非直接通过信令告知，而是作为一组预定义矩阵的索引来提供，一个所谓的码本。PMI 在 10.5 节讨论，对于 FD-MIMO 的增强在 10.6 节介绍。

• 信道质量指示（CQI），表示最高的调制编码方案，如果使用，就意味着使用推荐的 RI 和 PMI 接收 DL-SCH 传输将会得到最多 10% 的传输块错误概率。

• CSI-RS 资源指示（CRI），与第 13 版中引入的波束成形 CSI 参考信号结合使用。CSI 指示在配置终端监控多个波束时终端所倾向使用的波束，参见 10.6 节。

结合在一起，RI、PMI、CQI 和 CRI 的一个组合构成了一个 CSI 报告。一个 CSI 报告中确切包含了哪些信息决定于该终端被配置的汇报模式。例如，除非终端处于空分复用传输模式，否则不需要报告 RI 和 PMI。然而，对于给定的传输模式，也存在不同的上报模式，通常差别在于该报告对哪些资源块有效以及是否汇报预编码信息。对网络有用的信息类型也取决于特定的实现和天线部署。

虽然被称为信道状态报告，终端发给网络的不是明确的无线信道下行信道状态报告。相反，终端提供的是将要使用的传输阶数和预编码矩阵的建议，同时也会带有一个最高可用调制和编码方案的指示，如果网络希望保持传输块出错概率低于 10% 将不会使用更高的调制和编码方案。

DL-SCH 传输所使用的调制和编码方案以及该传输所使用的资源块集合的相关信息总是包含在下行链路调度分配之中。因此，eNodeB 可以自由地遵从 CSI 报告或者选择自主选择传输参数。

10.2　周期性和非周期性CSI报告

LTE系统中有两种类型的CSI报告，周期性和非周期性报告，不同之处在于如何触发报告：

- 当网络直接通过在上行链路调度许可中包含信道状态请求标示的方式直接申请时，发送非周期性CSI报告（参见6.4.7节）。非周期性CSI报告总是采用PUSCH发送，即动态分配资源。

- 网络配置的周期性CSI报告将以特定周期发送，可能每隔2ms发送一次，半静态地配置PUCCH资源。然而，与PUCCH上通常发送的混合ARQ确认类似，如果终端带有一个有效的上行链路许可，则信道状态报告会被“改道”到PUSCH之上[⊖]。

尽管非周期性和周期性报告都可以提供该终端处的信道及干扰条件的估计，但它们在详细内容和使用方面存在很大的不同。一般情况下，非周期性报告相比其周期性报告大小更大且更为详细。这是由几个原因造成的。首先，非周期性报告在其上传输的PUSCH能够带有更多有效载荷，因此相比周期性报告所用PUCCH可提供更为详细的报告。此外，由于非周期性报告只在需要时发送，这些报告的开销相比周期性报告不再成为问题。最后，如果网络请求报告则很大程度上它会发送大量的数据给终端，这使得来自报告的开销相比不考虑当前终端是否会在近期被调度的周期性报告不再成为问题。因此，由于非周期性和周期性报告的结构和用途不同，它们将在下文被分别描述，从非周期性报告开始。

10.2.1　非周期性CSI报告

当网络请求时在PUSCH上发送非周期性CSI报告。LTE系统支持三种非周期性报告模式，每个模式有几个子模式，取决于配置：

- 宽带报告，采用单一CQI值反映整个小区带宽上的平均信道质量。尽管为整个带宽提供了单一的平均CQI值，但PMI报告还是频率选择性的。频率选择性报告仅用于报告目的，是通过将（每个组分载波的）整体下行链路带宽分成若干大小相等的子带，其中每个子带由一组连续的资源块组成。子带的大小，范围从4～8个资源块，取决于小区带宽。然后对每个子带进行PMI报告。对于支持空间复用的传输模式，基于RI的信道秩进行CQI和PMI的计算，否则假设秩为1。宽带报告相比其频率选择性报告要小，但它不能提供关于频率域的任何信息。

- UE选择的报告，其中终端选择最好的M个子带并进行报告，除了被选择的子带索引之外，还包括一个反映被选择的M个子带之上平均信道质量的CQI和一个反映整个下行链路载波带宽之上平均信道质量的宽带CQI。因此，这种类型的报告提供了信道条件相关的频域信息。子带大小的范围从2～4个资源块，M的取值范围从1～6，取决于下行链路载波带宽。根据配置的子模式，还将提供PMI和RI作为该类型报告的部分内容。

- 配置的报告，其中终端报告反映整个下行链路载波带宽之上信道质量的宽带CQI以及每个子带对应的一个CQI。该子带大小取决于下行链路载波带宽，并在4～8个资源块的范围之内。根据配置的子模式，还将提供PMI和RI作为该类型报告的部分内容。

⊖ 第10版及之后版本中，可配置终端为PUSCH和PUCCH同时传输，此时周期性信道状态报告可以保持在PUCCH上。

表 10.1 中总结了不同的非周期性报告模式。

表 10.1　不同传输模式下可能的非周期性报告模式

传输模式		汇报模式								
		宽带 CQI			频率选择性 CQI					
					UE 选择的子带			配置的子带		
		1-0：没有 PMI	1-1：宽带 PMI	1-2：选择性的 PMI	2-0：没有 PMI	2-1：宽带 PMI	2-2：选择性的 PMI	3-0：没有 PMI	3-1：宽带 PMI	3-2：选择性的 PMI
1	单天线，CRS	•[13]			•			•		
2	发射分集	•[13]			•			•		
3	开环空间复用	•[13]			•			•		
4	闭环空间复用		•[13]	•			•		•	•[12]
5	多用户 MIMO		•[13]							
6	基于码本的波束成形		•[13]	•			•		•	•[12]
7	单层传输，DM-RS	•[13]			•			•		
8	双层传输，DM-RS	•[13]	•[13]	•[10]	•[10]		•[10]	•[10]	•[10]	•[12]
9	多层传输，DM-RS	•[13]	•[13]	•[10]	•[10]		•[10]	•[10]	•[10]	•[12]
10	多层传输，DM-RS	•[13]	•[13]	•[11]	•[11]		•[11]	•[11]	•[11]	•[12]

注：上标指示特定报告模式在哪个版本被引入。

10.2.2　周期性 CSI 报告

由网络配制的周期性报告将以一个特定周期进行发送。周期性报告在 PUCCH 之上传输（除非终端带有一个同时的 PUSCH 传输许可，否则不可采用 PUSCH 和 PUCCH 同时传输）。相比 PUSCH，PUCCH 上的可用有效载荷有限，意味着单一子帧内传输一个周期性报告中的不同信息可能是不可行的。因此，一些报告模式将传输一个或几个宽带 CQI，包括 PMI、RI 以及不同时刻用于 UE 选择子带的 CQI。此外，相对于 PMI 和 CQI，RI 通常报告不太频繁，反映了一个事实：相比于影响预编码矩阵和调制编码方案选择的信道变化，适当的层数变化通常很慢。

LTE 系统中支持两种周期性报告，再次带有不同的可行子模式：

• 宽带报告，采用单一 CQI 值反映整个小区带宽上的平均信道质量。如果使能 PMI 报告，则报告一个整个带宽有效的 PMI。

• UE 选择的报告，尽管名字与非周期性报告采用相同的方式，但 UE 选择的周期性报告的原理是不同的。（一个组分载波的）整个带宽被分为 1～4 个带宽段，带宽段的数量从小区带宽中获得。对于每个带宽段，终端选择其中最好的子带。子带大小的范围从 4～8 个资源块。由于 PUCCH 支持的有效荷载是有限的，报告周期性地在各个带宽段内发送，一个子帧内对那个带宽段报告宽带 CQI、PMI（如果被使能）、最好的子带以及该子带的 CQI。在独立的子帧报告 RI（如果被使能）。

表 10.2 总结了不同的周期性报告模式。注意，如果启用，所有 PMI 报告均为宽带类型。周期性报告中不支持频率选择性 PMI，因为比特数量会导致开销过大。

表10.2　不同传输模式下可能的周期性报告模式

传输模式		汇报模式								
		宽带CQI			频率选择性CQI					
					UE选择的子带			配置的子带		
		1-0：没有PMI	1-1：宽带PMI	1-2：选择性的PMI	2-0：没有PMI	2-1：宽带PMI	2-2：选择性的PMI	3-0：没有PMI	3-1：宽带PMI	3-2：选择性的PMI
1	单天线，CRS	·			·					
2	发射分集	·			·					
3	开环空间复用	·			·					
4	闭环空间复用		·			·				
5	多用户MIMO		·			·				
6	基于码本的波束成形		·			·				
7	单层传输，DM-RS	·			·					
8	双层传输，DM-RS	·[10]	·[10]		·[10]	·[10]				
9	多层传输，DM-RS	·[10]	·[10]		·[10]	·[10]				
10	多层传输，DM-RS	·[11]	·[11]		·[11]	·[11]				

注：上标指示特定报告模式在哪个版本被引入

周期性和非周期性报告的一个典型使用可能是配置PUCCH上的轻周期性CSI报告，例如，提供宽带CQI反馈而不带PMI信息（模式1）。下行链路的待传数据抵达特定终端后，可能需要请求非周期性报告，例如，频率选择性CQI和PMI（模式3-1）。

10.3　干扰估计

不论非周期性的或周期性的，信道状态报告都需要测量信道特性以及干扰电平。

测量通道的增益相对简单，并且从第一版就已支持，很好地规定了CSI报告与哪个子帧相关。信道增益估计基于参考信号、CRS或CSI-RS，取决于传输模式。对于已经在第8版或者第9版中支持的传输模式使用小区专用参考信号，而对于在第10版和第11版分别引入的传输模式9和10则使用CSI-RS。

测量干扰电平，这是为了形成一个相关的CSI而必须要做的，且非常烦琐的，该测量会受到相邻小区传输活动的很大影响。LTE第10版及之前版本没有规定如何测量干扰电平而将其留给了具体实现。然而，实践中干扰被作为小区专用参考信号上的噪声进行测量，即从所用的适当资源元素中接收信号减去参考信号后的剩余被用作干扰电平的估计。低负荷时，不幸的是这种方法往往导致过高地估计了干扰电平，这是因为该测量由相邻小区的CRS传输主导（假设相邻小区中的CRS处于相同的位置），而与那些小区中的实际负荷无关。此外，该终端还可以选择在多个子帧对干扰电平进行平均⊖，从而进一步增加了该终端如何测量干扰的不确定性。

⊖　在第10版及之后版本中，可以限制将干扰平均到不同的子帧子集中，从而改善对异构部署的支持，参见第14章。

为了解决这些缺点并更好地支持各种 CoMP 方案，在第 11 版引入了传输模式 10，为网络提供了一个控制在哪些资源元素进行干扰测量的工具。其基础是所谓的 CSI 干扰测量（CSI-IM）配置，其中 CSI-IM 配置是一个子帧内该终端用于干扰测量的一组资源要素。对应该 CSI-IM 配置的资源要素上的接收功率被用作干扰（和噪声）的估计。还规定了应该对单一子帧进行干涉测量，从而避免终端专用的且网络未知的子帧之间干扰被平均。

配置 CSI-IM 采用与 CSI-RS 类似的方式，并且可用相同的配置集合，见第 6 章。在实践中，一个 CSI-IM 资源通常对应于一个无信息从该小区或者特定传输点（通常情况）发送的 CSI-RS 资源。因此，在实践中 CSI-IM 资源通常会被为该终端配置的零功率 CSI-RS 资源所覆盖。然而，CSI-IM 和零功率 CSI-RS 服务于不同的目的。CSI-IM 被定义为指定一个终端应该在其上进行干扰电平测量的一组资源要素，而零功率 CSI-RS 被定义为指定通过 PDSCH 映射来避免的一组资源要素。

由于 CSI-IM 不会与相邻小区的 CRS 发生碰撞，但是 PDSCH 却有可能（假设同步网络），干扰测量可以更好地反映相邻小区中的传输活动，从而获得一个低负荷时更准确的干扰估计。因此，采用来自 CSI-RS 的信道条件估计以及来自 CSI-IM 的干扰条件估计，网络就可以更精细地控制 CSI 报告所反映的干扰情况。

某些情况下，eNodeB 可以从多个 CSI 报告中获益，在不同的干扰假设下得出。因此，第 11 版提供了对于在一个终端中支持高达 4 个 CSI 进程的可能性，其中一个 CSI 进程是由一个 CSI-RS 配置和一个 CSI-IM 配置来定义的。那么 CSI 对于每个进程单独进行报告[⊖]。有关使用 CSI 过程来支持 COMP 的更为深入的讨论可以在第 13 章中找到。

10.4 信道质量指示器

已经对 CSI 进行了概述，现在是时候对一个 CSI 报告中的不同信息字段进行讨论了。CQI 提供最高的调制编码方案，如果使用推荐的 RI 和 PMI，将导致一个最多 10% 的 DL-SCH 传输的块错误概率。使用 CQI 而非信噪比作为反馈量是因为要考虑终端中的不同接收机实现。同时，根据 CQI 而非信噪比的反馈报告简化了终端的测试；当采用 CQI 指示的调制和编码方案时，如果一个终端发送数据超过了 10% 的块错误概率则认为测试失败。如之后所讨论，多个 CQI 报告，每个均代表下行链路频谱的特定部分内的信道质量，可以作为 CSI 的一部分。

DL-SCH 传输所用的调制编码方案可以并经常与 CQI 上报的不同，这是因为调度器需要考虑额外的、终端推荐特定 CQI 时不可知的信息，例如，用于 DL-SCH 传输的资源块集合还需要考虑其他用户。此外，eNodeB 中等待传输的数据量也需要被考虑。如果只有少量数据待传则通过具有稳健调制的少量资源块就够了，此时，即使信道条件允许，没有必要选择一个非常高的数据速率。

⊖ 可以配置秩继承，在这种情况下，一个 CSI 进程上报的秩可以从另一个 CSI 进程中继承。

10.5 秩指示器和预编码矩阵指示器

CSI中与多天线相关的部分由RI和PMI组成。本节将描述基本的RI和PMI报告与相关的码本，在10.6节中介绍第13章中增加的用于控制FD-MIMO的扩展，包括额外的码本和CSI-RS资源指标（CRI）。

RI仅由配置为空间复用传输模式之一的终端进行报告。最多只上报一个RI（用于一个特定组分载波上的特定CSI进程，详见后文），对整个带宽有效，即RI是非频率选择性的。注意，LTE系统中不可能存在频率选择性的传输秩，因为所有层的传输都在相同的一组资源块上。

PMI为eNodeB提供了更倾向采用的预编码器的指示，以RI所指示的层数为条件。预编码器推荐可能是频率选择性的，这意味着终端可以为下行链路频谱上不同部分推荐不同的预编码器；

预编码器也可以是非频率选择性的。

对于预编码器的相关建议，网络有两种选择：

- 网络可以听从最新的终端建议，这种情况下基站只有确认（在下行链路调度分配中的一个一位的指示器）：终端推荐的预编码器配置被用于下行链路传输。收到此类确认，终端在解调和解码相应的DL-SCH传输时将使用它推荐的配置。由于终端中计算的PMI可以是频率选择性的，听从终端推荐预编码矩阵的eNodeB可能对不同的传输块（集合）应用不同的预编码矩阵。
- 网络可以选择不同的预编码器，那么采用哪个预编码器的信息需要直接包含在下行链路调度分配中。那么，终端在解调和解码DL-SCH时将采用该配置。为了减少下行链路信令数量，在调度分配中只能传送单一预编码矩阵，这意味着如果网络覆盖了设备提供的推荐则预编码是非频率选择性的。网络也可以选择仅覆盖建议的传输秩。

由终端提供的预编码器没有明确表示，但作为一组预定义矩阵，一个所谓码本的一个索引方式予以提供。终端从这组矩阵中选择哪个作为最佳预编码器，取决于天线端口数。虽然规范中没有要求任何特定的天线排列，但天线排列的假设会影响码本的设计。这些假设在不同版本中变化，影响所生成码本的特性，如图10.1所示。

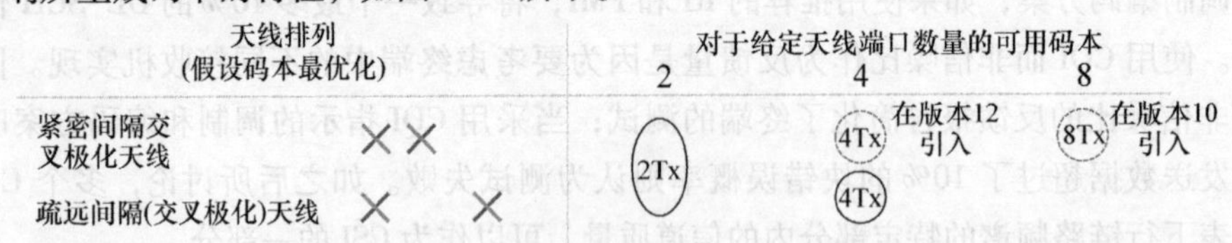

图10.1　不同码本的天线排列假设

对于2个或4个天线端口（不论CRS或DM-RS是否用于解调）的情况，预编码器集合都为基于码本的预编码方案提供码本（参见10.3.2节）。这是基于小区专用参考信号的多天线传输模式（传输模式4、5和6）的自然选择，因为这些模式中的网络必须使用这些集合中的码本。为简单起见，使用解调专用参考信号的传输模式8、9和10的CSI报告采用相同的码本，即使在这种情况下由于所使用的预编码器对终端是透明的，由此网络可以使用任何方法。四天线码本的推导假设：天线之间的衰落不相关，或换句话说，疏远间隔的天线。

对于第 10 版引入的并支持依赖于解调专用参考信号的传输模式 9 和 10 的 8 个天线端口，采用了与之前版本中 2 个和 4 个天线情况下的码本设计略为不同的方法。以前的版本中所做的天线之间衰落不相关的假设变得不太现实了，因为更典型的天线排列为紧密间隔的交叉极化天线。因此，码本需要面向紧密间隔的交叉极化天线元件进行修正（见图 10.2），并且码本需要涵盖 8 个紧密间隔的线性极化天线情况。码本中的所有预编码器可以分解为 $W = W_1 \cdot W_2$，其中用于W_1的可能条目建模了长期/宽带方面如波束成形；而用于W_2的可能条目则关注短期/频率选择性的特征（如极化特性）。分解码本的一个原因是为了简化终端的实现，因为在形成 PMI 时终端可以对两个端口应用不同的（时域）滤波。在第 12 版中，引入了一个替代的四天线码本，遵循与八天线相同的设计原则。

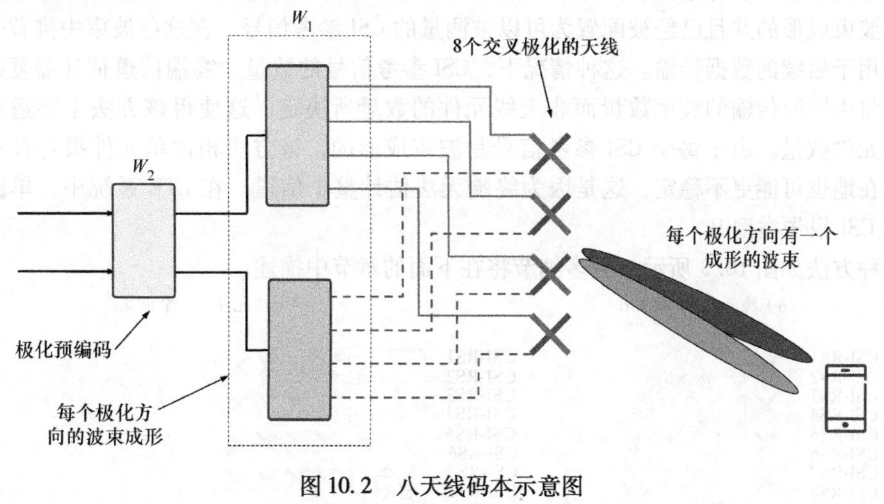

图 10.2　八天线码本示意图

在第 13 版中，CSI 报告特别是码本设计上得到了进一步增强，以处理大量的天线端口。这将在 10.6 节中描述。

最后，对于 2、4 和 8 天线端口，网络可以限制终端选择其推荐预编码器的矩阵集合（所谓的码本子集约束），来避免报告不适用于实际使用天线安装的预编码器。

10.6　全维度 MIMO

在前一节中描述的 CSI 报告覆盖了最多 8 个天线端口。此外，虽然没有在规范中明确规定，从波束成形的角度来看主要关注方位域的一维波束成形。然而，采用天线元件和射频组件（如功率放大器和收发器）的紧密集成，显著比 8 更大数量的可控天线元件是可行的。这可以使新的先进天线解决方案成为可能，例如大规模多用户 MIMO、二维波束成形以及动态终端专用的下倾角。原则上，由于规范描述了天线端口而非天线元件，所以这些高级天线解决方案中许多具体实现的实施是可行的。然而，为了更好地开发利用更大数量的天线元件，第 13 版将天线端口的数目增加到 16 并增强 CSI 反馈以支持更大数量的天线端口。探询参考信号的数量也增加了，如第 6 章中所提及，来更好地支持更多数量的用户。

10.6.1 用于大规模天线排列的CSI反馈

对于大量天线元件的CSI反馈可以通过许多方法解决，分为两大类：单元件报告和每波束报告。这两种方法都在第13版中通过RRC信令配置的报告类型予以支持。

单元件报告是以前版本所使用的方法。每个CSI参考信号被映射到（一个固定组的）天线单元和反馈，由基于对所有不同CSI参考信号进行测量的高维度预编码矩阵构成。这种情况下，CSI参考信号的数量将由天线元件的数目所决定，而不是由被同时服务的终端数目所决定。使得这种方法主要适用于适度的天线数量。在LTE系统中，单元件报告也被称为是CSI报告类型A。

单波束报告意味着每个CSI参考信号是通过所有天线单元来波束成形（或预编码）形成的。终端测量波束成形的并且已经被配置为可以被测量的CSI参考信号，在这些波束中推荐一个最合适的波束用于后续的数据传输。这种情况下，CSI参考信号的数量、终端信道估计器复杂度以及相关反馈将由同时传输的波束数量而非天线元件的数量所决定。这使得该方法主要适用于非常大的天线元件数量。由于每个CSI参考信号是波束成形的，该方法相比单元件报告具有覆盖优势，但潜在地也可能更不稳定，这是因为终端无法估计整个信道。在LTE系统中，单波束报告也被称为CSI报告类型B。

这两种方法如图10.3所示，更多细节将在下面的章节中描述。

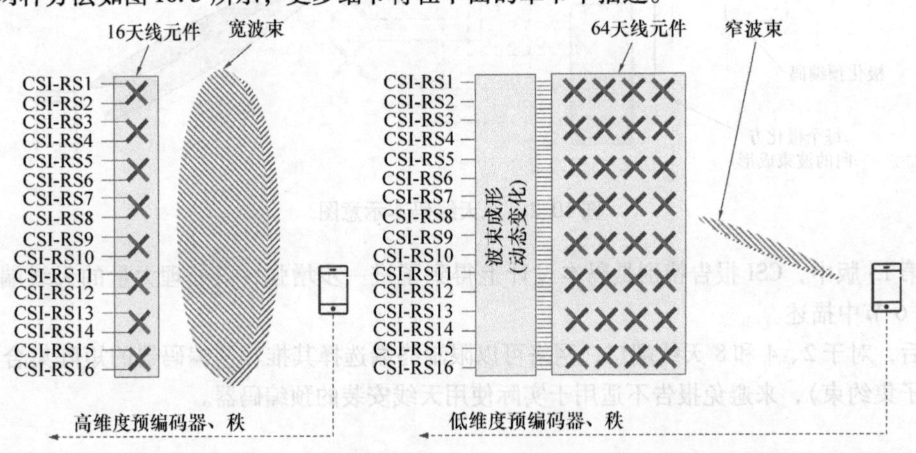

图10.3 单元件（左侧）和单波束（右侧）CSI-RS传输示意图

10.6.2 CSI报告类型A

CSI报告类型A是在早期版本的CSI报告框架的基础上直接扩展到更大数量的天线端口。每个天线元件为每个极化方向传输一个唯一的CSI参考信号。基于对这些参考信号的测量，终端计算出推荐的预编码器以及该预编码器条件下的RI和CQI。

以前版本中可用的预编码器是建立如图10.1所示的一维天线阵列的假设条件下，虽然这并没有在规范中明确规定。对于二维天线阵列，给定数量的天线元件可以通过不同方式排列，不同部署首选不同的排列。为了解决这个问题，第13版选用了一个由水平和垂直的天线端口数量参数化的码本，能够处理如图 10.4 所示的天线排列。该终端通过 RRC 信令来获知将要使用的码本信息。相同的码本结构用于 8、12 和 16 天线端口，遵循第 10 版的原则，将所有预编码器分解为 $W = W_1 \cdot W_2$，其中W_1建模了长期/宽带方面而W_2关注短期/频率选择性特征。码本结构的细节可以在参考文献［26］中找到，但本质上所用的 DFT 结构将产生波束跟踪码本。它也为未来版本中扩展到更大数量的天线元件数量做好了准备。

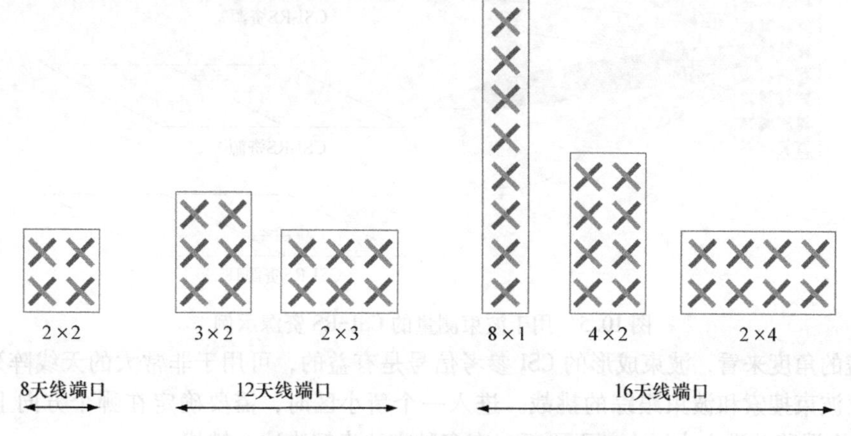

图 10.4　所支持的两维天线配置

每个天线元件和每个极化方向（或一小群的天线元件）都发送一个 CSI 参考信号可能会导致覆盖问题，因为没有天线阵列增益而可能需要功率提升来进行弥补。除了早期版本中长度为 2 的正交覆盖码，还可以为此引入长度为 4 的码。覆盖码越长，CSI 参考信号之间“借用”功率的可能性越大。

10.6.3　CSI 报告类型 B

CSI 报告类型 B 是第 13 版中的一个新架构，不同于之前版本中所用的单元件方法。此方法中，该终端在相对较少数量的波束成形 CSI 参考信号上进行测量。原则上，可以使用任意大的天线阵列，与限制于 16 个天线端口的类型 A 报告不同。

可以在终端中每个 CSI 进程配置最多 8 个 CSI-RS 资源，其中每个 CSI-RS 资源包含每个波束 1、2、4 或 8 个天线端口，参见图 10.5 的展示。该终端将在每个 CSI-RS 资源上进行测量并且以 CRI 的形式反馈所推荐的波束，以及在传输所用优选波束假设下的 CQI、PMI 和 RI。整个带宽使用同一波束，即与在频率范围内变化的 CQI 和 PMI 不同 CRI 是非频率选择性的。例如，如果最上面的红色光束是从终端角度来看的首选波束，则该终端应该上报 CRI 为 1，以及以最上面波束进行传输为条件下的优选 CQI、PMI 和 RI。对于 PMI 报告，采用之前版本中所定义的 2、4 或 8 天线码本。

一旦配置了 1、2、4 或 8 天线端口的单一 CSI-RS 资源，则使用选用天线端口对的码本。每个端口对对应一个波束，终端可能给每个子带选择优选波束（不像前面描述的 CRI 情况，其中所有子带使用相同的波束）。这种方法提供了一种比之前描述的 CRI 方法更快的反馈优选波束，因为指向码本的 PMI 可以比 CRI 更为频繁地报告。

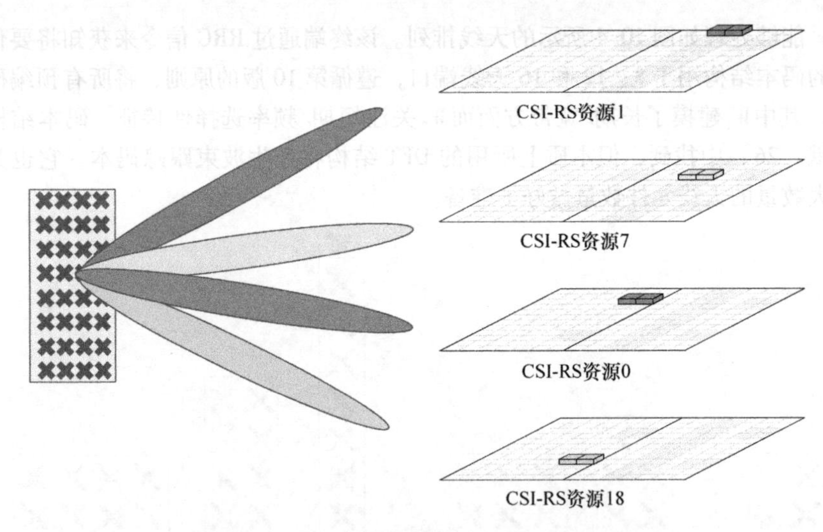

图 10.5　用于波束测量的 CSI-RS 资源示例

从覆盖的角度来看，波束成形的 CSI 参考信号是有益的，可用于非常大的天线阵列。然而，它也带来了波束搜索和波束跟踪的挑战。进入一个新小区时，需要确定在哪个方向上传输 CSI-RS，并在终端移动进入小区内部而更新。有多种方法来解决这个挑战。

一种可能性是在一大组固定波束中传输发现参考信号，并利用来自终端的发现信号测量报告来确定相关的方向。由于发现参考信号是周期性发送的，eNodeB 会获得"最佳"波束的持续更新。然而，由于发现信号周期相当大，该方法主要适用于缓慢移动的终端。类似的行为可以通过配置（多个）资源在终端中测量，并改变发送波束成形 CSI 参考信号的方向。如果关闭干扰测量在子帧间的平均（这在第 13 版中是可能的），就可以实现瞬时 CSI 测量，eNodeB 可以决定在哪个方向上产生"高"CSI 值并由此对应有希望的传输方向。

上行链路探测和信道互易性也可用于波束搜索，单独使用或者与来自设备的测量相组合来应用。互易性往往与 TDD 系统有关，但从长期统计（例如到达角）来看，通常 FDD 情况下也存在互易性，足够用于波束发现[⊖]。在第 13 版中引入了额外的探测能力，如第 7 章中提到，部分原因也是基于此。

波束跟踪可以通过在终端中配置多个 CSI 资源来实现，包括"最好"的波束和一对探询波束。如果在需要时对终端中的资源集合进行更新从而使得它总能包含"最好"波束和探询波束，则可以跟踪波束。由于 CSI 报告框架是相当灵活的，也存在其他可能性。在这种情况下，上行链路探询可以被开发利用。

⊖ FDD 系统中诸如瞬时信道脉冲响应的短期特性不是互易的，但在这种情况下，这并不重要。

第11章　接入过程

前面章节已经描述了LTE上行链路和下行链路的传输机制。然而，数据传输之前，终端需要先连接到网络中。本章将对一个终端接入到一个基于LTE的网络所需要的过程进行描述。

11.1　捕获和小区搜索

在LTE终端与LTE网络能够通信之前，它需要执行以下操作：

- 寻找并获得与网络中一个小区的同步。
- 需要接收和解码信息，也被称为小区系统信息，以便在小区内通信和正常操作。

这些步骤的开始，经常被简称为小区搜索，将在这一节进行介绍。之后将在下一节更为详细地讨论网络通过何种方式提供小区系统信息。

一旦系统信息被正确解码，终端就可以通过所谓的随机接入过程方式接入小区，将在11.3节中描述。

11.1.1　LTE小区搜索概述

终端不仅在开机即初始接入系统时需要执行小区搜索，而且为支持移动性还需要不断地搜索、同步并估计相邻小区的接收质量。相邻小区的接收质量与当前小区接收质量有关，之后进行评估得出结论：应该执行切换（用于连接模式下的终端）还是小区重选（用于空闲模式下的终端）。

LTE小区搜索包含以下几个基本步骤：

- 获得与一个小区的频率同步和符号同步。
- 获得该小区的帧定时，即决定下行帧的起始点。
- 决定该小区的物理层小区标识。

如前所述，例如在第6章，LTE共定义了504个不同的物理层小区标识。物理层小区标识集合被进一步分为168个小区标识群，每个群包含3个小区标识。

为了辅助小区搜索，在每个下行链路组分载波上传输两个特殊信号：主同步信号（PSS）和辅同步信号（SSS）。尽管带有相同的具体结构，但同步信号在无线帧中的时域位置略有不同，取决于小区是采用FDD或者TDD操作。

- FDD情况下（见图11.1的上半部分），PSS在子帧0和5的第一个时隙的最后一个符号内发送，而SSS则在同时隙的倒数第二个符号内发送。
- TDD情况下（见图11.1的下半部分），PSS在子帧1和6（即DwPTS内）的第三个符号内发送，而SSS则在子帧0和5的最后一个符号（即比PSS提前三个符号）内进行发送。

需要注意，FDD和TDD系统间PSS/SSS的差异允许终端可以在事先不知道双工方式的情况

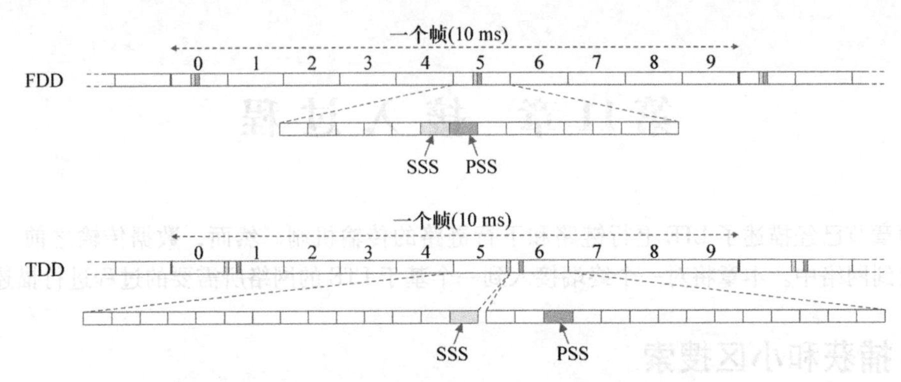

图 11.1 FDD 和 TDD 情况下 PSS 和 SSS 的时域位置

下检测出所获得载波的双工方式。

一个小区内，一个帧中的两个 PSS 是相同的。此外，一个小区的 PSS 可取 3 个值，取决于该小区的物理层小区标识。更准确地说，一个小区标识群中的 3 个小区标识总是对应到不同 PSS。因此，一旦终端检测到并识别出小区的 PSS，它将获得以下信息：

- 该小区的 5ms 定时并由此获知 SSS 的位置，其与 PSS 具有一个固定的位置偏置㊀。
- 小区标识群中的小区标识，然而终端还不能自己检测出小区标识群，即只把小区标识的可能性从 504 降低到 168。

因此，一旦检测出 PSS 就可以知道 SSS 的位置，从而终端可以获得以下信息：

- 帧定时（给定 PSS 被发现的位置，存在两种不同可选项）。
- 小区标识群（168 个可选项）。

此外，对于终端来说通过接收单独一个 SSS 来实现这些应该是可行的。原因在于，例如终端在其他载波上搜索小区的情况下，搜索窗口不会足够大到能够覆盖一个以上的 SSS。

为此，每个 SSS 都可以对应 168 个不同小区标识群而取 168 个不同的值。此外，一个帧内对于两个 SSS 有效的取值集合（子帧 0 中的 SSS_1 和子帧 5 中的 SSS_2）是不同的，这意味着通过来自单一 SSS 的检测终端可以确定被检测出的是 SSS_1 还是 SSS_2，从而确定帧定时。

一旦终端捕获到帧定时和物理层小区标识，就可以识别出小区专用参考信号。该行为会有所不同，取决于当前为初始小区搜索还是为了邻小区测量的小区搜索：

- 如果是初始小区搜索，即终端状态是在 RRC_IDLE 模式下，参考信号被用作信道估计，后续的 BCH 传输信道解码得到系统信息的最基本集合。
- 如果是在移动性测量的情况下，即终端处于 RRC_CONNECTED 模式下，终端测量参考信号的接收功率。如果测量满足一个可配置的条件，会触发给网络发送一个参考信号接收功率（RSRP）的测量报告。基于该测量报告，网络决定是否发生切换。RSRP 报告还可以被用于组分载波的管理㊁，例如是否配置一个额外的组分载波或者是否重新配置主组分载波。

㊀ 这假定终端知道它是否已捕获到一个 FDD 或 TDD 载波。否则，终端需要尝试两个不同假设结合 SSS 相对 PSS 的位置，从而也可以间接地检测所获得载波的双工模式。

㊁ 如第 5 章所讨论，规范中使用词语主和辅“小区”而非主和辅“组分载波”。

11.1.2 PSS 结构

在更细节的层面上，3 个 PSS 是 3 个带有 63 位长的 Zadoff-Chu（ZC）序列（见图 11.2）在两侧各扩展 5 个 0 并影射到 73 个子载波上（中心 6 个资源块），如图 11.2 所示。需要注意的是，中心子载波实际上并不进行传输，因为它恰巧遇到了 DC 子载波。因此，实际上 63 位长 ZC 序列中只有 62 个元素进行传输（元素 X_{32}^{PSS} 是不发送的）。

因此，PSS 在子帧 0 和 5（FDD 系统）和子帧 1 和 6（TDD 系统）内占用了 72 个资源元素（不包含 DC 载波）。那么这些资源元素不能再用于 DL-SCH 的传输。

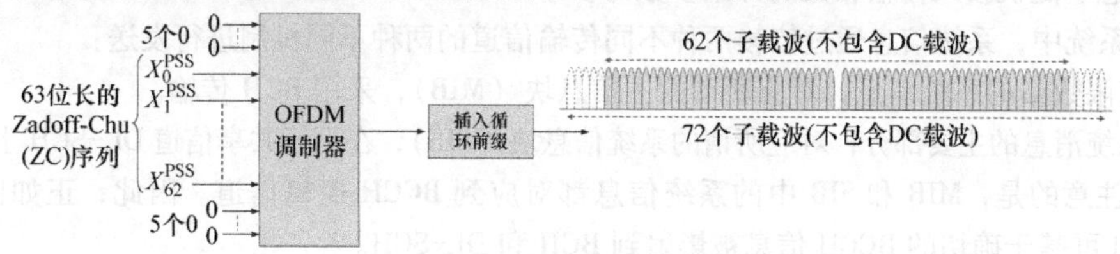

图 11.2 PSS 的定义和结构

11.1.3 SSS 结构

与 PSS 类似，SSS 占用子帧 0 和 5（FDD 和 TDD 系统）内中心的 72 个资源元素（不包含 DC 载波）。如上所述，SSS 的设计应有助于下面内容：

• 两个 SSS（子帧 0 中的 SSS_1 和子帧 5 中的 SSS_2）都可以对应 168 个不同小区标识群而取 168 个不同的值。

• 应用于 SSS_2 的取值集合应该与应用于 SSS_1 的取值集合不同，以便能够从单一 SSS 的接收中检测出帧定时。

如图 11.3 给出了两个 SSS 的结构示意图。SSS_1 基于两个 31 位长的 *m* 序列 *X* 和 *Y* 的频率交织，*X* 和 *Y* 每个都可以取 31 个不同值（实际上是同一 *m* 序列的 31 个不同偏移）。在一个小区内，SSS_2 基于与 SSS_1 完全相同的两个序列。然而，如图 11.3 所示这两个序列在频域进行了交换。之后选择用于 SSS_1 的 *X* 与 *Y* 有效结合的集合，使得这两个序列在频域交换后不再是 SSS_1 的有效结合。因此，之前描述需求要满足：

• 用于 SSS_1（以及用于 SSS_2）的 *X* 与 *Y* 有效结合的集合是 168 个，允许对物理层小区标识的检测。

• 由于 SSS_1 和 SSS_2 之间的 *X* 与 *Y* 进行了交换，因此可以获得帧定时。

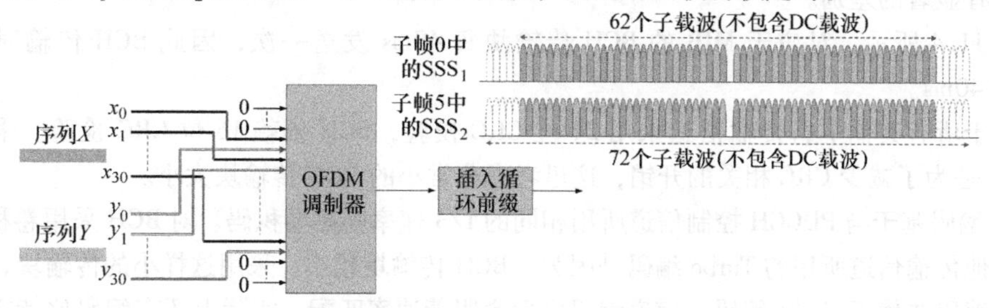

图 11.3 SSS 的定义和结构

11.2　系统信息

通过第11.1节所描述的基本小区搜索过程，终端可以同步到一个小区、获取该小区的物理层小区标识、检测到小区帧定时。一旦这些工作完成，终端必须获取小区系统消息。这些信息被网络不断重复地广播，需要为终端所获取以便接入网络并执行特定小区内的正常操作。系统信息包括，除其他事情之外，下行链路和上行链路小区带宽的相关信息、TDD模式下的上下行链路配置信息、随机接入传输相关的详细参数等。

LTE系统中，系统信息通过依赖两种不同传输信道的两种不同机制进行发送：

- 有限数量的系统信息，对应所谓的主信息块（MIB），采用BCH传输。
- 系统消息的主要部分，对应所谓的系统信息块（SIB），在下行共享信道DL-SCH上传输。

需要注意的是，MIB和SIB中的系统信息都对应到BCCH逻辑信道。因此，正如图8.7所示，BCCH可基于确切的BCCH信息被影射到BCH和DL-SCH。

11.2.1　MIB和BCH传输

如前面章节所述，采用BCH传输的MIB包含有限的系统信息，主要是一些终端为能够读取DL-SCH提供的剩余系统信息而绝对需要的信息。更准确地说是，MIB包含下列信息：

- 有关下行链路小区带宽的信息，MIB中有3个比特可用于指示下行链路的带宽。因此对每个频带最多可定义8种不同带宽，以资源块数进行测量。
- 该小区PHICH配置的相关信息，如6.4.2节所描述，终端必须知道PHICH配置信息以便能够接收PDCCH上的L1/L2控制信令。依次需要PDCCH信息来获取DL-SCH上承载的剩余系统信息，参见后文。因此，PHICH的相关配置信息（三位）包含在BCH发送的MIB里，可以在不接收任何PDCCH的情况下进行接收和解码。
- 系统帧号（SFN）或者更准确地说是除SFN中两个最小有效位之外的所有比特位均包含在MIB中。如下文所述，终端可以间接地从BCH解码中获知SFN中的两个最小有效位。

MIB还包括10个未使用的或“备用”的信息位。这些位是为了能在后续版本中包含更多信息，同时保留后向兼容性。例如，LTE第13版使用10个备用位中的5个来包括额外的MIB算法相关信息，更多详情参见第20章。

BCH物理层处理诸如信道编码和资源影射，与第6章中所概述的用于DL-SCH的相关处理和影射具有显著的差别。

如图11.4所示，对应于MIB的BCH传输块每40ms发送一次，因此BCH传输时间间隔（TTI）为40ms。

不同于所有其他下行传输信道采用24位CRC校验，BCH依赖16位CRC检验。采用更短BCH CRC是为了减少CRC相关的开销，这里考虑非常小的BCH传输块大小。

BCH编码基于与PDCCH控制信道所用相同的1/3速率咬尾卷积码。对BCH采用卷积编码而非所有其他传输信道所用的Turbo编码是因为，BCH传输块较小。采用这样小的传输块，实际上咬尾卷积编码要优于Turbo编码。信道编码之后紧跟着速率匹配，实际上还有编码比特重复和比

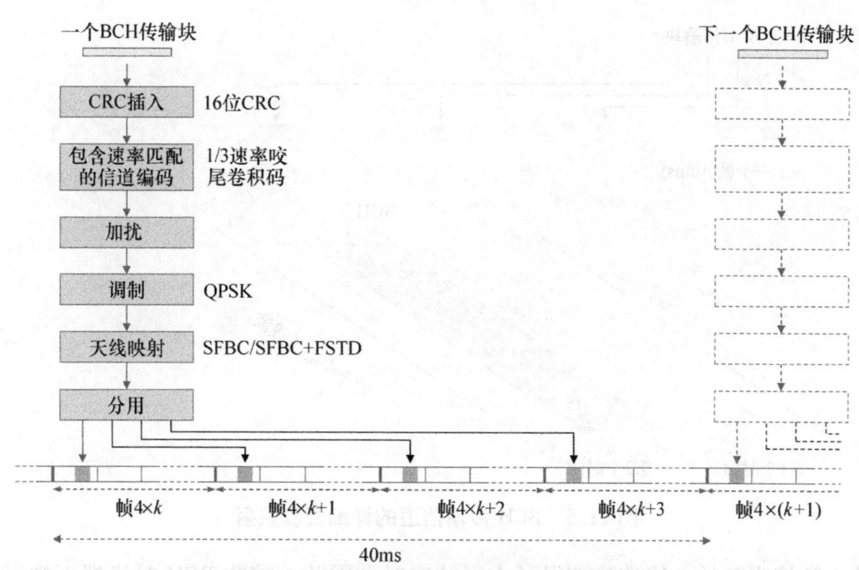

图 11.4 BCH 传输信道的信道编码和子帧映射

特级加扰。之后对经过编码和加扰的 BCH 传输块进行 QPSK 调制。

BCH 多天线传输仅限于发射分集，即两天线端口情况下采用 SFBC 以及在四天线端口情况下采用结合的 SFBC/FSTD。实际上，正如第 6 章所提到，如果小区内有两个天线端口可用则必须对 BCH 采用 SFBC。类似地，如果有 4 个天线端口可用则必须采用结合的 SFBC/FSTD。因此，通过对应用于 BCH 的发射分集机制进行盲检测，终端就可以间接确定小区内的小区专用天线端口数以及 L1/L2 控制信令所用的发射分集机制。

从图 11.4 中还可以看出，编码的 BCH 传输块被映射到 4 个连续帧中每个无线帧的第一个子帧中。然而，如图 11.5 所示，与其他下行链路传输信道不同，BCH 映射不以资源块为单位。相对而言，BCH 被映射到子帧 0 的第二个时隙内前面 4 个符号，并且只占用 72 个中心子载波㊀。因此 FDD 情况下 BCH 紧跟在子帧 0 的 PSS 和 SSS 之后。那么相关的资源元素不能再用于DL-SCH 传输。

无论小区带宽大小而将 BCH 传输限制到 72 个中心子载波，是因为接收 BCH 时终端可能不知道下行链路小区带宽。因此，当首次接收一个小区的 BCH 时，终端可假设小区带宽等于最小可能的下行带宽，即对应 72 个子载波的 6 个资源块。那么终端可以从被解码的 MIB 中获知实际的下行链路小区带宽并据此调节接收机带宽。

编码后 BCH 映射到的资源元素总数要远大于 BCH 传输块大小，意味着用于 BCH 传输的大量重复编码或同等地巨大的处理增益。如此大的处理增益是必要的，这是因为相邻小区中的终端也可以对该 BCH 进行接收和正确的解码，潜在地意味着解码 BCH 时很低的接收机信号与干扰噪声比（SINR）。同时，许多终端可以在更好信道状态下接收 BCH。那么这些终端不需要接收 BCH 传输块发送所在的 4 个子帧的全集，来获取正确解码传输块所需的足够能量。相对而言，通过接收很少几个或者可能只是单一子帧，BCH 传输块就可以被解码。

㊀ 不包含 DC 载波。

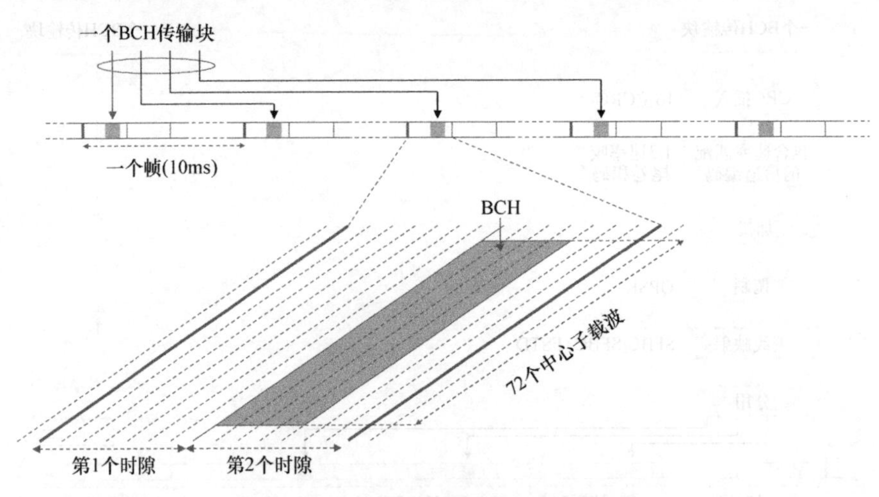

图 11.5　BCH 传输信道的详细资源映射

从初始小区搜索开始，终端只获得了小区帧定时。因此，接收 BCH 时终端不知道一个特定 BCH 传输块被映射到哪 4 个子帧。相反，终端必须在 4 种可能的定时位置尝试对 BCH 进行解码。基于正确 CRC 检验指示的在哪个位置上解码成功，终端就可以间接确定 40ms 定时或者等效为 SFN 的两个最小有效位[⊖]。这就是为什么这些比特不需要直接包含在 MIB 中的原因。

11.2.2　系统信息块

如前所述，BCH 上的 MIB 只包含有限的系统信息。系统信息的主要部分被包含在 DL-SCH 传输的不同 SIB 里。一个子帧中 DL-SCH 上的系统信息出现与否是通过特殊系统信息 RNTI（SI-RNTI）标记的相关 PDCCH 传输来指示的。与为“普通”DL-SCH 传输提供调度分配的 PDCCH 类似，PDCCH 也指示用于系统信息传输的传输格式和物理资源（资源块集合）。

LTE 定义了一系列不同的 SIB 是通过包含在其中的信息类型为特征的：

- SIB1 包含主要与一个终端被允许驻留在小区相关的信息。如果存在哪些用户可以接入小区的限制等，那么这里会包含小区运营商（们）的信息。SIB1 还包含 TDD 双工模式下上行链路子帧分配以及特殊子帧配置的相关信息。最终，SIB1 包含其余 SIB（SIB2 和更多）时域调度方面的信息。
- SIB2 包含终端接入小区所需的信息。这里包含上行链路小区带宽、随机接入参数以及上行功率控制相关参数方面的信息。
- SIB3 主要包含小区重传的相关信息。
- SIB4～SIB8 包含相邻小区的信息，包含同一载波上相邻小区和不同载波上相邻小区以及相邻的非 LTE 小区（如 WCDMA/HSPA、GSM 以及 CDMA2000）的相关信息。
- SIB9 包含家庭基站的名字。

⊖ BCH 加扰周期被定义为 40ms，因此即使终端只观察了一个传输间隔后就成功解码 BCH，则它可以确定 40ms 定时。

- SIB10 ~ SIB12 包含公共警示信息，例如地震信息。
- SIB13 包含 MBMS 接收所需的信息（参见第 19 章）。
- SIB14 用于提供增强的访问限制信息，控制终端接入小区的可能性。
- SIB15 包含在相邻载波频率上接收 MBMS 的所需信息。
- SIB16 含有 GPS 时间和协同通用时间（UTC）的相关信息。
- SIB17 包含 LTE 和 WLAN 互联互通的相关信息。
- SIB18 和 SIB19 包含侧链连接（直接设备到设备通信）相关信息，参见第 21 章。
- SIB20 包含单点对多点的相关信息，参见第 19 章。

不是所有的 SIB 都必须存在。例如 SIB9 对于运营商部属节点是不相关的。如果小区没有提供 MBMS 业务，SIB13 就不是必需的。

与 MIB 类似，SIB 也是重复广播的。一个特定 SIB 需要多频繁地传输取决于终端在接入小区时需要多快获取相关的系统信息。总之，序号越低的 SIB 在时间上越紧急，因此相对于较高序号 SIB 被传输地更为频繁。SIB1 每 80ms 传输一次，而更高序号 SIB 的发送周期是灵活的，并且可以对不同网络取值不同。

SIB 代表了将被传输的基本系统信息。之后不同 SIB 被映射到不同系统信息消息（SI）上，对应 DL-SCH 上将要传输的实际传输块。SIB1 总是自己映射到第一个系统信息消息 SI-1[⊖]，而剩余 SIB 可以在相同 SI 上成群复用，遵循以下限制：

- 显然，映射到相同 SI 的 SIB 具有相同的传输周期。因此，例如具有发送周期为 320ms 的两个 SIB 可以被映射到同一 SI，而一个带有 160ms 发送周期的 SIB 则必须映射到不同 SI。
- 映射到单一 SI 的信息比特总数不能超过一个传输块所能传输的此特数上限。

需要注意的是，给定 SIB 的发送周期可能在不同网络中取值不同。例如不同运营商可能对需要传输不同类型相邻小区信息具有不同的传输周期需求。此外，能填入一个传输块的信息量可能非常大，取决于具体配置场景（如小区带宽、小区大小等）。

因此，总体来说，除 SIB1 之外用于其他 SIB 的 SIB 到 SI 的映射都是灵活的，并且不同网络或者甚至同一网络中可能是不同的。图 11.6 给出了一个 SIB 到 SI 映射示意图。此例中，SIB2 被映射到具有 160ms 发送周期的 SI-2。SIB3 和 SIB4 被复用到具有 320ms 发送周期的 SI-3，而 SIB5 也需要 320ms 发送周期但被映射到了一个独立的 SI（SI-4）。最后，SIB6、SIB7、SIB8 被复用到具有 640ms 发送周期的 SI-5。有关 SIB 到 SI 的具体映射以及不同 SI 的发送周期方面的信息是在 SIB1 中提供的。

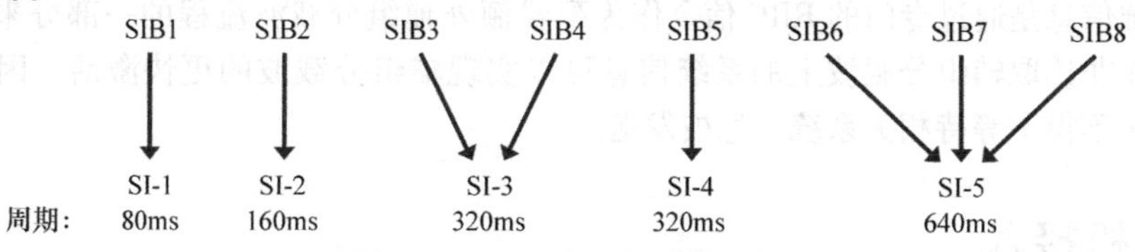

图 11.6　SIB 到 SI 的映射示例

对于不同 SI 更详细的传输情况，对应 SIB1 的 SI-1 传输与其他 SI 的传输存在差异。

⊖ 严格地说，由于 SIB1 不与其他 SIB 复用，甚至不能说它影射到一个 SI。相反，SIB1 自己直接关联到传输块。

SI-1传输只具备有限的灵活性。更准确地说，SI-1总是在子帧5内传输。然而，SI-1传输所在带宽或者更为普遍的是资源块集合，以及传输格式的其他信息可能是变化的，并在相关PDCCH上告知。

对于其他SI，DL-SCH上的调度更为灵活，在这个意义上讲：原则上每个SI均可以在有明确起点和时长的时间窗内的任何子帧中传输。每个SI时间窗的起点和时长是在SIB-1中提供的。需要注意的是，从图11.7中可见：SI不需要在时间窗内的连续子帧上传输。时间窗内的系统信息出现与否是通过PDCCH上的SI-RNTI指示的，它还提供了频域调度以及与系统信息传输相关的其他参数。

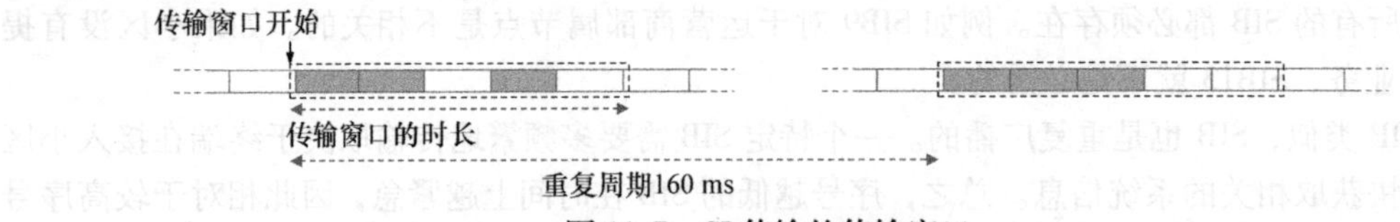

图11.7　SI传输的传输窗口

不同的SI具有不同的非交叠时间窗。因此，终端知道正在接收哪个SI而无需对每个SI进行特别指示。

在相对小SI和相对大系统带宽的情况下，一个子帧可能足以提供所有SI传输。而在其他情况下可能需要多个子帧来传输一个SI。在后者情况下，反而将每个SI分割为多个足够小的传输块进行独立信道编码并在独立的多个子帧内传输；整个SI进行信道编码并被映射为多份，不要求在连续子帧内传输。

与BCH的情况类似，经历良好信道条件的终端可以在只接收了编码SI映射子帧的一个子集后就对整个SI进行解码，而位于较差位置的终端需要接收更多子帧才能对该SI正确解码。该方法具有两个优点：

- 与BCH解码类似，经历良好信道条件的终端需要接收较少子帧，意味着可以降低终端功率消耗。
- 与Turbo编码相结合而采用更大码块，将产生加强的信道编码增益。

严格来说，包含SI的单个传输块不会在多个子帧上传输。反而，随后的SI传输被视为第一个SI传输的自主混合ARQ重传，即重传发生无须在上行链路上提供任何明确的反馈信令。

对于具备载波聚合能力的终端，如之前讨论可以获得主组分载波的系统信息。对于辅组分载波，终端不需要读取SIB而假设主组分载波获得的系统信息也适用于辅组分载波。专用于辅组分载波的系统信息是通过专门的RRC信令作为配置额外辅组分载波流程的一部分来提供的。使用专用信令而非读取辅组分载波上的系统信息可以实现辅组分载波的更快激活，因为如果不这样的话终端将不得不等待相关系统信息被发送。

11.3　随机接入

任何蜂窝系统的基本需求均是终端可以申请建立网络连接，通常被称为随机接入。LTE系统中，随机接入用于几个目的，包括：

- 为了建立无线链接时的初始接入（从RRC_IDLE转移到RRC_CONNECTED状态；不同终

端状态的讨论可参见第4章)。

- 为了无线链接建立失败后重建无线链接。
- 为了需要建立新小区上行同步时的切换。
- 如果终端处于 RRC_CONNECTED 状态且上行链路不同步时有上行链路或者下行链路的数据到达，需要建立上行链路的同步。
- 采用基于上行链路测量的定位方法时，用于定位的目的。
- 如果在 PUCCH 上还没有配置专用调度请求资源（参见第9章对于上行调度过程的讨论），作为调度请求。

上行同步是所有这些案例的一个主要目标；建立一个初始的无线链接时（即从 RRC_IDLE 转移到 RRC_CONNECTED 状态），随机接入过程还用于给终端指定一个唯一的标识 C-RNTI。

可以使用基于竞争或者无竞争方案，取决于具体目的。基于竞争的随机接入可用于所有之前讨论的目的，而无竞争随机接入只用于下行链路数据到来时重新建立上行链路同步、辅组分载波的上行链路同步、切换和定位。随机接入的基础是图 11.8 所示的四步过程，有以下步骤：

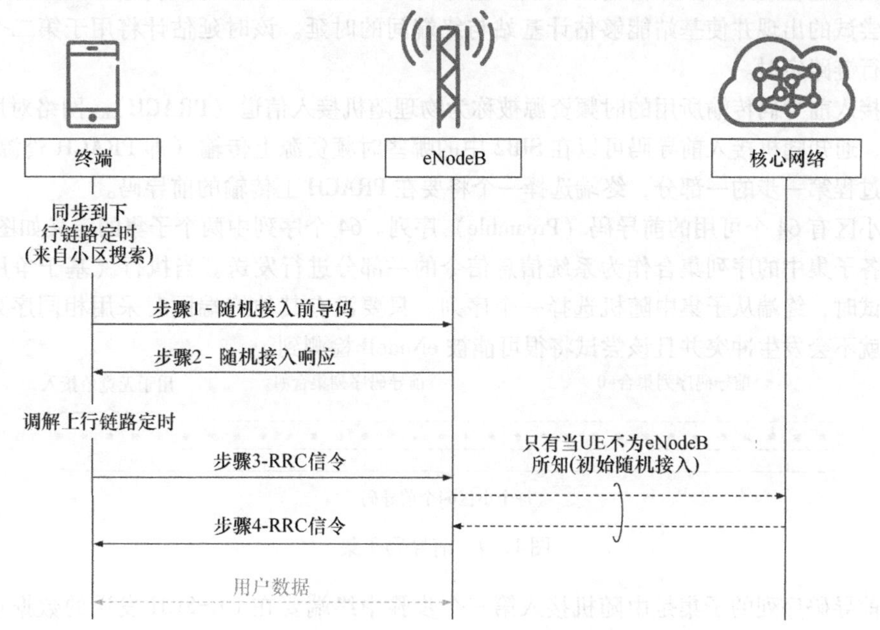

图 11.8　随机接入过程的概述

1）终端传输随机接入前导码，使 eNodeB 可以估计终端的传输定时。上行链路同步是必需的，否则终端不能发送任何数据。

2）网络发送时间提前命令字来调节终端传输定时，基于第一步中获得的定时估计。除了建立上行链路同步之外，第二个步骤还会为终端分配随机接入第三个步骤中将要使用的上行链路资源。

3）与普通调度数据一样，终端采用 UL-SCH 向网络发送移动终端标识。该信令的确切内容取决于终端状态，特别是该信息是否已为网络所知。

4）DL-SCH上网络发给终端竞争解决消息。该步骤也解决任何由于多终端试图采用相同的随机接入资源访问网络引起的竞争。

只有第一个步骤采用为随机接入特别设计的物理层处理。后面的3个步骤均采用与普通上下行链路数据传输相同的物理层处理。在后文中，将提供各步骤的更多细节。只有处理流程中的前两步被用于无竞争随机接入方式，这是因为在无竞争方案中不需要竞争解决过程。

终端和网络都可以启动一个随机接入尝试。在后一种情况下，使用RRC信令或者所谓的PDCCH命令。PDCCH命令是PDCCH上传送的一条专用消息，包含何时启动随机接入过程的消息以及无争用随机接入情况下如何使用前导码。PDCCH命令的主要目的是作为网络重新建立上行链路同步的一种工具，但也可用于其他用途。除了建立辅助定时提前量群组的上行链路定时对齐之外，终端只能在主组分载波上进行随机接入[⊖]。

11.3.1 步骤1：随机接入前导码传输

随机接入过程的第一步是传输随机接入前导码（Preamble）。前导码传输主要是为基站指示随机接入尝试的出现并使基站能够估计基站与终端间的时延。该时延估计将用于第二个步骤中来调节上行链路定时。

随机接入前导码传输所用的时频资源被称为物理随机接入信道（PRACH）。网络对所有终端进行广播，通知随机接入前导码可以在SIB2中的哪些时频资源上传输（即PRACH资源）。作为随机接入过程第一步的一部分，终端选择一个将要在PRACH上传输的前导码。

每个小区有64个可用的前导码（Preamble）序列。64个序列中两个子集的定义如图11.9所示，其中各子集中的序列集合作为系统信息信令的一部分进行发送。当执行（基于争用）的随机接入尝试时，终端从子集中随机选择一个序列。只要没有其他终端同时采用相同序列尝试随机接入，就不会发生冲突并且该尝试将很可能被eNodeB检测到。

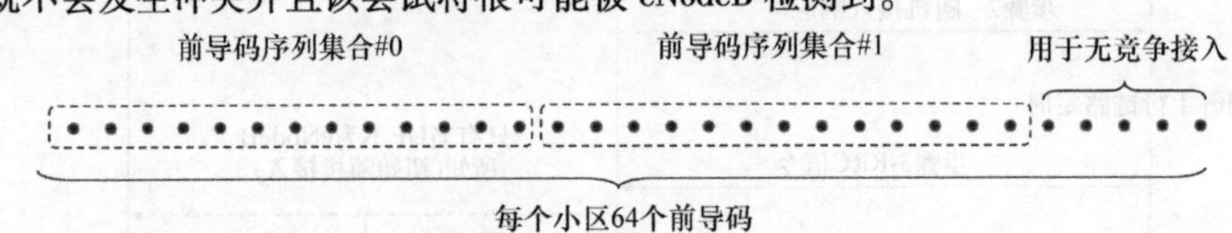

图11.9 前导码子集

选择前导码序列的子集是由随机接入第三个步骤中终端要在UL-SCH发送的数据量所决定的。因此，从终端所用的前导码，eNodeB可获知将授权终端的上行链路资源数量的一些指导。

如果终端已请求执行无争用随机接入，例如到新小区的切换，将使用的前导码由eNodeB直接指示。为了避免冲突，eNodeB更倾向于从序列中选择无竞争的前导码，这要排除两个用于基于争用随机接入的子集。

11.3.1.1 PRACH时频资源

在频域内，如图11.10所示的PRACH资源带有一个对应6个资源块的小区带宽（1.08MHz）。这很好地匹配了LTE可以操作6个资源块的最小上行链路小区带宽。因此，可采用

⊖ 如之前讨论，主组分载波是终端专用的，因此从eNodeB的角度来看，随机接入可以出现在多个组分载波。

相同随机接入前导码结构，而不管小区传输带宽。

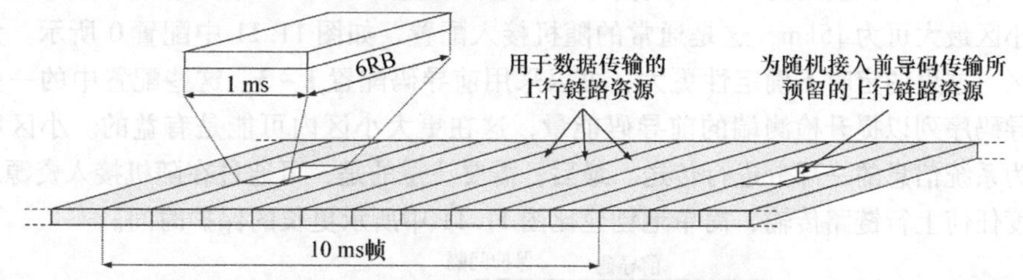

图 11.10 随机接入前导码传输原理示意图

在时域内，前导码区域的长度取决于所配置的前导码，将在下文进一步讨论。基本的随机接入资源以1ms为周期，但也可以配置更长的前导码。而且，需要注意的是原则上 eNodeB 上行链路调度器可通过简单地避免在多个连续子帧内调度终端而预留任意长的随机接入区域。

通常，eNodeB 会避免在已用于随机接入的时频资源上调度任何上行链路传输，随机接入的前导码和用户数据是正交的。这样就可以避免 UL-SCH 与来自不同终端的随机接入尝试之间的干扰。然而，从规范角度来看，没有任何对上行链路调度器进行随机接入区域内调度传输的限制。混合 ARQ 重传是一个此类实例，同步非自适应混合 ARQ 重传可以覆盖随机接入区域，并且对其的控制取决于具体实现，可采用第8章所述的频域内移动重传，也可通过 eNodeB 接收机对干扰进行控制。

对于 FDD 模式，每子帧内最多有一个随机接入区域，即频域内不能复用多个随机接入尝试。从时延角度来看，最好将随机接入机会在时域扩展以便启动随机接入尝试之前的平均等待时间达到最小化。

对于 TDD 模式，可在单一子帧内配置多个随机接入区域。因为 TDD 系统每个无线帧中上行链路子帧数更少。为维护与 FDD 系统相同的随机接入容量，有时频域复用是必需的。随机接入区域的数量是可配置的，FDD 系统中可从每 20ms 一个到每 1ms 一个变化；而对于 TDD 系统则可以在每个 10ms 无线帧中配置最多 6 个随机接入尝试。

11.3.1.2 前导码结构及序列选择

前导码包含两个部分：

- 一个前导码序列。
- 一个循环前缀。

此外，前导码传输采用一个保护间隔来控制定时的不确定性。启动随机接入过程之前，终端已经从小区搜索过程中获得了下行链路同步。然而，由于随机接入前还没有建立上行链路同步，不知道终端在小区中的位置，因此上行链路定时中存在不确定性[⊖]。上行链路定时的不确定性越大，则小区半径越大，相当于 6.7μs/km。为计算定时不确定性并避免与未用于随机接入的后续子帧干扰，一个保护间隔被用作前导码传输的一部分，即实际的前导码长度小于 1ms。

包含一个循环前缀作为前导码的一部分也是有益的，因为它允许在基站端进行频域处理（将在本章后文讨论），从实现复杂度角度来看是有好处的。更好地，循环前缀长度近似等于保护

⊖ 终端处一个上行链路帧的开始是相对于在终端处接收到的下行链路帧的起点进行定义的。

间隔长度。采用一个长度约为0.8ms的前导码序列，对应为0.1ms的循环前缀和0.1ms的保护时间。这使小区最大可为15km，这是通常的随机接入配置，如图11.11中配置0所示。为了处理更大的小区，这里的定时不确定性更大，可以采用前导码配置1～3。这些配置中的一些还支持更长的前导码序列以提升检测端的前导码能量，这在更大小区内可能是有益的。小区所用前导码配置作为系统信息的一部分进行传送。最后，需要注意的是，可通过在随机接入资源之后的子帧内不调度任何上行链路传输，简单地创建比图11.11中所示更长的保护时间。

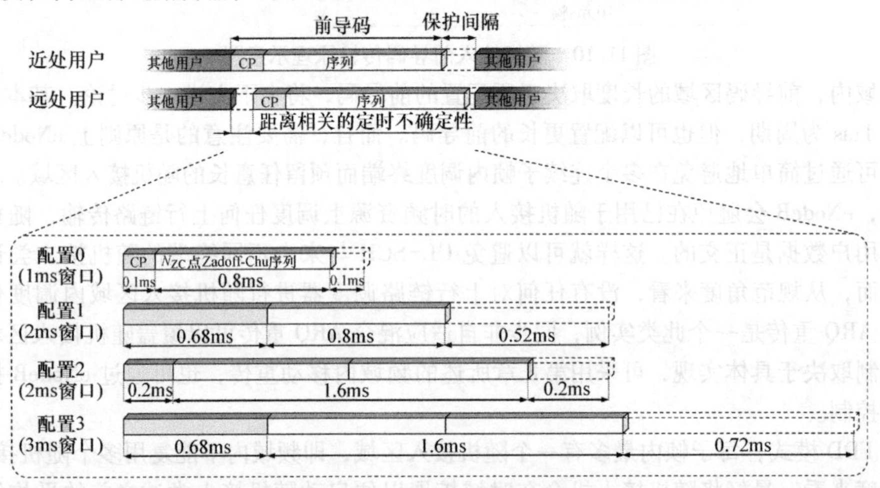

图11.11　不同前导码格式

图11.11中的前导码格式可适用于FDD和TDD系统。然而，对于TDD系统，还存在额外的第四种随机接入前导码配置。这种配置下，前导码在特殊子帧中的UpPTS字段而非普通子帧中传输。由于该字段最多只有2个OFDM符号长，因此前导码和可能的保护时间都显著小于前面所述的前导码格式。因此，格式4只适用于非常小的小区。UpPTS位于TDD系统的下行链路到上行链路切换点之后，也意味着来自遥远基站的干扰可能会对这种短随机接入格式产生影响，从而限制其应用在小基站和特定部署场景。

11.3.1.3　PRACH功率设定

设定随机接入前导码发射功率的基础是在下行链路主组分载波上测量小区专用参考信号获得的一个下行链路路径损耗估计。由这个路径损耗估计，就可以通过增加一个可配置的功率偏置来获得PRACH初始发射功率。

LTE的随机接入机制允许功率攀升，如对每个失败的随机接入尝试增加其实际使用的PRACH发射功率。对于第一次尝试，PRACH发射功率设为PRACH初始发射功率。多数情况下，这足以保证随机接入尝试成功。然而，如果随机接入尝试失败（如后续章节所述，随机接入失败是随机接入四个步骤中第二步检测到的），用于下次尝试的PRACH发射功率被增加一个可配置的步长，以增加下次尝试成功的概率。

由于随机接入的前导码序列与用户数据正交，因此，相对于带有非正交随机接入的其他系统，通过功率攀升来控制小区内干扰的需求显著降低，多数情况下第一次随机接入尝试就很可能成功。这从时延角度来看是有益的。

11.3.1.4 前导码序列生成

前导码序列由 Zadoff-Zhu 根序列[34]进行循环偏置而生成。如第7章所述，Zadoff-Chu 序列也被用于创建上行链路参考信号，第7章还包括了那些序列的结构。从每个 Zadoff-Chu 根序列 $X_{ZC}^{(u)}(k)$，对每个根序列进行 N_{CS} 循环移位即可获得 $\lfloor N_{ZC}/N_{CS} \rfloor$ 循环移位序列㊀，其中 N_{ZC} 为 Zadoff-Chu 根序列的长度。随机接入前导码序列的生成如图 11.12 所示。尽管该图示意了时域的生成，实现中也可以采用等效的频域生成。

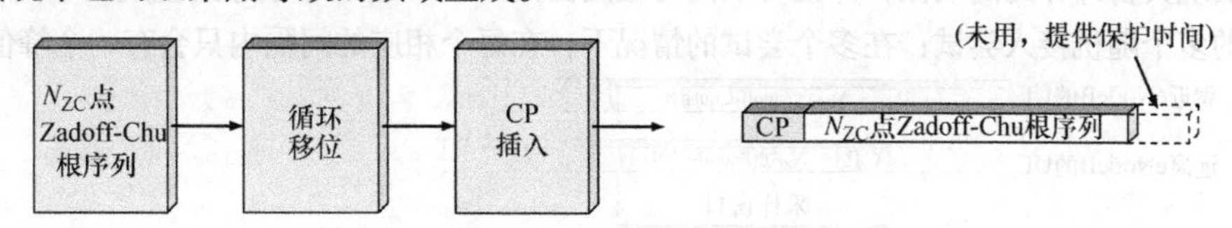

图 11.12 随机接入前导码生成

循环移位的 Zadoff-Chu 序列具有几个吸引人的特性。该序列的幅度是恒定的，可以保证有效的功率放大器应用并保持单载波上行链路的低峰均比（PAR）特性。该序列还具备理想的循环自相关性，这对 eNodeB 获得准确的定时估计是非常重要的。最后，只要在生成前导码时采用的循环移位 N_{CS} 大于小区最大巡回传播时间加上最大的信道时延扩展，则在接收机处基于相同 Zadoff-Chu 根序列循环移位的不同前导码序列之间的互相关性为零。因此，由于其理想的互相关特性，采用源于相同 Zadoff-Chu 根序列生成前导码的多个随机接入尝试之间不存在小区内干扰。

为了处理不同大小的小区，循环移位 N_{CS} 作为系统信息的一部分进行发送。因此，较小的小区可以配置小的循环移位，使得每个根序列生成更大数量的循环移位序列。对于半径小于 1.5km 的小区，所有 64 个前导码均可由单一根序列生成。在更大的小区中，需要配置更大的循环移位来生成这 64 个前导码序列，小区中必须采用多个 Zadoff-Chu 根序列。尽管选用更多数量的根序列本身不是问题，但零互相关特性只存在于同根序列的移位之间，因此从干扰角度来看采用尽可能少的根序列是有益的。

随机接入前导码的接收将在本章后续内容进一步讨论，原则上它基于带有 Zadoff-Chu 根序列的接收信号的相关性。采用 Zadoff-Chu 序列的一个缺点在于，很难区分频率偏置和距离所决定的时延。频率偏置将导致在时域内产生一个额外的相关峰；而一个相关峰对应一个虚假的终端到基站距离。此外，真实相关峰是会衰减的。低频率偏置时，该影响很小且不会严重影响检测性能。然而，高多普勒频率下，假的相关峰可能大于真实峰。这将导致检测出错；正确的前导码不能被检测到或者时延估计可能不正确。

为避免来自假相关峰的歧义，可以对每个根序列生成的前导码集合采取限制。此类限制意味着一个根序列生成的序列中只有一部分可用于定义随机接入前导码。是否应该对前导码生成进行限制将作为系统信息的一部分进行发送。假相关峰相对于“真实”峰的位置由根序列决定，因此必须对不同根序列采用不同的限制。

11.3.1.5 前导码检测

基站处理取决于具体实现，但由于前导码中包含了循环前缀，因此可实现低复杂度的频域处理。图 11.13 展示了一个例子。时域窗内发生的采样被收集并通过 FFT 转换为频域表示。窗口

㊀ 循环移位在时域进行。类似于上行链路参考信号和控制信令，这可以等效地描述为频域的相位旋转。

长度为0.8ms，等于不带循环前缀的Zadoff-Chu序列长度。这使定时不确定性控制在最大0.1ms，并且匹配基本前导码配置的保护时间长度。

FFT输出，代表了频码的接收信号，乘以Zadoff-Chu根序列的复共轭频域表示，结果输入IFFT。通过观察IFFT输出，即可检测出传输的是Zadoff-Chu根序列的哪个移位及其时延。基本上，在间隔 i 的IFFT输出峰值对应于第 i 个循环移位的序列，时延由峰值在间隔内的位置给出。这种频域实现具备计算的高效性，并且可以同时检测由同一Zadoff-Chu根序列生成的不同循环移位序列进行的多个随机接入尝试；在多个尝试的情况下，在每个相应的间隔内只会有一个峰值。

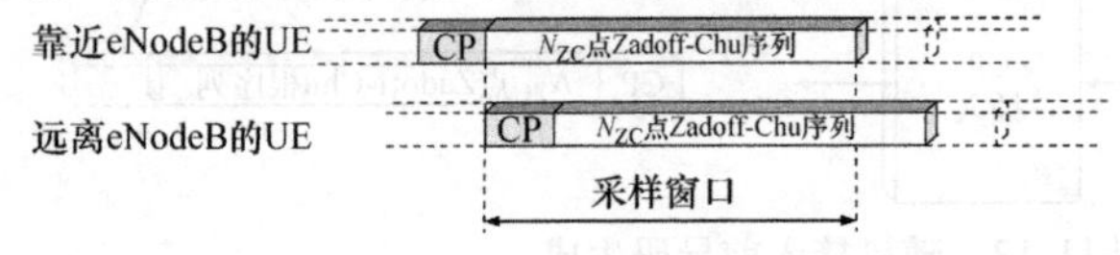

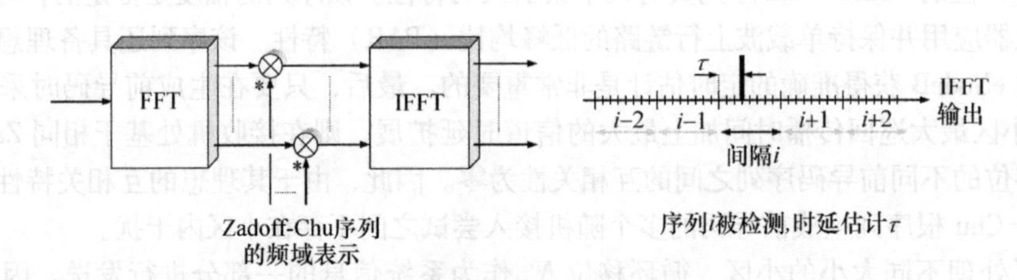

图11.13　频域的随机接入前导码检测

11.3.2　步骤2：随机接入响应

为了响应检测到的随机接入尝试，作为随机接入过程第二步，网络将在DL-SCH上发送一个消息，包括：

- 网络检测到的随机接入前导码序列的序号，响应对哪个序列有效。
- 通过随机接入前导码接收机计算得到的定时纠正值。
- 调度请求，指示终端将用什么资源传输第三个步骤中的消息。
- 临时标识TC-RNTI，用于终端与网络之间的进一步通信。

如果网络检测到多个随机接入尝试（来自不同终端），则多个终端各自的响应消息可以合并传输。因此，响应消息被调度到DL-SCH上，并通过一个为随机接入响应预留的标识RA-RNTI在PDCCH上进行指示⊖。使用RA-RNTI也是必需的，因为在这个阶段终端不可能被分配一个C-RNTI形式的唯一标识。已发送前导码的所有终端，将在一个可配置的时间窗内监听L1/L2控制信道，以获取随机接入响应。响应消息定时在规范中不是固定的，这是为了能够高效地响应许多同时接入申请。这也为基站实现提供了一些灵活性。如果终端在时间窗内没有检测到随机接入响应，则本次尝试被宣布为失败，随机接入过程将再次从第一步重复，可能会带有增加的前导码发射功率。

⊖ 实际上定义了几个RA-RNTI。一个终端听从哪个RA-RNTI是由随机接入前导码传输所在的时频资源所给出的。

只要在相同资源内执行随机接入的终端采用不同前导码，就不会发生随机接入碰撞，从下行链路信令可以清晰知道该信息是针对哪个终端的。然而，依然存在一定竞争可能性，即多个终端同时采用相同随机接入前导码。在此情况下，多个终端对相同的下行链路响应消息做出应答并出现碰撞。这些问题的解决属于随后步骤的一部分，将在下文讨论。存在竞争也是为什么混合ARQ不能用于随机接入响应传输的原因之一。终端接收到针对另一个的随机接入响应的终端将具有不正确的上行链路定时。如果采用混合ARQ，则该终端混合ARQ确认的定时将是错误的并且可能干扰来自其他用户的上行链路控制信令。

基于第二个步骤中随机接入响应的接收，终端将调整其上行链路传输定时并进入第三个步骤。如果采用了基于专用前导码的无竞争随机接入，则这将是随机接入过程的最后一步，因为此时不再需要进行竞争控制。此外，终端已具备了一个独一无二的以C-RNTI格式分配的标识。

11.3.3 步骤3：终端识别

第二步之后，终端上行链路已经时间同步了。然而，来往于终端的用户数据传输之前，必须为终端在小区内分配一个唯一标识C-RNTI（除非终端已被分配C-RNTI）。取决于终端状态，可能还需要建立连接的额外消息交互。

第三个步骤中，终端通过第二步中随机接入响应中分配的UL-SCH资源向eNodeB发送所需的消息。采用与上行链路数据相同调度方式而非第一步中附带前导码的方式传输上行链路消息有几个好处。首先，在上行链路没有同步时发送的信息量要尽可能最少，因为需要大的保护时间将使传输代价相对较高。其次，消息传输采用“普通”的上行链路传输机制可以调节许可大小和调制方式来适应（例如不同无线条件）。最后，可以实现用于上行链路消息的采用软合并的混合ARQ。后者非常重要，特别是在覆盖受限场景下，它可采用一次或多次重传来收集足够的上行链路信令能量以保障足够高的传输成功率。注意，第三个步骤中对上行链路RRC信令不采用RLC重传。

上行链路消息中一个重要部分是包含终端标识，这是由于该标识被用作第四个步骤中争用解决机制的一部分。一旦终端处于RRC_CONNECTED状态，即连接到已知网络并因此带有一个分配的C-RNTI，该C-RNTI被用作上行链路消息中的终端标识[⊖]。此外，可以采用核心网终端标识，eNodeB需要在响应第三步中上行链路消息之前接入核心网络。

如第7章所述，终端专用扰码用于UL-SCH传输。然而，由于终端还没有被分配其最终标识，因此加扰不能基于C-RNTI。取而代之，采用临时标识（TC-RNTI）。

11.3.4 步骤4：争用解决

随机接入过程的最后一步包含针对竞争解决的下行链路消息。注意，从第二步开始，采用第一步中相同前导码序列同时执行随机接入尝试的多个终端在第二步中监听相同的响应消息，因此带有相同的临时标识。因此，随机接入过程第四步是一个竞争解决机制来确保一个终端不会错误使用另一终端的标识。竞争解决机制会略微不同，取决于终端是否已经被分配了C-RNTI形

⊖ 该终端标识被包含在内，作为UL-SCH上的MAC控制元素。

式的有效标识。注意，网络从第三步中接收的上行链路消息中可以获知该终端是否已经带有有效的C-RNTI。

如果终端已有被分配的C-RNTI，竞争解决通过引入PDCCH上使用C-RNTI的终端来解决。一旦在PDCCH上检测到其C-RNTI，终端将宣布随机接入尝试成功，无须在DL-SCH上提供竞争解决的相关信息。由于C-RNTI对于一个终端是唯一的，非目标用户将忽略该PDCCH传输。

如果终端没有有效的C-RNTI，采用TC-RNTI和包含竞争解决消息的相关DL-SCH来处理竞争解决消息。

该终端将该标识与第三步中传输的标识进行比较。只有第四步中接收的标识与第三步中传输的标识相匹配的终端才能宣称随机接入成功，并将第二步中获得的TC-RNTI升级为C-RNTI。因为已经建立了上行链路同步，因此可以在这一步的下行链路信号应用混合ARQ，第三步中传输的标识与第四步中接收的消息相匹配的终端将在上行链路发送混合ARQ确认。

没有用它们的C-RNTI来检测PDCCH传输或者没有发现第四步中接收的标识与第三步中传输的各自标识相匹配的终端考虑认为随机接入过程失败，并需要从第一步重启该流程。没有来自这些终端的混合ARQ反馈。此外，从第三步上行链路消息传输开始的特定时间内没有接收第四步中下行链路消息的终端将宣布随机接入过程失败，并需要从第一步重启该流程。

11.4 寻呼

寻呼用于RRC_IDLE状态的终端建立网络初始连接。LTE系统中，使用与在DL-SCH上“普通”下行链路数据传输相同的机制，移动终端监听L1/L2控制信令来获得寻呼相关的下行链路调度分配。因为通常不知道终端位于哪个小区，寻呼信息一般会在所谓的跟踪区域内的多个小区上发送。(跟踪区域由MME控制；跟踪区域的讨论参见参考文献［5］)。

有效的寻呼过程应该使得终端在大多数时间不需要接收机处理时进入睡眠，并且在预定的时间间隔内快速“醒来”以监听来自网络的寻呼信息。因此需要定义寻呼周期，这样终端可以在大多数时间“睡觉”并快速“醒来”监听L1/L2控制信令。如果终端“醒来”时检测到用于寻呼的群组识别（P-RNTI)，它就处理PCH上相应的寻呼消息。寻呼消息包括被寻呼终端的标识。如果一个终端没发现它的标识，它将丢弃接收的信息并基于DRX周期进入睡眠。由于上行链路定时在DRX周期内未知，则不会发送混合ARQ确认，因此不会对寻呼信息使用带有软合并的混合ARQ。

网络配置终端应该在哪个子帧“醒来”并监听寻呼。通常，这些配置是小区专用的，尽管有可能通过UE专用配置对其进行补充。一个给定终端应该在哪个子帧“醒来”在PDCCH上寻找P-RNTI是由一个公式决定的，需要考虑终端标识、一个小区专用及（可选的）一个UE专用寻呼周期。使用的标识是所谓的IMSI，一个与订阅信息相关的标识，因为在空闲状态下的终端没有被分配C-RNTI。终端的寻呼周期可以从每256帧一次到每32帧一次。一个帧内的哪个子帧监听寻呼也是由IMSI推导出的。由于不同终端具有不同IMSI，它们将计算不同的寻呼时刻。因此从网络侧来看，寻呼可能会比每32帧一次更频繁地发送，尽管并非所有终端都可以在所有寻呼时刻被寻呼到，因为它们被分散到所有可能的寻呼时刻，如图11.14所示。

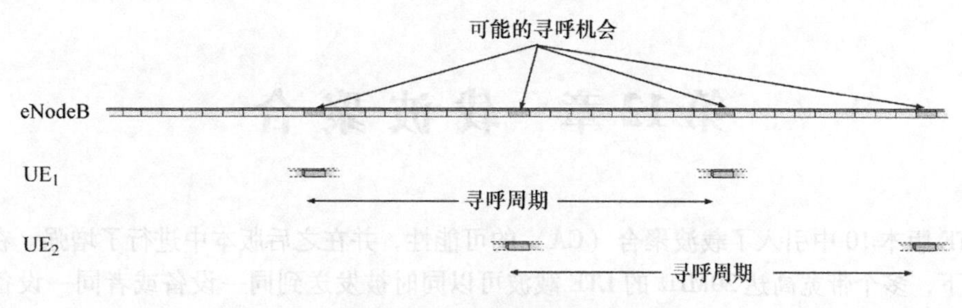

图11.14　寻呼周期示意图

寻呼消息只能在一些子帧上传送，从每32帧的一个子帧到每个帧的4个子帧来支持非常高的寻呼容量。表11.1给出了各种配置。注意从网络的角度来看，短寻呼周期的成本很小，因为没有用于寻呼的资源可以用于普通数据传输而不会浪费。然而从终端的角度来看，短寻呼周期会增大功耗，因为终端需要频繁地醒来监听寻呼时刻。

表11.1　寻呼周期和寻呼子帧

		每个寻呼周期的寻呼子帧数量							
		1/32	1/16	1/8	1/4	1/2	1	2	4
一个寻呼帧内的寻呼子帧	FDD	9	9	9	9	9	9	4，9	0，4，5，9
	TDD	0	0	0	0	0	0	0，5	0，1，5，6

除了处于RRC_IDLE状态的终端需要初始连接之外，也可以采用寻呼方式告知处于RRC_IDLE以及RRC_CONNECTED状态的终端有关系统信息的变更。为此，被寻呼的终端知道系统信息会改变，由此需要获取更新的系统信息，如第11.2节所述。

第12章 载波聚合

在LTE版本10中引入了载波聚合（CA）的可能性，并在之后版本中进行了增强。在载波聚合的情况下，多个带宽高达20MHz的LTE载波可以同时被发送到同一设备或者同一设备可以同时发送多个载波，从而从整体上来说需要更宽的带宽和相应更高的每条链路数据速率。在载波聚合中，每个载波被称为组分载波⊖，从射频（RF）角度来看，整个载波聚合的集合可以被看作是单个（RF）载波。

最初可以达到5个组分载波的聚合，从而允许高达100MHz的总体传输带宽。在版本13中扩展到32个载波，允许640MHz的总传输带宽，这主要是由于非授权频段的大带宽可能性。能够进行载波聚合的设备可以在同时接收或发送多个组分载波。每个组分载波也可以由早期版本的LTE设备访问，即组分载波后向兼容。因此，在大多数情况下，除非另有说明，在载波聚合的情况下，前几章中介绍的物理层分别适用于每个组分载波。

应当注意，聚合组分载波在频域上可以是不连续的。相反，根据不同组分载波的频率，可以分3种不同的情况（见图12.1）：

- 带内连续组分载波聚合。
- 带内不连续组分载波聚合。
- 带间不连续组分载波聚合。

非相邻的组分载波聚合允许利用碎片频谱；具有碎片频谱的运营商即使不具有单一宽带频谱分配，也可以基于总宽带频谱来提供高数据速率业务。

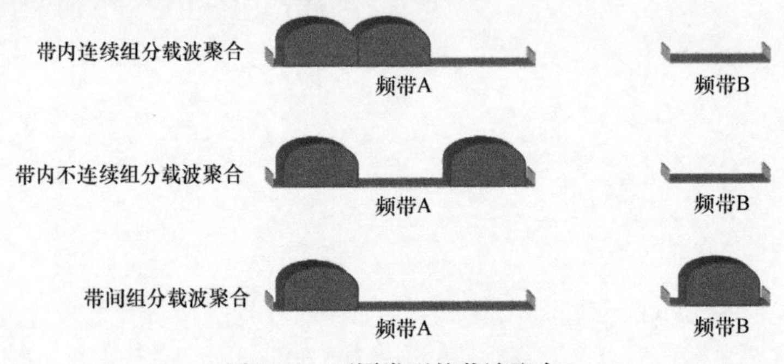

图12.1 不同类型的载波聚合

除了从RF的角度来看，图12.1中列出的3种不同情况之间没有区别，LTE版本10规范都支持这3种情况。然而，第22章讨论的RF实现的复杂度很高，第一种情况相对简单。因此，虽然物理层和协议规范支持频谱聚合，但实际实现将受到强烈约束，仅限于有限数量的聚合场景

⊖ 在规范中，使用术语“单元”而不是组分载波，但是由于术语“单元”应用在上行链路情况下是不正确的，所以在此使用术语“组分载波”。

以及零散频谱聚合仅在最先进的设备上支持。

虽然可以利用载波聚合来实现高达 100MHz，甚至 640MHz 的总带宽，但是很少有运营商具有这么宽的频谱分配。相反，载波聚合至少最初是用于处理碎片化的频谱分配，运营商在多个频带中有 5~10MHz 的窄带频谱分配，但希望给终端用户提供跟具有连续宽频谱的运营商一样的性能体验。

在版本 10 和版本 11 中，从 RF 角度来看，仅支持偏重下行链路的不对称性；也就是说，为设备配置的上行链路组分载波数总是等于或小于配置的下行链路组分载波数。上行不对称性不太可能具有实际意义，并且还将使整体控制信令结构复杂化，因为在这种情况下，多个上行链路组分载波将需要与相同的下行链路组分载波相关联。

所有帧结构都支持载波聚合。在版本 10 中，所有的聚合组分载波均需要有相同的双工方案，以 TDD 为例，组分载波需要具有相同的上行-下行配置。

对于在版本 11 中具有载波聚合 TDD 设备，不同频段的组分载波可以具有不同的上行-下行配置。主要目的是改善与异系统共存的支持。举个例子，两个独立的现有 LTE 系统工作在两个不同的频带。显然，如果 LTE 通过在这些频段进行载波聚合，在各自频段的上行-下行组分载波的配置基本上是由现有系统确定的，很可能是不同的。

值得注意的是，具有不同上下行链路配置的带间载波聚合可能意味着在设备中同时存在上行链路发送和下行链路接收。能够同时发送和接收的设备类似于 FDD 设备，并且与大多数 TDD 设备不同，需要双工滤波器。因此，TDD 设备是否配备有双工滤波器并且能够同时发送和接收是设备能力的问题。不具有此能力的设备遵循组分载波之一主载波的上行链路配置，（主组分载波和辅组分载波在下节中描述）。只要主载波上存在下行子帧（反之亦然），这些设备就不能在上行辅组分载波上发送。实质上，这意味着设备的某些载波上的某些子帧不能同时接收和发送，见图 12.2。[⊖]

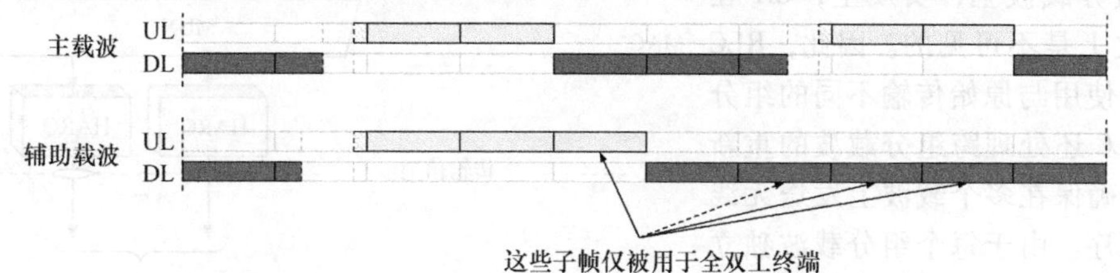

图 12.2 具有不同上行-下行配置 TDD 带间载波聚合的示例

对于不同的组分载波，特殊子帧配置可以是不同的，不能同时发送和接收的设备需要下行链路切换时间足够大。

在版本 12 中，允许通过 FDD 和 TDD 之间的聚合来进一步增强载波聚合，以有效利用运营商的总的频谱资源。主组分载波可以使用 FDD 或 TDD。跨双工方案的聚合也可以被用来借助 FDD 载波上的连续上行链路传输来改善 TDD 的上行链路覆盖。

版本 13 将可能的载波数量从 5 增加到 32，因此下行链路中最大带宽为 640MHz，相应的理论下行峰值数据速率约为 25Gbit/s。增加子载波数量的主要动机是允许非授权频谱中的大带宽，这将结合许可访问进一步讨论。

不同版本的载波聚合演进如图 12.3 所示。

⊖ 与主组分载波上特殊子帧相重叠的辅组分载波上的下行链路子帧只能被用于与 DwPTS 重叠的部分。

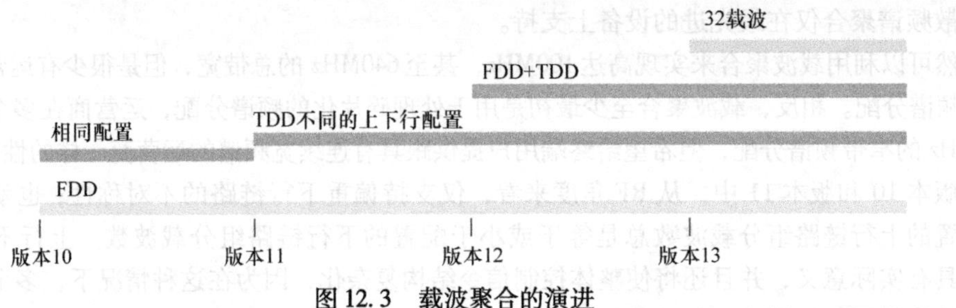

图 12.3　载波聚合的演进

12.1　方案结构总览

载波聚合实质上是复制每个组分载波的 MAC 和 PHY 处理，同时保持无线链路控制（RLC）并且与上述非载波聚合的情况相同（见图 12.4）。因此，一个 RLC 实体可以在载波聚合的情况下处理跨多个组分载波传输的数据。MAC 实体负责从每个组分载波的每个流中分发数据，这是下行链路中实现特定调度方法的一部分决策。每个组分载波均具有自己的混合 ARQ 实体，这意味着混合 ARQ 重传必须发生在与原始传输相同的载波上。不可能在载波之间进行混合 ARQ 重传。另一方面，RLC 重传不绑定到特定的组分载波上，实质上，CA 在 MAC 层之上是不可见的。因此，RLC 重传可以使用与原始传输不同的组分载波。RLC 还处理跨组分载波的重新排序，以确保在多个载波上发送无线承载的顺序。由于每个组分载波独立地处理混合 ARQ 重传，所以来自 MAC 层的乱序传送不仅可以在第 8 章所述的一个组分载波上发生，而且可能发生在组分载波之间。

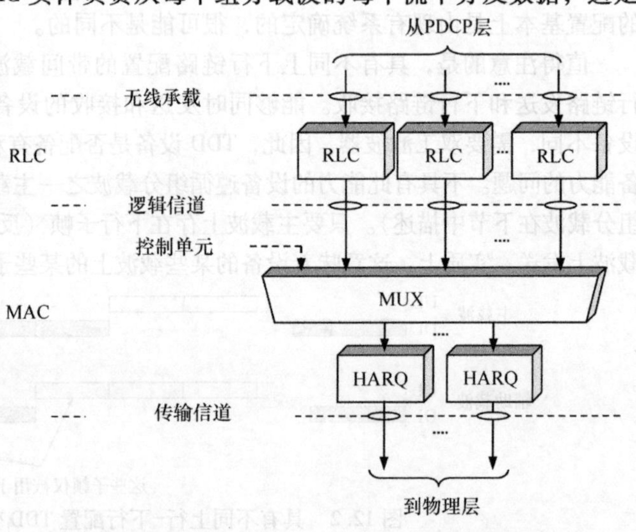

图 12.4　LTE 中的 RLC 和混合 ARQ 重传机制

在载波聚合的情况下，每个组分载波被独立调度，每个组分载波具有单独的调度分配/授权。调度分配/授权可以在相同的载波作为数据发送（自调度）或在另一组分载波（跨载波调度）上发送，在 12.3 节中会有更详细的描述。

12.2　主组分载波和辅组分载波

能够进行载波聚合的设备有一个下行链路主组分载波和与之相关联的上行链路主组分载波。此外，它可以在每个方向上具有一个或几个辅组分载波。不同的设备可以具有不同的载波作为它们的主组分载波，即主组分载波配置是设备特定的。下行链路主载波和对应的上行主载波之间的关联信令是系统信息的一部分。这与没有载波聚合的情况相似，尽管在后一种情况下，关联是微不足道的。这样联系的目的是在不需要进行显性信令指示组分载波数量的情况下，确定特定上行组分载波调度在对应的下行载波上传输。在上行链路中，主载波是特别有意义的，因为在许多情况下，主载波携带本章后面所述的所有 L1/L2 上行链路控制信令。

所有空闲模式过程仅适用于主组分载波，换句话说，配置附加辅载波的载波聚合仅适用于处于 RRC_CONNECTED 状态的设备。连接到网络后，设备执行相关过程，例如小区搜索和随机访问（参见第 11 章有关这些过程的详细描述），遵循与没有载波聚合相同的步骤。一旦建立了网络和设备之间的通信，就可以配置附加的辅组分载波。

事实上载波聚合是特定于设备的，不同的设备可以被配置为使用不同的组分载波集，不仅从网络的角度来看可以平衡组分载波之间的负载，而且可以处理设备之间的不同能力。一些设备可以在多个组分载波上进行发送/接收，而其他设备可以仅在单个载波上进行发送/接收。这是由于同时既要满足早期版本的设备又要满足具有载波聚合能力的设备，而且还考虑到针对不同设备的载波聚合不同能力以及下行链路和上行链路载波之间的聚合能力差异。例如，如图 12.5 中的设备 C 的情况，设备可能在下行链路中具有两个组分载波，但是仅具有单个组分载波，即在上行链路中没有载波聚合。还要注意，主组分载波配置在不同的设备上可能不同。不对称载波聚合也可用于处理不同的频谱分配，例如，如果运营商有比上行链路更多的下行链路频谱。半持续调度仅在主组分载波上支持，这实际上是用于不需要多个组分载波的小型负载。

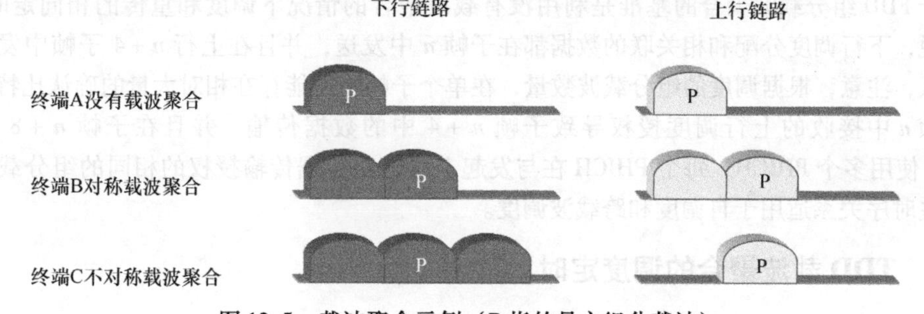

图 12.5 载波聚合示例（P 指的是主组分载波）

12.3 自调度和跨载波调度

如上所述，每个组分载波在与数据（自调度）相同的（相关联的）组分载波上或在与数据（跨载波调度）不同的组分载波上被单独地分配调度/授权。这两种可能性如图 12.6 所示。

对于自调度，下行调度分配对于发送它们的组分载波是有效的。类似地，对于上行链路授权，下行和上行组分载波之间存在关联，每个上行组分载波具有相关联的下行组分载波。该关联作为系统信息的一部分予以提供。因此，从上下行关联信息，设备就知道下行控制信息与哪个上行组分载波相关。

对于跨载波调度，在发送（E）PDCCH 的组分载波以外的（相关联的）组分载波上发送下行

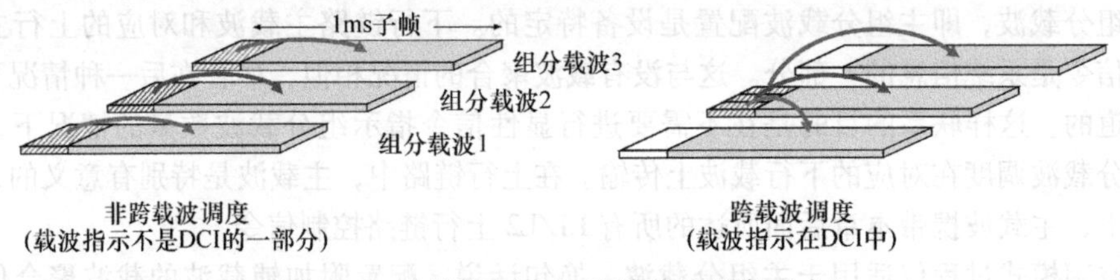

图 12.6 自调度（左）和跨载波调度（右）

链路 PDSCH 或上行链路 PUSCH，PDCCH 中的载波指示提供 PDSCH 或 PUSCH 的组分载波信息。

是否使用跨载波调度由更高层信令进行配置的。无论是使用自调度还是跨载波调度，在上行主载波上均发送混合 ARQ 反馈[㊀]。选择这种结构来处理具有下行载波大于上行载波的非对称载波聚合，这也是常见的情况。这种结构带来的组分载波定时有关的两个问题：

- 在哪个上行子帧主组分载波上发送与辅组分载波上的子帧 n 中的数据传输相关的混合 ARQ 确认。
- 在子帧 n 中接收到的调度许可与哪个子帧相关？

这些定时关系对于 FDD 来说是比较直接的，但对于 TDD 来说更复杂，特别是在跨载波调度的情况下会比较复杂。以下各节将讨论不同的同步情况。

12.3.1 FDD 的载波聚合调度定时

多个 FDD 组分载波聚合的基准是利用没有载波聚合的情况下调度和重传的相同定时关系，也就是说，下行调度分配和相关联的数据都在子帧 n 中发送，并且在上行 $n+4$ 子帧中发送所得到的确认，注意，根据调度的组分载波数量，在单个子帧中可能存在相对大量的确认比特。类似地，子帧 n 中接收的上行调度授权导致子帧 $n+4$ 中的数据传输，并且在子帧 $n+8$ 中监视 PHICH。使用多个 PHICH，每个 PHICH 在与发起上行链路数据传输授权的相同的组分载波上发送。这些时序关系适用于自调度和跨载波调度。

12.3.2 TDD 载波聚合的调度定时

在自调度的情况下，包括 PHICH 的调度分配和授权的定时是直接的，并且使用与无载波聚合情况相同的定时关系。下行调度分配在与相应数据相同的载波上传输。上行数据传输发生在与用于传输调度许可的下行载波相关的上行组分载波上。

下行传输意味着设备需要在主组分载波上的 PUCCH（或 PUSCH）上进行混合 ARQ 确认。显然，只能在主组分载波上的上行链路子帧中发送确认。在所有组分载波使用相同上下行分配的情况下，定时确认与没有载波聚合的情况相同。然而，版本 11 介绍了在不同组分载波上具有不同分配的可能性，版本 12 引入了聚合 FDD 和 TDD 载波的可能性，这使得在主组分载波上的 TDD 的情况下定时关系进一步复杂化。如果混合 ARQ 确认的定时仅在主组分载波上，则在某些子帧（图 12.7 中的子帧 4）中辅组分载波将不存在定时关系，因此，不可能将这些子帧用于下行数据传输。因此，为了解决这种情况，使用兼容主组分载波和所有辅组分载波的混合 ARQ 定时的参

㊀ 采用版本 13 中最多 32 个载波的聚合，这可以扩展到两个上行链路载波，参见 12.6 节。

考配置来推导出辅组分载波的混合 ARQ 定时关系。主组分载波使用与无载波聚合情况相同的定时。对于使用配置 3 和 1 的主组分载波和辅组分载波的聚合示例，参见图 12.7，在这种情况下，配置 4 用作任何辅组分载波的定时的参考。其他配置组合的参考配置见表 12.1。

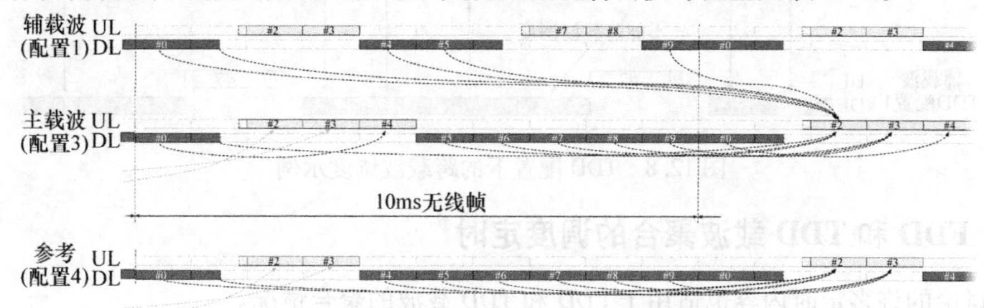

图 12.7 配置 3 的主载波和配置 1 的副载波的聚合

对于跨载波调度，不仅是混合 ARQ 确认的定时，而且调度授权和调度分配的定时也可能变得很复杂。在所有组分载波使用相同上行配置的情况下，调度定时与自调度相似，因为在组分载波之间没有定时冲突。然而，具有不同上下行分配的跨载波调度需要特别注意，因为每个组分载波的下行调度定时遵循主组分载波的下行调度定时。同时考虑到在将来调度分配不能指向下行子帧，这意味着某些组分载波上的某些下行子帧不能用跨载波调度进行调度，参见图 12.8。这与以下事实一致：对于不能同时发送和接收的 TDD 设备，可以仅使用与主组分载波上的下行（上行）子帧一致的辅组分载波上的下行（上行）子帧。请注意，在没有跨载波调度的情况下，可以调度所有子帧。

表 12.1 不同配置的主载波和辅载波的上行参考配置

		辅组分载波						
		0	**1**	**2**	**3**	**4**	**5**	**6**
主组分载波	**0**	0	1	2	3	4	5	6
	1	1	1	2	4	4	5	1
	2	2	2	2	5	5	5	2
	3	3	4	5	3	4	5	3
	4	4	4	5	4	4	5	4
	5	5	5	5	5	5	5	5
	6	6	1	2	3	4	5	6

存在跨载波调度的上行调度定时相当复杂。对于一些配置，定时是由其他调度载波-发送（E）PDCCH 的载波-的配置给出的，定时遵循调度载波的配置，即发送 PUSCH 的载波。同样的关系也适用于 PHICH，因为它本质上是单比特的上行授权。

在跨载波调度的情况下，混合 ARQ 确认不需要参考配置，因为下行发送每个组分载波的调度定时跟随主组分载波。因此，图 12.7 中的“有问题”的子帧可以永远不被调度，并且可以单独从主组分载波推导出混合 ARQ 定时关系（或者以不同的方式表示，参考定时配置与主组分载波的配置是一样的）。

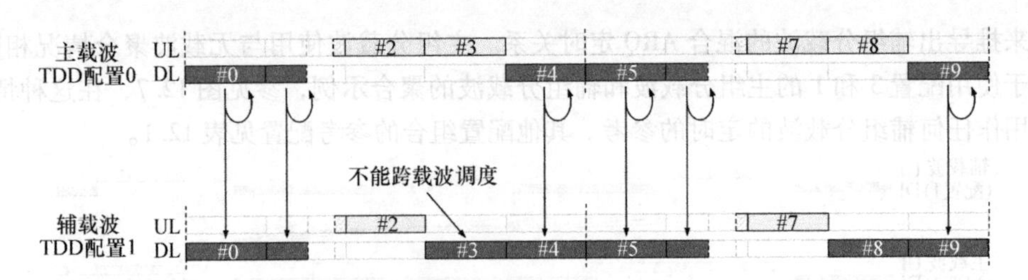

图 12.8　TDD 配置下的跨载波调度示例

12.3.3　FDD 和 TDD 载波聚合的调度定时

前面讨论的许多定时内容也适用于 FDD 和 TDD 载波的聚合情况。

在使用 FDD 为主组分载波的 FDD 和 TDD 组分载波聚合的情况下，总是存在可用的上行子帧，因此可以使用 FDD 定时来发送混合 ARQ 确认。包括 PHICH 在内的调度分配和授权遵循辅组分载波的时间。这显然是自调度所需要的，但为简单起见，也用于跨载波调度。

在使用 TDD 为主组分载波的 FDD 和 TDD 组分载波聚合的情况下，下行分配和上行授权的定时是直接的，并且重新使用 FDD 定时，即在子帧 n 中接收到的上行调度许可意味着子帧 $n+4$ 中的上行传输。这适用于自调度和跨载波调度。注意，这意味着 FDD 组分载波上的一些子帧不能像 TDD 组分载波一样被调度，类似图 12.8 中的示例。

然而，PHICH 定时不遵循 FDD 定时。相反，PHICH 在接收到上行数据之后的 6 个子帧上发送。不用 $n+4$ 的正常 FDD 定时，是为了保证存在发送 PHICH 的下行子帧。由于 $6+4=10$，所以 PHICH 比上行许可晚一帧发送，其匹配上下行配置周期。如图 12.9 所示。子帧 0 中的调度授权在子帧 4 中触发上行传输，并且在下一个子帧 0 中使用 PHICH 请求重发。在该示例中，FDD PHICH 时间也将起作用（在子帧 8 中具有 PHICH）。然而，对于子帧 9 中的授权，在子帧 3 中触发上行传输，由于主载波上的子帧 7 不是下行子帧，因此 FDD PHICH 时间将不起作用。

响应于下行数据传输，上行中的混合 ARQ 确认的定时比较复杂，并且由规范中的表给出，确保确认是在主组分载波上的上行子帧中发送。图 12.10 给出了一个例子。

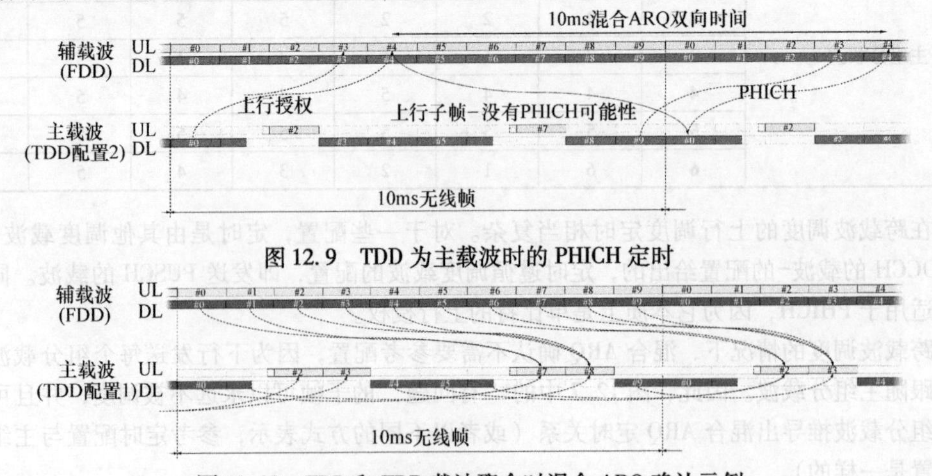

图 12.9　TDD 为主载波时的 PHICH 定时

图 12.10　FDD 和 TDD 载波聚合时混合 ARQ 确认示例

12.4　非连续接收和组分载波去激活

在 9.7 节中讲述了非连续接收（DRX），主要是为减少设备功耗。这对于具有 CA 的设备同样适用，并且在所有组分载波上应用相同的 DRX 机制。因此，如果设备处于 DRX 状态，则它不会在任何组分载波上接收，但是当它醒来时，所有（激活的）组分载波将被唤醒。

虽然非连续的接收大大降低了设备的功耗，但是在载波聚合情况下可以进一步地降低。从耗电的角度来说，尽可能少地接收组分载波是有益的。因此，LTE 支持下行组分载波的去激活。停用的组分载波维持 RRC 的配置，但不能用于 PDCCH 或 PDSCH 的接收。当需要时，可以快速激活下行组分载波并将其用于几个子帧内的接收。典型的用途是配置多个组分载波，但是去激活除了主组分载波之外的组分载波。当突发数据时，网络可以激活多个组分载波以最大化下行数据速率。一旦完成了突发数据传送，可以再次去除组分载波以降低设备功耗。

下行组分载波的激活和去激活通过 MAC 控制单元完成。还有一种用于基于定时器的去激活机制，如果设备的某个组分载波在配置时间内没有动作，则停用该组分载波。主组分载体总是处于激活状态，因为网络必须与设备通信。

在上行链路中，没有明确激活上行组分载波。然而，每当下行组分载波被激活或去激活时，相应的上行组分载波也被激活或去激活。

12.5　下行链路控制信令

载波聚合在没有聚合的情况下使用相同的一组 L1/L2 控制信道-PCFICH、（E）PDCCH 和 PHICH。然而，引入了一些增强功能，特别是处理更多数量的混合 ARQ 确认，这在后续小节中介绍。

12.5.1　PCFICH

每个组分载波的结构与无聚合的场景相同，这意味着每个组分载波有一个 PCFICH。使用独立信令来指示不同组分载波上的控制区域大小，这意味着在不同组分载波上控制区域大小可能不同。因此，原则上，设备需要在其被调度的每个组分载波上接收 PCFICH。此外，由于不同的组分载波可能具有不同的物理层小区标识，所以组分载波的位置和加扰可能不同。

如果使用跨载波调度，即与某一 PDSCH 传输相关的控制信令在 PDSCH 本身以外的组分载波上发送，则设备需要知道发送的 PDSCH 上载波的数据区起始位置。在携带 PDSCH 的组分载波上使用 PCFICH 是可能的，尽管增加了 PDSCH 解码错误的可能性，由于存在两个 PCFICH 实例，一个用于组分载波上的 PDCCH 解码，另一个用于在其他组分载波 PDSCH 接收。这将是有问题的，特别是跨载波调度对异构部署支持有所增强的情况（参见第 14 章），其中一些组分载波可能受到强干扰。因此，对于跨载波调度的传输，不从该组分载波的 PCFICH 上获取数据区开始，而是基于半静态配置。半静态配置值可能与承载 PDSCH 发送的组分载波的 PCFICH 上的信令不同。

12.5.2　PHICH

PHICH遵循与没有聚合的情况相同的原则，参见第6章。这意味着要监视的PHICH资源是从相应的上行PUSCH发送的第一资源块的数量导出的，发生在参考信号相位的相位旋转作为上行授权的信令的一部分。一般来说，LTE在用于相应的上行数据传输授权调度的相同组分载波上发送PHICH。这在一定意义上不仅可以处理对称和不对称的CA，而且从设备功耗的角度来看也是有益的，因为设备只需要监控用于上行调度授权的组分载波（特别是作为PDCCH可以覆盖PHICH以支持自适应重传，如第8章所述）。

对于没有使用跨载波调度的情况，也就是说，每个上行组分载波在其对应的下行链路组分载波上被调度，根据定义，不同的上行组分载波将具有不同的PHICH资源。另一方面，通过跨载波调度，可能需要在单个下行组分载波上确认多个上行组分载波上的发送，如图12.11所示。在这种情况下避免PHICH冲突取决于调度器，通过确保不同的上行组分载波使用不同的参考信号相位旋转或不同的资源块起始位置。对于半持续调度，参考信号相位旋转始终设置为零，但是由于仅在主组分载波上支持半持续调度，因此组分载波之间不存在冲突的风险。

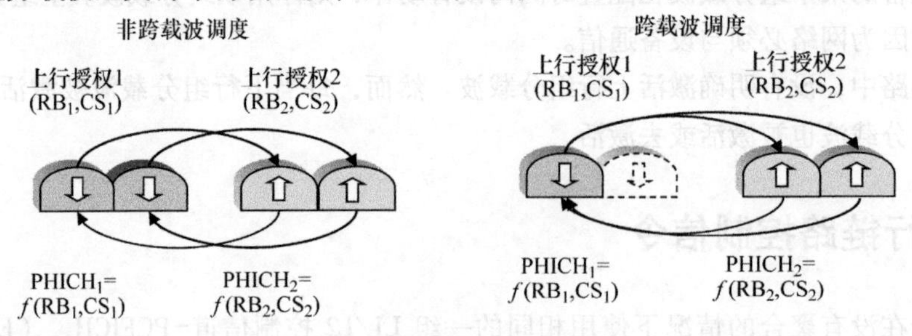

图12.11　PHICH关联

12.5.3　PDCCH和EPDCCH

（E）PDCCH携带下行控制信息。对于自调度，由于每个组分载波本质上是独立的，至少从下行控制信令的角度来看，对（E）PDCCH处理没有主要影响。然而，如果通过特定于设备的RRC信令配置跨载波调度，则必须指示特定控制消息所关联的组分载波。这是第6章中提到的载波指示字段的缘由。因此，大多数DCI格式都有两种“风格”，有载波指示字段和不带载波指示字段，设备应该监视哪种“风格”是由启用/禁用对跨载波调度的支持所决定的。

为了信令传输的目的，组分载波被编号。主组分载波总是编号为零，而不同的辅组分载波通过特定于设备的RRC信令被分配唯一的编号。因此，即使设备和eNodeB在重新配置的短暂时间段内对组分载波编号有不同的理解，至少可以调度主组分载波上的发送。

无论是否使用跨载波调度，组分载波上的PDSCH/PUSCH只能被一个组分载波调度。因此，对于每个PDSCH/PUSCH组分载波都存在一个关联的组分载波，这个载波是由特定于设备的RRC信令配置的，其中可以发送相应的DCI。图12.12给出了在组分载波1上传输的PDCCH/EPDCCH调度组分载波1上的PDSCH/PUSCH发送的一个示例。在这种情况下，由于不使用跨载波调度，所以在相应的 DCI 格式中不存在载波指示符。组分载波 2 上的 PDSCH/PUSCH 发送是从在组分载波 1 上发送的 PDCCH 进行跨载波调度的。因此，组分载波 2 的设备专用搜索空间中的 DCI 格式包括载波指示符。

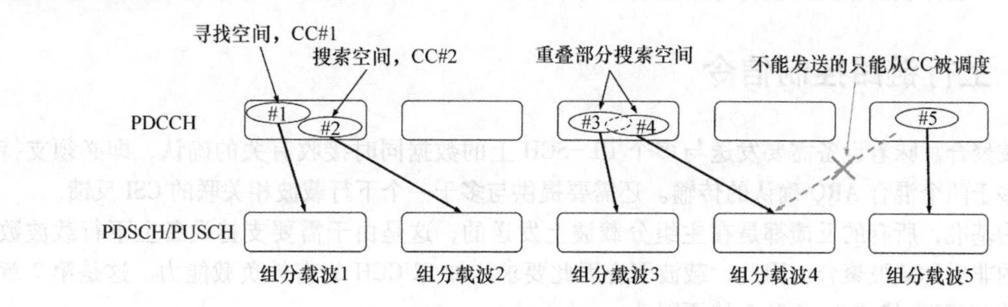

图 12.12　多组分载波调度示例

另外，由于组分载波的发送只能由一个组分载波上的 PDCCH/EPDCCH 进行调度，所以组分载波 4 不能被组分载波 5 上的 PDCCH 调度，由于用于 PDCCH/EPDCCH 传输的组分载波之间的半静态关联，并且在该示例中，在组分载波 4 上的实际发送数据具有与组分载波 3 上的 PDCCH/EPDCCH 相关的数据。

关于盲解码和搜索空间，6.4.5 节中描述的过程适用于每个激活的下行组分载波[⊖]。因此，原则上，尽管有一些载波聚合特定的修改，但是每个聚合级别和每个（激活的）组分载波上可以接收一个设备专用的搜索空间（或发送 PUSCH）。对于配置为使用载波聚合的设备，与不使用载波聚合的设备相比，导致盲解码尝试次数增加，因为需要监视每个组分载波的调度分配/授权。在版本 13 中支持多达 32 个组分载波的情况下，盲解码的数量可以是 1036（或者如果使用上行空间复用，则甚至更高）。从处理能力的角度来看，这不是高端设备的主要问题（记住，32 个载波对应于高达 25Gbit/s 的峰值数据速率），但从功耗角度来看可能是一个挑战。因此，版本 13 引入了配置解码候选数量并限制每个辅组分载波的 DCI 格式数量（根据设备指出支持的盲解码尝试次数）的可能性。

公共搜索空间仅限于在主组分载波上的发送。由于公共搜索空间的主要功能是处理针对多个设备的系统信息的调度，并且这些信息必须由小区中的所有设备接收，因此在这种情况下的调度使用公共搜索空间。因此，在公共搜索空间中监视的 DCI 格式中，载波指示字段从不存在。

如上所述，每个聚合级别和用于调度 PDSCH/PUSCH 的组分载波均有一个设备特定的搜索空间。这在图 12.12 中示出，其中使用在组分载波 1 上发送的 PDCCH 来调度组分载波 1 上的 PDSCH/PUSCH 传输。在不使用跨载波调度的情况下，假设在组分载波 1 的设备特定搜索空间中没有载波指示符。另一方面，对于组分载波 2，由于组分载波 2 从组分载波 1 上发送的 PDCCH 进行跨载波调度，因此假设在设备特定搜索空间中存在载波指示符。

不同组分载波的搜索空间可能在某些子帧中存在重叠。在图 12.12 中，针对组分载体 3 和 4 的设备专用搜索空间发生这种情况。设备将独立地处理两个搜索空间，假设（在这个示例中）组分载波 4 有载波指示符，而非组分载波 3。如果在配置跨载波调度时，与不同组分载波相关的

⊖ 如 12.4 节所述，可以激活或去激活单独的组分载波。

设备特定和公共搜索空间在某些聚合级别发生重叠，则设备只需要监视公共搜索空间。这样做的原因是为了避免歧义；如果组分载波具有不同的带宽，则公共搜索空间中的DCI格式可以具有与另一个组分载波相关的设备专用搜索空间中的另一个DCI格式相同的有效负载大小。

12.6　上行链路控制信令

载波聚合意味着设备需要发送与多个DL-SCH上的数据同时接收有关的确认，即必须支持上行中多于两个混合ARQ确认的传输。还需要提供与多于一个下行载波相关联的CSI反馈。

作为基准，所有的反馈都是在主组分载波上发送的，这是由于需要支持设备上下行载波数量无关的非对称载波聚合。因此，载波聚合因此要求增加PUCCH的有效负载能力。这是第7章中描述的PUCCH格式3、4和5的原因。

随着在版本13中引入多达32个载波的聚合，混合ARQ确认的数量可能相当大。为了避免单个上行组分载波PUCCH发送过载，可以配置两个载波组，如图12.13所示。在每个组中，一个组分载波用于处理来自设备的PUCCH传输，从而产生用于来自一个设备的上行两个PUCCH控制信令。所得到的结构类似于第16章中描述的双连接结构，许多细节是比较常见的，例如功率余量报告和功率缩放。不支持两组之间的跨载波调度。

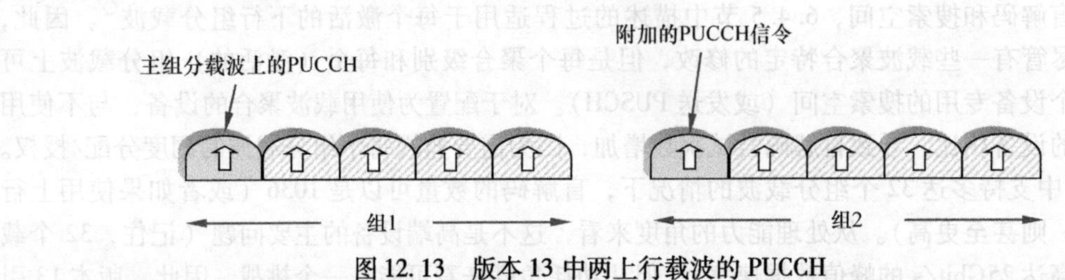

图12.13　版本13中两上行载波的PUCCH

12.6.1　PUCCH上的混合ARQ确认

载波聚合意味着传给eNodeB的混合ARQ确认数量的增加。PUCCH格式1可以通过使用资源选择来支持上行中的两个比特，其中部分信息由所选择的PUCCH资源发送，部分由在所选择的资源上发送的比特来发送（见图12.14）。尽管基本思想相同，但是关于如何选择资源的细节是相当复杂的，取决于双工方案（FDD或TDD）以及是否使用跨载波调度。

举个例子，假定没有跨载波调度的FDD。并且假设在上行链路中发送4bit，即正和负确认有16个可能的组合。对于这16个组合中的每一个，选择4个可能资源中的一个PUCCH资源，并且在该资源上发送两个比特。

使用与没有载波聚合相同的规则（假设调度分配在主组分载波上发送，并且与主组分载波相关），从第一（E）CCE导出选择的两个候选资源。剩余的两个候选资源通过（E）PDCCH上的确认资源指示符（ARI，参见6.4.6节）获得，该指示符指向半静态配置的PUCCH资源列表。对于由EPDCCH调度的传输，确认资源偏移（ARO）也包含在PUCCH资源的确定中。通过适当地设置ARO，调度器可以确保多个设备使用不冲突的PUCCH资源。当存在跨载波调度时，所有

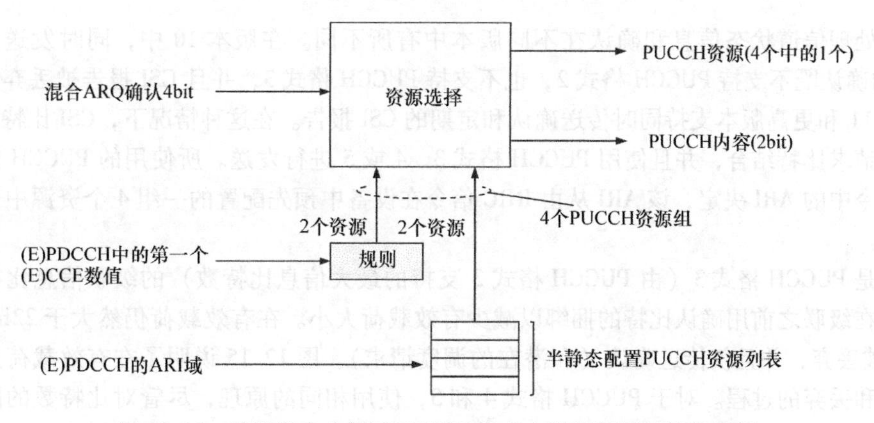

图 12.14 载波聚合中使用 PUCCH 格式 1 进行资源选择的示例

4 个资源都是半静态配置的，不使用 ARI。

对于 4bit 以上，资源选择效率较低，并且使用了 PUCCH 格式 3、4 或 5。在 PUCCH 格式 3 中，如第 7 章所述，联合编码和发送多组混合 ARQ 确认比特（FDD 或 TDD 分别高达 10 或 20bit，加上为调度请求保留的 1 位）的集合。PUCCH 格式 4 和 5 支持甚至更多的比特数。并非所有设备都支持新的 PUCCH 格式，但对于支持它的那些设备，它也可以用于较小数量的确认比特。

要使用的 PUCCH 资源由 ARI 确定。可以使用 RRC 信令来将设备配置为具有用于 PUCCH 格式 3、4 或 5 的 4 种不同资源。在辅载波的调度许可中，ARI 通知设备要使用的 4 个资源中的哪一个。以这种方式，调度器可以通过分配给设备不同的资源来避免 PUCCH 冲突。

要发送的混合 ARQ 确认的集合需要编码成一组比特，并使用 PUCCH 格式 3、4 或 5 进行发送。直到版本 12，各个组分载波的确认顺序由组分载波的半静态的配置集合决定。对应于已配置但未调度的载波的确认比特设置为 NAK。这意味着可能存在与在特定子帧中未使用的组分载波相关的 PUCCH 消息中的比特。这是一种简单的方法来避免了设备和 eNodeB 之间由于错过调度分配而导致不匹配。

然而，当在版本 13 中增加多达 32 个组分载波时，半静态方案的效率将受到挑战。对于大量配置的组分载波，其中在给定子帧中仅将一小部分调度到特定设备，与在下行链路中使用的组分载波的数量相比，确认消息可能变得相当大。此外，确认消息中的大多数比特已经是已知的，因为它们对应于未调度的组分载波。与仅覆盖调度载波的短消息相比，这可能会对解码性能产生不良影响。因此，引入了动态确定组分载波集仅包括调度载波的确认的可能性。显然，如果设备错过一些调度分配，则设备和网络对于要传达的确认数量将具有不同的认知。扩大覆盖和载波域名的 DAI 被用来减轻这种分歧。

12.6.2 PUCCH 上的 CSI 报告

所有下行链路组分载波通常都需要基于传输主组分载波上所有反馈的 CSI 报告，因此需要一个处理多个 CSI 报告的机制。

对于周期性的报告，基本原理是配置报告周期，使得不同组分载波的 CSI 报告不会在 PUCCH 上同时传输。因此，针对不同组分载波的 CSI 报告在不同子帧中传输。

同时处理信道状态信息和确认在不同版本中有所不同。在版本10中，同时发送的CSI和PUCCH的确认既不支持PUCCH格式2，也不支持PUCCH格式3，并且CSI报告被丢弃。另一方面，版本11和更高版本支持同时传送确认和定期的CSI报告。在这种情况下，CSI比特与确认比特和调度请求比特结合，并且使用PUCCH格式3、4或5进行发送。所使用的PUCCH资源由下行控制信令中的ARI决定，该ARI从由RRC信令在设备中预先配置的一组4个资源中选择要使用的资源。

如果是PUCCH格式3（由PUCCH格式3支持的最大信息比特数）的级联信息比特数大于22bit，则在级联之前用确认比特的捆绑以减少有效载荷大小。在有效载荷仍然大于22bit的情况下，CSI被丢弃，并且仅传送确认（和潜在的调度请求）。图12.15说明了在有效载荷过大的情况下捆绑和丢弃的过程。对于PUCCH格式4和5，使用相同的原理，尽管对比特数的限制是不同的。此外，还可以使用具有两种资源的PUCCH格式4/5来配置这些格式的设备，一个大于另一个。如果小资源导致码率过高，则设备使用较大的资源用于PUCCH格式4/5。

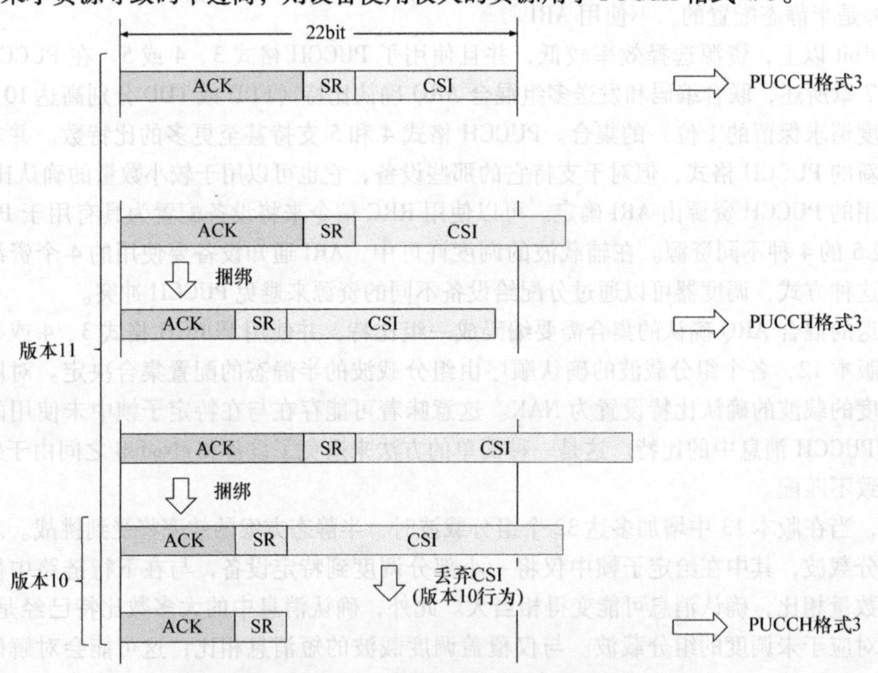

图12.15　版本11中的确认、请求调度和CSI复用

12.6.3　PUSCH上的控制信令

对于载波聚合，控制信令仅在一个上行组分载波上进行时分多路复用，也就是说不能在多个上行组分载波上分离PUSCH上行控制信息。除了在触发报告的组分载波上发送的非周期性CSI报告之外，如果在相同子帧中调度，则主组分载波被用于上行控制信令，否则使用辅组分载波中的一个。

对于非周期性CSI报告，（E）PDCCH中的CSI请求字段被扩展为2bit（第13版中为3bit），允许针对下行组分载波的3（7）种组合的CSI报告的请求（最后1比特组合表示无CSI请求）。在这3（7）个方案中，一个用于触发与调度授权相关的上行组分载波相关联的下行组分载波的CSI报告，其余的指向应该生成CSI报告的载波的可配置组合。举个例子，对于具有两个下行组分载波能力的设备，对于主组分载波，辅组分载波或两者都可以请求具有合理配置的非周期性报告。

12.7　定时提前和载波聚合

对于载波聚合，可以存在从单个设备发送的多个组分载波。最简单的处理方法是对所有上行组分载波应用相同的定时提前值。这也是第10版中采用的方法。在版本11中，通过引入所谓的定时提前组（TAG）来提供额外的灵活性，所述定时提前组允许针对不同组的组分载波有不同的定时提前命令。这样做的一个动机可能是带间载波聚合，不同的组分载波来自不同的地理位置，其中的一些波段用射频拉远头（RRH）而另一些不用。也可以是频率选择重复器，仅重复一些上行组分载波。

上行组分载波通过RRC信令被半静态地分组到定时提前组（最多可配置4组）。同一组中的所有组分载波都有相同的定时提前命令。

第 13 章　多点协调和传输

空间复用的原理是任何蜂窝无线接入系统的核心。空间复用意味着在 LTE 相同时频资源下，通信资源可以同时在不同的空间分离的位置进行通信。

传统方式看来，在相同的时频资源上进行的传输将导致彼此的干扰。为了限制这种干扰，早期蜂窝技术依赖于相邻小区之间的静态频率分离。例如，在频率复用为 3 的部署中，可用频率资源的整体集合分为 3 组。如图 13.1 所示，在给定的小区内仅使用这些组之一的频率，其他组的频率在最邻近的小区中使用。然后避免来自最邻近小区中传输的干扰，并且每个通信链路产生相对较高的信干比（SIR），而与覆盖区域内的设备位置无关。

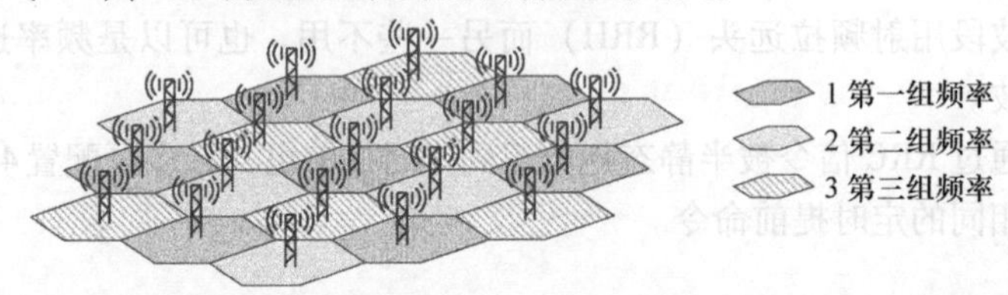

图 13.1　重用 3 部署

然而，对于诸如 LTE 的现代无线接入技术，当信道条件允许时，其应该能够提供非常高的终端用户数据速率，这并不是一个好的方法。由于在给定的传输点处仅限于总体可用频谱的一小部分，所以可以减少传输点最大可实现的传输带宽，从而降低最大可实现的数据速率[⊖]。

更重要的是，在由高度动态的分组数据流量支配的无线接入系统中，在给定的传输点处经常有可能没有可用于传输的数据。将可用频谱的一部分静态地分配给该传输点，一旦没有使用能够提供更高瞬时传输容量的相应邻频传输点的资源，将意味着可用频谱的低效使用。相反，为了最大限度地提高系统效率，以及尽可能地使最终用户的数据速率达到最高，应该部署无线接入技术，从根本上说，所有的频率资源都可以在每个传输点使用。

同时，对于传输到靠近两个传输点覆盖区域之间边界的设备的具体情况，参见图 13.2，如果可以避免来自相邻传输点的干扰，终端用户质量和整体效率将会进一步提高。

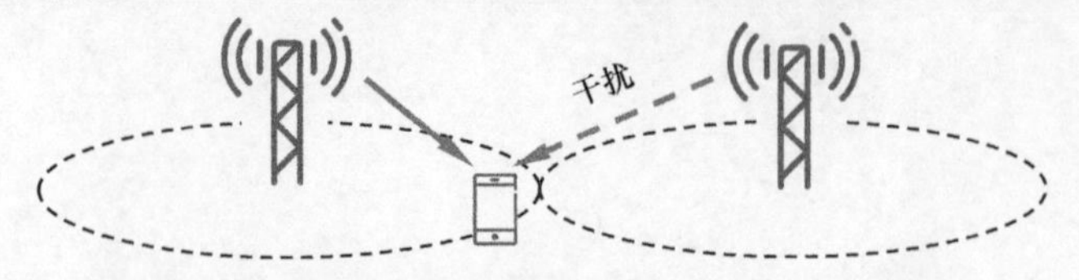

图 13.2　靠近两个传输点的边界下设备的下行干扰

⊖ 在这里我们通常用"（网络）传输点"来替代"小区"，在本章重点涉及的均匀部署中，可以假设每个传输点和一个小区对应，对于非均匀部署，主要在下章中讲述，在某些场景下的区别会更重要。

因此，即使事实上所有频率资源都可以在每个传输点使用，跨传输点的协调也是有益的。例如这样的协调可以意味着避免在特定时间频率资源上以较低功率或不同方向（波束成形）发射，以便减少对由其他相邻传输点服务设备的干扰，否则设备会遭受严重干扰。

在某些情况下，甚至可以考虑使用两个传输点来传输到同一设备。这不仅可以避免来自相邻传输点的干扰，还可以提高可用于传输到设备的整体信号的功率。

前面的讨论都是在基于下行链路传输的假设下进行的，其中设备接收会被来自其他网络传输点的下行链路传输干扰。然而，网络点之间协调的概念作为更好地控制干扰水平的手段也适用于上行链路，尽管在这种情况下的干扰情况有些不同。

对于上行链路，某个链路所经历的干扰等级不依赖于发射设备所处的位置，而是取决于干扰设备的位置，其中干扰设备更靠近两者之间的边界，在这种情况下，网络接收点对相邻接收点的干扰更大，见图13.3。然而，上行协调的基本目标与下行链路相同，同样都是为了避免最严重的干扰情况。

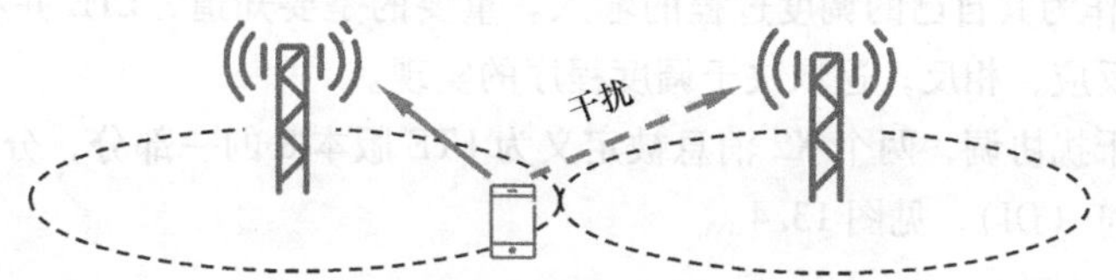

图13.3　靠近两个接收点之间边界下设备的上行链路干扰

当考虑网络点之间的协调时，可以设想出两种主要部署方案：

- 同步部署中的协调，例如宏部署中的节点之间的协调。
- 在异构部署之间进行协调，例如在宏节点和未成熟的较低功率节点之间。

本章的重点是第一类协调，即同步部署中的协调。异构部署将为传输点之间的协调带来额外的挑战以及相应的需求。这将在下一章进一步讨论，作为关于异构部署的更一般性讨论的一部分。

影响网络点之间协调可能性的一个因素是可用的回程连接，特别是其相关的延迟。高度动态的协调需要协调点之间的低延迟连接。协调点对应于同一站点的部门（“站内协调”）就是一个明显的例子。然而，对于地理位置分开的传输点，尤其是在网络点之间存在直接物理链路（例如光学或无线链路）的情况下，非常低延迟的连接是有可能的。在其他情况下，只有不那么短的延迟时间间隔连接，例如具有几十毫秒或更多数量级的延迟的连接才是可用的，在这种情况下，动态协调被限制在较小的程度。

与LTE网络点之间的协调相关的3GPP工作可以分为两个阶段：

- 发布关于小区间干扰协调（ICIC）的8项工作，主要侧重于eNB间（X2）的信令用以协助此类协调。
- 版本10～13多点协调/传输工作项目，旨在更加完善动态协调，并专注于新的空口功能和设备功能，以实现/改进此类协调。

而且，正如下一章所讨论的那样，已经将用于点间协调的其他方案定义为用于异构网络部署增强的一部分。

13.1　小区间干扰协调

在LTE标准化的早期阶段，发送/接收点之间协调的潜在增益被广泛讨论，重点是同步部署中的协调。更具体地看来，重点在于如何定义可用于增强与不同eNodeB相对应的小区之间协调的X2信令。X2，即eNodeB间信令，与协调相关的发送/接收固定点，对应于不同的小区。由于X2接口通常与不那么短的延迟相关联，所以版本8的活动的重点是相对较慢的协调。

在eNodeB之上的更高级节点的调度的情况下，不同eNodeB的小区之间的协调至少在概念上是直截了当的，因为它可以在更高级别的节点上执行。然而，在LTE无线网络架构中，没有定义更高级别的节点，并且假设在eNodeB处执行调度。因此，从LTE规范的观点来看，最好是引入传达关于相邻eNodeB之间的本地调度策略/状态信息的消息。然后，eNodeB可以使用由相邻eNodeB提供的信息作为其自己的调度过程的输入。重要的是要知道，LTE并不明确规定eNodeB如何对此信息做出反应，相反，这取决于调度程序的实现。

为了协助上行干扰协调，两个X2消息被定义为LTE版本8的一部分，分别是高干扰指示符（HII）和过载指示符（OI），见图13.4。

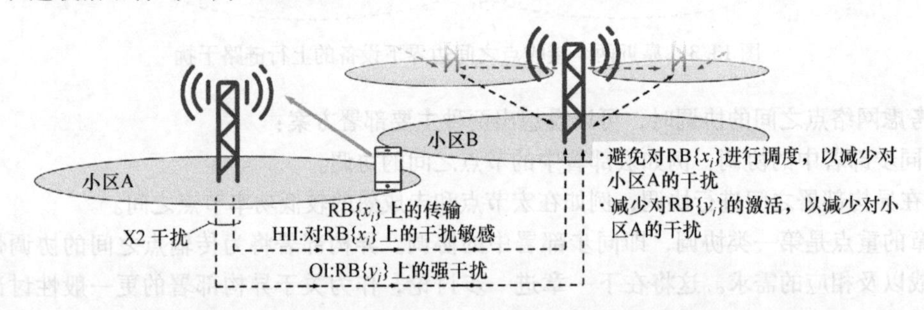

图13.4　基于HII和OI下X2信令的上行ICIC图示

HII提供关于eNodeB对其具有高干扰敏感度的资源块集合的信息。虽然没有明确规定eNodeB如何对从相邻eNodeB接收的HII（或任何其他与ICIC相关的X2信令）做出反应，但合理地接收eNodeB是尝试避免将其自己小区边缘的设备调度在相同的资源块上，从而减少在其自己的小区以及从其接收到HII的小区中的边缘传输的上行链路干扰。因此，HII可以被视为ICIC的主动工具，用于试图避免太低SIR情况的发生。

与HII相反，OI是一种反应性ICIC工具，其基本在3个级别（低/中/高）表示小区在其不同资源块上经历的上行链路干扰。然后接收OI的相邻eNodeB可以改变其调度行为，以改善发布OI指令的eNodeB的干扰情况。

对于下行链路，相对窄带发射功率（RNTP）被定义为支持ICIC操作（见图13.5）。在每个资源块都提供信息的情况下，无论该资源块的相对发射功率是否超过一定水平，RNTP与HII都是类似的。当调度其自己的设备时，相邻小区可以使用由接收到的RNTP提供的信息，特别是小区边缘上更可能受邻近小区干扰的设备。

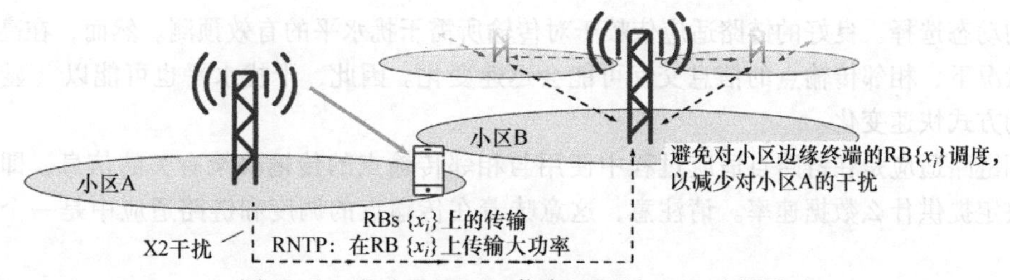

图 13.5　基于 RNTP X2 信令的下行 ICIC 示意图

13.2　多点协调/传输

LTE 版本 10 讨论了在协调多点（CoMP）传输/接收下，网络点之间更多动态协调的可能性。尽管最初作为 LTE 版本 10 的 3GPP 的一部分进行了讨论，但与 CoMP 相关的主要功能，作为版本 11 的一部分引入了 LTE 规范，并在后期版本中得到增强。

前面介绍的 LTE 版本 8ICIC 与版本 10/11CoMP 之间的主要区别在于后者侧重于空口特性和设备功能，以协助不同的协调手段。同时还无须特定的 eNodeB 信令来支持 CoMP。相反，这里有一种假设：低延迟回程可用于协调，实际上就是将版本 11CoMP 的功能限制在同一站点的任何扇区或通过直接低延迟链路连接的网络点。还有一个隐含的假设：协调中涉及的不同网络点是紧密同步的，并且彼此间的时间一致。版本 12 中引入了具有非集中基带处理的更放松回程需求场景的扩展。这些增强主要包括定义新的 X2 消息，用于交换关于所谓的 CoMP 假设的信息，本质上是潜在的资源分配以及相关的增益/成本。以与 ICIC 相同的方式，eNodeB 可以使用该信息来协调调度。

针对 LTE 下行链路，对 CoMP 的不同考虑方法可以分为两个主要类别：

- 从特定传输点执行传输但可以在传输点之间协调调度和链路自适应的方案。我们称之为多点协调。
- 可以从不同传输点（多点传输）向设备传输的方案。然后，传输可以在不同传输点之间动态切换，或者从多个点共同执行。

可以对上行链路传输进行类似的区分，在这种情况下，可以将上行链路调度区分为在不同的接收点之间协调的（上行链路）多点协调，以及可以在多个接收点处执行接收的多点接收点。应当注意的是，至少从空口的角度来看，上行链路多点协调/接收是一个网络实现问题，对设备的影响很小，而且在空口规范中的可视性很小。13.2.1 节和 13.2.2 节的讨论侧重于下行传输方向的协调。13.2.3 节简要讨论了上行链路多点协调/接收的一些方面。

13.2.1　多点协调

如前所述，多点协调意味着从特定传输点进行传输，但是在多个点之间协调诸如链路自适应和/或调度的功能。

13.2.1.1　协调链路适应

LTE 的基本机制之一即良好的系统性能基于传输瞬时信道条件的估计/预测以及链路调整数

据速率的动态选择。良好的链路适应依赖于对传输所需干扰水平的有效预测。然而，在高度动态的通信状况下，相邻传输点的信息交互可能会迅速变化。因此，干扰水平也可能以（显然）不可预测的方式快速变化。

协调链路适应是在链路自适应过程中使用与相邻传输点的传输决策有关的信息，即在给定资源上决定提供什么数据速率。请注意，这意味着在传输点的调度和链路适应中是一个多步骤过程：

1）对于给定的子帧，传输点执行传输决定。在最简单的情况下，这可以看作是否在某个时间频率资源集合上发送数据的决策，即在子帧内的一组资源块。在更一般的情况下，其还可以包括例如关于给定资源集合的发射功率和/或波束成形的决策。

2）关于传输决策的信息在相邻传输点之间共享。

3）传输点使用对于相邻传输点的传输决策的信息作为在给定子帧中发生的链路自适应决策的输入。

在 LTE 中，链路自适应在网络侧进行。然而，如第 9 章所述，网络通常将链路自适应决定基于设备提供的 CSI 报告。为了实现协调的链路自适应，即允许网络在速率选择中考虑由相邻传输进行的传输决策的信息，设备应当提供对应于相邻传输的传输决策不同假设的多个 CSI 报告点。然后，这些 CSI 报告可以与相关链路自适应中相邻传输点的实际传输决策信息一起使用。

为了使设备能够提供与相邻传输点的传输决策的不同假设相对应的 CSI 报告，应该配置多个 CSI 进程。如第 9 章所述，每个这样的过程将对应于一组 CSI-RS，每个天线端口一个，以及用于干扰估计的一个 CSI-IM 资源。为了支持协调的链路自适应，对于所有进程，所述 CSI-RS 集合应该是相同的，并且反映要进行传输的传输点的不同天线端口的信道。相比之下，不同 CSI 过程的 CSI-IM 资源应该是不同的，并且被配置成这样一种方式，即它们反映了在相邻传输点的传输决策的不同假设下所预期的干扰。

作为示例，图 13.6 示出了两个传输点之间的协调链路自适应的情况。该图还给出了与两个传输点对应于零功率 CSI-RS，普通（非零功率）CSI-RS，或没有传输的 3 种不同的 CSI-RS 资源配置方式。

对于与左侧传输点相关的设备，配置两个 CSI 进程：

- 与对应于资源 A 的 CSI-RS 对应的进程 0 和对应于资源 C 的 CSI-IM（在相邻传输点配置为零功率 CSI-RS）。因此，CSI 报告将反映来自在相邻传输点的没有传输的假设下的信道状态。
- 与资源 A 对应的 CSI-RS（与进程 0 相同）的进程 1 和与资源 B 相对应的 CSI-IM（在相邻传输点配置为非零功率 CSI-RS）。所以通过这个过程报告的 CSI 将反映在相邻传输点有传输的假设下的信道状态。

因此，用于不同 CSI 过程的设备传递的 CSI 报告将对应于来自相邻传输点的传输决策的不同假设。基于来自相邻传输点的预期传输的信息，网络可以选择适当的 CSI 报告并将其用于链路自适应决策。

协调链路自适应也可以在两个以上的传输点之间进行。例如，考虑一个想要在 3 个不同传输点之间进行协调链路自适应的情况（见图 13.7）。在这种情况下，需要根据图 13.7 在不同的传输点将总共 7 个标记为 A ~ G 的 CSI-RS 资源配置为非零功率和零功率 CSI-RS。

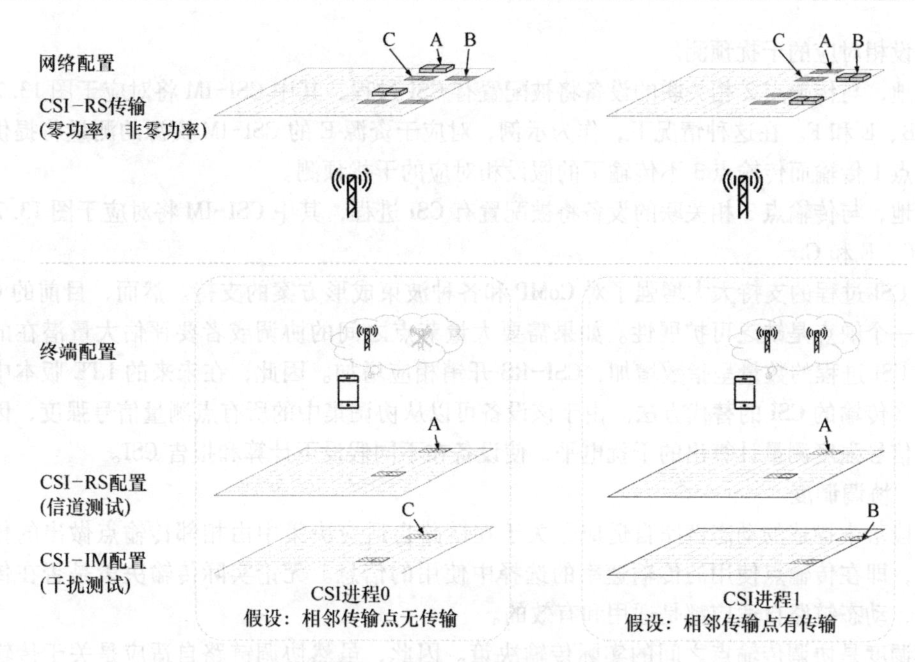

图 13.6　使用多个 CSI 进程的示例

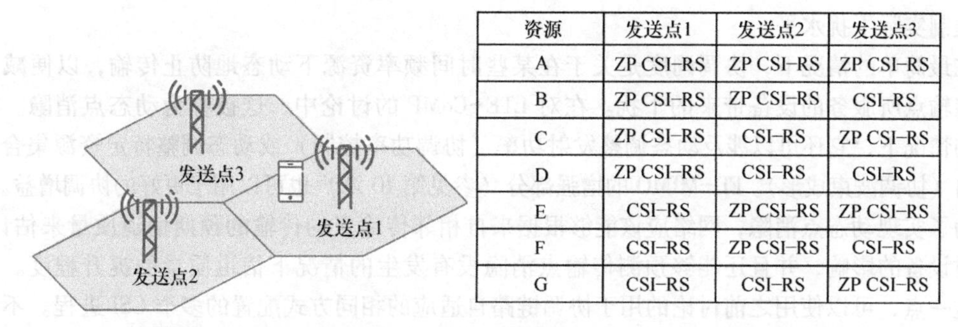

资源	发送点1	发送点2	发送点3
A	ZP CSI-RS	ZP CSI-RS	ZP CSI-RS
B	ZP CSI-RS	ZP CSI-RS	CSI-RS
C	ZP CSI-RS	CSI-RS	ZP CSI-RS
D	ZP CSI-RS	CSI-RS	CSI-RS
E	CSI-RS	ZP CSI-RS	ZP CSI-RS
F	CSI-RS	ZP CSI-RS	CSI-RS
G	CSI-RS	CSI-RS	ZP CSI-RS

图 13.7　CSI-RS/IM 结构支持 3 个传输点之间的协调链路自适应

在这种情况下，与传输点 1 相关联的设备应该配置有 4 个 CSI 进程，其 CSI-IM 资源将对应于图 13.7 中的资源 A～D。对这 4 个 CSI-IM 资源的测量将提供对应于相邻点的传输决策的不同假设的干扰预测。进一步来说：

- 与资源 A 相对应的 CSI-IM 资源的测量将提供一个与从传输点 2 和传输点 3 都不传输的假设相对应的干扰预测。
- 与资源 B 相对应的 CSI-IM 资源的测量将提供一个与从传输点 2 传输而传输点 3 不传输的假设相对应的干扰预测。
- 与资源 C 相对应的 CSI-IM 资源的测量将提供一个与从传输点 3 传输而传输点 2 不传输的假设相对应的干扰预测。
- 最后，与资源 D 相对应的 CSI-IM 资源的测量将提供一个与从传输点 2 和传输点 3 两者都传输的假设相对应的干扰预测。

类似地，与传输点2相关联的设备将被配置有CSI过程，其中CSI-IM将对应于图13.7中的资源A、B、E和F。在这种情况下，作为示例，对应于资源E的CSI-IM资源的测量将提供一个与从传输点1传输而传输点3不传输下的假设相对应的干扰预测。

类似地，与传输点3相关联的设备将被配置有CSI进程，其中CSI-IM将对应于图13.7中的资源A、C、E和G.

多个CSI过程的支持大大增强了对CoMP和各种波束成形方案的支持。然而，目前的CSI流程方法的一个缺点是缺乏可扩展性。如果需要大量节点之间的协调或者要评估大量潜在的波束成形，则CSI进程的数量呈指数增加，CSI-RS开销相应增加。因此，在未来的LTE版本中可能需要报告多传输的CSI的替代方法。由于该设备可以从协调集中的所有点测量信号强度，因此可以通过从信号强度测量计算出的干扰电平，使设备在不同假设下计算和报告CSI。

13.2.1.2　协调调度

前面段落中描述的动态链路自适应是关于在链路自适应决策中由相邻传输点做出的传输决策的信息，即在传输点使用的传输速率的选择中使用的信息。无论实际传输决策是否在传输点之间协调，动态链路自适应都是适用和有效的。

协调调度是协调传输点之间的实际传输决策。因此，虽然协调链路自适应是关于传输点之间的信息共享以更好地预测干扰电平，但协调调度是关于信息共享和传输点之间的协调，以减少和控制实际干扰水平。

在最简单的情况下，协调调度是关于在某些时间频率资源下动态地防止传输，以便减少由相邻传输点所服务的设备带来的干扰。在对LTE-CoMP的讨论中，这被称为动态点消隐。在更一般的情况下，它还可以涉及动态调整发射功率（协调功率控制）或动态调整特定资源集合的传输方向（协调波束成形）。FD-MIMO的增强部分（参见第10章）也可以用于更好的协调增益。

为了实现动态点消隐，网络应该能够根据来自相邻传输点的传输的预期信道质量来估计/预测其对设备的影响，并且还能够预测传输点消隐没有发生的情况下信道质量的提升程度。为了实现这一点，可以使用之前讨论的用于协调链路自适应的相同方式配置的多个CSI进程。不同的CSI过程提供不同的CSI报告，反映关于相邻传输点的传输的不同假设。通过比较这些CSI报告，网络可以估计在相邻传输点上消除相关的时间频率资源所得。

作为示例，考虑在图13.7的示例场景中与传输点1相关联的设备。如果与资源B和D相对应的CSI报告中的CQI（即推荐数据速率）存在很大的差异，则这将是设备被来自传输点2的传输严重干扰的指示，有必要考虑在该传输点消除相关的时间频率资源，以改善信道质量，并且因此可以支持与传输点1相关的设备的数据速率。

另一方面，如果在与资源B和D相对应的CSI报告的CQI中存在非常小的差异，这将是指示设备不受来自传输点2传输的严重干扰，并且对于该特定设备的信道质量，至少对传输点2的消隐是不利的。

13.2.2　多点传输

如前所述的多点协调意味着从相邻传输点执行的传输在调度（是否/何时发送）和/或链路

自适应（以何种速率传输）方面进行协调。然而，这仍然假设给定设备的传输是从一个特定传输点执行的。相反，在多点传输的情况下，可以从不同的传输点执行向给定设备的传输，以便传输点可以动态地改变，称为动态点选择，或者使得传输可以由多个传输点共同进行，称为联合传输。

13.2.2.1　动态点选择

如前所述，动态点选择意味着从单个传输点的传输，但传输点可以动态地改变，如图 13.8 所示。

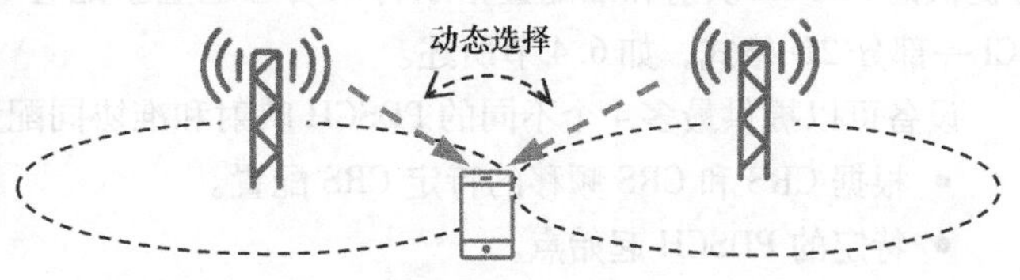

图 13.8　两个传输点之间的动态点选择

在 LTE 上下文中，假设动态点选择和实际上所有 CoMP 方案都是基于传输模式 10 的使用。因此，在动态点选择的情况下，PDSCH 传输依赖于 DM-RS 用于信道估计。这样，设备不需要知道传输点的变化。设备将看到的只是一种 PDSCH 传输，其传输的瞬时信道可能会随着传输点的改变而突然改变。实质上，从设备的角度来看，这种情况将与基于非码本的预编码的波束成形相同。

为了协助动态选择传输点，设备应提供对应于多个传输点的 CSI 报告。与协调链路自适应和协调调度类似，这可以通过配置具有多个 CSI 过程的设备来实现。

如上所述，在协调链路自适应和协调调度的情况下，不同的 CSI 进程应该对应于相同的传输点，即 CSI-RS 的集合对于不同的进程应该是相同的。同时，对于不同的过程，CSI-IM 资源应该是不同的，并允许干扰测量，因此 CSI 报告反映了关于相邻传输点的传输决策的不同假设。

相反，为了支持动态点选择，不同的 CSI 进程应提供对应于不同传输点的 CSI 报告。因此，不同进程的 CSIRS 集合应该是不同的，并且对应于由执行动态点选择的不同传输点发送的 CSI-RS。

除 CSI 报告外，动态点选择的另一个主要规范影响涉及 PDSCH 映射以及设备在不同参考信号之间的准协调关系的应对措施。

在正常情况下，用于发送的资源块的 PDSCH 映射避免了被分配于设备的服务小区内的 CRS 传输的资源元素。然而，在动态点选择的情况下，可以从与服务小区不同的小区相关联的传输点执行到设备的 PDSCH 传输。如果该小区具有不同的 CRS 结构，就 CRS 和/或 CRS 频移数而言，并且根据服务小区的 CRS 结构保持 PDSCH 映射，则来自实际传输点的 CRS 传输将被 PDSCH 传输严重干扰。相反，在动态点选择的情况下，希望 PDSCH 映射动态地匹配实际传输点的 CRS 结构。

L1/L2 控制信令也可能出现类似的情况。控制区域的大小以及因此用于 PDSCH 传输的起始点可以通过借助于 PCFICH 提供给设备的控制区域的大小的信息而动态地变化（参见 6.4 节）。然而，在动态点选择的情况下，如果实际发送点的控制区域的大小与服务小区的大小不同，并且根据服务小区的 PCFICH 剩余的 PDSCH 映射的大小，则 L1/L2 控制信令实际的传输点将面临被 PDSCH 传输严重干扰的风险。因此，类似于 CRS 的情况，人们希望 PDSCH 映射动态地匹配实际传播点的控制区域的大小。

此外，如第 6 章所述，设备可以配置有一组 ZP（零功率）CSI-RS 资源。从设备的角度来看，零功率 CSI-RS 简单地定义了一组未被映射到其中的资源元素，这通常是因为这些资源元素被用于其他目的，例如用作其他设备的 CSI-RS，或者作为 CSI-IM 资源。然而，如果从不同点执行PDSCH传输，则通常使用PDSCH映射以避免不同的资源元素集合，因为该传输点对CSI-RS和CSI-IM使用不同的资源元素。

为了以统一的方式处理这些相关问题，传输模式10允许通过作为下行链路调度分配的一部分提供的PDSCH映射和准配置指示符来动态地重新配置PDSCH映射，更具体地说，它是作为DCI一部分2D格式，如6.4节所述。

设备可以提供最多4个不同的PDSCH映射和准协同配置[㊀]。每个这样的配置指定如下：

- 根据CRS和CRS频移的特定CRS配置。
- 特定的PDSCH起始点。
- 特定的MBSFN子帧配置[㊁]。
- 特定的零功率CSI-RS配置。

在调度分配中提供的PDSCH映射和准协调指示符明确地指示了设备对于相应子帧的PDSCH映射，应该是假定的最多4个不同配置中的哪一个。

应当注意，随着控制区域的大小可动态变化，PDSCH起点指示符不能保证与实际传输点的控制区域的大小完全匹配。应将PDSCH起始点指示设置为足够大的值，以确保PDSCH传输不与控制区重叠。由于控制区域的大小永远不超过3个OFDM符号（对应于OFDM符号0、1和2中的控制信令），实现此目的最直接的方法是将PDSCH的起始点设置为3[㊂]。然而，如果知道在某个小区中，控制区域将总是被限制在较低的值时，可以使用较低的值实现较大的PDSCH有效载荷。

顾名思义，PDSCH映射和准协调配置以及调度分配中的相应指示符还可以提供关于设备根据天线端口之间的准协调关系的信息。如第6章所述，对于传输模式1~9，假设设备可以对应于服务小区的CRS的天线端口，DM-RS和CSI-RS都是为设备共同配置的。然而，在动态点选择的情况下，可以通过不同的CSI进程来将设备配置为具有不同的CSI-RS集合。实际上，这些CSI-RS集合对应于不同的传输点。最终，从其中一个发送点发送PDSCH及其对应的DM-RS。然后，用于PDSCH传输的天线端口实际上将与对应于该特定传输点的一组CSI-RS准协调。为了向设备提供这种信息，该设备没有明确地知道从哪个传输点进行了PDSCH传输，每个PDSCH映射和准协调配置还指示了一组特定的CSI-RS集合，该设备可以准协调DM-RS为特定子帧。

13.2.2.2　联合传输

动态点选择意味着从单个传输点的传输，但传输点可以动态改变。联合传输意味着从多个传输点同时传输到同一设备的可能性（见图13.9）。

在联合传输的情况下，可以区分两种情况：

- 相干联合传输。
- 非相干联合传输。

在相干联合传输的情况下，假设网络从联合传输中涉及的两个或更多点知道关于设备的详细信道，并相应地选择传输权重，例如，将能量聚焦在设备上。因此，相干联合传输可以被看作

㊀ 注意，通过高层信令提供的PDSCH映射和准协调配置与通过调度分配提供的PDSCH映射和准协调指示符不同。

㊁ MBSFN子帧配置与CRS配置有关，因为它影响子帧的数据部分中的CRS参考符号的存在。

㊂ 在最小的LTE小区带宽，控制区域的大小可以高达4个OFDM符号。

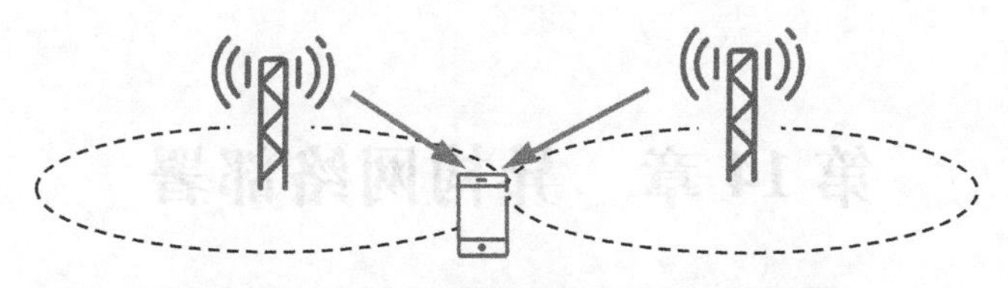

图 13.9　从两个传输点到同一设备的点传输

是一种波束成形，其中参与波束成形的天线不是共同定位的，而是对应于不同的传输点。

LTE 规范目前还没有支持该设备向多个传输点报告这种详细的信道知识，因此目前还没有明确支持相干联合传输。

相反，非相干联合传输是基于网络不利用联合传输中的任何详细的信道信息假设下的。因此，非相干联合传输的唯一增益是多个传输点的功率用于传输到同一设备，即实际上是功率增益。这样做的好处取决于第二传输点的功率是否可以更好地用于传输到其他设备，以及额外的传输在多大程度上对其他传输无用的干扰。实际上，非相干联合传输仅在低负载情况下有益：

- 如果没有可以使用第二个传输点的其他设备。
- 来自第二台变速箱的附加干扰不会造成任何妨碍。

应当注意，在联合传输的情况下，可以从具有例如不同 CRS 配置或不同 MBSFN 配置的两个小区对应的点联合传输 PDSCH。在这种情况下，希望 PDSCH 映射匹配两个单元的配置。然而，当前每个 PDSCH 映射和准协调配置仅对应于单个 CRS 配置。

13.2.3　上行链路多点协调/接收

13.2.1 节和 13.2.2 节前面的部分着重于讨论下行链路多点协调/传输。然而，如上所述，相同的基本原理也适用于上行链路方向的传输（上行链路 CoMP）。进一步来说：

- 上行链路传输的动态协调，以控制上行链路干扰，实现改善上行链路系统性能（上行链路多点协调）。
- 在多点接收上行链路传输（上行链路多点接收或上行链路联合接收）。

然而，与下行链路多点协调/传输相反，上行链路多点协调/接收对空口规范的影响很小。特别地，上行链路调度协调所需的任何信道状态信息都将在网络（接收）侧直接导出，并且不需要任何具体的设备反馈。

此外，只要设备以预期的方式发送与上行链路传输相对应的任何下行链路传输（例如混合 ARQ 反馈），设备不需要知道其上行链路传输何时被接收。实际上，这意味着即使在与服务小区相关联的不同传输点处接收到上行链路，仍然必须从服务小区的传输点处发送的诸如混合 ARQ 确认后的反馈。这将需要在接收和传输点之间的低延迟连接，以确保例如混合 ARQ 时序关系被保留。前面已经提到的，对于 3GPP 发布的 10/11CoMP 的讨论是侧重于发送/接收点之间的低延迟连接的。

空口设计在某些方面考虑了多点接收的可能性。如 7.2 节所述，上行链路多点接收是引入对上行链路参考信号序列的设备进行特定分配的主要原因。

第 14 章　异构网络部署

移动宽带系统中业务量的持续增长以及终端用户要求的数据速率同样的连续增长，将影响未来蜂窝网络的部署。一般来说，提供非常高的系统容量（每一区域单元的业务量）以及非常高的每用户数据速率需要非常密集的无线接入网络，也就是要部署额外的网络节点（或者发送/接收节点）。通过增加节点的数量，可以提高每一区域单元的业务量，而不需要每个网络节点支持的业务量对应增加。同样，通过增加网络节点的数量，基站到终端的距离总体上会缩短，这意味着链路预算的提高以及对应可实现数据速率的提高。

如图 14.1 的上半部分所示，通用的宏小区层（宏层）的密集化是很多运营商已经采取的措施，其减少每个小区的覆盖以及增加宏小区基站的个数[1]。比如在许多大城市，宏小区站址间的距离通常小于几百米。

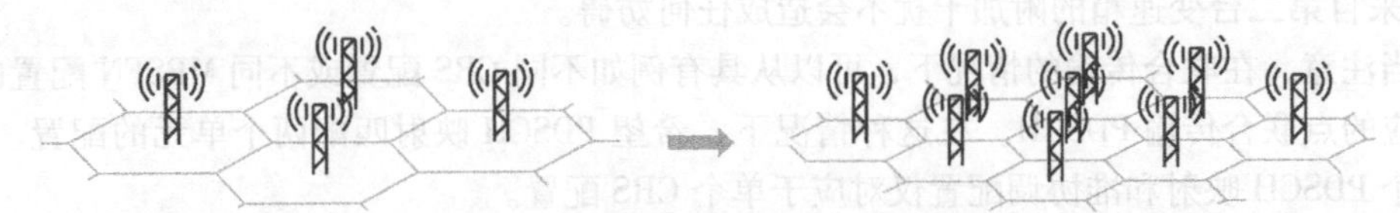

用额外宏节点的密集化(同构部署)

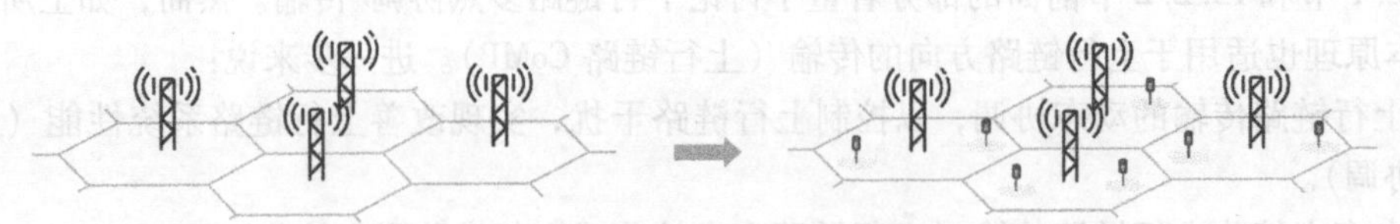

用补偿的低功率节点的密集化(异构部署)

图 14.1　同构与异构密集化对比

宏层的规则密集化，一种替代或补偿办法是，在宏层的覆盖范围内部署额外的低功率节点，或“小基站”，如图 14.1 的下半部分所示。在这样不规则的网络部署中，低功率节点[2]在本地提供很高的业务容量和增强的服务体验（更高的用户吞吐量），比如室内和室外的热点位置，当宏层提供整个区域的覆盖时。这样，与广覆盖区域的宏层相比，有低功率节点（微微节点）的层可以被认为是提供本地区域的通路。

不规则或者多层的网络部署这本身不是什么新的技术；“分层的小区结构”这一概念从 20 世纪 90 年代中期以来就已被使用。但是，随着移动宽带的广泛应用，异构网络部署作为一种提

[1] “宏节点”被定义为高功率节点，其天线通常位于房屋屋顶之上的级别。

[2] “微微节点”用于表示低功率节点，其天线通常位于房屋之内。

高容量和用户速率的方法越来越被关注。

值得注意的是，使用低功率节点作为宏网络的补偿是一种部署策略，而不是技术成分，其在 LTE 的第一个版本已经是可行的。然而，LTE 版本 10 和版本 11 提供了额外的性能用来提高对不规则部署的支持，尤其是在处理层间干扰方面。

14.1　在异构网络部署中的干扰处理

异构网络部署的一个显著特点是上面宏层和下面微微层间发送功率的巨大不同。取决于场景，与同构网络相比，这可能会导致更严重的干扰，更具体地说，是层间干扰。因此在异构网络部署中，层间干扰的处理是一个很重要的问题。

如果不同的频率资源，尤其是不同的频带被用作不同的层，层间干扰即可避免。频率分隔也是处理层间干扰的传统方法，比如在 GSM 中，不同的小区层中用不同的载波频率。然而像 LTE 这样的宽带无线接入技术，如前章所讨论的，在不同的小区层使用不同的载波频率可能会导致不必要的频谱碎片。如一个有 20MHz 频谱的运营商，在两个小区层之间的静态频率分配意味着不得不划分整个可利用的频谱，在每层中可以使用的频谱将少于 20MHz。这样会减少每个小区层中的最大可实现数据速率。另外，在相对较低的业务量期间将大部分可用频谱分配给一层可能会导致频谱利用效率低下。因而，对于像 LTE 这样的宽带高速率系统，可以在不同小区层中使用相同的所有可利用的频谱来部署一个多层网络结构。这与第 13 章中单频再利用的动机是一致的。然而，对于两层来说，单独的频谱分配是一种相关的场景，尤其是在高频中有可用的新频谱，不太适合广域覆盖。此外，频率分隔的部署意味着，双重系统可被独立地选择在层间，如在广域宏层用 FDD 而在本地区域微微层用 TDD。

在不同的层，同时使用相同的频谱意味着会有层间干扰。层间干扰的特性取决于在各自层的传输功率和使用的节点关联策略。

传统的节点关联或者小区关联决定了设备应该连接到哪个网络节点，它是基于一些下行信号接收功率的测量，更准确地讲在 LTE 中是小区特定参考信号。基于终端报告给网络的测量，网络决定是否切换。这是一个简单而又鲁棒的方法。在同构部署中，所有传输节点具有相同的功率，下行测量反映出上行路径损耗，从上行角度来看，下行优化的网络节点关联也是合理的。但是，在异构部署中，由于层间传输功率的巨大差异，这个方法很具有挑战性。原则上，最好的上行接收点不一定必须是最好的下行发送点，这意味着理想情况下应该分别独立地决定上行和下行节点。举例说，下行节点选择可基于接收信号的能量，而上行节点更适宜基于最小的路径损耗，如图 14.2 所示，对于上行和下行，“小区边界”是不一样的。但是，由于链路间存在紧密而严格的时序关系，比如由于接收上行传送，在下行发送混合 ARQ 确认的形式，这两个链路在实际中终止在相同节点[⊖]。因此从上下行方面最好的选择看，节点关联是一种折中。

从单个链路的角度，终端和有最高接收功率的传输节点的关联意味着终端要经常连接到高功率的宏节点，尽管到微微节点的路径损耗明显更小。从上行覆盖和容量来说，这不是最优的。

⊖　如果使用了远程天线，下行传输节点和上行接收节点在地理上可以是分开的，见 14.5 章节。

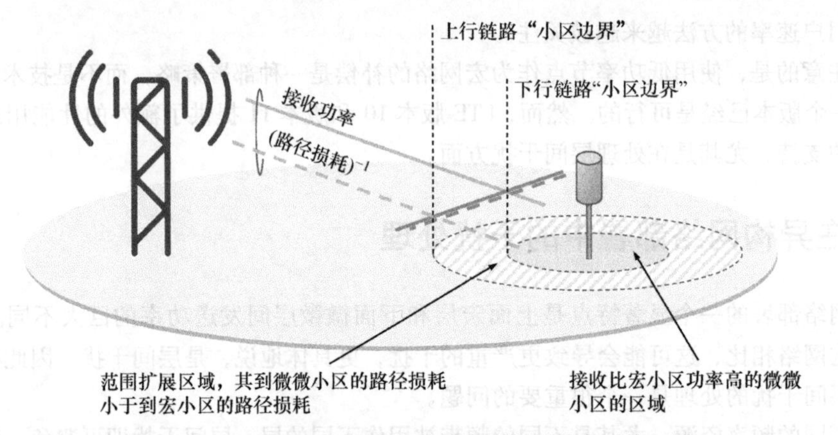

图 14.2　在异构网络部署中带有范围扩展的高干扰区域

另外需要注意的是，即使是从下行系统效率来看，在异构网络部署中选择最大接收功率的传输节点可能也不是最优的。尽管从宏节点接收到比从微微节点更高功率的下行信号是由于宏节点的更高的发送功率，至少部分原因如此。在这种情况下，从宏节点传输是和对其他小区的干扰的高“开销”相关联的。换另一种说法，从宏节点的传输会禁止在重叠的微微节点中使用相同的物理资源。

或者，另外一种极端情况，节点关联可以根据（上行）估计的路径损耗。事实上，这可以通过对传统小区关联中使用的接收功率测量进行小区特定的偏移来实现，这个偏移可以补偿不同传输节点发射功率的差异。从 LTE 第一个版本就已支持这种偏移，也可在每个终端的基础上来配置。使用这种有偏移的节点关联策略可以扩展微微节点被选择的区域，如图 14.2 所示。这有时候被称作范围扩展。

选择一个路径损耗最小的网络节点，也就是使用范围扩展，将最大化上行接收到的功率/SINR，这样可以最大化可达到的上行数据速率。另外，对于一个给定目标接收功率，终端的发射功率及对其他小区的干扰会减少，这会导致更高的总体上行系统效率。同样，这也可以允许其他微微节点使用相同的下行物理资源，这样就提高了下行系统性能。

然而，由于不同小区层的传输节点间有不同的发射功率，在范围扩展区域（见图 14.2 中虚线所示的部分），同时从宏节点接收到的下行传输会比真正需要从微微节点接收的下行传输功率高不少。在这个区域内，有可能有从宏节点到微微节点终端的严重的下行小区内干扰。这些干扰既有从小区特定参考信号（CRS），同步信号（PSS、SSS）和系统消息（PBCH）来的静态负载独立成分，也有从数据传输（PDSCH）和控制信令（PCFICH、PHICH、PDCCH 和 EPDCCH）来的动态负载相关成分。

从宏层的 PDSCH 传输到微微节点低功率 PDSCH 传输的干扰可以直接通过节点间的调度协调来处理，这和第 13.1 节所述的区间干扰协调采用相同的原则。例如，上层宏节点可以简单地在一些资源块上避免使用高功率 PDSCH 传输，因为在这些资源块上在微微节点范围扩展区域的终端接收下行数据传输可能有比较大的干扰。这样的协调多少会动态地取决于上层宏节点和下层节点之间可以在多大程度上和多少时间内被协调。对 PDSCH 相同的协调也可应用于 EPDCCH。

需要注意的是，对于在两个宏小区边缘的微微节点，需要同时与两个宏小区进行协调调度。

怎么处理由于宏节点不可以动态调度的传输产生的干扰不是很明显，如 L1/L2 控制信令（PDCCH、PCFICH 和 PHICH）。在一个小区层内，例如在两个宏节点之间，这样的传输间的干扰不是主要问题，这是因为 LTE 包括它的控制信道被设计成允许小区频率复用因子 1，对应的 SIR 可以低到 -5dB，甚至更低。这种固有的鲁棒性允许适度的范围扩展，按照 dB 的顺序。在许多情况下，这种数量的范围扩展是充足的，也在进一步增加，它不会提高性能，而在其他更大数量的范围扩展场景下可能有用。用大数量的范围扩展可能会导致信干比对于正确运作控制信道太小了，需要一些处理这种干扰情况的方法。需要注意的是，范围扩展的有效性很大程度上取决于场景。一个最简单的例子是范围扩展可能不适用于图 14.3 所示的右半部分，其建筑墙体提供了两区域层的绝缘。

在接下来的章节，将讨论 4 种不同的异构部署方法：

- 版本 8 功能，用 LTE 规范的第一个版本里可用的性能来支持一个中等数量的范围扩展，假设没有区间时间同步或协调。
- 频域分隔，通过频域的干扰处理来支持一个大量的范围扩展，比如通过用载波聚合。

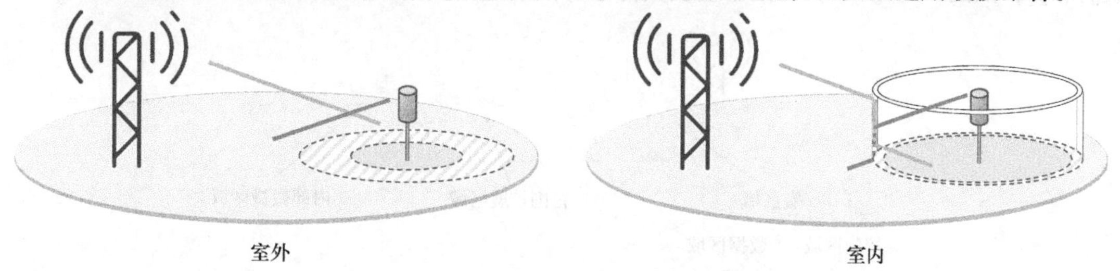

图 14.3 在不同的场景下的范围扩展

- 时域分隔，通过时域的干扰处理来支持一个大量的范围扩展。
- 所谓的“共享小区”，使用第 13 章里的 CoMP 技术来支持一个较大的范围扩展。

前三种方法，每个传输节点定义了一个唯一的小区，其有唯一的小区标号，并且发射所有与小区关联的信号，比如小区特定参考信号和系统信息。在这一方面上，最后一个方法是不同的，因为传输节点不需要定义特定小区。反而，多个地理上分开的传输节点可能属于同一小区。

最后，注意除第一个以外的所有方法假定了穿过（相邻）传输节点的层间协调和时间同步。

14.2 用版本 8 的功能来实现异构部署

异构部署从 LTE 的第一个版本 8 开始已经可行。在这种情况下，传输节点定义了唯一的小区和节点关联，或小区选择，一般是像在同构情况下基于下行接收功率。尽管简单，比如没有必要做区间时间同步或区间协调，即相当数量的范围扩展（最高至几 dB）在这个方法中用调整小区选择偏移很容易实现。宏干扰的数量自然限制了范围扩展可能性的数量，但是对很多场景，范围扩展可能性的数量足够了。在版本 8 中额外可用的工具为了获得一定数量的范围扩展，包括在微微小区 PDCCH 功率提升，在上层宏小区的 PDCCH 的部分负载来减小干扰，还有以PDCCH错误概率调整PDCCH操作点。

值得提出的是，在很多场景下，大部分增益是通过部署微微节点来获得的，不用或只用少数量的范围扩展。但是，在一些专门的场景下，较大数量的范围扩展可能更有用，这将需要之后讨论的一些方法。

14.3 频域分隔

频域分隔尝试给不同层用频谱的不同部分减小干扰。传输节点定义了唯一的小区和接收的下行功率的测量，下行功率是节点关联（或小区选择）的基础。

最简单的方案是静态分隔，使用在宏层和微微层中不同并且不重叠的频谱块，如图14.4所示。尽管简单，这种方法却不能动态重分配层间资源来适应即时业务变化。

一个更动态的方法是在范围扩展区域处理下行层间干扰，如果大数量的范围扩展用载波聚合和如第10章描述的载波间调度。其基本思想是将整个频谱分隔为两部分，通过用两个下行载波f_1和f_2，如图14.4所示，但是不会丢失静态分隔引起的灵活性。

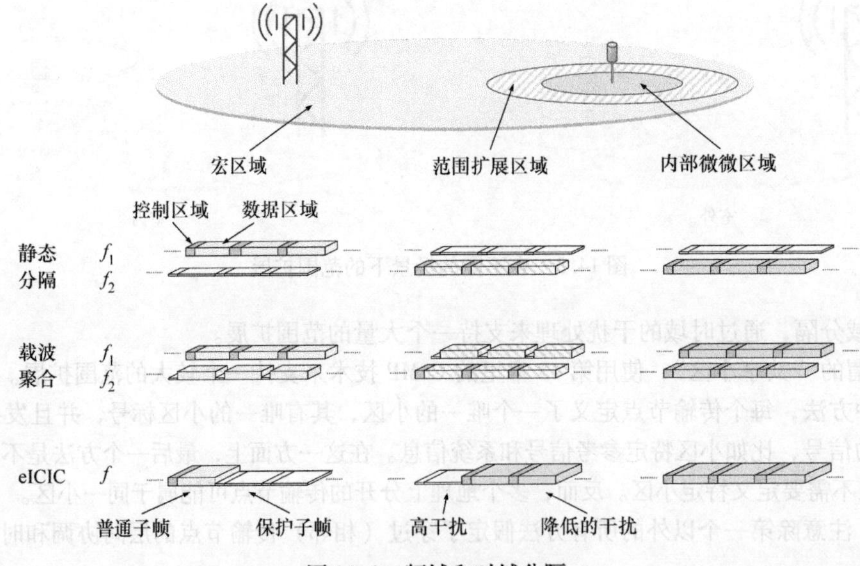

图14.4　频域和时域分隔

在数据传输（PDSCH）方面，两个载波在两层都是可用的，层间干扰被“传统”区间干扰协调处理（见第13.1节）。如已经提过的，这个干扰协调或多或少是动态的，依赖于可被协调的层上的时间刻度。并且，载波聚合也可能把两个载波，也就是所有可使用的频谱，都分配给一个终端传输。这样，至少对于有载波聚合功能的终端，在数据（PDSCH）传输时没有频谱碎片。从另一方面来说，比较旧的终端，会只有一个载波的峰值速率。这对具有很多旧终端的运营商来说可能是个问题。

另一方面，对于L1/L2控制信令（PCFICH、PHICH和PDCCH），在层之间至少存在部分半静态的频率分隔。更具体地讲，宏层应避免在控制区域利用载波f_1进行高功率传输。假设一个时间同步的网络，在这个载波上减少了对微微层控制区域的干扰，并且微微小区可以利用这个载波给在范围扩展区域的终端发射控制信令。由于载波间调度的可能性，即使宏小区在载波f_1上传输控制信令，DL-SCH 传输也可以调度在两个载波上，跟载波聚合一样，受制于动态层间干扰协调。这些对微微小区也是成立的。即使微微小区可以利用载波f_2来传输在范围扩展区域的终端的调度分配，DL-SCH 的传输也仍然可以在两个载波上调度。

需要注意的是，在微微小区内部的终端也可以给 L1/L2 控制信令使用载波f_1。类似地，假设使用一个减小的发送功率，宏小区也可以在控制信令使用载波f_2。这样对于靠近宏小区站址的终端，宏小区就可以在载波f_2上发送低功率的控制信令。

前面的讨论假设了 PDCCH，但是也可以同样适用 EPDCCH。原则上，EPDCCH 可被受制于像 PDSCH 一样的相同区间干扰协调。这可被用来支持大量无载波聚合的范围扩展。在这种情况下，宏和微微层只是用不同的物理资源块对，以一种或多或少的动态行为协调。但是，注意 EPDCCH 被限制只与终端特定的搜寻区域。因此，调度需要 PDCCH，比如说系统信息。

最后，注意小区特定参考信号（其被终端用以保持和范围扩展区域的微微小区的同步）受制于宏层的干扰。终端处理得如何是以可能的范围扩展的数量为上限。因此，为了完全利用范围扩展的效益，在终端中需要干扰取消接收机。

14.4 时域分隔

不用频域分隔的方法是用图 14.4 底部所示的时域分隔，这就是在 3GPP 中的（进一步）增强的小区间干扰协调，（F）eICIC。关于 eICIC 的工作始于版本 10，以 FeICIC 的名字冻结在版本 11。在这种情况下，传输节点对应单独的小区，因此在 3GPP 中使用了 FeICIC 的名字。

时域分隔的基本思想是在一些子帧中限制上面宏小区传输的功率。在这些降低功率的子帧（或者几乎是空子帧），连接到微微小区的终端可以在数据和控制部分感受到较少的上面宏小区的干扰。从终端的角度看，它们被认为是保护了的子帧。因此微微小区可以用保护的子帧调度在范围扩展区域的终端，也可以用所有子帧调度在微微小区内部的终端。另一方面，宏小区主要调度在保护子帧外面的终端（如图 14.5 所示）。部署微微小区的增益必须比在一些子帧降低功率的宏小区引起的损失要大，使时域分隔机制更有效。这个是否有效很大程度上是依赖于场景的，尽管给保护的子帧用宏小区降低的但非零的传输功率而限制宏层的资源丢失，是经常有利的。

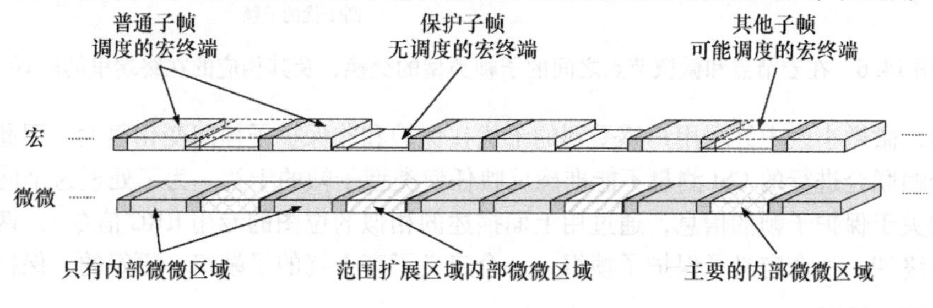

图 14.5 保护的子帧

为了支持在异构网络中的时域分隔，用X2接口的不同小区层的基站之间支持保护子帧类型的信令，也就是一组保护子帧的信息。注意这组保护子帧在不同的小区可以是不同的，或多或少是动态的，同样这取决于在多长时间范围内哪些部署层可以被协调。

需要注意的是，宏小区没有必要在保护的子帧上完全避免控制信令传输。尤其保留一些有限数量的上行传输相关控制信令的可能性是很有益的，例如，为了不对上行调度产生太大的影响而保留一定数量的上行调度授权和/或PHICH传输。只要宏小区的控制信令传输是有限的，并且只占用整个控制区域的一小部分，对微微小区范围扩展区域中，对终端的干扰就会被保持在一个可接受的水平上。然而，即使在保护子帧中没有上行调度授权和PHICH传输，定义保护子帧类型的信令时也要保证对上行调度的影响最小化。这是通过把保护子帧类型匹配到上行混合ARQ协议的8个子帧定时上来实现的。需要注意的是，这就意味着在FDD中这种类型没与10ms帧而是和40ms的4帧对齐。对TDD，周期还取决于上下行的配置。

四种不同的类型可以在eNodeB间交换：两种类型用来调度和CSI测量，一种类型用于服务小区的RRM测量，一种类型用于相邻小区的RRM测量。CSI测量用两种类型的目的是为了处理宏层和微微层的负载变化，无需用像接下来讨论的终端的频繁重配置（如图14.6所示）。如果是范围扩展区域高负载的情况，即图中t_1时刻的情况，有相对较大数量的保护子帧来允许微微小区服务这些终端也许是有帮助的。在晚些时刻，图中的t_2，大部分终端从范围扩展区域移到宏小区，要求保护子帧数量的减少。因此，通过改变当前保护子帧组的大小，可调整配置来匹配场景中的变化。同时，必须有总是被保护的子帧组，为了使微微小区有能力联系在范围扩展区域的终端，因为到一个终端的连接可能会被丢失。因此，X2支持两个子帧类型的交换，一个是为了当前被保护的子帧，另一个是为了总是被保护的子帧。目的是为了用前者来调度区间协调，允许相对频繁的更新，而后者不被经常更新，是下面描述的在设备中配置保护子帧的基础。不属于刚才提的两组的子帧可被认为是“永不被保护”的子帧。

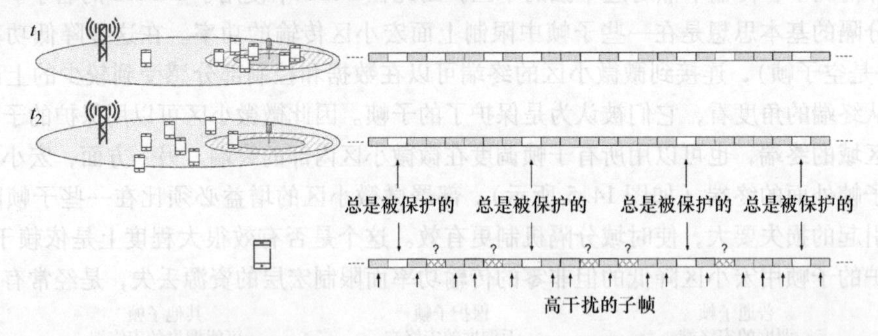

图14.6 在宏节点和微微节点之间的子帧类型的交换，及其相应的在终端里的配置

很显然，微微小区中终端用户感受到的干扰在保护和非保护子帧间变化很大。因此，在保护和非保护子帧联合进行的CSI测量不能准确反映任何类型子帧的干扰。为了处理这个问题，需要提供给终端关于保护子帧的信息，通过用上面描述的相似的位图的专用RRC信令[⊖]。两个位图可以被传送至终端，一个定义了保护子帧组，一个定义了高干扰的子帧组。更好的，保护和高干扰

⊖ 注意带有多个CSI进程的传输模式10可以替换两个位图。

的子帧符合从之前描述的X2信令来的总是被保护的和从不被保护的子帧。剩余的子帧，如果有任何不属于这两个子组的，会有更加不可预知的干扰，因为宏小区可能用或者不用降低的功率。

两个子组的CSI报告被单独执行。特定的CSI报告反映了哪个子组取决于在哪个子帧传送CSI；CSI反映了子帧属于哪个子组的干扰情况。因此，在子帧属于同一子组期间，终端只能算出干扰测量的平均值。从干扰测量的角度，在不属于任何一个子组的子帧传输的CSI报告是未定义的。通过两个子组的使用，网络可以为即将到来的传输预测无线信道的质量，不管它们是否发生在保护的子帧。

有很多原因用两个子组是有利的。一个例子是上面列出的情况，当保护子帧组随时间变化。用合理的开销，在所有受影响的终端中对配置的频繁更新可能不是可行的。取而代之的是，一般倾向于测量一个总是被保护的子帧子组的CSI，因为它允许网络动态使用减小的功率和在额外子帧的范围扩展区域调度终端，而不用重配置所有终端。反映了受保护子帧情况的CSI报告被用于范围扩展区域中的链路适应，而当在内部微微小区调度终端时，来自高干扰的子帧的CSI报告是有用的。另一个例子是当微微小区处于两个宏小区之间的边缘时，会被这两个宏小区干扰。如果宏小区有不同的配置，并且保护子帧只有部分重叠组，微微小区调度以及CSI测量组的配置就应考虑到两个宏小区保护组的结构。

目前的讨论专注于干扰的动态部分，也就是随着业务负载变化的干扰部分，它可以被ICIC和时域分隔处理。但是，也有在范围扩展区域从在宏区的静态干扰。比如，小区特定参考信号、同步信号，还有PBCH仍然要被发送。为了支持广阔的范围扩展，尽管存在这些信号和信道，干扰信号需要被消除。因此，CRS、PSS/SSS和PBCH的取消需要完全利用之前描述的特性，其在版本10并不是强制的功能。为了帮助终端消除干扰，RRC信令提供了邻小区物理层标识的信息，在这些小区天线端口的数量，还有MBSFN配置（需要MBSFN配置是因为在这些子帧的数据区域没有CRS)。

仅在RRC_CONNECTED下才支持时域分隔。空闲态的终端仍然能连接到微微小区，但是直到进入RRC_CONNECTED才能利用范围扩展。

14.5 共享小区

在上面章节描述的分隔系统中，传输节点对应于个别的小区，每个小区有不同的小区标识，其和在任何一个网络层的相邻小区是不同的。因此，每个微微节点发送唯一的系统信息、同步信号和小区特定参考信号，如图14.7左图所示。

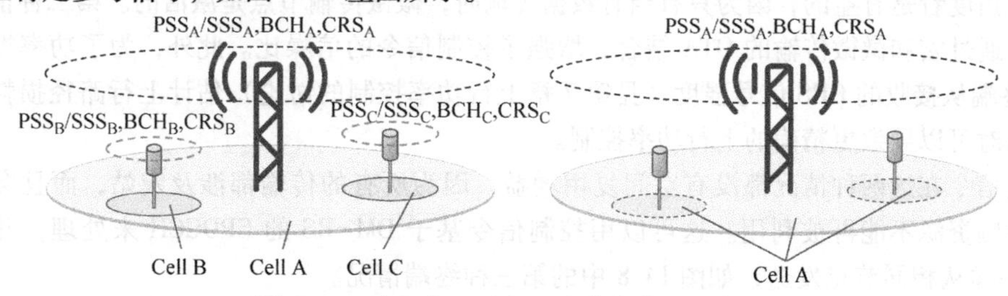

图14.7 独立小区（左）和共享小区（右）

或者，CoMP技术（参见第13章）可以被用作实现异构部署。为了理解这个方法，记住小区和传输节点的区别。一个小区有一个唯一的物理层小区标识，从其可以获知小区特定参考信号的位置。通过获得小区标识，一个终端可以决定小区和需要接通网络的接收系统信息的CRS结构。另一方面，一个传输节点在这种情境下只是用一个或多个并列的天线，通过并列天线终端可以接收数据传输。

通过利用版本10里提出的DM-RS，PDSCH不需要从与小区特定参考信号一样的节点传输。取而代之的是，当有益的时候，数据可以从其中的一个微微传输节点传输，而且时频资源可被空分微微传输节点再利用。由于微微传输节点既不发送唯一的小区特定参考信号，也不发送系统信息，它们不定义小区，但却是上层宏小区的一部分。因此这种用CoMP方法做异构网络部署一般被叫作共享小区ID，如图14.7右图所示。

在图14.8中，从最右边的传输节点上，数据被传送到终端2。因为相关联的DM-RS像数据一样从相同的传输节点发送，终端不需要知道用作数据传输的节点，复用在相同的宏小区中穿过多个微微节点的数据传输使用的时频资源，和之前章节描述资源分隔系统相似，因此我们可以获得空间复用增益。

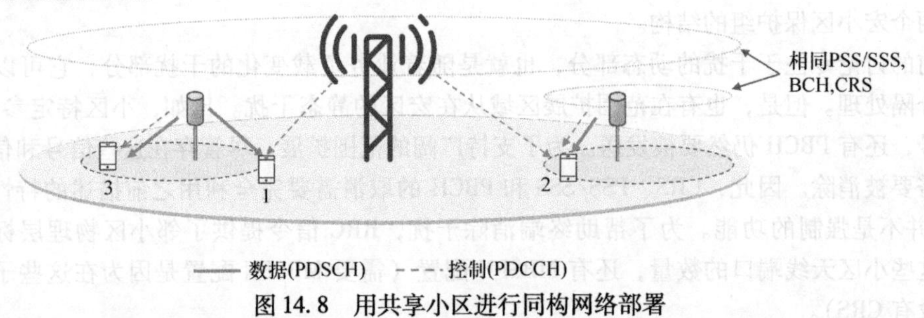

图14.8　用共享小区进行同构网络部署

版本10中需要的控制信息是基于CRS，因此控制信息需要至少从宏站发送，如图14.8中终端1一样。因此，在大部分情况下，数据和相关的控制信令源自于不同的发射节点。理论上对终端是透明的，它只需要知道哪个参考信号为哪个信息使用，但不是信息起源于哪个发射节点。在版本11（见第5章）介绍的类似托管的机制一般倾向于保障终端只利用相关的参考信号。

图14.8描述了多种发送控制信息的方法。第一种，包括已经描述过的终端1只用从宏站来的控制信息。另一种方法是，相同的CRS和控制信道可以像终端2描述的从宏节点和微微节点发送。对终端来说，这看起来像一个复合节点，因为从两个节点发送相同的信号。第一种情况从网络功耗角度看是有益的，因为只有当有数据传输时，微微传输节点是激活的。第二种情况，另一方面，通过宏和微微传输的OTA结合，增强了控制信令的信噪比。此外，为了功率控制，一个LTE终端从接收的CRS信号强度（见第7章上行功率控制的讨论）估计上行路径损耗。第二种情况有时可以导致更精确的上行功率控制。

控制信令在这两种情况都没有空间复用增益，因为所有的传输都涉及宏站，而且穿过微微节点，时频资源不能再被利用。这可以用控制信令基于DM-RS的EPDCCH来处理，并像用在PDSCH一样从相同节点发送，如图14.8中的第三种终端情况。

不支持基于DM-RS传输的终端可仍在共享小区机制里操作。到这些终端的数据传输是基于

CRS 的，并且可以像之前描述的 PDCCH 控制信令一样以相同的方式处理。尽管这些终端可能没有空间复用增益，它们也可以通过一个提高的信噪比从微微节点受益。用作调度决定的信道状态反馈基于 CSI-RS。不同的微微节点和宏节点可以被配置成用不同的无干扰的 CSI-RS 配置来允许终端估计到不同传输节点相对应的传输节点的信道条件。对于不支持 CSI-RS 的终端，信道状态反馈是基于 CRS。在这些情况下，基站可能需要衡量接收报告，以考虑用于 CRS 和 PDSCH 的传输节点集合的不同。

部署一个共享小区的体制可以用光纤连接一个或多个射频拉远单元（RRU）和宏站到相同基带单元。原因之一是针对低延迟连接，用从不同传输节点来的控制和数据在宏和微微节点之间的紧耦合。

集中化处理在上行性能方面也提供了好处，并且在大部分情况下，仅此就可激励集中化处理 RRU 的使用。任何传输节点的结合，不一定是那些用作到终端的下行传输，也可以被用作从终端接收的传输。在中央处理节点以建设性的方式组合来自不同天线的信号，本质上就是上行 CoMP（见 13 章），上行数据速率被显著提高。事实上，上行接收和下行发送被解耦合，而且有可能做上行范围扩展，而不用像在单独小区 ID 部署一样引起下行干扰问题。对于版本 8 的终端，也可获得上行增益。

与用不同小区的部署相比，用共享小区的同构部署也可以提供额外的移动鲁健性。这可以是一个重要的方面，尤其是当从一个微微节点向宏节点移动时。在一个单独小区部署中，需要一个切换程序来改变服务小区。在切换程序执行前，如果终端已经移动到宏区太远，在切换完成之前，从微微节点来的下行连接可能会丢失，导致无线链路的失败。另一方面，在一个共享小区的部署中，用作下行传输的传输节点可以迅速改变而不需要切换流程。因此，丢失连接的可能性被降低了。

14.6　封闭用户组

前面章节的讨论假定了允许终端连接到低功率微微节点。这可以被视为公开访问，在这种情况下一般低功率节点是运营商部署的。导致相似的干扰问题，另一个例子是用户部署家庭基站。封闭用户组（CSG）一般指到这种低功率基站的连接被限制到一个小的终端的集合，比如住在有家庭基站的家庭。CSG 导致额外的干扰问题。比如有一些终端离家庭基站比较近，但不被允许连接到家庭基站，这样会受到严重干扰，可能还不能连接到宏小区。原则上，家庭基站可能会导致覆盖孔在运营商的宏网络，一个尤其严重的问题是，家庭基站一般是用户部署的，运营商不能控制其位置。类似的，家庭基站的接收也许受到从终端到宏小区的上行传输严重干扰。原则上，这些问题在一定程度上可以通过上面相同的方法解决，也就是通过依赖家庭基站和重叠的宏层调度之间的干扰协调。然而注意这个干扰避免必须是两方面的。也就是说，不仅在家庭基站覆盖区域的高干扰外部区域要避免从宏小区到家庭基站终端的干扰，同时也要避免从家庭基站到离家庭基站比较近，但又不是家庭基站 CSG 的一部分终端的干扰。另外，大部分干扰协调机制假定了在宏站和家庭基站之间用 X2 接口，其并不总是成立的。因此，如果支持封闭用户组，更倾向于给 CSG 小区用单独载波来保持无线接入网络的总体性能。在 CSG 小区间的干扰处理一般缺少基于回路协调的体制，可以取决于功率控制的分布式算法和/或小区间的资源分隔。

第 15 章　动态 TDD 小基站增强

低功率节点或小基站受到了很多的关注，原因是需要进行密集部署，以便提供非常高的数据速率和高容量。从 LTE 的第一版已经可以在大范围场景提供高性能，包括广域和局域接入。但是，大部分用户是静止的或移动缓慢的，静止或半静止情况下的高数据速率越来越受关注。LTE 标准引入了一些性能来提高在版本 12 中对低功率节点的支持。本章描述其中的两种性能，即小基站开关和动态 TDD。在描述这些性能之前，注意也有其他本章未描述的性能，但是其仍和小基站增强相关。第 14 章讨论了如何一起部署低功率节点和宏节点，导致所谓的同构部署。第 16 章描述的双连接是在小基站增强的背景下由 3GPP 提出的，其是第 6 章描述的 256QAM 的扩展。第 17 章中与基于 802.11 的 WLAN 和许可辅助接入的交互工作是和用低功率节点部署相关的其他性能的例子。

15.1　小基站开/关

在 LTE 里，无论小区中的业务活动如何，小区都在不断地发送小区特定参考信号并广播系统信息。原因之一是为了使空闲模式的终端来探测小区的存在；如果从小区没有任何传输，则终端不能根据任何东西进行测量，小区将不能被检测到。另外，在一个大的宏小区的部署，有相当大的可能在一个小区里至少有一个终端是激活的，这激励了参考信号的连续发送。LTE 的设计考虑到通用频率的复用，可以处理来自这些传输的区间干扰。

然而，在这种大数量的相对小的小区的密集部署中，不是所有小区同时服务终端的可能性有时候会相对高：当终端有比较低的信干比时，由于从相邻的潜在的空小区来的干扰，尤其是在如果有相当大数量的视距传播时，终端受到的下行干扰可能会更严重。在这种密集的小基站情况下，选择性地关掉小区可以获得降低干扰上的显著增益并且降低功率消耗。小区被开或关得越快，更能有效地跟上业务的动态和更高的增益。

原则上，关闭小区是最直接的方法，而且可以用当前的网络管理机制处理。但是，即使在一个特定小区没有终端，关掉小区也会对空闲模式的终端有影响。为了避免对这些终端造成影响，其他小区必须提供区域的基本覆盖，否则会被小区关掉。此外，LTE 中的空闲模式程序不是假定小区被频繁地打开或关闭，在终端发现小区被打开之前需要一段时间。一个小区从休眠状态到完全激活状态的过渡需要几百毫秒，这对于追踪任何动态业务的变化来说太慢了，而且将对性能有明显的影响。

在此背景下，在密集部署中的小基站[⊖]显著更快的开/关操作包括在子帧水平的开/关，在版本 12 的发展过程中被广泛地讨论。基于这些讨论，版本 12 中小基站开/关的机制是基于在载波聚合架构（见第 12 章）中的激活/失效。这意味着开/关仅受制于在激活模式下的从属小区，即

⊖ 尽管特性被称为“小基站开/关”，而且讨论里假定了一个小基站的部署，从规范的角度，特性并不局限于小基站。

主载波总是开的。限制开关操作只针对从属载波显著地简化了整体设计，因为空闲模式的兼容性不受影响的，而从属载波可以被迅速地激活/失效。

当辅组分载波被关掉，原则上终端在那个载波上没有任何传输。这意味着终端不该有任何同步信号、小区特定参考信号、CSI 参考信号或者从无效的小区来的系统信息。尽管一个载波完全静止可能会带来最佳能量积蓄和最小干扰，但它也意味着终端不能保持到那个载波的同步或者执行任何测量，比如移动相关测量。没有任何激活模式的移动性处理，有很大的风险终端可能会离开一个从属小区的覆盖区域，而网络并不感知。因此，为了解决这个问题，在版本 12 中引入参考信号一个新的形式——发现参考信号。发现信号用低的忙闲度发送，被终端用以执行移动性测量和保持同步。尽管被设计成小基站开/关工作的一部分，不关掉小区发现信号也是有用的。比如说，它可以被用来协助辅助共享小区操作（见第 14 章），或者是全维度 MIMO（见第 10 章）。图 15.1 描述了一个小基站开/关的例子。

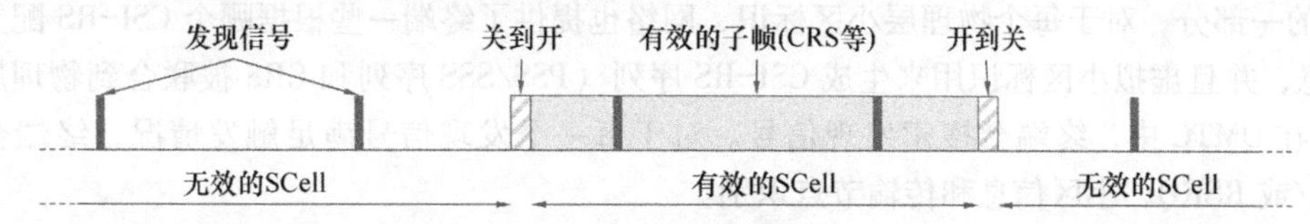

图 15.1　小基站开/关

15.1.1　发现信号和相关测量

发现参考信号（DRS）尽管被描述成新信号，但事实上它包括一些已经存在的信号的组合，即

- 同步信号（PSS 和 SSS）来协助获得小区标识和粗糙的频率和时间同步。
- 小区专用参考信号（CRS）来协助获得精确的频率和时间同步。
- CSI 参考信号（可选）有助于确定小区里的传输节点标识。

在技术规范里，发现信号是从终端的角度定义的。更精确地说，所谓的发现信号发生于一到五个子帧（TDD 是 2～5 个），终端可能会假定存在上面描述的信号，起于在第一个子帧的同步信号㊀，如图 15.2 所示。DRS 发生的周期性可被设为 40ms、80ms 或者 160ms。

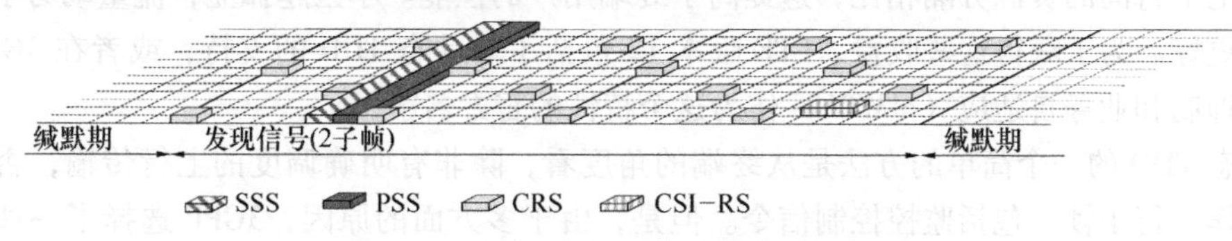

图 15.2　FDD 中发现信号的传输的例子

一个发现信号总是从子帧 0 或子帧 5 开始发生。这直接遵照了同步信号的定义，即在 FDD 和 TDD 情况下，当在子帧 0 和子帧 5 发送从属同步信号时。CSI-RS 作为 DRS 是可选的，其在发现信号发生的任何子帧可在天线端口 15 发射，考虑到在每个子帧中的任何限制。CSI-RS 的目的

㊀ 对于 TDD，作为同步信号设计的结果是，从属同步信号是在第一个子帧里，主同步信号在第二子帧里，这也是在 TDD 里两子帧可能最短的发现信号持续的原因。

是为了能够识别属于相同物理层小区标识的单独的传输节点。这可被用来选择性的打开小区里的一定的传输节点以响应终端测量报告，如第14章描述的结合共享小区的操作。如图15.2所示，在一个子帧里，一个CSI-RS有几个可能的位置。在FDD里有96个不同的位置，假定一个5个子帧长的发现信号起于子帧5[⊖]，因此允许识别大数量的传输节点。在一个给定的资源元素上，通过发送从一个传输节点的非0功率CSI-RS和从其他节点的零功率CSI-RS，不同的CSI-RS位置可被用来创造传输节点间的正交性。

无线资源管理可以基于DRS，即终端需要基于小区识别和无线资源管理测量，比如参考信号接收功率（RSRP）和在DRS上的参考信号接收质量（RSRQ），而不是在第11章提到的PSS/SSS/CRS。终端要配置是否用基于DRS的测量或者不通过RRC信令。为了协助这些测量，终端会获得一个DRS测量定时配置（DMTC），即表明DRS可能会发生在6ms的窗口。如果CSI-RS是DRS的一部分，对于每个物理层小区标识，网络也提供了终端一些根据哪个CSI-RS配置来测量的信息，并且虚拟小区标识用来生成CSI-RS序列（PSS/SSS序列和CRS被联合到物理层小区标识）。在DMTC中，终端会搜索发现信号。对于每一个发现信号满足触发情况，终端会报告RSRP和/或RSRQ、小区信息和传输节点识别。

15.2　动态TDD和eIMTA

像第5章描述的，在LTE中有7个不同的上下行配置。一个子帧可以是上行的，也可以是下行的（在这种情况下，特殊子帧可以在很大程度上被认为是下行子帧）。这个配置在实际中是静态的，这一假设在较大宏站里是合理的。但是，随着越来越受关注的局域部署，与目前的广域部署情况相比，TDD变得更重要。一个原因是非成对频谱分配在高频带更广泛，对广域覆盖不太适合，但对局域覆盖有用。另外，在广域TDD网络中一些有问题的干扰场景在局域网络中用低传输功率和低于屋顶位置的天线设施中是不太明显的。为了更好地处理局域场景中的高流量动力学，即发送到局域接入节点或从局域接入节点接收的终端数量可以非常小，动态TDD是有益的。在动态TDD中，对于上行或下行传输，网络可以动态利用资源来匹配即时流量情况，与传统的静态上下行间的资源分隔相比，这提高了终端用户的性能。小区越孤立，流量动力学就可以被利用得更好。为了获得这些收益，LTE版本12包括了对动态TDD的支持，或者在3GPP里用增强干扰抑制和业务自适应（eIMTA）作为这个特性的官方名字。

到动态TDD的一个简单的方法是从终端的角度看，除非有明确调度的上行传输，否则把每个子帧当作下行子帧，包括监控控制信令。但是，由于多方面的原因，3GPP选择了一些不同的方法，在每帧（或帧集）的开始发出上下行分配信号来动态改变上下行利用率。

15.2.1　eIMTA的基本原则

在eIMTA介绍中，上下行链路的配置不是静态的，但可以以帧为单位进行改变。其通过被网络广播当前的上下行配置来处理，用以使用每个帧（或之后讨论的帧集）。

⊖ 在这种情况下，在子帧5有16个不同的配置，在以下每个子帧有20个不同的配置；16 + 4 × 20 = 96。

广播允许上下行配置来改变和满足不同的上下行业务需求。但是，有必要处理上行反馈，比如响应下行业务的混合ARQ确认，还有和上行相关的下行控制信令。因此有一些子帧被保证是下行或上行，而不考虑动态重新配置，是有益的。比如从下行传输引起的混合ARQ反馈倾向于在子帧中传输来保证是上行使用以避免错误。随机接入传输也需要保证在上行方向上的子帧。因此，eIMTA使用3种不同类型的上下行配置：

- 上行参考配置。
- 下行参考配置。
- 当前的上下行配置。

前两种是半静态的配置，并且在其他事情中间，决定混合ARQ信令的定时，而最后一个决定了在当前帧中子帧的使用，而且可以基于帧动态变化。

上行参考配置从SIB1中获得，也用在不支持eIMTA的终端，即在早期版本中的上下行配置。优选地，为了允许支持具有eIMTA能力的设备的最大灵活性，该配置是上行链路重型。在这个参考配置中，不管任何动态重配置，下行子帧被确保为下行子帧，因此对于下行传输来说是有用的，比如PHICH。在图15.3中，配置0是个例子。

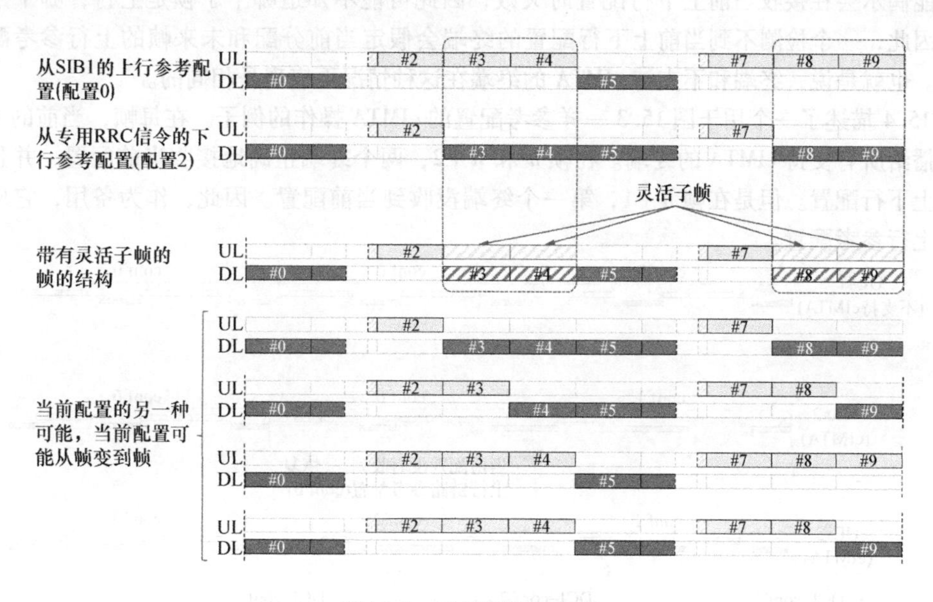

图15.3 灵活子帧的例子

下行参考配置是从专用RRC信令获得的，专用于支持eIMTA能力的终端。按照其名字下行重型配置对于最大灵活性是个好选择。这个参考配置的关键性质是不管任何动态重配置，上行子帧被确保为上行子帧，因此像下面讨论的，对于混合ARQ反馈是有用的。在图15.3中，配置2是下行参考配置的一个例子。从两个参考配置中，一个支持eIMTA能力的终端可以计算所谓的灵活子帧，作为两个参考配置间的不同。如下面讨论的，一个灵活的子帧可以被用在任何一个传输方向上。

当前的上下行配置决定了在当前帧中哪个子帧是上行的，哪个子帧是下行的㊀。必须从第5章里描述的7个可能的上下行配置里选择，而且必须在由参考配置获得的灵活子帧设置的限度之内。这是被经常广播的配置，而且可以被动态地改变，以为了跟随业务变化。图15.3描述了例子中为当前上下行配置的4个不同的可能性。

在PDCCH上用DCI格式1C给所有支持eIMTA的终端广播当前的上下行配置。一个特殊特性，eIMTA-RNTI被用在控制信道上来表明当前的配置。DCI格式1C用了多个3比特领域，考虑到由参考配置引起的任何限制，每个领域为每一个终端配置的成分载波标明了第5章中7种上下行配置中的一种。

从动态适应到变化的业务情况的角度来说，对每帧，尽可能地频繁广播当前配置是有益处的。另一方面，从信令开销的角度，不太频繁的信令导致一个较低的开销。因此，为当前配置的信令周期可以被设为每10、20、40或80ms。也有可能配置在哪个子帧里，终端可以监控带有当前子帧配置的DCI格式1C。

根据用eIMTA-RNTI探测的DCI格式1C，终端会相应地设置当前上下行配置。但是，一个终端可能偶尔会在接收当前上下行配置时失败，因此可能不知道哪个子帧是上行，哪个子帧是下行。因此，一个检测不到当前上下行配置的终端会假定当前分配和未来帧的上行参考配置是相同的。也就是说，终端和不支持eIMTA的终端在这种情况下表现是相同的。

图15.4描述了一个用于图15.3一样参考配置的eIMTA操作的例子。在每帧，当前的上下行配置广播给所有支持eIMTA的终端。在帧n和$n+2$，两个终端正确地接收当前配置，并且应用相应的上下行配置。但是在帧$n+1$，第一个终端没收到当前配置。因此，作为备用，它应用了该帧的上行参考配置。

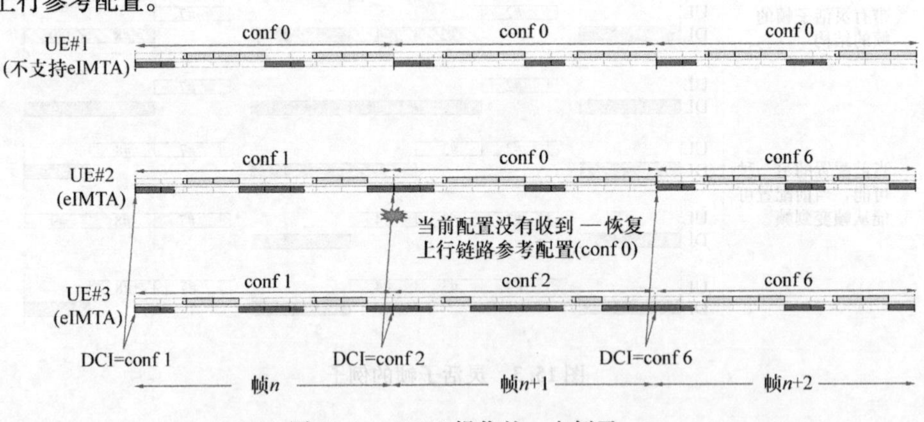

图15.4　eIMTA操作的一个例子

15.2.2　调度和混合ARQ重传

上面描述的基本原理是来动态配置每帧的上下行配置，从下行调度的角度来说很好。基站可以用当前配置中的任何下行子帧，来调度下行数据。响应下行数据传输，混合ARQ确认需要

㊀　如果是上行参考配置，并且当前子帧配置标明了一定的子帧分别作为特殊和下行子帧，子帧是下行子帧。

从上行子帧的终端发送。那些确认的定时是由下行参考配置以一种和载波聚合相似的方式，用不同的上下行配置（即确保传输的子帧是上行子帧）提供的。不用任何上行子帧，限制混合ARQ反馈给确保的上行子帧是有益的，因为它维持了一个固定的定时，而且如果终端没正确接收当前帧的配置。当前配置的不适当接收是为什么结合混合ARQ反馈确认在eIMTA中未被支持的原因。另外，下行参考配置被用来获得混合ARQ过程的数量。

上行调度有点更复杂，因为在一个下行子帧接收到的上行授权控制后面哪一帧的上行传输，规范里给出了定时关系。为了能重复利用已经发展的定时关系，即在一个确定的子帧中哪个下行子帧用来调度上行传输时，上行授权被限制为只在保证的下行子帧中传输。相似的，遵照相同的原则，PHICH本质上是一个上行转播授权。明显的，如果调度器调度了一个在一定（灵活）子帧里的上行（重）传，子帧将不能被用作下行传输。

从前面章节下行和上行参考配置里的讨论可知，一个相关的问题是为什么这些配置，至少和旧终端没有任何关系的下行参考配置，是可配置的？一个解决方案是很难将下行参考配置编码至配置5，最重的下行配置。答案在混合ARQ延迟和下行重配置的事实导致较少对混合ARQ反馈可行的子帧，因此混合ARQ反馈会有较大的延迟。结合可配置的参考配置，可以将混合ARQ延迟与子帧分配中的数量灵活性进行平衡。

15.2.3　RRM测量和CSI报告

在一个动态TDD网络中，子帧的传输方向没有必要和多个小区是对齐的。因此，确保下行子帧和灵活分配给下行的子帧间的干扰可能会有很大不同。这将不仅会影响无线资源管理的测量，比如切换判决，还会影响速率控制。

切换判决应该是连续的，而且不会受短期业务变化的影响。因此，比如像RSRP和RSRQ用作移动性处理的测量取决于确保的下行子帧，而且不受当前上下行配置的变化的影响。在半静态信号配置（上行参考）之后，启用eIMTA的终端和（传统）终端的移动性和切换行为是相同的。

另一方面，速率控制应该反映终端的瞬时信道情况。因为帧间行为在确保的和灵活下行子帧间的干扰行为可以有很大不同，两个子帧集合的干扰可以被分别测量，在每个集合中，分别汇报CSI。

15.2.4　上行功率控制

和下行类似，上行干扰在确保是上行的子帧和动态分配给上行传输的子帧之间有很大的不同。因此不同的传输功率设置是有利的，和确保的上行子帧相比，如果是灵活分配的上行子帧，允许上行传输功率设置到一个较大的值来抵消在相邻小区从相似下行传输来的干扰。

在eIMTA中，这将通过单独且独立的功率控制循环：一个是动态分配的上行子帧，一个是确保的上行子帧。对于它们每一个子帧的集合，功率控制的处理像第7章中描述的一样，对于每一个子帧集合参数单独地分配给两个子帧集合中的一个。

15.2.5　小区间干扰协调

动态TDD允许上下行配置在小区的基础上动态改变。尽管动态TDD的一个原因是跟随一个小区里的业务行为的快速变化，动态调整上行链路-下行链路配置而不与相邻小区协调可能并不总是可行的。在一个孤立的小区，完全独立的适应是可能的，当在一个大的宏网络中，或多或少有静态的分配，因为LTE的设计可能起源于只有一个可能性。但是，在这两种极端情况之间有一个大范围的场景，带有一些区间协调，动态TDD是可能的。

在属于同一基站的小区之间，这纯粹是个在调度算法中实现的问题。但是，当协调属于不同基站的小区时，需要通过X2接口协调。为了帮助在eIMTA中的小区干扰协调，一个新的X2消息，引入了一个准备的上下行配置，而且扩展了版本8中区间干扰协调架构（ICIC，见第13章）中的超载指示器。

计划的上下行配置是一个X2消息，当一个小区可以指示上下行配置时，它想为相邻小区使用即将到来的周期。当决定小区使用的配置时，小区中的调度器接收了这条消息并考虑这个消息。例如，如果相邻小区指示了一个灵活的子帧会被用作上行传输，小区接收这个消息可能会试着避免将同样灵活的子帧分配给下行传输。

ICIC中的负载指示器，标明了在不同资源块上的小区的上行干扰。对于TDD，负载指示器涉及上行参考配置，即被不支持eIMTA终端使用的上下行配置。随着eIMTA的引入，增加了一个扩展的负载指示器。扩展的负载指示器和版本8中的负载指示器是一样的，带有它和哪个上行子帧相关的额外的信息，因此允许关于当前上下行配置的干扰信息。

第16章 双连接

一个终端要通信，在终端和网络之间至少需要存在一个连接。终端连接到同一个小区并管理所有上行和下行传输的情况，将作为比较的基准线。在此情况下，包括用户数据和RRC信令在内的所有数据流都由该小区管理。这是一种简单且鲁棒的方法，适用于LTE的基础和广泛部署。

但是，在某些场景下，允许终端连接到网络的多个小区是有益的（如图16.1所示）。

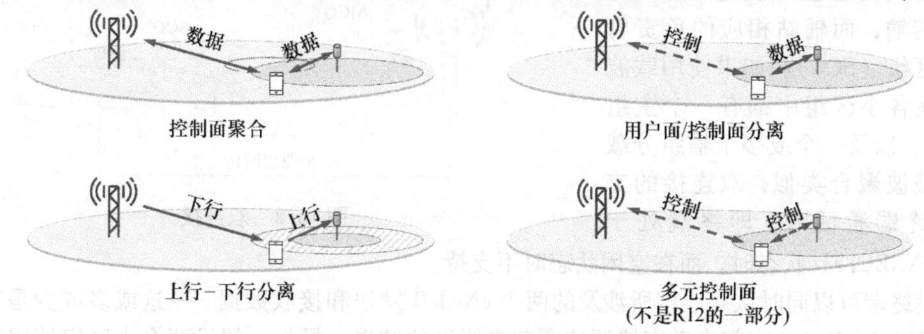

图16.1 双连接的几种使用场景

- 用户面聚合场景，其中终端出于增加总的数据速率的目的，向多个站点发送和从多个站点接收数据。注意该场景下存在不同站点发送和接收的不同数据流，不同于如上行CoMP情况下的多个天线站点接收同一数据流。
- 控制面/用户面分离场景，其中控制面通信由一个站点管理而用户面由另一站点管理。这种情况可以用在，例如用宏小区维护一个鲁棒的用户面连接，同时用户面数据由微微小区卸载。
- 上行-下行分离场景，其中下行和上行由独立站点管理。对于异构部署网络，最佳下行链路并不意味着对应的上行链路也最佳，这正是分别管理上下行链路的动机，如第14章所讨论的。
- 多元控制面场景，其中RRC指令由两个站点发送。这种方式可受益的其中一个例子是异构部署网络的移动性。一个连接到微微小区的终端移入宏小区时将接到网络的切换指令。为了减少由于微微小区链路质量急剧下降所导致的切换指令丢失，切换指令可以由这两个站点都发送。虽然该场景在版本12（R12）讨论过，但是由于R12的指定时间限制，并没有被最终的规范所支持。

注意这里所说的控制面是指高层发送的控制信令，比如RRC信令，而不是L1/L2的控制信令。终端连接到两个小区时，各小区分别管理各自的L1/L2控制信令。

其中一些场景在LTE版本8（R8）中已经部分支持。例如，上行-下行分离可以由拉远的射频单元连接到集中的基带单元来实现，如第14章讨论的。载波聚合同样可以用于支持这些场景，例如，连接到同一基带单元的不同天线发送不同载波。但是，基于现有技术支持这些场景是非常初级的，并且对集中化基带处理的回传，在低时延和高容量方面要求很高。

为了克服这些缺点，双连接在版本12（R12）中引入，并在版本13（R13）中进一步重新定义。双连接意味着一个终端同时连接到两个eNodeB，主eNodeB（主站）和辅eNodeB（辅站），各自有调度器并通过X2接口相互连接，如图16.2所示。注意这是从终端的视角来看的，或者说，一个终端的主站可以是另一终端的辅站。因为主辅站管理各自的调度并且有各自的时序关系，普通的X2接口可以在松散的时延要求下用于连接两个站。该方式与一个终端连接到多个小区的另外两种技术（载波聚合与CoMP）相反。载波聚合与CoMP对相关小区之间的交互要求更苛刻，一般要求低时延、高容量的回传，并且有严格的同步要求。

载波聚合可以被分别用于两个eNodeB，即一个终端可以连接到两个eNodeB各自的多个小区。主站负责在主小区组（MCG）中调度传输，而辅站相应的负责管理辅小区组（SCG）。如果使用载波聚合，在各小区组中都有一个主组分载波[⊖]，以及一个或多个辅组分载波。与载波聚合类似，双连接的支持只在终端激活时，即终端处于RRC_CONNECTED状态时，而在空闲状态时不支持。

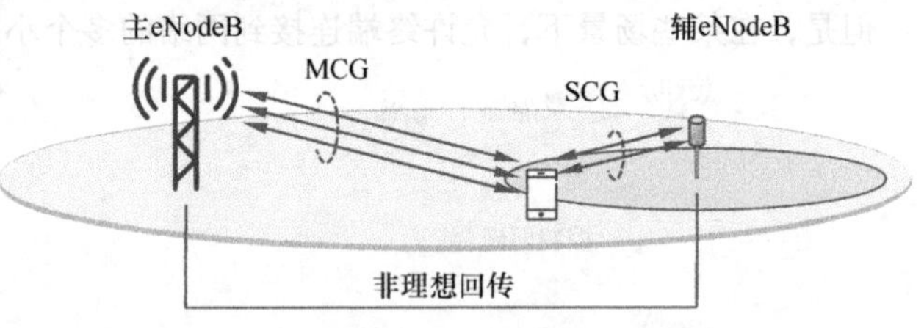

图16.2　双连接

假设终端可以同时从双连接所涉及的两个eNodeB发送和接收数据——这或多或少是双连接不能要求两个eNodeB之间有动态协调这个基本假设的结果。另外，假设两个小区组使用非交叠的频带，即只支持频带间双连接。虽然双连接的框架本身允许同频部署，但导致的干扰场景需要R13不包含的额外机制。最终，虽然规范是假设eNodeB类型不可知的，但在整体解决方案的制定过程中，经常假设一种由宏站管理主小区组、微微站管理辅小区组的异构场景。但是，这并不是强制要求的。终端首先连接到的eNodeB作为主站，然后添加辅站；如果终端首先连接到微微站，则微微站作为主站，而宏站可能作为辅站添加。

双连接的框架结果证明对于RAT间聚合也是适用的。一个与此有关的例子是LTE和WLAN的聚合，在R13中规定，其中主小区组使用LTE，而一个或多个WLAN载波作为辅助进行聚合。同时，期望双连接的框架演进，将来在LTE与5G新的无线接入技术之间的紧耦合互操作方面发挥重要作用，如第23章所述。

16.1　架构

第4章中所描述的整体架构同样适用于双连接，即如图16.3所示的eNodeB之间的X2接口和主eNodeB和核心网之间的S1-c接口。主eNodeB和S-GW之间总是有直接连接的S1-u接口，而辅eNodeB和S-GW之间的S1-u直连接口可有可无，取决于架构。注意图中示意的接口仅仅和管理某一个终端有关。辅eNodeB一般也会通过S1-c和S1-u连接到核心网，因为也可能作为另一终端的主eNodeB。

⊖ 在规范中，主小区组（MCG）中的主组分载波表示为主小区（PCell），辅小区组（SCG）中的主组分载波表示为主辅小区（PSCell），辅组分载波在两个小区组中都表示为辅小区（SCell）。

对于数据面，从辅 eNodeB 路由数据有两种可能选项。第一种选项是从辅 eNodeB 发送的数据直接通过连接到辅 eNodeB 的 S1 接口发送（见图 16.3 的左边部分）；第二种选项是利用主 eNodeB 路由（见图 16.3 的右边部分）。

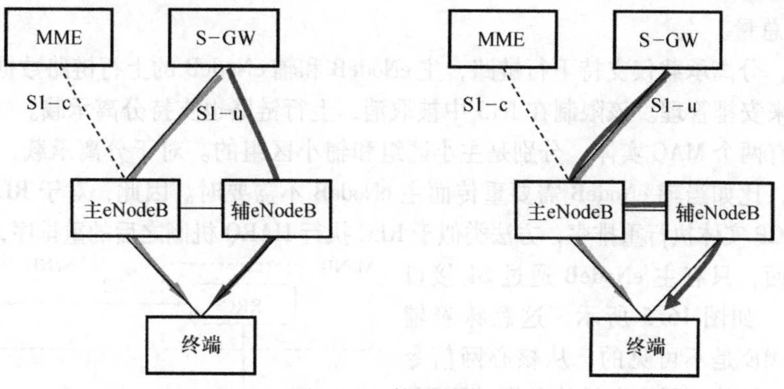

图 16.3　体系架构

第一种选项对于回传的要求相对不高，但呈现出的双连接在无线接入网之上是可见的，从移动性的角度来讲是缺点，比如需要频繁变换辅小区组的场景。用户面聚合可通过诸如多路径 TCP 的机制实现，即两路数据流的聚合在核心网之上的 TCP 传输层完成，而不是在无线接入网完成。

第二种选项，虽然因为辅 eNodeB 和终端的数据需要经由主 eNodeB 路由，从而对回传要求更高，但是因为聚合是在接近空口处完成，无须使用多路径 TCP，从而可以提供更好的性能表现。由辅 eNodeB 的变换所导致的移动性，对核心网来说是不可见的，这将对异构部署下的微微站之间的切换有益。

用户面协议架构如图 16.4 所示，与单 eNodeB 情况下增加了分离承载的架构类似。这里有三

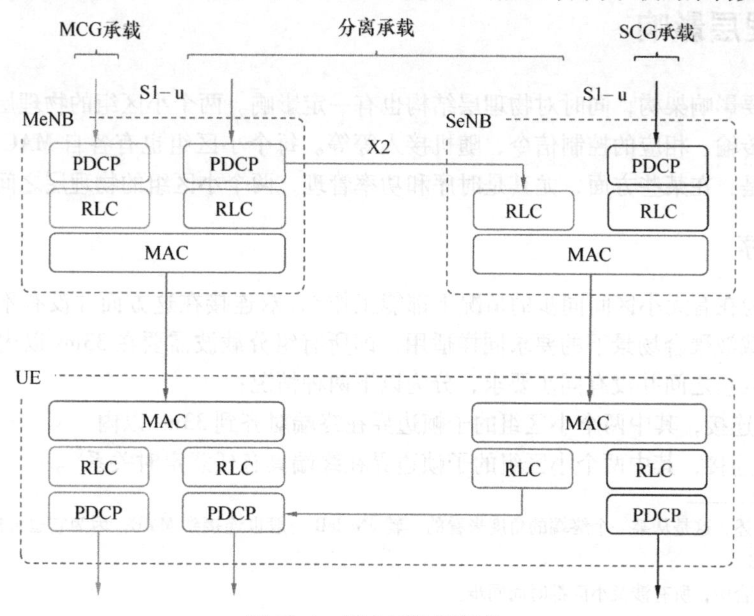

图 16.4　用户面协议架构

种无线承载：主 eNodeB 传送的承载、辅 eNodeB 传送的承载，以及主辅 eNodeB 之间传送的分离承载。如图中所示，对于分离承载有一个 PDCP 协议实体位于主 eNodeB 上，数据在此分离，部分下行链路数据经由 X2 接口转发到辅 eNodeB。在 X2 接口上存在流控制机制，以控制转发到辅 eNodeB 的数据总量。

在 R12 中，分离承载仅支持下行链路，主 eNodeB 和辅 eNodeB 的上行链路数据的分离承载都由半静态配置来安排管理。该限制在 R13 中被取消，上行链路也支持分离承载。

在终端侧有两个 MAC 实体，分别是主小区组和辅小区组的。对于分离承载，接收到的数据包可能是乱序，比如当辅 eNodeB 需要重传而主 eNodeB 不需要时。因此，对于 RLC 的 AM 模式，分离承载的 PDCP 实体执行重排序，方法类似于 RLC 执行 HARQ 机制之后的重排序，参见第 8 章。

对于控制面，只有主 eNodeB 通过 S1 接口连接到 MME[⊖]，如图 16.5 所示。这意味着辅 eNodeB 对于 MME 是不可见的，从核心网信令的角度看这是有益的，因为在异构部署情形下，辅 eNodeB 微微站之间的切换处理比主 eNodeB 宏站之间的切换处理更加频繁。

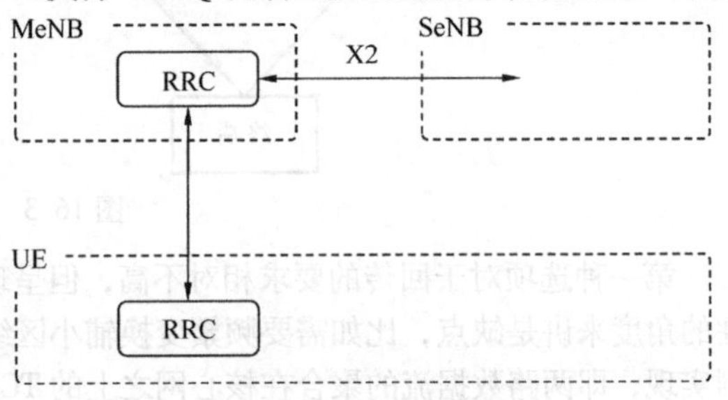

图 16.5　控制面架构

每个主 eNodeB 和辅 eNodeB 独立管理调度，独立控制 eNodeB 下各自小区内的资源。无线资源控制（RRC）由主 eNodeB 管理，对终端发送 RRC 消息。为了管理辅 eNodeB 下小区的无线资源，定义了 eNodeB 间的 RRC 消息。主 eNodeB 并不修改来自辅 eNodeB 的消息内容，而是简单地将其压缩到 RRC 消息中并发送给终端。

16.2　物理层影响

双连接主要影响架构，同时对物理层结构也有一定影响。两个小区组的物理层，各自独立操作各自的数据传输、相应的控制信令、随机接入等等。每个小区组也有各自 MAC 层独立调度物理层传输。但是，在某些方面，尤其是时序和功率管理，两个小区组的物理层之间有相关性。

16.2.1　时序

LTE 设计为在有无小区间同步的情况下都能工作[⊜]，双连接在这方面并没有不同。在一个小区组内，其他载波聚合场景下的要求同样适用，即所有组分载波需要在 33ms 以内的时间窗内接收。但是，小区组之间并没有同步要求，分为以下两种情况：

- 同步双连接，其中两个小区组的子帧边界在终端对齐到 33ms 以内。
- 异步双连接，其中两个小区组的子帧边界在终端具有任意定时关系[⊜]。

⊖ 如前文所述，这是从某一个终端的角度来看的。辅 eNodeB 一般也连接到 MME，因为它也可能作为另一终端的主 eNodeB。

⊜ 在载波聚合中，所有涉及小区都时间同步。

⊜ 实际上，规范提及了 500ms 的限制；大于这个限制的时间差由子帧编号的偏移量来解决。

理论上，上述两种情况并没有本质不同，但实际实现有区别。例如，如果主辅小区组的载波在频率上足够接近，那么如果主辅小区组同步，则单一的射频链就可以处理两个载波，但主辅小区组异步则不能实现这点。另一个例子是上行传输功率的设置，在许多实现情况下只能在子帧的起始位置出现。对于这种实现，同步双连接可行，因为子帧边界一致，而异步双连接则不可行。为了允许多种类型的实现，由终端来报告在各种频带组合下它是否可以异步工作。异步终端在同步和异步双连接下都可工作，而同步终端只有在同步双连接下可以工作。

从网络的角度看，在子帧编号与子帧偏移量方面的差别取决于实现，例如，与终端的非连续接收相结合。R13 增加提供了如下可能性：终端测量和报告主辅小区组差别，从而辅助网络操作。

16.2.2 功率控制

传输功率对于物理层有小区组之间相关性的情况是主要研究领域。虽然各小区组的功率设置是独立的，但规范规定了每个终端的最大发射功率，所以在功率分配时小区组之间就有了相关性。因此，当终端达到最大发射功率时，就需要在不同小区组各自的信道上缩小或放大功率。这听起来很直观，但由于小区组之间可能并非同步，使得问题复杂化。对于一个给定的小区组，传输功率的改变只能出现在子帧边界位置，因为接收机假定一个子帧内的传输功率是固定的。

同步的情况如图 16.6 左边部分所示，所有小区组的子帧边界是对齐的。当设置主小区组子帧 m 的传输功率时，该操作对于辅小区组的对应子帧是可知的，所以分配不同信道的传输功率是直观的。再次强调，传输功率的改变只能出现在子帧边界。

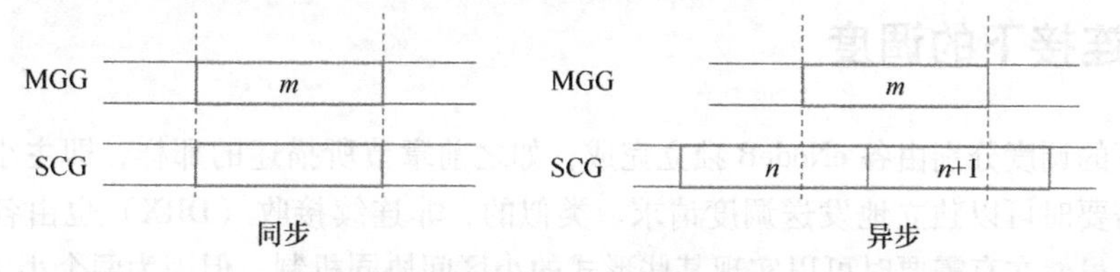

图 16.6 同步工作和异步工作

异步情况如图 16.6 的右边部分所示，更加复杂。不妨以主小区组举例（辅小区组的情况也类似）。主小区组的子帧 m 的可用传输功率取决于辅小区组的两个子帧，子帧 n 以及其后的子帧 $n+1$。

因为主小区组的功率设定只能在对应的子帧边界完成，则可能有必要为辅小区组可能发生的情况留出一定的余地。

对于先前描述的情形，定义了两种在小区组之间分配传输功率的方法。两种方法的主要区别在于功率限制是在所有小区组的所有小区完成，还是在每个小区组各自完成。具体采用哪种功率控制模式由 RRC 信令来配置。

双连接功率控制模式 1 对各小区组的功率缩放如图 16.7 的左边部分所示。在功率限制的情况下，所有小区组的所有小区的传输功率都会进行缩放，与载波聚合的方式相同。仅有的例外是在主辅小区组使用相同上行功率控制信息（UCI）类型的情况下，主小区组相比于辅小区组，上行功率控制信息优先。本质上，该功率控制模式不区分小区组，对所有小区采用同样方式。功率控制模式 1 只能工作在同步情况下，因为传输功率只能在子帧边界处改变。在异步情形下，主小区组的功率需要根据辅小区组子帧起始处完成的功率分配来改变（反过来也是这样），这是不可能的。

双连接功率控制模式2在小区组内缩放各载波的功率，而非小区组间，如图16.7右边部分所示。每个小区组可用的最小保障功率（表示为最大功率的占比），由RRC信令配置。在功率受限的情况下，每个小区组至少被分配最小保障功率。剩下的功率首先会分配给拥有更早传输的小区组。也就是说，对于在图16.6中的子帧m起始位置，辅小区组可以继续使用子帧n的功率，保持功率在子帧n内固定，在此之后所有剩余功率都分配给主小区组的子帧m。类似的，在辅小区组的子帧$n+1$的起始位置，主小区组使用子帧m的功率。因为异步工作意味着子帧边界在时序上不对齐，所以一个小区组的传输功率可能需要在子帧边界处改变，也可能由于另一小区而需要保持固定不变。因此，功率控制模式2是唯一能支持异步工作的模式。

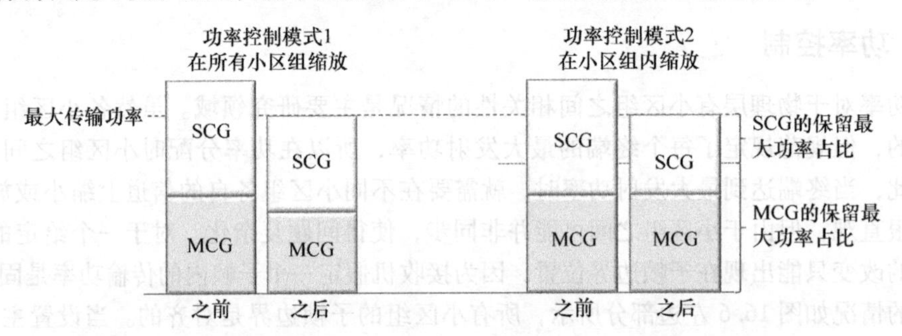

图16.7　达到最大传输功率情况下，模式1和模式2的功率控制行为

16.3　双连接下的调度

双连接下的调度分别由各eNodeB独立完成，如之前章节所描述的那样，即主小区组和辅小区组在各自需要时可以独立地发送调度请求。类似的，非连续接收（DRX）也由各小区组分别配置。因此，虽然在有需要时可以实现某些形式的小区间协同机制，但因为两个小区组是独立调度的，并不需要两个eNodeB之间特别紧密的协同。同样也不需要对分裂的承载下，怎样在两个小区组之间分裂下行数据进行规范。

然而，调度在某些方面也会受到引入双连接的影响，尤其是处理R13的上行链路承载分裂。为了确定上行链路数据分裂承载的数据应该怎样在小区组之间分裂，可以在终端处配置一个门限。当分裂承载的PDCP缓存中的数据大于该门限时，数据经由两个小区组发送，否则如R12一样只通过其中一个小区组发送。

用于支持调度的终端报告也会受到引入双连接的影响。更具体地说，等待发送的数据数量和可用功率，需要在两个小区组之间分配，因此对相应的报告机制有影响。

缓存状态由各小区组报告。因为eNodeB只对其所调度的小区组感兴趣，因此各自报告缓存状态，是一种自然而然的选择。知道主小区组的缓存状态并不会对eNodeB调度辅小区组有帮助，反之亦然。对于分裂的承载，R12依赖半静态的配置以确定分裂承载应该在哪个小区组，而分别报告两个小区组的缓存状态对于分裂承载来说仍然可以正常工作。在R13中，如果数据数量超过先前提到的门限，则两个小区组的分裂承载数据总量将被报告，并在需要时由具体实现来协同调度决策。

功率余量报告相比于缓存状态报告会更加复杂，因为如前文所述，功率是一种在小区组之间分享的资源，所以一个小区组的功率余量报告需要将另一小区组的行为考虑进来。于是对于报告，有以下两种可能的方式（具体采用哪种方式由高层来配置）：

- 另一个小区组所使用的功率由配置的参考格式给定（虚拟报告）。
- 用另一个小区组发送时所使用的实际功率（实际报告）。

主小区组的功率余量报告如图16.8所示（该原理对辅小区组同样适用）。功率余量是终端的最大传输功率，减去主小区组的传输功率，以及辅小区组的实际使用功率（或者假定使用的虚拟功率，取决于报告类型）。

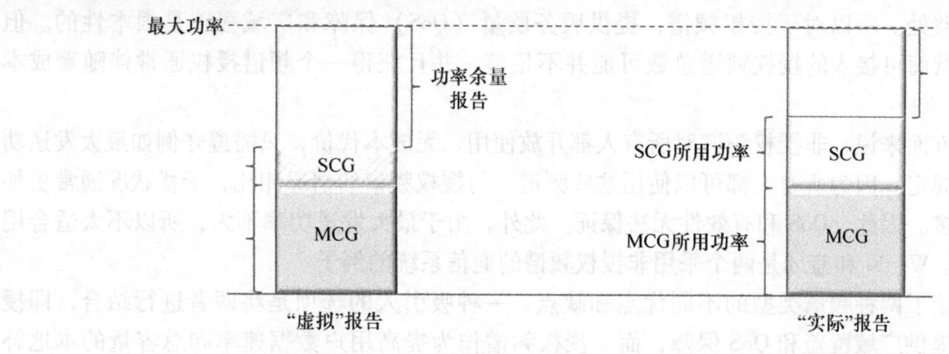

图16.8　主小区组的功率余量报告（MCG）[辅小区组（SCG）的报告类似]

第 17 章　非授权频谱与授权辅助接入

频谱是无线通信的基础，而为了满足不断增长的容量与高数据速率的需求，对更多频谱的探求是无止境的。增加 LTE 有效频谱总数因此非常重要。LTE 和之前的蜂窝系统都是为授权频谱设计的，运营商对某个频段有排他性授权。运营商可以根据授权频段规划网络和控制干扰，从而带来诸多益处。所以对于授权频谱，提供服务质量（QoS）保障和广域覆盖是根本性的。但是，一个运营商可接入的授权频谱总数可能并不足够，并且获得一个频谱授权通常伴随着成本上的代价。

从另一方面来说，非授权频谱对所有人都开放使用，无成本代价，只需遵守例如最大发送功率等一系列规定。因为所有人都可以使用这些频谱，与授权频谱的情况相比，干扰状况通常更加不可预知得多。因此，QoS 和有效性无法保证。此外，由于最大发送功率不大，所以不太适合用于广域覆盖。Wi-Fi 和蓝牙是两个采用非授权频谱的通信系统的例子。

前文讨论了两种频谱类型的不同优点和缺点。一种吸引人的选项是将两者进行结合，即授权频谱用于提供广域覆盖和 QoS 保障，而非授权频谱作为提高用户数据速率和总容量的本地补充，并且无须在覆盖、有效性和可靠性等方面做出妥协。

使用非授权频谱来补充授权频谱内的 LTE 本身并不是全新概念。许多运营商已经在使用Wi-Fi 来提高本地容量。在这类混合部署中，对所使用的无线接入——LTE 或 Wi-Fi——的选择，目前由终端自主处理。这会带来一些弊端，因为终端在即使 LTE 可提供更佳用户体验的情况下仍然可能选择 Wi-Fi。一个这样的例子是，当 Wi-Fi 网络已经负载很重而 LTE 网络轻载时。为了处理这种情况，在版本 12（R12）中 LTE 规范扩展了在选择步骤中由网络辅助终端的方法。大体上，网络配置了终端应当何时选择 LTE 或 Wi-Fi 的信号强度门限控制。

此外，版本 13（R13）也支持 LTE + WLAN 的聚合，其中 LTE 和 WLAN 采用与双连接类似的机制在 PDCP 层聚合。

研究 Wi-Fi 聚合的最早原因是支持运营商的已有 Wi-Fi 部署。然而可以注意到，授权和非授权频谱的更紧密融合可以提供更显著的收益。例如，运营覆盖两种类型频谱的一张 LTE 网络，比运营两种技术制式的网络（一种工作在授权频谱，一种在非授权频谱）更简单。另一方面是移动性的收益。LTE 在设计初衷上就包含了移动性，而 Wi-Fi 只有在用户基本静止不动时才表现最佳。在授权与非授权频谱中使用 LTE 的另外一些好处还包括 QoS 处理，以及在可调度系统中提升频谱效率的可能性。

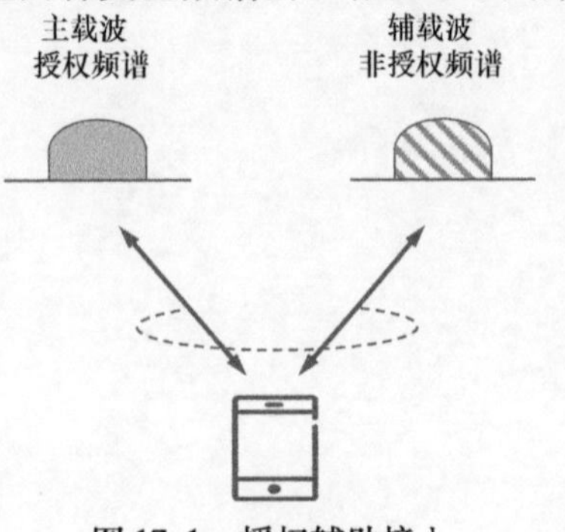

图 17.1　授权辅助接入

有了上述要点，3GPP 目前已经规定了授权辅助接入（LAA）作为 R13 的部分特性。LAA 的基本要素是载波聚合，其中部分组分载波使用授权频谱，而另一部分是非授权频谱，如图 17.1 所示。移动性、应急控制信令和需要高 QoS 的服务依托授权频谱载波，而（部分）要求不高的流量可由非授权频谱载波来处理。这正是“授权辅助接入”这个名称背后的逻辑，因为授权频谱用于辅助接入非授权频谱。

LAA 以运营商部署的 5GHz 频段低功率基站为目标，比如，密集城区、室内商场、办公室，以及类似场景。LAA 并不会替代用户部署的家庭 Wi-Fi 节点，因为需要接入授权频谱；LAA 也不会用作广域覆盖，因为非授权频段允许的发送功率实在太低。最初在 R13 中 LAA 只支持下行链路流量，而版本 14（R14）扩展到也能处理上行链路流量。

LAA 的其中一个重要特性是，与其他运营商和其他系统（尤其是 Wi-Fi），在非授权频谱上的公平分配。有如下几个机制实现这点。首先，使用动态频率选择（DFS），LAA 基站搜寻并找到部分负载轻的非授权频谱，这样就尽可能回避了其他系统。R13 同样支持“先听后讲”（LBT）机制[⊖]，其中发送器保证发送前，在载波频率上没有正在进行的发送。有了这些机制，LAA 和 Wi-Fi 的公平共存成为可能，相对于另一个相邻 Wi-Fi 网络，LAA 实际上成了 Wi-Fi 更好的睦邻。

17.1 LAA 频谱

非授权频谱存在于多个频段。原则上，任何非授权频段都可以用于 LAA，虽然主要对象是 5GHz 频段。一个原因是，在 5GHz 频段有相当大数量的带宽，而且与 2.4GHz 相比负载尚且合理。

5GHz 频段在全世界大部分地方可用，如图 17.2 所示，虽然在不同区域存在些许差异。下面给出了在世界上不同地区常规要求的简要概述。对于更详细的概述，参见参考文献［57］及其参考资料。

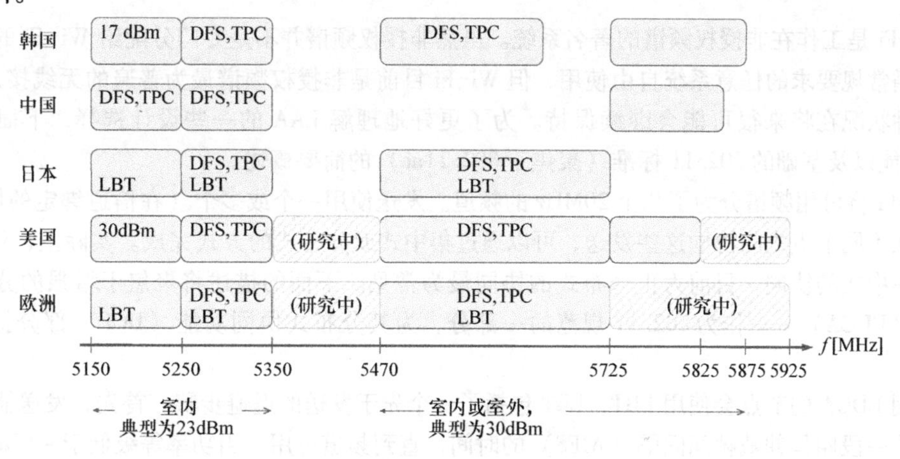

图 17.2　不同地区非授权频段概述

⊖ 有时候用“空闲信道评估（CCA）”的说法代替 LBT，然而此处的 CCA 仅用于对信道是否可用的接入，而不包括任何退避过程。

该频段的较低频部分，5150~5350MHz，通常用于室内应用，在大部分地区最大发送功率为23dBm。这总共200MHz的可用频段又分为各100MHz的两部分，并在5250~5350MHz的范围内规定要求动态频率选择（DFS）和发送功率控制（TPC）。

DFS意味着不管该频谱是否用于其他用途，发送器都必须不断地评估。如果检测到这样的用途，发送器必须在一定时间内（比如10s）腾出频率，并且在至少一段时间内（比如30min）不再使用该频率。这么做的目的是保护其他系统，这主要是雷达，因为雷达对于非授权频谱的使用有高优先级。而TPC则意味着发送器在需要时，出于减少整体干扰级别的目的，应该有能力减小其发送功率到最大允许功率之下。

在5470MHz以上频段，发送功率最大为30dBm，在许多地区允许用于室外用途。频谱总数对于不同地区是不同的，但高达255MHz的频谱是可用的。DFS和TPC是强制的。

在部分地区，尤其是欧洲和日本，LBT是强制的。LBT是这样一种机制：发送器在每次发送前侦听信道的任何活动，达到在信道占用时不进行发送的目的。所以这是一种比DFS更动态的共存机制。其他地区，比如美国，并没有任何LBT的要求。

可能也存在最小发送带宽，单个发送器可使用信道的时长，以及发送器必须让信道闲置的时间比例等方面的要求。比如，在欧洲，信道占用时长最多为6ms[⊖]，而日本相应的时间为4ms。信道占用时长对发送突发可以是多长设置了限定。欧洲同时还有如参考文献［58］所述的对非授权频谱使用的两组规则，一是为基于帧的设备，另一是为基于负载的设备。这两组规则分别被规范以适用于Hiperlan/2（现已废止）和Wi-Fi。LAA设计为基于负载的规则。

17.2 Wi-Fi基础知识

Wi-Fi是工作在非授权频谱的著名系统。虽然非授权频谱并不是专门分配给Wi-Fi的，而可以由遵循常规要求的任意系统自由使用，但Wi-Fi目前是非授权频谱最为普遍的无线接入技术，并且这种状况在将来很可能会继续保持。为了更好地理解LAA的一些设计选择，下面将给出Wi-Fi性能以及基础的802.11标准（聚焦于802.11ac）的简要概述。

Wi-Fi将可用频谱分为了几个20MHz的频道。发送使用一个或多个（在信道绑定的情况下）频道。在不同节点之间协同这些发送，可以通过集中式或分布式的方式完成。实际上，Wi-Fi很少使用集中式的协同，目前为止分布式的协同最为常见。下面的描述将聚焦于增强的分布式信道接入（EDCA）——作为802.11规范的一部分，为其分布式协同功能（DCF）部分提供QoS增强。

使用EDCA的节点会使用LBT，LBT包括了一个先于发送的退避步骤。首先，发送器侦听频道并等待一段叫作仲裁帧间间隔（AIFS）的时间，直到频道可用。当功率等级低于-62dBm，且没有检测到高于-82dBm的Wi-Fi前导码时，频道会被声明可用，否则其不可用。

当某频道已经被声明可用了（至少）AIFS的时间，发送器则开始退避步骤。退避计时器初始化为一个随机数值，表示9μs时隙的整数倍，这个9μs的时隙是信道在某个发送可以进行之前

⊖ 在某些情况下，8~10ms是允许的。

必须可用的持续时间。退避计时器在信道被感知空闲的情况下每过 9μs 减 1，而在信道被感知忙碌时保持不变，直到信道空闲持续了一段 AIFS 时间。

一旦退避计时器期满，则节点获得发送机会（TXOP）。在 TXOP 时期内多个数据包可以被一个接一个发送，只要不超出最大 TXOP 周期，其间不需要 LBT。但如果 TXOP 周期设置为 0，则只允许单个数据包发送，每个数据包都需要使用一个新的退避步骤。

在接收到一个数据包（或一组连续的数据包[⊖]）后，接收机回应确认消息。确认消息在数据包接收之后，以 16μs 的短帧间间隔（SIFS）发送。因为 SIFS 短于 AIFS，所以不会有其他 Wi-Fi 用户能够在此期间夺得该信道。如果没有确认消息，则要么是数据丢失，要么是确认消息丢失，则执行一次重传。在完成 TXOP 之后，在从缓存中发送下一数据包之前，不管是重传还是新的数据包，都会采用前文描述的同样步骤执行随机退避。引入退避步骤的原因是避免多个发送者之间的冲突。如果没有随机退避，两个等待信道可用的节点可能在同一时间开始发送，导致冲突并很可能使得两个发送都被损坏。而有了随机退避，多个发送者同时尝试接入信道的可能性将大大降低。

初始化退避计时器的随机数值必须在争用窗内，且为均匀分布，分布范围随每次重传尝试而指数增长。对于第 n 次重传尝试，退避时间在区间 $[0, \min(2^{n-1}CW_{min}, CW_{max})]$ 上均匀分布。争用窗越大，平均退避值就越大，冲突的可能性就越小。

802.11 最初的标准依赖于分布式协同功能，不支持处理不同的数据流优先级，所有数据流按照同样优先级对待。该问题由引入的 EDCA 处理，其中一项重要增强就是管理不同的数据流优先级。该功能由表 17.1 所示的使用依赖于优先类型的四类 CW_{min} 和 CW_{max} 的值来完成。高优先级数据流使用更小的争用窗以更快接入信道，而低优先级数据流使用更大的争用窗，从而增大了高优先级数据比低优先级数据更早发送的可能性。同样的，不同优先类型使用不同的 AIFS 持续时间，导致高优先级数据流相比于低优先级数据流，可在更短时间周期内感应并夺取信道。作为对比，表 17.1 的最后一排显示了使用传统 DCF 功能而不是 EDCA 的相应数值。

表 17.1　（对于一个接入点）不同接入类别的默认参数

优先类别	CW_{min}	CW_{max}	AIFS	TXOP
语音	3	7	25μs	3.008ms
视频	7	15	25μs	1.504ms
尽力而为	15	63	43μs	0
背景数据流	15	1023	79μs	0
传统 DCF	15	1023	34μs	0

LBT 与相应的退避步骤，在图 17.3 中以三个不同用户为例来说明。第一个用户相对较快地接入了信道，因为没有其他用户正在主动发送。当退避计时器期满后，数据包开始发送。第三个用户由于数据包到达时第一个用户正在发送，发现信道被占用。退避计时器则保持不减直到信道再次可用。但是，同时第二个用户夺得了信道，因此第三个用户只好再次保持退避计时器不

⊖ 在最早的 802.11 标准中，接收机对每个数据包都回应一个确认，而 802.11e 对此进行了修改，并在 802.11ac 中应用，引入了块确认，使得单个确认涵盖多个包成为可能。该功能常常伴随 TXOP > 0 使用。

变，进一步推迟发送。直到第三个用户的退避计时器期满，数据方才发送。

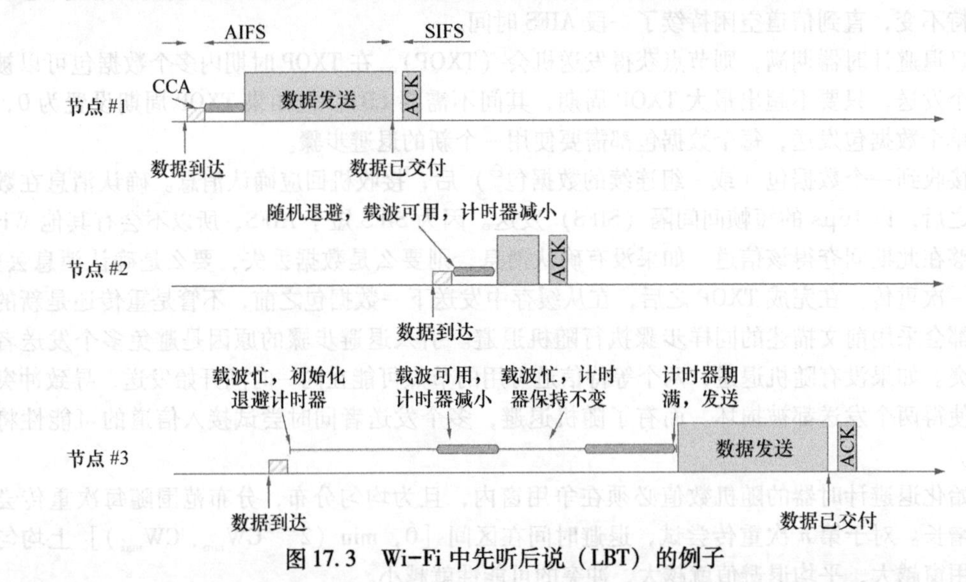

图 17.3　Wi-Fi 中先听后说（LBT）的例子

EDCA 的其中一个好处在于其分布式的本质——任何终端可以和任何其他终端通信，而不需要一个集中化的协同节点。但是，使用采用了退避计时器的 LBT，意味着一定的包头开销。在更高负载时这样的分布式协议效率更低，而集中化的调度功能可能提高效率。这也和常见的多部终端与一个中心接入点通信的场景很一致。

Wi-Fi 中 LBT 机制的另一方面，本质上，导致了跨多个接入点的时间重用大于一次，每个接入点都在某个区域提供覆盖。一个接入点的发送一般来说可由相邻接入点检测到，相邻点则可获知频道占用并推迟自己的发送。从容量的角度来说这样效率更低，因为众所周知重用同一频段会带来更高的容量。

前面段落的概述是简要的，目的是对 LAA 的一些设计选择提供一些背景。对于 Wi-Fi 以及诸如分布式方案中的隐藏节点问题等方面，更细节的描述请读者参见参考文献［59］。

17.3　LAA 的技术组件

LAA 如前所述，是基于 LTE 的载波聚合框架的。主组分载波和可选的一个或多个辅组分载波工作在授权频谱，与工作在非授权频谱的一个或多个辅组分载波聚合。通过 R13 中的载波聚合增强功能，可以支持最多达 32 载波的聚合，多达 620MHz 的非授权频谱可以结合 20MHz 的授权频谱一起由单个终端使用。实际上，载波聚合的使用基本上意味着授权与非授权频谱由相同基站来操作，当然也可能是由低时延的回传连接的多个拉远射频模组。为了处理授权和非授权频谱在由非理想回传相互连接的不同基站的情况，LAA 可以基于双连接框架，但这不是 R13 所包含的，留给未来版本作为潜在的引入。

对于授权频段的组分载波来说不需要有任何改动，因为 LTE 本身就是为这类频谱设计的。对于非授权频谱，LTE 的许多设计选项不变，而某些方面比起授权频谱会有不同，主要是由于多个运营商以及多个系统使用相同频谱。DFS、TPC、LBT、非连续发送以及无线资源管理，是受到引入 LAA 影响较大一些的方面，尽管在其他方面也做了一些相对较小的增强。下面部分将对这些方面的快速概览给出更细节的描述。

DFS 用于在检测到雷达系统干扰的情况下空出频道。这对于某些频段是必须的要求。DFS 在激活基站时也会用到，比如，在启动电源时，为了给将来的发送找到频率中未使用或轻微使用的频谱部分。支持 DFS 并不需要规范增强，eNodeB 的特定实现算法就足以支持了。

TPC 在部分频段和地区是必须的要求，要求发送器可以将功率相对于最大输出功率降低 3dB 或 6dB。这纯粹是实现层面的事，在规范中不体现。

LBT 保证了载波在发送之前是可用的。这是一个容许 LAA 和其他技术之间（如 Wi-Fi 等）频谱公平共享所必不可少的特性。在部分地区，特别是欧洲和日本，这是强制特性。LTE 中 LBT 的引入影响到了规范且成了 LTE 的一个全新特性，在 3GPP 已经有了广泛讨论。

由于部分地区限制了发送最大持续时间，下行链路非连续传输不仅需要符合规定，而且要与非授权频谱其他用户良好共存。只有当信道声明可用时发送才能进行。特别的，LTE 常规要求的小区特定参考信号（CSI）的连续发送变得不可能，影响的不仅是数据解调，也包括无线资源管理功能，要求对规范有所新增。从某种程度上，非连续发送可以看作是在子帧基础上的小基站开/关操作。非连续发送的引入将影响时间和频率同步，自动增益控制（ACG）的设定，以及 CSI 测量，因为这些功能一般依赖一定总是存在的参考信号。

与授权频率情况下某个运营商独有载波频率不同，非授权频谱需要考虑同一地区的多个运营商可能使用同一载波频率这一现实。此外，多个运营商也可能不再使用同样的物理层小区标识。许多信号和信道的结构都与物理层小区标识相关（如 CSI-RS、下行加扰，以及 CRS 序列等）。这将导致接入运营商 A 的某个终端可以成功接收源自运营商 B 的信号和信道的状况发生。但是，这种可能性极小，并且 eNodeB 可以通过检测用在目标载波上的其他物理层小区标识并选用未使用的小区标识的方式，避免这种情况的发生。

17.3.1　动态频率选择

DFS 的目的是确定辅载波的频率，需要找到可用或至少轻载的载波频率。如果成功，就将不会有与其他使用非授权频谱的系统的共存问题。因为围绕 25 个 20MHz 的频道是 5GHz 频段的一部分，并且输出功率相当低，于是存在颇高的找到未使用或轻载频道的可能性。

DFS 在 LAA 小区开启时执行。除了开启，DFS 也可以基于事件触发来执行。例如，基站可以在不发送数据时，周期性地测量干扰或者功率等级，目的是检测载波频率是否用于其他目的，或者是否有一个更适合的可用载波频率。如果情况是这样，基站可以将辅组分载波重配到不同频率范围（本质上是频率间切换）。

DFS 如前所述，对于许多地区的部分频段是受监管要求。促使 DFS 成为强制要求的一个例子是雷达系统，雷达系统在频谱上比起其他用途通常更有限。如果 LAA 基站检测到雷达用途，则必须在一定时间内（典型的是10s）停止使用该载波频率。载波频率至少在30分钟内不再使用。

DFS的细节取决于基站的实现，在规范里无须强制任何特定解决方案。DFS的实现特定算法可以使用终端的RSSI测量。

17.3.2 先听后说

在LTE中，所有发送都是受调度的，调度器全权控制发送在什么时间出现在授权频谱上的某个载波。调度也会用在非授权频段的LTE发送上，但是非授权频谱的固有结果就是同样的频谱上可能存在多个发送器（并且可能属于不同运营商），并且相互没有协作。虽然信道选择的目标是找到一个或多个未被使用或使用很少的频道，而且在许多情况下可以成功，但是不能排除同一频道被多个系统同时使用。LBT是指LAA使用的，在占用信道之前检查其可用性的机制。在LAA中，发送器在发送前监听信道的潜在发送行为。

不同地区的管理要求不同，比如，日本和欧洲，非授权频段的LBT是强制的，而其他地区较为宽松。在对LBT没有管理要求的区域，理论上可以部署R12的LTE并使用小基站在非授权频谱的辅载波开/关来实现部分加载机制，与Wi-Fi共存。当辅载波激活时，Wi-Fi将检测到信道忙并且不发送。类似的，当辅载波不激活时，Wi-Fi可以使用该频谱。开和关的时间周期可以根据负载而变化，可以以100ms为粒度。虽然这样的机制可以运转，并且可以调整为与Wi-Fi公平共享频谱，但是并不适合于全球部署，因为部分地区要求LBT。这正是LBT作为LAA必不可少的一部分的原因，因为LAA致力于提供一个单一的全球解决方案框架。注意LBT的动机是保证与诸如Wi-Fi的其他网络公平共享与共存，而不是在LAA小区内部协调发送。在同一个LAA小区内的多个终端间协调发送是靠与授权频谱同样方式的调度来完成的。

LAA的下行链路LBT是基于与Wi-Fi相同的基本原理。注意LBT相比信道选择来说，是一个更加动态的操作，因为会在每次发送突发之前都执行。因此LBT可以在非常快的时间尺度内（基本上为ms级）跟踪信道使用情况的变化。

一个传输突发是在一给定的eNodeB的一个组分载波下，跨了一个或多个子帧的相接发送，且前后并没有紧接着的发送。在发送一个突发之前，eNodeB通过执行带有随机退避的LBT过程来评估信道是否可用，如图17.4所示。任何时候当eNodeB发现信道在先前忙碌之后变得空闲，就执行拖延阶段。拖延阶段由16μs的时延开始，之后eNodeB用一个或多个9μs时隙的时间来测量能量，取决于表17.2所示的优先等级。拖延阶段的目的是避免与可能的Wi-Fi确认（数据接收16μs后发送）碰撞，其总长度至少为25μs㊀。对于在拖延阶段内的时隙中信道的每次观察，如果接收能量小于某个阈值，则频道被声明为可用。其中阈值取决于监管要求，最大发送功率以及LAA是否为唯一使用该频道的技术。

在完成了拖延阶段之后，eNodeB执行与17.2节所讨论的类似的完全随机退避过程。退避计时器由一个在［0，CW］区间均匀分布的随机数值初始化，表示在发送进行之前信道必须可用的时间，表示为9μs的整数倍。信道在9μs时隙内的可用性取决于与前面所描述的拖延周期相同的规则。

㊀ 25μs的时间等于16μs的SIFS和9μs的时隙周期之和。

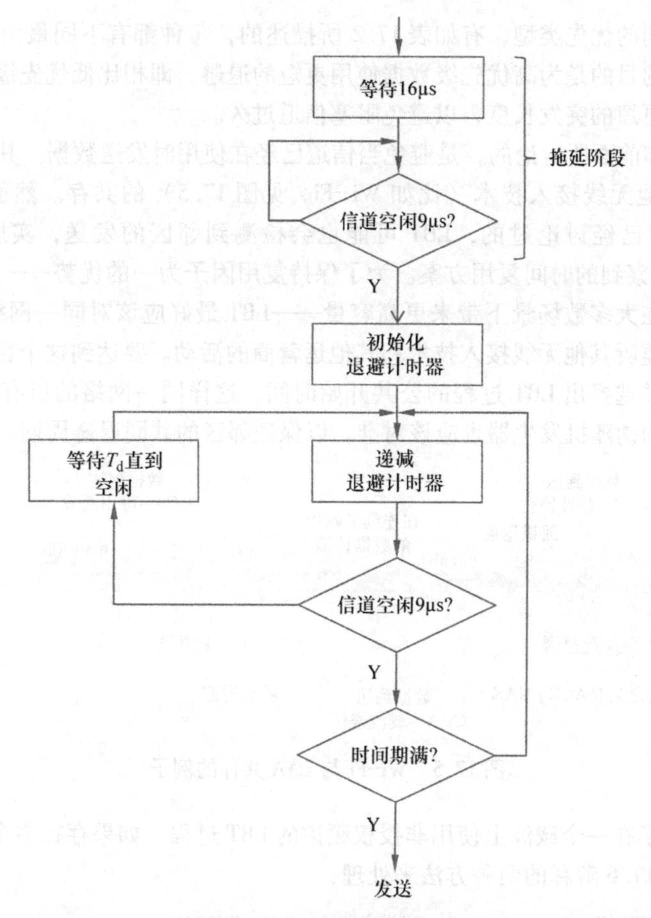

图 17.4　LAA 的 LBT 过程

表 17.2　不同优先类型的争用窗大小

	优先类型	拖延阶段	CW 可能取值 {CW_{min}，…，CW_{max}}	最大突发长度
1	信令、语音、实时游戏	25μs	{3，7}	2ms
2	流媒体、交互类游戏	25μs	{7，15}	3ms
3	尽力而为数据	43μs	{15，31，63}	10ms 或 8ms
4	背景流量	79μs	{15，31，63，127，255，511，1023}	10ms 或 8ms

管理要求可能将突发长度限制到比表中数值更小，如果没有其他技术来共享频率信道，则使用 10ms，否则用 8ms

一旦计时器期满，随机退避即完成，突发被发送。当计时器期满，如果信道在 25μs 的周期内空闲，基站可能延迟并稍后发送。如果信道在 25μs 的周期内繁忙，则基站执行另一拖延周期并如之前所描述的那样，再执行一次完整的随机退避。

争用窗的大小基于从终端处接收的 HARQ 确认来调整，如果收到否定性的 HARQ，争用窗 CW（近似的）倍增至 CW_{max} ⊖。如果 HARQ 确认是肯定性的，则争用窗复位到最小值，即 $CW = CW_{min}$。

⊖　这里的描述稍微简单，详细描述怎样处理不同情况下的捆绑确认的规范，细节见参考文献 [26]。

定义了四种不同的优先类型，有如表17.2所描述的，每种都有不同最大值和最小值的争用窗。不同优先类型的目的是为高优先级数据使用更短的退避，即相比低优先级发送更优先。高优先级类型也对应着更短的突发长度，以避免阻塞信道过久。

LBT的目的，如前面所讨论的，是避免当信道已经在使用时发送数据。其中一个原因是与使用非授权频谱的其他无线接入技术（比如Wi-Fi，见图17.5）的共存。然而，正如17.2节与Wi-Fi共存的概览中已经讨论过的，LBT可能也会检测到邻区的发送，实质上导致了在密集Wi-Fi网络中可以观察到的时间复用方案。为了保持复用因子为一的优势——这也正是LTE最初设计的目标，并且在大多数场景下带来更高容量——LBT最好应该对同一网络的邻区LAA发送不可见，同时仍然监听其他无线接入技术和其他运营商的活动。要达到这个目标，一种可能方法是邻区的时间同步并选择出LBT过程的公共开始时间，这样同一网络的所有小区在同一时间执行LBT。不同基站的伪随机发生器也应该对准，以保证邻区的共同退避周期。

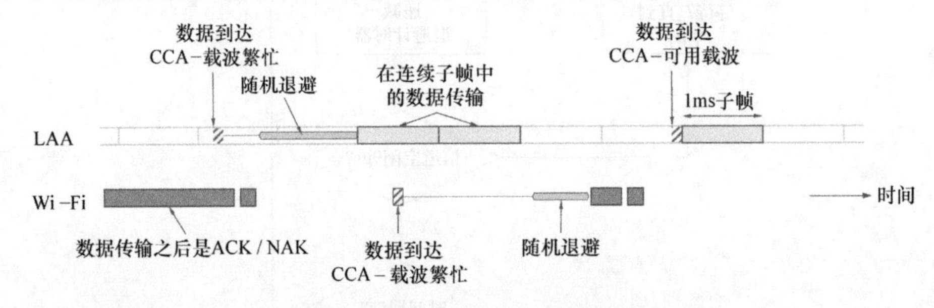

图17.5 Wi-Fi与LAA共存的例子

上面已经描述了在一个载波上使用非授权频谱的LBT过程。如果存在多个载波，则伴随LBT的退避可以由如图17.6解释的两种方法来处理：

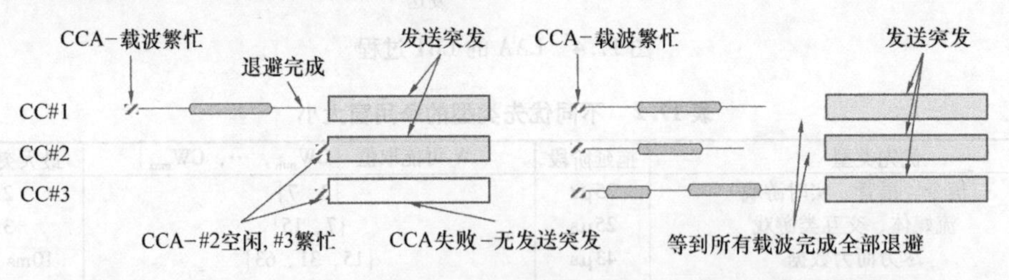

图17.6 多个载波的LBT，统一的退避计时器（左），分布式退避计时器（右）

• 单个退避值，对所有在非授权频谱上的组分载波都有效。当计时器期满，发送可能在所有组分载波上发生，以其他载波上先于发送的持续时间为25μs的空闲信道评估（CCA）为前提条件。

• 多个退避值，每个载波上一个。一旦所有退避计时器归零，发送就会发生。注意退避对于不同载波在不同时刻结束。但是，“提早”的载波不能开始发送，因为这会导致不能对其他载波进行侦听，所以eNodeB必须等待最长的退避计时器。

非授权频谱的上行链路发送不是R13的一部分，但是计划添加在R14中。理论上，如果上行链路发送紧跟下行发送，则只要没有超出最长信道占用。就没必要在上行 LBT。发送前 25μs 的 CCA 检查就足够，当然是在假设最长信道占用没有超出的前提下。在需要时，上行链路的 LBT 可以按照类似下行的方式处理。这意味着如果要进行上行发送时，终端发现频道繁忙，有时需要忽略上行授权。

17.3.3　帧结构与突发发送

当发现信道可用时，eNodeB 能够初始化发送突发为后面所描述的格式。但是，在深入细节之前，如下的 LAA 帧结构描述是有益的。

5GHz 非授权频段是非对称频段，因此 TDD 是相应的双工方案，使得类型 1 的帧结构并不适合 LAA。但是，由于先听后说（LBT）的使用，发送突发可能在任何子帧开始，上下行链路固定划分[⊖]的帧结构类型 2 也不适合，特别是 R13 只支持下行链路。因此，以 LBT 为前提，需要支持从任意子帧开始下行发送，不强制要求上下行链路子帧固定分配的帧结构。由于此原因，如图 17.7 的帧结构类型 3 在 R13 中引入。从大部分观点来看，帧结构类型 3 与类型 1 在某些信令和信道上有映射关系，并且在某些过程中也是如此处理的：比如，在上行链路发送 HARQ 确认的载波聚合过程。

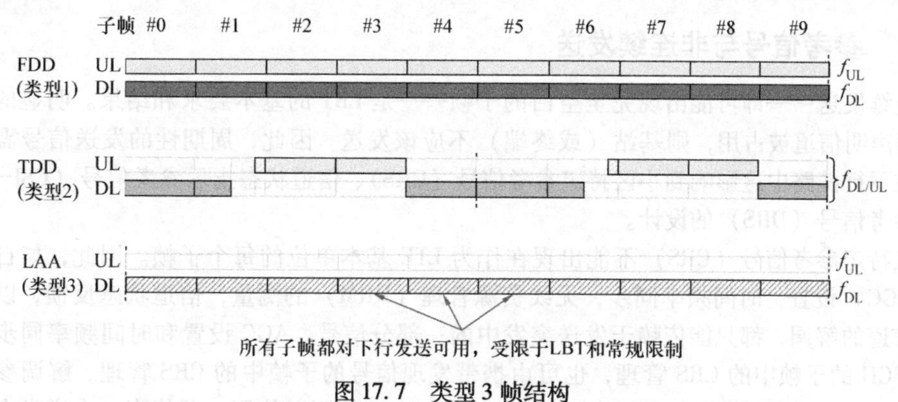

图 17.7　类型 3 帧结构

如前面部分所描述的，发送可能在 LBT 过程完成后立即开始，或者在稍后的某个时间点，只要在发送前的瞬间信道仍然可用。仅能够在每 1ms 的粒度开始数据发送会对高负载信道中的 LAA 工作有限制，因为另一发送器会随时占用信道。一种避免这种情况的方法是通过 eNodeB 的实现，先发送任意“预约信号”直到子帧开始，以保证信道在数据开始发送时信道是可用的。为了减轻数据发送只能从子帧边界开始这个限制的影响，LAA 支持一种部分填充的子帧，如图 17.8 所示。如果通过 RRC 信令实现了在时隙边界开始下行链路发送的可能性，任意在常规子帧的第二个时隙开始的发送使用与第一个子帧相同的映射——即在此情况下第二个时隙开始的位置有一个控制区域。这样的部分填充子帧中，既不需要同步信号，也不需要 CSI-IM 资源作为前提假设。终端配置为支持第二个时隙开始的 PDSCH 发送除了需要监听第一个时隙之外，显然也需要监听第二个时隙的 PDCCH/EPDCCH。

⊖ 引入了 eIMTA 后，上下行的分配灵活性成为可能，虽然只是以帧为基准。

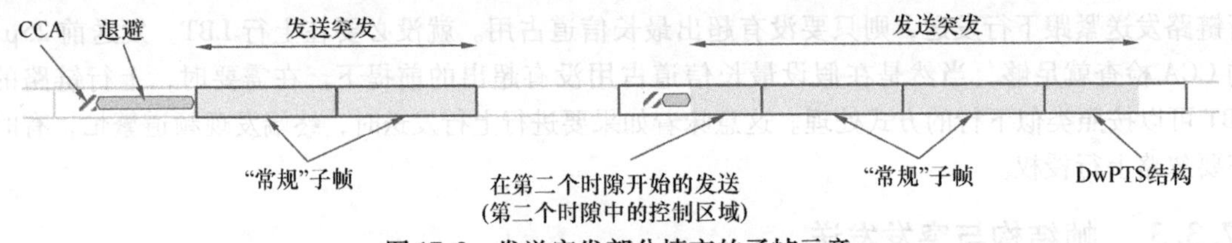

图17.8　发送突发部分填充的子帧示意

发送突发的长度取决于要发送的数据量以及管理要求。因此，PDSCH发送可能需要提前于子帧末尾而结束。因此突发的最后一个子帧除了占据整个子帧外，也可以使用DwPTS的其中一种结构。与TDD工作在授权频段下，终端由半动态的上下行配置就提前知道DwPTS的位置不同，由于突发长度是个动态变化的量，LAA不适用于这种情况。相反的，eNodeB告诉LAA终端某个结束的部分子帧在该子帧以及先前子帧中的出现位置。该信令使用DCI格式1C和保留的RNTI值，即CC-RNTI。

数据解调可以基于DM-RS或者CRS，当然终端只能假设当某个突发发送时，这些信号存在。支持的传输模式有1、2、3、4、8、9和10。只有常规循环前缀可以用于LAA，这是合理的，因为非授权频谱的发送功率限制意味着相对小的小区及其不太大的时间扩散。

17.3.4　参考信号与非连续发送

非连续发送——即可能出现完全空白的子帧——是LBT的基本要求和结果。明显的，如果LBT机制声明信道被占用，则基站（或终端）不应该发送。因此，周期性的发送信号需要特别注意。在下行链路中这影响到小区特定参考信号（CRS）、信道状态指示参考信号（CSI-RS）以及发现参考信号（DRS）的设计。

小区特定参考信号（CRS）不能出现在作为LTE基本单位的每个子帧。因此，如自动增益控制（AGC）设置，时间频率同步，无线资源管理（RRM）的测量，信道状态反馈，以及数据和控制信道的解调，都只能依赖于发送突发中的一部分信号。AGC设置和时间频率同步既可由携带PDSCH的子帧中的CRS管理，也可由携带发现信号的子帧中的CRS管理。解调参考信号（DM-RS）也可以附加使用。对于解调，DM-RS和CRS都可以使用，即使当一个突发在发送时终端只能假设这些信号是存在的。

与CRS类似，CSI-RS也不可能周期性的发送。另外，由LBT引起的间歇性发送以及非授权频谱的其他非LAA用途，一般会导致快速波动的干扰环境。服务小区不发送时的干扰测量可能并不能反映终端接收数据时的干扰特征。因此，出于信道状态指示（CSI）目的的干扰测量应该只在服务小区发送时进行。CSI-RS的发送时刻与授权载波采用相同的方式配置，即按照一定的重复模式但只有那些与发送突发交叠的CSI-RS才会被发送。因为终端知道CSI-RS在发给自己的突发中的发送时间，所以可以使用这些CSI-RS作为其CSI报告的根据，这和授权载波的方式是相同的。之后CSI报告经由授权载波上的PUSCH发送。

DRS是为了支持小基站的打开和关闭在R12中引入的，这里小基站的辅组分载波在关闭时也可如第15章所描述的那样周期性的发送DRS。终端会被包含DRS发送的时间窗配置。DRS也应用于LAA，并且是包括小区识别在内的无线资源管理的基础。但是，由于发送在非授权频谱上，DRS发送之前必须有空闲信道评估（CCA）。

如果发现参考信号 DRS 与 PDSCH 一起发送，即在一个发送突发之中，则 DRS 将自动受到突发所受的 LBT 机制的约束，并且发现信号可以与突发中正在传送的数据复用子帧[⊖]。

另一方面，如果发现信号不是传输突发的一部分，则 DRS 之前必须有一个跨度为 25ms 的 CCA。DRS 只有在检测到信道可用时发送。由于 DRS 发送的准确时间取决于 CCA，发现信号可能在一段时间后挪动，并且终端需要在基于 DRS 测量之前检测是否有 DRS 发送，这在授权频谱的情况下是不必要的。

DRS 的结构与之前的版本相同，但是发现信号的周期被限制为 12 个 OFDM 符号。由于 CCA 发现信号可能在一段时间后挪动，PSS/SSS 作为发现信号的一部分可能出现在子帧 0 ~5 之外。因此，帧时序不能从辅载波上的 PSS/SSS 信号来获得——只有子帧时序可以获得——但是，由于可以从授权频谱获取帧时序这并不是个问题。最后，为了简化终端的 DRS 检测，CRS/CSI-RS/PSS/SSS 序列不因子帧号的不同而改变，而是在子帧 0 ~4 和 5 ~9 分别保持不变。

R12 的 DRS 结构在一段时间内不是相接的。这导致的一个结果就是，理论上，另一基站在两个 CRS 符号间未使用的 OFDM 符号内可以找到可用信道并开始发送。一种能避免此类情况发生的可能实现是，在需要时通过发送“哑信号”使得 DRS 发送在一段时间内相接。

未来扩展到上行链路的非连续发送是直观的，因为所有的发送都是可调度的。通过只依赖于非周期性的探测参考信号（SRS），就可以很容易地避免上行链路 SRS 的周期性发送。

17.3.5　调度、HARQ 与重传

调度并不要求大的改动，大体上与载波聚合的管理方式相同。自调度和跨载波调度都可以使用。自调度可以因下行发送更好地在所有载波上散布控制信令而受益，如果信道对控制信令是可用的，则也对下行数据发送可用，仅仅 LBT 就足够。对于跨载波调度，只支持来自主载波的、工作在授权频谱上的跨载波调度，而来自另一非授权频谱的非授权频谱调度既不支持，这种情况本身也没用。此外，在跨载波调度的情况下，PDSCH 总是在第一个子帧中开始——即不支持部分填充子帧。

HARQ 对于下行链路无须改变，现有的异步 HARQ 方案即可用。HARQ 重传受到 LBT 影响，与最初的发送方式相同。取决于发送的持续时间，重传可能跟原始发送相同。终端使用与载波聚合大体上相同的机制，通过上行主载波发送 HARQ 的确认。

对于不包含在 R13 范围内，但是将在后续版本中考虑的上行链路发送，授权频谱的跨载波调度是有益的，因为自调度可能要求两个成功的 LBT：一个是下行链路控制信令的，另一个是实际上行数据发送的。另外，异步 HARQ 操作在上行链路中是必需的，称为上行链路 HARQ 协议的增强。同步协议意味着重传是固定时序，而信道在固定重传的瞬间可能不可用。异步操作要求用信令通知 HARQ 过程。因此，这种情况下，重传必须由 PDCCH 或者 EPDCCH，而不是 PHICH 来调度。

17.3.6　无线承载映射与 QoS 控制

LTE 中的 QoS 管理，如第 4 章所讨论的，由不同的无线承载管理。多个无线承载被复用，在

⊖ 同时发送发现信号和 PDSCH 只可能在子帧 0 ~5 中。

载波聚合的情况下复用的数据流分布在不同组分载波。载波聚合于是对 RLC 和 PDCP 层不可见，某个无线承载可能在组分载波的任意子集中发送。对于所有组分载波都在授权频谱中发送的情况——这也正是开发载波聚合的前提假设——因为所有组分载波本质上都有相同情况，这不是问题。

对于 LAA，其中部分组分载波在非授权频谱上发送，情况会非常不同。取决于干扰情况、非授权频谱的其他用途以及 LBT 的结果，非授权频谱的组分载波的环境大大不同于授权频谱的载波。在某些时候，非授权组分载波可能可用性很低或者收到 LBT 导致的长时延的影响。因此对于 LAA，有必要对某个无线承载映射到哪个组分载波进行控制。

对于下行链路，这是实现问题。eNodeB 的调度器可以控制来自不同无线承载的数据映射到不同组分载波，从而控制哪些数据在授权频谱上发送而哪些在非授权频谱上发送。

对于不包含在 R13 范围内的上行链路，情况更加复杂。调度器不能控制某一数据块在哪个组分载波上发送。因此，关键数据可能会在不可靠的非授权频谱上，并可能导致保障的要求比特率得不到满足。此外，LBT 机制可能影响发送在何时出现在某个组分载波上，从而影响时延要求。一种可能的方法是只有当缓存状态报告指示没有关键数据在等待发送时才在非授权频谱上调度数据，但是这会导致非授权频谱的低效利用。因此，对某个无线承载映射到哪个组分载波的控制的增强是有益的。然而，这并不包含在 R13 中，不过在未来版本中可以考虑。

17.4 R13 之后的增强

非授权频谱的上行发送在 R13 中进行了研究并有了部分扩展，但为了及时完成 R13，决定只聚焦于下行发送。在 R14 中，非授权频谱的上行发送将被添加。上行发送某些方面的考虑在前面部分中已经有所讨论。

未来版本的另一增强是在双连接框架下支持 LAA。载波聚合作为 LAA 在 R13 中的基础，实际上要求授权和非授权频段要么在同一基站，要么只经由理想回传，这是由于组分载波的紧时序关系的原因。在这方面，在两个基站间时序关系更松散的双连接可以允许更高的部署灵活性。例如，一个已有的授权频段宏站，即使是在其与各小基站节点之间没有理想回传的情况下，也可以由仅处理非授权频段小基站来补充。我们也可以展望，拥有独立宏网络的多个运营商在非授权频段共享一组公用基站，例如，在办公大楼内的室内部署。

独立运行——即 LTE 扩展到工作在非授权频谱，并且不支持授权频谱——是另一种可能的增强。这将放宽 LTE 的应用范围到不拥有任何授权频段的实体（例如小企业、场馆以及店主等）。技术增强需要包括例如移动性、随机接入，以及系统信息发行。这些增强的多数，对于扩展 LAA 到双连接框架作为基于载波聚合设计的补充来说，也是需要的。

第18章 中 继

终端与网络实现通信以及所能实现的数据速率取决于几个因素，终端与基站间的路径损耗是其中之一。LTE 的链路性能已经十分接近香农极限，在纯粹的链路预算视角看来，LTE 所指示的最高的数据速率需要相对高的信噪比（SNR）。除非可以提升链路预算，比如，采用不同类型的波束成形方案，否则就需要增加基站部署密度的架构，以减少终端到基站的距离，从而提高链路预算。

密集化的基站部署是一个主要的方面，但在后续 LTE 规范版本中，包含了各种提升支持低功率基站的方式。其中之一是中继，该技术可以减小设备与基础设施间的距离，提高链路预算并提升支持高速率的可能性。原则上可以通过部署于网络存在有线连接的基站以实现设备与基站间距离的减少。然而，所需部署时间更短的中继技术更吸引人，而且不需要部署专有的回传链路。

预期会出现大量不同的中继类型，其中一部分在规范版本 8（R8）中已经得到部署。

“放大和转发”中继，通常称为中继器，对接收到的模拟信号进行简单的放大以及转发，在某些市场通常作为补漏的工具。传统中继器一旦安装后不论其覆盖区域内是否存在终端都会不间断的连续转发接收到的信号，但是可以考虑使用更先进的中继器。对终端与基站来说，中继器都是透明的，因此在现网中可以引入。事实是中继器原则上会放大它所接收到的所有信号，包括噪声、干扰以及有用信号，这意味着中继器主要适用于高信噪比的环境。换句话说，中继器输出端的信噪比不会高于输入端。

解码与转发中继在向服务用户转发接收信号前会进行解码与重编码。这类中继的解码与重编码过程不会放大噪声以及干扰。因此这类中继器在低信噪比环境下同样适用。此外，可以在基站到中继以及中继到设备这两条链路进行独立的速率适应以及调度。然而，相比放大和转发中继器，解码和重编码意味着更大的时延，大于 LTE 中 1ms 的子帧长度。对于中继器，依据所支持的功能存在多种不同的选择（支持多于两跳、支持网格结构等），依据这些功能的细节，编码与转发中继器对于终端可能是透明的，也可能不是透明的。

18.1 LTE 中的中继

LTE 版本 10（R10）引入了一个解码转发中继方案（中继器除了射频需求之外不需要额外的标准化支持，在版本 8 已经可以使用）。LTE 中继方案的基本要求是对终端透明，也就是说，终端不应该意识到是否连接到中继或传统基站上。这将确保尽管在版本 10 中引入了中继，版本 8/9（R8/R9）的终端也可以由中继服务。因此，所谓的自回传也被作为 LTE 中继方案的基本要求。本质上，从逻辑功能来看，中继就是一个基站，这种基站是利用 LTE 的无线接口连接到无线接入网络的其他部分。需要特别指出的是虽然在终端看来，中继就是一个基站，但它的物理实现相对于传统基站有很大区别，例如在输出功率上的区别。

在结合有中继的方案中，术语回传链路和接入链路通常分别用来指基站与中继的连接，及中继与终端之间的连接。中继通过回传链路连接的小区被称为施主小区，施主小区可能除了给一个或几个中继服务外，也为不通过中继连接的终端服务。如图18.1所示。

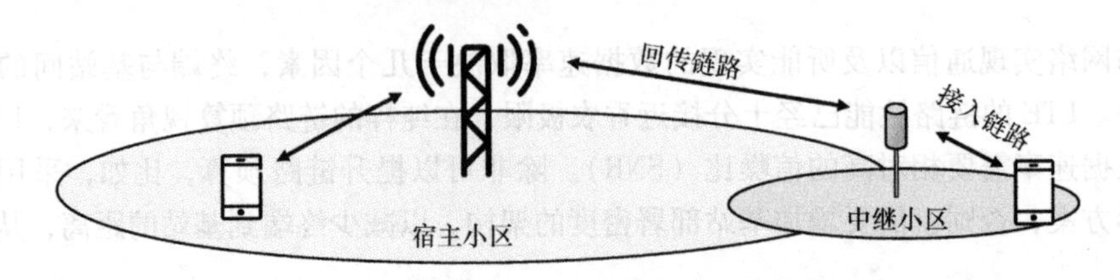

图18.1　接入和回传链路

由于中继站既与施主小区连接又和被中继服务的终端连接，因此必须避免接入链路和回传链路之间的干扰。否则，由于接入链路发送功率和回传链路接收功率差值很容易超过100dB，回传链路的接收可能完全遭受破坏。类似的，回传链路的发送也给接入链路的接收造成严重干扰。这两种情况都如图18.2所示。因此，隔离接入链路和回传链路是必需的，可以在频率，时域和/或空间域的一个或多个进行实现。

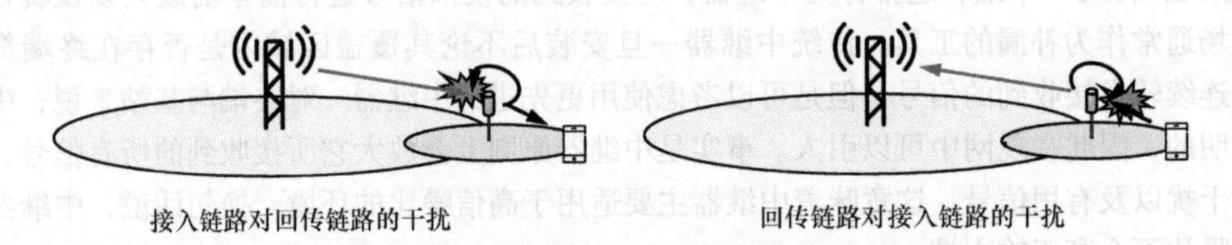

图18.2　接入链路与回传链路间的干扰

根据接入和回传链路使用的频谱，中继可分为带外中继和带内中继。

带外中继意味回传链路和接入链路工作在不同的频段，但与接入链路使用了相同的空口技术。只要回传和接入链路之间的频率间隔足够大，就可以避免回传和接入链路之间的干扰，这样在频域获得了所必需的隔离。因此，带外中继的使用不需要对版本8的空口技术做任何修改。对接入链路和回传链路也没有限制，原则上，中继可以工作在全双工方式。

带内中继意味着回程和接入链路工作在相同的频谱。依据中继的部署和工作方式，接入和回传链路可能共享相同的频谱，需要额外的机制以避免在接入和回传链路的干扰。除非这种干扰可以通过适当的天线部署得到处理，如中继放在隧道中而回传天线部署在隧道外，不然，就需要一种机制在时域上分开接入和回传链路。这样的机制在版本10中引入，将在后续进行更详细的说明。由于回传和接入连接链路在时域上分离，两条链路的传输是相互关联的，因此它们不能同时工作。

解码和转发中继对射频的需求在版本11（R11）中被引入。由于分别于基站以及终端相连接的回传链路和接入链路的相似性，很大程度上，对这两条链路的需求以及对相应基站到终端间的链路要求是类似的。更多的细节讨论见第22章。

18.2　整体架构

从整体架构角度看，从高的网络层面上，中继可以被想象成具有“基站侧”和“终端侧”。面向终端时，它表现为使用接入链路的传统基站，而终端并不知道是与中继还是传统基站在通信。因此，中继对于终是透明的，而第一个 LTE 版本，及版本 8 的终端也可以受益于中继。从运营商角度说，这是非常重要的，这使得在不影响现有终端的前提下中继可以逐渐引入。

对于施主小区，中继最初表现为终端，使用 LTE 空口连接到施主小区。一旦连接建立且中继配置完成，中继就使用的“终端侧”的功能在回传链路通信。在这个阶段，本章所述的中继专有的增强可用于回传链路。

在版本 10 中，两跳的中继是重点，中继通过另一个中继连接到网络的场景不在考虑范围内。此外，中继是静止的，也就是说，不支持中继从一个施主小区切换到另一个施主小区。对于移动中继的使用尚不明确，因此在版本 10 中，不对核心网做大量适配于随时间移动的小区的流程修改，这可能是移动中继下会完成的。

整体的 LTE 中继架构如图 18.3 所示。该结构的一个关键是施主基站充当核心网和中继之间的代理。从中继的角度来看，看起来中继好像是直接连接到核心网，对于中继，施主基站看似是通过 S1 接口连接的 MME 或者通过 X2 接口连接的基站。从核心网来看，另一方面，从核心网角度看，中继小区看似属于施主基站。这就是施主基站连接两方作为代理的任务。使用代理是希望尽量减少引入中继后对核心网的影响，以及使得诸如施主基站和中继在无线资源管理方面有紧密协调。

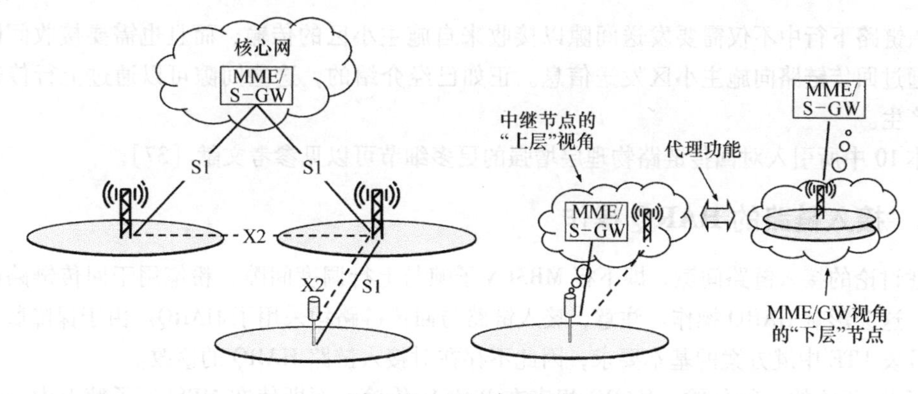

图 18.3　LTE 中继架构

18.3　带内中继的回传链路设计

在带内中继方案中，回传链路和接入链路使用相同的频率。正如上一节所讨论的，需要一种机制在时域将接入和回传链路分开，除非两者之间可以使用其他方式产生足够的隔离，例如，通过适当的天线部署。这种机制应确保中继在回传链路进行接收时不在接入链路传输（反之亦然）。

解决这个问题的方法之一是“空闲”一些接入链路子帧，为中继提供与施主基站在回程链路上的通信的可能。在上行链路中，中继中的调度器在原则上可以通过调度保证在某些子帧不存在接入链路的传输。这些子帧由于不需要接收在接入链路上的信息，因此，可以用作回传链路的上行传输。然而，空闲下行接入子帧是不太可能的。虽然版本10终端原则上被设计成可以处理空白子帧，但早期版本的终端仍然是期待所有下行子帧至少是存在小区参考信号的。因此，作为版本10规范化的一个重要要求，即保证给版本8/9终端服务的可能性，对回程链路设计必须依据该假设：接入链路在只有版本8功能时仍可工作。

幸运的是，从LTE第一个版本起就包括了配置MBSFN子帧（见第5章）的可能性。在一个MBSFN子帧中，终端期望小区特定的参考信号和（可能）要发送的L1/L2控制信令只可在于第一个或前两个OFDM符号上，而这些子帧后面保留的部分可以为空。通过配置一些接入子帧为MBSFN子帧，中继可以在这些子帧的后面部分停止发射，并接收来自施主小区的传输。如图18.4所示，中继可以接收来自施主小区传输的时长比满子帧的时长短。特别地，由于子帧的第一个OFDM符号不能用来接收施主小区的传输，因此，施主小区发给中继的L1/L2控制信令不能使用常规的PDCCH。取而代之，在版本10中引入中继专用控制通道：R-PDCCH。

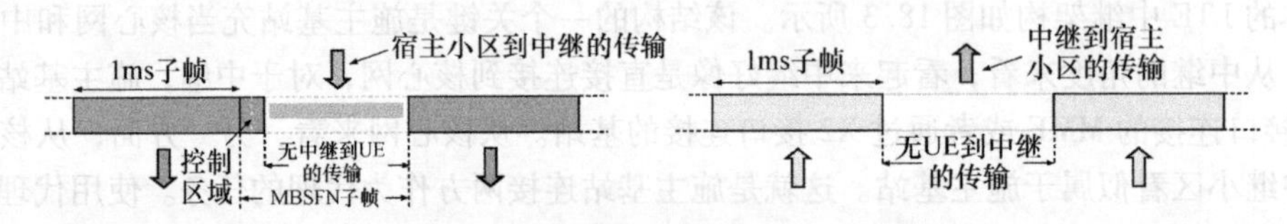

图18.4　接入链路与回传链路的复用

接入链路下行中不仅需要发送间隙以接收来自施主小区的传输，而且也需要接收间隙，以便中继通过回传链路向施主小区发送信息。正如已经介绍的，这些间隙可以通过上行传输合适的调度产生。

版本10中所引入对回传链路物理层增强的更多细节可以见参考文献［37］。

18.3.1　接入链路的HARQ操作

上述讨论的接入链路间隙，即下行MBSFN子帧与上行调度间隙，粉笔用于回传链路的接收与发送，这会影响HARQ操作。注意，接入链路与回传链路均采用了HARQ。由于保障版本8兼容性是开发LTE中继方案的基本要求，因此不存在对接入链路HARQ的修改。

对于PUSCH的上行传输，HARQ相应在PHICH传输。而即使在MBSFN子帧上中继也可以传输PHICH，因此，这与LTE早期版本的操作是一致的。然而，尽管可以收到HARQ相应，但用于重传的子帧（FDD初传之后8ms，TDD依据配置而定）可能由于回传链路的占用而不能被接入链路所使用。在这种情况下，无论是否解码成功，相应的上行HARQ进程需要通过在PHICH发送一个确认反馈以暂停。通过PDCCH，在后续可用于同一个HARQ进程的子帧进行重传，如第8章所述。这个过程中，HARQ的往返时延将会很大（例如，FDD可能会达到16ms，而不是8ms）。

下行PDSCH的传输触发PUCCH进行HARQ相应，为了正常工作，中继应该能接收这些响应。在接入链路接收 PUCCH 的可能性依赖于回传操作，更确切地说，是回传链路通信的子帧分配。

在 FDD 中，回传子帧被配置为上行子帧出现在下行子帧之后 4ms。这样可以匹配接入链路 HARQ 时序关系，即上行子帧传输发生在下行传输 4ms 之后。由于中继不能在接入链路与回传链路同时传输，在子帧 n 没有介入传署，则子帧 $n+4$ 没有 HARQ 响应的传输。因此，一些子帧不能接收接入链路的 HARQ 是无关紧要的，因为，下行相应的子帧也不能用于接入链路的传输。下行重传也不算是大问题，因为是异步机制，其可以在接入链路任意合适的下行子帧调度。

在 TDD 中，中继节点在用于回传链路传输的上行子帧不能接收 PUCCH 的 HARQ 反馈。一种应对方案是限制下行调度器，这样就没有设备在中继不能接收的上行子帧传输 PUCCH 信息了。然而，这样的限制太过于限制系统性能。另一种可选方案是中继不进行下行限制，这样会忽略 HARQ 响应。重传可以被盲处理，即中继需要基于正如 CSI 反馈进行是否需要重传的猜想，或者通过 RLC 重传以处理丢失的数据包。还有一种方法是配置 HARQ 响应重复发送，这样至少有一些重传的响应可以被中继接收到。

18.3.2　回传链路 HARQ 操作

对于回传链路，设计的基本原则是保持与版本 8 规范相同的调度授权和 HARQ 响应的时序关系。由于施主小区可能调度中继和设备，这样的原则可以简化调度的实现，因为针对终端以及中继的调度决策和重传决定是在相同时间点做出的。同时，整体架构得也到了简化，因为版本 8 的规范可以重用于回传设计。

对于 FDD，配置为回传链路线下行传输的子帧需要遵循 8ms 周期的原则，以尽可能的匹配 HARQ 往返时延。这样保证了在上一章节所讨论的可以在接入链路接收到 PUCCH。然而，可能配置的 MBSFN 子帧具有固定的 10ms 结构，而 HARQ 遵循 8ms 周期的时序，因此，这两者之间存在固有的不匹配问题。因此，如图 18.5 所示，一些回传子帧会分隔 16ms，因为，子帧 0、4、5 和 9 不能配置为 MBSFN 子帧（见第 5 章）。上行回传子帧在下行回传子帧之后 4ms，这遵循了前面段落所讨论的原则。

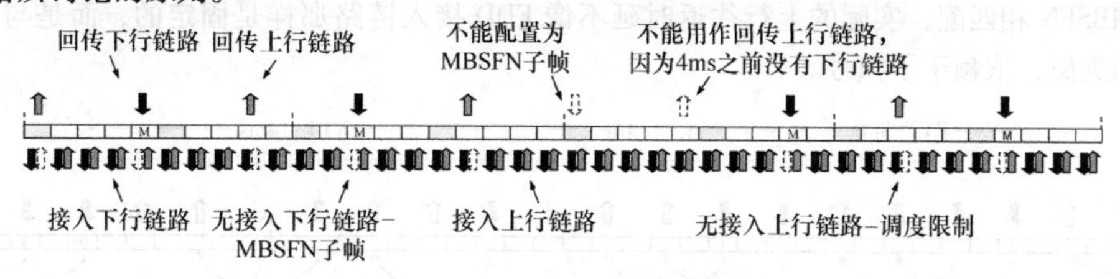

图 18.5　FDD 的回传配置示例

对于 TDD，HARQ 时序存在固有的 10ms 关系，这与 MBSFN 的 10ms 结构是相匹配的，是的回传链路传输保持常规间隔成为可能。子帧 0、1、5 和 6 不能被配置为 MBSFN 子帧。因此，在 TDD 配置 0 中，其中子帧 0 和 5 是唯一的下行子帧，不能用在中继小区，因为这种配置不支持任何 MBSFN 子帧。对于配置 5，只有一个上行子帧，为了同时支持回传链路和接入链路，至少需要两个上行子帧。因此，在 LTE TDD 的七个支持的配置，中继小区只支持配置 1、2、3、4 和 6。

对于每种TDD配置中，可以支持一个或多个回传链路配置，见表18.1。

表18.1　TDD支持的回传链路配置

回传链路子帧配置	中继小区的上下行配置	回传链路上下行比例	子帧号									
			0	1	2	3	4	5	6	7	8	9
0	1	1:1					D				U	
1						U						D
2		2:1					D				U	D
3						U	D					D
4		2:2				U	D				U	D
5	2	1:1			U						D	
6						D				U		
7		2:1			U		D				D	
8						D				U		D
9		3:1			U	D	D				D	
10						D				U	D	D
11	3	2:1				U				D		D
12		3:1				U				D	D	D
13	4	1:1				U						D
14		2:1				U				D		D
15						U					D	D
16		3:1				U				D	D	D
17		4:1				U	D			D	D	D

前文所述HARQ响应与上行调度授权的潜在时序准则是为了在接入链路保持相同的准则。然而，回传传输只会发生在回传子帧。因此，对于TDD系统，回传链路子帧 n 所传输传输块的响应信息在第 $n+k$ 子帧发送，其中 $k \geq 4$，而 k 的选值需要满足：中继发送响应信息时，第 $n+k$ 子帧需要是上行回传链路子帧；基站发送响应信息时，$n+k$ 子帧需要是下行回传子帧。

回传链路上行HARQ进程编号方式类似于接入链路的TDD编号方式，其中，考虑到处理时间和接入链路一样（见第8章），上行HARQ进程编号按顺序分配给可获得的回传时机，如图18.6所示。这与FDD接入链路是相对的，其上行HARQ进程编号是可以直接由子帧号直接获得。采取略微不同的策略是为了最小化HARQ往返时延。实际上，由于纯粹的8ms周期并不会总能与MBSFN相匹配，实际的上行往返时延不像FDD接入链路那样是固定的，而是与TDD接入链路相类似，依赖于子帧号。

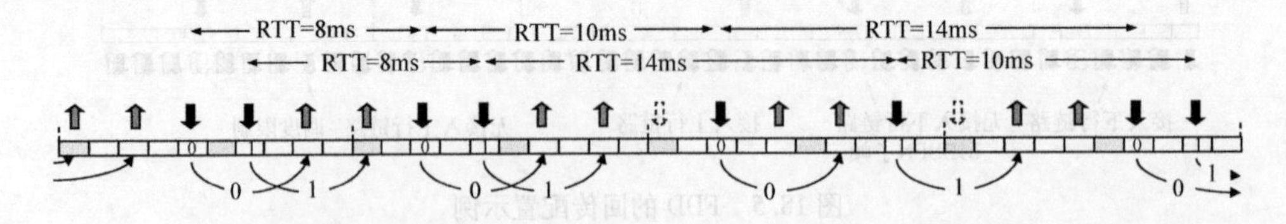

图18.6　FDD中的HARQ进程编号示例

18.3.3　回传下行控制信令

如图18.4所示，中继可以接受施主小区传输的时间间隙是短于整个子帧时长的。特别是子帧前几个OFDM符号不能用于接受施主小区的传输，所以由施主小区发给中继的L1/L2控制信令不能使用常规的 PDCCH[⊖]传输。取而代之，在版本 10 中引入了中继专有的控制信道 R-PD-CCH。

R-PDCCH 中携带了下行调度配置以及上行调度授权，采用与 PDCCH 相同的 DCI 格式。然而，在采用 DCI 格式 3/3A 时是不支持空滤控制命令的。DCI 格式 3/3A 的主要功能是支持半持续调度，该功能主要用于低速率服务时降低开销而且在回传链路不支持。

在时域，正如已经介绍的，R-PDCCH 是在子帧的 MBSFN 区域被接收，而在频域，R-PD-CCH 在一个半静态分配的资源块上传输。从延迟的角度来看，下行调度的传输分配在子帧中尽可能早的地方更好。正如在第 6 章讨论的，这是把正常子帧划分成控制区域和数据区域的主要动机。原则上，R-PDCCH 也可以采取类似的做法，即把 R-PDCCH 传输使用的资源块划分为控制部分和数据部分。然而，不可能利用一个子帧的一部分对直接连接到施主小区的终端进行 PD-SCH 传输，因此，单个 R-PDCCH 的传输可能会阻止对较大数目的资源块的使用。从开销和调度灵活性的角度看，R-PDCCH 频率跨度最小化（但仍然能提供足够的分集增益）且资源分配主要在时间维度的结构优选的。在版本 10 的 R-PDCCH 设计中，这些看似矛盾的需求已通过一种结构得到解决，在这种结构中下行的分配是在第一个时隙中，而对时间要求不严格的上行授权在子帧的第二个时隙（见图 18.7）。这种结构允许对时间要求严格的下行分配优先解码。为了处理没有上行授权发送给中继的情况，在第二个时隙的 R-PDCCH 资源可用于向同一个中继的 PDSCH 传输。

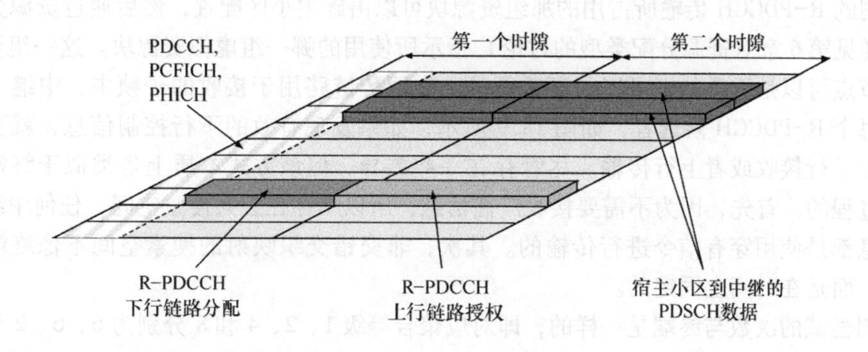

图 18.7 R-PDCCH 传输实例

R-PDCCH 的编码、加扰以及调制遵循与 PDCCH 相同的原则（见第 6 章），并支持相同的聚合等级（1 个、2 个、4 个和 8 个 CCE）。然而，R-PDCCH 向时频资源的映射是不相同的。支持两种不同的映射方式，如图 18.8 所示：

- 非交错交织。
- 交错交织。

非交错交织时，一个 R-PDCCH 映射到一组虚拟资源块，而资源块的数目（1 个、2 个、4 个或 8 个）由聚合等级决定。相同的资源块集合没有其他 R-PDCCH 的传输。至少对于高聚合等级

⊖ 原则上，如果接入和回传链路的子帧结构偏移两到三个 OFDM 符号，则可以接收 PDCCH，但缺点是中继和施主小区不能进行时间对齐，不过例如在异构部署中这是有益的。

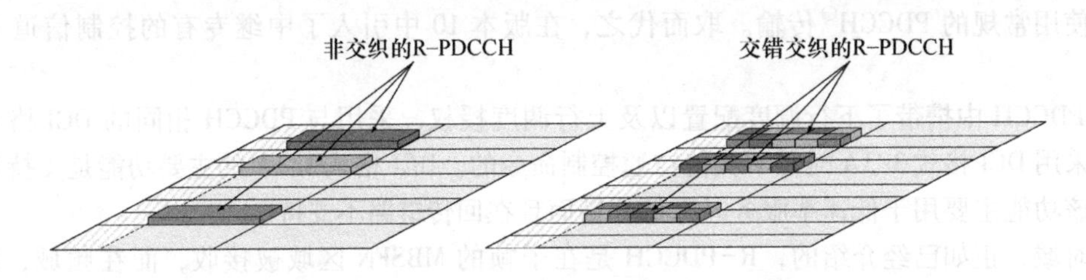

图18.8　R-PDCCH映射类型，非交错交织（左）和交错交织（右）

来说，如果资源块在频域足够分散，是可以获得频域增益的。例如，对于波束成形的回传链路传输或者使用R-PDCCH的频域选择调度时，非交织映射是有用的。CRS或者DMRS可用于解调。

交错交织映射类似于PDCH所使用的策略，并且重用了PDCCH除映射到资源单元外的大部分处理结构。一组R-PDCCH被复用在一起，进行交织然后映射到分配用于R-PDCCH传输的资源块集合。由于多个中继的传输可以共享相同的资源块集合，CRS是唯一可用于解调的参考信号。这种映射方式的动机在于使用低聚合等级时仍能获得频域分集增益。然而，这也带来了阻止其他资源块用于PDSCH传输的资源浪费，因为即使聚合等级低时，频域也会占用多个资源块用于R-PDCCH传输。

对于两种映射方式，即交错交织和非交错交织，中继节点均需要监测一组候选的R-PDCCH，中继所监测的R-PDCCH传输所占用的那组资源块可以由施主小区配置，然后通过资源分配方式0、1或2（见第6章对资源分配类型的讨论）指示所使用的哪一组虚拟资源块。这一组资源块在多个中继节点可以是重叠的也可以是不重叠的。在回传链路用于接收的子帧中，中继会尝试接收并解码每个R-PDCCH候选者，如图18.9所示，如果发现有效的下行控制信息，就会将该控制信息用于下行接收或者上行传输。尽管存在一些差异，但该方式本质上是类似于终端所使用的盲检测过程的。首先，因为不需要接收广播信息，所以不存在公共搜索空间。任何中继工作所需要的信息都是使用穿有信令进行传输的。其次，非交错交织映射的搜索空间不像终端那样随时间变化，而是在时间上固定的。

盲检测尝试的次数与终端是一样的，即对应聚合等级1、2、4和8分别为6、6、2和2次的盲检测尝试。然而，需注意一个R-PDCCH可以在第一个时隙或者第二个时隙传输。因此，中继总共执行的解码尝试是64次[⊖]。

回传链路没有定义PHICH。版本8定义PHICH的主要原因是对诸如VoIP业务这种低速但时延敏感的业务支持有效的非自适应重传。另一方面，中继的回传链路通常使用一个高速数据速率，因为中继需要服务多个设备。因此，由于控制信令开销并不算是个问题，为了简化整体设计，回传链路省略掉了PHICH。通过R-PDCCH的使用，仍然支持了重传功能。

18.3.4　回传链路的参考信号

中继回传链路的接收可以使用CRS或DMRS，见第6章。R-PDCCH和PDSCH可以使用不同类型的参考信号，但如果使用DMRS接收R-PDCCH，则PDSCH的接收也应该使用DMRS。这是

⊖　每个传输模式的两个时隙和两个DCI格式的结果是$2\times2\times(6+6+2+2)=64$。

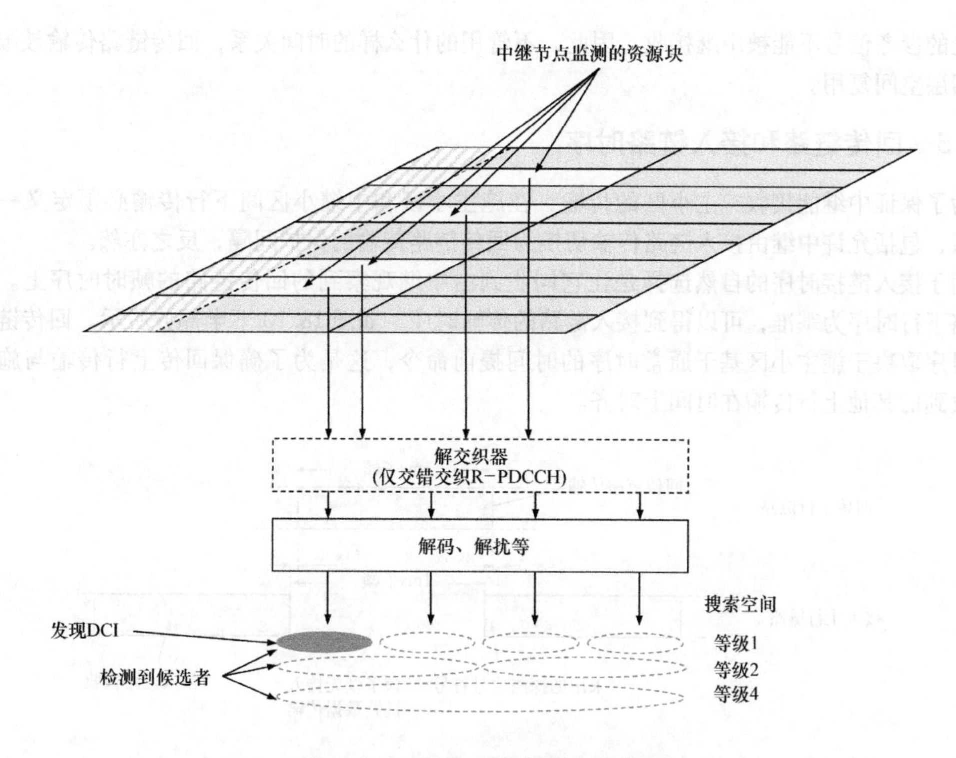

图 18.9　R-PDCCH 监测原理示意图

波束成形驱动 R-PDCCH 使用 DMRS 的一个合理限制。如果 R-PDCCH 使用了波束成形，那么 PDSCH 没理由不使用波束成形。相反的是，如果 R-PDCCH 使用 CRS 而 PDSCH 使用 DMRS 是可以的。一个典型示例是控制信令进行交错交织映射，其中多个 R-PDCCH 进行了复用所以不能进行单独的波束成形，而 PDSCH 采用了波束成形。回传链路所支持的参考信号不同的组合总结见表 18.2。

表 18.2　参考符号与 R-PDCCH 映射方案的组合

解调采用的参考符号类型		R-PDCCH 映射方案
R-PDCCH	PDSCH	
CRS	CRS	交错交织或非交错交织
CRS	DM-RS	交错交织或非交错交织
DM-RS	DM-RS	非交错交织

需要注意在施主小区和中继小区（全球标准）时间对齐的情况下，中继不能接收到最后一个 OFDM 符号，因此该符号需要用于发送到接收的切换。因此，该子帧中最后一个 OFDM 符号中的解调参考信号无法被接收到。对于传输秩最多为 4 的情况，这不是个问题，在子帧前面部分已经接收到了必要的参考信号。然而，对于 5 层或更多层的空分复用，子帧中第一个参考信号集合用于较低层，位于子帧末尾并不能被接收到的第二套参考信号用于较高层。这意味着对秩为 5

或以上的参考信号不能被中继接收，因此，不管用的什么样的时间关系，回传链路传输被限制为最多四层空间复用。

18.3.5　回传链路和接入链路时序

为了保证中继能接收施主小区的传输，在施主小区和中继小区间下行传输必须定义一些时序关系，包括允许中继由接入链路传输切换为回传链路传输的保护间隔，反之亦然。

用于接入链接时序的自然选择是让它同步到由中继观察到的回传链路的帧时时序上。以回传链路下行时序为基准，可以得到接入链路的传输时序，如图18.10下半部分所示。回传链路的上行时序取决于施主小区基于通常时序的时间提前命令，这是为了确保回传上行传输与施主基站接收到的其他上行传输在时间上对齐。

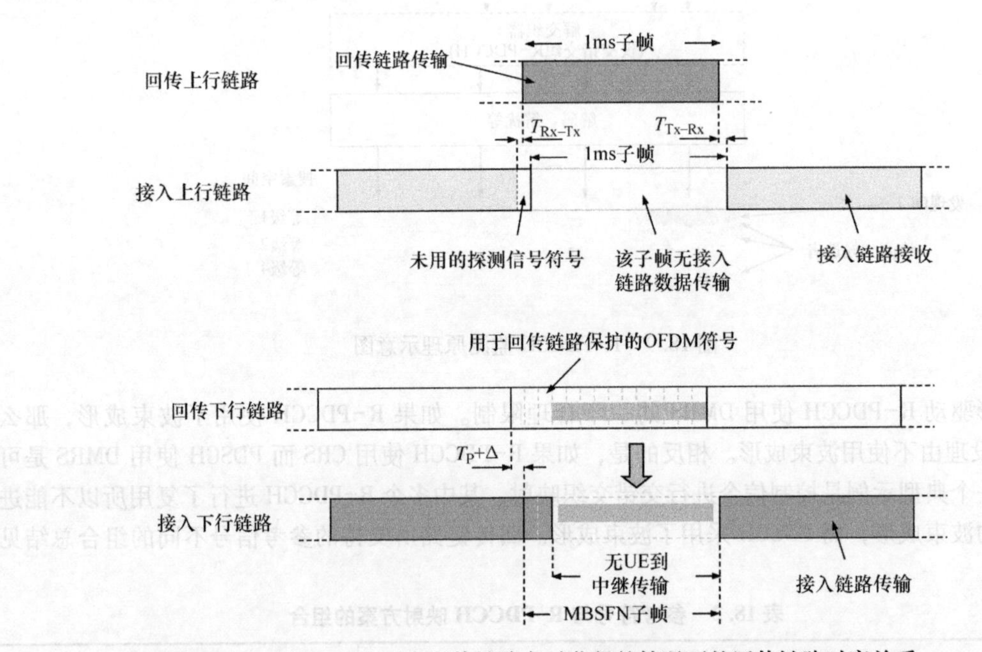

图18.10　中继小区定时由回传链路定时获得的情况下的回传链路时序关系

在回传下行链路，数据区域中的第一个OFDM符号是闲置的，用来提供中继切换的保护时间，一个小的时间偏移用于区分中继Tx-Rx和Rx-Tx转换之间的间隔。这种情况显示在图18.11的下半部分。保护符号放置在数据区域的开始，而不是在结尾是很有益的，因为保护符号只需要在中继端，因此施主小区仍然可以使用保护间隔传输PDCCH到终端。原则上，从施主小区的角度来看，保护时间是自由的，对中继节点相对于施主小区时间的帧时序进行自由地偏移。以用于将“自由”的保护间隔移动到需要的地方。

回传上行链路受限于施主小区控制的正常时间的时间提前，这样保证回传上行传输与施主基站接收其他上行传输在时间上对齐。从接入链路的发送切换到回传链路接收所需要的保护时间间隔将影响接入和回传链路之间的时序关系。与之类似，在上行方向从接入链路接收切换到

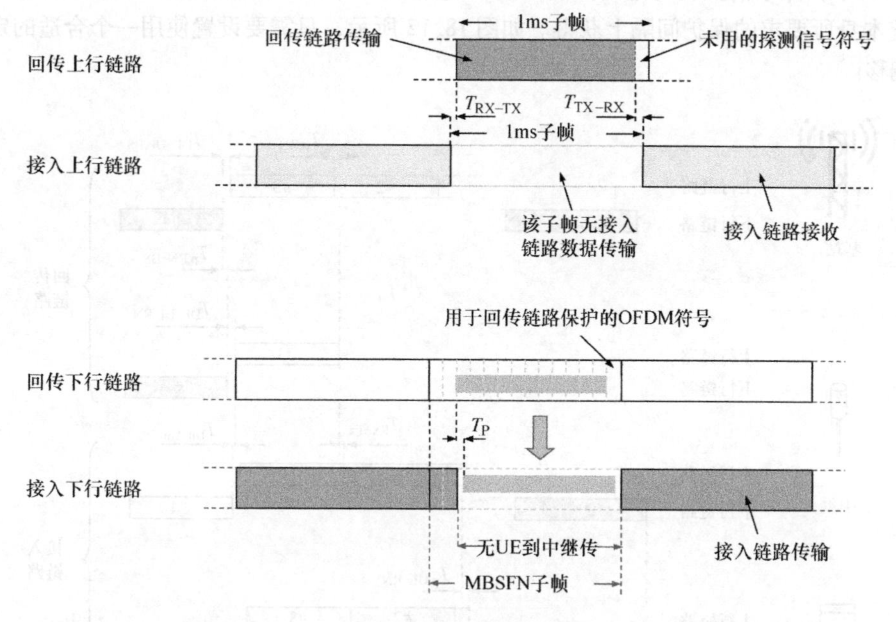

图 18.11　中继和施主小区的接入链路传输中的回程时间关系是时间同步的

回传链路发送也需要保护时间间隔。然而，与下行的情况不同，如何处理该间隔没有标准化而是取决于实现，注意在规范版本 8 中已提供的功能已经足够提供必要的保护时间间隔。

原则上，如果中继可以在循环前缀内完成从接入链路接收到回传链路发送的切换，就不需要额外的切换时间。然而，切换时间是与实现相关的，通常比循环前缀大。对于较大的切换时间，一种可能是在接入链路使用缩短的传输格式，该方式原本用于探测信号，如图 18.10 的上半部分所示。通过配置中继小区中的所有终端为保留前一子帧的最后一个 OFDM 符号作为探测参考信号，但实际并不发送探测参考信号，这样就创造了一个 OFDM 符号的保护间隔。这种保护间隔可以通过回传和接入链路帧定时之间的时间偏移分成 Rx-Tx 和 Tx-Rx 的切换时间。

对于一些部署，期望中继接入链路发送时间与施主小区的发送时间相对齐，也就是说，小区使用一个全球时间参考。其中一个示例就是 TDD。在这样的部署方式中，必要的保护时间间隔与采用回传下行链路接收定时获取时间间隔是略有不同的。在这种情况下，不可能通过调整中继的子帧定时偏移获得必要保护时间。因此，从回传链路接收切换到接入链路发送的保护时间在施主小区也是可见的，因为回传传输资源块符号上的最后一个 OFDM 符号不能用于中继小区中的其他传输。如果用于 Tx-Rx 切换时间长于施主小区到中继节点的传输延迟，那么第一个 OFDM 符号也不得不被闲置。这种情况如图 18.11 的下半部分所示。

在回程上行链路，类似于前面的时序示例，必要的保护时间是通过配置（未使用）探测参考信号来获得的。然而，与前面情况不一样的是，探测信号是配置在回传链路，如图 18.11 上半部分所示。请注意，这意味着该探测信号不能用在回传链路，因为用于探测参考符号的 OFDM 符号被用作了保护时间。

在TDD中，除了前文所讨论的方法，接入链路和回传之间切换的保护时间间隔也可以通过TDD系统本身所要求的保护间隔上获得。如图18.12所示，只需要设置使用一个合适的定时提前和时序偏移。

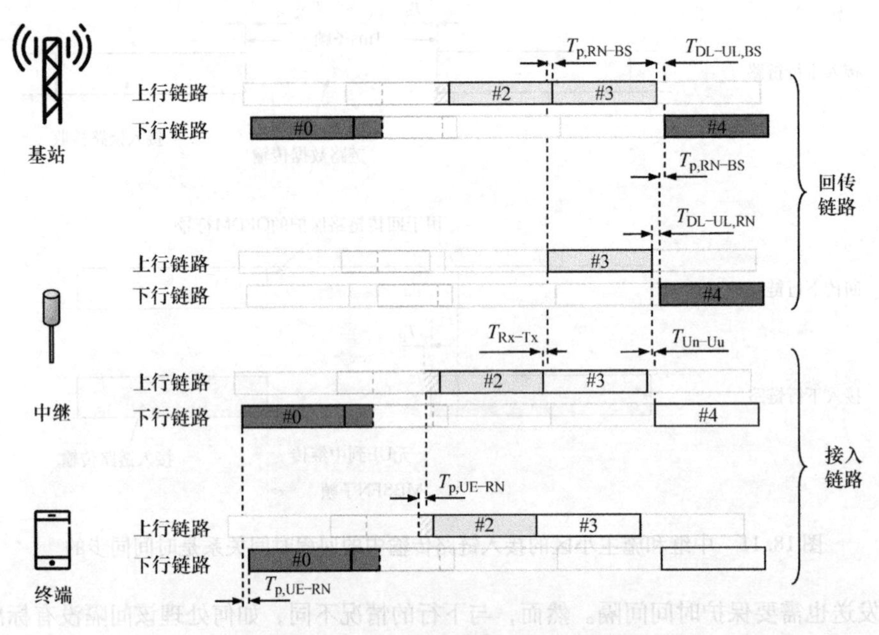

图18.12　TDD上行链路时序关系示例

如前文已讨论的，回传下行链路传输包含PDSCH上的数据传输和R-PDCCH上的L1/L2控制信令传输。这两种传输类型很显然必须遵循上述的时间方案之一。为了允许不同的实现和部署，LTE规范不仅提供了接入回传下行两种时序关系配置选取哪一种的可能，而且提供了配置在回传链路信道传输的时间跨度的灵活性。

传输给中继的PDSCH可以半静态配置为从第二、第三，或第四个OFDM符号开始以匹配施主小区和中继小区不同的控制区域大小。该PDSCH传输结束于最后一个或倒数第二个OFDM符号，这取决于以上的两个时序情形哪一个被使用。

传输给中继的R-PDCCH总是起始于第四个OFDM符号。选择固定的起始位置是为了简化整体结构。相比PDSCH，R-PDCCH占用资源块的数量是相对较少的，因此，可配置的起始位置能降低的开销很少，所以没必要增加额外规范和测试复杂度。

第 19 章　多媒体广播多播业务

在过去，蜂窝系统主要集中对单一用户的数据传输，而并非多播/广播业务。另一方面，广播网络，例如音频和 TV 广播网络，以通过相同的内容覆盖非常大领域为重点，而对单一特定用户提供了有限的（或几乎没有）数据传输。多媒体广播多播业务（MBMS）在蜂窝系统中支持多播/广播业务，从而在一个网络中同时集成了多播/广播和单播业务。移动通信系统中的广播/多播规定意味着相同的信息同时提供给多个终端，某些时候会通过大量小区散布于一个很大的范围内，如图 19.1 所示。很多情况下，在一个区域内广播信息会比使用针对每个用户的单独传输更有利。

LTE 规范版本 9 中，MBMS 支持在特定区域内向多个用户传输相同内容，该区域被称为 MBMS 服务区，可能包含多个小区。LTE 中有两种可用的 MBMS 传播机制，单小区点到多点（SC-OTM）和多播广播单频网络（MBSFN）。

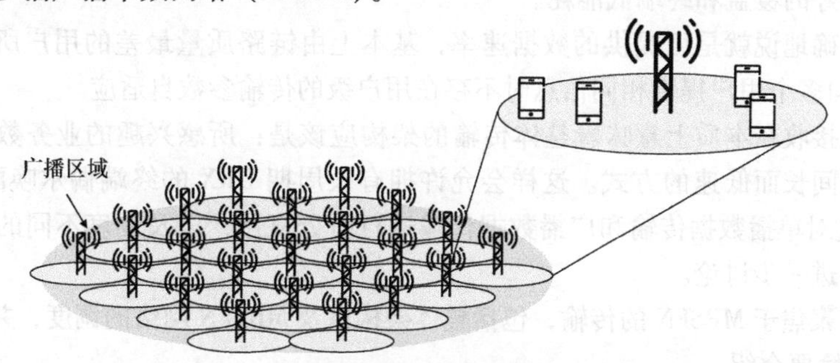

图 19.1　广播场景

SC-PTM，在版本 13（R13）中引入，本质上类似于单播并作为 MBSFN 仅对单小区业务的补充。所有的传输均是动态调度，但不是针对一个单独的用户，而是相同的传输被多个终端同时接收。SC-PTM 更多具体的细节在第 19.3 节介绍。

在版本 9（R9）规范中引入的 MBSFN 针对 MBMS 业务需要发送在一个较大区域的场景。在这种情况下，如果小区边缘的终端在解码广播数据时可以收到来自多个小区的广播传输接收功率，则需要提供确定广播数据速率的传输资源（下行发射功率）需要降低。达成该目标的一种方法并改善多小区网络下广播/多播业务的方法是保证不同小区的广播传输完全相同并且发射时间相互对齐。这种情况下，在终端看来，接收到的来自多个小区的传输呈现为一次传输遭受严重多径传播的现象，如图 19.2 所示。只要循环前缀足够大，OFDM 接收机可以在不需要知道哪些小区参与传输的前提下轻松处理这种等价的时间扩散。多个小区传输相同且时间对齐的信号，特别是在广播/多播业务情况下，某些时候可以称为单频网（SFN）或者在 LTE 术语中，称为 MBSFN。MBSFN 传输可以提供以下几个有点：

- 增加接收信号的强度，特别是在参与 MBSFN 传输小区之间的边界，终端可以利用从多个

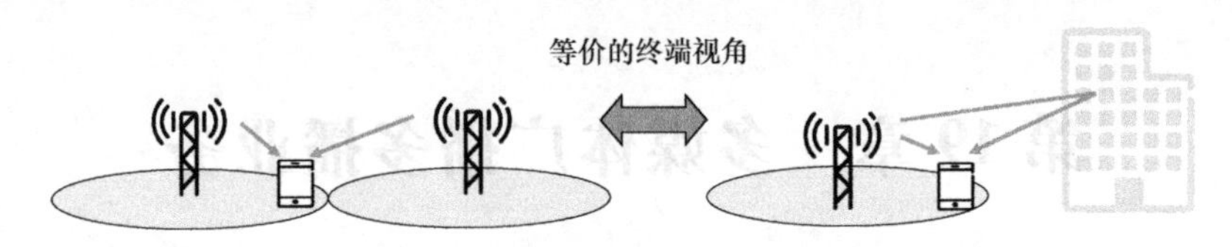

图 19.2　等价的同时传输和多径传播

小区接收的信号能量

• 降低干扰水平，也特别是在参与传输 MBSFN 小区之间的边界，从邻近的小区收到的信号不再是干扰信号而是有用的信号。

• 对抗无线信道衰落的额外分集，因为信号是从几个地理上分开的位置上收到的，通常使得整个聚合的信道呈现高时间扩散或高频率选择性的信道。

总之，这使得多播/广播的接收质量显著提高，特别是在参与 MBSFN 传输小区之间的边界，因此多播/广播可达到的数据传输速率得到极大的改善。

向移动终端提供多播/广播服务时，需要考虑几个方面，其中有两点需要特别关注并将在后续详细说明：良好的覆盖和终端低能耗。

覆盖或更准确地说就是可提供的数据速率，基本上由链路质量最差的用户所决定，因为在多播/广播系统向多个用户提供相同信息时不存在用户级的传输参数自适应。

设备的节能接收在本质上意味着整体传输的架构应该是：所感兴趣的业务数据采用时间短而高速而不是时间长而低速的方式。这样会允许拥有长周期 DRX 的终端偶尔唤醒以接收数据。在 LTE 中，通过对单播数据传输和广播数据传输进行时分复用，以及调度不同的 MBMS 业务实现，下面章节会进一步讨论。

剩余的章节聚焦于 MBSFN 的传输，包括整体架构以及 MBSFN 网络的调度，并在章节最后对 SC-PTM 进行了简要介绍。

19.1　架构

MBMS 业务可以使用 MBSFN 或 SC-PTM 传输。后续章节中介绍了 MBSFN 机制，并在第 19.4 节讨论了在版本 13（R13）规范中新增的 SC-PTM。

MBSFN 区域是一个或多个小区发送相同内容的特定区域。例如，在图 19.3 中，小区 8 和 9 同属 MBSFN 区域 C。不仅一个 MBSFN 区域可以由多个小区组成，而且一个小区也可属于多个（最多 8 个）MBSFN 区域。如图 19.3 所示，小区 4 和 5 同时属于 MBSFN 区域 A 和 B。需要注意的是，从 MBSFN 接收角度来看，单个小区是不可见的，尽管终端因为其他目的需要识别不同的小区，如读取系统信息和通知指示，这会在后续章节讨论。MBSFN 区域是静态的，不随时间变化。

MBSFN 传输不仅需要 MBSFN 区域内参与传输的小区之间达到时间同步，而且对于某个特定业务每个小区也需要使用同一组无线资源。这种协调由多小区/多播协调实体（Multi-cell/multicast Coordination Entity，MCE）来实现，该实体在无线接入网络负责处理 MBSFN 区域内不同小区

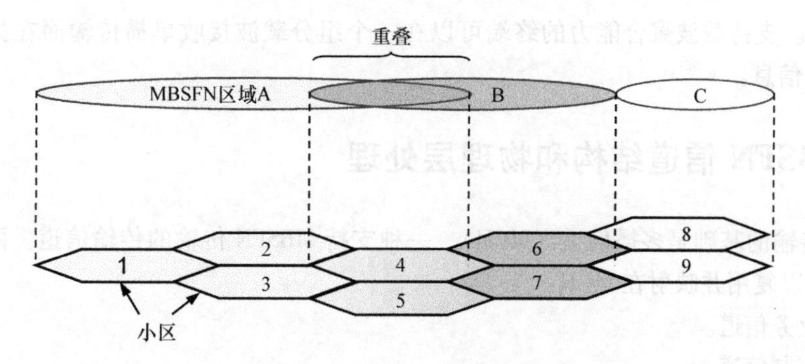

图 19.3 MBSFN 区域示例

资源分配以及传输参数（时频资源以及传输格式）。MCE 同时负责为 MBMS 业务进行 SC-PTM 和 MBSFN 的选取。如图 19.4 所示，MCE[⊖]可以控制多个基站，每个基站处理一个或多个小区。

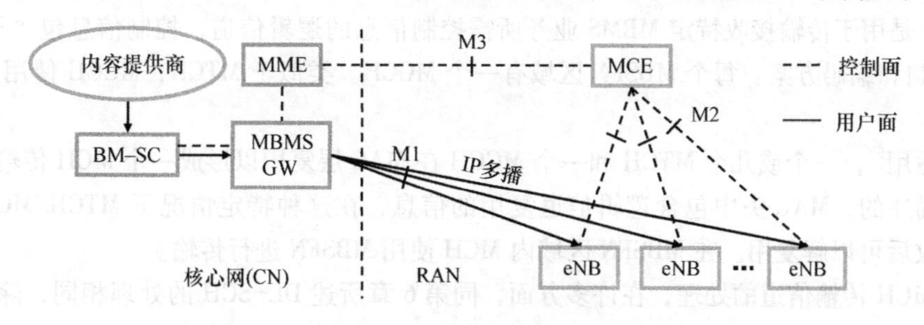

图 19.4 LTE MBMS 架构

广播多播业务中心（Broadcast Multicast Service Center，BM-SC），位于核心网，负责对内容提供商授权和认证，计费，并对经过核心网的数据流进行整体配置。MBMS 网关（MBMS-GW）是一个处理从 BM-SC 到 MBSFN 区域中所有参与传输的基站的多播 IP 数据包的逻辑节点。它也通过 MME 处理会话控制信令。

MBMS 数据采用 IP 多播由 BM-SC 经过 MBMS 网关被转发到各小区，这些小区最后执行 MBMS 的发送，其中 IP 多播是一种在单次传播中将一个 IP 包发送给多个接收网络节点的方法。因此，从一个无线电接口的角度来看，MBMS 不仅是有效的，而且也节省了传输网的资源，因为除非必要，不会将同一个包分别发送到多个网络节点。这会大大节省传输网的资源。

一个接受 MBMS 传输的终端，还可以在与 MBMS 相同的载波上接收单播传输，而单播传输是经时分复用放到不同子帧上的。这假设 MBMS 传输和单播传输使用了相同的载波，这可能会限制运营商在一个 MBMS 区域使用多个载波（多个频带）情况下的灵活部署。在版本 11（R11）规范中，增强了这种部署下改善提升。简单地说，终端通知网络其感兴趣的 MBMS 及其能力。网络将参考这些信息并保证终端可以接受相关的 MBMS 业务，例如，将终端切换到提供 MBMS

⊖ 在每个 eNodeB 中都包含 MCE 功能的地方，还支持有一种替代体系结构。然而，由于在不同的 eNodeB 中的 MCE 之间没有通信，所以 MBSFN 区域在这种情况下将被限制在由单个 eNodeB 控制的一组小区内。

传输的载波上。支持载波聚合能力的终端可以在一个组分载波接收单播传输而在另一个组分载波接收 MBMS 信息。

19.2　MBSFN 信道结构和物理层处理

MBSFN 传输的基础是多播信道（MCH），一种支持 MBSFN 传输的传输信道。两种不同类型的逻辑信道可以复用并映射在 MCH：

- 多播业务信道。
- 多播控制信道。

MTCH 是用来承载对应于某个 MBMS 业务的 MBMS 数据的逻辑信道类型。如果在 MBSFN 区域提供的业务数量众多，可以配置多个 MTCH。由于终端不会发送确认反馈，没有 RLC 重传可以使用，因此，使用了 RLC 非确认模式。

MCCH 是用于传输接收特定 MBMS 业务所需控制信息的逻辑信道，控制信息包含子帧配置，MCH 的调制和编码方案。每个 MBSFN 区域有一个 MCCH。类似于 MTCH，MCCH 使用 RLC 非确认模式。

如果适用㊀，一个或几个 MTCH 和一个 MCCH 在 MAC 层复用以形成一个 MCH 传输信道。如第 4 章所描述的，MAC 头中包含逻辑信道复用的信息，在这种特定情况下 MTCH/MCCH 复用，终端在接收后可以解复用。在 MBSFN 区域内 MCH 使用 MBSFN 进行传输。

对于 MCH 传输信道的处理，在许多方面，同第 6 章所述 DL-SCH 的处理相同，除以下一些例外：

- 在 MBSFN 传输中，相同的数据是使用相同的传输方式，在相同的物理资源上，从归属于不同基站的多个小区发送。因此，MCH 传输方式和资源分配不能被基站动态调整。如前文所述，传输方式由 MCE 决定，并作为在 MCCH 发送信息的一部分告知终端。
- 由于 MCH 传输同时针对多个终端，因此没有反馈可以使用，HARQ 在 MCH 的传输中也不适用。
- 如前文所述，MCH 传输不采用多天线传输（发射分集和空间复用）。

此外，如第 6 章所述，PMCH 加扰应该是按 MBSFN 区域进行的，参与 MBSFN 传输的所有小区均是一致的。也存在一些细微的差别，例如，PMCH 只携带 MTCH 而不携带 MCCH㊁时才可以使用 256 QAM，空分复用以及传输分集也不适用于 PMCH。

如图 19.5 所示，MCH 被映射到 PMCH 物理信道，并在 MBSFN 子帧上传输。如第 5 章所讨论的，MBSFN 子帧由两部分组成：一个控制区域，用于常规的 L1/L2 控制信令单播传输；一个 MBSFN 区域，用于 MCH 的传输㊂。MBSFN 子帧需要单播控制信令，例如，为后面子帧调度上行

㊀ 每个 MBSFN 区域需要一个 MCCH，但不必在每个 MCH TTI 中发生，也不必在 MBSFN 区域中的所有 MCH 上发生。

㊁ 这是 256 QAM 在后期引入且不被所有设备支持，而 MCCH 突发被所有使用 MBMS 服务的设备接收的结果。

㊂ 正如第 5 章所讨论的，MBSFN 子帧可以用于多种目的，并不是所有的都必须用于 MCH 传输。

传输，也用于MBMS相关信令，后续会进一步讨论。

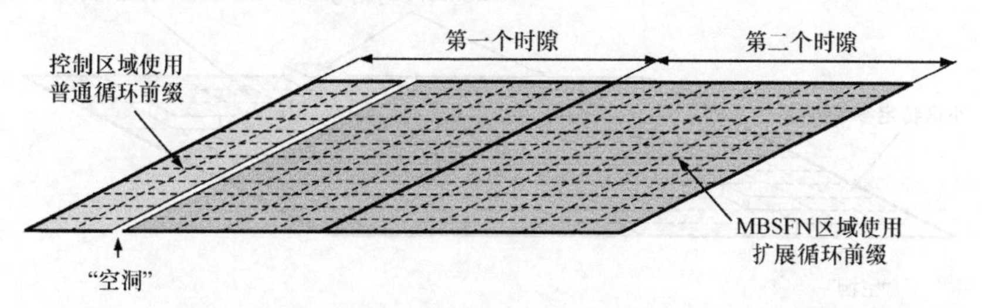

图19.5 假设是用于控制区域的普通循环前缀，则MBSFN子帧的资源块结构

正如本章开始所讨论的，在基于MBSFN多播/广播传输中，循环前缀不仅应当覆盖实际信道时间扩散的主要部分，还要覆盖来自参与MBSFN传输的各小区的数据传输的时间差异。因此，只能发生在MBSFN区域的MCH传输使用扩展循环前缀。如果普通子帧使用了普通循环前缀，那么MBSFN子帧的控制信号区域也会使用普通循环前缀，这将导致MBSFN子帧的两部分之间出现一个小的“空洞”，如图19.5所示。原因是无论控制信号区域采用的是什么循环前缀，都需要保持MBSFN区域的起始时间是固定的。

正如前面已经提到，MCH是由属于相应的MBSFN区域的小区，通过MBSFN进行传输的。因此，从终端的角度看，MCH传播所经过的无线信道是终端到MBSFN区域中每个小区信道的叠加。对于MCH相干解调的信道估计，终端并不依赖于每个小区多发送的普通的小区特定的参考信号。为了能实现MCH相干解调，需要在MBSFN子帧中的MBSFN部分插入专门的MBSFN参考符号，如图19.6所示。这些参考符号通过MBSFN方式，在构成MBSFN区域的那组小区内发送，也就是说，这些参考符号从每个小区以相同的参考符号值在相同的时频位置传输。因此，使用这些参考符号进行信道估计，能正确地反映对应于构成MBSFN区域的所有小区的MCH传输的聚合的信道条件。

与专门的MBSFN参考信号相结合的MBSFN传输的可以被看作是使用特定天线端口的传输，该天线端口被称为天线端口4。

终端可以假设在一个给定的子帧内的所有MBSFN传输对应于同一个MBSFN区域。因此，终端对聚合的MBSFN信道进行估计时可以在一个给定的MBSFN子帧内对所有MBSFN参考符号进行插值处理。相反，如前文讨论的，在不同子帧上的MCH传输对应不同的MBSFN区域。因此，终端不能够在多个子帧上进行信道估计的插值处理。

如图19.6所示，MBSFN参考符号的频域密度高于相应的小区特定参考符号密度。这是有必要的，因为所有参与MBSFN传输的小区的聚合信道等价于一个高时间扩展或高频域选择性信道。因此，参考符号在频域需要更高的密度。

在MBSFN子帧上只有一个MBSFN参考符号。因此，MCH传输不支持多天线发送机制，如发射分集和空间复用。对于MCH传输不支持任何标准化的发射分集主要依据是，聚合的MBSFN信道本身的高频率选择性就可以提供充分的（频率）分集。发射分集方案对于终端时透明的，因此，不需要规范中的任何特别支持也可以在有用的时候使用。

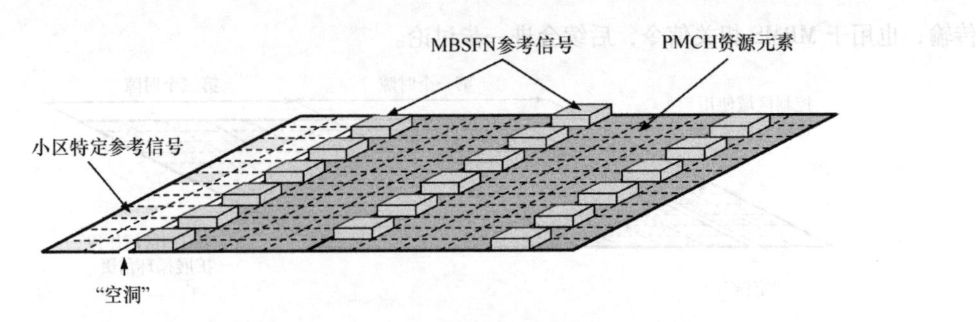

图 19.6　PMCH 接收的参考符号架构

19.3　MBSFN 业务的调度

正如前文所解释的，对 MBSFN 区域的良好覆盖是提供广播业务的一个重要方面。而正如本文介绍中提到的，另一个重要的方面，是提供节能的接收。从本质上讲，对于一个给定的业务，可以在时间段但高速率的传输之间使得设备进入 DRX 状态以节省能量消耗。因此，LTE 对 MBMS 业务广泛应用了时间复用并提供了相关的信令，同时还提供了通知终端何时进行 MBMS 业务传输的机制，对该机制的描述的基础在于公共子帧分配（CSA）周期和 MCH 调度周期（MSP）。

所有属于相同 MBSFN 区域的 MCH 占据了 MBSFN 子帧的模式，被称为公共子帧分配（CSA）。CSA 是周期性的，如图 19.7 所示。用于 MCH 传输的子帧必须配置为 MBSFN 子帧，但反过来不成立，即 MBSFN 子帧也可以被配置为其他目的，例如第 18 章中所述的在中继的情况下被配置来支持回传链路。此外，用于 MCH 传输的 MBSFN 子帧分配应该在整个 MBSFN 区域内是一致的，否则，不会有任何 MBSFN 增益。这是 MCE 的任务。

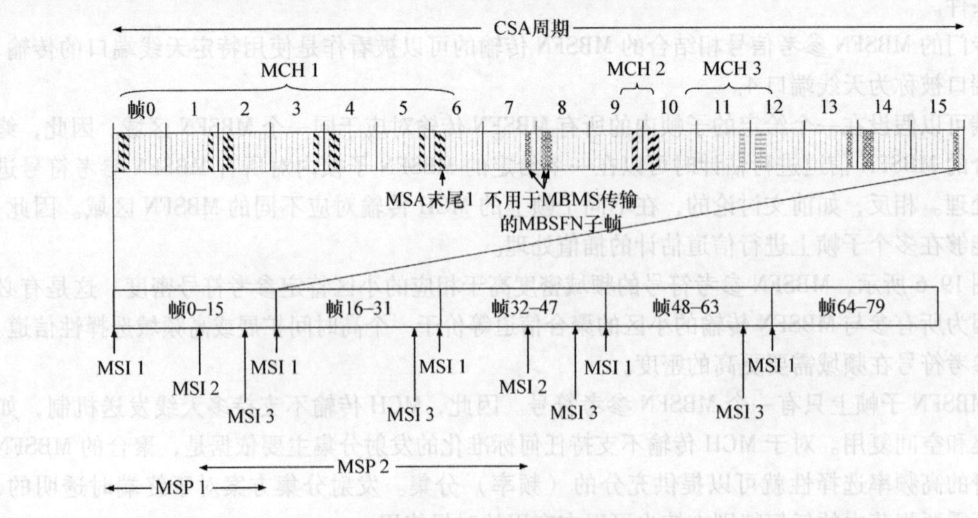

图 19.7　MBMS 业务调度示例

特定MCH的传输遵循MCH子帧分配（MSA）。该MSA是周期的，并在每个MCH调度周期（MSP）的开头，一个MAC控制单元用来传输MCH调度信息（MSI）。MSI指示在即将到来的调度周期哪些子帧用于某个MTCH。并非所有可能的子帧都需要用到，如果MTCH（s）所需要的数量比分配给MCH的数量小，则MSI指示用于MTCH的最后一个MCH子帧（图19.7中的MSA末尾），而其余的子帧不用于MBMS传输。不同MCH在CSA周期内是按连续的顺序传输的，即在CSA周期内，MCH n 所使用的所有子帧都在同一个CSA周期内MCH $n+1$ 使用的子帧之前传输。

传输格式是作为MCCH部分信号发送。这实际上意味着不同的MCH上的MCH传输格式可能有所不同，但对同一MCH上的不同子帧上的传输格式必须保持不变。唯一的例外是MCCH和MSI，其中MCCH的传输格式，在系统的信息里传输。

在图19.7所示示例中，第一个MCH调度周期为16个帧，对应一个CSA周期，所以这个MCH的调度信息每16帧传输一次。另一方面，第二个MCH的调度周期是32帧，对应两个CSA周期，所以调度信息是每32帧传输一次。MCH调度周期的范围可以为80ms～10.24s。

总之，对于每个MBSFN区域，MCCH提供了有关CSA模式，CSA周期以及在MBSFN区域内的每个MCH传输格式和调度周期的相关信息。这些信息对于终端能正确接收不同MCH是必要的。然而，MCCH是一个逻辑通道，而它本身映射到MCH，这将导致一个“鸡和蛋”的问题，因为接收MCH所必要的信息在MCH上传输。因此，在MCCH（或MSI）复用到MCH的子帧TTI上，MCH传输采用了MCCH特定的传输格式。MCCH特定传输格式是作为系统信息而提供的（SIB13，见第11章有关系统信息的讨论）。该系统信息还提供了有关MCCH的调度和修改周期（但不包括CSA周期，CSA模式，和MSP，因为这些数据从MCCH本身获得）的信息。一个特定的MBMS业务的接收可以由以下步骤说明：

- 接收SIB13以获取关于如何接收这个特定MBSFN区域内MCCH的信息。
- 接收MCCH以获取有关CSA周期，CSA模式，和所感兴趣业务的MSP相关信息。
- 接收每个MSP起始位置的MSI。为终端提供在哪些子帧可以找到感兴趣业务的信息。

在上述第二步之后，终端获得CSA周期、CSA模式和MSP。这些参数通常在相对较长的时间保持固定。因此，终端只需要接收MSI和如上面第三步所述的承载其感兴趣业务的MTCH所在的那些子帧的信号。这将有助于大大减少终端功耗，因为其在大多数子帧可以保持休眠。

有时可能需要对MCCH上提供的信息进行更新例，例如当一个新的信息业务开始时。这要求终端重复地接收MCCH子帧，而代价是终端的能量消耗。因此，采用了针对MCCH的固定调度与更新通知相结合的机制，如下文所述。

MCCH信息以一个固定重复周期重复传输，且MCCH信息的更新只能发生在特定时间。当（部分的）MCCH信息改变（只能发生在一个新的更新周期的开始，如图19.8所示）时，在前一个MCCH更新周期，网络通知终端即将到来的MCCH信息更新。通知机制使用PDCCH实现。在一个MBSFN子帧的PDCCH上传输一个8bit位图，其中每个比特代表一个MBSFN区域，该PDCCH使用DCI格式1C和一个保留的标识符M-RNTI。在所供业务有任何的变化时，才发送通知位图（版本10中，通知也用来指示在一个MBSFN区域的计数请求），并遵循上述的更新周期。

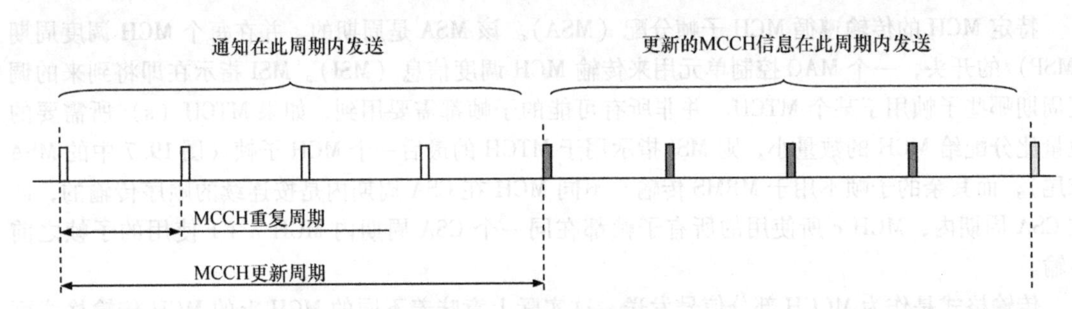

图 19.8　MCCH 传输调度

通知指示和修改周期的目的是最大化终端可以睡眠的时间，以节省电池电量。在没有任何 MCCH 信息更新的情况下，当前不接收 MBMS 的终端可以进入 DRX 状态，仅当网络发送更新通知指示时苏醒。由于位于 MBSFN 子帧的一个 PDCCH 最多跨越两个 OFDM 符号，因此终端需要苏醒以检查所述更新通知指示的时间很短，这也意味着高度地技能。重复发送 MCCH 有利于支持移动性；终端进入一个新的区域或终端错过第一次传输不需要等到下一个新的更新周期的开始以接收 MCCH 信息。

19.4　单小区点到多点传输

单小区点到多点（SC-PTM）在规范版本 13 中引入以支持单小区（或者只包含很少小区的区域）的 MBMS 业务并补充上述章节所述的 MBSFN 传输方案。该技术复用了相同的整体架构，而 MCE 需要负责 MBSFN 与 SC-PTC 的选取。

SC-MTCH 映射到 SL-SCH，携带有使用 SC-PTM 传输的 MBMS 信息。采用了与单播传输中相同的 DL-SCH 动态调度机制。相比于 MBSFN 所持有的慢速调度，这种机制有效支持了突发的业务。由于 DL-SCH 传输面向多个终端，因此 HARQ 以及 SCI 上报同样不适用。因此，可以支持不依赖于反馈的传输模式 1 和 3。使用了 G-RNTI 这一个新的组 RNTI 用于动态调度，每个 MBMS 业务拥有一个不同的 G-RNTI。

类似于不同 MBMS 业务所使用的不同 G-RNTI 的控制信息由 SC-MCCH 逻辑信道提供，并映射在 SL-SCH 且使用 SC-RNTI 动态调度。SIB10 包含了辅助终端接收 SCMCCH 的信息。

第 20 章　用于大规模 MTC 应用的 LTE

20.1　概述

移动电话、移动宽带和媒体传送的应用基本上涉及传达给人类和/或来自人类的信息。然而，无线通信越来越多地用于在非人类之间提供端到端连接，即不同类型的“物”或“机器”。在 3GPP 中，这被称为机器类型通信（MTC）。术语物联网（IoT）也经常在这种情况下使用。

虽然 MTC 应用跨越了很多不同的应用，但总体上，通常涉及两个主要类别：大规模 MTC 应用和紧急 MTC 应用。

大规模 MTC 应用是通常与大量的连接设备相关联的应用，诸如不同类型的传感器、执行器和类似设备。大规模 MTC 设备通常必须具有非常低的成本并且具有非常低的平均能量消耗，能够实现非常长的电池寿命。同时，由每个设备生成的数据量通常很小，并且数据速率和等待时间要求通常相对宽松。

对于一些大规模 MTC 应用，重要的是，可以在诸如建筑物的地下室以及非常稀疏的网络部署的乡村，甚至荒废的地区中提供连接。支持这种大规模 MTC 应用的无线电接入技术因此必须能够在基站和设备之间具有非常高的路径损耗的情况下正确地工作。

另一方面，紧急 MTC 应用通常与在要支持应用的区域内的极高可靠性和极高可用性的要求相关联。紧急 MTC 应用的示例包括交通安全、关键基础设施的控制和工业过程的无线连接。这些应用中通常还要求有非常低和可预测的延迟。同时，非常低的设备成本和非常低的设备能量消耗对于这些类型的应用通常不太重要。

LTE 的第一个版本可以很好地支持许多 MTC 应用。然而，作为 LTE 演进的一部分最近的更新，专门增强支持了针对大规模 MTC 的应用。

如图 20.1 所示，该演进的第一步是在 3GPP 版本 12（R12）中进行的。然后是版本 13（R13）中的附加步骤。在版本 12 和版本 13 中解决大规模 MTC 应用的 LTE 规范的不同更新的更多细节将分别在 20.2 节和 20.3 节中讨论。

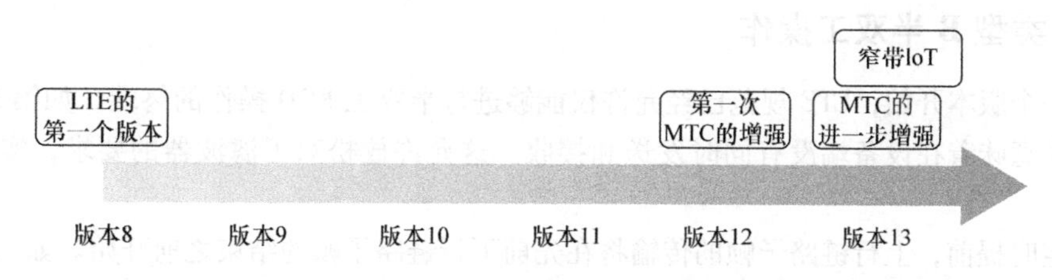

图 20.1　旨在支持增强对大规模 MTC 应用的 LTE 演进中的步骤

除了这种向大规模MTC应用的增强支持的更直接的LTE演进之外，还存在正在进行的被称为窄带IoT（NB-IoT）的3GPP活动。NB-IoT作为3GPP技术在开始时脱离于LTE的演进。然而，近来NB-IoT技术已经与LTE对准，并且它现在可以被看作是整个LTE演进的一部分。在20.4节中将对NB-IoT进一步讨论。

20.2 LTE版本12中的MTC增强

如前所述，增强对MTC应用支持的第一步，特别是针对更低的设备成本和降低的设备能量消耗，被作为LTE版本12的一部分。这包括具有降低的数据速率能力的新UE类别、修改的半双工操作和具有仅一个接收天线的设备的可能性。它还包括一种新的省电模式，旨在降低设备能耗。

20.2.1 数据速率能力和UE类别0

如第3章所述，LTE定义了不同的UE类别，其中每个类别与最大支持的数据速率相关联。

为了使MTC应用实现低成本设备，LTE版本12引入了新的、更低速率的UE类别。新的UE类别被标记为类别0，与具有更广泛能力的更高编号的UE类别相关联[⊖]。

不同UE类别的数据速率限制在LTE规范中表示为传输块的大小的上限。对于UE类别0，对于上行链路和下行链路，该限制被设置为1000bit。假设全双工FDD操作的类别0设备，结合1ms的TTI，这导致最大支持数据速率为1Mbit/s。可以注意到，1Mbit/s数据速率限制对应于传输信道数据速率，包括在更高层（MAC及以上）上添加的开销。因此，从应用的观点来看，最大数据速率稍低。

还应当指出，传输块大小的1000bit限制仅对用户数据传输。为了能够在网络侧支持类别0设备而没有太多的更新，这些设备必须仍然能够接收具有2216bit的传输块大小的系统信息、寻呼消息和随机接入响应，其是SIB1的最大尺寸。

类似于类别1，类别0不包括对空间复用的支持。此外，上行链路调制限于QPSK和16QAM。

应当指出，类别0设备仍然必须支持全载波带宽，即高达20MHz。如20.3节所示，作为LTE版本13中进一步MTC增强的一部分，放宽了此要求。

20.2.2 类型B半双工操作

从第一个版本开始，LTE规范已经允许仅能够进行半双工FDD操作的终端。如第5章所述，半双工操作意味着在设备端没有同时发送和接收。这允许放松双工滤波器的要求，实现更低成本的设备。

由于定时提前，上行链路子帧的传输将在先前下行链路子帧的结束之前开始。如在第5章中所描述的，当上行链路传输直接跟着下行链路接收时，“允许”仅能够进行半双工操作的设备跳

⊖ 严格地说，从版本12开始，下行链路和上行链路有不同的类别。

过下行链路子帧的最后一个 OFDM 符号的接收。

为了进一步降低复杂性/成本，LTE 版本 12 引入了新的双工模式——半双工类型 B，是专门针对类别 0 设备。半双工类型 B 通过指定设备不期望在上行链路子帧之前接收最后一个下行链路子帧，或者在上行链路子帧之后不接收第一个下行链路子帧，从而允许下行链路接收和上行链路传输之间大得多的空闲时间，如图 20.2 所示。

通过在发送和接收之间切换时提供这样大的空闲时间，半双工类型 B 允许在发射机和接收机之间更多地重用 RF 功能（例如对振荡器而言），从而进一步降低类别 0 设备的复杂性。

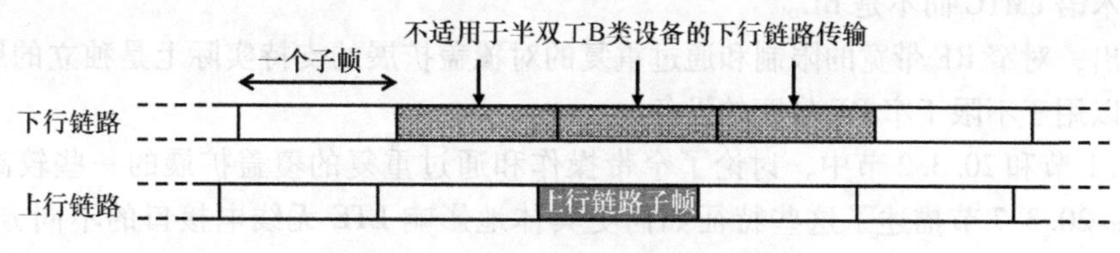

图 20.2　半双工类型 B 的调度限制

20.2.3　具有单接收天线的设备的可能性

LTE 技术规范没有明确要求任何特定的接收机实现，例如在设备侧使用的接收天线的数量。然而，自从第一个版本以来，LTE 性能已经隐含地要求，对于所有 UE 类别，两天线接收是强制的。

为了使得大规模 MTC 应用的设备能够进一步降低复杂性，对于 UE 类别 0，这种要求被放宽。相反，对类别 0 设备的性能要求使得它们可以在设备侧仅使用单个接收天线来实现。

20.2.4　省电模式

除了上述能够实现低成本设备的步骤之外，LTE 版本 12 还包括新的功率节省模式（PSM），以实现大规模 MTC 设备的降低的能量消耗和相应的延长的电池寿命。

从设备的角度来看，进入 PSM 类似于关闭电源。不同之处在于，设备保持在网络中注册，并且不需要重新连接或重新建立 PDN（分组数据网络）连接。

因此，已经进入 PSM 的设备不能被网络连接，并且重新建立连接必须由设备发起。因此，PSM 主要与“监视”设备相关，其中对于数据传输的需要通常由设备侧的事件触发。

为了实现网络发起数据传输，使用 PSM 的设备必须定期重新连接到网络并保持唤醒一段短暂时间，以允许网络对 UE 进行寻呼尝试。这种重新连接应该不频繁，以便保持 PSM 的节能益处，这意味着 PSM 主要对延迟不敏感的、不频繁的网络原始数据业务有益。

20.3　LTE 版本 13 中 MTC 增强：eMTC

作为 LTE 版本 13 的一部分，采取了额外的步骤来进一步增强 LTE 对大规模 MTC 应用的支持，称为增强 MTC（eMTC）的活动。这项活动的主要目标如下：

- 允许进一步降低设备成本，超出版本 12 UE 类别 0 所实现的成本。

• 扩展了低速率大规模MTC设备的覆盖范围，使其与预发布版本13设备相比，能够在耦合损耗至少高15dB的情况下工作。

在高层次上，eMTC的主要新功能有如下可能：

• 器件侧的更窄RF带宽，进一步降低器件复杂性和相应的成本。
• 对下行链路和上行链路进行大量重复，实现低速率服务的扩展覆盖。
• 扩展DRX。

限于窄RF带宽的设备在LTE规范中被称为带宽降低的低复杂度（BL）UE。然而，我们将在下面使用术语eMTC而不是BL。

还应指出，对窄RF带宽的限制和通过重复的对覆盖扩展的支持实际上是独立的属性，即覆盖扩展也可以用于不限于窄RF带宽的设备。

在20.3.1节和20.3.2节中，讨论了窄带操作和通过重复的覆盖扩展的一些较高层面的方面。20.3.3～20.3.7节描述了这些特征如何更具体地影响LTE无线电接口的不同方面。最后，20.3.8节给出了扩展DRX的概述。

与版本12类别0设备类似，将传输块大小限制为1000bit，不支持空间复用，半双工类型B操作以及在设备侧进行单天线接收的可能性对于版本13的eMTC也是有效的。对于eMTC设备，调制限于上行链路和下行链路的QPSK和16QAM。

应当指出，对于eMTC设备，传输块大小上的1000bit限制对于所有传输（包括系统信息、寻呼消息和随机接入响应）都有效。由于eMTC设备的窄带特性，无论如何需要重新设计用于发送系统信息的机制，因此不需要保持设备必须能够接收版本12中2216bit的最大SIB1传输块大小的要求。

还应当指出，由于HARQ往返时间的增加，参见20.3.3.4节，全双工eMTC设备的最大可持续下行链路数据速率限于800kbit/s。

20.3.1　窄带操作

从其第一个版本开始，LTE规范要求所有设备都应支持所有LTE载波带宽，即高达20MHz。此要求的原因是通过确保接入网络的所有设备能够在整个网络载波带宽上发送和接收来简化规范和网络操作。

考虑到包括高分辨率屏幕和应用处理器的设备的总体复杂性，必须支持所有载波带宽相关联的RF复杂度对于典型的移动宽带设备不是关键的。然而，对于低成本MTC设备，其中无线电部分贡献了整体设备复杂性和相关联成本的更大部分。对宽带宽的支持也影响设备的能量消耗，从而影响电池寿命。由于这些原因，版本13的eMTC设备仅需要在对应于最小LTE载波带宽（即约1.4MHz）的瞬时带宽上支持传输和接收。

为了允许这种窄带eMTC设备接入更宽带的LTE载波，在LTE版本13中引入了窄带的概念。如图20.3所示，整个宽带载波被分成多个窄带，每个窄带在频域中包含6个资源块。由于在资源块的数量中总载波带宽可能不总是6的倍数，所以在载波的每个边缘处可能存在不是任何窄带的一部分的一个或两个资源块。此外，在总载波带宽内奇数个资源块的情况下，载波的中心资源块将不是任何窄带的一部分。

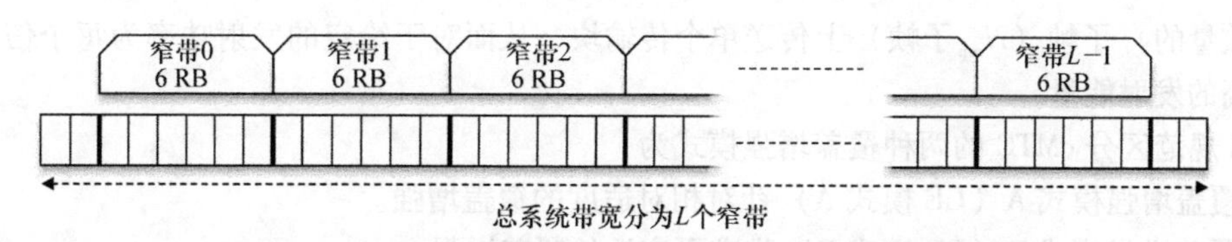

图 20.3　总载波带宽分为大小为 6 个资源块的 L 个窄带

在给定的时刻，eMTC 设备只能在对应于单个窄带，即 6 个连续资源块的带宽上进行发送。类似地，在给定时刻，eMTC 设备只能在对应于单个窄带的带宽上接收。因此，固有地跨越多于一个窄带，即多于 6 个连续资源块的物理信道不能由 eMTC 设备接收，例如 PDCCH、PCFICH 和 PHICH 的情况。因此，这些信道的功能必须由用于 eMTC 设备的其他方法提供。

虽然 eMTC 设备只能发送/接收单个窄带，但是设备应该能够在子帧之间切换窄带。假设该设备具有带有对应于单个窄带的带宽的 RF 前端，则在不同窄带之间切换将需要重新调谐 RF 前端，这可能花费与 150ms 或多达两个 OFDM 符号一样长的时间。如何使得这样的重新调谐时间可用取决于是否在用于下行链路接收的子帧之间或在用于上行链路传输的子帧之间进行重新调谐。总之可以这么说：

- 假设在下行链路子帧之间的接收机重新调谐发生在子帧开始处的控制区域期间。
- 上行链路子帧之间发射机重新调谐的时间可以通过在重新调谐之前不发送最后一个符号和/或在重新调谐之后不立即发送第一个符号来达到，参见 20.3.4 节。

20.3.2　通过重复的覆盖增强

3GPP eMTC 活动的第二个目的是为低速率 MTC 应用实现显著扩展的覆盖。eMTC 设计的明确目标是使得与版本 13 前的设备相比在耦合损耗大于至少 15dB 时可以运行。

重要的是，认识到 eMTC 不能对于一个给定的数据速率扩展覆盖率。相反，通过降低数据速率来扩展覆盖范围。然后，关键任务是确保：

- 可以以足够的效率提供较低的数据速率。
- 对于建立和保持连接所需的不同控制信道和信号，有足够的覆盖。

应注意以下事项：

- 由于 RF 复杂性的原因，假设 eMTC 器件的最大输出功率限制为 20dBm，即比 LTE 器件的典型最大输出功率低 3dB。为了允许高至少 15dB 的耦合损耗，eMTC 装置的上行链路链路预算因此至少需要被改善 18dB。
- 使用单天线接收意味着下行链路链路性能的损失，这种损失也必须通过下行链路覆盖增强来补偿。
- 不同的 LTE 信道和信号不完全平衡，因为它们没有完全相同的覆盖。这意味着对于所有信号和信道，覆盖不一定需要被改进相同的量以达到 15dB 的整体网络覆盖增益。
- 某些信号和信道，例如 PSS/SSS 和 PBCH，仅在载波带宽的一小部分上传输，并且通常假设与其他并行传输共享整个基站功率。这样的信号/信道的覆盖可以部分地通过功率提升来扩展，即通过以牺牲其他并行传输为代价向它们分配总基站功率的更大部分。

扩展 eMTC 设备覆盖范围的主要工具是使用多子帧重复。这意味着在多个（在一些情况下是非常大数量的）子帧（N_{rep}子帧）上传送单个传输块，从而对于给定的发射功率为每个信息比特提供更高的发射能量。

LTE规范区分eMTC的两种覆盖增强模式为

- 覆盖增强模式A（CE模式A）针对相对适度的覆盖增强。
- 覆盖增强模式B（CE模式B）瞄准更广泛的覆盖增强。

这两种模式例如在支持的重复次数方面不同，其中CE模式B与CE模式A相比支持更多的重复。

在某种程度上，可以看到CE模式A的目的是补偿由于eMTC设备的单天线接收而导致的较低（-3dB）eMTC设备输出功率和劣化的接收机性能。从这个观点来看，CE模式A的目的是至少部分地确保对于低复杂度eMTC设备有与非eMTC设备相同的覆盖范围。CE模式B然后提供全覆盖扩展，直到达到比最大耦合损耗高15dB。

每个eMTC设备由网络单独配置以在CE模式A或CE模式B下运行。

默认情况下，重复将在连续子帧中进行[⊖]。然而，网络可以通过eMTC特定的系统信息提供的位图将某些子帧显式地配置为不可用于重复（"无效子帧"）。在FDD的情况下，无效子帧的集合在下行链路和上行链路独立地配置。

如果网络未显式配置该组无效子帧，则设备可以假设所有上行链路子帧都是有效子帧。此外，设备可以假设除了配置为MBSFN子帧的子帧之外所有下行链路子帧都是有效子帧。

在有无效子帧的情况下，重复被推迟直到下一个有效子帧。因此，无效子帧的存在不会减少重复的次数，而是简单地延长执行整个重复的时间。

有效和无效子帧的概念也适用于重复序列中的第一次传输。另一方面，在没有重复的情况下（$N_{rep}=1$），即使相应的子帧被配置为无效子帧，也执行发送。

在多个子帧上重复的情况下，可以可选地在上行链路和下行链路上应用子帧间跳频。如图20.4所示，在不同的窄带之间和在N_{hop}子帧的块中执行跳频，其中N_{hop}，对于CE模式A，可以配置为从$N_{hop}=1$（每个子帧之间的跳频）到$N_{hop}=8$（每8个子帧之间的跳频），对于CE模式B可以配置为从$N_{hop}=2$到$N_{hop}=16$[⊜]。允许在多子帧跳频（$N_{hop}>1$）而不是每个子帧跳频的原因是允许子帧间信道估计。

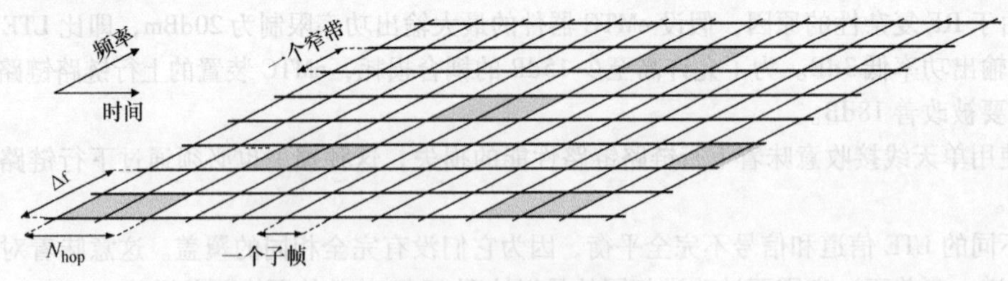

图20.4　eMTC的跳频

注：该图假设在具有跳频块长度$N_{hop}=2$的4个不同窄带（可能仅对于下行链路）之间的跳频

⊖ 在TDD的情况下，分别用于下行链路和上行链路传输的连续下行链路和上行链路子帧。

⊜ 这对于FDD是正确的。对于TDD，对于CE模式A，N_{rep}可能的值为{1，5，10，20}，对于CE模式B，N_{rep}可能的值为{5，10，20，40}。

为了对准不同传输之间的跳频并且确保所有设备在同一时刻“跳”，跳频时刻不是UE特定的。相反，跳频时刻对于小区内的所有跳频eMTC设备是共同的，并且取决于绝对子帧号，这个绝对子帧号是从具有等于0的帧号（SFN）的帧中的第一子帧开始计数的。换句话说，如果一个标记具有等于0的SFN的帧的第一子帧作为子帧号0，则无论传输的开始在哪里，对于所有跳频传输，在子帧$k \cdot N_{hop}-1$和子帧$k \cdot N_{hop}$之间发生跳跃。这也意味着在跳频的情况下的子帧计数器也考虑无效子帧。

跳频块长度N_{hop}和跳频偏移Δf是针对下行链路和上行链路单独配置的小区特定参数，并且还分别针对CE模式A和CE模式B来配置。在上行链路跳频的情况下，只是两个不同的窄带。对于下行链路，跳频可以在两个窄带或四个等间隔的窄带上执行。

20.3.3　下行链路传输：PDSCH和MPDCCH

如第6章所述，常规（非eMTC）下行链路数据传输在PDSCH上执行，PDCCH提供的相关联的控制信令（下行链路控制信息（DCI））。在子帧的控制区域中发送PDCCH，该子帧由每个子帧的前面多达3个OFDM符号组成[㊀]。控制区域的大小（也就是发送PDSCH的数据区域的开始）是动态地在PCFICH上发信号通知。

也如在第6章中所描述的，可替换地，可以通过EPDCCH来提供DCI，EPDCCH可以在有限集合的资源块上传输。

PDCCH和PCFICH两者都是固有的宽带，并且因此不能由窄带eMTC设备接收。因此，必须通过新的物理控制信道（MPDCCH）提供用于eMTC设备的DCI。MPDCCH可以被看作是EPDCCH扩展以支持窄带操作和通过重复覆盖扩展。这还包括引入用于下行链路调度分配和上行链路调度许可的新的eMTC特定的DCI格式。

即使PDCCH不用于eMTC设备，通常仍然存在为小区内的其他（非eMTC）设备传输。因此，在每个子帧内仍然存在控制区域，并且即使eMTC设备不需要读取在控制区域内发送的不同控制信道，其仍然需要知道数据区域的起始点，PDSCH/MPDCCH传输的起始点。此信息作为eMTC特定系统信息的一部分提供给eMTC设备[㊁]。与非eMTC设备相比，对于eMTC设备，PDSCH/MPDCCH传输的起始点因此是半静态的，并且假定仅在非常慢的基础上改变。

注意，eMTC设备的PDSCH/MPDCCH起点的半静态配置不防止其他设备的控制/数据区域的大小的动态变化。唯一的约束是在具有下行链路eMTC传输（PDSCH或MPDCCH）的子帧中，这些传输必须在半静态配置的位置开始。因此，在具有下行链路eMTC传输的子帧中，子帧的控制区域不能延伸超过该位置。然而，可以更短，在相同子帧中调度的其他非eMTC设备的PDSCH/EPDCCH传输可以在相应较早的起始位置。此外，在没有eMTC下行链路传输的子帧中，控制区域的大小可以是完全灵活的。

20.3.3.1　下行链路传输模式

如第6章所述，存在为LTE定义的10种不同的下行传输模式。在这10种模式中，传输模式1、2、6和9适用于eMTC设备。由于eMTC设备不被假定为支持多层传输，所以在eMTC的情况

㊀ 或者在1.4MHz载波带宽时，可以是4个OFDM符号。

㊁ 这个数据区域（相应的系统信息传输）的子帧起始是预定义的第5个OFDM符号（对于载波带宽等于1.4MHz）和第4个OFDM符号（对于载波带宽大于1.4MHz）。

下，传输模式9限于单层预编码。

在20.3.2节中，描述了如何在N_{hop}子帧的块中执行跳频。这是为了实现子帧间信道估计。由于相同的原因，eMTC设备可以假定传输模式9预编码器不在N_{hop}子帧的相同块上改变。注意，即使跳频被禁用，对于N_{hop}子帧的块，预编码器不变的假设也是有效的。

20.3.3.2　PDSCH/MPDCCH重复

应用于PDSCH的重复可以具有非常宽范围的重复数，范围从单次传输（$N_{rep}=1$）到2048次重复（$N_{rep}=2048$）。用于某个PDSCH传输的重复次数是基于每次传输的半静态配置和动态选择的组合。

对于两个覆盖增强模式中的每一个，网络在小区级别上配置一组可能的重复次数，其中每个集合分别由CE模式A和CE模式B的4个和8个不同的值组成。然后，网络从相应配置的集合中可用的4个/8个值中动态地选择特定PDSCH传输的实际重复次数。向设备通知调度分配中所选择的PDSCH重复数量（2bit/3bit的信令，这个信令分别用于指示CE模式A和CE模式B的4个/8个值中的一个）。

表20.1显示了可以在CE模式A和CE模式B的小区级别上分别配置的不同重复组合。注意，CE模式A的最大重复次数是32，而CE模式B的相应次数是2048。对于CE模式A，最小传输次数总是一次（不重复）。

表20.1　CE模式A和CE模式B的PDSCH重复数的组合

	CE模式A	CE模式B
组合1	{1，2，4，8}	{4，8，16，32，64，128，256，512}
组合2	{1，4，8，16}	{1，4，8，16，32，64，128，192}
组合3	{1，4，16，32}	{4，8，16，32，64，128，192，256}
组合4	—	{4，16，32，64，128，192，256，384}
组合5	—	{4，16，64，128，192，256，384，512}
组合6	—	{8，32，128，192，256，384，512，768}
组合7	—	{4，8，16，64，128，356，512，1024}
组合8	—	{4，16，64，256，512，768，1024，1536}
组合9	—	{4，16，64，128，256，512，1024，2048}

注：该表对于PUSCH重复也是有效的，参见20.3.4节。

重复也可以应用于MPDCCH。与PDSCH传输类似，用于某个MPDCCH传输的重复数目是基于每个传输的半静态配置和动态选择的组合。

在小区级别上，网络配置来自集合{1，2，4，8，16，32，64，128，256}的MPDCCH重复的最大数目（R_{max}），并且将其广播成为eMTC特定的系统信息的一部分。然后，网络从集合{R_{max}，$R_{max}/2$，$R_{max}/4$，$R_{max}/8$}中动态地选择用于特定MPDCCH传输的实际重复次数[⊖]。

关于用于特定MPDCCH传输的重复数目的信息被包括在调度分配中的2bit参数，这个参数

⊖　如果R_{max}小于8，则重复次数只能是在配置值的子集内的一个值。

作为指示四个不同值之一。换句话说，关于 MPDCCH 重复的数目的信息在 MPDCCH 本身内承载。以特定数量 R 的重复的 MPDCCH 最多只能在每 R 子帧的开始传输。因此，正确解码 MPDCCH（包含指示重复数量的 DCI）传输的设备可以毫无疑义地确定发送 MPDCCH 的第一子帧，并且因此确定其中的最后一个子帧。如稍后将看到的，在 DCI 承载下行链路调度分配的情况下，设备需要知道其中发送 MPDCCH 的最后一个子帧，以便能够确定对应的调度的 PDSCH 传输的起始子帧。类似地，在 DCI 承载上行链路调度授权的情况下，设备需要知道其中发送 MPDCCH 的最后一个子帧，以便能够确定对应的调度的 PUSCH 传输的起始子帧。

20.3.3.3　PDSCH 调度

在正常情况下，下行链路调度分配是子帧内部。这意味着在某个子帧中 PDCCH 或 EPDCCH 上提供的调度分配对应于相同子帧中的 PDSCH 传输。

相比之下，eMTC 设备的调度分配是子帧间。更具体地，还考虑到在 MPDCCH 和 PDSCH 两者的重复的可能性，在子帧 n 中结束的 MPDCCH 上的调度分配对应于在子帧 $n+2$ 中开始的 PDSCH 传输，如图 20.5 所示。调度分配的结束与对应 PDSCH 传输的开始之间的延迟允许调度分配的解码，而不必缓冲所接收的信号，从而实现较低的设备复杂性。

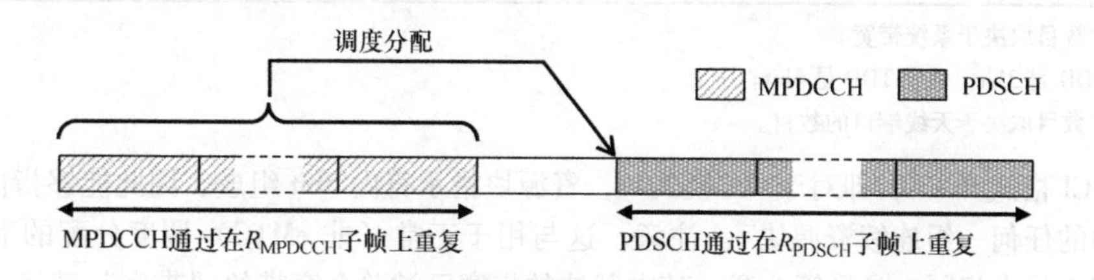

图 20.5　MPDCCH 上的调度分配与对应的 PDSCH 传输之间的定时关系

为了确定 PDSCH 传输开始的子帧，设备必须知道对应的 MPDCCH 传输的最后一个子帧。如前所述，由于在 DCI 中包括 MPDCCH 重复的数目，结合以特定数目 R 重复的 MPDCCH 传输最多只能在每 R 子帧开始的限制，这是可能的。

通常，通过在 EPDCCH 上承载的一组新的 DCI 格式用于 eMTC 设备的 DCI。其中，DCI 格式 6-1A 和 DCI 格式 6-1B 用于调度 PDSCH 传输。这些 DCI 格式的内容示于表 20.2 中，其中右列中的值指示用于特定参数的比特数。

DCI 格式 6-1A 用于对在 CE 模式 A 中运行的设备的调度分配。它包含与用于正常（非 eMTC）调度分配的 DCI 格式相似的信息，但是进行了扩展，包括了 PDSCH 和 MPDCCH 重复相关的信息，以及用于动态地启用/禁用 PDSCH 跳频的跳频标志（参见稍后的介绍）。DCI 格式 6-1B是一个更紧凑的格式，用于在 CE 模式 B 中运行的设备的调度分配。

DCI 格式 6-1A 和 6-1B 中包括的资源分配被分成两部分。窄带指示符指定下行链路 PDSCH 所位于的窄带。然后，在窄带指示符指定的窄带下，资源块指示符指定用于 PDSCH 传输的资源块的确切集合。

表20.2　DCI格式6-1A和6-1B

域	6-1A	6-1B
跳频标志	1	—
资源指示（资源分配）		
窄带指示	Var①	Var①
资源块指示	5	1
PDSCH重复数	2	3
HARQ进程数	3/4②	1
MCS	4	4
RV	2	—
新数据指示	1	1
PMI确认	1	—
预编码信息	1/2③	—
DM-RS扰码/天线端口	2	—
下行链路分配指示	2	—
PUCCH功率控制	2	—
SRS请求	0/1	—
Ack/Nack偏移	2	2
MPDCCH重复数	2	2
6-0/6-1区分的标志	1	1

① 比特的数目取决于系统带宽。

② 对于FDD是3bit，对于TDD是4bit。

③ 比特的数目取决于天线端口的数目。

对于DCI格式6-1A，即对于CE模式A，资源块指示符由5bit组成，因此能够指向窄带的6个资源块内的任何一组连续资源块㊀。注意，这与用于正常（非eMTC）调度分配的下行链路资源分配类型2基本相同，参见第6章，其中载波的带宽已被单个窄带的“带宽”替换，即6个资源块。

对于用于CE模式B的DCI格式6-1B，资源块指示符由指示两组连续资源块的单个比特组成：

- 窄带内的所有6个资源块。
- 资源块0~3，即4个连续的资源块。

在跳频的情况下，资源分配提供第一个传输的窄带。然后通过相对于第一个传输的小区特定的偏移给出用于后续重复的窄带。窄带内的资源块集合对于每个跳是相同的。对于下行链路，跳频可以发生在2个或4个窄带之间。

跳频周期、跳频偏移和跳频数量在小区级别上配置。

即使配置了用于PDSCH的跳频，对于CE模式A，可以通过调度分配中的跳频标志在每个传输的基础上动态地禁用跳频，见表20.2。对于CE模式B，不可能动态地禁用跳频，因此，在DCI格式6-1B中没有跳频标志。

“6-0/6-1区别”标记指示DCI是否具有格式6-1A/6-1B（下行链路调度分配）或6-0A/6-0B（上行链路调度准许，参见20.3.4.1节）。在CE模式A中配置的设备仅需要接收DCI格式6-0A和6-1A。同样，在CE模式B中配置的设备仅需要接收DCI格式6-0B和6-1B。为了在检

㊀ 这里总共有1+2+3+4+5+6=21种组合。

测MPDCCH时减少盲解码的数量，DCI格式6-0A和6-1A具有相同的大小；同样，DCI格式6-0B和6-1B具有相同的大小。一旦已经解码了期望大小的MPDCCH，则设备可以根据6-0/6-1区别标志确定DCI是否对应于下行链路调度分配（“6-1”格式）或上行链路调度授权（“6-0”格式）。

20.3.3.4 下行链路混合ARQ

eMTC的下行链路HARQ是异步的和自适应的，和预发布版本13一样。这意味着网络可以在任何时间进行重传，并且可以与先前的传输使用不同的频率资源。

如图20.5所示，MPDCCH上的调度分配和对应的PDSCH传输之间的两个子帧偏移意味着HARQ往返时间中的两个子帧增加。因此，与用于正常（非eMTC）传输的8个子帧往返时间相比，即使没有任何重复，eMTC下行链路HARQ往返也将是10个子帧。由于eMTC设备仍然仅需要支持8个HARQ过程，因此用于传输到特定设备的最大占空比为全双工设备的80%。这将使最大可持续数据速率降至800kbit/s，而UE类别0设备的速率为1Mbit/s。

20.3.4 上行链路传输：PUSCH和PUCCH

如第7章所述，在PUSCH物理信道上执行常规（非eMTC）上行链路数据传输，而通过PUCCH物理信道提供上行链路控制信令（上行链路控制信息（UCI））。

用于eMTC的PUSCH和PUCCH也与用于非eMTC设备的方式基本相同，具有以下扩展/修改：

- 针对PUSCH和PUCCH的扩展覆盖的重复的可能性。
- 具有自适应和异步重传混合ARQ的修改，参见20.3.4.2节。

PUSCH的重复与用于下行链路PDSCH的方法类似，参见20.3.3.2节。在小区级别，网络配置一组可能的重复数，其中每个集合分别由用于CE模式A和CE模式B的4个和8个不同的重复数组成。然后，从配置的集合的4/8个值中，网络动态选择用于上行链路PUSCH传输的实际重复数目，并作为调度许可的一部分提供给设备。

在上行链路传输的子帧之间有重新调谐的情况下，通过在重新调谐之前和/或之后不发送上行链路传输的两个符号，这个保留的时间可以用于重新调谐。用于重新调谐的什么符号取决于在重新调谐之前和之后在子帧中正在发射什么。通常，如果可能，从具有PUSCH传输的子帧获取符号，而不是PUCCH传输。因此，如果在重新调谐之前的最后一个子帧中和/或在重新调谐之后的第一个子帧中发送PUSCH，则PUSCH子帧的两个符号用于重新调谐[⊖]。在重新调谐之前的最后子帧和重新调谐之后的第一子帧两者中都有PUCCH传输的情况下，每个子帧的一个OFDM符号用于重新调谐。

20.3.4.1 PUSCH调度

与下行链路调度分配类似，使用两种新的DCI格式在MPDCCH上携带eMTC设备的上行链路调度许可，参见表20.3。

DCI格式6-0A用于对在CE模式A中操作的设备的调度授权。其包含与DCI格式0（见第6

⊖ 如果在重新调谐前的最后一个子帧和重新调谐后的第一个子帧都有PUSCH传输，则每个子帧的一个符号是用来重新调谐。

章）类似的信息，但是有与PUSCH和MPDCCH重复相关的信息扩展：

- 允许动态启用/禁用PUSCH跳频的频率标志。
- 异步上行链路HARQ所需的HARQ进程号，请参见20.3.4.2节。
- 调度的PUSCH的重复次数。
- MPDCCH传输的重复次数。

DCI格式6-0B是一个更紧凑的DCI格式，用于对在CE模式B中操作的设备的调度许可。

与下行链路调度分配类似，DCI格式6-0A和6-0B中包括的资源分配被分成两部分。窄带指示符指定要用于PUSCH传输的上行链路资源所位于的窄带。在给定由窄带指示符指定的窄带的情况下，然后，资源块指示符指定用于PUSCH传输的资源块的确切集合。

表20.3　DCI格式6-0A和6-0B

域	6-0A	6-0B
跳频标志	1	—
资源指示（资源分配）		
窄带指示	Var①	Var①
资源块指示	5	3
PUSCH重复数	2	3
HARQ进程数	3	1
MCS	4	4
RV	2	—
新数据指示	1	1
CSI请求	1	—
SRS请求	0/1	—
下行链路分配指示	2	—
PUCCH功率控制	2	—
MPDCCH重复数	2	2
6-0/6-1区分的标志	1	1

① 比特的数目取决于系统带宽。

对于用于CE模式A的DCI格式6-0A，资源块指示符由5bit组成，因此能够指向窄带的6个资源块内的连续资源块的任何组合。注意，这与用于正常（非eMTC）上行链路授权的上行链路资源分配类型0基本相同，参见第6章，其中载波的带宽已被单个窄带的"带宽"替换，即6个资源块。

对于用于CE模式B的DCI格式6-0B，资源块指示符由指示8组连续资源块的3bit组成。因此，在可以分配的资源块的组合中存在一些限制。这类似于用于CE模式B（DCI格式6-1B）的下行链路调度分配，尽管与DCI格式6-1B（仅两个组合）相比，DCI格式6-0B（8个不同组合）的限制较少。

上行链路调度许可的定时与其他（非eMTC）PUSCH相同。换句话说，在下行链路子帧n中结束的调度许可对应于在上行链路子帧$n+4$中开始的上行链路PUSCH传输。注意，由于重复，eMTC调度许可可以在几个下行链路子帧上传送。类似地，调度的PUSCH传输可以在几个上行链路子帧上延伸。

类似于下行链路，在跳频的情况下，资源许可提供第一个传输的窄带。然后通过相对于第一传输的小区特定偏移给出用于后续重复的窄带。对于上行链路，跳频（如果配置的话）总是仅在两个窄带之间发生。

还类似于下行链路，在CE模式A的情况下，可以通过调度许可中的跳频标志来动态地禁用跳频。

20.3.4.2　上行链路混合ARQ

如第8章所述，LTE上行链路混合ARQ是同步和非自适应的。进一步来说，

- 1bit的混合ARQ确认在下行链路PHICH物理信道上传送，在相对于要确认的上行链路PUSCH传输的特定时刻发送。
- 取决于检测到的混合ARQ确认，在特定相对时刻，更准确地说，在先前传输之后的8个子帧处进行重传。
- 在与原始传输相同的频率资源上执行重传。

由于PHICH是跨越整个载波带宽的宽带传输，所以其不能由窄带eMTC设备接收。因此，预发布版本13的上行链路HARQ过程不能用于eMTC设备。

还如在第8章中所描述的，通常，存在通过使用PDCCH或EPDCCH上的调度授权明确地调度重传来覆盖PHICH的可能性。这允许自适应重传，即与先前的传输相比，可以在不同的频率资源上调度重传。然而，重传仍将在特定时刻发生，也就是说，重传仍然是同步的。

对于eMTC设备，总是明确地调度上行链路重传，即eMTC设备不假定在PHICH上接收HARQ确认。由于没有显式重传请求必须与其时间对准的PHICH，eMTC上行链路重传也是异步的，即在初始传输的定时与请求的重传的定时之间没有严格的关系。

见表6.7，为上行链路非eMTC传输提供调度许可的DCI格式0和4包括新数据指示符（NDI）以支持上行链路重传的显式调度。由于异步HARQ，用于eMTC设备（DCI格式6-0A和6-0B，参见早先的描述）的调度许可还包括HARQ过程指示符。对于CE模式A，总共有8个HARQ过程（对应于3bit HARQ过程指示符），而CE模式B被限制为两个HARQ过程（1bit HARQ过程指示符）。

20.3.4.3　PUCCH

如第7章所述，UCI，包括CSI报告，调度请求和混合ARQ确认，在PUCCH物理信道上承载。每个PUCCH传输覆盖一个子帧，并且在频率上位于载波的边缘，在时隙级上具有跳频。存在与不同有效载荷大小相关联的几种不同的PUCCH格式，并且实际上，解决不同类型的UCI。

eMTC也需要UCI。然而，由于受支持的传输模式的有限集合以及其他限制，不是所有PUCCH格式都需要支持eMTC。

更具体地，在FDD的情况下仅支持PUCCH格式1、1A和2，而对于TDD，还支持PUCCH格式2A。

与常规（非eMTC）PUCCH传输相比，每个PUCCH传输的结构也有些不同。

与其他物理信道类似，重复可以应用于PUCCH传输，其中重复的数量由网络配置：

- 对于CE模式A，重复次数可以是1（无重复）、2、4和8。
- 对于CE模式B，重复次数可以是4、8、16和32。

与PDSCH、MPDCCH和PUSCH相反，因此不可能动态地改变PUCCH的重复数目。

在eMTC中PUCCH的跳频是以N_{hop}个子帧的块执行的，而不是与非eMTC设备的PUCCH跳

频一样在时隙级上执行的。这意味着，在重复数目被配置为小于或等于跳频块长度 N_{hop} 的情况下，对于eMTC可以不存在PUCCH跳频。特别是，在没有重复（$N_{rep}=1$）的情况下，eMTC设备没有跳频。

20.3.4.4　上行功率控制

eMTC设备的上行功率控制（PUSCH和PUCCH）根据设备是否被配置用于覆盖扩展模式A或覆盖扩展模式B而不同。

在覆盖扩展模式A的情况下，上行功率控制基本上与第7章中描述的非eMTC设备相同，其中在eMTC设备的情况下，在DCI格式6-0A（上行链路调度许可）和6-1A（下行链路调度分配）内提供功率控制命令。eMTC设备还可以接收功率控制特定的DCI格式3和3A。在重复的情况下，对其执行重复的子帧组合的发射功率不变。

覆盖扩展模式B的情况是假定在最严重的传播条件下使用的，在这种情况下，对于PUCCH和PUSCH传输，发射功率总是被设置为最大的每载波传输功率。由于这个原因，DCI格式6-0B和6-1B中也没有包括功率控制命令。

20.3.5　同步信号和BCH

LTE同步信号（PSS/SSS）和PBCH被限制在载波中心的72个子载波内。eMTC设备的RF前端带宽通常限于1.4MHz，尽管它们不必限制在单个窄带内，因此，它们也可以接收这样的信号。

同步信号对于eMTC设备没有改变。由于这些信号在时间上不变化，可以通过使设备在搜索PSS/SSS时使设备累积更长时间来实现扩展的覆盖。这可能导致在初始接入和移动性方面需要更长的搜索时间。然而，由于延迟不被认为是用于大规模MTC应用的关键参数，并且设备可以被假设为静止的或者具有低移动性，至少在覆盖扩展对大规模MTC应用是很重要的情况下，这被认为是可接受的。

如第11章所述，编码的BCH传输块被映射到4个连续帧的第一个子帧。在这些子帧中，PBCH在第二时隙的前4个OFDM符号内发送。因此，在总共16个OFDM符号（每个子帧中的4个子帧和4个OFDM符号）上发送每个BCH传输块。

为了扩展覆盖，PBCH被重复因子5，即每个BCH传输块在总共80个OFDM符号上发送。在FDD和TDD之间有些不同。

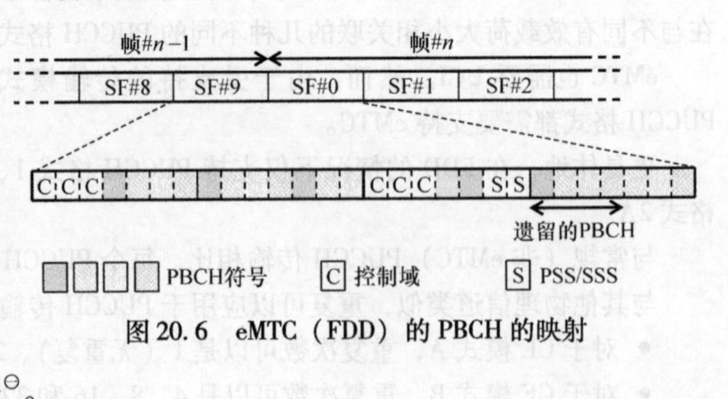

图20.6　eMTC（FDD）的PBCH的映射

对于FDD，子帧0的4个OFDM符号在子帧0中的5个附加符号和前一帧的子帧9中的11个符号中重复，如图20.6所示。每个符号因此重复4次。对于TDD，PBCH同样在子帧0和5中发送[㊀]。

㊀ 在正常循环前缀时，这是正确的。在扩展的循环前缀的情况下，每个符号只重复3次，和正常循环前缀相比，使用了不同的符号。

如果 5 次重复不提供足够的覆盖，则可以使用附加的功率提升来进一步扩展 PBCH 的覆盖。

重复的 PBCH 符号的这样映射，使得调制符号在与原始符号相同的子载波上重复。这允许 PBCH 被设备用于频率跟踪，而不必解码 PBCH。

注意，上述 PBCH 结构不是新的物理信道。相反，预发布版本 13 的 PBCH 以向后兼容的方式扩展以支持扩展覆盖。传统设备仍然可以通过仅在第二时隙中接收预发布版本 13 的 4 个 OFDM 符号来检测 PBCH，从而获取主信息块（MIB）。

这也意味着在 BCH 上发送的 MIB 仍然包含预发布版本 13 的设备期望的所有遗留信息。在 MIB 中通过使用 BCH 的原始 10 个“空闲比特”中的 5bit 提供附加的 eMTC 特定信息，参见第 11 章。这 5bit 用于传送关于 SIB1-BR 的调度的信息，参见下一节。

20.3.6　系统信息块

如第 11 章所讨论的，MIB 仅包括非常少量的系统信息，而系统信息的主要部分包括在不同的系统信息块（SIB）中，这些系统信息块使用正常数据传递机制（有 SI-RNTI 标记的DL-SCH）传输。SIB1 的调度在规范中是固定的，而关于剩余 SIB 的时域调度的信息包括在 SIB1 中。

由于传统 SIB1 可以具有超过 6 个资源块的带宽，并且可以由高达 2216bit 组成，因此它不能被限制为 1.4MHz 带宽和 1000bit 最大传输块大小的 eMTC 设备接收。因此，对于 eMTC，引入了新 SIB1，这个新 SIB1 被称为 SIB1 带宽减少（SIB1-BR）。

SIB1-BR 在 6 个资源块（一个窄带）上发送，并且每 80ms 间隔重复多次。虽然 SIB1-BR 在 PDSCH 上正式传输，但与其他 PDSCH 传输相比，用不同的方式进行重复。如在前面的部分中所描述的，在正常情况下，在连续的有效子帧上执行 PDSCH 重复。然而，对于 SIB1-BR，在 80ms 周期期间，重复在时间上等间隔：

- 对于重复因子 4，SIB1-BR 每个第二帧在一个子帧中传输。
- 对于重复因子 8，SIB1-BR 每帧在一个子帧中传输。
- 对于重复因子 16，SIB1-BR 每帧在两个子帧中传输。

发送 SIB1-BR 的帧/子帧的确切集合在表 20.4 中提供。

表 20.4　发送 SIB1-BR 的子帧组合

重复因子	PCID	FDD		TDD	
		SFN	子帧	SFN	子帧
4	偶数	偶数	4	奇数	5
	奇数	奇数	4	奇数	0
8	偶数	任何	4	任何	5
	奇数	任何	9	任何	0
16	偶数	任何	4 和 9	任何	0 和 5
	奇数	任何	0 和 9	任何	0 和 5

关于 SIB1-BR 重复因子（4、8 或 16）和传输块大小（6 种不同大小）的信息包括在 MIB 中，使用原始 10 个备用比特中的 5 个。

SIB1-BR 然后包括与 eMTC 设备相关的剩余 SIB 的调度信息。

20.3.7　随机接入

如第11章所述，LTE随机接入过程由4个步骤组成：

步骤1：上行前导码传输。

步骤2：下行随机接入响应，提供用于步骤3的定时提前命令和上行链路资源。

步骤3：移动终端身份的上行传输。

步骤4：争用解决消息的下行传输。

也如第11章中所述，步骤2~4使用与正常上行链路和下行链路数据传输相同的物理层功能。因此，它们可以直接依赖于前面描述的用于CE的PDSCH、MPDCCH、PUCCH和PUSCH的重复。

为给整个随机接入过程提供CE，重复也可以应用于前导码传输。

如第11章所述，随机接入（前导码）资源由一个频率块组成，这个频率块对应于在一组子帧中出现的6个资源块。在每个小区中有一个PRACH配置定义：

- 前导码格式。
- 用于PRACH传输的确切频率资源。
- 可以传送PRACH的子帧的确切集合。

对于前导码传输，设备从可用前导码集合中选择前导码并以指定的功率发送它。如果在配置的时间窗口内检测到随机接入响应（步骤2），则随机接入过程继续步骤3和步骤4。如果没有检测到随机接入响应，则将重复该过程，并可能使用增加的传输功率。

对于eMTC设备，可以定义多达4个不同的随机接入CE级别，每个与其自己的PRACH配置和相应的PRACH资源相关联[⊖]。特别地，不同的CE级别可以与不同的频率资源相关联。设备基于其估计的路径损耗来选择CE级别。以这种方式，可以分离来自小区内不同覆盖情况的设备的随机接入尝试并且不会彼此干扰。

每个CE级别还与一个特定重复数目相关联，这个特定重复数目指示要用于前导码传输的重复数目。设备选择相应的CE级别，根据所指示的重复次数执行一系列的连续前导码传输，并且用非MTC设备相同的方式等待随机接入响应。如果在配置的窗口内检测到随机接入响应，则随机接入过程继续步骤3和步骤4。如果没有检测到随机接入响应，则该过程重复指定次数。如果在指定的尝试次数内未检测到随机接入响应，则设备使用下一个更高的CE级别并重复该过程。

如前所述，每个激活的eMTC设备配置有一个CE模式，会限制执行多少次重复，并且确定什么DCI格式是有效的。

在随机接入期间，设备尚未处于RRC_CONNECTED状态，并且因此没有配置特定的CE模式。仍然，在假定某个CE模式下，使用用于PDSCH、MPDCCH、PUCCH和PUSCH的正常CE模式来携带在随机接入过程的步骤2~4期间发送的不同消息。更具体地，对于随机访问过程的步骤2~4，设备应该假设。

- CE模式A，如果最新的PRACH（前导码）传输使用与CE级别0或1相关联的资源。

⊖ 请注意，这里提到的高达4个的CE级别与从前面讨论的两个CE模式是不同的。

- CE模式B，如果最近的PRACH传输使用与CE等级2或3相关联的资源。

20.3.8 扩展DRX

为了降低能量消耗和延长电池寿命，如第9章所述，设备可以进入DRX。在DRX中，设备在每个DRX周期的一个子帧中监视下行链路控制信令，并且可以在该周期的剩余时间睡眠。设备可以处于连接和空闲状态中的DRX，其中空闲状态中的DRX对应于设备正在睡眠并且仅唤醒以检查寻呼消息，参见第13章。

从LTE的第一个版本开始，DRX周期已经被限制在256帧或2.56s。这对于传统的移动宽带设备是足够的，对于传统的移动宽带设备，更长的接入时间通常是不可接受的。然而，一些大量MTC应用，要求更长期的电池寿命，并且同时在接入网络时可以接受非常长的等待时间，这些MTC应用期望更长的DRX/睡眠周期。

如20.1节所述，LTE版本12引入了PSM，以降低能耗和相应的延长电池寿命。PSM对于设备触发通信的应用是极好机制。但是因为已进入PSM的设备不能由网络寻呼，它不适用于网络需要启动通信的应用。

一些应用是网络发起的流量，但对时延不敏感，为了进一步减少这类应用的设备能量消耗，引入了扩展DRX作为LTE版本13的一部分。

在扩展DRX中，对于处于连接状态的设备，DRX周期可以扩展到对应于10.24s的1024个帧，对于处于空闲状态的设备，DRX周期可以扩展到对应于2621.44s（即接近44min）的262144帧。

为了处理超过SFN范围的这种非常长的DRX周期，已经定义了新的10位超SFN（HSFN）。与在MIB上提供的SFN相反，在SIB1内提供HSFN。

20.4 窄带物联网（NB-IoT）

20.4.1 背景

除了前面讨论的在版本12/13中增强LTE来对支持大规模MTC应用外，在3GPP GERAN组内同时发起了与低成本MTC设备有关的单独活动，3GPP GERAN是负责GSM技术规范的3GPP组。即使在今天，GSM是迄今为止用于真正低成本MTC应用的最主要的蜂窝技术，并且GERAN活动的目的是开发一种能够最终替代这些应用的GSM的技术。由于下面解释的原因，这个活动被称为NB-IoT。

NB-IoT的关键要求是它应该是真正的窄带，RF带宽在200kHz或更小的量级，以便能够在逐个载波的基础上用NB-IoT载波替换GSM载波。还应该可以在LTE载波的保护频带内部署NB-IoT载波，如图20.7所示。

几种不同的技术被认为是GERAN中NB-IoT工作的一部分，其中大部分与LTE非常不同。然而，在该过程的后期，决定将NB-IoT活动从GERAN移动到3GPP RAN，即负责LTE技术规范的3GPP组。同时，引入了额外的NB-IoT要求，即除了能够部署在LTE保护频带之外，NB-IoT

载波还应该能够在 LTE 载波内高效共存，如图 20.8 所示。

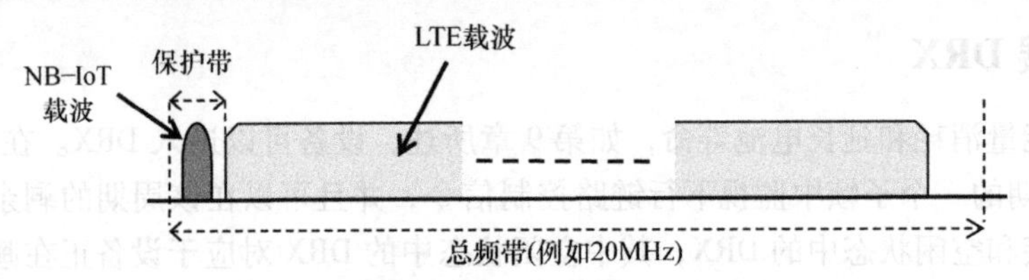

图 20.7　部署在 LTE 保护带上的 NB-IoT

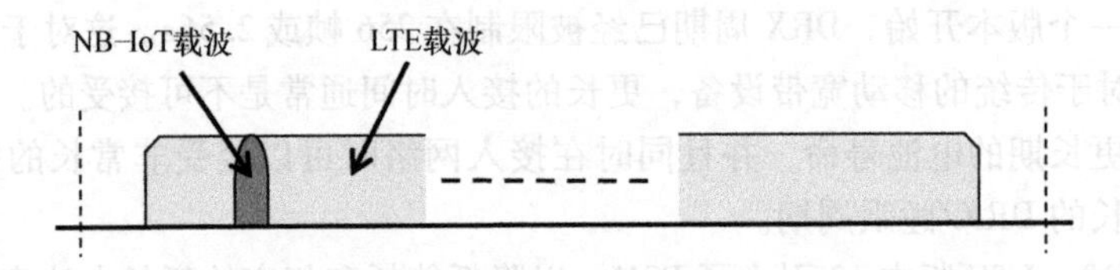

图 20.8　NB-IoT 部署在 LTE 载波内

虽然在 LTE 保护频带中的部署本质上仅需要足够窄带的载波，但是后来的要求对 NB-IoT 物理层设计提出了更强的约束。结果，最终的结论是，至少 NB-IoT 下行链路应当具有与 LTE 对准的物理层结构，即具有 15kHz 的子载波间隔的 OFDM。这使得 NB-IoT 的活动从一个完全独立的技术轨道变得与 LTE 的主流演进更加靠近。

本节的其余部分提供 NB-IoT 当前技术状态的概述。应当指出，在写本书时，NB-IoT 的工作仍然在 3GPP 中进行，并且细节可能仍然被改变/更新。

20.4.2　NB-IoT 部署模式

如前所述，NB-IoT 有三种不同的部署模式：

- 在自己的频谱中部署，例如，在从 GSM 重耕的频谱中。这被称为独立部署。
- 部署在 LTE 载波的保护频带内，称为保护频带部署。
- 在 LTE 载波内部署，称为带内部署。

应当指出，即使在带内部署的情况下，NB-IoT 应当被看作是与 LTE 载波分离的自己的载波。

20.4.3　下行数据传输

在下行链路，NB-IoT 基于与 LTE 完全类似的 OFDM 传输，即具有 15kHz 的子载波间隔和与 LTE 相同的基本时域结构。

每个 NB-IoT 载波由 12 个子载波组成。换句话说，每个 NB-IoT 载波对应于频域中的单个 LTE 资源块。

在独立和保护频带部署的情况下，整个资源块可用于 NB-IoT 传输㊀。另一方面，在带内部署的情况下，NB-IoT 传输将避免把 NB-IoT 载波部署在 LTE 载波的控制区域。这通过不在子帧的少数第一个 OFDM 符号期间进行发送来完成。要避免的符号的确切数目会作为 NB-IoT 系统信

㊀　对于承载 NPBCH 物理信道的子帧，不是很确定，见 20.4.5 节。

息的一部分提供，请参见 20.4.5 节。带内 NB-IoT 载波上的传输还应该避免使用部署了 NB-IoT 载波的 LTE 载波上的 CRS 传输相对应的资源元素。

NB-IoT 下行数据传输是基于两个物理信道：

- 携带调度信息的窄带 PDCCH（NPDCCH），即用于下行链路和上行链路传输信道传输的调度分配/授权。
- 承载实际下行链路传输信道数据的窄带 PDSCH（NPDSCH）。

在资源块内，发送 NDPCCH 或 NDPSCH。此外，对应于多达两个天线端口的 NB-IoT 参考信号（NRS）被包括在每个时隙的最后两个 OFDM 符号中，如图 20.9 所示。

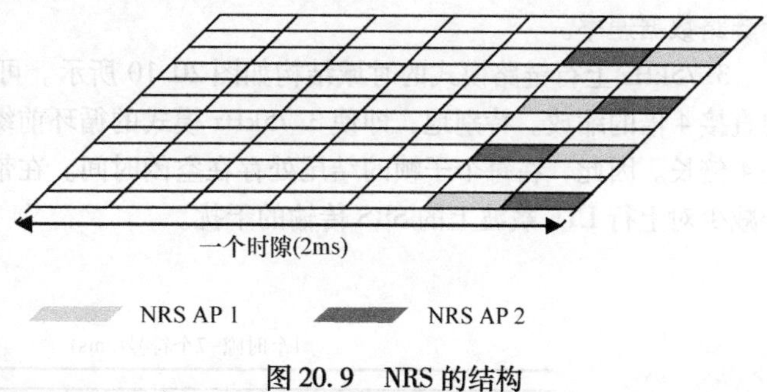

图 20.9 NRS 的结构

多达两个 NDPCCH 可以在子帧内被频率复用。NB-IoT 的下行链路调度分配是子帧间调度，即在子帧 n 中结束的 NPDCCH 上的调度分配对应在子帧 $n+\Delta$ 中开始的 NPDSCH 传输。这类似于 eMTC，参见 20.3.3.3 节。然而，对于 eMTC，在 NPDCCH 传输的结束和对应的 NPDSCH 传输的开始之间的时间偏移固定为两个子帧，在 NB-IoT 的情况下，时间偏移 Δ 可以动态地变化，这部分信息可以作为调度分配的部分内容。即使两个不同设备对应的 NPDSCH 传输必须发生在不同子帧中，不同时间偏移可以允许同一子帧中给这两个不同的设备发送调度分配[⊖]。

用于下行链路数据（DL-SCH 传输信道）的信道编码使用与 LTE 的下行链路控制信令中相同的尾比特卷积码，参见第 6 章。使用 LTE 中用于 DL-SCH 的尾比特卷积编码而不是 Turbo 的主要原因，是降低设备侧的信道解码复杂度。NB-IoT 下行链路调制限于 QPSK。

在多天线传输方面，NB-IoT 支持从一个天线端口或两个天线端口进行传输。在两个天线端口的情况下，使用 LTE 传输模式 2 的空间频率块码（SFBC）进行传输，参见第 6 章。

20.4.4 上行传输

与下行链路相反，对于 NB-IoT 上行链路，存在具有不同数字参数的两种不同模式：

- 基于 15 kHz 子载波间隔的一种模式。
- 基于 3.75kHz 子载波间隔的一种模式。

15kHz 模式的数字参数与 LTE 完全一致。然而，与 LTE 不一样的是，来自设备的上行传输可以仅在一个资源块的子载波的子集上执行。更具体地，上行链路传输可以在 1 个、3 个、6 个或 12 个子载波上执行，其中在 12 个子载波上的传输对应于完整的 NB-IoT 载波带宽。允许仅在 NB-IoT 载波带宽的一部分上传输的原因在于，在极端覆盖的情况下，设备可能不需要使用这种大带宽的数据速率进行传输。通过仅在一部分子载波上传输，即仅在 NB-IoT 载波带宽的一部分

⊖ 在一个 NB-IoT 载波，每个子帧只有一个 NPDSCH 的传输。

上传输，可以在一个上行链路载波内对多个设备进行频率复用，从而允许更有效的资源利用。

在12个子载波上传输的情况下，时域中的最小调度粒度为1ms（1个子帧或2个时隙）。对于较小的分配带宽，调度粒度分别增加到2ms（2个子帧）对应于6个子载波，4ms（4个子帧）对应于3个子载波和8ms（8个子帧）对应于一个子载波。

在3.75kHz子载波间隔的情况下，在NB-IoT上行链路带宽内可以有多达48个子载波。然而，每个上行链路传输仅由单个子载波组成。因此，3.75kHz的上行链路模式仅支持非常低的上行链路数据速率。

3.75kHz上行链路模式的时域结构如图20.10所示。可以看出，时域结构不是LTE数字参数的直接4倍的缩放。特别地，即使3.75kHz模式的循环前缀比15kHz模式的循环前缀长，它也不是4倍长。因此，在每个子帧的结尾处存在空闲时间。在带内部署的情况下，该空闲时间可以用于减少对上行LTE载波上的SRS传输的干扰。

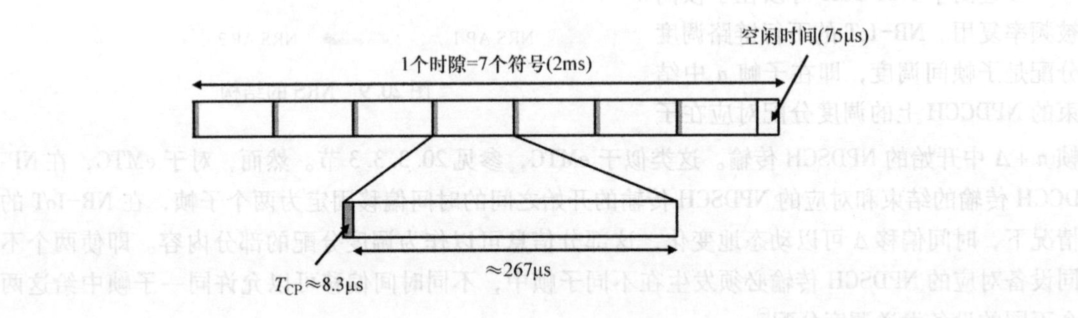

图20.10　3.75kHz上行模式的时域结构

对于3.75kHz的上行模式，时域调度粒度是16个时隙或32ms。

在NDPCCH上提供用于上行传输的调度许可。类似于下行链路，NDPCCH传输与对应上行传输之间的时间偏移可以动态地变化，而这个确切的偏移可以作为调度许可内容的一部分。

对于NB-IoT，用于UL-SCH的信道编码，使用与LTE相同的Turbo编码。Turbo码的解码相对复杂，因此对NB-IoT下行链路使用尾比特卷积编码，对Turbo码进行编码具有低复杂度，因此上行使用Turbo码不会带来更多的复杂度。

在多个子载波上传输的情况下，上行链路调制基于常规QPSK。然而，在单个子载波传输（15kHz和3.75kHz）的情况下，调制可以使用π/4-QPSK或π/2-BPSK。如图20.11所示，π/4-QPSK与QPSK相同，但是对于奇数符号，整个星座被移动π/4的角度。类似地，π/2-BPSK与BPSK相同，对于奇数编号的符号，星座图移动π/2的角度。π/4-QPSK和π/2-BPSK的误码性能与QPSK和BPSK的误码性能相同。然而，连续符号之间的相移导致进一步减小的立方度量，从而实现更高的功率放大器效率。

在调制之后，使用与LTE上行链路相同的DFT预编码。注意，在使用单个子载波传输的情况下，DFT预编码没有效果。

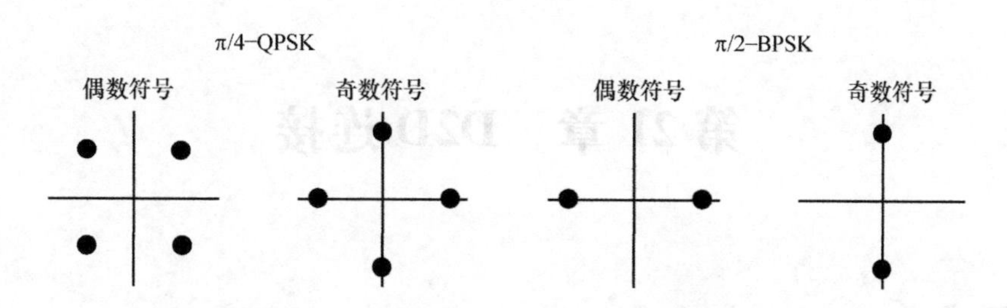

图 20.11　π/4-QPSK 和 π/2-BPSK 调制的星座

20.4.5　NB-IoT 系统信息

与 LTE 类似，NB-IoT 系统信息由两部分组成：

- MIB，在特殊物理信道（NPBCH）上传输。
- SIB，基本上会与任何其他下行链路数据相同的方式发送。关于 SIB1 的调度信息在 MIB 中提供，而在 SIB1 上提供剩余 SIB 的调度信息。

如图 20.12 所示，在每个帧中的子帧 0 中发送 NPBCH，其中在总共 64 个子帧（640ms）上发送每个传输块。NPBCH 的 TTI（严格地说，在 NPBCH 上发送的 BCH 传输信道的 TTI）因此是 640ms。

NPBCH 的传输总是“假设”带内部署，因此在 NPBCH 传输：

- 避免子帧的前 3 个符号。
- 避免 LTE CRS 的可能位置。

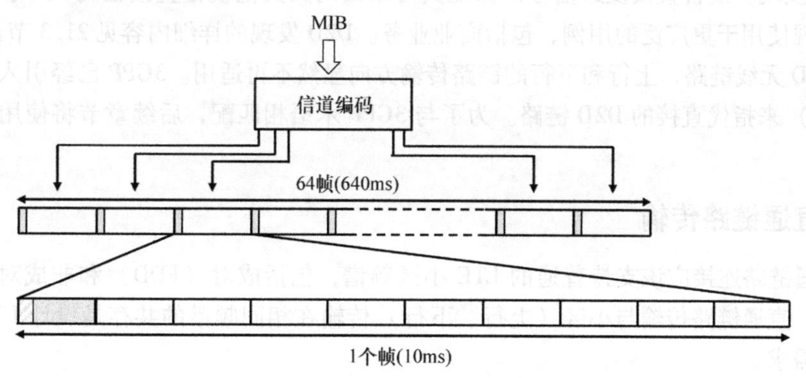

图 20.12　NB-IoT 系统信息

这使得设备可以在不知道 NB-IoT 载波是否部署在带内的情况下检测和解码相应的系统信息。然后提供关于部署模式的信息，这个信息会作为 SIB1 上的系统信息的一部分。

第 21 章　D2D 连接

21.1　概述

3GPP LTE 版本 12 的规范首次确定支持设备间直接连接（D2D 连接）。顾名思义，设备间直接连接意味着设备间存在直接的无线链路。

显而易见，D2D 连接需要设备之间相对比较接近。建立在 D2D 连接下的业务一般称为近距业务（ProSe）。

在 LTE 规范中支持 D2D 连接，明确地展示出了在公共安全相关的通信业务中使用 LTE 无线接入技术的意图。D2D 连接在公共安全用例中是非常重要的，在一些（通信）基础设施失效的用例中，即使只能支持受限制级别的设备间本地连接也是存在需求的。因此，支持 D2D 连接是保障 LTE 满足公共安全用例所有需求的关键。无论如何，D2D 连接可以支持新的商业业务，扩大 LTE 无线接入技术的可用性。LTE 将 D2D 连接区分为两类：

- D2D 通信：设备间可直接进行数据交换。现阶段，包含 LTE 版本 13，D2D 通信主要针对公共安全用例。D2D 通信的详细内容见 21.2 节。
- D2D 发现：设备直接发送信号并保证其可以被周围其他设备直接检测[⊖]。与 D2D 通信相比，D2D 发现使用于更广泛的用例，包括商业业务。D2D 发现的详细内容见 21.3 节。

对于 D2D 无线链路，上行和下行的链路传输方向显然不再适用。3GPP 已经引入术语直通链路（Sidelink）来指代直接的 D2D 链路。为了与 3GPP 术语相匹配，后续章节将使用直通链路代替 D2D。

21.1.1　直通链路传输

LTE 直通链路连接应该支持普通的 LTE 小区频谱，包括成对（FDD）和非成对（TDD）的频谱。因此，直通链路传输与小区（上行、下行）传输在相同频谱的共存是设计 LTE 直通链路连接的关键需求。

然而，直通链路连接可以使用商用蜂窝网络未使用的频谱。如数个国家/地区已经为公共安全用例分配了专有频谱。

在成对频谱的情况下，直通链路采用上行频谱连接。因此，支持直通链路的设备也需要在 FDD 频带的上行频带进行接收。

在 FDD 频谱中采用上行频带进行直通链路连接的原因包括：

- 常规情况下，设备的发送内容以及如何发送比设备的接收内容以及如何接收更受关注。

⊖ 正如在 21.3 节中介绍的，LTE 发现实际上不是关于发现设备本身，而是关于由设备宣布的发现服务。

因此，在上行频谱建立直通链路连接会比在下行频谱建立直通链路连接更直接，而下行频谱建立直通链路连接意味着设备采用网络端用于发送的频谱进行信息发送。

- 从设备实现角度看，增加额外的接收功能（支持在上行频谱接收）比在下行频谱建立直通链路连接时增加发送功能的复杂度更低。

与FDD下情况相似，在TDD频谱建立直通链路连接时采用上行子帧。需要注意，3GPP规范定义了FDD下特殊频带用于上行链路还是下行链路，TDD下上下行配置由网络定义，原则上精确到小区级。因此，理论上存在不同小区有不同上下行配置，所以类似不同小区下的设备建立直通连接的问题需要纳入考虑。

在目前LTE直通链路传输采用广播方式且不存在反向的相关控制信令情况下，直通链路连接基本是单向的。设备A发送，设备B接收，同时，设备B发送，设备A接收的直通链路是必然存在的，但是，这种情况在无线方向上是完全独立的传输。

除了使用上行频谱外，直通链路连接还复用了基本的上行传输结构，更具体地说是PUSCH传输的基本结构。因此，除了直通链路同步信号（见21.4节），所有的直通链路传输都是基于DFT-S-OFDM以及图21.1所述的子帧结构进行的。需要注意，在直通链路传输中，子帧的最后一个OFDM符号是不传输的。这样做是为了在直通链路发送与接收转换时提供保护间隔，同样为直通链路发送/接收以及常规上行传输提供保护。

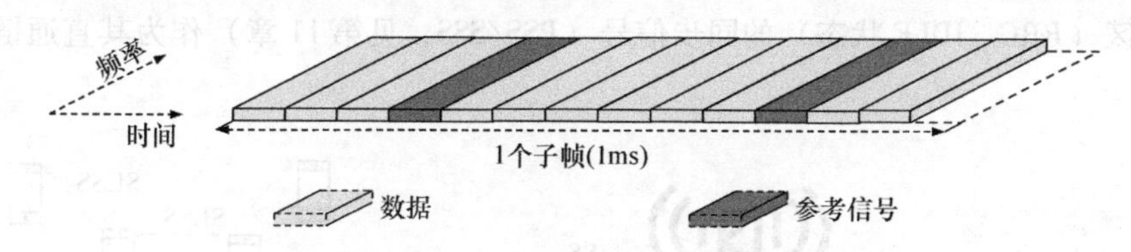

图21.1 直通链路传输帧结构

21.1.2 覆盖范围内和覆盖范围外的直通链路连接

如图21.2所示，进行直通链路连接的设备需要处于网络覆盖范围内。然而，处于网络覆盖范围外的直通链路连接同样是可能的。而且，可能存在进行直通链路连接的设备部分处于网络覆盖范围内，而另一部分处于网络覆盖范围外的情形。对于覆盖范围内的场景，接收设备与发射设备可以位于同一个小区内，也可以位于不同小区范围内。

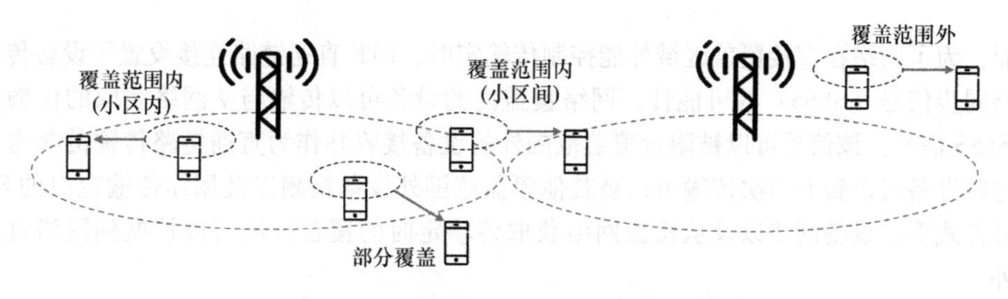

图21.2 直通链路连接的不同覆盖场景

版本12中只有直通链路通信支持覆盖范围外场景，而直通链路发现只支持覆盖范围内的场景。而3GPP版本13中开始支持公共安全用例在覆盖范围外的直通链路发现。

当设备处于覆盖范围内或者覆盖范围外时，传输定时的获取方式将会受影响，建立适合的直通链路连接所需的参数配置具体讨论如下：

设备处于网络覆盖内的设备在RRC_CONNECTED状态，即设备与网络存在RRC连接时，可以进行直通链路连接。然而，直通链路连接也可以在RRC_IDLE状态时进行，此状态下，设备与网络不存在专有连接。需要注意，处于RRC_IDLE状态与处于网络覆盖外是不同的。处于RRC_IDLE状态的设备可能仍处于网络覆盖范围内，而且即使在未建立RRC连接的情况下，也可以接受网络系统消息。

21.1.3　直通链路同步

在设备间建立直通链路连接前，设备之间需要建立彼此的同步，在存在覆盖网络时，也需要与网络同步。

建立同步的原因之一是为了确保直通链路传输采用预期的时频资源，从而减少与其他直通链路以及同频带上行链路间不可控的干扰。

如图21.3所示，处于网络覆盖内的设备，可以使用服务小区（RRC_CONNECTED状态）或者驻留小区（RRC_IDLE状态）的同步信号（PSS/SSS，见第11章）作为其直通链路传输的定时参考。

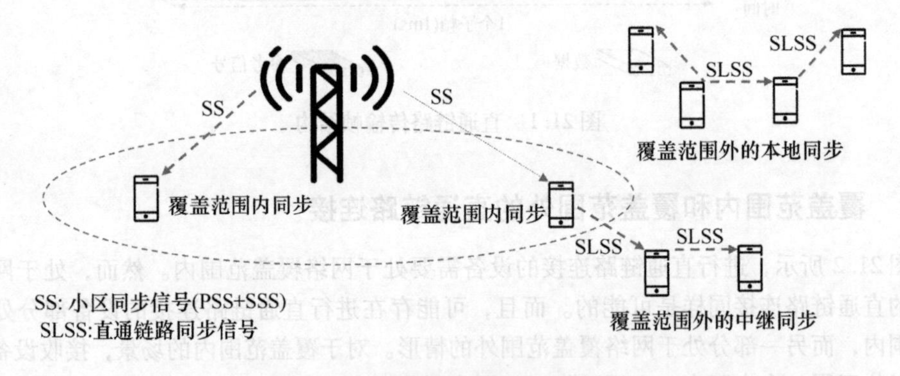

图21.3　直通链路传输定时的获取

然而，为了网络在直接覆盖区域外能控制传输定时，LTE直通链路连接设置了设备传输专有直通链路同步信号（SLSS）的可能性。网络覆盖内的设备可以传输与从网络获取的传输定时相一致的SLSS信号。该信号可以被附近覆盖范围外的设备接收并作为直通链路传输的参考定时而使用。这些设备可以转而再次传输可以被其他覆盖范围外设备检测以及用作传输定时的SLSS信号。这种方式下，设备同步以及从覆盖网络获取传输定时的覆盖区域可以扩展到网络直接覆盖范围之外。

覆盖范围外且没有检测到足够强SLSS信号的设备将自主传输可以被其他覆盖范围外的设备检测以及转发的SLSS信号。这种方式下，覆盖范围外的设备间可以在没有网络覆盖的情形下实现本地同步。

SLSS 除了在覆盖范围外设备的直通链路传输中作为参考定时的功能，还可以作为直通链路接收的参考定时。

为了简化对直通链路传输的信息接收，接收设备应该知晓接收信号的时机。使用相同参考传输定时的设备，如同一服务小区覆盖范围内的设备，接收设备可以使用自有的传输定时作为接收参考。

为了保证使用不同传输定时作为参考的设备间的直通链路连接，如时钟不同步的小区覆盖内设备间的直通链路连接，其中一个设备可以在多个直通链路传输中并行传输 SLSS 信号。该同步信号可以被接收设备用作接收定时的参考。

如图 21.4 示例所示，设备 A 使用其服务小区的同步信号（SS_A）作为直通链路传输的参考定时。相似的，设备 B 使用 SS_B 作为其直通链路传输的参考定时。然而，设备 B 将使用设备 A 传输的同步信号 $SLSS_A$ 作为接收设备 A 直通链路传输信息的参考定时，其中 $SLSS_A$ 从 SS_A 获取得到。同样的，设备 A 将采用 $SLSS_B$ 作为接收设备 B 直通链路传输信息的参考定时。

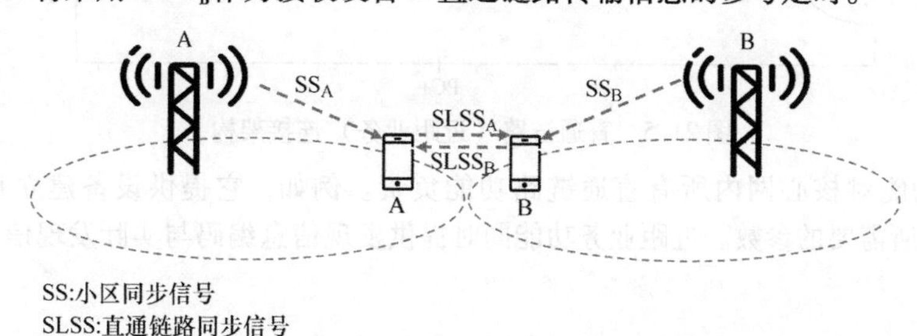

图 21.4 使用直通链路参考信号（SLSS）作为直通链路接收的参考定时

更多直通链路同步的细节，包括 SLSS 的结构，在 21.4 节介绍。

21.1.4 直通链路连接的配置

设备进行直通链路连接前，需要进行正确的配置。这些配置包括，如不同类型直通链路传输下定义可用资源集（子帧以及资源块）的参数。

部分直通链路的相关配置参数以小区系统信息的部分内容的方式提供，见第 11 章。更具体地，两种新 SIB 用于直通链路参数配置：

- SIB18 配置直通链路通信相关参数。
- SIB19 配置直通链路发现相关的参数。

除小区系统信息提供的常规配置外，RRC _ CONNECTED 状态的设备可以通过单独的专有 RRC 信令配置的方式实现直通链路连接。

无论系统信息配置方式或专有 RRC 信令配置方式，都不适用于网络覆盖外的设备。这类设备需要预配置直通链路相关的参数。这种预配置方法与系统信息配置方法在本质上是殊途同归的。

覆盖范围外的设备可以在其早期处于网络覆盖内时进行参数预配置。存在在 SIM 卡或者设备硬编码中进行预配置的可能性。目前，覆盖范围外的场景只针对公共安全的用例。因此，覆盖范围外的操作与特殊设备、订阅相关。

21.1.5　直通链路的架构

图21.5介绍了直通链路连接的架构。为了支持直通链路连接，核心网新增了近距业务（ProSe）功能以及一些新的对应的网络接口。这些接口中，PC5用于设备间直接连接，而PC3则是拥有直通链路连接能力的设备与近距业务功能之间的接口。

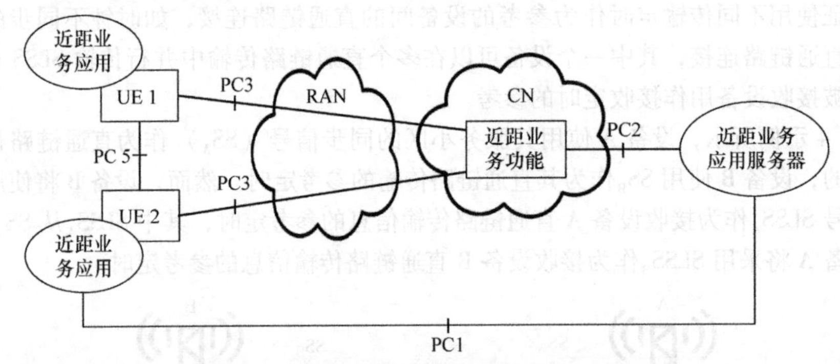

图21.5　直通链路（近距业务）连接架构

近距业务功能对核心网内所有直通链路功能负责。例如，它提供设备建立直通链路连接（发现或通信）所需要的参数。近距业务功能同时提供发现信息编码与实际发现信息的映射，见21.3节。

21.1.6　直通链路信道结构

图21.6介绍了直通链路连接相关的信道结构，包括逻辑信道、传输信道和物理信道/信号。

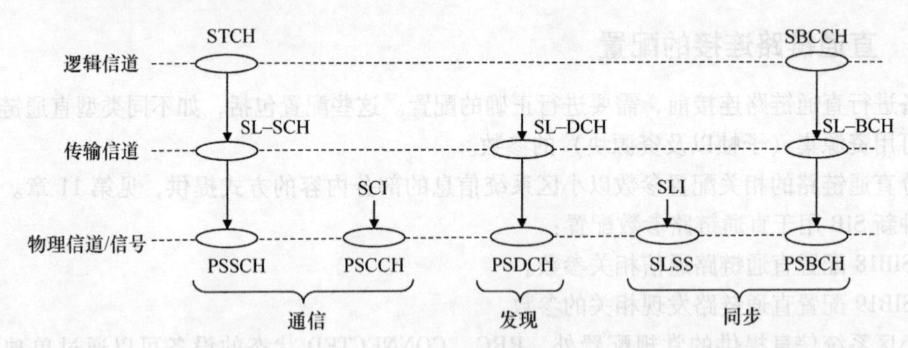

图21.6　直通链路信道结构

直通链路业务信道（STCH）是一种逻辑信道，承载直通链路通信中的用户数据。该信道映射到直通链路共享信道（SL-SCH）这一传输信道上，然后映射到物理直通链路共享信道。与PSSCH并行，物理直通链路控制信道（PSCCH）承载直通链路控制信息（SCI）以保证接收设备正确地检测并解码PSSCH。

直通链路发现信道（SL-DCH）是用来承载发现公告的传输信道。该信道在物理层映射到物理直通链路发现信道（PSDCH）。需要注意，直通链路发现不存在逻辑信道，即发现消息在MAC层会直接插入SL-DCH传输块。因此，直通链路发现不存在RLC和PDCP层。

最后，直通链路同步基于两个信号/信道：

• 前面提及的SLSS与专有的直通链路身份（SLI）相关。

• 直通链路广播控制信道（S-BCCH）存在相应的传输信道（直通链路广播信道（SLBCH））以及物理信道（物理直通链路广播信道（PSBCH0））。该信道用来在设备间传输非常基本的直通链路相关的“系统信息”，传输信息简称为直通链路主信息块（SLMIB），见21.4.2节。

21.2 直通链路通信

直通链路通信意味着近距离的设备间进行直接的用户数据交互。在版本12中，直通链路通信被限制为组通信。实际上意味着：

• 直通链路传输是由发送设备在不存在对特定接收设备链路性能假设的情况下进行广播传输的。

• 直通链路传输可以在发送设备一定距离内被具有直通链路通信能力的任何设备进行接收以及解码。

• 直通链路传输的控制区域包含一个组ID信息，允许接收设备确定其是否是数据的期待接收方。

需要指出，不能阻止一组设备参与到本应该只包含两个设备且只有一个为期待接收者的直通链路通信中。

如前所述，直通链路通信是以两个物理信道为基础的：

• 物理直通链路共享信道（PSSCH）传输实际的传输信道（SL-SCH）数据。

• 物理直通链路控制信道（PSCCH）传输控制信息，以确保接收设备正确检测并解码PSSCH。

PSCCH与PDCCH/EPDCCH（第6章）有相似的作用，后者传输控制信息以确保接收设备可以检测并解码传输下行传输信道数据的PDSCH。

21.2.1 资源池及传输资源的配置/选择

对于直通链路通信（直通链路发现的相关内容，见21.3节），资源池的概念已经进行了介绍。简单来说，资源池就是物理资源的集合，实际上是可供设备进行直通链路传输的子帧和资源块。

可以使用不同的方式为设备配置资源池：

• 可以通过RRC信令为RRC _ CONNECTED模式的设备单独配置资源池。

• 公共资源池可以采用直通链路专有的系统信息（直通链路通信采用SIB18）配置。

• 可以向覆盖范围外的设备预配置可用资源池。

直通链路通信的每个资源池包括：

● 一个PSCCH子帧池定义了可用于PSCCH传输的子帧集合。

● 一个PSCCH资源块池定义了PSCCH子帧池内可用于PSCCH传输的资源块集合。

● 一个PSSCH子帧池定义了可用于PSSCH传输的子帧集合。

● 一个PSSCH资源块池定义了PSSCH子帧池内可用于PSSCH传输的资源块集合。

直通链路通信存在两种模式，这两种模式在设备从配置的资源池中选取精确的资源以用于直通链路传输方面是不相同的，包括用于传输PSCCH的资源以及用于真实数据传输的PSSCH资源。

● 直通链路通信模式1：设备从网络接收明确配置PSCCH/PSSCH专有资源集合的调度授权。

● 直通链路通信模式2：设备自主选取PSCCH/PSSCH资源集合。

由于依赖于网络提供的调度授权，模式1的直通链路通信只适用于RRC _ CONNECTED状态的覆盖范围内的设备。与此相反，模式2的直通链路通信适用于RRC _ IDLE和RRC _ CONNECTED的覆盖范围内以及覆盖范围外的设备。

21.2.2　物理直通链路控制信道周期

时域上，直通链路通信是以PSCCH周期为基础的。每个SFN周期，包含1024无线帧或者10240子帧，见第11章，又可以分为等长的PSCCH周期。

如果传输资源由网络进行配置，即直通链路通信模式1，则配置是以PSCCH周期为基础实现的。相似的，如果设备自主选取传输资源（直通链路通信模式2），资源选取同样是基于PSCCH周期完成的。

以FDD为例，PSCCH周期可以配置为40、80、160或320子帧。而TDD系统中，PSCCH可能的周期时长集合则依赖于上下行子帧配比。

21.2.3　直通链路控制信息/物理直通链路控制信道的传输

每个PSCCH周期PSCCH传输一次。PSCCH传输控制信息，简称为直通链路控制信息（SCI），该信息确保接收设备可以正确检测并解码PSSCH传输的数据。SCI信息包括用于PSSCH传输的时频资源（子帧和资源块）的信息。SCI的内容在完成对PSSCH传输介绍后的21.2.5节进行具体介绍。

SCI的信道编码及调制本质上与DCI信息（见第6章）相同，包含如下步骤：

● 16bit CRC校验。

● 1/3编码率咬尾卷积编码。

● 速率匹配，将编码后的比特数据与PSCCH资源进行匹配。

● 使用预定义的种子进行比特级加扰。

● QPSK调制。

调制后的数据符号先进行DFT预编码，然后再向配置为PSCCH传输的物理资源（子帧和资源块）映射。

作为直通链路配置的一部分，图 21.7 以子帧位图的形式展示了 PSCCH 子帧池，即每个 PSSCH 周期内可用于 PSCCH 传输的子帧集合。以 FDD 频带的直通链路连接为例，位图长度为 40。而 TDD 中位图长度依赖于上下行配比。

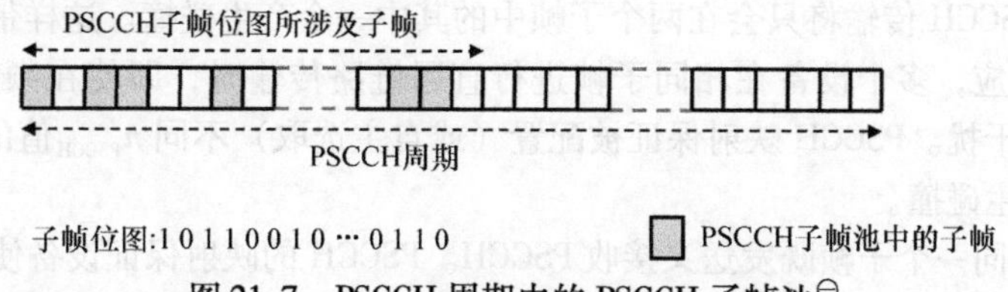

图 21.7　PSCCH 周期内的 PSCCH 子帧池[⊖]

PSCCH 资源块池是子帧池内可用于 PSCCH 传输的资源块集合，包含两个相同大小的频域连续的资源块集合，如图 21.8 所示。资源块池可以被充分描述为

- 资源块集合“下方”的第一个资源块 S_1。
- 资源块集合“上方”的最后一个资源块 S_2。
- 每个资源块集合中 M 个资源块。

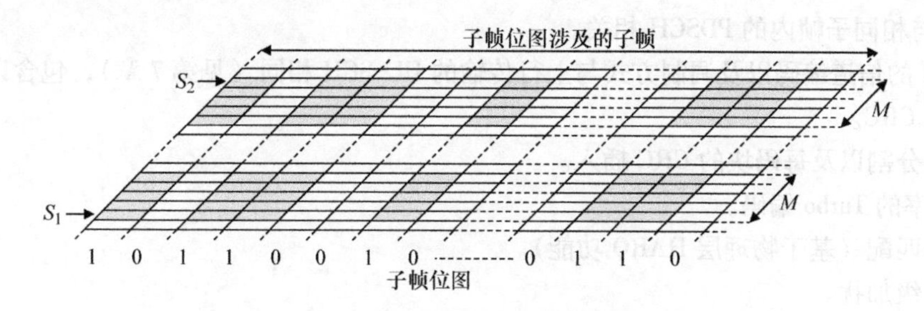

图 21.8　PSCCH 资源池结构

如图 21.9 所示，一次 PSCCH 传输占用两个子帧且每个子帧占用一个物理资源块对[⊖]。在配置的资源池内具体使用哪个子帧以及资源块传输 PSCCH 由参数 n_{PSCCH} 指示。n_{PSCCH} 可以由网络在调度授权中提供（直通链路通信模式 1）或者由传输设备自主选择（直通链路通信模式 2）。

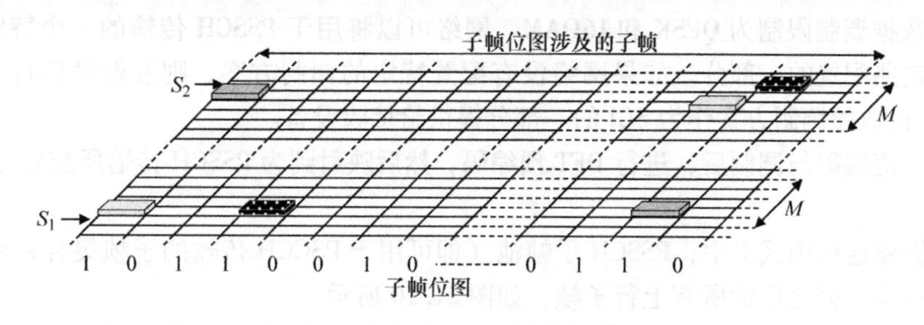

图 21.9　PSCCH 传输

⊖ 请注意，该图标识了配对/FDD 频谱中的直通链路通信。在不配对/TDD 频谱的情况下，位图仅覆盖由当前的上下行配比定义的上行链路子帧。

⊖ 请记住，一个子帧由两个资源块组成。

由 n_{PSCCH} 到实际PSCCH资源集合的映射如下：如果第一个子帧在下方资源块集合中传输，则第二个子帧将会在上方资源块集合中传输，反之亦然。该映射也可以是，如果两个不同的 n_{PSCCH} 值指示对相同的第一个子帧的映射，则第二次传输将在不同子帧进行，反之亦然。因此，与不同 n_{PSCCH} 值相一致的PSCCH传输将只会在两个子帧中的其中一个产生碰撞。这样带来的好处是

- 由于远近效应，多个设备在相同子帧进行直通链路传输时，即使在频域存在资源分离，仍可能产生严重的干扰。PSCCH映射保证被配置（或自主选取）不同 n_{PSCCH} 值的设备只会在两个子帧的其中一个产生碰撞。
- 设备不能在同一个子帧既发送又接收PSCCH。PSCCH的映射保证设备使用不同 n_{PSCCH} 值时可以在一个PSCCH周期内发送与接收PSCCH。

21.2.4　直通链路共享信道/物理直通链路共享信道传输

实际的SLSCH传输信道数据是以PSSCH物理信道传输块的形式进行发送的。每个传输块在PSSCH子帧池中以4个连续子帧传输。因此一个PSSCH周期内传输 M 个传输块需要 $4M$ 个子帧。需要注意，PSCCH上的一个SCI携带了整个PSCCH周期内相关PSSCH的信息。与之区别的是DCI通常只与相同子帧内的PDSCH相关。

SL-SCH的信道编码以及调制方式与上行传输的UL-SCH相同（见第7章），包含以下步骤：

- 插入CRC。
- 码块分割以及每码块的CRC插入。
- 1/3率的Turbo编码。
- 速率匹配（基于物理层HARQ功能）。
- 比特级加扰。
- 数据调制（QPSK/16QAM）。

速率匹配是将编码比特集合与传输块传输所占用的物理资源尺寸相匹配，其中考虑了调制方案。SL-SCH不存在HARQ。然而，速率匹配以及向4个子帧映射一个编码的传输块的方式与HARQ重选选取冗余版本的方式相同。

比特级加扰依赖于组身份信息，组的身份信息即直通链路传输的目标信息。

PSSCH数据调制限制为QPSK和16QAM。网络可以将用于PSSCH传输的一个特定的调制方案作为直通链路配置的一部分。如果网络没有配置特定的调制方案，则发射设备自主选取调制方案。配置/选取的调制方案作为SCI的一部分提供给接收设备。

在完成信道编码与调制后，进行DFT预编码，然后映射到为PSSCH传输所配置/选取的物理资源上。

在直通链路通信模式1中，PSSCH子帧池（即可用于PSCCH传输的子帧集合）包含PSCCH子帧池最后一个子帧之后的所有上行子帧，如图21.10所示。

一个PSCCH周期内用作PSSCH传输的精确的子帧集合是由包含于调度授权信息中的时域重复图样指示（TRPI）所提供的。如图21.11所示，TRPI指向于一个在LTE协议[㊀]内精确定义的

㊀ 对于FDD，TRP表由106个条目组成，每个TRP由8位组成。对于TDD，TRP表的大小以及TRP的长度取决于上下行配比。

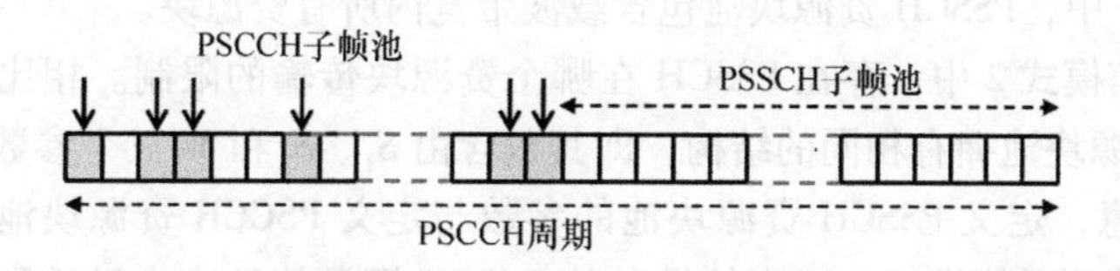

图21.10　直通链路通信模式1中一个PSCCH周期内可用于PSSCH（数据）传输的子帧（“PSSCH子帧池”）

TRP表中的时域重复图样。周期性地扩展TRP即可提供配置用于PSSCH传输的上行子帧。

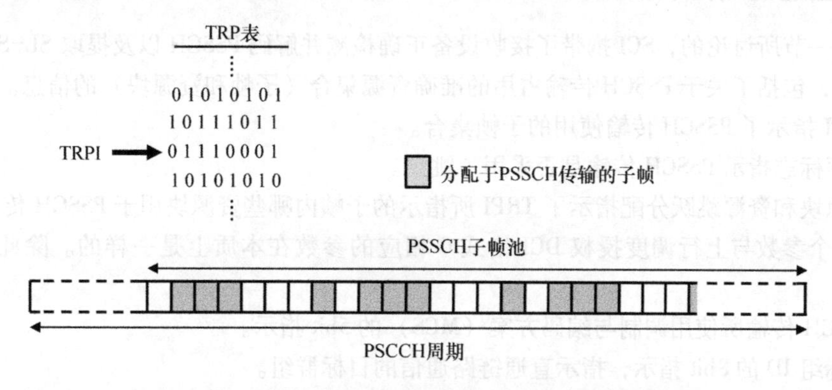

图21.11　PSSCH分配到的子帧（直通链路模式1）

TRPI包含在SCI中以通知接收设备PSSCH传输所占用的子帧集合。

在直通链路传输模式2中，PSSCH子帧池（即可用于PSSCH传输的上行子帧集合）包含一个模式1子帧池的子集。更具体地说，直通链路配置中定义的位图周期扩展即指示了PSSCH子帧池中包含了哪些子帧。通过这种方式，网络可以保证某些不用于PSSCH传输的子帧。

设备可以通过从TRP表中随机选取TRP来自主地决定用于PSSCH传输的精确的子帧集合。类似于直通链路模式1，通过传输包含于SCI中的TRPI信息，可以通知接收设备关于所选TRP的信息。

除了限制子帧集是PSSCH子帧池的一部分外，直通链路通信模式2同时限制了TRP选取。

通常TRP表包含不同数量的TRP，与分配给PSSCH传输的不同子帧相对应。例如，所有单一TRP对应于为一个特定设备分配所有PSSCH池内子帧用于PSSCH传输。然而，直通链路通信模式2中TRP选取限定于某些有限数量的TRP，这样限制了某些PSSCH传输的占空比。例如，FDD制式中，TRP选取限制于最大数量为4的TRP，与PSSCH传输占空比50%相一致。

除了子帧集合，设备需要知道用于PSSCH传输的准确的资源块集合。

直通链路传输模式1中，网络分配用于直通链路传输的资源，用于PSCCH传输的资源块信息包含在网络的调度授权信息中。资源结构以及其信息化的方式与单簇分配上行传输（PUSCH）在本质上是一致的，见6.4.7节。因此，资源授权包含1bit跳频标志，资源块分配尺寸依赖于系统带宽。注意，除了需要是连续的资源块外，关于分配哪个资源块不存在其他限制。换句话说，直通链路通信模式1中，PSSCH资源块池包含载波带宽内所有资源块。

在直通链路通信模式2中，存在PSSCH在哪个资源块传输的限制。相比图21.8，PSSCH资源块池与PSCCH资源块池拥有相同的结构，即其包含由S_1、S_2和M三个参数定义的两个频域连续资源块集合。注意，定义PSSCH资源块池的参数与定义PSCCH资源块池的参数是分别配置的。配置为在直通链路通信模式2工作的设备从PSSCH资源块池中自助选取一个连续的资源块集合。

配置/选取资源块集合的相关信息作为SCI信息的一部分提供给接收设备。

21.2.5　直通链路控制信息内容

正如前一节所讨论的，SCI携带了接收设备正确检测并解码PSSCH以及提取SL-SCH数据所需要的信息，包括了关于PSSCH传输占用的准确资源集合（子帧和资源块）的信息。

- TRPI指示了PSSCH传输使用的子帧集合。
- 跳频标志指示PSSCH传输是否采用了跳频。
- 资源块和资源跳跃分配指示了TRPI所指示的子帧内哪些资源块用于PSSCH传输。

最后一个参数与上行调度授权DCI格式0相应的参数在本质上是一样的。除此之外，SCI包括：

- PSSCH传输所使用调制与编码方案（MCS）的5bit指示。
- 目标组ID的8bit指示，指示直通链路通信的目标群组。
- 11bit的时间提前指示。

21.2.6　调度授权和DCI格式5

如前面讨论的，网络覆盖范围内的设备可以配置为只有接收到网络明确的调度授权后才开始直通链路通信（直通链路模式1）。这与设备只有接收到明确的上行传输调度授权才可以进行上行传输是类似的，见第7章。如第6章所描述的，这些调度授权通过PDCCH/ePDCCH使用DCI格式0或者格式4提供。类似的，直通链路调度授权通过PDCCH/ePDCCH使用DCI格式5提供。DCI格式5包括如下信息：

- 参数n_{PSCCH}指示PSCCH传输所使用的物理资源（子帧和资源块）。
- TRPI指示PSSCH传输在PSSCH子帧池中所占用的子帧。
- 跳频标志指示PSSCH传输是否可以采用跳频。
- 资源块和资源跳跃分配指示在TRPI所指示的子帧中哪些资源可用来传输PSSCH。

最后一个参数与传统上行传输（PUSCH）调度授权中相应的参数本质上是一样的，见第7章。

此外，DCI格式5包括可用于PSCCH和PSSCH的1bit传输功率控制（TPC）命令。

如图21.12所示，在收到调度授权后，至少4个子帧之后开始的下一个PSCCH周期，该直通链路调度授权才会生效。注意，这与普通上行传输（PUSCH）调度授权与实际调度传输所需要的时间间隔是一样的。

进行直通链路通信的设备向网络上报的缓存状态报告支持直通链路通信调度授权的传输。

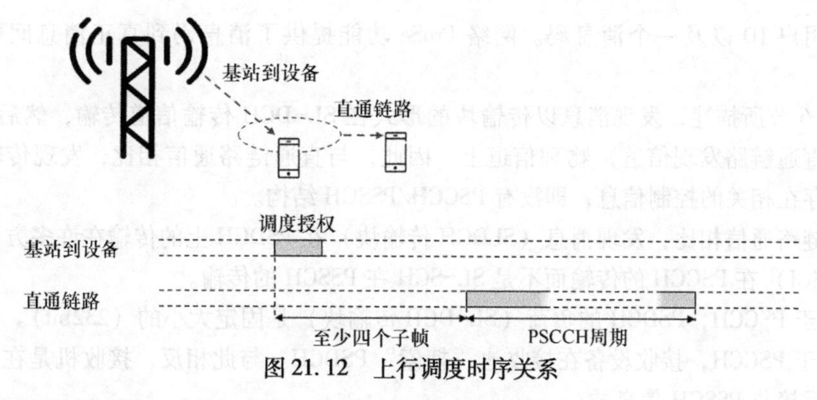

图 21.12　上行调度时序关系

类似于上行缓存状态报告，见第 9 章，直通链路缓存状态报告以 MAC 控制元素（MAC CE）的形式传输并指示设备所需要传输的数据量。

21.2.7　接收资源池

前一节中已经介绍了资源池的概念，即可用于直通链路通信（PSCCH 和 PSSCH）传输的资源集合（子帧和资源块集合）。

除传输资源池外，进行直通链路通信的设备也需要配置关于直通链路通信的一个或多个接收资源池。

接收资源池描述了设备期待接收直通链路通信相关传输的资源集合（子帧和资源块）。特别是接收资源池的 PSCCH 部分描述了设备可以搜索 PSCCH 传输资源集合。此外，该资源池 PSSCH 部分需要接收设备能正确解释 SCI 信息中的资源信息。

一个设备可以配置多个接收资源池的原因是其可能接收来自多个设备的直通链路通信而这些设备却配置有不同的发送资源池，该情况与设备是否处于同一个小区内无关[⊖]。原则上，可以说设备需要配置的接收资源池是其所需进行直通链路通信的多个设备发送资源池的结合。实际上，是通过向设备配置多个接收资源池以覆盖所有相关设备发送资源池的方式实现的。

直通链路通信接收资源池信息作为直通链路相关系统信息（SIB18）的一部分提供给覆盖范围内的设备，而通过预配置的方式提供给覆盖范围外的设备。

21.3　直通链路发现

直通链路发现是用户重复广播可以被附近其他设备直接检测（“发现”）的固定尺寸的短消息。这些消息可以是对“服务”的公告，例如餐馆向过客公告一份特殊的菜单，或者请求消息，例如请求附近拥有特定能力的人。

至关重要的是理解在广播消息中所传递的真正的消息并不是明确的。取而代之，广播消息

⊖ 同一小区内处于 RRC _ IDLE 状态的设备将使用 SIB18 提供的相同传输资源池。但是，处于 RRC _ IDLE 状态的同一小区内的设备可以单独配置不同的传输池。不同小区内处于 RRC _ IDLE 状态的设备也可以配置不同的传输池。

中包含一个用户 ID 以及一个消息码。网络 ProSe 功能提供了消息码到真正消息间的映射，见 21.1.5 节。

如 21.1.6 节所描述，发现消息以传输块的形式在 SL-DCH 传输信道传输，然后映射在 PSDCH（物理直通链路发现信道）物理信道上。因此，与直通链路通信相比，发现传输在单独的物理信道不存在相关的控制信息，即没有 PSCCH/PSSCH 结构。

与直通链路通信相比，发现消息（SLDCH 传输块）在 PSDCH 上的传输在许多方面更类似于控制信息（SCI）在 PSCCH 的传输而不是 SL-SCH 在 PSSCH 的传输。

- 类似于 PSCCH，PSDCH 的负荷（SL-DCH 传输块）是固定大小的（232bit）。
- 类似于 PSCCH，接收设备在接收池“搜索”PSDCH。与此相反，接收机是在通过 SCI 通知确定资源后接收 PSSCH 信息的。

在下一节会看到，PSDCH 传输的接收池结构在许多方面是类似于 PSCCH 传输的接收池结构的。

21.3.1　资源池和传输资源的选取/分配

在时域，发现是基于相同大小发现周期的，类似于直通链路通信中所使用的 PSCCH 周期，见 21.2.2 节。

类似于直通链路通信，直通链路发现中一个设备分配有一个或多个用于发现（PSDCH）传输的资源池。在发现示例中，每个资源池包含：

- 一个 PSDCH 子帧池，定义了可用于发现传输的子帧集合。
- 一个 PSDCH 资源块池，定义了子帧池内可用于发现传输的资源块集合。

PDSCH 子帧池通过子帧位图进行指示，类似于 PSCCH 子帧池（见 21.2.3 节）。然而，PSCCH 子帧池由子帧位图直接给出，发现子帧池由周期性重复的子帧位图给出。

发现资源块池包含由 S_1、S_2 和 M 三个参数定义的两个频域连续的资源块集合，这与 PSCCH 资源块池的结构是一致的（见 21.2.3 节和图 21.8）。

类似于直通链路通信，依据设备怎么分配/选取精确的资源集用于发现（PSDCH）传输[㊀]，直通链路可以分为两种类型或者两种模式：

- 发现类型 1，设备由配置的资源池自主选取物理资源用于发现传输。
- 发现类型 2B，通过 RRC 信令从配置的资源池中选取精确的资源向设备分配用于发现传输[㊁]。

发现类型 1 可以被处于 RRC_IDLE 以及 RRC_CONNECTED 状态的设备使用，发现类型 2B 只可能在 RRC_CONNECTED 状态时使用。

需要注意，对于发现类型 2B，发现资源是通过 RRC 信令进行配置的。这种分配一致有效直到明确改变。这是与直通链路通信模式 1 不同的，其传输资源是由 PDCCH/ePDCCH 的调度授权

㊀ 该规范某种程度上任意地将术语“模式”用于直通链路通信，将术语“类型”用于发现。为了与规范保持一致，我们在这里同样这样做。——原书注。

㊁ 在 3GPP 关于直通链路连接性的早期阶段，有发现类型 2，同时有一个特例称为 2B。最后，只剩下特例了。

动态分配的，并且只在所指示的PSCCH周期内有效[⊖]。这意味着，对于直通链路通信，首先向设备配置资源池（通过RRC信令），然后通过PDCCH/ePDCCH的DCI动态分配专有资源用于直通链路传输，而对于直通链路发现，用于发现传输的资源池的配置以及精确资源的分配是作为直通链路配置的一部分共同完成的。

在发现类型1中，当设备选取用于发现传输的精确资源集合时，每个设备可以被配置多个资源池，其中每个资源池和一个RSRP范围相对应，其中RSRP（参考信号接收功率）本质上是对一个小区路径损耗的测量。设备选取资源池后基于对当前小区RSRP测量从中选取发现资源。依据当前小区路径损耗即间接依据到其他小区的距离，这样可以划分设备使用非重叠的资源池。

21.3.2 发现传输

正如已经提到的，一条发现信息，即SL-DCH传输块，大小是固定的232bit。

SL-DCH的信道编码以及调制方式与上行（UL-SCH）传输是相同方式的（见第7章），包含如下步骤：

- 插入CRC。
- 码块分割以及每码块插入CRC。
- 1/3率Turbo编码。
- 速率匹配。
- 使用预定义的种子（510）进行比特级加扰。
- 数据调制（只支持QPSK）。

在对选取/分配用于PSDCH传输的时频资源进行映射前完成DFT预编码。

每个SL-DCH传输块在发现子帧池内$N_{RT}+1$个连续子帧传输，其中指示重传数量的N_{RT}是作为发现配置的一部分由网络提供的。

每个子帧内，资源块池的两个频域连续资源块可用于发现传输，每个子帧的资源块会改变。

21.3.3 接收资源池

类似于直通链路通信，发现也存在直通链路相关的系统信息，用于向设备指示公共接收资源池，即发现的系统信息SIB19。类似于直通链路通信，接收直通链路发现信息的设备在配置的资源池集合中搜索PSDCH传输。

21.4 直通链路同步

正如21.1.3节所提到的，直通链路同步是用于向直通链路传输以及直通链路接收提供定时参考的。

通常，覆盖范围内的设备可以使用服务小区（处于RRC _ CONNECTED状态的设备）或驻留小

⊖ 请注意，与直通链路通信的情况相比，发现类型的编号是相反的。在发现的情况下，“类型1”是指设备选择资源的类型/模式，而在直通链路通信的情况下，相应的模式被称为模式2。

区（处于RRC_IDLE状态的设备）的同步信号（PSS和SSS）作为其直通链路传输的定时参考。

覆盖范围外的设备可以从其他设备传输的特殊的SLSS获取传输定时。这些“其他设备”可以处于覆盖范围内，这意味着其传输定时，包括SLSS传输的定时都是从网络直接获取得到的。然而，这些“其他设备”也可以处于覆盖范围外，这意味着其传输定时可能来自另外一些设备的SLSS传输，也可能是自助选取的。

在LTE标准中，选取SLSS作为直通链路传输的定时参考可以称为选取一个同步参考UE（SyncRef UE）。

需要理解，“SyncRef UE”这一术语不仅仅是指选取为定时参考的设备本身，还是指接收到的SLSS。虽然看似是语义论，但却是非常重要的区别。在一个覆盖范围外的设备簇内，几个设备可能发送相同的SLSS。采用该SLSS作为定时参考的设备将不会同步于另一个传输SLSS的专有设备而是同步于与多台设备相一致的聚合SLSS。

SLSS可以作为被覆盖范围外以及覆盖范围内的设备直通链路接收的定时参考。当设备接收来自于另一台拥有不同传输定时参考设备的直通链路传输时，该定时参考是不可或缺的，例如，发送设备是不同服务小区覆盖范围内的设备时。每个接收池与某一个同步配置相关，即实际与一个特殊SLSS相关。当按照某一接收池进行直通链路传输接收时，设备需要使用一致的SLSS作为接收的定时参考。

21.4.1　直通链路ID和直通链路同步信号结构

类似于小区同步信号对应于不同的小区ID，SLSS与直通链路ID（SLI）也是相关联的。一共336个SLI分为了两组，每组有168个SLI。

- 第一组，包含编号0～167之间的SLI，可以被覆盖范围内的设备或者覆盖范围外但其同步参考UE处于覆盖范围内的设备使用。这一组称为覆盖范围内小组。
- 第二组，包含编号168～335之间的SLI，可以被覆盖范围外且同步参考UE同样处于覆盖范围外的设备或者覆盖范围外且没有同步参考UE的设备使用。这一组称为覆盖范围外小组。

可以将336个SLI分为SLI对，每对包含一个覆盖范围内小组的SLI和一个覆盖范围外小组池SLI。与小区同步信号相比，每对包含两个SLI的168个不同SLI对与每组包含3个小区ID的168个不同小区ID组是一致的（见第11章）。

类似于小区同步信号，一个SLSS包含两个成员，一个主直通链路同步信号（P-SLSS）以及一个辅直通链路同步信号（S-SLSS）。

如图21.13所示，P-SLSS由一个子帧内传输于第二和第三[⊖]个符号上的OFDM符号组成而S-SLSS由传输于第五和第六个符号上的OFDM符号组成。类似于小区同步信号，每个SLSS占用载波中心的72个子载波[⊜]。

两个P-SLSS符号是相同的且生成方式与PSS是一致的。正如第11章所介绍的，有3个不同的PSS分别来自于不同的Zadoff-Chu（ZC）序列，其中每个PSS对应于一个包含168个小区ID

⊖ 在扩展循环前缀的情况下，为第一和第二个符号。——原书注

⊜ 与下行载波相比，在直通链路载波上没有非发射直流载波，比较图11.3。

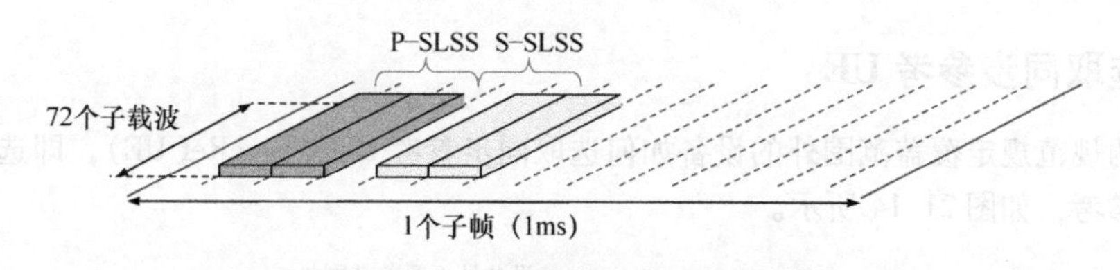

图21.13 直通链路同步信号的结构

的专有组。在相同方式下，两个不同的P-SLSS来自于两个不同的ZC序列（与PSS对应的ZC序列也不相同）。这两个不同的P-SLSS分别对应覆盖范围内小组的SLI以及覆盖范围外小组的SLI。

两个S-SLSS符号也是相同的且生成方式与SSS信号是一致的，见第11章。存在168个不同的S-SLSS，其中每个S-SLSS对应于168个不同SLI对中的一个。

SLSS在每40个子帧内只可以在特定的SLSS子帧上传输。准确SLSS子帧集合由一个子帧偏置提供，该子帧偏置给出了满足SFN=0条件的帧内SLSS子帧相对于第一个子帧的位置。对于覆盖范围内的设备，子帧偏移作为直通链路相关系统信息的一部分提供（分别用于直通链路通信和直通链路发现的设备的SIB18和SIB19）。对于覆盖范围外的设备，有两个偏移，对应于两个不同的SLSS子帧集，作为预配置的一部分。提供两个补偿的原因是为了允许覆盖范围外的设备在相同的40ms期间发送和接收SLSS，进一步的内容请参阅21.4.4节。

SLSS只能在SLSS子帧内传输。然而，设备不需要在每个SLSS子帧传输SLSS。设备需要在哪个SLSS子帧传输SLSS依赖于SLSS传输的触发条件以及该设备是否参与直通链路通信或者直通链路发现，见21.4.4节。

21.4.2 直通链路广播信道和直通链路主信息块

充当同步源的设备即发送SLSS的设备可能同时发送映射在PSBCH的直通链路广播信道（SL-BCH）信息。SLBCH携带一些非常基础的信息，包含在直通链路主信息块（SL-MIB）中，覆盖范围外的设备建立直通链路连接需要这些信息。更具体地说，SL-MIB中包含如下信息：

- 发送SL-MIB信息的设备设定的载波带宽信息。
- 发送SL-MIB信息的设备设定的TDD配置信息。
- SL-BCH传输时的帧号（SFN）以及子帧号信息。该信息允许设备之间进行帧/子帧级同步。
- 覆盖范围内指示，指示发送SL-BCH的设备是否处于网络覆盖范围内。正如21.4.3节所述，该覆盖范围内指示信息可以被覆盖范围外的设备在选取SyncRef UE时使用。

在卷积编码以及调制（QPSK）之后，PSBCH在与SLSS传输所用的相同的子帧以及资源块上传输。

覆盖范围外的设备在获取SLSS之后解码相应的SL-BCH并获取SL-MIB信息。在此基础上，设备依据SL-MIB中的覆盖范围内指示信息决定获取到的SLSS是否可以用来作为同步参考，即SyncRef UE。如果选定，设备会使用SL-MIB中其余信息（载波带宽、TDD配置以及SFN/子帧号）作为后续直通链路传输的假设。

21.4.3　选取同步参考UE

有明确的规范规定覆盖范围外的设备如何选取同步参考UE（SyncRef UE），即选取直通链路传输的定时参考，如图21.14所示。

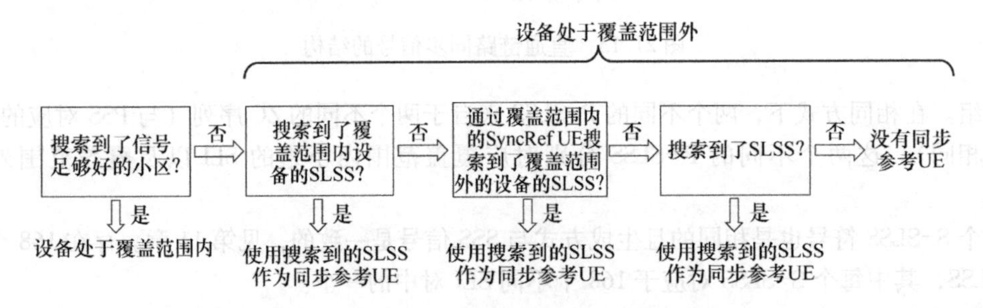

图21.14　同步参考UE的选取

- 如果没有信号足够好的小区可做选择，意味着设备处于覆盖范围外，该设备应该首先搜索那些处于网络覆盖内设备发送的SLSS。如果一个满足条件且信号足够好的SLSS可以搜索到，则设备使用该SLSS作为SyncRef UE。
- 如果上述SLSS没有搜索到，设备应该搜索那些处于覆盖范围外，但是SyncRef UE在覆盖范围内的设备所发送的SLSS。如果可以搜索到一个满足条件且信号足够好的SLSS，则使用该SLSS作为SyncRef UE。
- 如果上述SLSS都没有搜索到，则设备应该搜索任意其他SLSS。如果可以搜索到一个信号足够好的SLSS，则设备使用该SLSS作为SyncRef UE。
- 如果没有可以搜索到的SLSS，设备可以自主决定其传输定时，即设备可以没有SyncRef UE。

需要注意本过程假设设备可以确定：

- 与搜索到的SLSS相对应的设备处于网络覆盖范围内。
- 与搜索到的SLSS相对应的设备处于网络覆盖范围外，但是其SyncRef UE处于网络覆盖范围内。

正如下一节中所介绍的，将覆盖范围内指示结合在直通链路广播信道（SL-BCH）并规定覆盖范围外设备依据所选SyncRef UE的SLI选取其对应直通链路ID（SLI）是可行的。

21.4.4　直通链路同步信号的传输

21.4.4.1　覆盖范围内的设备

触发覆盖范围内的设备传输SLSS的不同方式如下：

- 处于RRC_CONNECTED状态的设备可以在网络明确配置下传输SLSS。
- 如果没有明确配置传输SLSS，SLSS的传输可以通过测量当前小区参考信号接收功率（RSRP）在低于一个由直通链路专有系统信息（SIB18和SIB19分别对应于直通链路通信和直通链路发现）提供的确切阈值时进行触发。

SLSS在何时如何发送是与SLSS传输如何触发以及设备是否有被配置进行直通链路发现或直通链路通信息息相关的。

在直通链路发现中，不论是否有明确地配置SLSS传输或者被RSRP测量触发，需要在时域最邻近且不晚于用于传输发现信息的发现子帧池第一个子帧的SLSS子帧进行SLSS传输。需要注意，在版本12中，直通链路发现只支持覆盖范围内的场景。进行直通链路发现的设备发送SLSS只用来提供直通链路接收定时参考⊖。

在直通链路通信中，如果明确配置了SLSS传输，无论在PSCCH周期内是否有实际的直通链路通信，设备都将在每个SLSS子帧发送SLSS信号。另一方面，如果SLSS传输由RSRP测量触发，设备将只会在有实际直通链路通信发生的PSCCH周期内于SLSS子帧传输SLSS信号。

所需传输的精确的SLSS，更具体地说是SLI，是由直通链路相关系统信息所提供的。

21.4.4.2　覆盖范围外的设备

覆盖范围外的设备如果没有选到SyncRef UE或者如果SyncRef UE的RSRP测量值低于一个确定阈值时需要发送SLSS，其中RSRP判决阈值是预配置的。

通常，选定SyncRef UE的设备应该使用与SyncRef UE相同的SLI或者使用相应的配对SLI（当SyncRef UE使用覆盖范围内小组的SLI时，设备使用覆盖范围外小组的SLI，反之亦然）。

此外，SLSS通常应该在预配置所提供的两个SLSS子帧偏置之一进行发送。更具体地说，设备应该选择与SyncRef UE所发送SLSS不产生碰撞的偏置量进行其SLSS发送。

选取SLI以及设置SL-MIB信息中覆盖范围内指示的规则如下，也可以参考表21.1。

- 拥有SyncRef UE的覆盖范围外的设备，且SyncRef UE覆盖范围内指示为TRUE，无论SyncRef UE的SLI是多少。
  - ○ 使用与SyncRef UE相同的SLI。
  - ○ 设置SL-MIB信息中覆盖范围内指示为FALSE。

表21.1　选取SLI以及设置覆盖范围内指示的规则

		SyncRef UE的覆盖范围内指示	
		TRUE	FALSE
SyncRef UE的SLI	选自覆盖范围内小组	设置覆盖范围内指示为FALSE 设置SLI为$SLI_{SyncRef\ UE}$	设置覆盖范围内指示为FALSE 设置SLI为$SLI_{SyncRef\ UE}+168$
	选自覆盖范围外小组		设置覆盖范围内指示为FALSE 设置SLI为$SLI_{SyncRef\ UE}$

- 覆盖范围外的设备拥有SyncRef UE，当SyncRef UE的SLI选自覆盖范围内小组，且其覆盖范围内指示为FALSE时应该：
  - ○ 使用覆盖范围外小组相对应的SLI。
  - ○ 设置SL-MIB的覆盖范围内指示为FALSE。
- 覆盖范围外的设备拥有SyncRef UE，当SyncRef UE的SLI选自覆盖范围外小组，且其覆

⊖　这在版本13中被更改，见21.5节。

盖范围内指示为FALSE时应该：

○ 使用与SyncRef UE相同的SLI。

○ 设置SL-MIB的覆盖范围内指示为FALSE。

因此，通过SyncRef UE的覆盖范围内指示以及SLI，设备可以确定一个候选SyncRef UE的覆盖范围内/覆盖范围外状态，也可见图21.15。

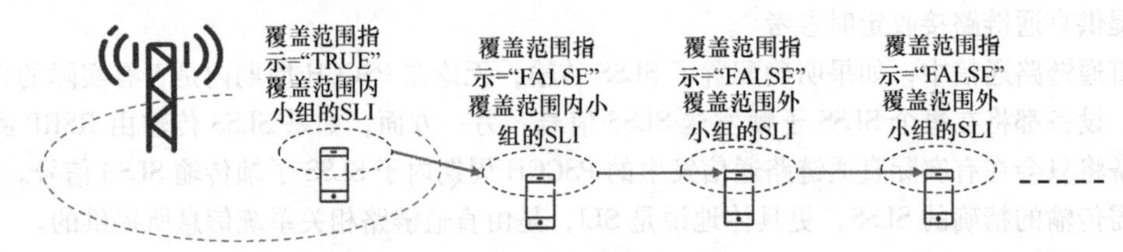

图21.15　直通链路同步

• 如果覆盖范围内指示是"TRUE"，则不论其SLI是多少，候选SyncRef UE都是处于覆盖范围内的。

• 如果覆盖范围内指示是"FALSE"，且SLI选自覆盖范围内小组，候选SyncRef UE本身处于覆盖范围外，但是其SyncRef UE是覆盖范围内的。

• 如果覆盖范围内指示是"FALSE"，且SLI选自覆盖范围外小组，候选SyncRef UE本身处于覆盖范围外，而且其SyncRef UE同样是覆盖范围外的。

正如21.4.3节所讨论的，设备需要该信息以选取合适的SyncRef UE。

21.5　LTE版本13设备间通信的扩展

前面章节的聚焦点是版本12最初始的LTE直通链路功能。版本13对直通链路功能的扩展特征包括：

• 网络覆盖范围外的设备支持直通链路发现的可能性。

• 通过中间设备基于层3中继进行网络覆盖的扩展。

21.5.1　覆盖范围外的发现

版本13的覆盖范围外发现只以公共安全用例为目标。该扩展依赖于版本12覆盖范围内发现相同的机制且限制为发现类型1，即设备由预配置的资源池内自主选取资源用于发现传输的模式。

覆盖范围外发现也会影响SLSS的传输，包括直通链路同步信道和携带直通链路MIB信息的直通链路广播信道。

对于版本12，SLSS传输的唯一作用是在发现模式中提供发现接受的定时参考，例如，相邻小区内设备对发现传输的接收。因此，在直通链路发现中SLSS只与实际的发现传输直接结合发送。

与之相对照的是直通链路通信中SLSS同时需要为覆盖范围外设备的直通链路传输提供定时

参考。因此，直通链路通信的设备可以配置于在没有实际数据传输时仍发送 SLSS。

对于版本 13，直通链路发现的设备可能支持相同的配置。此外，版本 13 中，配置为直通链路发现的设备可能也会发送 SL-BCH，以为覆盖范围外的设备提供 SL-MIB 信息。

21.5.2　层 3 中继

层 3 中继的引入对现有无线接入协议的影响非常小，因为该技术极度依赖于版本 12 已经介绍的直通链路通信以及直通链路发现功能。

拥有支持作为层 3 中继能力的设备通过直通链路发现进行宣告。中继的设备间链路依赖于直通链路通信机制，而中继设备与网络的通信则依赖于传统 LTE 蜂窝机制。层 3 中继功能对无线协议仅有的影响是关于 RRC 功能方面的，比如，配置中继设备的功能。

第22章　频谱与射频特征

如第3章所述，频谱灵活性是LTE无线接入的关键特征，并在LTE设计目标中阐述。它包括几个组件，包括在不同大小的频谱分配中进行部署，并在不同频率范围内部署，配对和不配对的频段。目前有许多频段为移动业务使用而且专门应用于IMT。这些在第2章中已有详细介绍。在LTE中使用OFDM在所需的频谱分配的大小和所使用的瞬时传输带宽方面都有灵活性。如第3章所述，OFDM物理层也支持频域调度。除了第6章和第7章描述的物理层影响之外，这些属性还会影响射频滤波器、放大器和所有其他用于发送和接收信号的射频组件的实现。这意味着对于接收机和发射机的射频必须具有灵活性。

22.1　灵活的频谱使用

以上提到的为LTE部署所指派的频带大多是现有的IMT-2000频带，一些频带也可以部署传统的系统，包括WCDMA/HSPA和GSM系统。某些频带在一些区域也被定义为“技术中立”的方式，这意味着需要在不同技术之间共存。

工作在不同频带的LTE基本要求本身对无线接口设计并没有什么特殊需求。然而，对射频需求和如何定义存在一些要求，以支持下列需求：

- 在该频带的同一地理区域内的运营商之间共存。其他运营商可以部署LTE或者其他IMT-2000技术，如UMTS/HSPA和GSM/EDGE，也可能是非IMT-2000技术。这种共存要求很大程度上是在3GPP开发的，但在某些频带上也可能有监管机构定义的区域需求。
- 运营商之间的基站设备需要共站址。许多情况下基站设备的部署位置是受限的。经常需要多个运营商合用站点或者一个运营商在一个站点部署多个技术。这对基站的接收端和发射端都提出了附加要求。
- 相邻频带和国界上的业务共存。射频频谱的使用需要通过复杂的国际监管协议来协商，涉及许多利益关系。因此，存在一些需求来实现不同国家运营商之间的协调，以及相邻频带上业务的共存。这些大部分都在不同监管机构中进行定义。有时，监管部门要求在3GPP规范中包含这些共存限制。
- 在同一频带的TDD系统运营商之间的共存是需要跨网同步的，以避免在不同运营商的下行和上行传输之间的干扰。这意味着所有的运营商需要有相同的下行/上行配置和帧同步。这本身并不是一个射频要求，但在3GPP规范中隐含地假设其为一个射频要求。非同步系统的射频要求变得非常严格。
- 频带与版本不关联的原则。频带的定义是具有区域性的，之后不断加入新频带。这意味着，每个新版本的3GPP规范将有新频带加入。从“版本独立”的原则看，终端设计可以基于早期版本的3GPP规范并支持以后版本加入的频带。

• 频谱分配的聚合。LTE 系统的运营商具有相当多样的频谱分配，在许多情况下，它们不能容易地适合一个 LTE 载波。分配甚至可能是不连续的，包括在一个频段内分散开的多个分组。许多运营商还在多个频段中去使用 LTE 部署。对于这些情况，LTE 规范支持载波聚合（CA），其中频带内或多个频带中的连续或非连续块中的多个载波可以被组合在一起以产生更大的传输带宽。

22.2 灵活的信道带宽操作

LTE 的频率分配高达 2×75MHz（见第 2 章），但是单个运营商可用的频谱对于 FDD 系统是从 2×20MHz 到 2×5MHz，对于 TDD 系统可能只到 1×5MHz。此外，目前用于其他无线接入技术的频带迁移到 LTE 必须以逐步过渡的方式，以确保有足够的频谱支持现有用户。因此，最初能够迁移到 LTE 的频谱数量可能相对较小，但以后可能逐渐增加，如图 22.1 所示。可以使用的频谱的变化意味着 LTE 需要具备一定的频谱灵活性，即支持不同的传输带宽。

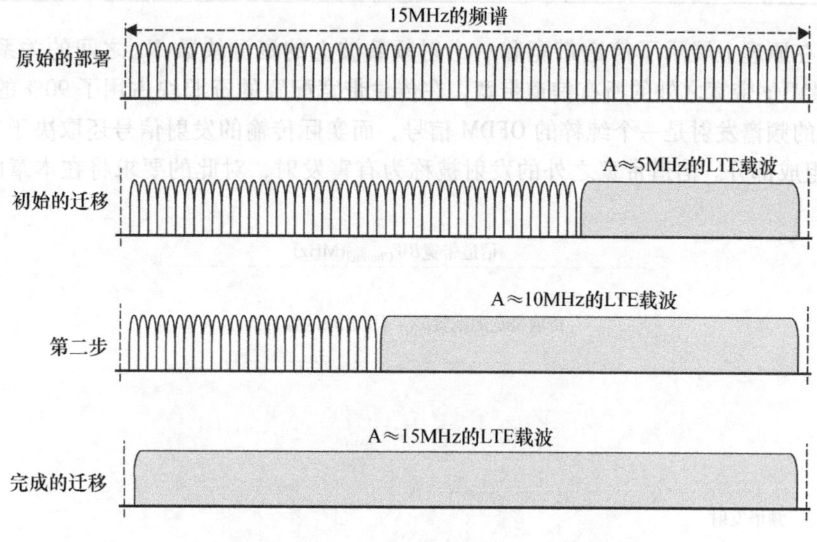

图 22.1 在原始 GSM 部署的频谱分配中逐步迁移到 LTE 的过程

频谱灵活性的需求是指要求 LTE 在频域具有可伸缩性。参考文献［6］将这种灵活性的要求表述为一个从 1.25MHz 到 20MHz 的 LTE 频谱分配列表。请注意，最终选择的信道带宽与最初设定的略有不同。

如第 5 章所述，LTE 的频域结构建立在资源块基础上，每个资源块由 12 个子载波组成，带有 12×15kHz＝180kHz 总带宽。基本的无线接入规范包括物理层和协议规范，在一个 LTE 射频载波上允许从 6 到最高 110 个资源块的传输带宽配置。并且可以以 180kHz 为步长，从介于1.4～20MHz 的信道带宽中取值，这对提供频谱灵活性来说是基本的。

为限制实现的复杂性，射频规范中只定义了有限的带宽。正如上文所述，基于当今和未来 LTE 部署的可用频带，同时考虑到在这些频带上已知的迁移和部署方案，规定了有限的 6 种信道带宽。基站和终端的射频要求的定义只针对这6种信道带宽。这些信道带宽的范围从1.4MHz到20MHz，见表22.1。较低的频带1.4MHz和3MHz被选择以方便cdma2000系统操作的频谱迁移到LTE，同时帮助促进GSM和TD-SCDMA向LTE的迁移。规定多种带宽的目的是为了适应不同频率的有关场景。出于这个原因，特定的目标带宽与不同频带相关的情景有关。在稍后的阶段，如果有其他频谱方案需要加入信道频带可用的新频带，则射频规范中需要添加相应的射频参数和要求，而无须更新物理层规范。以这种方式添加新的信道带宽的过程类似于添加新频带。

表22.1　LTE规范的信道带宽

信道带宽（BW_{channe}）	资源块的数目（N_{RB}）
1.4MHz	6
3MHz	15
5MHz	25
10MHz	50
15MHz	75
20MHz	100

图22.2在原理上展示了信道带宽和一个射频载波上的资源块数N_{RB}之间的关系。请注意，对于除了1.4MHz带宽之外的所有信道带宽，在传输带宽配置的资源块占用了90%的信道带宽。图22.2所示的频谱发射是一个纯粹的OFDM信号，而实际传输的发射信号还取决于发射机射频通道和其他组成部分。信道带宽之外的发射被称为有害发射，对此的要求将在本章的后面进一步讨论。

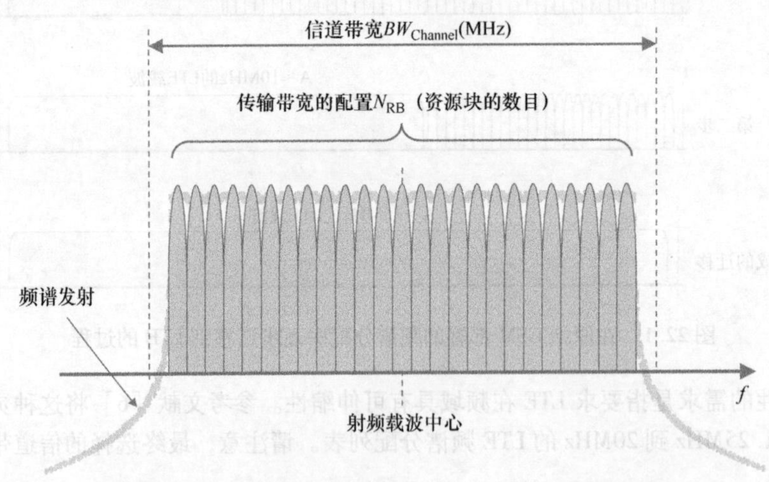

图22.2　一个射频载波的信道带宽和相应的传输带宽配置

22.3　LTE的载波聚合

版本10提供了聚合两个或两个以上组分载波的可能性，以支持带有几种射频特性实现的更宽的传输带宽。对基站和终端射频特性的影响也完全不同。相对于物理层和信令方面的协议，版本 10 在射频规范上对载波聚合设定了一些限制。而在之后的版本中，载波聚合可以在更大数量的频带内和频带间。

从射频角度来看，为 LTE 定义的两种载波聚合（CA）类型之间存在一些实质性的区别（更多细节参见第 12 章）。

• 带内连续载波聚合意味着在相同的操作频带内聚集两个或更多的载波（参见图 12.1 中的前两个例子）。由于从射频方面来看，聚合载波应该具有与发送和接收的一个相应较宽载波相似的射频性质，所以对射频要求有很多影响。这对终端尤其如此。对于基站，它实际上在早期版本中已经支持了多载波配置（未聚合），这也意味着对基站的影响小于对终端的影响。

• 带内不连续载波聚合意味着聚合载波之间存在隔离，使载波集不连续。对于终端，对于载波之间的间隔大于标称间距的任何载波聚合，都宣告为这种情况。对于基站，如果需要在聚合子块之间的“间隙”中定义特殊的共存要求，则载波被认为是不连续的。

• 带间载波聚合意味着在不同工作频带间进行载波聚合（参见图 12.1 中最后一个例子）。很大程度上，一个频带内的许多射频特性与单载波的情况相同。然而，由于在多个发射端和接收端链路同时操作的情况下，终端设备内部存在互调和交调的可能性，因此带间载波聚合会对终端存在一定影响。这对基站的影响非常小，因为实践上这对应于一个支持多频带基站的情况，这只是一种配置，而不需要在射频规范中体现。然而，如果跨频段载波聚合部署在多频段基站上，则会增加基站影响，请参见 22.12 节。

对于版本 13 中的带内连续载波聚合，对于在 12 个不同频带内的频带内聚合可以多达 3 个组分载波。还支持 9 个频带中的带内不连续载波聚合。带间载波聚合规范了多达 4 个频带，包括用于 FDD 的配对频带和 TDD 的不配对频带，以及配对和不配对频段之间的频带载波聚合。由于对终端的射频属性的不同影响，必须分别指定每个频带组合。

在 3GPP 规范的版本 13 中定义了接近 150 个具有 2 个、3 个或 4 个频带的不同频带组合。将载波聚合的频带或频带组合定义为终端的能力（3GPP 规范中使用术语用户设备，而不是终端）。对于所有频带组合，为终端定义了下行操作。只有几个频段为终端定义了上行操作。原因是在终端中的多个频带的传输对于所产生的潜在的互调产物而言具有很大的影响，这在终端的操作方面产生了限制。这是通过允许减少称为 MPR（最大功率降低）的终端输出功率来解决的，以便减轻互调产物。允许的 MPR 取决于在每个聚合组分载波中发送的资源块的数量，调制格式，以及就其每个频带可以发送的资源块的最大数量而言的终端能力（也参见后面定义的载波聚合带宽类别）。

对于带内载波聚合，图 22.2 所示的 BW_{channel} 和 N_{RB} 的定义仍然适用于每个组分载波，而且还需要新定义聚合信道带宽（$BW_{\text{Channel\_CA}}$）和聚合传输带宽配置（$N_{\text{RB,agg}}$），如图 22.3 所示。在这方面，定义了新的终端功能，称为载波聚合带宽类别。有 6 个类别，其中每个类别对应 $N_{\text{RB,agg}}$ 和最大的组分载波数的一个范围，见表 22.2。那些对应两个以上组分载波或者超过 300 个资源块进行聚合的类别尚在未来版本的研究中。

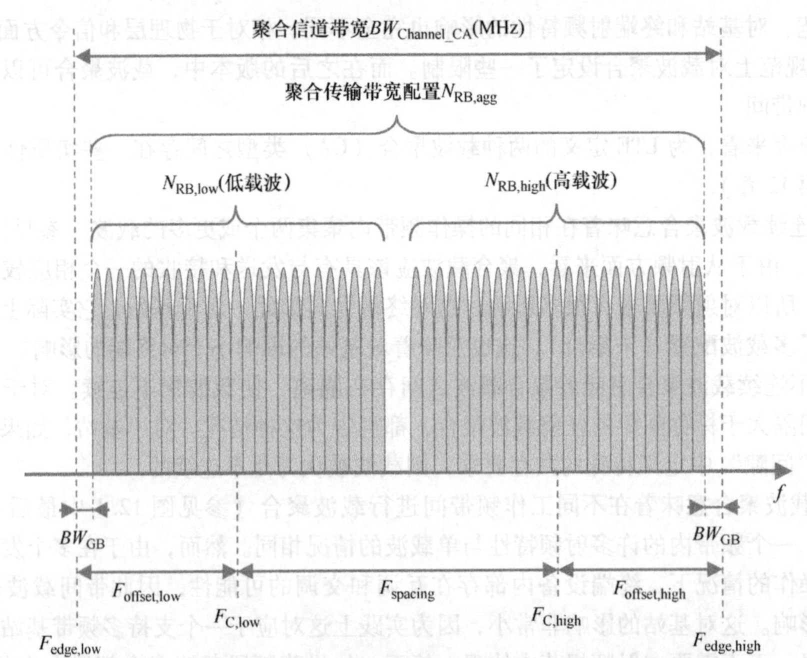

图22.3　用于带内载波聚合射频参数的定义，具有两个聚合载波的示例

表22.2　UE载波聚合带宽类别（版本13）

信道聚合带宽类别	聚合传输带宽配置	组分载波数
A	100	1
B	100	2
C	101～200	2
D	201～300	3
E，F	研究中（301～500和701～800）	研究中

终端能力E-UTRA CA配置被定义为工作频带和带宽类别的组合，这里工作频带指终端可以进行载波聚合操作的频带。例如，带宽类别为A的频带1和频带5的带间载波聚合的终端能力称为CA_1A_5A。对于每个E-UTRA CA配置，定义一个或多个带宽组合集，设置可以在每个频带中使用的信道带宽以及最大聚合带宽是多少。终端可以声明支持多个带宽组合的能力。

带内CA的一个基本参数是信道间距。比任何两个单载波信道标称间距更为紧密的信道间距可能导致频谱效率的提高，这是因为载波间的无用“间隔”更小。另一方面，还需要提供支持早期版本的传统单载波终端的可能性。另一个复杂的例子是，组分载波在相同的15kHz子载波栅格上，以允许多个相邻的组分载波使用一个FFT，而非每个子载波一个FFT[⊖]。正如5.6节所讨论的，因为频率编号机制以100kHz的栅格为基础，该属性将导致两个组分载波之间的间距为300kHz的倍数，这是15kHz和100kHz的最小公分母。

对于规范而言，射频需求基于两个相邻载波的信道带宽$BW_{Channel(1)}$和$BW_{Channel(2)}$按如下方式推导出的标称信道间距[⊜]：

⊖　在组分载波之间有独立频率误差的情况下，可能需要多个FFT和频率跟踪功能。

⊜　⌊…⌋表示“floor”运算符，它将数字向下舍入。

$$F_{\text{Spacing,Nominal}} = \left\lfloor \frac{BW_{\text{Channel}(1)} + BW_{\text{Channel}(2)} - 0.1\left|BW_{\text{Channel}(1)} - BW_{\text{Channel}(2)}\right|}{2 \cdot 0.3} \right\rfloor 0.3 \tag{22.1}$$

为了允许更紧密的组分载波封装，F_{Spacing}的值可以调整到比标称间距更小的任何300kHz的倍数，只要载波之间不重叠就可以。

LTE的射频要求通常相对信道带宽边缘进行定义。对于带内载波聚合，这是很普遍的，因此其需求也是相对聚合信道带宽边缘进行定义的，如图22.3中的$F_{\text{edge,low}}$和$F_{\text{edge,high}}$所示。这样许多射频要求可以重用，但频域采用新的参考点。用于终端和基站的聚合信道带宽定义为

$$BW_{\text{Channel\_CA}} = F_{\text{edge,high}} - F_{\text{edge,low}} \tag{22.2}$$

边缘的位置是通过一个新参数F_{offset}相对边缘处的载波进行定义的（见图22.3），通过使用下列最低和最高载波的载频中心位置F_{C}的相对关系：

$$F_{\text{edge,low}} = F_{\text{C,low}} - F_{\text{offset,low}} \tag{22.3}$$

$$F_{\text{edge,high}} = F_{\text{C,high}} + F_{\text{offset,high}} \tag{22.4}$$

然而，边缘载波和相应边缘位置的F_{offset}值对于终端和基站定义的方式不同。

对于基站，也有一些传统场景中基站接收和发送相邻的独立载波，支持早期版本中使用单载波的传统终端。该情况也必须作为聚合载波的一种配置予以支持。此外，为了向后兼容，针对所有射频要求的基本参数如信道带宽及相应的参考点（信道边缘）将保持不变。言下之意是，如图22.2所示，针对每个组分载波的信道边缘也将作为载波聚合时的参考点。这引出了如下基站对于载波聚合的F_{offset}的定义，此定义也“继承”自单载波情况：

$$F_{\text{offset}} = \frac{BW_{\text{channel}}}{2}\text{（对于基站）} \tag{22.5}$$

与基站情况不同，终端不受传统操作的限制，而受限于功放器件的非线性特性以及由此产生的无用发射模板。在聚合信道带宽的两侧，需要定义一个保护带BW_{GB}，以使发射达到带外（OOB）发射限制的水平。无论传输的单载波或多个聚合载波的载频大小是否相同，在频带两侧的所需保护带都应该一致，这是由于采用相同的辐射模板滚降系数。向后兼容基站的问题是，相应保护带BW_{GB}与信道带宽成正比，由此不同信道带宽的载波进行聚合时的保护带大小是不同的。

因此，基于“对称”保护带对终端进行了不同的定义。对于边缘载波（低和高），F_{offset}是传输带宽配置的一半加上对称的保护带BW_{GB}：

$$F_{\text{offset}} = \frac{0.18\text{MHz} \cdot N_{\text{RB}}}{2} + BW_{\text{GB}}\text{（对于终端上行）} \tag{22.6}$$

式中，0.18MHz为资源块带宽，BW_{GB}正比于最大组分载波的信道带宽。对于版本10中定义的载波聚合带宽以及边缘载波采用相同信道带宽的情况，F_{offset}对于终端和基站相同，并且$BW_{\text{Channel_CA}}$也将是相同的。

这可能看起来很奇怪：这些定义可能潜在地导致终端和基站的聚合信道带宽略有不同。但其实这是没有问题的。终端和基站的要求是单独定义的，并且无须覆盖相同的频率范围。不过，终端和基站的聚合信道带宽必须符合运营商在工作频带上的许可牌照。

一旦频率参考点设定，实际的射频要求很大程度上与单载波配置情况相同。受影响的需求会在本章后面的讨论中逐一解释。

22.4　非连续频谱的操作

由于不同原因，用于LTE部署的一些频谱可能由部分频谱碎片组成。频谱可以是再循环的2G频谱，其中原始许可频谱在运营商之间“交错”。出于实施原因（当频谱分配扩展时，使用的原始组合器滤波器不容易调整），这对于原始GSM部署是很常见的。在一些地区，运营商也已经在拍卖中购买了频谱许可证，而且由于不同的原因，出现在同一频段有多个不相邻的分配结果。

对于部署不连续的频谱分配，有一些影响：

- 如果频段中的全频谱分配要用单个基站进行操作，基站必须能够在非连续的频谱中运行。
- 如果要使用比每个频谱片段中可用的更大的传输带宽，则终端和基站都必须能够在该频带内进行带内不连续的载波聚合。

注意，基站在非连续频谱中操作的能力不直接耦合到载波聚合。从射频的观点来看，基站将在分离在两个（或更多个）独立子块中的射频带宽上接收和发送，这些子块之间具有子块间隙，如图22.4所示。子块间隙中的频谱可以由任何其他运营商部署，这意味着子块间隙中基站的射频要求将基于不协调操作的共存。这对于工作频带内的一些基站射频要求有一些影响。

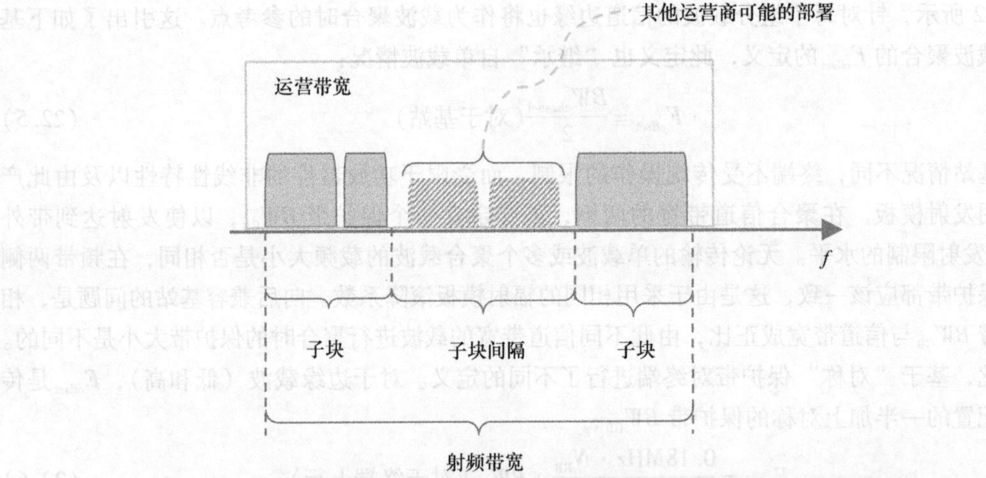

图22.4　非连续频谱操作的示例，描述了射频带宽、子块和子块间隙的定义

如果使用载波聚合来操作非连续频谱，则基站的射频要求将通常与非连续频谱的要求基本相同。

对于终端，不连续操作与载波聚合紧密耦合，因为除非载波被聚合，否则不会发生频带内的下行链路中的多载波接收或上行链路中的多载波传输。这也意味着终端的不连续操作的定义不同于基站。因此，对于终端，只要两个载波之间的间隔大于式（22.1）中定义的标称信道间隔，则假定带内不连续的载波聚合发生。

与基站相比，同时接收和/或发送的不连续载波还有额外的含义和限制。如果资源块分配在载波内不连续，则对于单个组分载波中的传输已经有允许的最大功率降低（MPR）。对于不连续的聚合载波，在聚合载波之间的子块间隙高达 35MHz 时，定义了允许的 MPR。MPR 取决于分配的资源块的数量。

22.5　多标准无线基站

一直以来，射频规范是针对不同 3GPP 无线接入技术 GSM/EDGE、UTRA、E-UTRA（LTE）进行分别开发的。然而，移动无线通信的迅速演变以及延续传统部署来安装新技术的需要已经导致了在相同站点上不同无线接入技术（RAT）的实现，这往往需要共享安装的天线和其他部分。之后，自然进一步要求不同无线接入技术间共享基站设备，这就需要多 RAT 基站。

技术演进也促进了向多 RAT 基站的演变。尽管在传统上多种无线接入技术之间也共享现场安装部件如天线、馈线、回程传输或者电源，数字基带和射频技术的发展使更紧密的集成成为可能。基站包括基带和射频两套独立的实现，并且带有一个天线前端的无源合路器、分配器，这样的基站在理论上可以被认定为多 RAT 基站。然而，3GPP 给出了一个狭义但更具前瞻性的定义。

在一个多标准无线（MSR）基站中，接收端和发射端可以在通用有源射频组件中同时处理采用不同无线接入技术的多个载波。如此严格的定义源于多 RAT 基站的真正潜力，以及公共射频的实现复杂性方面的挑战。这一原则在图 22.5 中通过一个具备 GSM/EDGE 和 LTE 能力基站的例子予以诠释。这个基站能够独立操作 GSM/EDGE 和 LTE 的大部分基带功能，但可能实现在相同硬件中。然而，射频部分必须在如图所示的相同有源组件中实现。

MSR 基站实现的主要优势有两点。

- 部署中无线接入技术之间的迁移，例如从 GSM/EDGE 到 LTE，是可以使用相同基站硬件的。在图 22.5 的例子中，采用相同的 MSR 基站，一次迁移的执行包含了 3 个阶段。在第一阶段中，网络部署的基站只针对 GSM/EDGE 操作。在第二阶段中，运营商转移部分频谱给 LTE。该 MSR 基站现在可以操作一个 LTE 载波，但还在可用的另一半频带上支持遗留的 GSM/EDGE 用户。在第三阶段中，当 GSM/EDGE 用户从该频带中迁移出去时，运营商可以把该 MSR 基站配置为带有两倍信道带宽的 LTE 唯一的操作模式。

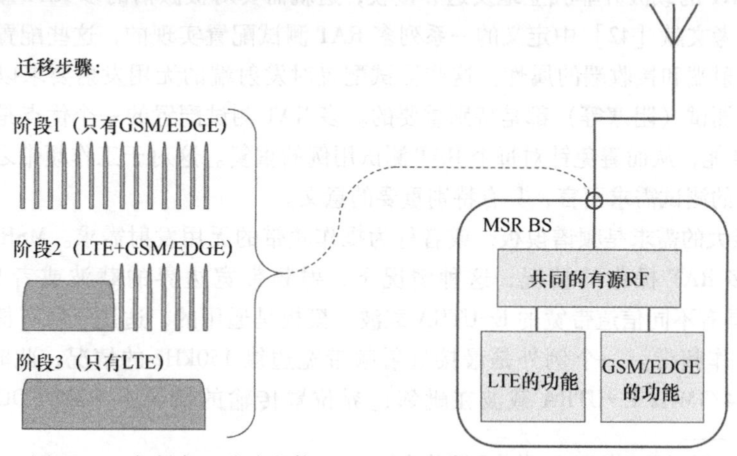

图 22.5　在所有迁移阶段使用 MSR 基站从 GSM 向 LTE 迁移的示例

• 作为MSR基站设计的单个基站可以部署在各种环境下，针对支持的每个RAT配置为单RAT操作方式，也可以根据部署场景的要求配置为多RAT操作方式。这也与市场上看到的近期技术趋势——更少且更通用的基站设计相一致。更少的基站类型对于基站供应商和运营商都是有利的，这是因为单个解决方案的开发和实现可以适用于各种场景。

带有各RAT独立定义需求的单RAT 3GPP无线接入标准，不支持这类多种接入技术间共享公共基站射频硬件的迁移情况，因此需要为多标准无线设备单独设定需求。

多RAT的公共射频意味着多个载波的接收和发送不再是相互独立的。出于这个原因，必须用公共射频规范来规定MSR基站。3GPP版本9中制定了核心射频要求和测试要求的MSR规范。这些规范支持GSM/EDGE[⊖]、UTRA和E-UTRA及其所有组合。为了支持所有可能的RAT组合，MSR规范有很多可用于任何RAT组合的通用性需求，它们能与特定的单一接入技术的具体需求一起确保在单RAT操作方式下系统的完整性。

MSR的概念对许多需求存在实质性影响，而其他需求完全保持不变。MSR基站引入了一个基本概念——射频带宽，定义为载波集合进行传输和接收的总带宽。GSM/EDGE和UTRA系统的许多接收端和发射端需求是相对载波中心来规定的，而LTE是相对信道边界定义的。对于MSR基站，它们则是相对于射频带宽边界来规定的，某种程度上类似于版本10中的载波聚合。与载波聚合的方式相同，也需要引入参数F_{offset}来定义射频带宽边缘相对边缘载波的位置。对于GSM/EDGE载波，F_{offset}设置为200kHz，而这通常是UTRA和E-UTRA信道带宽的一半。通过引入射频带宽的概念并引入通用的限制，MSR的要求从载波中心转变为频率块中心，从而通过独立于接入技术和操作模式来获得技术的中立性。

虽然E-UTRA和UTRA载波在带宽和功率谱密度方面具有颇为相似的射频性能，但GSM/EDGE载波则完全不同。因此，定义MSR基站的操作频带分为3个频带类别（BC）：

• BC1：UTRA FDD和E-UTRA FDD可以部署的所有配对频带。
• BC2：除UTRA FDD和E-UTRA FDD外，GSM/EDGE也可以部署的所有配对频带。
• BC3：UTRA TDD和E-UTRA TDD可以部署的所有非配对频带。

由于不同RAT的载波并非独立地发送和接收，这就需要对被激活的多RAT载波执行部分测试。这是通过参考文献［42］中定义的一系列多RAT测试配置实现的，这些配置都是专门定制的，用以强调发射端和接收端的属性。这些测试配置对发射端的无用发射要求以及接收端抗干扰信号的敏感性测试（阻塞等）都是特别重要的。多RAT测试配置的一个优点是可同时测试多个RAT的射频性能，从而避免针对每个RAT测试用例的重复。这对于工作频带之外的整个频率范围的非常耗时的测试需求而言，具有特别重要的意义。

MSR影响最大的需求是频谱模板，或者称为操作频带的无用发射需求。MSR基站的频谱模板需求适用于多RAT操作的情况，这种情况下，射频带宽边界的载波或者是GSM/EDGE、UTRA，或者是具有不同信道带宽的E-UTRA载波。模板是通用的，适用于所有情况，并且涵盖了完整的基站工作频带。一个例外是最接近射频带宽边缘150kHz的情况，此时模板与GSM/EDGE载波或1.4/3MHz E-UTRA载波在毗邻边界位置传输的情况下GSM/EDGE的调制频谱

⊖ MSR的规范不适用于GSM/EDGE的单RAT的操作。

一致。

MSR 的一个重要方面是基站供应商有关其所支持射频带宽、功率等级、多载波能力等的声明。所有测试都建立在通过所支持能力集合（CS）定义的基站能力的基础上，能力集合定义了所有支持的单 RAT 和多 RAT 组合。目前 MSR 测试规范中定义了 7 个能力集 CS1 ~ CS7，提供了基站实施和部署的充分灵活性，以满足 MSR 规范要求。表 22.3 中列出这些 CS 与 CS 所适用的频带类别以及基站支持的 RAT 配置。注意基站的能力（由制造商声明）与基站正在运行的基站的配置之间是有差异的。CS1 和 CS2 定义了仅具有单 RAT 能力的基站的能力，并且使得可以对这样的基站有适合的 MSR 基站规范，而不是相应的单 RAT 的 UTRA 或 E-UTRA 规范。对于仅具有单个 RAT GSM 能力的基站，没有定义 CS，因为这是仅由单 RAT GSM/EDGE 规范覆盖的基站类型。在 GSM 频段（BC2）中继续部署 3G 和 4G 系统的同时，版本 13 中引入了一个新的 CS，即 CS7。它用于支持所有 3 个 RAT 的基站，但是其中单 RAT GSM 和三重 GSM GSM + UTRA + E-UTRA 操作不受支持。

对于基站射频要求中的很大一部分，不需要进行多 RAT 测试，并且实际的测试限制对 MSR 基站保持不变。这些情况下，射频需求和测试用例可通过直接引用相关单 RAT 规范来简单地体现。

22.3 节中所描述的载波聚合还适用于 MSR 基站。由于 MSR 规范已经拥有了为（聚合或非聚合的）多载波射频需求所定义的大多数的概念和定义，与非聚合载波的情况相比，MSR 的需求差异很小。

表 22.3　MSR 基站和对应的 RAT 配置的能力组合

基站支持的能力组合 CSx	可以使用的带宽分类	支持的 RAT 配置
CS1	BC1、BC2 或 BC3	单 RAT：UTRA
CS2	BC1、BC2 或 BC3	单 RAT：UTRA
CS3	BC1、BC2 或 BC3	单 RAT：UTRA 或 E-UTRA 多 RAT：UTRA + E-UTRA
CS4	BC2	单 RAT：GSM 或 UTRA 多 RAT：GSM + UTRA
CS5	BC2	单 RAT：GSM 或 E-UTRA 多 RAT：GSM + E-UTRA
CS6	BC2	单 RAT：GSM，UTRA 或 E-UTRA 多 RAT：GSM + UTRA，GSM + E-UTRA， UTRA + E-UTRA，或 GSM + UTRA + E-UTRA
CS7	BC2	单 RAT：UTRA 或 E-UTRA 多 RAT：GSM + UTRA，GSM + E - UTRA，或 UTRA + E-UTRA

22.6 LTE 射频需求的概述

射频需求定义了一个基站或终端的接收端和发射端的射频特性。基站是在一个或多个天线连接头上发送和接收射频信号的物理节点。注意，这里的基站与 LTE 无线接入网络中的相应逻辑节点eNodeB不同。在下面的描述中终端表示为用户设备，这和所有射频规范的表示一致。

为LTE定义的射频需求集合和为UTRA或者任何其他无线通信系统中定义的根本上是相同的。有些需求也建立在监管机构的要求之上，而且与系统类型相比更关注操作频带和/或系统部署的位置。

针对LTE的特别之处是系统的灵活带宽配置以及相应的多种信道带宽，这使得一些需求的定义变得更为复杂。这些属性对于发射端有关无用发射方面的要求有特殊影响，国际监管机构针对这种限制的定义取决于信道带宽。如果某类系统中基站可以在多个信道带宽上操作或者终端可能改变其工作信道带宽，这种限制就很难对这类系统进行定义。这种灵活的基于OFDM的物理层的性能也对发射机调制质量以及如何定义接收机选择性和阻断需求方面的规定存在影响。

为终端定义的这类发射机需求与针对基站定义的需求非常相似，并且针对这些需求的定义也往往是相似的。然而，针对终端定义的输出功率等级大大降低了，同时在终端实现方面的限制也更高。尽管所有电信设备在成本和复杂性上存在很大压力，但由于市场总量超过每年10亿台设备的规模，对终端的压力更为突出。这种情况下，对终端和基站的需求如何定义将存在差异，它们将在本章分别介绍。

LTE射频要求的详细背景在参考文献［43，44］进行了描述，（LTE-Advanced的）在版本10中附加要求的更多细节可参见参考文献［45，46］。基站的射频要求在参考文献［47］中进行了规定，终端部分则在参考文献［38］中进行规范。射频要求分为发射端和接收端的特性。还有为基站和终端定义的性能特征，用来定义不同的传播条件下所有物理信道接收端基带性能。这些都不是严格的射频要求，虽然一定程度上这些性能也取决于射频单元。

每个射频要求有相应的测试，在基站和终端的LTE测试规范中进行了定义。这些规范定义了显示射频和性能要求所需的测试场景建立、测试程序、测试信号、测试偏差等。

22.6.1　发射端特性

发射端特性定义发射自终端和基站的有用（需要）信号的射频要求，同时也定义发射载波之外的不可避免的无用发射的射频要求。根本上这类需求的规定分为三部分。

- 输出功率等级需求设定了可允许的最大发射功率、功率等级动态变化以及一些情况下发射端OFF状态的限制。
- 传输信号质量需求定义了传输信号的“纯度”以及多个发射机通道之间的关系。
- 无用发射需求设定传输载波之外的所有发射的限制，紧密结合监管机构的要求以及与其他系统共存的需求。

表22.4展示了根据上述定义三部分设定的终端和基站发射端特性列表。这些需求的更详细描述可参见本章的后续内容。

表22.4　LTE发射机特性的综述

	基站需求	终端需求
输出功率水平	最大输出功率	发射功率
	输出功率动态	输出功率动态

（续）

	基站需求	终端需求
发射信号质量	开/关功率（只对 TDD） 频率错误 误差矢量幅度（EVM） 发射分支上的时间对齐	功率控制 频率错误 发射调制质量 带内发射
无用发射	运行频带的无用发射 邻道泄漏比（ACLR 和 CACLR） 杂散发射 占用的带宽 发射机交调	频谱辐射模板 邻道泄漏比（ACLR 和 CACLR） 杂散发射 占用的带宽 发射交调

22.6.2　接收端特性

LTE 接收端需求的设定与为其他系统如 UTRA 的定义颇为相似，但是由于灵活带宽特性，导致其中许多内容的定义不同。根本上接收器特性按照如下三部分来规定。

- 接收有用信号的灵敏度和动态范围需求。
- 接收端对干扰信号的敏感性定义了接收机对于不同频率偏移的不同类型干扰信号的敏感性。
- 还为接收端定义了无用发射限制。

表 22.5 展示了根据上述三部分设定的终端和基站接收端特性列表。每种需求的更详细描述可参见本章的后续内容。

表 22.5　LTE 接收机特性的综述

	基站需求	终端需求
灵敏度和动态范围	参考灵敏度 动态范围 信道内灵敏度	参考灵敏度功率水平 最大输入水平
接收机对干扰信号的敏感度	带外阻塞 带内阻塞 窄带阻塞 邻道选择性 接收机互调	带外阻塞 杂散响应 带内阻塞 窄带阻塞 邻道选择性 互调特性
从接收机出来的无用的发射	接收机杂散发射	接收机杂散发射

22.6.3　区域性需求

射频需求及其应用存在许多区域性差异。这些差异源于不同区域和地方频谱规划及其使用规则的不同。最明显的地区差异就是如前所述的不同的频带分配及其使用。许多区域的射频需求也和特定的频带绑定在一起。

当一个地区对抽样杂散发射有需求时，这个需求应体现在 3GPP 规范中。对于基站，它作为一个可选的要求，并以“区域”进行标示。对于终端，同样的程序是不可行的，因为终端需要在不同地区漫游，因此必须满足使用该频带的区域对该操作绑定的所有地区需求。对于LTE，这可能比UTRA更复杂，因为所用发射端（和接收端）带宽还存在额外的变化，这将使一些地区需求难以作为强制性要求来满足。因此LTE引入了射频需求的网络信令的概念，通过这些信令，在呼叫建立时终端会被告知当其连接到网络时是否需要应用一些特定的射频需求。

22.6.4　通过网络信令传输的频带特定的终端需求

终端支持的信道带宽是一个LTE工作频带的函数，并且与发射端和接收端的射频需求有关。究其原因是，最大功率和传输和/或接收最多资源块相结合的条件下，一些射频需求可能是难以满足的。

当给终端发送一个特定的网络信令值（NS_x）作为小区切换或者广播消息的一部分时，能够为终端应用一些附加的射频需求。考虑到实施的因素，这些需求都与射频参数的限制和变化有关，例如终端输出功率、最大信道带宽和传输资源块的数量。这些需求的变化与网络信令值（NS_x）一起，在终端射频规范中进行了定义，其中每个值对应一个特定的条件。所有频带的默认值是NS_01。所有NS_x值都关系到允许的功耗降低，即所谓的额外最大功率降低（A-MPR)，并且申请使用最少资源块的数量进行传输，这些值还取决于信道带宽。以下是具有某些频带相关网络信令值的终端要求的例子。

• NS_03、NS_04或NS_06用于特定的有关终端无用发射的FCC要求[49]申请在某些US频带上操作时。

• NS_05用于当终端运行在2GHz频带（频带1）时保护日本的PHS频带。

在一些频带，NS_x信令也适用于接收机灵敏度测试，这是由于主动发送的信号可能会影响接收性能。

在上行链路中LTE载波聚合的情况下，还可能需要额外的射频要求和限制。可以使用特定的CA网络信令值CA_NS_x将这些信号发送到用于载波聚合的终端，并且在这种情况下将替换通常的网络信令值NS_x及其相关要求。

22.6.5　基站类型

基站规范中有一系列通用的射频要求，适用于所谓的“通用”基站。这是在3GPP版本8中开发的最初需求。这对基站的输出功率没有限制，可用于任何部署场景。然而，这些射频需求的推算是基于宏蜂窝情景的[50]。出于这个原因，在版本9中引入了额外的基站类型：微微蜂窝和毫微微蜂窝的情况。在版本11中添加了一个额外的微小区场景类，以及适用于多标准基站的基站类。还阐明了原始的“通用”射频参数集适用于宏小区场景。3GPP不使用术语宏、微微、毫微微来定义基站类型，而是使用下列术语：

• 广域基站。这种基站类型用于宏蜂窝的场景，定义70dB的基站和终端间最低耦合损耗。

• 中等范围基站。这种类型的基站适用于微小区场景，定义53dB的基站和终端间最低耦合损耗。典型的部署是室外屋顶安装，通过墙壁提供室外热点覆盖和户外到室内的覆盖。

• 本地基站。这种基站类型用于微微蜂窝场景，定义45dB的基站和终端间最低耦合损耗。

典型部署为室内办公室和室内/室外热点区域，基站安装在墙壁或者天花板上。

- 家庭基站。这种基站类型用于毫微微蜂窝的情况，其定义不明确。也假设了 45dB 的基站和终端间最小耦合损耗。家庭基站可用于开放式接入和封闭用户群。

相对于广域基站，本地、中等范围和家庭基站类型需要修改大量的要求，这主要是由于更低的最小耦合损失的假设。

- 最大基站功率对于中等范围基站为 38dBm，对于本地基站为 24dBm，对于家庭基站为 20dBm。除了家庭基站之外，这种功率是针对每个天线和载波都定义的，在家庭基站中对所有天线（最多4个）的功率进行计数。没有为广域基站定义基站最大功率。
- 家庭基站有一个保护在邻近信道工作的其他系统的附加规定。其原因是，一个连接到相邻信道上其他运营商基站的终端可能会很接近家庭基站。为了避免相邻终端被阻止的干扰情况，家庭基站必须测量相邻信道以检测相邻基站的操作。如果在一定条件下检测到相邻基站的传输（UTRA 或 LTE），为避免干扰邻近基站，将减小最大可允许的家庭基站输出功率，下降程度根据相邻基站信号有多弱成比例变化。
- 频谱模板（工作频带的无用发射）针对本地和家庭基站设定更低门限，与更低的最大功率等级一致。
- 与广域基站相比，放松了适用于中等范围和局部区域的共站限制，对应于基站的松弛的参考灵敏度。
- 家庭基站对于共站没有限制，而是采取更严格的无用发射限制来保护家庭基站操作（来自其他家庭基站），这里假设了更严格的穿墙室内干扰场景。
- 对于中等范围、本地和家庭基站，接收机参考灵敏度的限制值会更高（更宽松）。接收机动态范围和带内选择性（ICS）也进行相应的调整。
- 对所有中等范围、本地和家庭基站在接收端对干扰信号敏感性的限制门限进行调整，以考虑更高的接收灵敏度门限和更低的最小耦合损耗（基站到终端）的假设。

22.7 输出功率等级的要求

22.7.1 基站输出功率及动态范围

基站没有通用的最大输出功率要求。然而，如前面基站类型的内容所讨论的，对于中等范围基站限定了最大 38dBm 的输出功率，对于本地基站限定了最大 24dBm 的输出功率，而对于家庭基站限定了最大 20dBm 的输出功率。除此之外还指定了一个容忍值，来确定实际最大功率在多大程度上由制造商声明的功率水平推导出来。

基站还规定了一个资源单元总功率控制的动态范围，定义可以配置的功率范围。还有一个总基站功率的动态范围要求。

对于 TDD 操作，为基站的输出功率定义了功率模板，用于确定上行子帧中的关功率等级以及发射端开关状态之间的发射端转换过程最大时间。

22.7.2 终端输出功率及动态范围

终端的输出功率水平由以下3个步骤定义。

• 终端功率等级定义为QPSK调制的标称最大输出功率。这在不同工作频带可能是不同的，但当前为所有频带设定的主要终端功率等级为23dBm。

• 最大功率降低（MPR）定义了针对所用调制方式与分配的资源块数量的特定组合下最大功率等级的允许降低量。

• 附加最大功率降低（A-MPR）可应用于一些地区，并通常与特定发射端需求如区域性发射门限有关。对于这类需求，存在一个相关网络信令值NS_x用来标识允许的A-MPR和相关条件，这在22.6.3节已经描述。

终端定义了发射端关功率等级，适用于不允许终端发射的情况。还规定了一个通用开/关时间模板，以及PRACH、SRS、子帧边界和PUCCH/PUSCH/SRS的特定时间模板。

终端发射功率控制（TPC）是通过初始功率设置的绝对功率容限、两个子帧间的相对功率容限，以及功率控制命令序列的总功率容限几方面要求来定义的。

22.8 传输信号质量

传输信号质量要求规定了传输基站或终端信号偏离信号域和频域的“理想”调制信号的程度。对传输信号的影响是通过发射端的射频部分加上作为主要贡献者的放大器的非线性特性来引入的。针对基站和终端的信号质量测量是通过EVM和频率误差来定义的。另一个终端需求是终端的带内发射。

22.8.1 EVM和频率误差

虽然信号质量测量理论上的定义非常简单，但实际评估却是个非常复杂的过程，更多详细内容在3GPP规范中进行了描述。原因是，它已成为一个多维优化的问题，需要找到时间上、频率上和信号星座图上的最优匹配。

EVM是调制信号星座图上的误差测量，取激活子载波上误差向量的平方根，考虑采用该调制方案的所有符号。它表示为一个相对理想信号功率的百分比值。如果发射端和接收端之间信号不存在额外的损伤，本质上EVM定义了在接收端获得的最大SINR。

由于接收端可以去除一些传输信号的损伤，如时间色散，因此EVM的评估应该去除循环前缀和均衡之后再进行。这样，EVM评价包括了标准化的接收器模型。EVM评估所获得的频率偏离进行平均，常用于发射信号的频率误差的测量。

22.8.2 终端带内发射

带内发射是信道带宽内的辐射。这项规定限制终端可以在信道带宽内多少个非分配资源块内进行发送。与带外（OOB）发射不同，带内发射在去除循环前缀和FFT之后进行测量，因为这是终端发射机影响真正的基站接收端的方式。

22.8.3　基站时间校准

几个LTE功能要求基站从两个或者更多发射天线，如发送分集和MIMO发射。对于载波聚合，载波也可以从不同的天线传输。为了使终端能够正确接收来自多个天线的信号，任何两个发射端分支间的定时关系都需要以发射端通道之间的最大时间对齐的误差来规定。最大允许误差取决于发射端分支的功能或者功能组合。

22.9　无用发射的需求

在ITU-R建议中，来自发射端的无用发射分为带外（OOB）发射和杂散发射。OOB发射定义为在靠近射频载波的频率上的发射，源于调制过程。杂散发射是射频载波外的发射，它可以在不影响相关传输信息的情况下被减小。杂散发射的例子有谐波发射，它是互调产生的变频的结果。OOB发射通常所定义的频率范围被称为OOB域，而杂散发射限值通常被定义在杂散域。

ITU-R还定义了OOB和杂散域之间的边界：位于距离载波中心2.5倍所需带宽的位置，相当于LTE信道带宽的2.5倍。这类需求的界定对于拥有固定信道带宽的系统是很容易实现的。然而，这对于LTE这样的灵活带宽系统而言更为困难，这意味着需求应用的频率范围会随着信道带宽变化。在3GPP规范中对于基站和终端的要求在定义边界时所采取的方式略有不同。

随着OOB发射和杂散发射之间的推荐边界值设定为信道带宽的2.5倍，来自该载波的第三和第五阶互调产物会落入该OOB域，该域拥有两倍信道带宽的带宽范围。对于OOB域，为基站和终端定义了两个重叠的需求：频谱辐射模板（SEM）和邻道泄漏比（ACLR）。它们的细节将在下面进一步说明。

22.9.1　实现方面

OFDM信号的频谱在传输带宽配置之外下降相当缓慢。由于LTE传输信号占据了90%的信道带宽，因此不可能直接满足一个“纯粹”OFDM信号的信道带宽之外的无用发射限制。然而，为获得发射机需求而采用的技术，并没有在LTE规范中进行规定或者强制要求。时域窗是一种常应用于基于OFDM传输系统的方法，用来控制频谱发射。无论基带信号的时域数字滤波，还是射频信号的模拟滤波，都要用到过滤。

被用于放大射频信号的功率放大器（PA）的非线性特性也必须考虑，因为它是信道带宽外互调产物的根源。可以使用功率回退以提供PA更接近线性的操作，但需要以降低功率效率为代价。因此功率回退应保持在最低限度。出于这个原因，可以采用额外的线性化方案。这对基站尤其重要，基站对实现复杂性的限制更少，并且先进的线性化方案的使用是控制频谱辐射的重要组成部分。这种技术的例子有前馈、反馈、预失真和后失真。

22.9.2　频谱发射模板

频谱发射模板定义了所需带宽之外所允许的带外频谱辐射。如上所述，如何在定义OOB发射和杂散域之间的频率边界时考虑灵活的信道带宽，对LTE基站和终端来说需要采取不同方式。

因此，频谱发射模板也要基于不同原则。

22.9.2.1 基站工作频带的无用辐射限制

对于LTE基站，带有不同信道带宽的OOB和杂散域之间边界的隐性变化的问题，是不能通过定义明确的边界来解决的。解决方案是为LTE基站确定统一的工作频带无用发射的概念，而不是采用通常为OOB发射所定义的频谱模板。工作频带的无用发射的要求应用于整个基站发射端工作频带，每侧加上额外的10MHz，如图22.6所示。超出该范围的所有需求由杂散发射限制监管机构来设定，并且基于ITU-R建议。如图22.6所示，操作频带无用发射的大部分被定义在对于较小的信道带宽可以同时在色散和OOB域的频率范围之内。这意味着，对于可能在杂散域的频率范围的限制，也必须与来自ITU-R的监管限制保持一致。该模板的形状对于5~20MHz的所有信道带宽都是通用的，因此带有一个距离信道带宽边缘10MHz起与ITU-R的限制保持一致的模板。为更小的1.4MHz和3MHz的信道带宽定义了特别模板。工作频带的无用发射的定义采用100kHz的测量带宽。

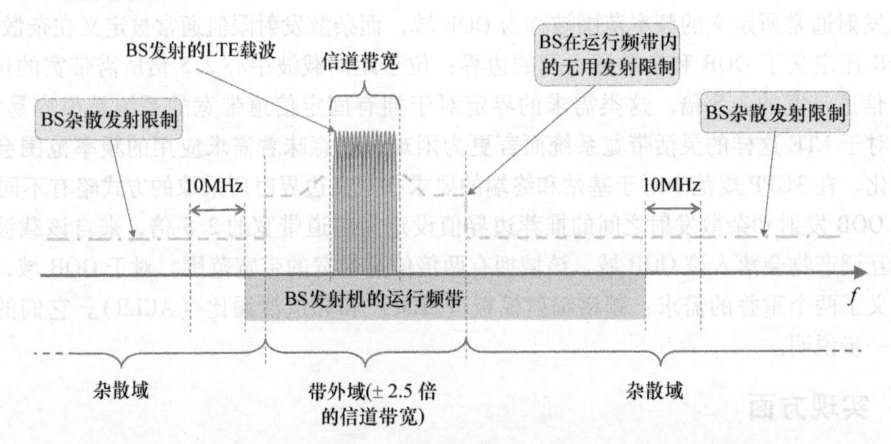

图22.6 适用于LTE基站的工作频带的无用发射和杂散发射的频率范围

在基站载波聚合的情况下，UEM要求（作为其他射频要求）适用于任何多载波传输，其中UEM将相对于射频带宽的边缘上的载波来定义。在不连续的载波聚合的情况下，来自每个子块的贡献的累积和计算作为子块间隙内的UEM。

也有一些特别限制的定义，以满足FCC为美国所用的操作频带，以及ECC为一些欧洲频带所设置的特殊限制。这些被指定为除了工作频带无用发射限制之外的独特限制。

22.9.2.2 终端频谱辐射模板

基于实现方面的考虑，无法定义一个不随信道带宽的改变而改变的通用终端频谱模板，因此对于OOB限制和杂散发射限制的频率范围不遵循与基站相同的原则。SEM从信道带宽边缘向外延伸到Δf_{OOB}的位置，如图22.7所示。对于5MHz的信道带宽，该点遵从ITU-R的建议对应于所需带宽的250%，但对于更高信道带宽，它设置得比250%更近。

SEM被定义为一个通用模板和一个可用于反映不同地区要求的附加模块集。每个附加的区域模板对应于一个特定的网络信令值NS _ x。

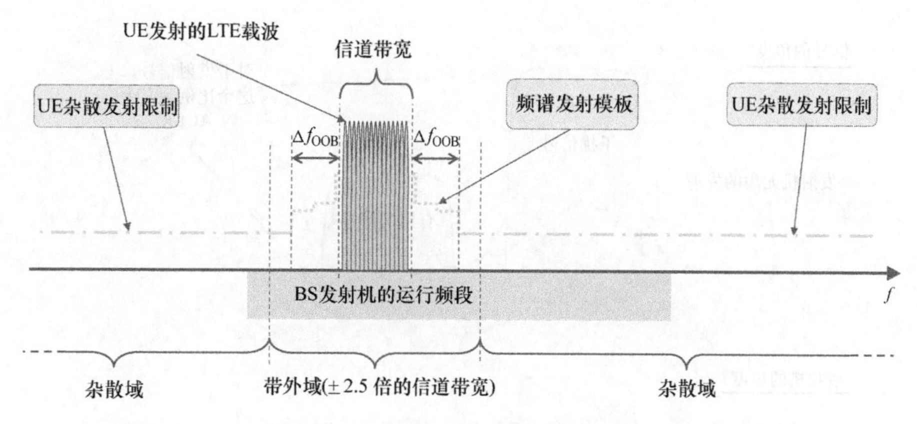

图 22.7 适用于 LTE 终端的频谱发射掩模和杂散发射的频率范围

22.9.3 相邻信道泄漏比

除了频率发射模板外，OOB 发射采用相邻信道泄漏比（ACLR）的需求进行定义。ACLR 概念对于操作在相邻频率的两系统共存的分析非常有用。ACLR 定义了在分配的信道带宽内发射的功率与在相邻信道上发射的无用辐射功率之比。还存在一个相关的接收机需求，被称为相邻信道选择性（ACS），定义为接收端抵抗相邻信道信号的能力。

如图 22.8 所示，ACLR 和 ACS 定义为相邻信道内接收的有用和干扰信号。无用发射在有用信号接收端处泄漏的干扰是通过 ACLR 来提供的，而有用信号接收端抑制相邻信道上干扰信号的能力是通过 ACS 来定义的。这两个参数一起决定了相邻信道上两个传输间的总泄漏。该比例被称为相邻信道干扰比（ACIR），它定义为一个信道上发射功率与接收端接收到的相邻信道的总干扰的比值，这是由发射端（ACLR）和接收端（ACS）的不完美所导致的。

相邻信道参数之间的关系[50]为

$$\mathrm{ACIR} = \frac{1}{\dfrac{1}{\mathrm{ACLR}} + \dfrac{1}{\mathrm{ACS}}} \tag{22.7}$$

ACLR 和 ACS 都能够在两个相邻信道信道带宽不同时定义，这是由于带宽灵活性为 LTE 设定了诸多需求。式（22.7）也可以用于不同信道带宽，但是要求用于此公式中的 3 个参数 ACIR、ACLR 和 ACS 中的两个信道带宽相同。

针对 LTE 终端和基站的 ACLR 限制的推导，是基于对 LTE 和潜在可用 LTE 或其他相邻载波上系统共存的广泛分析而得出的。

LTE 基站 ACLR 和工作频带无用发射的要求都覆盖了 OOB 域，但与 ACLR 相比工作频带无用发射限制的设定相对更为宽松，因为它们被定义在窄得多的测量带宽（100kHz）上。由于信道内资源块之间不同的功率分配而产生的互调产物，这允许在无用发射中存在一些波动。对于 LTE 基站，针对相邻信道的 ACLR 要求既适用于 UTRA 接收端，也适用于带有相同信道带宽的 LTE 接收端。LTE 基站的 ACLR 要求设置为 45dB。这比对 ACS 的要求要严格得多，根据式

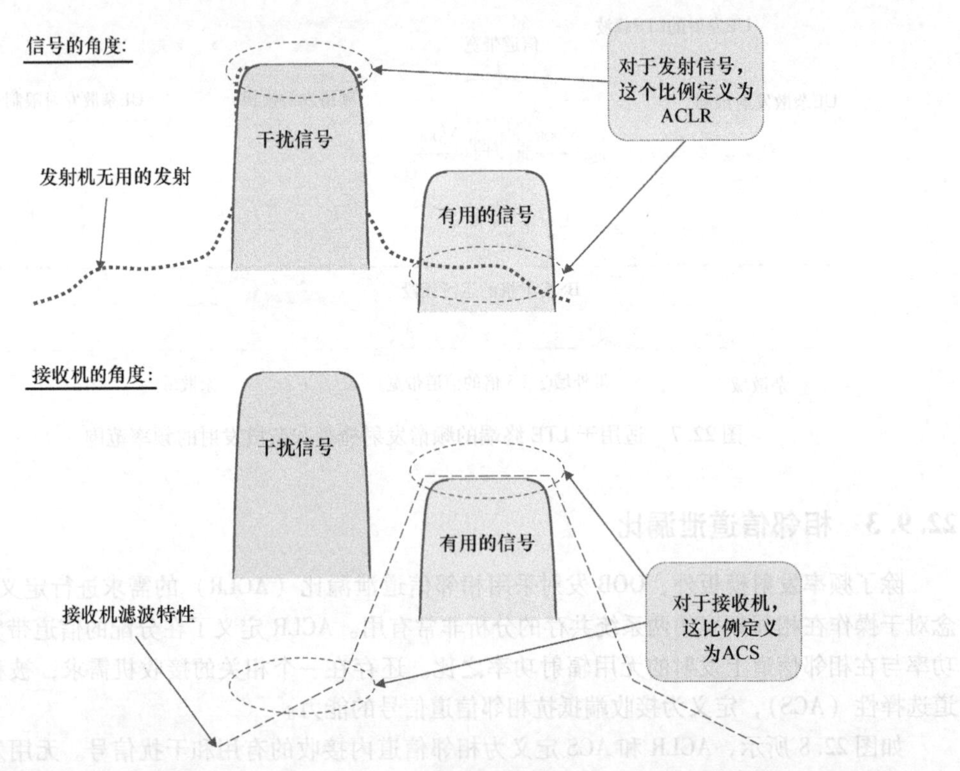

图22.8　ACLR和ACS的示意图，以"侵略"干扰信号和接收端的"受害"有用信号为特性示例

(22.7) 意味着在下行链路中，对于基站和终端之间的共存，终端接收机的性能将成为ACIR的限制因素。从系统的角度来看，这种选择是成本有效的，因为它将实现复杂性移到基站，而不是要求所有终端具有高性能射频。

在基站的载波聚合的情况下，ACLR（作为其他射频要求）适用于任何多载波传输，其中将为射频带宽边缘上的载波定义ACLR要求。在不连续的载波聚合的情况下，子块间隙小到间隙边缘的ACLR要求"重叠"时，为该间隙定义了特殊的累积ACLR要求（CACLR)。对于CACLR，子块间隔两边的载波的贡献在CACLR限额中被考虑。CACLR限制与基站的ACLR相同，为45dB。

终端的ACLR限制设定假定的UTRA和LTE接收端工作在相邻通道。与基站的情况一样，该限制也比相应的SEM更严格，因而需要考虑由资源块分配的变化而造成的频谱发射的波动。在载波聚合的情况下，终端ACLR要求适用于聚合信道带宽而不是每个载波。LTE终端的ACLR限制设置为30dB。与基站的ACS要求相比，这是相当宽松的，根据式（22.7）意味着在上行链路中，对于基站和终端之间的共存，终端发射机性能将成为ACIR的限制因素。

22.9.4　杂散发射

国际建议[51]中提出了基站杂散发射的限制，但只定义在图22.6所示的工作频带无用发射的频率范围之外的区域，即从至少 10MHz 的基站发射端工作频带中分离出的频率。还有更多区域性的或者可选的限制来保护那些可能与 LTE 共存或者甚至共站的其他系统。那些附加的杂散辐射要求考虑的其他系统有 GSM、UTRA FDD/TDD、cdma2000 和 PHS。

终端杂散发射限值的定义针对 SEM 覆盖频率范围外的所有频率范围。这些限制通常都是根据国际法规[51]，但也共存一些附加要求，来确保手机漫游时与其他频带共存。这些附加的杂散发射限制可以有一个对应的网络信令值。

此外，还有一些针对接收端定义的基站和终端的发射限制。由于接收端发射是以传输信号为主导的，因此接收端杂散发射限值只适用于发射机关闭状态下，也适用于发射机为带有单独接收天线连接器的 LTE FDD 基站的情况。

22.9.5　占用带宽

占用带宽是一种监管机构要求，相关规定针对如日本和美国的某些地区的设备。最初由 ITU-R 定义为最大带宽，该带宽以外的发射不超过发射总量的一定比例。对于 LTE 而言，占用带宽与信道带宽相等，该带宽以外的发射最大允许为总发射量的 1%（单侧 0.5%）。

载波聚合情况下，占用带宽等于聚合的信道带宽。对于不连续的载波聚合，占用带宽适用于每个子块。

22.9.6　发射机互调

射频发射机的一个附加实施方面为，传输信号与基站或者终端附近传输的另一个强烈信号之间的互调可能性。出于这个原因，有一个发射机互调要求。

对于基站，该要求基于一个规范的静态场景：一个共站的其他基站发射机的传输信号出现在某基站天线连接器处，但被衰减了 30dB。由于它是一个静态场景，不允许额外无用发射，这意味着在干扰出现时也必须满足所有无用发射限值。

对于终端，也存在基于另一个终端传输信号出现在某终端天线连接器处的类似要求，但要求衰减 40dB。该要求规定了传输信号所产生互调产物的最小衰减值。

22.10　灵敏度和动态范围

参考灵敏度需求的主要目的是为了验证接收机的噪声系数，噪声系数是为了衡量接收端射频信号链对接收信号 SNR 的衰减有多少。为此，采用 QPSK 低信噪比传输方案作为参考灵敏度测试的参考信道。参考灵敏度是指参考通道的吞吐量位于最大吞吐量 95% 时的接收端输入水平。

对于基站而言，参考灵敏度的定义潜在地可以针对从单一资源块到覆盖所有资源块的一个资源块组。考虑到复杂性的原因，最多可选用 25 个资源块，这意味着，对于大于 5MHz 的信道带宽，灵敏度验证多个相邻的 5MHz 块，而对于更小的信道带宽，只有在满信道时定义。

对于终端而言，参考灵敏度的定义针对全信道带宽的信号，并且所有资源块分配给有用信号。对于一些工作频带内的更高信道带宽（大于 5MHz），标称参考灵敏度需要满足资源块的最低配置情况。对于较大的配置，则允许一定的放松。

动态范围需求的目的是要确保接收端在接收信号水平大大高于参考灵敏度的情况下也可以操作。对于基站动态范围所假设的场景是存在增大的干扰和相应更高的有用信号电平，从而测试不同接收端损伤的影响。为了强化接收器，为测试采用了应用16QAM的更高信噪比传输方案。为进一步强化接收端达到更高信号水平，对接收信号加入了一个比假设噪声系数大20dB以上的干扰AWGN信号。终端的动态范围需求指定为满足吞吐量要求下的最大信号电平。

22.11 接收端抗干扰信号的敏感性

对于基站和终端存在一系列要求，定义存在更强大干扰信号时接收机对有用信号的接收能力。存在多种需求的原因是，根据干扰对于有用信号的频率偏置，干扰场景可能看起来非常不同，并且不同类型的接收损伤将会影响系统性能。干扰信号的不同组合的意图是，尽可能建模那些有可能在基站和终端接收机工作频带内部和外部遇到的、带有不同带宽的干扰信号的可能场景范围。

虽然这些类型的需求对基站和终端是非常相似的，但信号电平是不同的，这是因为基站和终端的干扰情况存在很大差异。对于终端也不存在对应基站信道选择性（ICS）需求的要求。

为LTE基站和终端定义的以下需求，来自带有大频率间隔并即将关闭的干扰（见图22.9）。在干扰信号是一个LTE信号的所有情况下，具有与有用信号相同的带宽，但最多5MHz。

- 阻塞。对应运行频带之外（带外阻塞）或之内（带内阻塞）接收到强干扰信号的场景，但不毗邻有用信号。带内阻塞包括对于基站带外的第一个20MHz之内以及对于终端带外的第一个15MHz之内的干扰源。这些场景的建模，对于带外场景采用连续方波（CW）信号而对于带内情况则采用LTE信号的方式。当基站与其他不同工作频带基站共站的情况下，还存在一些附加的（可选的）基站阻塞要求。对于终端，针对每个分配的频率通道，在各自杂散响应频率上，带外阻塞需求中允许固定数量的例外情况。在这些频率上，终端必须遵守相对较宽松的杂散响应要求。
- 邻道选择性。ACS的情况是一个强烈信号出现在有用信号的相邻通道上，这与相应的ACLR需求密切相关（参照22.9.3节的讨论）。相邻的干扰是LTE信号。对于终端，ACS的规定针对较低和较高信号电平两种用例。对于MSR基站，没有定义特定的ACS要求。而是由窄带阻塞要求代替，这完全覆盖了相邻的信道特性。
- 窄带阻塞。该方案是相邻的强窄带干扰，此需求的建模针对基站为LTE信号的单一资源块，而对于终端则为一个CW信号。
- 信道内选择性（ICS）。该方案是在信道带宽内带有不同接收功率水平的多个接收信号，其中较弱“有用”信号的性能是在出现较强“干扰”信号的场景下进行验证的。ICS只针对基站进行规范。
- 接收机互调。该方案是有两个邻近有用信号的干扰信号，其中干扰源是一个CW和一个LTE信号（图22.9中未显示）。干扰源在频率上以这样一种方式放置：主要互调产物落在有用信号的信道带宽之内。针对基站还有一个窄带互调需求，此时CW信号非常接近有用信号并且LTE干扰为单一无线资源块信号。

对于除信道内选择性之外的所有需求，有用信号都采用了与相应参考灵敏度需求相同的参考信道。随着干扰增加，采用了与参考信道相同的95%相对吞吐量要求，但位于“麻木”的更高有用信号电平状态。

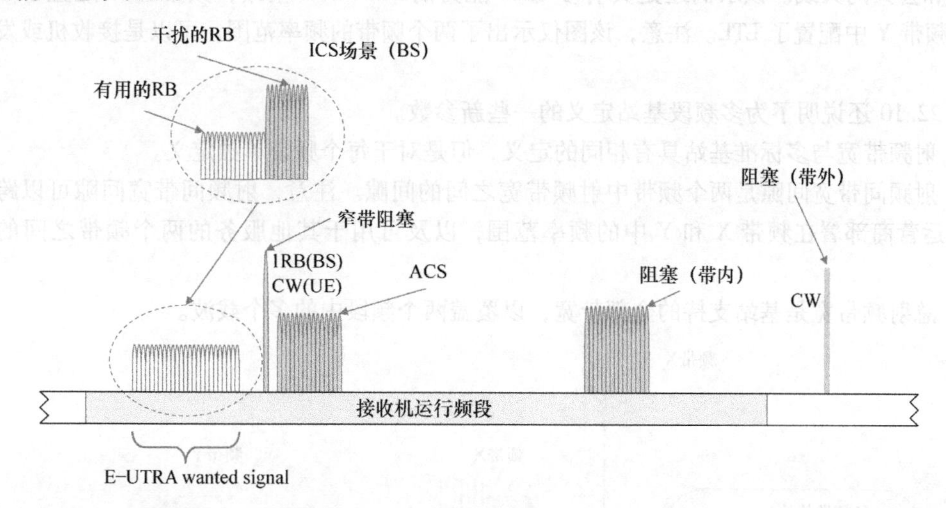

图 22.9　针对阻塞、ACS、窄带阻塞和 ICS（仅针对基站），基站和终端对干扰信号的敏感性的要求

22.12　多频带基站

不断开发的3GPP 规范，以通过多载波、多 RAT 操作，以及通过连续和非连续频谱分配的载波聚合来支持较大射频带宽用于传输和接收。随着射频技术的发展，发射机和接收机都支持更大的带宽，这一点已经成为可能。在基站中的下一步射频技术是通过公共的射频在多个频带中同时发送和/或接收。多频带基站可以在几百 MHz 的频率范围内覆盖多个频带。

多频带基站的一个明显的应用是用于带间载波聚合。然而应该注意的是，在 LTE 中引入载波聚合之前，支持多个频带的基站已经存在很久。对于 GSM，已经设计了双频基站来实现基站站点更紧凑的设备部署。在某些情况下，这些频段共享的天线，在其他情况下，对于不同频段有单独的天线系统。这些早期的实现实际上是两个分开的发射器和接收器的频带，但用于集成在同一设备机柜中。在使用公共天线系统的情况下，将信号通过无源双工器组合或分离。“真实”多频带能力的基站的区别在于，在基站中用公共有源射频发送和接收这些频带的信号。

在 3GPP 版本 11 中定义了对这种多频带能力的基站的射频要求。该规范支持具有单 RAT 并且具有多 RAT 的多频带操作，也称为多频带多标准无线（MB-MSR）基站。规范涵盖了所有 RAT 的组合，但不包括在多个频段上的单 RAT GSM 的操作。

针对多频段基站实施和部署可以有几种情况。多频段功能有多种可能：

- 多频段发射机 + 多频段接收机。
- 多频段发射机 + 单频接收机。
- 单频发射机 + 多频段接收机。

第一种情况在图22.10中进行了说明，其中显示了一个有两个工作频带X和Y的发射机和接收机的公共射频实现的基站的示例。通过双工滤波器，发射机和接收机连接到一个公共天线连接器和公共的天线。该示例还是具有多RAT能力的MB-MSR基站，频带X中配置了LTE+GSM，频带Y中配置了LTE。注意，该图仅示出了两个频带的频率范围，可以是接收机或发射机频率。

图22.10还说明了为多频段基站定义的一些新参数。

- 射频带宽与多标准基站具有相同的定义，但是对于每个频带单独定义。
- 射频间带宽间隙是两个频带中射频带宽之间的间隙。注意，射频间带宽间隙可以跨越其他移动运营商部署在频带X和Y中的频率范围，以及可用于其他服务的两个频带之间的频率范围。
- 总射频带宽是基站支持的全部带宽，以覆盖两个频段中的多个载波。

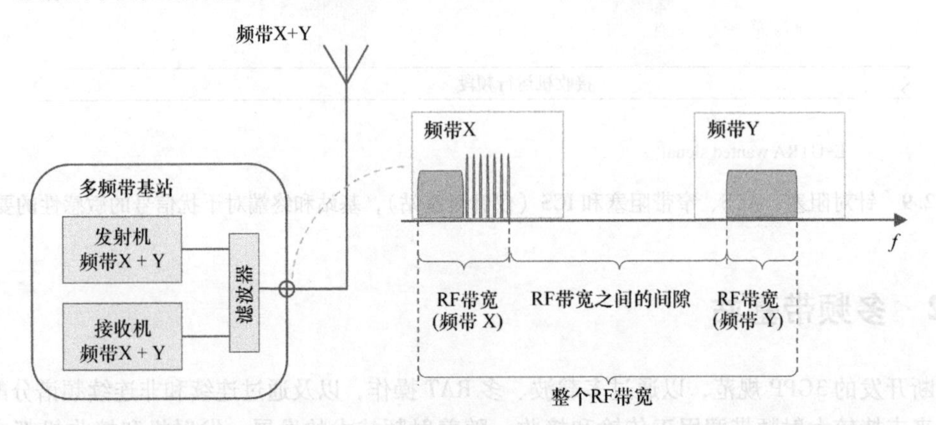

图22.10　多频带基站的示例，这里两个频带的发射和接收使用一个公共天线连接器

原则上，多频带基站能够在多于两个频带中操作。然而，3GPP版本11中新类型的基站规范的要求和测试通常仅覆盖双波段能力。计划在3GPP版本14的规范中引入对两个以上频段的全面支持。

尽管总是希望只有单个天线连接器和连接到公共天线的公共馈线，以减少站点中所需的设备的数量，但并不总是这样的。对于每个频带也可能需要具有单独的天线连接器、馈线和天线。用于两个操作频带X和Y的独自连接器的多频带基站的示例如图22.11所示。注意，虽然天线连接器对于两个频带是分开的，但是在这种情况下，用于发射机和接收机的射频实现对于频带是共同的。在天线连接器之前，两个频带的射频通过滤波器被分成用于频带X和频带Y的各个路径。对于具有公共天线连接器的多频带基站，也可以将发射机或接收机设置为单频带实现，而另一个（接收机或发射机）是多频带。

为了在接收器和发射器路径之间提供更好的隔离，也可以在实现基站时给接收器和发射器使用单独的天线连接器。考虑到大的总射频带宽（这实际上也在接收机和发射机之间重叠），多频带基站可能是期望这样实现的。

多频段基站可以有对多RAT进行操作的能力，以及由用于多频带和/或用于发射机和接收机

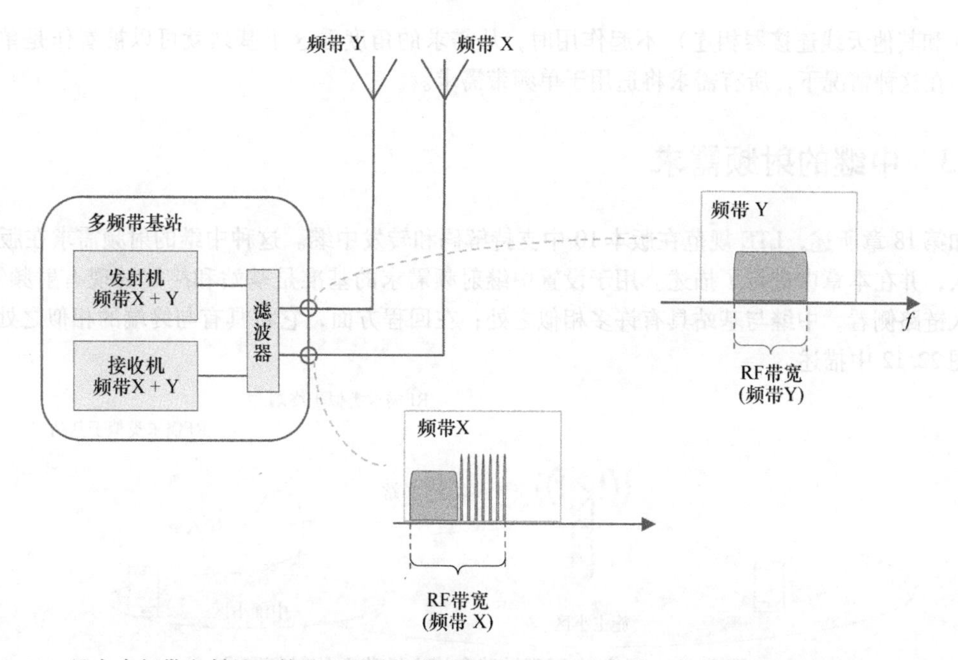

图22.11 具有多频带发射机和接收机的多频带基站，用于两个频带，每个频带具有单独的天线连接器

的公共或单独的天线连接器的若干备选实施方案，基站能力的声明变得相当复杂。对这样的基站有什么要求，以及它们如何被测试也将取决于这些声明的能力。

多频带基站的大多数射频要求与单频段保持相同。但是有一些显著的例外：

- 发射机杂散发射：对于LTE基站，这些需求不包括工作频带中的频率加上工作频带两侧的另外10MHz，因为该频率范围被UEM限制所覆盖。对于多频带基站，这个排除同样适用于两个工作频带（每侧加10MHz），只有UEM限制适用于这些频率范围。这被称为“联合排斥带”。
- 工作频带的无用发射屏蔽（UEM）：对于多频段操作，当射频带宽间隔小于20MHz时，UEM限制为累积两个频带的贡献的限制，与操作在非连续频谱上类似。
- ACLR：对于多频带操作，当射频带宽间隔小于20MHz时，与非连续频谱中的操作相似，CACLR将适用于两个频带一起的贡献。
- 发射机互调：对于多频带基站，当射频间带宽间隙小于15MHz时，该要求仅适用于当干扰信号在间隙的情况。
- 阻塞要求：对于多频段基站，带内阻塞限制适用于两个工作频带的带内频率范围。这可以被看作是一种类似于杂散发射的“联合排除”。阻塞和接收机互调要求也适用于射频间带宽间隙内。
- 接收器杂散发射：对于多频带基站，与发射机杂散发射相似，将适用于“联合排除频带”，涵盖工作频带和两侧的10MHz。

如图22.11所示，在两个工作频带映射到单独的天线连接器的情况下，发射机/接收机杂散发射、UEM、ACLR和发射机互调的例外情况不适用。这些限制将改为与每个天线连接器的单频带操作相同。另外，如果每个带有单独的天线连接器的多频带基站仅在一个频带中工作，另一个频带（和其他天线连接器相连）不起作用时，从需求的角度看这个基站就可以被看作是单频带基站。在这种情况下，所有需求将适用于单频带需求。

22.13　中继的射频需求

如第18章所述，LTE规范在版本10中支持解码和转发中继。这种中继的射频需求在版本11中引入，并在本章中进行了描述。用于设置中继射频需求的基准是基站和终端的现有射频需求，从接入链路侧看，中继与基站具有许多相似之处；在回程方面，它将具有与终端的相似之处。这将在图22.12中描述。

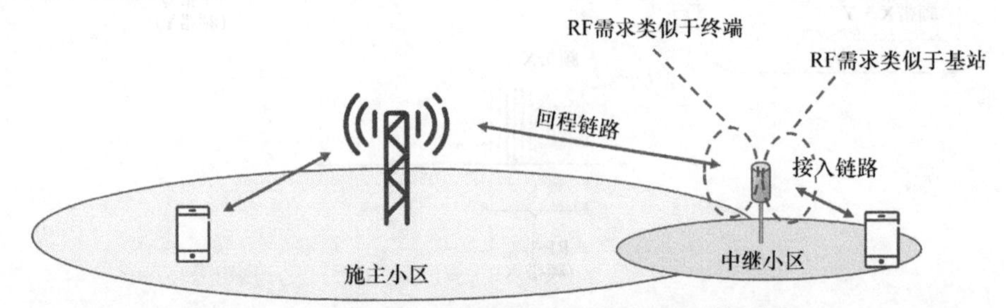

图22.12　中继在回程链路和接入链路上的射频需求

LTE中继的射频需求在单独的规范[55]中定义，但对于回程链路要求，许多需求是通过直接参考终端规范[38]设置的，对于接入链路的需求是通过直接参考基站规范[47]设置的。特别是引用了本地基站的需求，因为在这种情况下的部署场景与中继相似。然而，许多射频需求对于中继是特定的，具体如下：

- 输出功率：为中继定义了两个功率等级。对于接入链路，1类最大为24dBm，2类的最大输出功率为30dBm。对于这两类，回程链路的最大值为24dBm。所有功率被计为所有天线之和（对于接入链路最多为8个，回程链路为4个）。
- ACLR：为了使回程链路提供适当的共存属性，并且不会使基站上行链路恶化，中继ACLR的限制被设置为等同于接入和回程链路上的本地基站的限制。
- 工作频带无用发射（UEM）：接入和回程链路的新的UEM限制是根据中继功率等级定义的输出功率级别设置的。
- 相邻信道选择性：中继回程链路相对的ACS限制被设置为与用于基站中的类似的级别，但是该需求被定义在对应于终端中定义的ACS对应的最大下行链路信号电平的较高输入信号电平。接入链路的ACS需求取自于本地基站。
- 阻塞要求：回程链路的带内阻塞级别设置为高于终端的带内阻塞级别，但也定义了相应较高的有用信号电平。接入链路的阻塞需求取自于本地基站。

22.14　授权辅助接入的射频需求

通过授权辅助接入（LAA）在未授权频谱中的操作是3GPP版本13中的一个新功能，详见

第17章。由于非授权频带中操作有非常特定的规定和具体的条件，对终端和基站的射频需求也有影响。

如17.1节所述，LAA操作是针对5GHz无授权频带定义的。5GHz频带在3GPP中被称为频带46，并且覆盖5150～5925MHz的频率范围。在射频规范中，频带46中的操作与帧结构类型3的使用紧密耦合，而在其他未配对频带中的TDD操作与帧结构类型2的使用紧密相关。频带46必须与其他几个频带进行带间载波聚合，这是必须的，因为没有规范在频带46中独立的LAA操作。

22.14.1 未经授权的5GHz频带的法规要求

世界上大多数地区的频率范围为5150～5925MHz，用于无执照（有时称为许可证豁免）操作。适用于频带的规定因地区而异，可使用的服务类型也有所不同。但是在规则上有许多相似之处，尽管服务使用的术语不同。此外还有这个频带使用的演进，其目的是使更大部分的频带可用于无线局域网服务，如Wi-Fi。

由于版本13中的LAA操作仅针对下行链路进行定义，所以不存在来自终端的传输。这也意味着没有适用于频带46操作的终端的具体规定。在后续版本中会添加上行链路操作，规则也将适用于终端，但是在版本13中，这仅适用于基站。

对于5GHz频带的操作，有一系列不同的区域监管要求，它们都适用于LAA操作。监管要求可分为三种不同类型：

• 发射限制：包括最大发射功率、峰值传导功率、平均PSD、定向天线增益、最大平均EIRP（有效各向同性辐射功率）、EIRP密度、EIRP仰角掩模和OOB发射的限制。

• 功能要求：这些要求包括要具备特定的TPC、动态频率选择（DFS）和清除信道评估，如对话前监听（LBT）。

• 操作要求：在几个频率范围内要求将操作限制在室内使用。

就绝对水平、密度或EIRP而言，大多数监管发射限制与传输功率和无用发射有关。在全球级别（WRC）中规定了不同类型的要求和限制，以及欧洲、美国、中国、以色列、南非、土耳其、加拿大、巴西、墨西哥、日本、韩国、印度、新加坡和澳大利亚的区域和国家法规[57]。地区和国家之间存在着重大差异。

基站规范中涵盖区域要求的这种所有的变化是不现实的，只涵盖一个子集又可能被视为歧视性的。监管也不断更新，难以保持最新的规范。这取决于每个支持LAA的设备供应商，要满足适用于每个地区和国家销售的设备的要求。

因此，对于每个有关要求的限制，例如最大基站功率和不需要的发射，在3GPP中针对相应的射频要求规定了单个数字。选择这一限制以便在监管方面给予广泛的覆盖。没有给出更多的具体限制和细节。关于如何应用规定，可以注意以下几点：

• 基于EIRP定义的限制不能直接用作3GPP基站规范中的射频要求[47]。原因是所有基站射频要求被定义为传导要求，并在天线连接器上规定。直接影响EIRP的天线规范不是射频规范的一部分。然而，为评估这种监管EIRP相关的限制提供了一个翔实的指导。

• 功能要求也对各个地区是不同的，具有很大的差异。3GPP规范中唯一完全覆盖的是通过

LBT进行的干净的信道评估。

• 操作要求通常不适用于射频规范，因为它们没有规定设备的属性，而是与设备的部署和运行有关。

22.14.2　LAA操作的特定基站射频要求

如前所述，在世界许多地方都有频带46，但不是在任何地方都完全可用，而且各地区和国家之间的规定也不尽相同。17.1节给出了如何分配频带的概述。由于版本13中的LAA操作仅针对下行链路进行定义，除了与下行链路信道接入相关的功能要求外，还没有为基站定义接收机要求。

为了反映规范的这种变化，频带46被划分成如表22.6所示的4个子带。除了5350～5470MHz的范围外，这些子带覆盖了5150～5925MHz的完整频带，目前无法在任何地区提供这种服务。子带46D的上半部分的情况也一样，但在若干地区正在考虑中。

表22.6　为基站把频带46划分为不同的子带

频带46子带	频率范围
46A	5150～5250MHz
46B	5250～5350MHz
46C	5470～5725MHz
46D	5725～5925MHz

为了描述在什么条件下支持频带46的哪个部分，划分成子带可以清楚该频带的哪些部分可用于全球运行，并且还可以作为基站供应商在设计基站时参考。对于终端，没有对应的子带划分。

关于针对基站定义的LAA的特定射频要求，以下定义适用：

• 射频载波栅格：通常，LTE载波可以放置在预定义的100kHz载波栅格上的任何载波位置上。然而，对于LTE基站的操作，需要与5GHz频带中的现有业务（包括Wi-Fi）共存。为此，LAA基站可以使用的载波栅格可能的位置被限制在一组32个位置，这32个位置与可能的Wi-Fi载波位置对准。为了也允许LTE载波聚合，其中LTE载波分量之间的间隔应该是300kHz的倍数，也可以在32个对齐位置的±200kHz内使用载波栅格。

• 基站输出功率：没有为LAA基站的操作定义特定的最大功率限值。管制允许的功率级别有所不同，但一般来说在本地基站级别下，在某些情况下则属于中等范围基站级别。

• 相邻信道泄漏率（ACLR）：LAA基站的ACLR要求在第一个相邻信道中降低10dB，在第二个相邻信道中再降低5dB。原因是在与其他未经许可的基站和设备（包括Wi-Fi设备在内的）的干扰环境中，35～40dB的ACLR要求就足够了。CACLR的要求也比在35dB时要低10dB。

• 基站工作频带无用发射限制：引入了一种新的频谱掩模，用于在5GHz频带中的操作。掩模被定义为在整个频带上的工作频带无用发射限制，这是基于欧洲应用的监管掩模，并且也类似于为Wi-Fi设备定义的掩模。

• 下行链路信道接入：用于下行链路信道接入的LBT机制在17.3.2节中描述，对于某些频带，它是许多地区的监管要求。这里假设它将在所有基站中实现。这意味着虽然仅用于下行链路的操作，基站仍然需要具有接收机，以便使用LBT执行干净的信道评估。对于LBT机制，会预定义一组参数。该组参数包括 LBT 测量带宽、能量检测阈值和最大信道占用时间。

22.14.3　LAA 操作中的特定终端射频要求

对于 LAA 操作中的终端定义了与频带 46 操作相关的相同的定义，但为 LAA 操作指定了 5150~5925MHz 的整个频带，没有定义子带或载波栅格的限制。这样的原因是终端应该在全球使用，能够跨国家和地区漫游，以便为终端厂商提供规模经济，并改善全球用户的体验。这也意味着终端将更加面向未来，如果管理规则规定了可以部署哪些子频带以及使用什么样的射频载波位置，仍然可以使用。

由于版本 13 中的 LAA 操作仅针对下行链路进行了定义，因此只对终端接收机而不是发射机定义要求。以下 LAA 特定的射频要求适用于终端：

- 射频载波栅格：常用的 100kHz LTE 载波栅格适用于终端，与其他频带一样无任何限制。
- 相邻信道选择性：定义了载波聚合的修改要求，其中干扰信号被缩放到 20MHz 的较大带宽。
- 带内阻塞：定义了对载波聚合的修改要求，其中干扰信号被缩放到 20MHz 的较大带宽。
- 带外阻塞：由于采用了全频带 5GHz 射频滤波器，对于高于 4GHz 的频率，规定阻塞电平降低 5dB。
- 宽带互调：定义了对载波聚合的修改要求，其中干扰信号被缩放到 20MHz 的较大带宽。

22.15　有源天线系统的基站的射频要求

对于移动系统的不断发展，先进的天线系统越来越重要。虽然多年来已经有很多尝试开发和部署具有不同种类的无源天线阵列的基站，但是没有与这种天线系统相关联的特定射频要求。通常在基站射频天线连接器中定义射频要求，天线也没有被视为基站的一部分。

在天线连接器上规定的要求被称为传导要求，通常定义为在天线连接器处测量的功率电平（绝对或相对）。规定的大多数发射限制被定义为传导要求。另一种方法是定义辐射要求，是包括天线，通过考虑特定方向上的天线增益来评估辐射要求。辐射要求需要使用暗室的更为复杂的空中（OTA）测试过程。通过 OTA 测试，可以评估包括天线系统在内的整个基站的空间特性。

对于具有有源天线系统（AAS）的基站，发射机和接收机的有源部分可能是天线系统的组成部分，并不总是适合于在天线连接器上使用传统的要求定义。为此，3GPP 在版本 13 中在一组独立的射频规范中针对 AAS 基站定义了射频要求。

AAS 基站的要求基于通用的 AAS 基站无线架构，如图 22.13 所示。该架构包括收发器单元阵列，其连接到包含无线分配网络和天线阵列的复合天线。收发器单元阵列包含多个发射器和接收器单元。这些通过收发器阵列边界（TAB）上的多个连接器连接到复合天线。这些 TAB 连接器对应于非 AAS 基站上的天线连接器，并用作传导要求的参考点。无线分配网络是无源的，并且将发射器输出分配给相应的天线元件，反之亦然，用于接收器输入。注意，AAS 基站的实际实现可以在不同部件的物理位置、阵列几何形状、使用的天线元件的类型等方面看起来不同。

对于 AAS 基站，有两种类型的要求：

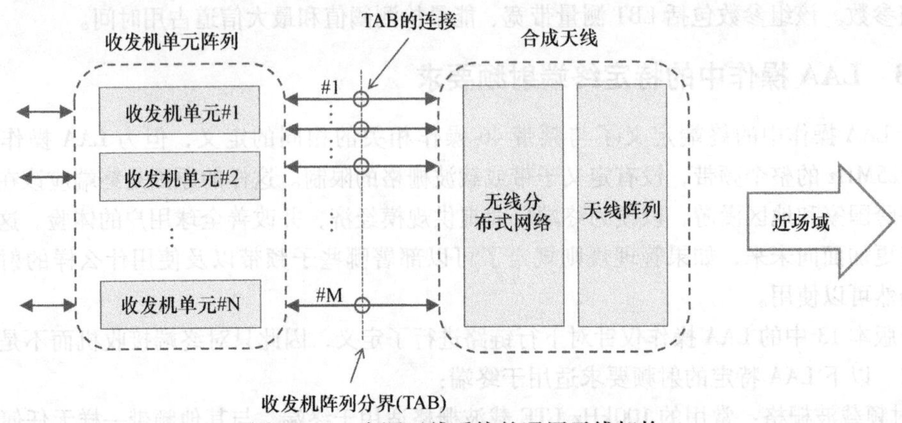

图22.13　有源天线系统的通用无线架构

• 针对单个或一组TAB连接器的每个射频特性定义了传导要求。这些传导的要求被定义为它们在某种意义上与相应的非AAS要求"等价"，即系统的性能或对其他系统的影响预期是相同的。所有非AAS射频要求（见22.6～22.11节）都有相应的AAS要求。

• 辐射的要求在天线系统的远场通过空中定义。由于空间方向在这种情况下相关，因此每个要求都将详细说明如何适用。辐射的要求定义为发射机的辐射功率和OTA的灵敏度，而这两个要求不具有直接相应的非AAS要求。

发射机的辐射功率的定义包括在特定方向上的天线阵列波束成形模式，被定义为在基站上传输的每个波束的有效各向同性辐射功率（EIRP）。以类似于基站输出功率的方式，真正的要求是所声明的EIRP电平的精度。

OTA的灵敏度是制造商对一个或多个OTA灵敏度方向声明（OSDD）的相当详细的声明的要求。灵敏度以这种方式定义为朝向目标接收机的等效各向同性灵敏度（EIS）电平，包括特定方向上的天线阵列波束成形模式。EIS限制不仅要在一个方向上满足，而且要在目标接收器方向的到达角的范围内（RoAoA）满足。根据AAS基站的适应性水平，做出两个替代声明：

• 如果接收机适应于方向，以便可以重定向接收机目标，则声明包含在指定的目标接收机方向上的目标接收机重定向范围。在重定向范围内应满足EIS限制，EIS将在该范围内以5种声明的灵敏度RoAoA进行测试。

• 如果接收机不适应方向，因此无法重定向接收机目标，该声明由指定的目标接收机方向上的单个灵敏度RoAoA组成，其中应满足EIS限制。

通过对发射机辐射功率和OTA灵敏度的要求，对AAS基站的表征提供了灵活性来对应具有不同类型适应性的一系列AAS基站实现。

预计在将来的3GPP规范版本中将更多的要求定义为OTA要求。此外，对于包括LTE演进在内的5G系统，预计AAS基站的射频要求将是规范的重要组成部分，因为多天线传输和波束成形将作为5G的组成部分并发挥主要作用（见24.2.5节）。使用数字波束成形的这种系统将具有有源天线，并且将对AAS基站规范射频要求。还期望有多RAT的基站，在同一基站硬件中可以有LTE演进和新的5G无线接入相结合，这样当AAS基站在相同或附近的频带中工作时，可以支持多RAT。

第 23 章　5G 无线接入

23.1　什么是 5G

正如第 1 章已经描述的，世界已经目睹了四代移动通信，新一代一般在上一代大约 10 年之后出现。

20 世纪 80 年代初引入了第一代——模拟系统。它们只是支持语音服务，并且第一次使普通人可以使用移动电话。

第二代（2G），在 20 世纪 90 年代初出现，使移动电话基本上可以被每个人在每个地方使用。在技术方面，2G 的关键特性是从模拟到数字传输的过渡。虽然主要服务仍然是语音，数字传输的引入也第一次支持了移动数据的传输。

第三代（3G）WCDMA，后来演变成 HSPA，于 2001 年推出。3G 为移动宽带，特别是 HSPA，为普通人提供了真正的移动互联网接入。

我们现在已经进入第四代（4G）移动通信时代，2009 年引入了第一个 LTE 系统。与 HSPA 相比，LTE 提供了更好的移动宽带，包括更高的数据速率和更高的效率，例如，频谱利用。

重要的是要注意，新一代移动通信的引入绝不意味着上一代的结束。情况恰恰相反。在引入 3G 之后，2G 系统的部署实际上加速了。同样，尽管在 6 年前引入了 LTE，但仍然存在 3G 系统的大规模部署。因此，虽然 LTE 仍然处于相对较早的部署阶段，但是行业已经走上了移动通信的下一步，即第五代移动通信（5G），这并不奇怪。

5G 将继续在 LTE 的路径上，实现更高的数据速率，甚至更高的移动宽带效率。然而，5G 的范围不仅仅是进一步增强的移动宽带。相反，如第 1 章中已经提到的，5G 通常被描述为一个无线连接平台，在这个平台上从连接中受益的任何类型的设备或任何类型的应用都能够实现无线连接。机器类型通信（MTC）的概念是预期在 5G 时代扩展用例集的一部分。如第 20 章所述，进一步增强对某些类型的 MTC 应用的支持已经被作为 LTE 演进的一部分。更具体地，这些增强集中在大规模 MTC 应用，大规模 MTC 需要非常低成本的设备和非常长的电池寿命，但只要求相对适度的数据速率和等待时间。

然而，5G 被假设为更广泛的新型用例实现连接。在 5G 中明确提及的额外应用案例包括用于机器的远程控制的无线连接，用于交通安全和控制的无线连接，以及基础设施的监视/控制，这里只是举几个例子。此外，5G 不仅应该是为已经识别的应用程序和用例提供连接的平台，相反，5G 应该足够灵活，以便为未来的应用，甚至可能还未预料到的用例提供连接。

5G 非常广泛的用例意味着 5G 无线接入的能力必须远远超过前几代的能力。对于第一代和第二代网络，关注的用例是移动电话，其主要目标是为尽可能多的用户提供良好的语音质量。对于 3G 和 4G，将重点转向移动宽带，这意味着衡量的指标从语音质量改变为可实现的终端用户数据速率。与此相一致，3G和4G的主要目标是为尽可能多的用户实现尽可能高的数据速率。然而，对于5G，将有更广泛的能力和要求，其中一些甚至可能部分地相互矛盾。

23.1.1　数据速率

提供更高的终端用户数据速率也是5G时代的重要要求，这是进一步增强移动宽带体验的一部分。虽然在5G的内容中经常提及支持10Gbit/s或更高的峰值数据速率，但这只是在所有类型环境中实现更高数据速率的一般目标的一个方面。提供更高的数据速率可以还包括在城市和郊区环境中一般可以提供几个100Mbit/s。这意味着与可用当前技术可提供的数据速率相比，可实现的数据速率要增加大约10倍。

此外，如果人们同意“无处不在”和“为所有人”提供无线连接的愿景，则更高的数据速率可能也包括在世界上几乎所有地方可以提供几Mbit/s，这里包括目前没有什么宽带接入的发展中国家的农村地区。

23.1.2　延迟

就延迟要求而言，在5G的内容中经常提及在1ms的量级上提供端到端等待时间的可能性。

自从出现HSPA以来，低延迟被认为是实现良好移动宽带体验的重要组成部分。然而，对于5G，提供具有非常低延迟的连接也将是重要部分，这能促进对等待时间重视的新无线应用，例如具有触觉反馈的远程控制和用于交通安全的无线连接[⊖]应当指出，目前只确定了非常少的实际上需要低至1ms的端到端等待时间的无线应用。因此，提供这种低延迟的可能性应该被更多地看作是未来未知应用的启动器，而不是被认为是当前预想的应用所需要的元素。还应当注意，端到端等待时间不仅仅取决于无线接入解决方案。根据端点之间的物理距离，1ms的端到端等待时间有可能在物理上是不可能的。然而，1ms的端到端等待时间的要求意味着无线接入网络（包括网络到设备的链路）应当能够提供显著小于1ms的等待时间。

23.1.3　极高的可靠性

在5G的内容中经常提到的另一特性是实现具有极高可靠性的连接。

应该注意，在这种情况下，高可靠性可能意味着非常不同的事情。在一些情况下，高可靠性与无线接入解决方案提供具有极低错误率（例如，低于10^{-9}的错误率）的连接能力相关联。在其他背景下，例如，极端的可靠性与即使在包括自然灾害的意外事件的情况下保持连接的能力相关联。这显然是非常不同的要求，与在正常条件下提供具有极低误码率连接的要求相比，需要非常不同的解决方案。

23.1.4　具有非常长的电池寿命的低成本设备

一些应用（例如从非常大量的传感器收集数据）需要比当今的设备成本低得多的设备。在许多情况下，这样的应用还需要具有极低能量消耗的设备，这样电池寿命能够维持几年。同时，

⊖ 术语“触觉反馈”用于指示远程控制，其中来自受控装置的反馈用于向控制装置提供“真实的”感觉。

这些应用通常仅需要非常适中的数据速率，并且可以容忍长的时延。如第20章所述，LTE的演进已经在这方面采取了一些实质性步骤，满足了这一领域的许多5G要求。

23.1.5 网络能量效率

在过去几年中出现的另一个重要需求是显著提高网络能量效率。虽然部分是由于寻求一个更可持续的社会的一般追求，但提高网络能效还有一些非常真实和具体的驱动力。

首先，操作网络所需能量的成本实际上是许多运营商的总体运营费用的重要部分。因此，提高网络能量效率是降低网络操作成本的一个重要工具。

其次，有许多地方，特别是在发展中国家，需要提供移动连接，但是不容易接入电网。在这些位置向基础设施提供电力的典型方式是通过柴油发电机，其本身是昂贵且复杂的方法。通过提高基础设施（主要是基站）的能量效率，通过规模化的太阳电池板提供电力成为更可行的选择。

应当注意，高网络能量效率不仅仅是未来5G网络的问题。提高当前可用技术和网络的能效至少同样重要，特别是考虑到在部署的基础设施方面，目前可用的技术将在未来多年占主导地位。然而，引入不受向后兼容约束的新一代开辟了在能量效率方面的新机会。另一方面，提高现有技术的能量效率的潜力部分地受到保持向后兼容性和支持传统设备的要求的限制。

23.2 5G和IMT-2020

如第2章所述，由于3G的出现，每一代的移动通信与ITU-R定义的IMT技术紧密相关。ITU-R本身不制定与IMT相关的任何详细技术规范。相反，ITU-R所做的是指定某种IMT技术所需的能力以及该技术需要满足的要求。实际技术会在其他地方开发，例如在3GPP，然后作为候选IMT技术提交给ITU-R。在针对特定要求进行评估之后，提交的候选技术可以被批准为IMT技术。

2000年左右，ITU-R确定了IMT-2000的概念。3G技术WCDMA/HSPA、cdma2000和TD-SCDMA都提交给ITU-R，随后被批准为IMT-2000技术。10年后，ITU-R定义了高级IMT（IMT-Advanced）的概念。两种技术——LTE和WiMax[67]提交给ITU-R，两者都被批准为IMT-Advanced技术⊖。其中，LTE是迄今为止最主要的技术。

2013年，ITU-R发起了定义IMT下一步的活动，称为IMT-2020。根据与3G相关联的IMT-2000和与4G相关联的IMT-Advanced，IMT-2020可以被认为是与5G无线接入相关联的。第2章介绍了IMT-2020的详细ITU-R时间计划，其中最重要的步骤如图23.1所示。

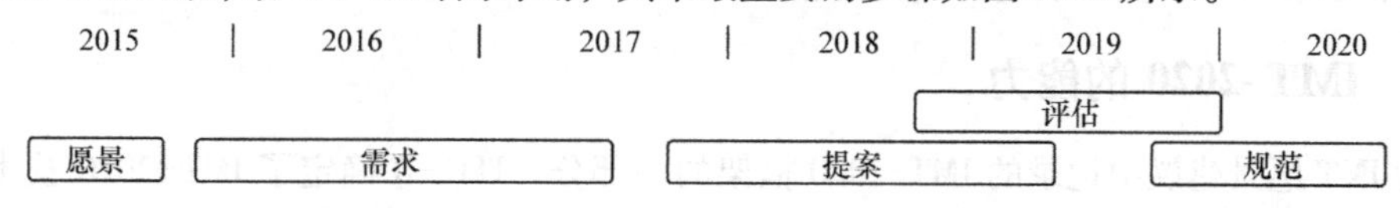

图23.1 IMT-2020在ITU-R的时间计划

⊖ 严格地说，尽管所有LTE版本都被视为4G，但只有LTE版本10和更高版本被视为IMT-Advanced技术。

ITU-R有关IMT-2020的活动从制定“愿景”文件开始[63]，“愿景”文件概述了IMT-2020的预期应用场景和相应的所需能力。ITU-R目前正在为IMT-2020确定更详细的要求，然后对候选技术进行评估。这些要求的制定预计在2017年中期完成。

一旦要求制定完成，候选技术就可以提交到ITU-R。然后将根据IMT-2020的要求对候选技术/技术进行评估，满足要求的技术将在2020年下半年批准并作为IMT-2020规范的一部分予以公布。ITU-R的进一步详细的过程可以在第2章的2.3节中找到。

23.2.1　IMT-2020的应用场景

由于广泛的新用例是5G的主要驱动因素，ITU-R已经定义了3种应用场景，这3种应用场景构成IMT愿景建议的一部分[63]。来自移动行业及不同区域和运营商组织的输入被纳入ITU-R WP5D中IMT-2020的用例，并合并为3个场景：

• 增强型移动宽带（EMBB）：随着移动宽带今天成为使用3G和4G移动系统的主要驱动力，这种场景会作为最重要的应用场景继续起作用。需求不断增加，新的应用领域也会不断涌现，为ITU-R的增强型移动宽带提出了新的要求。由于其广泛和无处不在的使用，它涵盖了具有不同挑战的一系列使用案例，包括热点和广域覆盖面，第一个实现高数据速率、高用户密度和非常高容量的需求，第二个强调移动性和无缝的用户体验，对数据速率和用户密度的要求较低。增强的移动宽带场景通常被认为是解决以人为中心的通信。

• 超可靠和低延迟通信（URLLC）：该场景旨在涵盖人和以机器为中心的通信，后者通常被称为关键的机器类型通信（C-MTC）。它的特点是用例对延迟、可靠性和高可用性有严格的要求。例子包括涉及安全性的车辆到车辆通信、工业设备的无线控制、远程医疗手术和智能电网中的配电自动化。以人为中心的用例的例子是3D游戏和“触觉互联网”，这里短等待时间要求与非常高的数据速率相结合。

• 大规模机器类型通信（M-MTC）：这是一个纯粹的以机器为中心的用例，其中主要特征是非常大量的连接设备，这些通常具有非延迟敏感的非常稀疏的小数据量传输。大量的设备需要本地提供非常高的连接密度，系统中的设备的总数是具有挑战的，并且强调对低成本的需求。由于M-MTC设备的远程部署，它们还需要具有非常长的电池寿命。

应用场景以及一些用例示例如图23.2所示。上面所描述的3个场景不能覆盖所有可能的使用情况，但是它们提供了大多数当前预见的使用情况的相关分组，并且可以用于识别IMT-2020的下一代无线接口技术所需的关键能力。当然还会出现新的用例，这些用例是我们今天无法预见或详细描述的。这也意味着新的无线接口必须具有高灵活性以适应新的用例，并且所支持的关键能力范围应当可以支持演进的用例的相关需求。

23.2.2　IMT-2020的能力

作为IMT愿景建议中记录的IMT-2020框架的一部分，ITU-R确定了IMT-2020技术所需的一组能力，以支持由区域机构、研究项目、运营商、主管部门和其他组织提出的5G用例和使用情景。在参考文献［63］中定义了总共13种能力，其中8种被选为关键能力。这8种关键功能通过两个“蜘蛛网”图示出，参见图23.3和图23.4。

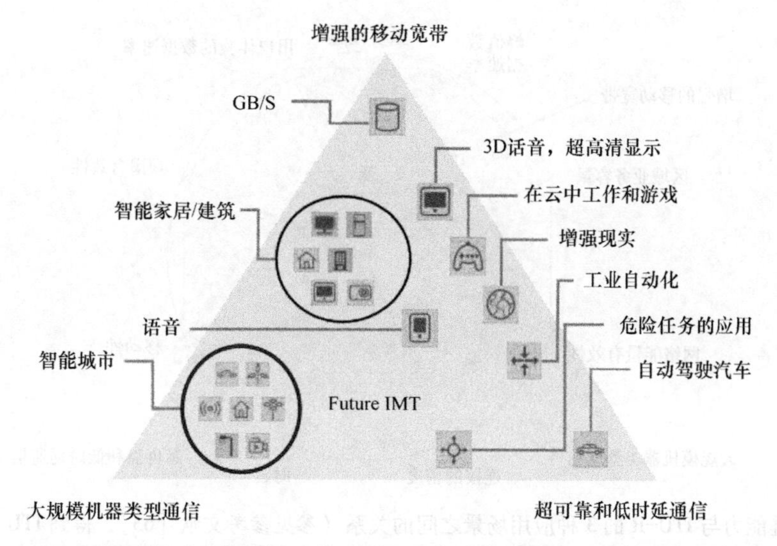

图 23.2 IMT-2020 的用例，及其映射到应用场景（参见参考文献［63］，得到 ITU 许可的使用）

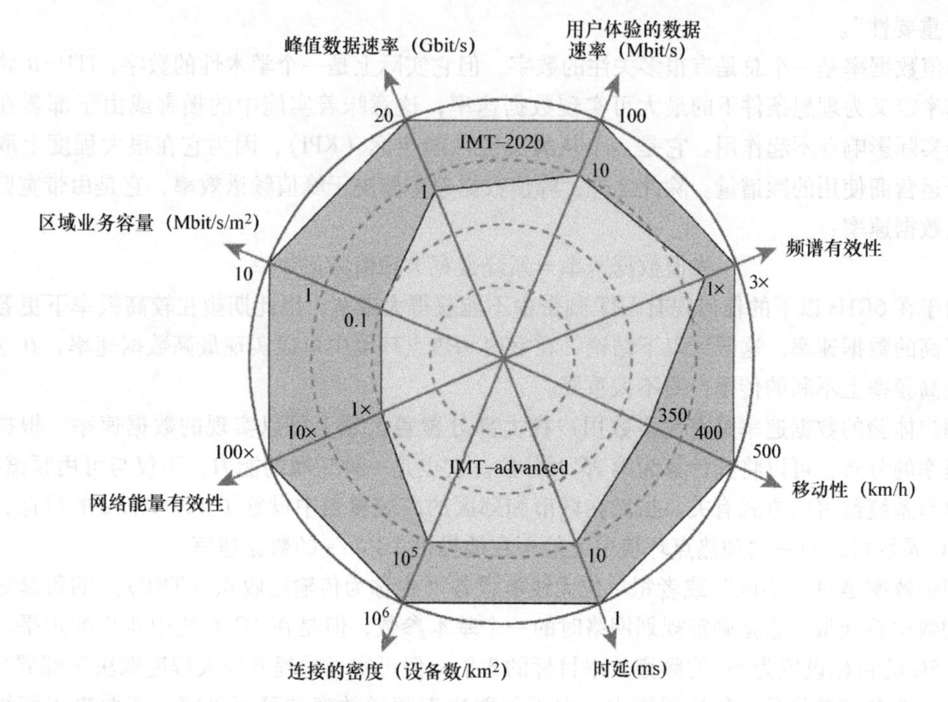

图 23.3 IMT-2020 的关键能力（参见参考文献［63］，得到 ITU 许可的使用）

图 23.3 说明了关键能力以及指示性目标数字，旨在为目前正在开发的更详细的 IMT-2020 要求提供一个高层指导。可以看出，部分目标值是绝对的，部分是相对于 IMT-Advanced 的相应能力。这些不同关键能力的目标值不必同时达到，并且一些目标在一定程度上甚至是相互排斥的。

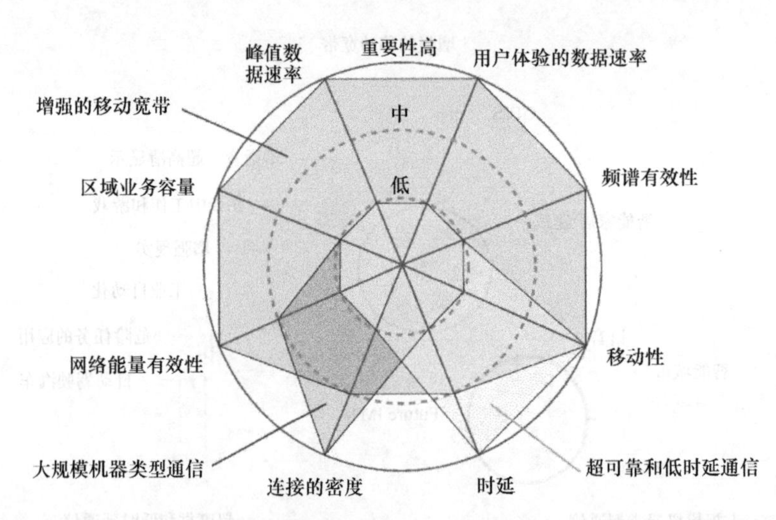

图23.4　关键能力与ITU-R的3种应用场景之间的关系（参见参考文献［63］，得到ITU许可的使用）

为此，有第二个图，如图23.4所示，说明了实现ITU-R设想的3个高级应用场景的每个关键能力的“重要性”。

峰值数据率是一个总是有很多关注的数字，但它实际上是一个学术性的数字。ITU-R将峰值数据速率定义为理想条件下的最大可实现数据速率，这意味着实施中的损害或由于部署在传播方面的实际影响等不起作用。它是一个从属关键性能指标（KPI），因为它在很大程度上取决于可用于运营商使用的频谱量。除此之外，峰值数据速率取决于峰值频谱效率，它是由带宽归一化的峰值数据速率：

$$峰值数据速率 = 系统带宽 \times 峰值频谱效率$$

由于在6GHz以下的任何现有IMT频带中不能获得大带宽，因此期望在较高频率下更容易实现真正高的数据速率。这导致以下结论：在室内和热点环境中可以实现最高数据速率，在这种情况下较高频率上不利的传播性质不太重要。

用户体验的数据速率是在大多数用户在大部分覆盖区域上可以实现的数据速率。根据用户数据速率的分布，可以将其计算为第95百分位。它也是一种从属的能力，不仅与可用频谱有关，而且也与系统部署的方式有关。虽然在城市和郊区的广域覆盖中设置了100Mbit/s的目标，但是预期5G系统可以在室内和热点环境中无处不在地提供1Gbit/s的数据速率。

频谱效率是每“小区”或者每单位无线电设备（也称为传输接收点（TRP））的每赫兹频谱的平均数据吞吐量。它是确定规划网络时的一个基本参数，但是在4G系统中实现的水平已经非常高。5G的目标设置为4G的频谱效率目标的3倍，但可实现的提升很大程度取决于部署情况。

区域业务容量是另一种从属能力，它不仅取决于频谱效率和可用带宽，还取决于网络的部署密度：

$$区域业务容量 = 频谱效率 \times BW \times TRP密度$$

通过假设在更高频率下更多频谱的可用性，并且可以使用非常密集的部署，IMT-2020设置了比4G高100倍的目标。

如前面描述的，网络能量效率变成越来越重要的能力。ITU-R 的总体目标是，IMT-2020 无线接入网络的能耗不应大于当今部署的 IMT 网络，同时仍能提供增强的能力。目标意味着，就每比特数据消耗的能量而言，网络能量效率需要以至少与 IMT-2020 相对于 IMT-Advanced 的设想的业务量增加一样大的因数来予以降低。

这些 5 个关键能力对于增强的移动宽带应用场景来说是最重要的，尽管移动性和数据速率的能力不会同时具有同等的重要性。例如，在热点中，将需要比在广域覆盖情况下更高的用户体验和峰值数据速率，但是可以是更低的移动性。

延迟被定义为在无线网络中数据包从源发送到目的地接收之间的时间。这将是 URLLC 应用场景的基本能力，ITU-R 预计需要将 IMT-Advanced 的延迟减少 10 倍。

移动性是仅仅被定义为移动速度的关键能力，目标为 500km/h 主要针对高速火车，这个在 IMT-Advanced 只有适度的增加。作为关键能力，这个对于在高速下的紧急车辆通信的情况下的 URLLC 应用场景也将是重要的，并且低延迟同时具有高重要性。请注意，应用场景移动性和高的用户体验数据速率不能在同一个应用场景中同时要求。

连接密度定义为每单位面积内连接和/或可访问设备的总数。该目标与具有高密度的连接设备的 M-MTC 应用场景相关，但是 EMBB 密集的室内办公室也可能需要高连接密度。

除了图 23.3 中给出的 8 个功能外，还有参考文献 [63] 中定义的 5 个附加功能：

• 频谱和带宽灵活性：频谱和带宽灵活性是指系统设计的灵活性，以处理不同的情况，特别是在不同频率范围内操作的能力，包括比目前更高的频率和更宽的信道带宽。

• 可靠性：可靠性指对于给定服务提供具有非常高级别可用性的能力。

• 恢复力：恢复力是网络在自然或人为干扰期间和之后能继续正常操作的能力，例如主电源的断电。

• 安全和隐私：安全和隐私是指几个领域，例如用户数据和信令的加密和完整性保护，以及防止未授权用户跟踪的最终用户隐私，以及保护网络免受黑客攻击、欺诈、拒绝服务、中间人攻击等。

• 运行寿命：运行寿命是指每存储能量的运行时间。这对于需要非常长的电池寿命（例如，多于 10 年）的机器型设备是特别重要的，其由于物理或经济原因而难以进行常规维护。

注意，这些能力不一定没有图 23.3 的能力重要，尽管后者被称为“关键能力”。主要的区别在于，关键能力更容易量化，而剩余的 5 个能力更多是定性的无法轻松量化的能力。

23.2.3 5G 在区域和运营商中的研究

如前所述，这一次新一代移动系统的驱动不仅是需要更高数据速率、更低延迟和对更高容量需求的移动宽带服务，而且还包括更具革命性的新的应用场景。这些都在下一代的早期研究项目中预测了，例如欧洲 METIS 项目。由下一代移动网络（NGMN）联盟提出的移动运营商的要求也得出了类似的新用例和与新兴行业的互动，作为他们对下一代的需求的基础。这些研究作为 IMT-2020 工作的一部分已经纳入 ITU-R。

欧洲的 METIS 项目的早期工作在参考文献 [78] 中确定了下一代无线接入所需的解决方案。虽然现有网络的进一步发展可以通过进化方法满足许多新的需求，但 METIS 也确定了挑战，这些挑战也将需要一种突破性的方法来处理在增加的移动通信使用方面的“流量爆炸”，并且还扩展到新的应用领域。确定了5个主要挑战，每个对应于具体的场景：

- “惊人的快”是一种场景，即当使用移动网络工作或娱乐时，瞬时连接给用户一个“闪光”行为。挑战是需要非常高的数据速率，这也意味着将交换非常大量的数据。
- “人群中的大服务”意味着在大量人群中（例如体育场内）有高密度用户的地方提供无线互联网接入的场景。在这种场景下的挑战将是通信设备的高密度，以及高数据速率和大数据量。
- “无处不在的物物通信”是一种超越以人为中心的沟通的场景，侧重于MTC，有时也称为物联网（IoT）。这种连接的设备通常是简单的，例如温度传感器，但是有可能有许多而且是大规模的部署。因此，电池寿命、成本，以及大量设备本身将是挑战。
- “最好的体验跟随你”是一个场景，为完全移动的用户提供一致和可靠的高品质的用户体验，无论你在家里，走在街上，或在火车上旅行。这也可以应用于例如车辆中的机器通信。这里的挑战是移动性，以及高质量的体验。
- “超实时可靠的连接”是针对机器对机器通信的场景，这里必须保证非常低的端到端延迟以及非常高的可靠性。示例是涉及安全的工业应用和车辆到车辆的通信。这里的挑战将是以非常高的概率提供低延迟。

这5个场景不是相互排斥的，而是广泛覆盖了5G的可能应用。

移动运营商组织NGMN联盟发布了一份5G白皮书，分析了下一代移动系统的需求，总共有24个不同的用例，分为14个类别和8个族。用例通常映射到类似于METIS项目提出的场景。一个显著的区别是，“广播”由NGMN作为单独的用例类别提出。对于每个用例类别，NGMN规定一组要求。

另一个也发布了5G白皮书的运营商组是5G Americas㊀，其中确定了用于5G的5个市场驱动因素和用例。除了已经确定的物联网和极端移动宽带（包括游戏和极端视频）的情景，5G Americas还强调了公共安全运营对紧急语音和数据通信的需求，5G生态系统的任务是取代具有无线宽带的陆地（PSTN）网络。由5G Americas标识的另一个附加用例是内容感知设备，作为解决终端用户在不断增加的可用信息中寻找相关信息的新服务模型。

还有一些地区组织为下一代移动系统的要求提供了输入，例如韩国的5G论坛和日本的ARIB 2020 Beyond AdHoc，以及中国的IMT-2020（5G）推进小组。后者出版了一份白皮书[80]，与运营商和区域组织提供的总体愿景非常相似。它确定了5G的更广泛使用，将渗透未来社会的每一个元素，不仅是通过扩大使用移动宽带，而且通过“连接一切”并提供人与物之间的互联。特别强调的一个方面是未来网络的可持续性，其中能量效率将是一个基本参数。

23.3　一对多的技术：“网络切片”

由5G无线接入解决的应用和用例的范围非常广泛，这就应该考虑是否使用单个5G无线接

㊀ 该组织以前被称为4G Americas。

入解决方案来实现，或者应该开发一组无线接入解决方案来解决不同的应用。

针对具有更有限需求的特定应用组优化无线接入解决方案显然可以导致针对那些特定应用的更有效的解决方案。同时，能够使用相同的基本技术和在共同的频谱库内支持尽可能广泛的应用具有明显的好处。最重要的是，在5G时代，什么是真正最重要和经济上最可行的新无线应用仍然存在高度的不确定性。从运营商的角度来看，针对有限应用组专门开发技术和部署系统意味着很大的风险。通过开发和部署可用于各种不同应用的技术，这种风险将大大降低。

大约15年前，人们类似地引入了3G。当时，移动宽带的实际潜力仍然存在很大的不确定性。然而，3G技术还能够高效地支持语音服务，这本身就激发了3G网络的部署。然后可以通过有限的额外投资逐步引入移动宽带。

因此，在行业内，尤其是运营商之间有相当大的共识，目标是开发一个灵活的5G无线接入解决方案，可以解决尽可能多的应用和用例。

为此，引入了网络切片的概念。如图23.5所示，网络切片意味着利用虚拟化技术在同一物理基础设施和共同频谱池之上创建多个虚拟网络或网络切片。作为示例，可以为移动宽带创建一个网络切片，针对大规模MTC应用创建另一个网络切片，针对工业自动化优化创建另一个网络切片等。从外部来看，每个网络切片是具有自己的资源和自身能力的独立网络，对针对该切片对应的应用集合进行了优化。

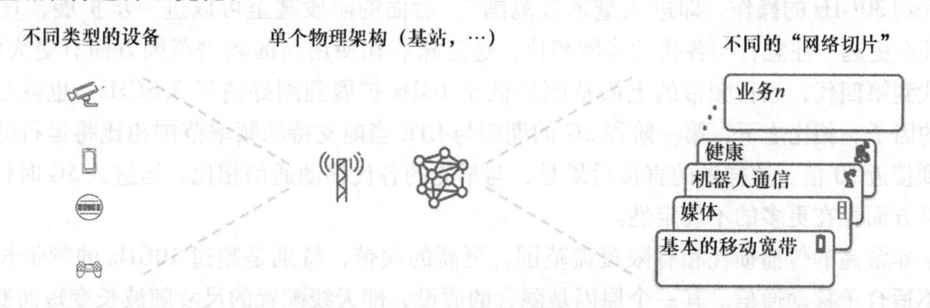

图23.5　基于公共物理基础架构和公共频谱池，网络切片针对不同应用和用例创建多个虚拟网络

23.4　5G频谱

频谱是无线通信的基本支柱之一，并且移动通信的历史在很大程度上是关于扩展可用频谱的数量和引入更有效地利用可用频谱的新技术。

23.4.1　扩展到高频段

如图23.6所示，每一代移动通信都扩展了频谱范围，这样无线接入技术可以工作到更高的频带：

- 第一代系统仅限于1GHz以下的运行。
- 第二代系统最初部署在1GHz以下，但后来扩展到1.8/1.9GHz频带。
- 初始部署的3G系统是第一次扩展到2GHz以上的移动通信，也就是涉及2.1GHz左右的所谓IMT核心频带。

- LTE首次部署在2.5GHz频带，最近已扩展到高达约3.5GHz的频带。

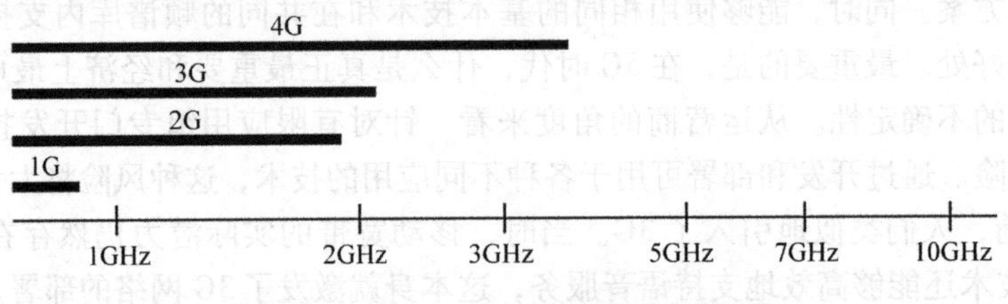

图23.6　从1G到4G扩展的频谱范围

应当注意，到更高频带的扩展绝不意味着后几代通信不能被部署在较低频带中。作为示例，尽管LTE已经扩展到3GHz以上的较高频带，但是存在以与450MHz一样低的频率的LTE网络。在较低频带中操作的主要益处是更好的覆盖，允许给定区域被较少的基础设施（基站）覆盖。另一方面，向较高频带的扩展主要原因是需要更多的频谱提供更高的系统容量来处理不断增加的业务量。

使用高频频带的趋势将会继续，在5G时代更加明显。5G无线接入的第一阶段预期支持在频谱高达大约30GHz的操作，即进入毫米波范围[⊖]。后面的阶段甚至可以进一步扩展，直到60～70GHz甚至更远。注意，与各代的步骤相比，这意味着在使用新的频谱范围方面有更大的步骤。从第一代到第四代，运行频带的上限从刚好低于1GHz扩展到刚好高于3.5GHz，也就是说，大约是4的因子。相比之下，第一阶段5G的期望与LTE当前支持的频率范围相比将运行的频带上限增加到接近10倍。这样做的直接后果是，与早先的各代移动通信相比，当进入5G时代时，在频谱特性方面存在更多的不确定性。

由于非常高的传播损耗和有限覆盖范围，更高的频带，特别是超过10GHz的频带长期以来被认为不适合于移动通信。其一个原因是隐含的假设，即天线配置的尺寸随波长变短而变小，这意味着在较高频带中有效天线的面积会小很多，从而捕获的接收能量也会较少。同时，天线元件的较小尺寸还能够在整个天线给定尺寸时使用更多的天线元件。通过在接收器侧使用更多小天线元件，可以保持总有效接收天线面积恒定，避免捕获能量的损失。描述这一点的另一种方式是，波长变短，相同的天线面积能够在接收机侧实现更广泛的接收机侧波束成形或者等效的更高的有效天线增益。

通过假定多天线配置和在发射机侧进行波束成形的可能性，甚至可以认为，整个天线在给定物理尺寸时，较高频带在视距传播条件下实际上可以扩展覆盖范围。这是10～100GHz范围内的较高频带用于点对点无线链路的主要原因。但是，这仅适用于视距条件。在现实生活中，在非视距条件下，需要室外到室内的传播等，相对于低频带，例如，2GHz频带，无线电传播无疑对于10GHz以上的高频带更具挑战性。

作为示例，移动通信严重依赖于衍射，即无线电波在拐角周围“弯曲”的性质，这使得能

⊖　严格地说，毫米波段从30GHz（10mm波长）开始。然而，已经超过10GHz的频率，或者某些情况下已经超过6GHz的频率通常被称为“毫米波频率”。

够在非视距时实现连接。随着运行频率的增加，衍射量减小，使得更难以在阴影位置提供覆盖。然而，最近的研究（参考文献［68］）表明，假设正确使用波束成形，在非视距条件下，甚至在大约30GHz，也可能覆盖高达几百米。一个原因是在较高频率处的退化的衍射至少部分地被较强的反射补偿。

然而，还存在影响传播并限制移动通信使用较高频率的其他因素。其中一个因素是建筑物穿透损耗。大多数基站，包括密集部署中的低功率基站，位于室外。同时，大多数用户位于室内，从而对于许多部署，必须提供良好的室外到室内的覆盖。然而，建筑物穿透损耗通常随频率而变化，一般来说，随着载波频率的增加，穿透损耗增加，从而导致室外到室内覆盖降低，参见参考文献［81］。

应注意，建筑物穿透损耗取决于建筑材料的类型。正在使用的窗口类型也可能对此产生严重影响。现代建筑，特别是办公建筑，由于节能原因通常配备有所谓的红外反射（IRR）玻璃窗。然而，这种窗口也具有较高的穿透损耗，会进一步降低室外到室内覆盖。注意，这个是一般效果，不仅与高频相关的。

影响较高频率传播的其他因素包括大气衰减、雨衰、叶片衰减和身体损失。虽然例如对于无线电链路是非常重要的，但是前两者对于高频用于移动通信的相对短的链路距离较不相关。另一方面，叶片衰减和身体损失在移动通信场景中高度相关。

限制在较高频率处覆盖的另一个因素是对于高于6GHz频率的允许传输功率的规定。如第2章所述，由于目前的国际规则，在较高频率的最大发射功率可能比当前蜂窝技术的最大功率电平低10dB。然而，这可能随着法规的未来更新而改变。

总之，这意味着低频带在5G时代仍将是移动通信的主干，并提供具有广域覆盖的5G服务。然而，较低频带将由较高频率（包括高于10GHz的频带）补充，用于非常高的业务容量和非常高的数据速率，但主要用在密集的室外和室内的部署中。

23.4.2 授权的与未授权的频谱

移动通信从一开始就依赖于在区域上专门分配给某个运营商的授权频谱。然而，随着LTE的引入，这已经部分地开始改变，LAA（见第17章）在条件允许时提供了补偿性地使用未授权频谱的可能性来增强服务。

没有理由期望这种趋势在5G时代不会继续。相反，一切5G无线接入的关键组件都表示支持授权和未授权频谱。授权频谱将仍然是主干网络，网络运营商可以提供高度保证的高质量服务。同时，未经授权的频谱将是提供额外容量和在干扰条件允许时实现更高数据速率的重要补充。因此，新的5G无线接入技术应当已经从开始就支持授权和未授权频谱的操作。在未授权频谱中的操作应该可以在与授权频谱（与LAA类似）的结合和辅助下进行，也可以在没有来自授权载波支持的情况下独立运行。

从技术角度来看，这需要对第17章中讨论的先听后说的机制的支持。很可能，设计将类似于LAA的先听后说，以简化与部署在同一频段中的LAA和Wi-Fi共存。然而，至少在没有Wi-Fi或LAA传输存在的情况下，广泛使用多天线技术和波束成形可能会影响设计。

23.5　LTE的演进与新5G技术

基于一些特定的技术特性，已经定义了不同代的移动通信。例如，3G与CDMA技术的使用非常相关。同样，4G与OFDM和MIMO的组合传输非常相关。同时，在3G，特别是HSPA和4G支持的应用和用例之间没有根本的区别。

相比之下，5G的概念与所设想的应用和用例的类型更加相关，而不是特定的技术。更具体地，术语5G与在5G时代提供的预想的新用例非常相关。

然而，很明显，为5G时代设想的许多应用和用例可以由LTE的演进很好地支持。因此，有一个相对接受的观点，即LTE的演进实际上应被视为整个5G无线接入解决方案的一部分，如图23.7所示。能够通过LTE的演进提供5G应用和使用场景的实质部分的好处是，可以在现有频谱内提供这些应用和用例的同时仍然支持该频谱中的传统设备（向后兼容性）。

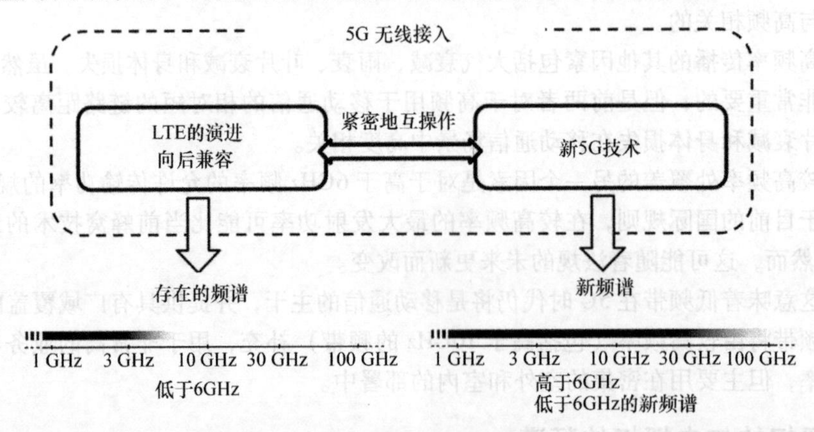

图23.7　整个5G无线接入解决方案包括LTE的演进与新的5G无线接入技术的结合

然而，与LTE的演进并行，还将开发不受向后兼容性约束的新的5G无线接入技术。这项技术将至少初步瞄准6GHz以上和以下的新频谱。从长远来看，新的5G无线接入技术也可能迁移到其他技术（包括LTE）目前使用的频谱。

在许多情况下，LTE和新的5G无线接入技术的演进之间紧密互连的可能性对于引入新的无线接入技术是关键的。作为示例，新的5G无线接入技术可以部署在较高频率操作的非常密集的层中。这样的层可以支持非常大的业务量和非常高的最终用户数据速率。然而，它本质上不可靠，因为设备可能容易脱离这种层的覆盖。通过提供与在较低频率上运行的LTE宏层的同时连接，可以显著地改善整体连接的可靠性。

23.6　5G初始部署的频段

目前还没有决定什么频段将用于新的5G无线接入技术。

如第2章所述，WRC-15确定了一组6GHz以下的频带作为IMT的新频带，如图23.8所示。

WRC-15 还确定了一组 10GHz 以上的频段，作为潜在新 IMT 频谱将会在 WRC-19 中进行研究。这些频段显然是新的 5G 无线接入技术的候选者。然而，根据区域/国家监管机构的决定，新的 5G 无线接入技术的初始部署也可能发生在其他频段。截至今天，在新的 5G 无线接入技术的早期部署主要在两个频率范围上讨论，如图 23.8 所示。它们是

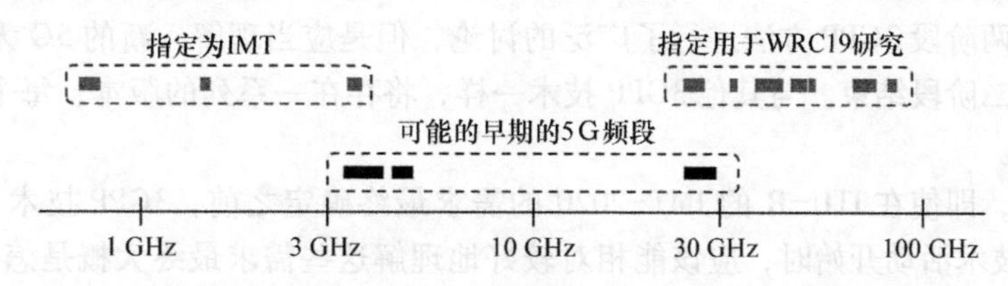

图 23.8 由 WRC-15 确定的频谱和早期 5G 部署考虑的频谱

- 3.3～4.2GHz 和 4.4～4.99GHz 范围内的频率。
- 24.25～29.5GHz 范围内的频率。

应当指出，这些频率范围与在 WRC-15 或 WRC-19 正在研究的频带只有部分重合。

23.7 5G 技术规范

如在 23.2 节中讨论 ITU-R 和 IMT-2020 时已经提到的，新的 5G 无线接入技术的实际技术规范将由 3GPP 进行，同时并行与 LTE 的演进。

尽管开发的新无线接入技术应满足新能力的需要，但是 3GPP 5G 的开发还需要考虑 23.2 节中概述的 IMT-2020 的 ITU-R 时间表。最初，3GPP 中的研究项目将开发新的 5G 无线接入技术的需求，并且有并行的研究项目将开发技术方面。这与 ITU-R 的需求阶段同时进行，如图 23.9 所示。

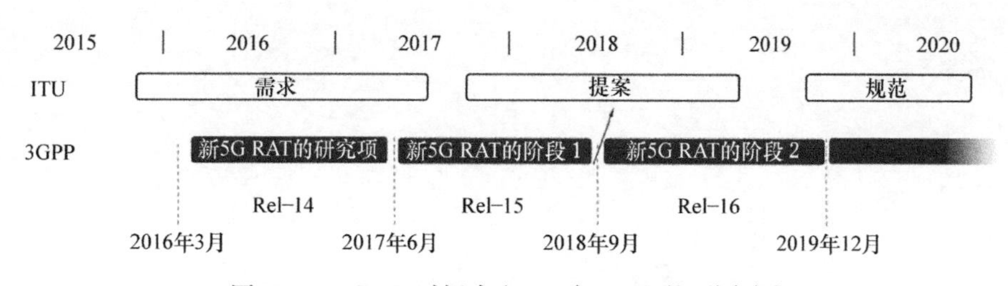

图 23.9 ITU-R 时间表和 5G 在 3GPP 的不同阶段

为了与 ITU-R 时间计划（见图 23.1）保持一致，3GPP 需要在 2018 年下半年提供新的 5G 无线接入技术的高层技术描述，以提交给 ITU-R 作为 IMT-2020 的候选。详细的技术规范必须在 2019 年后期准备就绪，以便纳入 ITU-R 在 2020 年秋季出版的 IMT-2020 规范。

然而，3GPP 开发的新的 5G 无线接入技术不仅由 ITU-R 的时间驱动。实际上，越来越明显的是，在一些国家/地区，希望新的 5G 技术甚至早于 ITU-R 时间计划给出的时间。更具体地说，一些国家和地区表示强烈希望在 2020 年有一个新的 5G 技术可以商业运行。为了有足够的时间进行实际产品开发，这需要在 2018 年有可用的详细的技术规范。

为了满足这些需求，3GPP已经决定了如图23.9所示的5G规范的分阶段方法。

- 第一阶段功能有限，但可以满足2018年有可用的技术规范的愿望，从而在2020年实现商业运作。
- 第二阶段将满足所有IMT-2020要求，并在2020年及时为ITU-R提供规范。

虽然已经对两阶段3GPP方法进行了广泛的讨论，但是应当理解，新的5G无线接入技术的发展将不会以第二阶段结束。与其他3GPP技术一样，将存在一系列的版本，每个版本都为技术添加额外的功能。

可以注意到，即使在ITU-R的IMT-2020的需求最终确定之前，3GPP技术工作也将开始。然而，在3GPP技术活动开始时，应该能相对较好地理解这些需求最终大概是怎么样的。此外，3GPP不仅仅依靠ITU-R来开发新的5G无线接入技术的需求。相反，3GPP基于来自所有3GPP成员（包括运营商，设备和网络供应商，以及其他组织，例如NGMN）的投入来开发其自己的5G需求。

为了确保5G无线接入技术将满足IMT-2020的所有需求，3GPP的需求必须包括ITU-R的需求，但可能是ITU-R需求的超集。也就是说，由3GPP开发的新的5G技术的一个重要要求是它必须满足ITU-R定义的IMT2020的所有需求。

第 24 章　新的 5G 无线接入技术

如上一章所述，整体 5G 无线接入解决方案将包括 LTE 演进与新的 5G 无线接入技术（5G RAT）的结合。

在本章中讨论了与新的 5G RAT 相关的一些关键设计原理和主要技术组件。由于新的 5G RAT 的详细规范在本书撰写时尚未在 3GPP 中开始，这种未来技术的细节显然仍然存在高度的不确定性。然而，在更高层次上，包括一般设计原则和基本技术组件，似乎行业中的主要参与者对此具有相对高度的共识。

24.1　5G：一些一般性设计原则

24.1.1　无线接入演进和向前兼容性

在每种蜂窝无线接入技术的初始引入之后，它们都经历了一系列进化步骤，增加了新功能，这些新功能提供增强的性能和新的能力。这些演进的示例包括 GSM 到 EDGE 的演进，WCDMA 到 HSPA 的演进，以及 LTE 演进的不同步骤。一般来说，这些演进步骤是向后兼容的，意味着遗留设备仍然可以在支持新特征的载波频率上接入网络，但是显然不能从这些特征中受益。

对于新的 5G RAT，发展技术超越其初始版本将更加重要：

- 如上一章所述，5G 被设想支持各种不同的用例，其中许多是未知的。因此，无线接入解决方案必须能够演进并适应新的需求和新的服务特性。
- 如上一章所述，新的 5G RAT 的 3GPP 规范将采用分阶段方法，初始阶段具有相对有限的范围，而后续演进会确保完全符合所有确定的 5G 要求。

新的 5G RAT 不需要与前几代向后兼容。然而，类似于前几代，该技术的未来演进应该向后兼容于其初始版本。为了最小化对这种未来演进的约束，已经引入了向前兼容性的概念作为对新的 5G RAT 的设计的附加要求。为了对其初始版本的保留向后兼容性的要求，会对技术的未来演进有约束，在这种情况下，向前兼容性仅仅意味着无线接入技术的设计应该使得这种对未来演进的约束尽可能地受限。

由于新的、未知的应用和用例的特性和要求的不确定性以及未来技术方向的不确定性，向前兼容性本质上难以实现。然而，如以下部分所述，存在某些原则，如果遵循这些原则，将至少增强向前兼容性。

24.1.2　超精致设计：最小化“始终开启”的传输

对于任何蜂窝技术，而不管是否存在任何正在进行的用户数据传输，即使在节点的覆盖范围内根本没有活动设备，每个网络节点会有规律地执行的某些传输。在 LTE 的内容中，这种

“始终传输”包括：

- 主和辅同步信号。
- 小区特定参考信号。
- 广播系统信息（MIB和SIB）。

始终传输的相反是“按需传输”，即可以基于每个需要发起和去激活的传输。

在对每个网络节点具有高业务负载的情况下（这是在评估蜂窝无线接入技术时通常的假设情况），始终传输仅贡献总节点传输的相对小的部分，并且因此对整体系统性能具有相对小的影响。然而，在现实生活的蜂窝网络中，大部分网络节点实际上平均负载相对较轻：

- 特别是在郊区和农村地区，通常部署网络基础设施（基站）以提供一定的最低终端用户数据速率的覆盖，而不是因为需要更多的网络容量来处理业务量。
- 即使由于需要更多网络容量而推动部署新基础架构，部署的大小也是根据峰值流量来规划的。由于业务量通常随时间显著变化，因此每个网络节点的平均负载将仍然相对较低。

此外，由于数据业务通常是非常突发的，即使在相对高的负载下，相当大数量的子帧实际上不携带任何业务。

因此，在现实生活的网络中，“始终传输”通常对整个系统性能的影响比从“高负载”评估可以看出的性能影响更多：

- “始终传输”将增加整个系统的干扰，从而降低可达到的数据速率。
- “始终传输”将增加总体网络能耗，从而限制网络能效。

换句话说，最小化始终传输的数量是实现非常高的数据速率和非常高的网络能量效率的重要组件。

第15章中描述的LTE小基站（small cell）开/关机制是向始终传输最小化的方向迈出的一步。然而，小基站开/关机制仍然受到向后兼容性和传统LTE设备仍然能够接入载波的要求的限制。不受与早期技术的向后兼容性限制的新5G RAT可以有额外的机会。

最小化“始终传输”的数量也是向前兼容性的一个重要组成部分。由于传统设备期望存在“始终传输”，所以在不影响传统设备及其正确访问系统的能力的情况下，不能移除或甚至修改这样的传输。

“始终传输”和向前兼容性之间的关系可以通过使用MBSFN子帧实现LTE中的中继功能来充分说明，参见第18章。虽然MBSFN子帧是为了提供对MBMS服务的MBSFN传输的支持而引入的，但这对于LTE的演进是非常有价值的。其原因很简单，与正常子帧相比，MBSFN子帧包括更小的小区特定参考符号。通过从遗留设备的角度将子帧配置为MBSFN子帧，这些子帧可用于任何种类的新传输而不破坏向后兼容性。在中继的情况下，几乎空的MBSFN子帧使得能够在下行链路传输中创建足够大的“空洞”，以使得能够在回程链路上进行同频接收。在没有MBSFN子帧的情况下，这将不可能具有保证向后兼容性，因为太多的OFDM符号有“始终传输”的小区特定参考符号。允许这一点的关键是，自从第一个版本以来，MBSFN子帧已经是LTE规范的一部分，这意味着它们被所有传统设备“理解”。实质上，从设备角度来看对新的5G RAT的基线假设应当是将每个子帧视为空（或未定义），除非它已被明确地指示用于接收或发射。

最小化始终传输可以被看作是更高级的超精致（Ultra-lean）设计原理的一部分，通常表示为最小化与用户数据传输不直接相关的所有网络传输，如图24.1所示。同样，目的是实现更高的数据速率并增强网络能量效率。

图24.1　超精致传输

24.1.3　留在盒子里

“留在盒子里”原则实质上说，传输所需的信息应该保持在一起，如图24.2的右边部分所示，并且不在资源空间（OFDM情况下的时频网格）上传播，如图24.2的左边部分所示。目的是再次实现更高程度的向前兼容性。通过将传输保持在一起，稍后更容易与传统传输并行地引入新类型的传输，同时保持向后兼容性。

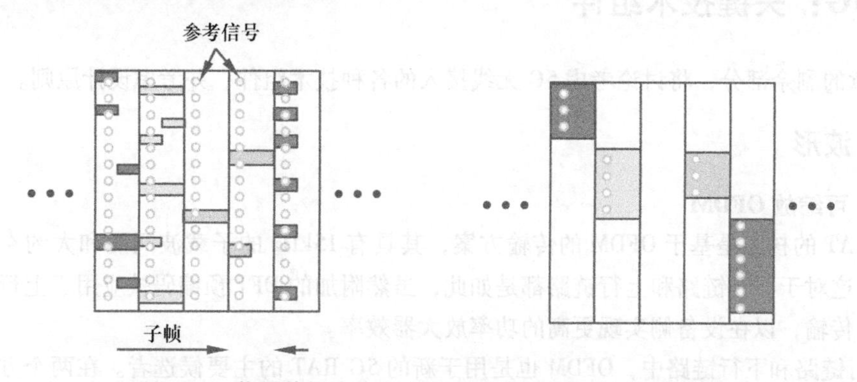

图24.2　信号传播（左）与“留在盒子里”（右）的示意

不满足“留在盒子里”原则的LTE传输的示例是在每个LTE子帧的控制区域中发送的物理信道（PCFICH、PHICH和PDCCH）的集合。如第6章中所述，每个PDCCH/PHICH/PCFICH传输以明显随机的方式在整个载波带宽上展开。这种结构的主要原因是能够实现高度的频率分集并且实现传输之间的随机化。然而，这也使得非常难以在LTE控制区域内引入新的传输，除非它们与当前的控制信道结构完全对准。这例如通过NB-IoT（见第20章）的设计来说明，对于该设计，解决方案简单地具有在带内部署的情况下NB-IoT下行链路传输应避免整个控制区。

相比之下，LTE EPDCCH与“留在盒子里”原则更加一致。每个EPDCCH包含在单个或至多几个资源块内，使得能更加直接地引入与EPDCCH并行的新传输。

与“留在盒子里”原则相关的是自包含传输的概念。自包含传输意味着，在可能的程度上，在给定波束和子帧中接收数据所需的信号和信息被包含在相同的波束和子帧中。尽管这种方法提供了大量的向前兼容性，但是诸如信道估计精度的一些方面可以受益于利用“不在盒子里”

的信号，所以最终设计必须小心考虑这一点。

24.1.4 避免严格的定时关系

另一个重要的设计原则是避免子帧边界以及不同传输方向之间静态和严格的定时关系。

这种静态和严格定时关系的示例是LTE上行链路混合ARQ过程，其中下行链路确认以及潜在的上行链路重传相对于初始上行链路传输在固定的预定义时刻发生。这些种类的定时关系使得很难引入未与传统定时关系详细对准的新传输过程。例如，原来的LTE上行链路混合ARQ定时不能很好地匹配非授权频谱，并且需要改变，如第17章中所讨论的。因此避免严格和静态定时关系是向前兼容性的重要组成部分。

严格和静态的定时关系还可能阻止了无线接入技术可以受益于处理能力的技术进步。作为示例，基于在LTE的首次商业部署时估计的处理能力，主要是在信道解码方面，指定了LTE混合ARQ定时。随着时间的推移，处理能力已经提高，允许更快的解码。然而，上行链路混合ARQ协议的静态定时关系阻止其变成较短的混合ARQ往返时间和相关联的较低等待时间。

24.2 5G：关键技术组件

在本章的剩余部分，将讨论考虑5G无线接入的各种技术组件，并考虑设计原则。

24.2.1 波形

24.2.1.1 可缩放OFDM

LTE RAT的核心是基于OFDM的传输方案，其具有15kHz的子载波间隔和大约4.7ms的循环前缀[⊖]。这对于下行链路和上行链路都是如此，虽然附加的DFT预编码被应用于上行链路数据（PUSCH）传输，以在设备侧实现更高的功率放大器效率。

在上行链路和下行链路中，OFDM也是用于新的5G RAT的主要候选者。在两个方向上具有相同的波形简化了整体设计，特别是关于无线回程和设备到设备通信。然而，鉴于5G提到的非常宽的频谱、部署类型和用例，假设单个OFDM数值学应该足以用于新的5G RAT是不现实的。

如第23章所述，5G无线接入应覆盖非常宽的频率范围，从低于1GHz到至少几个10GHz，可能高达70～80GHz。对于频谱的较低部分，可能高达5GHz，与LTE相同量级的子载波间隔就足够了。然而，对于较高频率，需要较大的子载波间隔以便确保足够的鲁棒性，特别在合理的成本和功率消耗下的移动设备的相位噪声。

新的5G RAT还应当能够在广泛的部署场景中运行，从极其密集的室内和室外部署到稀疏的乡村部署，其中每个网络节点可以覆盖非常大的区域。在后一种情况下，需要类似于LTE甚至更大的循环前缀来处理大的延迟扩展，而在前一种情况下，更小的循环前缀是足够的。

需要较大循环前缀的广域部署通常在较低频率下操作，对于较低频率，较低的子载波间隔是足够的。同时，需要较大子载波间隔的较高频率通常将限于更密集的部署，这种情况下更小的

⊖ 如第5章所述，同样存在16.7ms的扩展循环前缀。

循环前缀就足够了。这表示我们更需要可缩放的OFDM框架，在这个框架下有由共同的基线数值学的频域/时域缩放导出的不同数值学。

表24.1给出了使用LTE数值学作为基线的缩放OFDM数值学的示例，这两个示例分别是基于缩放因子4和32导出的高阶数值学⊖。在这种情况下，具有15kHz子载波间隔和大约4.7ms的循环前缀的基线数值学将适用于使用较低频谱的广域部署。

表24.1　可缩放OFDM数值学的例子

	基准	推导出的高阶数值学	
缩放因子	1	4	32
子载波间隔	15kHz	60kHz	480kHz
符号时间（不包括CP）	66.7ms	16.7ms	2.1ms
循环前缀	4.7ms	1.2ms	0.15ms
子帧	500ms	125ms	15.6ms

在较高频谱中，应该使用具有较大子载波间隔的较高阶数值学来确保对相位噪声有高鲁棒性。使用缩放的数值学，这固有地导致较小的循环前缀。然而，如前面已经提到的，较高频谱的使用将限于具有较小延迟扩展的密集部署。此外，较高频率通常与广泛的波束成形结合使用。这将减少大延迟反射，从而进一步减少接收信号的延迟扩展。

从共同的基线数值学而不是一组独立的数值学中得到的标度数值学的益处在于，无线接口规范的主要部分对于准确的数值学是独立的，即不可知的。这也意味着通过简单地引入额外的缩放因子，人们可以更容易地在稍后阶段引入额外的数值学。

注意，如果延迟扩展是有限的，具有较大子载波间隔和较小循环前缀的较高阶数值学也可以在较低频率使用。因此，高阶数值学也可以用于低频密集部署。这样做的一个原因是通过利用较短的符号时间和较高阶数值学的相应较短子帧，在较低频率下也能够进一步减少等待时间。

应当注意，通过使用类似于LTE的扩展循环前缀，也可以对具有较大延迟扩展的广域部署使用较大的子载波间隔。假设使用表24.1的LTE衍生数值学，对于4倍的数值学，这样的扩展循环前缀将大致为4.2ms（16.7/4）。明显的缺点是更高的循环前缀开销。然而，这种巨大的开销在特殊情况下是合理的。

重要的是要指出，表24.1中提供的一组数字是一个例子。显然可以考虑不同于表24.1的缩放因子。也可以使用与LTE不一致的不同的基线数值学。但基于LTE的基线数值学的使用还是有很多益处的。一个示例是其将允许以类似于NB-IoT可以部署在LTE载波内的方式在新的5G RAT的载波内部署NB-IoT载波（见第20章）。这对于运营商从LTE迁移到新的5G RAT同时保持对现有的基于NB-IoT的大规模MTC设备的支持可能是重要的益处，因为这样的设备通常具有非常长的寿命。

24.2.1.2　频谱成形

OFDM子载波由于使用矩形脉冲形状而具有较大的子波瓣。因此，子载波之间的正交性不是由于真正的频谱分离，而是由于每个子载波的精确结构。这种情况的一个含义是，如果仅在循环前缀内时间对准地接收不同的传输，则可以保留不同传输之间的正交性。在LTE上行链路中，

⊖ 注意在表24.1中，我们已经将术语“子帧”重新定义了，即7个OFDM符号，对应于LTE中的“时隙”。

这是通过设备基于由网络最初作为随机接入响应（见第11章）的一部分提供的定时提前命令，并随后作为DL-SCH上的MAC控制元素更新其发射定时来实现的（见第7章）。

尽管依赖于时间对准的上行链路的正交通常是一种好的方法，但是它具有一定的局限性：

- 必须有常规的上行链路传输，以便网络能够估计上行链路定时并在需要时提供定时提前命令。
- 在可以启动用户数据传输之前需要建立时间对准，这样带来导致初始访问中的额外延迟，同样阻碍了尚未同步的设备的即时数据传输。

OFDM子载波的大旁瓣的另一个含义是，OFDM信号与不同结构的信号在频率复用的情况下需要相对较大的保护带。后者可以是非OFDM信号。然而，它也可以是具有不同数值学的OFDM信号，例如，不同的子载波间隔或仅不同的循环前缀。

为了克服这些问题，可以考虑对OFDM的修改和/或扩展，让所发送信号有更高程度的频谱限制。

滤波器组多载波（FBMC）[69]是另一种多载波传输，其中每个子载波通过滤波进行频谱整形。本质上，在FBMC中，OFDM的矩形脉冲形状被替换为更受限频率响应的非矩形脉冲形状。为了保持调制的子载波之间的正交性，FBMC必须与每个子载波上的偏移-QAM（OQAM）调制组合使用，而不是在LTE中使用的常规QAM调制。与常规OFDM相比，FBMC提供明显更多的受限频谱，具有更小的每子载波旁瓣。然而，FBMC也有几个缺点/问题。

虽然必须保持子载波之间的正交性，但是OQAM调制的使用导致信道估计的困难，特别是与MIMO传输相结合。有一些建议的解决方案，然而这些会导致接收机性能衰减和附加的参考信号开销。FBMC的另一个缺点是频域中的严格滤波固有地导致时域中的长脉冲，其中FBMC脉冲整形通常具有几个符号的长度。为了避免突发传输之间的干扰，在每个突发之间需要对应于几个符号长度的保护时间。在由许多符号组成的传输突发的情况下，该保护时间开销将相对较小。然而，对于低延迟传输，需要短突发传输，会导致潜在的较大的开销。

在保持OFDM结构的同时改进频谱限制的不同方式是对整个OFDM信号进行滤波，参见图24.3的上图。这种滤波将与每子载波滤波相比不剧烈，具有更短的信号的时域扩展。实际上，过滤将简单地使用部分循环前缀，使得有更少的循环前缀可用于处理信道上的延迟扩展。

或者，可以使用时域加窗来控制频谱属性，而不是滤波，参见图24.3的下图。虽然滤波意味着与频域中的频率响应相乘，或者等价地与时域中的时间响应卷积，但是加窗意味着OFDM符号与时域中的窗函数（在频域中的卷积）相乘。

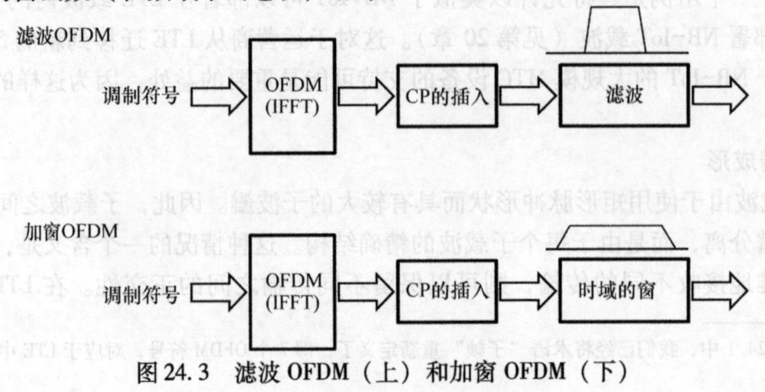

图24.3　滤波OFDM（上）和加窗OFDM（下）

最后，这两种方法（滤波和加窗）在发射信号的频谱限制方面产生非常相似的结果。然而，与滤波相比，加窗的实现复杂度可能要低一些。

整个OFDM信号的滤波/加窗在很大程度上是实现问题，并且实际上在当今的LTE上已经使用了，以便确保所发送的OFDM信号满足带外发射要求。然而，滤波/加窗也可以用于频谱限制载波的某些部分。这可以用于在频谱中创建“孔”来为其他非OFDM传输腾出空间。它还可以允许在一个载波内混合不同的OFDM数值学，如图24.4所示。例如，当具有不同要求的不同服务要在一个载波上混合时，后者可能是有益的。不同的数值学可以例如对应于不同的子载波间隔（见图24.4所示的情况）。在这种情况下，较小的子载波间隔可对应于常规移动宽带服务，而允许较低等待时间的较高子载波间隔可用于等待时间关键业务。然而，不同的数值学也可以对应于具有不同循环前缀的相同子载波间隔。

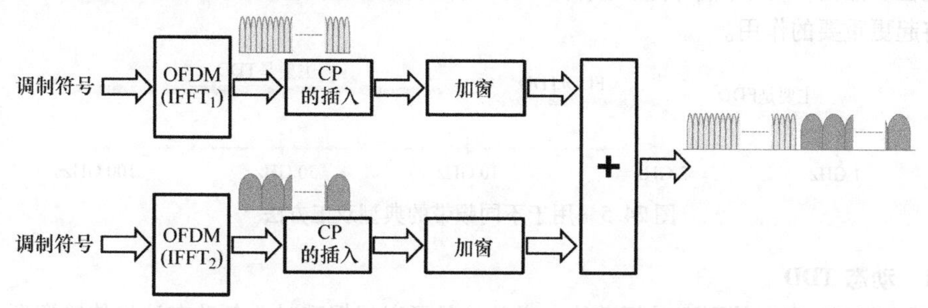

图24.4 使用加窗在一个OFDM载波上的多种数值学的混合

24.2.1.3 低PAPR传输

LTE上行链路使用了具有DFT预编码的OFDM，以便减少发送信号的立方度量（CM）[10]，从而在设备侧实现更高的功率放大器效率。在LTE中进行的DFT预编码的缺点是其限制了传输的灵活性。在上行链路参考信号的设计和上行链路控制信令（PUCCH）的设计中，这样比较不灵活并且至少在某些方面比相应的下行链路传输更复杂，这是显而易见的。从这个观点来看，在新的5G RAT中，应该避免使用在LTE的DFT预编码。然而，在没有低CM的上行链路时，与在类似频谱中操作的LTE相比，新的5G RAT可能具有上行链路覆盖劣势。在把新的5G RAT迁移到当前LTE使用的频谱时，这些是负面的影响。此外，对于非常高的频率，特别是在30~40GHz以上的操作，与在较低频谱中操作相比，高功率放大器效率甚至更重要：

- 特别是在基站侧，这种高频频谱中的操作通常与大量天线相关联，因此与大量的功率放大器相关联。
- 电子元件在高频率下的小尺寸和紧密封装使得更难以处理过多的热量，由于功率放大器效率低下，产生的热量比例会更多。

应当注意，这些参数也与基站相关。因此，对于这种高频，在基站侧的高功率放大器的效率与在设备侧的高功率放大器的效率一样重要。

因此，在该阶段，对于新的5G RAT，不能丢弃在OFDM之上的CM减少技术的可能需求。当低CM是基本需求时，如在覆盖受限场景中，数据传输可以使用这种补充的DFT预编码。然而，也可以是在OFDM之上添加的其他CM减少技术的形式，例如音调预留。

此外，如前所述，任何CM减少技术不仅应当考虑用于上行链路（设备传输），而且还应考虑用于下行链路（基站传输）。

24.2.2　灵活双工

LTE支持基于FDD和TDD的双工方式，以便匹配存在的配对和不配对的蜂窝频谱。

配对和不配对的频谱也将在5G时代中存在。因此，新的5G RAT将必须支持基于FDD和TDD的双工方式。

如前一章所讨论的，新的5G无线接入将覆盖非常宽的频率范围，从低于1GHz到至少几十个10GHz，如图24.5所示。在该频谱的较低部分，具有基于FDD双工的配对频谱将很可能继续占主导地位。然而，对于由于传播约束将限于密集部署的较高频率，具有基于TDD双工的不配对频谱将起更重要的作用。

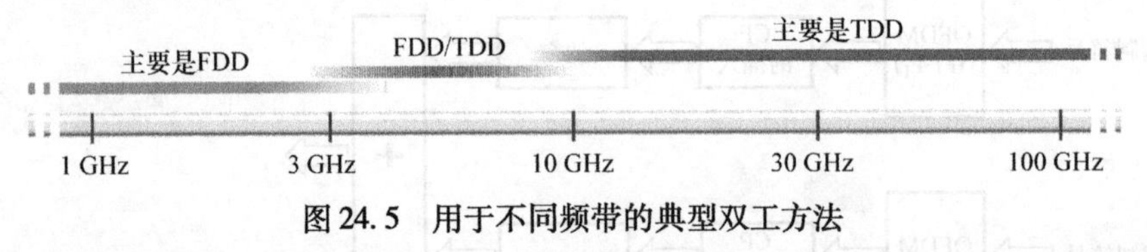

图24.5　用于不同频带的典型双工方法

24.2.2.1　动态TDD

具有基于TDD双工的不配对频谱的一个益处是可以根据瞬时业务动态地将传输资源（时隙）分配给不同传输方向。这在具有更多可变业务的情况下尤其有益，例如，对于密集部署，每个网络节点仅覆盖非常小的区域。

不配对频谱和TDD操作的一个主要问题是基站到基站和设备到设备的干扰的可能性/风险，如图24.6所示。在当前商用的基于TDD的蜂窝系统中，这样的干扰通常通过基站之间的时间对准和在所有小区中使用相同的下行链路/上行链路配置组合来避免。然而，这需要传输资源的或多或少的静态分配，资源分配无法适应动态业务变化，从而消除TDD的主要益处之一。

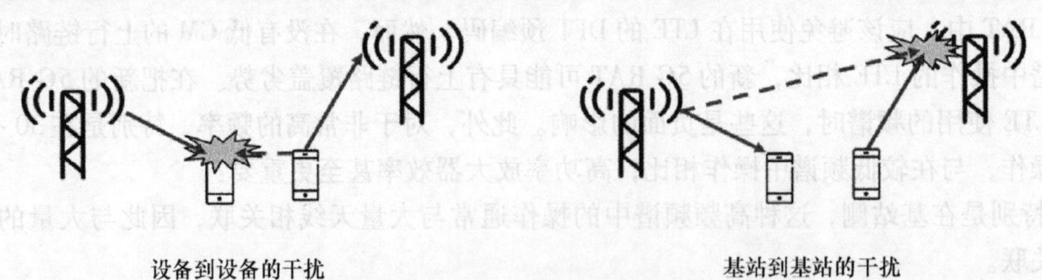

图24.6　在TDD情况下的基站到基站和设备到设备的干扰

在LTE版本12（见第15章）中引入的eIMTA特征可以更灵活地为下行链路和上行链路分配TDD传输资源。然而，新的5G无线接入应该更进一步，允许将传输资源或多或少地完全动态地分配给不同的传输方向。然而，这将产生潜在的基站到基站和设备到设备的干扰的情况。

由于基站和设备之间的传输特性的差异，与在任何蜂窝系统中的基站到设备和设备到基站的干扰相比，基站到基站和设备到设备的干扰特别且潜在地更严重。对于广域覆盖（“宏站”）

的部署，情况尤其如此：

• 基站具有高发射功率，位于更高的位置（“在屋顶上方”），并且通常以高占空比发射服务多个激活的设备。

• 设备具有低得多的发射功率，通常位于室内或室外的街道，并且通常平均以相对低的占空比传输。

然而，在未来，还将有许多非常密集的部署，特别是在更高的频率。在这种情况下，基站和设备的传输特性将更加相似：

• 与广域部署相比，密集部署中基站的发射功率将更类似于设备的发射功率。

• 密集部署的基站在室内和室外的街道部署，即类似于设备位置。

• 由于更多的动态业务变化，密集部署中的基站通常将平均以较低的占空比进行操作。

因此，在密集部署中，不管什么双工方式，基站到基站和设备到设备的干扰将更类似于基站到设备和设备到基站的干扰，这使得动态分配 TDD 传输资源变得更可行。业务的瞬时特性，包括下行链路与上行链路业务需求也将在这种部署中更广泛地变化，这使得 TDD 传输资源的动态分配更有益。

重要的是要理解，支持完全动态 TDD 不意味着传输资源应该总是动态地分配。特别是在更多广域部署中较低频率的不配对频谱上使用新的 5G RAT 时，典型情况将是同步部署，其中下行链路/上行链路配置在小区之间相互对准。关键的是，新的 5G RAT 应当允许在不配对频谱中操作时可以完全动态地分配传输资源，而在给定部署中使用什么应留给网络运营商来决定。

24.2.2.2 什么是全双工

最近有关于“真正的”全双工操作的不同提议。在这种情况下，全双工操作意味着在相同的频率下同时执行发送和接收[⊖]。

全双工操作会明显导致从发射机到接收机的非常强的“自”干扰，这个是在实际目标信号可被检测之前需要抑制/消除的干扰。

原则上，这种干扰抑制/消除是很容易的，因为干扰信号原则上完全被接收机所知。在实践中，由于目标信号和干扰之间在接收功率方面的巨大差异，抑制/消除是不容易的。为了处理这种情况，全双工操作的当前演示依赖于空间分离（用于发射和接收的分离天线）、模拟抑制和数字消除的组合。

即使全双工在实际实施中是可行的，但其益处也不应过高估计。通过允许在相同频率上的两个方向上的连续传输，全双工具有将链路吞吐量加倍的潜力。然而，将存在两个同时传输，这意味着对其他传输的干扰将增加，这将负面地影响整个系统增益。因此，在具有相对孤立的无线电链路的情况下全双工可以得到最大的增益。

全双工更可能有益的一种情况是无线回程场景，即基站之间的无线连接：

• 与传统的基站/设备链路相比，回程链路在许多情况下更为孤立。

• 与传统移动设备相比，与全双工相关联的接收机复杂度可能更容易包括在回程节点中。

• 对于回程节点，更容易在发射和接收天线之间有更多空间分离，从而放宽对主动干扰抑

⊖ 注意，不要与 LTE 中使用的全双工 FDD 混合。

制的要求。

当谈到全双工时，通常假定在链路级上是全双工的，即在基站/设备链路上的双向上的同时传输（见图24.7的左图）。然而，也可以设想在小区级上的全双工，其中基站发射到一个设备，并且同时在相同频率上接收/检测另一设备的发射（见图24.7的右图）。与链路层上的全双工相比，在小区级上的全双工的好处是不需要在设备侧支持同时的同频传输和接收。此外，通常可以在基站侧在发射和接收天线之间实现更高程度的空间分离，从而放宽对主动干扰抑制的要求。

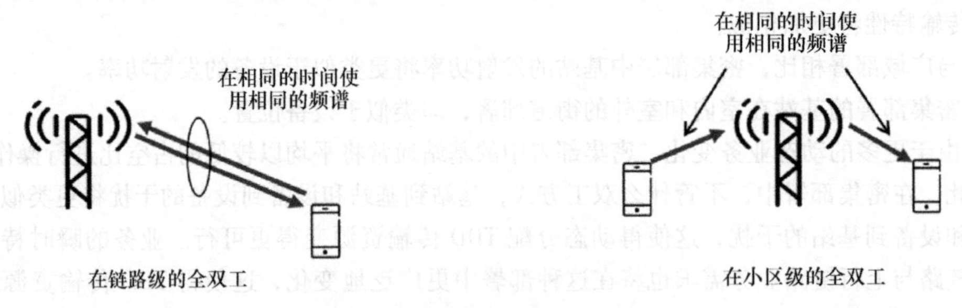

图24.7　链路和小区级的全双工

24.2.3　帧结构

新的5G RAT应当具有支持在配对和不配对频谱中以及在许可频谱和非许可频谱中操作的帧结构。帧结构也应适用于设备到设备（直连链路）连接，请参见24.2.9.2节。

帧结构是在无线接口上实现低延迟的关键因素。为了实现低等待时间，例如需要短TTI，因此需要短子帧。作为示例，为了实现所需的1ms的端到端等待时间，需要200μs或更少的子帧。注意，这与表24.1的高阶数值学对应。

低链路级延迟还要求对数据的快速解调和解码的可能性。为了实现这一点，类似于LTE的PDCCH[㊀]，接收机用于子帧内的数据的解调和解码所需的控制信息应当位于子帧的开始。用于信道估计的参考信号也应当位于子帧的早期。以这种方式，解调和解码可以尽可能早地开始，而不必等待直到已经接收到整个子帧。图24.8所示为满足上述要求的相对通用的帧结构。在下行链路数据传输（见图24.8的上图）的情况下，控制信息（调度分配）和参考信号位于下行链路子帧的开始，这样能够尽早地开始解调和解码。在TDD操作的情况下，下行链路传输在下行链路子帧间隔的结束之前结束。假设可以在下行链路到上行链路切换的保护时段期间完成解码，则可以在下行链路子帧间隔的最后部分中，在上行链路上发送混合ARQ确认，从而实现非常快速的重传。在图24.8的示例中，重传仅发生一个子帧延迟[㊁]。这可以与LTE相比，其中在下行链路传输和混合ARQ确认之间存在大致3个子帧的等待时间，并且通常在重传之间有8个子帧。与LTE相比，所述的帧结构与较短的子帧组合，将因此实现充分减少的混合ARQ往返时间。

㊀ 注意，与在整个频域上扩展的PDCCH相反，控制信令应当仍然遵循24.1.3节的“留在盒子里”的原理并且与数据联合传输。

㊁ 虽然原则上可以设想基站以与设备一样快的速度解码数据，但是在部署方面，诸如远程无线电单元的使用意味着通常不能假定重传早于图中所示。

上行链路数据传输可以以类似的方式处理；在子帧的开始处发送调度授权，并且相应的上行链路数据填充上行链路子帧的剩余部分，如图24.8下图所示。因此，调度决定在给定时间点控制数据传输的“方向”（上行链路或下行链路），导致如在24.2.2节中讨论的动态TDD方案。

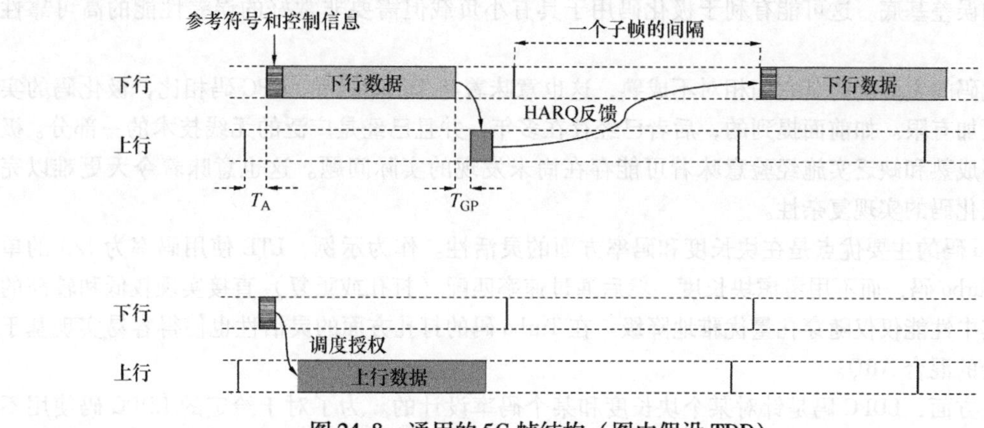

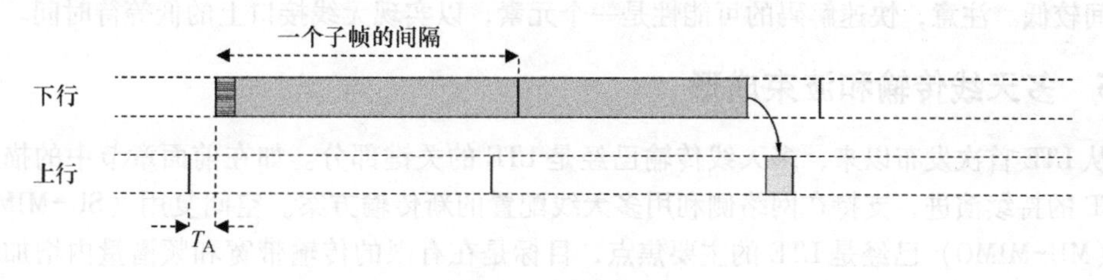

图24.8　通用的5G帧结构（图中假设TDD）

虽然5G应该能够以1ms的级别实现非常低的等待时间，但是许多应用对等待时间不是很敏感。同时，实现这种非常低的等待所需的短传输导致例如控制开销方面的低效率。它还可以导致恶化的信道估计，假设只有与数据传输相对应的子帧集合内的参考信号可以用于信道估计（如24.1.3节中所讨论的自包含传输）。为了处理这一点，应该可以动态聚合单个传输的多个子帧，如图24.9所示。

一个子帧的间隔
下行
上行
T_A

图24.9　子帧聚合

24.2.4　信道编码

LTE使用Turbo编码用于数据传输，参见例如第6章。Turbo编码也是用于新的5G RAT的信道编码的一个候选。然而，还会考虑其他信道编码方法，包括低密度奇偶校验（LDPC）码和极化（Polar）码。

LDPC码已经存在了相对长的时间。它们是基于稀疏（“低密度”）奇偶校验矩阵的块码，是具有基于迭代消息传递算法的解码。相比之下，极化码最近出现了。它们的主要名声来自于它们是第一个到达Shannon极限的已知结构化码。

在基本性能方面，即对于某个错误率所需的E_b/N_0，对于中到大尺寸的要解码的比特块

（1000bit 的级别或更多）来说，不同编码方案之间的性能差异是相对较小的。另一方面，对于较小的块长度，极化码目前似乎有一个轻微的优势。极化码还受益于不具有误差基底，这使得更容易在解码之后实现非常低的误码率。相比之下，Turbo 码，并且在许多情况下，还有 LDPC 码具有这样的误差基底。这可能有利于极化码用于具有小负载但需要非常好的误差性能的高可靠性应用中。

极化码的主要问题是它们相对不成熟，这也意味着与 Turbo 码和 LDPC 码相比，极化码的实现经验更加有限。如前面提到的，后者已经存在多年，并且已经是广泛的无线技术的一部分。极化码的不成熟和缺乏实施经验意味着可能存在尚未发现的实际问题。这也意味着今天更难以完全理解极化码的实现复杂性。

Turbo 码的主要优点是在块长度和码率方面的灵活性。作为示例，LTE 使用码率为 1/3 的单个基本 Turbo 码，而不用考虑块长度。然后通过速率匹配（打孔或重复）直接实现较低和较高的码率，其中性能仅仅随穿孔量优雅地降级。在 Turbo 码的打孔方面的灵活性也使得容易实现基于增量冗余的混合 ARQ。

另一方面，LDPC 码是针对某个块长度和某个码率设计的。为了对于给定的 LDPC 码使用不同的块长度，需要信息块的零填充，固有地导致较低的码率。为了增加码率，可以使用打孔。然而，任何大量的删余可能导致解码器性能的显著劣化。因此，为了支持多个块长度和多个码率，可能必须定义具有不同奇偶校验矩阵的多个 LDPC 码，这将增加复杂度和存储要求。

Turbo 码相对于 LDPC 码的主要缺点，以及如今看来，同样相对于 Polar 码，是在解码器复杂性方面。简单地说，与 Turbo 码相比，至少 LDPC 码允许每个芯片面积的整体上更高的吞吐量，以及每比特的更低的能量消耗。LDPC 码还允许解码器的较高程度的并行性，使得解码过程中的等待时间较低。注意，快速解码的可能性是一个元素，以实现无线接口上的低等待时间。

24.2.5　多天线传输和波束成形

自从 LTE 首次发布以来，多天线传输已经是 LTE 的关键部分。如在前面章节中的描述，存在着 LTE 的持续演进，支持在网络侧利用多天线配置的新传输方案。空间复用（SU-MIMO）和 SDMA（MU-MIMO）已经是 LTE 的主要焦点，目标是在有限的传输带宽和频谱量内增加终端用户数据速率和系统吞吐量。

SU/MU-MIMO 将仍然是新的 5G RAT 中的重要技术元素。然而，对于较高频率，限制因素通常不是带宽和频谱，而是覆盖。因此，对于较高频率，波束成形作为提供增强覆盖的工具将是非常重要的，并且在许多情况下甚至是必要的（见图 24.10）。

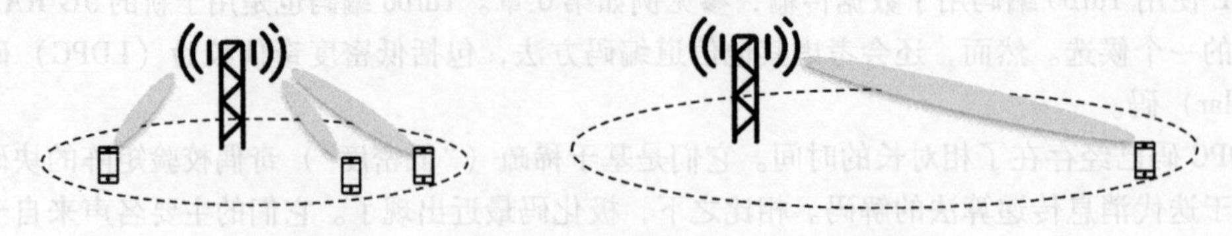

图 24.10　容量（左）和覆盖（右）的波束成形

广泛使用波束成形以确保足够的覆盖对于新的 5G RAT 是非常重要的。一个示例是用来传送系统信息的广播信道。如果链路预算具有挑战性，需要广泛使用波束成形来提供覆盖，则广播信道有可能不工作，并且需要考虑其他解决方案，这在下面的24.2.7节中会讨论。波束发现和波束跟踪是需要解决的其他挑战。

紧密集成天线元件和RF部件（例如功率放大器和收发器）实现的最近发展允许比先前使用多得多的可控天线元件，如第10章中所讨论的。使用大量天线元件能够广泛使用空间域。大规模MIMO是本书中常用的术语。严格地说，该术语仅意味着大量天线元件的使用，尽管它经常以更狭义的意义使用，即利用信道互易性以及大量发射天线同时发射到多个接收设备，本质上是基于互易性的多用户MIMO。在对大规模MIMO的这种狭义解释中的关键假设是作为基站的瞬时信道脉冲响应是可以通过利用信道互易性而获得的知识。理论结果表明当天线元件的数量变为无穷大时从基站到每个设备的有效信道是非频率选择性的，并且不呈现快速的信道变化。这将在理论上允许非常简单的调度策略和利用简单接收机就可以达到非常高的容量。然而，在实践中，信道知识不完美，并且发射天线的数量是有限的，因此频域调度仍然是必要的。使用实际流量行为而不是完全缓冲的场景，有时只有一个或几个设备要传输，这意味着单用户MIMO和空间复用是大规模多用户MIMO的重要补充。为了跟随业务量变化，因此在SU-MIMO和MU-MIMO之间的动态切换是必要的。

在上面的讨论中，假设了所谓的数字波束成形。实质上，每个天线元件具有其自己的D-A转换器和功率放大器，并且所有波束处理在基带中完成。显然，这允许最大的灵活性，并且原则上是对同时形成的波束的数量没有限制的优选方案。然而，尽管在集成和D-A转换器方面有技术进步，但是由于几个原因，这种实现在近中期认为可能是不可行的。一个方面是大功率消耗和冷却大量紧密集成的D-A转换器和RF链的挑战。因此，从实际角度来看，模拟或混合波束成形方案是令人感兴趣的，但是这意味着可以仅形成一个，或者在最好的情况下形成几个同时的波束。这不仅影响如在前面的段落中讨论的大规模MIMO的可能性，它还可以影响诸如控制信令的区域。例如，如果一次只能形成单个波束，则接收一个比特的混合ARQ确认将是非常昂贵的。此外，来自不同的非共址的设备的多个低速率信号是不可能用频率复用发出的，因为一次只能形成单个波束。

总而言之，需要整个范围的多天线方案可以不仅有效地支持不同的业务和部署场景，而且还支持各种各样的实施方案。

24.2.6　多站点连接和紧密互连

多站点连接意味着设备同时连接到多个站点。从根本上来说，这不是什么新鲜事。WCDMA/HSPA中的软切换是多站点连接的一个示例。LTE联合传输CoMP（见第13章）和双连接（见第16章）是其他示例。然而，在5G时代，多站点连接预期起更大的作用，特别是在非常高的载波频率下操作或需要非常高的可靠性时。

在高载波频率下，传播条件与已经讨论的较低频率不同。衍射损耗较高，并且无线电波穿透物体的可能性较低。在没有多站点连接的情况下，这可能导致当大型公交汽车或卡车在设备和基站之间通过时（暂时）丢失连接。为了减轻这种情况，通过多站点连接的多样性是有益的。链接到多个天线站点的同时处于较差状态的可能性比单个链路处于较差的可能性低得多。

超可靠的低延迟通信，URLLC是另一个例子，在这里多站点连接是有益的。为了获得第23章中讨论的非常低的误差概率，需要考虑所有类型的分集，包括通过多连接的站点分集。

多连接还可以在低负载时提高用户数据速率。与单站点情景相比，通过从两个或更多个天线站点同时发送，可以增加这个设备的信道的有效秩，并且发送更多数量的层，如图24.11所示。这有时表示分布式MIMO。

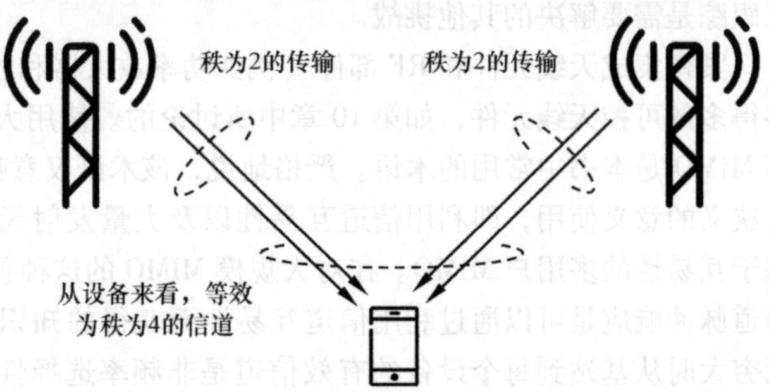

秩为2的传输

秩为2的传输

从设备来看，等效为秩为4的信道

图24.11　多站点传输是提高有效信道秩的一种方法

实质上，由于缺少业务而在相邻站点处暂时未使用的传输资源可以用来增加接收设备的数据速率。

多站点连接可以包括同一层内的站点（层内连接）。然而，设备还可以同时连接到不同小区层的站点（层间连接），如图24.12所示。特别是在后一种情况下，多站点连接可以包括通过不同无线接入技术（多RAT连接）的连接。这与第23章中讨论的LTE和新的5G无线接入之间的紧密互连密切相关。一种情况是，LTE在低频带提供普遍存在和可靠的接入，辅以更高频带新的5G RAT，以提供非常高的数据速率和热点的高容量，这是有意义的。由于高频上的传播条件比低频下的传播条件更不可预测，因此需要两者之间的紧密连接以提供一致的用户体验。

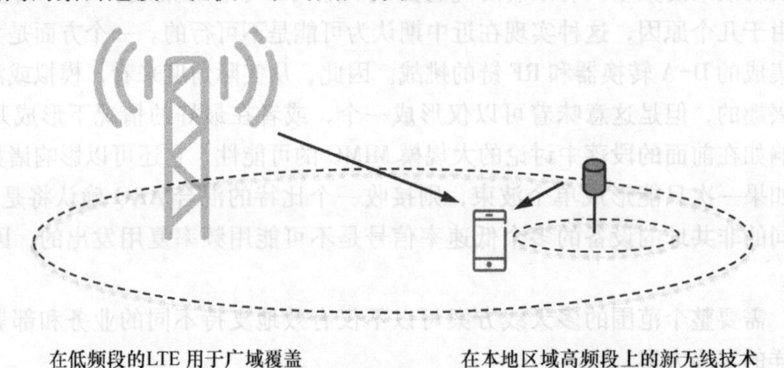

图24.12　LTE和新的5G RAT之间的多站点连接

多站点连接可以在协议栈中的不同级别实现。可以使用类似载波聚集的结构，尽管它们通常对站点之间的回程具有严格的等待时间要求。另一种方法是将协议栈中较高层的数据流聚合，类似于在第16章中讨论的LTE的双连接，其中聚合在PDCP层完成。如果LTE和新的5G无线接入使用公共的PDCP层，则紧密的互通是显而易见的。与此相关的讨论还有关于无线接入网络和核心网络之间的接口。该接口不必与现有的S1接口相同，而可以是新接口或S1接口的演进。

24.2.7　系统接入功能

无线接入技术的非常重要的部分是系统接入功能，即不与用户数据传送直接相关，但是设备能够甚至访问系统所必需的功能。系统接入功能包括设备通过其获取关于系统的配置的功能，网络通知/寻呼设备的功能，以及设备接入系统的功能（通常称为随机接入）。

如第 11 章所述，LTE 系统信息在每个小区层广播。这对于具有宽天线波束大小区是合理的方法，在这种大小区里，每个小区有相对较大数量的用户。然而，有一些关键的 5G 的特性将影响新的 5G RAT 的系统接入功能，并且与 LTE 相比将部分地要求新类型的解决方案：

- 覆盖对于波束成形的依赖，特别是在较高频率。
- 在一些部署中需要支持非常高的网络能效。
- 支持高度向前兼容性的目标。

覆盖依赖于波束成形意味着从链路预算的角度来看广播大量信息的可能性会受到限制。因此，最小化广播信息的数量对于使得能够使用大规模波束成形来进行覆盖是至关重要的。它也符合超精致设计原则，并且旨在最小化"始终"传输的量，如 24.1.2 节所述。相反，应该可以根据需要提供系统信息的主要部分，可以考虑对特定设备使用专用信令，如图 24.13 所示。这将允许使用波束成形能力的全部能量，也允许系统信息传递。请注意，这并不意味着系统信息应该始终以这种方式提供，但是应根据场景来决定。在一些情况下，特别是在小区中有大量设备的情况下，广播系统信息无疑更有效。关键点在于，新的 5G RAT 应当具有通过不同方式传递系统信息的灵活性，这应包括在整个覆盖区域上广播，联合传输到一组设备，以及可以给逐个设备发送专用信令，使用哪种手段取决于不同的情况。

在从哪些节点广播系统信息方面也应该具有灵活性。作为示例，在具有在宏覆盖层下部署大量低功率节点的多层网络中，系统信息可以仅从宏覆盖层广播（见图 24.14 的左图）。这意味着，当没有要服务的设备时，从传输的角度来看，底层的节点可以是完全不活动的。再次，这与超精致设计原理非常吻合。至少在新的 5G RAT 的早期部署中，常见的情况是基于新的 5G 无线接入的较低功率节点的层和具有覆盖的基于 LTE 的宏层。换句话说，多层部署也将是多技术部署。在这种情况下，可以通过基于 LTE 的覆盖层来提供与底层的低功率层相关的系统信息，如图 24.14 的中图所示。

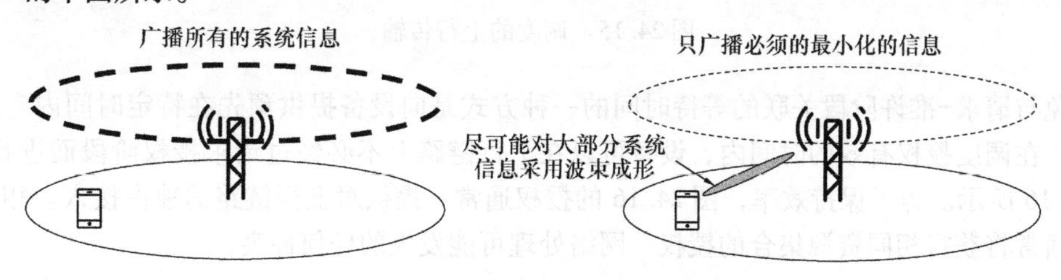

图 24.13　系统信息的广播与专用传输

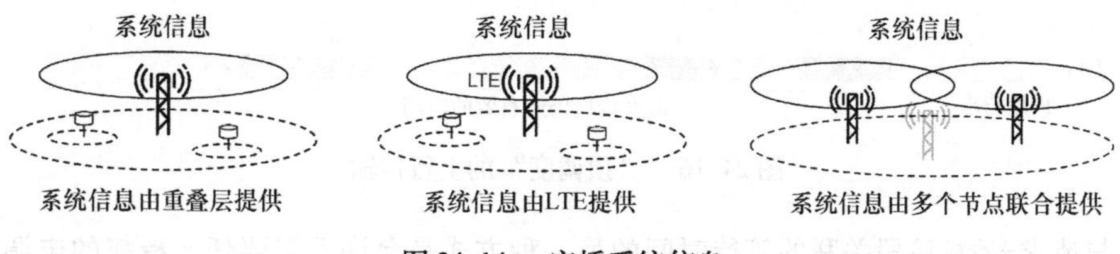

图 24.14　广播系统信息

考虑到系统信息的大部分在相邻小区之间实际上是相同的，还可以使用MBSFN（见图24.14的右图）从一组节点联合地广播系统信息。这将改进系统信息广播的覆盖，使得可以使用较少的资源（时间、频率资源和功率）来发送。注意，在MBSFN传输中可以仅涉及部分节点。

由于过度使用波束成形来提高覆盖，随机接入过程还可能受到影响。根据在网络侧上使用的波束成形解决方案，有可能不能同时监听所有方向上的随机接入传输，例如可以通过不同类型的波束扫描方案来解决。此外，如果（少量）广播的系统信息在多个站点是相同的并且使用MBSFN来传送，则设备不能使用LTE中尝试以某个小区为目标的随机接入方法。然而，设备实际上对特定小区的连接不感兴趣，它只是希望与网络建立连接，该网络可以包括当前不发送的节点，因此是静默的。此外，对某个设备的最佳下行链路的节点可能不一定是接收这个设备的随机接入的最佳节点。这可能是需要考虑不同于LTE的随机接入方案的原因，例如，其中设备不针对特定节点发送随机接入请求，并且可能有多个节点可以响应该请求。

24.2.8　调度和基于内容的传输

在LTE中，所有上行链路数据传输都是通过调度的。对于新的5G RAT，调度的上行链路传输很可能仍然是正常情况。调度可以对传输活动有动态和严格控制，导致高效的资源利用。然而，调度需要设备从基站请求资源，在进行调度决定之后，其可以向设备提供指示用于上行链路传输的资源的调度授权，如图24.15所示。在第9章中描述了针对LTE的请求-准许过程，这个过程将增加总延迟。因此，对于小而不频繁且等待时间关键的业务的上行链路传输，感兴趣的是没有前面的请求许可阶段而立即传输的可能性。

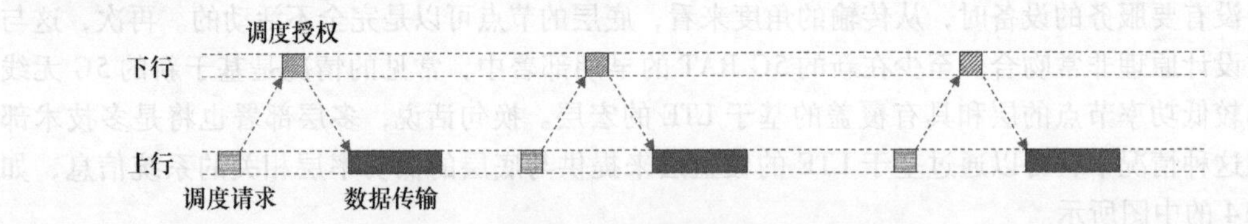

图24.15　调度的上行传输

避免与请求-准许阶段关联的等待时间的一种方式是向设备提供预先在特定时间内有效的调度准许。在调度授权有效的时间内，设备可以在上行链路上不必经过请求授权阶段而进行发送，如图24.16所示。为了保持效率，图24.16的授权通常不提供对上行链路的独占接入。相反，多个设备通常将获得相同资源集合的授权，网络处理可能发生的任何冲突。

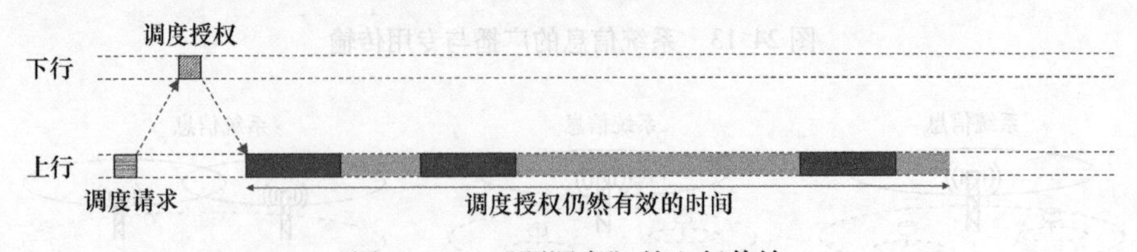

图24.16　“预调度”的上行传输

避免与请求-授权阶段关联的等待时间的另一种方式是允许不需要任何授权的未调度传输，

如图24.17所示。应当注意，在图24.16所示的调度授权不提供独占接入资源的假设下，未调度的上行链路传输和图24.16所示的调度的传输之间存在许多相似之处。原则上，非调度传输可以被视为图24.16所示的调度传输的特殊情况，其中当建立连接时隐含地提供调度许可，然后在连接的持续时间内有效。

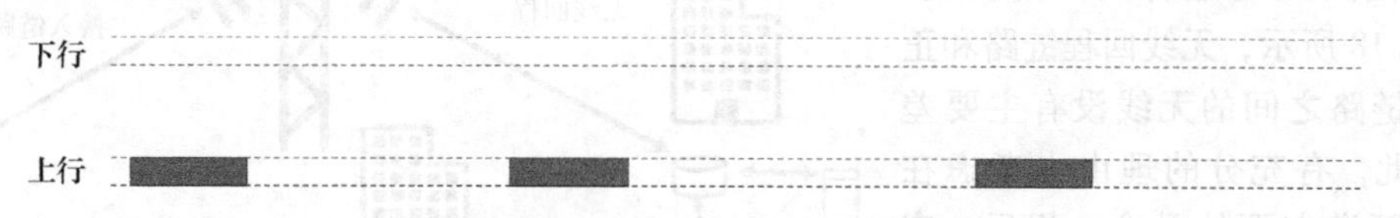

图24.17　未调度的上行传输

在没有提供独占接入的授权时，不能避免来自不同设备的传输之间的冲突。这可以以不同的方式处理。一种方法是接受冲突，并假设冲突的设备将在稍后阶段重新传输，希望不会再次冲突。还可以提高处理增益足以允许冲突传输的检测和解码。注意，这实质上是对于WCDMA上行链路所做的，其中“冲突”传输是正常情况。

此外，还提出了更具体的传输结构，允许更有效地检测碰撞信号。例如低密度扩展（LDS）[71]。LDS利用特定的扩展序列来扩展发射的信号，其中只有小部分的序列元素是非零的，并且其中非零元素的集合在不同的用户之间是不同的。利用这样的扩展序列，两个冲突传输将仅部分地冲突，使得能够以类似于LDPC码的解码方式基于消息传递算法进行更有效和更低复杂度的多用户检测。稀疏码多址（SCMA）是LDS的修改/扩展，其中LDS的直接序列扩展由稀疏码字代替，这种稀疏码字提供扩展的欧几里得距离和增强的链路性能。

24.2.9　新类型的无线链路

传统上，移动通信仅仅是关于基站和移动设备之间的无线链路。这在LTE中已经部分地改变，其中在版本10（见第18章）中引入中继并且在版本12（见第21章）中引入设备到设备的连接。

在5G时代，这将更加显著，并且对于基站到基站通信（“无线回程”）和设备到设备连接性的支持是新的5G RAT的集成部分。

24.2.9.1　接入/回程融合

无线技术已经广泛用于回程使用多年。实际上，在世界的一些地区，无线回程占总回程的50%以上。当前的无线回程解决方案通常基于私有（非标准化）技术，这些技术使用高于10GHz的特殊频带进行点对点视距链路操作。因此，与接入（基站/设备）链路相比，无线回程使用不同的技术并且在不同的频谱中操作。在LTE的版本10中引入的中继，基本上是无线回程链路，尽管有一些限制。然而，迄今为止，它在实践中没有被大量使用。一个原因是设计中继的小蜂窝部署在实践中还没有广泛使用。另一个原因是运营商喜欢使用珍贵的低频频谱用于接入链路。无线回程（如果使用的话）依赖于非LTE技术能够利用比LTE更高的频带，从而避免浪费宝贵的接入频谱使用回程。

然而，在5G时代，可以预期回程和接入的融合有几个原因：

- 在5G时代，接入链路将扩展到10GHz以上的高频带，即当前用于无线回程的频率范围。

• 在5G时代，移动网络的预期密集化（大量基站位于室内和室外的街道级别）将需要能够在非视距条件下操作的无线回程，并且更一般地，非常类似于接入链路的传播条件。

无线回程链路和接入链路的要求和特性因此是融合的。实质上，如图24.18所示，无线回程链路和正常无线链路之间的无线没有主要差别。因此，有充分的理由去考虑在技术和频谱方面的融合。相反，应当存在可以用于接入和无线回程的单个新的5G RAT。对于接入链路和无线回程，应当还存在公共频谱池。

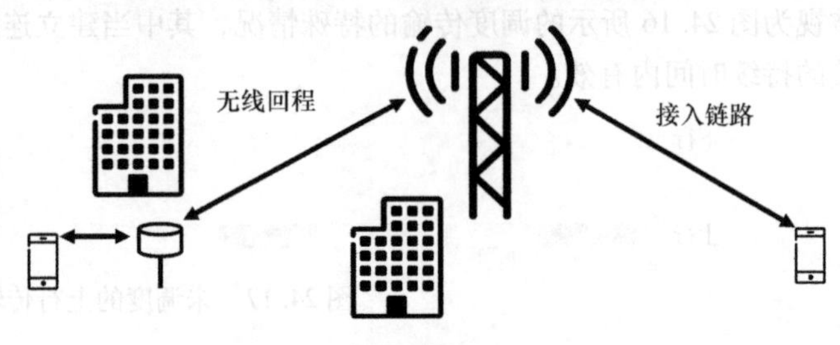

图24.18　无线回程和接入链路

其结果是在新的5G RAT的设计中需要考虑无线回程的情况。尽管前面提到的要求和特性正在融合，但仍然需要考虑无线回程链路的某些重要属性，以便有效地支持无线回程的使用情况：

• 在无线回程场景中，“设备”通常不是移动的。

• 与正常设备相比，无线回程“设备”可以具有更多的复杂性，包括更多的天线及发射和接收天线分离的可能性。

应当注意，对于无线回程的使用情况，这些特性不一定是唯一的。MTC应用是一个例子，其中MTC设备不是移动的。同时，可能存在其中回程节点是移动的无线回程场景的情况，例如从火车和汽车到基站的无线回程。

还应当注意，用于接入和无线回程的公共频谱池不一定意味着接入链路和无线回程链路应当在相同频率上操作（“带内中继”）。在某些情况下，这是可能的。然而，在许多其他情况下，更多地考虑在回程链路和接入链路之间的频率是分离的。关键点是，回程和接入之间的频谱分离应尽可能不是监管部门的问题。相反，运营商应该可以访问单个频谱池。然后，运营商同时考虑对于接入和回程的需要，决定如何以最佳可能的方式使用该频谱。

24.2.9.2　集成的设备到设备连接

如第21章所述，在3GPP版本12中引入了LTE的直接的设备到设备连接或侧向链路连接的支持，在版本13中引入了进一步的扩展。正如所述，LTE设备到设备连接包括两部分：

• 设备到设备通信，重点关注公共安全的用例。

• 设备到设备发现，不仅针对公共安全，而且针对商业用例。

设备到设备连接应该是新的5G RAT的更加集成的部分。这应该可以考虑到，在这种情况下，对于设备到设备连接的支持可以并且应当在RAT的初始设计中被考虑。相比之下，LTE设备到设备连接被引入到已经存在的RAT中，设计这个存在的RAT时最初没有考虑随后会引入设备到设

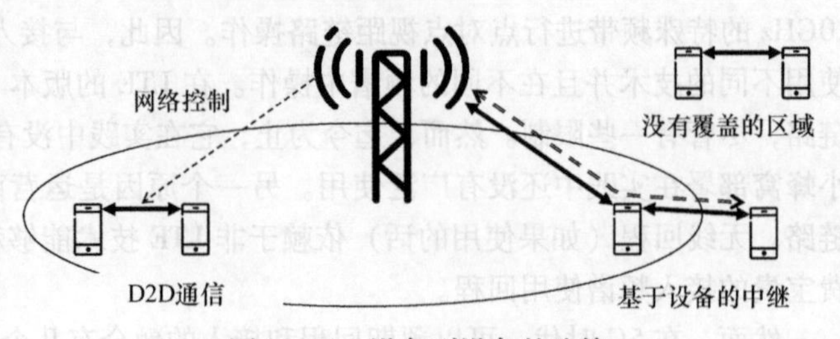

图24.19　设备到设备的连接

备连接。通过在初始设计中考虑设备到设备的连接，可能有更多的下行链路、上行链路和侧向链路的公共框架（见图 24.19）。

新的 5G RAT 的设备到设备连接不应被视为仅针对特定用例（例如公共安全）的工具。相反，设备到设备连接应该被看作是增强 5G 网络内连接性的通用工具。实质上，如果网络认为与通过基础设施的间接连接相比，这将更有效（需要更少的资源）或能提供更好的质量（更高的数据速率和/或更低的延迟），则应当配置设备之间的直接数据传输。网络还应能够配置基于设备的中继链路以增强连接质量。

为了最大限度地提高设备到设备的连接，应尽可能在网络控制下进行。然而，与 LTE 类似，当没有网络可用（即不在覆盖范围内）时，设备到设备连接也应该可以工作。

第25章 结 束 语

本书已经涵盖了各种无线接入，从4G/LTE技术开始，并持续到5G。未来的无线网络将处理广泛的使用情况，超出原始LTE规范在版本8中所针对的移动宽带服务。实质上，5G应被视为可以提供各种服务的无线连接平台，可以提供存在的以及未来不知道的服务。显然，移动宽带将继续是无线通信的重要用途，但它不会是唯一的。将在任何地方，随时给任何人和任何东西提供连接。

自从版本8出现以来，如前面的章节所示，LTE已经大大发展，涵盖了到版本13。对新技术和用例的支持，及移动宽带性能能力大大增加。直接设备到设备通信和机器类型通信增强是LTE解决新的使用情况的增强示例。在未许可频谱，动态TDD操作和全维MIMO中的操作是用于解决在移动宽带的容量和数据速率方面日益增长的需求的增强示例。显然，这种演进将持续几年，并且对于版本14已经启动的工作的示例是增强的FD-MIMO，等待时间减少，改进的载波聚合，以及对LAA中的上行链路支持。

同时，存在LTE可能不能有效处理的场景，例如，极低延迟或利用较高频带的要求。因此，补充LTE的新的无线电接入方案的标准化活动已经在版本14中开始，目标是在2020年左右进行初步的商业部署。上一章讨论了这种新的无线电接入方案的总体过程和技术解决方案。

LTE演进和新的无线接入方案将形成5G时代的无线接入的基础。移动宽带以外的无线接入的广泛应用，在未来几年将不仅从技术角度来看非常有趣，而且将对社会产生深远的影响。

缩 略 语

缩略语	英文全称	中文名称
3GPP	Third-generation partnership project	第三代合作伙伴计划
AAS	Active antenna systems	有源天线系统
ACIR	Adjacent channel interference ratio	邻信道干扰比
ACK	Acknowledgment (in ARQ protocols)	确认(ARQ 协议)
ACLR	Adjacent channel leakage ratio	邻信道泄漏功率比
AGC	Automatic gain control	自动增益控制
AIFS	Arbitration interframe space	仲裁帧间间隔
AM	Acknowledged mode (RLC configuration)	确认模式(RLC 配置)
A-MPR	Additional maximum power reduction	额外最大功率降低
APT	Asia-Pacific telecommunity	亚太电信组织
ARI	Acknowledgment resource indicator	确认资源标识符
ARIB	Association of radio industries and businesses	无线电工商协会
ARQ	Automatic repeat-request	自动请求重发
AS	Access stratum	接入层
ATC	Ancillary terrestrial component	辅助地面部件
ATIS	Alliance for telecommunications industry solutions	世界无线通讯解决方案联盟
AWGN	Additive white Gaussian noise	加性高斯白噪声
BC	Band category	波段范畴
BCCH	Broadcast control channel	广播控制信道
BCH	Broadcast channel	广播信道
BL	Bandwidth-reduced low complexity	带宽降低的低复杂度
BM-SC	Broadcast multicast service center	广播多播业务中心
BPSK	Binary phase-shift keying	二进制相移键控
BS	Base station	基站
BW	Bandwidth	带宽
CA	Carrier aggregation	载波聚合
CACLR	Cumulative adjacent channel leakage ratio	累积邻信道泄漏功率比
CC	Component carrier	组分载波
CCA	Clear channel assessment	空闲信道评估
CCCH	Common control channel	公共控制信道
CCE	Control channel element	控制信道单元
CCSA	China Communications Standards Association	中国通信标准化协会

（续）

缩略语	英文全称	中文名称
CDMA	Code-division multiple access	码分多址
CE	Coverage enhancement	覆盖增强
CEPT	European Conference of Postal and Telecommunications Administrations	欧洲邮电管理委员会
CGC	Complementary ground component	互补地面组件
CITEL	Inter-American Telecommunication Commission	泛美电信委员会
C-MTC	Critical MTC	关键MTC
CN	Core network	核心网
CoMP	Coordinated multi-point transmission/reception	协作多点传输/接收
CP	Cyclic prefix	循环前缀
CQI	Channel-quality indicator	信道质量指示符
CRC	Cyclic redundancy check	循环冗余检验
C-RNTI	Cell radio-network temporary identifier	小区无线网络临时标识
CRS	Cell-specific reference signal	小区专用参考信号
CS	Capability set (for MSR base stations)	能力集（MSR基站）
CSA	Common subframe allocation	公共子帧分配
CSG	Closed Subscriber Group	闭合用户组
CSI	Channel-state information	信道状态信息
CSI-IM	CSI interference measurement	信道状态信息干扰测量
CSI-RS	CSI reference signals	信道状态信息参考信号
CW	Continuous wave	连续波
D2D	Device-to-device	设备到设备
DAI	Downlink assignment index	下行分配索引
DCCH	Dedicated control channel	专用控制信道
DCH	Dedicated channel	专用信道
DCI	Downlink control information	下行控制信息
DCF	Distributed coordination function	分布式协调功能
DFS	Dynamic frequency selection	动态频率选择
DFT	Discrete Fourier transform	离散傅里叶变换
DFTS-OFDM	DFT-spread OFDM (DFT-precoded OFDM)	离散傅里叶变换扩展正交频分复用

（续）

缩略语	英文全称	中文名称
DIFS	Distributed interframe space	分布式帧间间隔
DL	Downlink	下行链路
DL-SCH	Downlink shared channel	下行共享信道
DM-RS	Demodulation reference signal	解调参考信号
DMTC	DRS measurements timing configuration	DRS 测量时序配置
DRS	Discovery reference signal	发现参考信号
DRX	Discontinuous reception	非连续接收
DTCH	Dedicated traffic channel	专用业务信道
DTX	Discontinuous transmission	非联系传输
DwPTS	Downlink part of the special subframe (for TDD operation)	特殊子帧中的下行部分（时分双工操作）
ECCE	Enhanced control channel element	增强控制信道单元
EDCA	Enhanced distributed channel access	增强的分布式信道访问
EDGE	Enhanced data rates for GSM evolution; enhanced data rates for global evolution	GSM 演进的增强数据率
eIMTA	Enhanced Interference mitigation and traffic adaptation	增强干扰抑制和业务自适应
EIRP	Effective isotropic radiated power	有效全向辐射功率
EIS	Equivalent isotropic sensitivity	等效全向灵敏度
EMBB	Enhanced MBB	增强型 MBB
eMTC	Enhanced machine-type communication	增强机器类型通信
eNB	eNodeB	eNodeB
eNodeB	E-UTRAN NodeB	E-UTRAN NodeB
EPC	Evolved packet core	演进分组核心网
EPDCCH	Enhanced physical downlink control channel	增强物理下行控制信
EPS	Evolved packet system	演进分组系统
EREG	Enhanced resource-element group	增强资源单元组
ETSI	European Telecommunications Standards Institute	欧洲电信标准化协会
E-UTRA	Evolved UTRA	演进 UTRA
E-UTRAN	Evolved UTRAN	演进 UTRAN
EVM	Error vector magnitude	误差矢量幅度
FCC	Federal Communications Commission	［美国］联邦通信委员会
FDD	Frequency division duplex	频分双工
FD-MIMO	Full-dimension multiple input-multiple output	全维度 MIMO

（续）

缩略语	英文全称	中文名称
FDMA	Frequency-division multiple access	频分多址
FEC	Forward error correction	前向纠错
FeICIC	Further enhanced intercell interference coordination	进一步增强的小区间干扰协调
FFT	Fast Fourier transform	快速傅里叶变换
FPLMTS	Future public land mobile telecommunications systems	未来公共陆地移动电信系统
FSTD	Frequency-switched transmit diversity	频率切换传输分集
GB	Guard band	保护［频］带
GERAN	GSM/EDGE radio access network	GSM/EDGE 无线接入网
GP	Guard period (for TDD operation)	保护间隔（时分双工操作）
GPRS	General packet radio services	通用分组无线业务
GPS	Global positioning system	全球定位系统
GSM	Global system for mobile communications	全球移动通信系统
GSMA	GSM Association	GSM 协会
HARQ	Hybrid ARQ	混合 ARQ
HII	High-interference indicator	高干扰指示
HSFN	Hypersystem frame number	超系统帧号
HSPA	High-speed packet access	高速分组接入
HSS	Home subscriber server	归属用户服务器
ICIC	Intercell interference coordination	小区间干扰协调
ICNIRP	International Commission on Non - Ionizing Radiation Protection	国际非电离辐射防护委员会
ICS	In-channel selectivity	信道内选择性
IEEE	Institute of Electrical and Electronics Engineers	电气电子工程师学会
IFFT	Inverse fast Fourier transform	快速傅里叶逆变换
IMT-2000	International Mobile Telecommunications 2000 (ITU's name for the family of 3G standards)	国际移动电话系统-2000（ITU 对第三代移动通信系统的正式叫法）
IMT-2020	International Mobile Telecommunications 2020 (ITU's name for the family of 5G standards)	国际移动电话系统-2020（ITU 对第五代移动通信技术的正式叫法）
IMT-Advanced	International Mobile Telecommunications Advanced (ITU's name for the family of 4G standards)	高级国际移动通信（ITU 对第四代移动通信技术的正式叫法）
IOT	Internet of things	物联网
IP	Internet protocol	互联网协议
IR	Incremental redundancy	增量冗余

（续）

缩略语	英文全称	中文名称
IRC	Interference rejection combining	干扰抑制合并
ITU	International Telecommunications Union	国际电信联盟
ITU-R	International Telecommunications Union-Radio communications sector	国际电信联盟无线电通信组
KPI	Key performance indicator	关键绩效指标
LAA	License-assisted access	授权辅助接入
LAN	Local area network	局域网
LCID	Logical channel identifier	逻辑信道标识符
LDPC	Low-density parity check code	低密度奇偶校验码
LTE	Long-term evolution	长期演进
MAC	Medium access control	媒体访问控制
MAN	Metropolitan area network	城域网
MBB	Mobile broadband	移动带宽
MBMS	Multimedia broadcast-multicast service	多媒体广播多播服务
MBMS-GW	MBMS gateway	MBMS 网关
MB-MSR	Multi-band multi-standard radio（base station）	
MBSFN	Multicast-broadcast single-frequency network	多播广播单频网
MC	Multi-carrier	多载波
MCCH	MBMS control channel	MBMS 控制信道
MCE	MBMS coordination entity	MBMS 协调实体
MCG	Master cell group	主小区组
MCH	Multicast channel	多播信道
MCS	Modulation and coding scheme	调制与编码策略
METIS	Mobile and wireless communications Enablers for Twenty-twenty（2020）Information Society	构建2020年信息社会的无线通信关键技术（欧盟5G科研项目组）
MIB	Master information block	主信息块
MIMO	Multiple input-multiple output	多输入多输出
MLSE	Maximum-likelihood sequence estimation	最大似然序列估计
MME	Mobility management entity	移动性管理实体
M-MTC	Massive MTC	大规模 MTC
MPDCCH	MTC physical downlink control channel	MTC 物理下行控制信道
MPR	Maximum power reduction	最大功率衰减
MSA	MCH subframe allocation	MCH 子帧分配
MSI	MCH scheduling information	MCH 调度信息
MSP	MCH scheduling period	MCH 调度周期

（续）

缩略语	英文全称	中文名称
MSR	Multi-standard radio	多标准无线电
MSS	Mobile satellite service	移动卫星业务
MTC	Machine-type communication	机器类型通信
MTCH	MBMS traffic channel	MBMS 业务信道
MU-MIMO	Multi-user MIMO	多用户 MIMO
NAK	Negative acknowledgment (in ARQ protocols)	否定确认（ARQ 协议）
NAICS	Network-assisted interference cancelation and suppression	基于网络辅助的干扰消除与抑制
NAS	Non-access stratum (a functional layer between the core network and the terminal thatsupports signaling)	非接入层（核心网和支持信令的终端之间的功能层）
NB-IoT	Narrow-band internet of things	窄带物联网
NDI	New data indicator	新数据指示
NGMN	Next-generation mobile networks	下一代移动网络
NMT	Nordisk MobilTelefon (Nordic Mobile Telephony)	北欧移动电话
NodeB	A logical node handling transmission/reception in multiple cells; commonly, but not necessarily, corresponding to a base station	处理多个小区中发送/接收的逻辑节点，但不一定对应于基站
NPDCCH	Narrowband PDCCH	窄带 PDCCH
NPDSCH	Narrowband PDSCH	窄带 PDSCH
NS	Network signaling	网络信令
OCC	Orthogonal cover code	叠加正交码
OFDM	Orthogonal frequency-division multiplexing	正交频分复用
OI	Overload indicator	超负荷指示
OOB	Out-of-band (emissions)	带外杂散
OTA	Over the air	空中激活
PA	Power amplifier	功率放大器
PAPR	Peak-to-average power ratio	峰均功率比
PAR	Peak-to-average ratio (same as PAPR)	峰均比（同 PAPR）
PBCH	Physical broadcast channel	物理广播信道
PCCH	Paging control channel	寻呼控制信道
PCFICH	Physical control format indicator channel	物理控制格式指示信道
PCG	Project Coordination Group (in 3GPP)	项目协调组（3GPP）
PCH	Paging channel	寻呼信道
PCID	Physical cell identity	物理小区标识

（续）

缩略语	英文全称	中文名称
PCRF	Policy and charging rules function	策略与计费规则功能
PDC	Personal digital cellular	个人数字蜂窝通信
PDCCH	Physical downlink control channel	物理下行控制信道
PDCP	Packet data convergence protocol	分组数据汇聚协议
PDSCH	Physical downlink shared channel	物理下行共享信道
PDN	Packet data network	分组数据网
PDU	Protocol data unit	协议数据单元
P-GW	Packet-data network gateway（also PDN-GW）	分组数据网网关（也称为PDN-GW）
PHICH	Physical hybrid-ARQ indicator channel	物理混合ARQ指示信道
PHS	Personal handy-phone system	个人手持电话系统
PHY	Physical layer	物理层
PMCH	Physical multicast channel	物理多播信道
PMI	Precoding-matrix indicator	预编码矩阵指示
PRACH	Physical random access channel	物理随机接入信道
PRB	Physical resource block	物理资源块
P-RNTI	Paging RNTI	寻呼RNTI
ProSe	Proximity services	邻近服务
PSBCH	Physical sidelink broadcast channel	物理直通链路广播信道
PSCCH	Physical sidelink control channel	物理直通链路控制信道
PSD	Power spectral density	功率谱密度
PSDCH	Physical sidelink discovery channel	物理直通链路发现信道
P-SLSS	Primary sidelink synchronization signal	主直通链路同步信号
PSM	Power-saving mode	省电模式
PSS	Primary synchronization signal	主同步信号
PSSCH	Physical sidelink shared channel	物理直通链路共享信道
PSTN	Public switched telephone networks	公共交换电话网
PUCCH	Physical uplink control channel	物理上行控制信道
PUSCH	Physical uplink shared channel	物理上行共享信道
QAM	Quadrature amplitude modulation	正交幅度调制
QCL	Quasi-colocation	准共位
QoS	Quality-of-service	业务质量
QPP	Quadrature permutation polynomial	正交排列多项式
QPSK	Quadrature phase-shift keying	四相移相键控

（续）

缩略语	英文全称	中文名称
RAB	Radio-access bearer	无线接入承载
RACH	Random-access channel	随机接入信道
RAN	Radio-access network	无线接入信道
RA-RNTI	Random-access RNTI	随机接入RNTI
RAT	Radio-access technology	无线接入技术
RB	Resource block	资源块
RE	Resource element	资源单元
REG	Resource-element group	资源单元组
RF	Radio frequency	射频
RI	Rank indicator	秩指示
RLAN	Radio local area networks	无线局域网
RLC	Radio link control	无线链路控制
RNTI	Radio-network temporary identifier	无线网路临时指示
RNTP	Relative narrowband transmit power	相对窄带发射功率
RoAoA	Range of angle of arrival	到达角范围
ROHC	Robust header compression	稳健报头压缩
R-PDCCH	Relay physical downlink control channel	中继物理下行控制信道
RRC	Radio-resource control	无线资源控制
RRM	Radio resource management	无线资源管理
RS	Reference symbol	参考信号
RSPC	Radio interface specifications	无线接口规范
RSRP	Reference signal received power	参考信号接收功率
RSRQ	Reference signal received quality	参考信号接收质量
RV	Redundancy version	冗余版本
RX	Receiver	接收机
S1	Interface between eNodeB and the evolved packet core	eNodeB和EPC之间的接口
S1-c	Control-plane part of S1	S1的控制平面
S1-u	User-plane part of S1	S1的用户平面
SAE	System architecture evolution	系统架构演进
SBCCH	Sidelink broadcast control channel	直通链路广播控制信道
SCG	Secondary cell group	辅小区组
SCI	Sidelink control information	直通链路控制信息
SC-PTM	Single-cell point to multipoint	单小区点对多点

（续）

缩略语	英文全称	中文名称
SDMA	Spatial division multiple access	空分多址
SDO	Standards developing organization	标准开发组织
SDU	Service data unit	业务数据单元
SEM	Spectrum emissions mask	频谱发射模板
SF	Subframe	子帧
SFBC	Space-frequency block coding	空频分组编码
SFN	Single-frequency network (in general, see also MBSFN); system frame number (in 3GPP)	单频网（通常参见 MBSFN）或系统帧号（3GPP）
S-GW	Serving gateway	服务网关
SI	System information message	系统信息
SIB	System information block	系统信息块
SIB1-BR	SIB1 bandwidth reduced	SIB1 带宽降低
SIC	Successive interference combining	穿行干扰合并
SIFS	Short interframe space	短帧间间隔
SIM	Subscriber identity module	用户标志模块
SINR	Signal-to-interference-and-noise ratio	信干噪比
SIR	Signal-to-interference ratio	信干比
SI-RNTI	System information RNTI	系统信息 RNTI
SL-BCH	Sidelink broadcast channel	直通链路广播信道
SL-DCH	Sidelink discovery channel	直通链路发现信道
SLI	Sidelink identity	直通链路识别
SL-SCH	Sidelink shared channel	直通链路共享信道
SLSS	Sidelink synchronization signal	直通链路同步信号
SNR	Signal-to-noise ratio	信噪比
SORTD	Spatial orthogonal-resource transmit diversity	空间正交资源发射分集
SR	Scheduling request	调度请求
SRS	Sounding reference signal	探测参考信号
S-SLSS	Secondary sidelink synchronization signal	辅直通链路同步信号
SSS	Secondary synchronization signal	辅同步信号
STCH	Sidelink traffic channel	直通链路业务信道
STBC	Space-time block coding	空时分组编码
STC	Space-time coding	空时编码
STTD	Space-time transmit diversity	空时发射分集
SU-MIMO	Single-user MIMO	单用户 MIMO
TAB	Transceiver array boundary	收发器阵列边界
TCP	Transmission control protocol	传输控制协议

（续）

缩略语	英文全称	中文名称
TC-RNTI	Temporary C-RNTI	临时C-RNTI
TDD	Time-division duplex	时分双工
TDMA	Time-division multiple access	时分多址
TD-SCDMA	Time-division-synchronous code-division multiple access	时分同步码分多址
TF	Transport format	传输格式
TPC	Transmit power control	发射功率控制
TR	Technical report	技术报告
TRP	transmission reception point	传输接收点
TS	Technical specification	技术标准
TSDSI	Telecommunications Standards Development Society, India	印度电信标准开发协会
TSG	Technical Specification Group	技术标准组
TTA	Telecommunications Technology Association	电信技术协会
TTC	Telecommunications Technology Committee	电信技术委员会
TTI	Transmission time interval	传输时间间隔
TX	Transmitter	发射机
TXOP	Transmission opportunity	传输机会
UCI	Uplink control information	上行控制信息
UE	User equipment (the 3GPP name for the mobile terminal)	用户设备（3GPP对移动终端的命名）
UEM	Unwanted emissions mask	无用辐射模板
UL	Uplink	上行链路
UL-SCH	Uplink shared channel	上行共享信道
UM	Unacknowledged mode (RLC configuration)	非确认模式（RLC配置）
UMTS	Universal mobile telecommunications system	通用移动通信系统
UpPTS	Uplink part of the special subframe, for TDD operation	特殊子帧的上行部分（针对TDD操作）
URLLC	Ultra-reliable low-latency communication	超可靠和低延迟通信
UTRA	Universal terrestrial radio access	通用陆地无线接入
UTRAN	Universal terrestrial radio-access network	通用陆地无线接入网
VoIP	Voice-over-IP	IP承载的语音
VRB	Virtual resource block	虚拟资源块

（续）

缩略语	英文全称	中文名称
WARC	World Administrative Radio Congress	世界无线电行政大会
WAS	Wireless access systems	无线接入系统
WCDMA	Wideband code-division multiple access	宽带码分多址
WCS	Wireless communications service	无线通信服务
WG	Working group	工作组
WiMAX	Worldwide interoperability for microwave access	全球微波接入互操作性
WLAN	Wireless local area network	无线局域网
WMAN	Wireless metropolitan area network	无线城域网
WP5D	Working Party 5D	5D 工作组
WRC	World Radio communications Conference	世界无线电通信大会
X2	Interface between eNodeBs	eNodeB 之间的接口

参考文献

[1] ITU-R, Detailed specifications of the radio interfaces of international mobile telecommunications-2000 (IMT-2000), Recommendation ITU-R M.1457−11, February 2013.

[2] ITU-R, Framework and overall objectives of the future development of IMT-2000 and systems beyond IMT-2000, Recommendation ITU-R M.1645, June 2003.

[3] ITU-R, ITU paves way for next-generation 4G mobile technologies; ITU-R IMT-advanced 4G standards to usher new era of mobile broadband communications, ITU Press Release, 21 October 2010.

[4] ITU-R WP5D, Recommendation ITU-R M.2012. Detailed specifications of the terrestrial radio interfaces of International Mobile Telecommunications Advanced (IMT-Advanced), January 2012.

[5] M. Olsson, S. Sultana, S. Rommer, L. Frid, C. Mulligan, SAE and the Evolved Packet Core−Driving the Mobile Broadband Revolution, Academic Press, 2009.

[6] 3GPP, 3rd generation partnership project; Technical specification group radio access network; Requirements for Evolved UTRA (E-UTRA) and Evolved UTRAN (E-UTRAN) (Release 7), 3GPP TR 25.913.

[7] C.E. Shannon, A mathematical theory of communication, Bell System Tech. J 27 (July and October 1948) 379−423, 623−656.

[8] J. Tellado and J.M. Cioffi, PAR reduction in multi-carrier transmission systems, ANSI T1E1.4/97−367.

[9] W. Zirwas, Single frequency network concepts for cellular OFDM radio systems, International OFDM Workshop, Hamburg, Germany, September 2000.

[10] Motorola, Comparison of PAR and Cubic Metric for Power De-rating, Tdoc R1-040642, 3GPP TSG-RAN WG1, May 2004.

[11] S.T. Chung, A.J. Goldsmith, Degrees of freedom in adaptive modulation: A unified view, IEEE T, Commun. 49 (9) (September 2001) 1561−1571.

[12] A.J. Goldsmith, P. Varaiya, Capacity of fading channels with channel side information, IEEE T. Inform. Theory 43 (November 1997) 1986−1992.

[13] R. Knopp, P.A. Humblet, Information capacity and power control in single-cell multi-user communications, Proceedings of the IEEE International Conference on Communications, Seattle, WA, USA, Vol. 1, 1995, 331−335.

[14] D. Tse, Optimal power allocation over parallel Gaussian broadcast channels, Proceedings of the International Symposium on Information Theory, Ulm, Germany, June 1997, p. 7.

[15] M.L. Honig and U. Madhow, Hybrid intra-cell TDMA/inter-cell CDMA with inter-cell interference suppression for wireless networks, Proceedings of the IEEE Vehicular Technology Conference, Secaucus, NJ, USA, 1993, pp. 309−312.

[16] S. Ramakrishna, J.M. Holtzman, A scheme for throughput maximization in a dual-class CDMA system, IEEE J. Sel. Area Comm. 16 (6) (1998) 830−844.

[17] C. Schlegel, Trellis and Turbo Coding, Wiley−IEEE Press, Chichester, UK, March 2004.

[18] J.M. Wozencraft, M. Horstein, Digitalised Communication Over Two-way Channels, Fourth London Symposium on Information Theory, London, UK, September 1960.

[19] D. Chase, Code combining - a maximum-likelihood decoding approach for combining and arbitrary number of noisy packets, IEEE T. Commun. 33 (May1985) 385−393.

[20] M.B. Pursley, S.D. Sandberg, Incremental-redundancy transmission for meteor-burst communications, IEEE T. Commun. 39 (May 1991) 689−702.

[21] S.B. Wicker, M. Bartz, Type-I hybrid ARQ protocols using punctured MDS codes, IEEE T. Commun. 42 (April 1994) 1431−1440.

[22] J.-F. Cheng, Coding performance of hybrid ARQ schemes, IEEE T. Commun. 54 (June 2006) 1017−1029.

[23] P. Frenger, S. Parkvall, and E. Dahlman, Performance comparison of HARQ with chase combining and incremental redundancy for HSDPA, Proceedings of the IEEE Vehicular Technology Conference, Atlantic City, NJ, USA, October 2001, pp. 1829−1833.
[24] 3GPP, 3rd generation partnership project; Technical specification group radio access network; Physical Channels and Modulation (Release 8), 3GPP TS 36.211.
[25] 3GPP, 3rd generation partnership project; Technical specification group radio access network; Multiplexing and Channel Coding (Release 8), 3GPP TS 36.212.
[26] 3GPP, 3rd generation partnership project; Technical specification group radio access network; Physical Layer Procedures (Release 8), 3GPP TS 36.213.
[27] 3GPP, 3rd generation partnership project; Technical specification group radio access network; Physical Layer - Measurements (Release 8), 3GPP TS 36.214.
[28] ITU-R, Requirements related to technical performance for IMT-Advanced radio interface(s), Report ITU-R M.2134, 2008.
[29] 3GPP, 3rd generation partnership project; Technical specification group radio access network; Requirements for further advancements for Evolved Universal Terrestrial Radio Access (E-UTRA) (LTE Advanced) (Release 9), 3GPP TR 36.913.
[30] 3GPP, 3rd generation partnership project; Technical specification group radio access network; Evolved universal terrestrial radio access (E-UTRA); User Equipment (UE) Radio Access Capabilities, 3GPP TS 36.306.
[31] IETF, Robust header compression (ROHC): Framework and four profiles: RTP, UDP, ESP, and Uncompressed, RFC 3095.
[32] J. Sun, O.Y. Takeshita, Interleavers for turbo codes using permutation polynomials over integer rings, IEEE T. Inform. Theory 51 (1) (January 2005) 101−119.
[33] O.Y. Takeshita, On maximum contention-free interleavers and permutation polynomials over integer rings, IEEE T. Inform. Theory 52 (3) (March 2006) 1249−1253.
[34] D.C. Chu, Polyphase codes with good periodic correlation properties, IEEE T. Inform. Theory 18 (4) (July 1972) 531−532.
[35] J. Padhye, V. Firoiu, D.F. Towsley, J.F. Kurose, Modelling TCP reno performance: A simple model and its empirical validation, ACM/IEEE T. Network. 8 (2) (2000) 133−145.
[36] 3GPP, 3rd generation partnership project; Technical specification group radio access network; Evolved universal terrestrial radio access (E-UTRA) and evolved universal terrestrial radio access network (E-UTRAN); User equipment (UE) conformance specification; Radio Transmission and Reception (Part 1, 2, and 3), 3GPP TS 36.521.
[37] 3GPP, Evolved universal terrestrial radio access (E-UTRA); Physical layer for relaying operation, 3GPP TS 36.216.
[38] 3GPP, 3rd generation partnership project; Technical specification group radio access network; Evolved universal terrestrial radio access (E-UTRA); User Equipment (UE) radio transmission and reception, 3GPP TS 36.101.
[39] 3GPP, 3rd generation partnership project; Technical specification group radio access network; UMTS-LTE 3500 MHz Work Item Technical Report (Release 10), 3GPP TR 37.801.
[40] 3GPP, 3rd generation partnership project; Technical specification group radio access network; Feasibility Study for Evolved Universal Terrestrial Radio Access (UTRA) and Universal Terrestrial Radio Access Network (UTRAN) (Release 7), 3GPP TR 25.912.
[41] 3GPP, E-UTRA, UTRA and GSM/EDGE; Multi-Standard Radio (MSR) Base Station (BS) Radio Transmission and Reception, 3GPP TR 37.104.
[42] 3GPP, E-UTRA, UTRA and GSM/EDGE; Multi-Standard Radio (MSR) Base Station (BS) Conformance Testing, 3GPP TR 37.141.
[43] 3GPP, 3rd generation partnership project; Technical specification group radio access network; Evolved universal terrestrial radio access (E-UTRA); User Equipment (UE) Radio Transmission and Reception, 3GPP TR 36.803.

[44] 3GPP, 3rd generation partnership project; Technical specification group radio access network; Evolved universal terrestrial radio access (E-UTRA); Base Station (BS) Radio Transmission and Reception, 3GPP TR 36.804.
[45] 3GPP, Evolved universal terrestrial radio access (E-UTRA); User Equipment (UE) Radio transmission and reception, 3GPP TR 36.807.
[46] 3GPP, Evolved universal terrestrial radio access (E-UTRA); Carrier Aggregation Base Station (BS) Radio transmission and reception, 3GPP TR 36.808.
[47] 3GPP, 3rd generation partnership project; Technical specification group radio access network; Evolved universal terrestrial radio access (E-UTRA); Base Station (BS) Radio transmission and reception, 3GPP TS 36.104.
[48] 3GPP, 3rd generation partnership project; Technical specification group radio access network; Evolved universal terrestrial radio access (E-UTRA); Base Station (BS) conformance testing, 3GPP TS 36.141.
[49] FCC, Title 47 of the Code of Federal Regulations (CFR), Federal Communications Commission.
[50] 3GPP, 3rd generation partnership project; Technical specification group radio access network; Evolved universal terrestrial radio access (E-UTRA); Radio Frequency (RF) system scenarios, 3GPP TR 36.942.
[51] ITU-R, Unwanted Emissions in the Spurious Domain, Recommendation ITU-R SM.329–10, February 2003.
[52] ITU-R, Guidelines for Evaluation of Radio Interface Technologies for IMT-Advanced, Report ITU-R M.2135–1, December 2009.
[53] E. Dahlman, S. Parkvall, J. Sköld, P. Beming, 3G Evolution-HSPA and LTE for Mobile Broadband, second ed., Academic Press, 2008.
[54] Ericsson, "Ericsson Mobility Report," November 2015, http://www.ericsson.com/res/docs/2015/mobility-report/ericsson-mobility-report-nov-2015.pdf.
[55] 3GPP, "3rd Generation Partnership Project; Technical Specification Group Radio Access Network; Evolved Universal Terrestrial Radio Access (E-UTRA); Relay radio transmission and reception," 3GPP TS 36.116.
[56] A. Mukherjee, et al., System Architecture and Coexistence Evaluation of Licensed-assisted Access LTE with IEEE 802.11, ICC 2015.
[57] 3GPP TR36.889, "Feasibility Study on Licensed-Assisted Access to Unlicensed Spectrum," http://www.3gpp.org/dynareport/36889.htm.
[58] ETSI EN 301 893, Harmonized European Standard, "Broadband Radio Access Networks (BRAN); 5 GHz High Performance RLAN."
[59] E. Perahia, R. Stacey, "Next Generation Wireless LANs: 802.11n and 802.11ac." Cambridege University Press, ISBN 9781107352414.
[60] Internet Engineering Task Force, RFC 6824, "TCP Extensions for Multipath Operation with Multiple Addresses."
[61] T. Chapman, E. Larsson, P. von Wrycza, E. Dahlman, S. Parkvall, J. Skold, "HSPA Evolution – The Fundamentals for Mobile Broadband," Academic Press, 2015.
[62] D. Colombi, B. Thors, C. Tornevik, "Implications of EMF exposure limits on output power levels for 5G devices above 6 GHz," Antennas Wireless Propagation Lett. IEEE 14 (February 2015) 1247–1249.
[63] ITU-R, IMT Vision – Framework and Overall Objectives of the Future Development of IMT for 2020 and beyond, Recommendation ITU-R M.2083, September 2015.
[64] ITU-R, Future Technology Trends of Terrestrial IMT Systems, ITU-R Report ITU-R M.2320, November 2014.
[65] ITU-R, Radio Regulations, Edition of 2012.
[66] 3GPP, 3rd Generation Partnership Project; Technical Specification Group Radio Access Network; Study on Scenarios and Requirements for Next Generation Access Technologies, 3GPP TR 38.913.
[67] IEEE, 802.16.1-2012 - IEEE Standard for WirelessMAN-Advanced Air Interface for Broadband Wireless Access Systems, Published 2012-09-07.

[68] M. Akdeniz, et al., "Millimeter wave channel modeling and cellular capacity evaluation," IEEE J. Sel. Area. Comm. 32 (6) (June 2014).
[69] FBMC physical layer: a primer, http://www.ict-phydyas.org.
[70] M. Jain, et al., Practical, Real-time, Full Duplex Wireless, MobiCom'11, Las Vegas, Nevada, USA, September 19−23, 2011.
[71] M. AL-Imari, M. Imran, R. Tafazolli, Low density spreading for next generation multicarrier cellular system. International Conference on Future Communication Networks, 2012.
[72] T. Richardson, R. Urbanke, Efficient encoding of low-density parity-check codes, IEEE T. Inform. Theory 47 (2) (February 2001).
[73] E. Ankan, Channel polarization: A method for constructing capacity-achieving codes for symmetric binary-input memoryless channels, submitted to IEEE Trans. Inform. Theory (2008).
[74] 3GPP TS23.402, Architecture enhancements for non-3GPP accesses.
[75] J. Javaudin, D. Lacroix, A. Rouxel, Pilot-aided channel estimation for OFDM/OQAM, 57th IEEE Vehicular Technology Conference, Jeju, South Korea, April 22−25, 2003, pp. 1581−1585.
[76] H. Nikopour, H. Baligh, Sparse Code Mulitple Access, 24th IEEE International Symposium on Personal, Indoor and Mobile Radio Communications, London, UK, September 8−11, 2013, pp. 332−336.
[77] NGMN Alliance, NGMN 5G White Paper (17 February 2015).
[78] Mobile and wireless communications Enablers for the Twenty-twenty Information Society (METIS), Deliverable D1.1: Scenarios, requirements and KPIs for 5G mobile and wireless system, Document ICT-317669-METIS/D1.1, Version 1, April 29, 2013.
[79] 4G Americas, 4G Americas Recommendation on 5G Requirements and Solutions, October 2014.
[80] IMT-2020 (5G) Promotion Group, 5G Visions and Requirements, White paper, 2014.
[81] E. Semaan, F. Harrysson, A. Furuskär, H. Asplund, Outdoor-to-indoor coverage in high frequency bands, Globecom 2014 Workshop − Mobile Communications in Higher Frequency Bands, IEEE, 2014.
[82] 3GPP TS 36.304: Evolved Universal Terrestrial Radio Access (E-UTRA); User Equipment (UE) procedures in idle mode.
[83] F. Boccardi, J. Andrews, H. Elshaer, M. Dohler, S. Parkvall, P. Popovski, S. Singh, Why to decouple the uplink and downlink in cellular networks and how to do it, IEEE Comm. Magazine (March 2016) 110−117.

图书在版编目（CIP）数据

5G之道：4G、LTE-A Pro到5G技术全面详解：原书第3版/（瑞典）埃里克·达尔曼（Erik Dahlman）等著；缪庆育，范斌，堵久辉译．—北京：机械工业出版社，2018.6（2021.3重印）

（5G丛书）

书名原文：4G，LTE-Advanced Pro and The Road to 5G（Third Edition）

ISBN 978-7-111-59933-3

Ⅰ.①5… Ⅱ.①埃… ②缪… ③范… ④堵… Ⅲ.①无线电通信-移动通信-通信技术 Ⅳ.①TN929.5

中国版本图书馆CIP数据核字（2018）第099025号

机械工业出版社（北京市百万庄大街22号　邮政编码100037）

策划编辑：林　桢　责任编辑：林　桢

责任校对：王　延　封面设计：鞠　杨

责任印制：常天培

北京盛通商印快线网络科技有限公司印刷

2021年3月第1版第3次印刷

184mm×240mm·26.75印张·674千字

标准书号：ISBN 978-7-111-59933-3

定价：129.00元

电话服务	网络服务
客服电话：010-88361066	机 工 官 网：www.cmpbook.com
010-88379833	机 工 官 博：weibo.com/cmp1952
010-68326294	金　书　网：www.golden-book.com
封底无防伪标均为盗版	机工教育服务网：www.cmpedu.com

本书著作权合同登记　图字：01 - 2017 - 5179 号。
ELSEVIER
Elsevier（Singapore）Pte Ltd.
3 Killiney Road，#08 - 01 Winsland House I，Singapore 239519
Tel：(65) 6349 - 0200；Fax：(65) 6733 - 1817

4G，LTE-Advanced Pro and The Road to 5G，Third Edition
Erik Dahlman，Stefan Parkvall，Johan Sköld

ISBN - 13：978 - 0 - 12 - 804575 - 6

《5G 之道：4G、LTE-A Pro 到 5G 技术全面详解（原书第 3 版）》（缪庆育范斌堵久辉译）
ISBN：978 - 7 - 111 - 59933 - 3